重点大学计算机教材

数据结构与算法

Python语言描述

第2版

裘宗燕 著
北京大学

机械工业出版社
China Machine Press

图书在版编目（CIP）数据

数据结构与算法：Python 语言描述 / 裘宗燕著 . --2 版 . -- 北京：机械工业出版社，2021.11（2025.1 重印）

重点大学计算机教材

ISBN 978-7-111-69425-0

Ⅰ. ①数… Ⅱ. ①裘… Ⅲ. ①数据结构 – 高等学校 – 教材 ②算法分析 – 高等学校 – 教材 ③软件工具 – 程序设计 – 高等学校 – 教材 Ⅳ. ① TP311.12 ② TP311.561

中国版本图书馆 CIP 数据核字（2021）第 212722 号

本书根据高校数据结构课程的要求，采用 Python 作为工作语言编写而成。书中结合抽象数据类型结构的思想，基于 Python 的面向对象机制，阐述各种基本数据结构的想法、性质、问题和实现，讨论一些相关算法的设计、实现和特性。书中还给出了一些数据结构的应用案例。

本书内容覆盖高校研究生入学考试要求的数据结构知识，既可以作为计算机及相关专业基于 Python 的数据结构课程教材，也可以作为 Python 语言入门课程之后学习面向对象等高级编程技术的进阶读物。

出版发行：机械工业出版社（北京市西城区百万庄大街 22 号　邮政编码：100037）

责任编辑：朱　劼　　　　责任校对：马荣敏

印　刷：固安县铭成印刷有限公司　　　　版　次：2025 年 1 月第 2 版第 6 次印刷

开　本：185mm×260mm　1/16　　　　印　张：22.5

书　号：ISBN 978-7-111-69425-0　　　　定　价：79.00 元

客服电话：（010）88361066　68326294

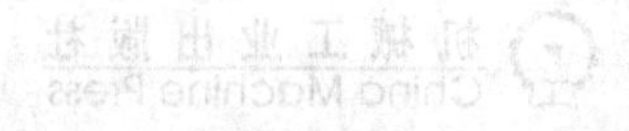

前　言

本书基于作者在北京大学用 Python 讲授相应课程的经验，用 Python 作为工作语言讨论数据结构和算法的基本问题。撰写过程中主要有以下几方面考虑：

- 作为以 Python 为第一门计算机编程课程之后相应的数据结构课程的教材。
- 结合数据结构和算法，讨论 Python 中重要数据类型的实现情况和性质，帮助读者理解 Python 语言程序，学习如何写出高效的 Python 程序。
- 展示 Python 的面向对象技术可以怎样运用。书中构造了一批相互关联的数据结构类，前面定义的类被反复应用在后续章节的数据结构和算法中。

鉴于这些情况，本书不但可以作为数据结构课程的教材，也可以作为学习 Python 语言编程技术的后续读物（假设读者已经有了 Python 编程的基本知识）。

由于 Python 语言的一些优点，近年来，国外已经有不少大学（包括许多一流大学）采用它作为第一门计算机科学技术课程的教学语言，国内院校也已经出现这种变化。作者在北京大学数学学院开设了基于 Python 语言的程序设计和数据结构课程，通过亲身实践，发现用 Python 讲授这两门课程也是一种很好的安排。

用 Python 学习数据结构，最大的优点就是可以看到复杂的数据结构怎样一步步地从基本的语言机制构造起来。在一个章节里定义的数据结构，经常可以在后续章节的算法和数据结构中直接使用，如果不适用，常常可以通过简单的类派生来调整。这些数据结构还可以非常方便地用在各种练习里，或用于解决实际问题。学生可以看到书中的（或他们自己写的）代码不是玩具，而是切实有用的软件构件。在基于本书的课程中，很容易安排一些有一定规模的面向实际应用的开发课题，使学生得到更好的实际锻炼。

第 2 版做了些内容调整，主要是精简了有关 Python 面向对象的讨论，增加（或者充实）了广义表和数组（3.6 节）、等价类和查并集（6.8 节）、平衡二叉树的删除操作（8.7.4 节）、外存字典（8.8.4 节）、外排序问题和算法（9.6 节）等方面的内容。本书覆盖了大部分高校数据结构课程（教材）的基本内容和研究生入学考试要求的数据结构知识。

本书的成型源于作者多年讲授基于 C 语言的数据结构课程的经验，张乃孝老师的《算法与数据结构——C 语言描述》是作者一直使用的教材，本书编写时也参考了该书的一些体例。此外，北京大学数学学院 2013 级的学生在学习中提出了许多很好的问题，参加课程辅导工作的刘海洋、胡婷婷、张可和陈晨也提供了很多帮助。在此表示衷心的感谢。

裘宗燕

2021 年 9 月于北京

目　录

⊖ 本书中标星号的小节为选学/选讲内容。

第1章 绪 论

本章讨论数据结构和算法的一些基本问题，还特别关注了Python语言的一些情况。

1.1 计算机问题求解

使用计算机就是为了解决问题。计算机具有通用性，其基本功能就是执行程序，根据程序的要求完成操作，得到有关结果或产生某些效果。要用计算机处理某个问题，就需要一个能解决该问题的程序。经过长期努力，人们已经开发出大量有用的程序。当我们面对一个问题时，如果有一个适用的程序，事情就方便了：运行该程序，让它完成相关工作。

实际中需要解决的问题无穷无尽，不可能都有现成的程序。如果面对一个问题，没有合适的程序，我们可能就需要自己开发一个。一般而言，我们希望得到的不是解决一个具体问题的程序，而是解决一类具体问题的程序。例如，文本编辑器不应该只能用于编辑一个具体文本，而应该能用于编辑各种文本；Python解释器不应该只能执行一个具体的Python程序，而是可以执行所有Python程序。对求平方根这样的简单问题，我们也希望有能求任何数的平方根的程序，而不是只能求某个数（例如2）的平方根的程序。求平方根（类似地，编辑文本等）是一个问题，求2的平方根（编辑一个具体文本等）是该问题的一个*实例*。我们开发（设计、编写）程序，通常是为了解决一个问题，程序每次执行处理该问题的一个实例。

一般而言，用计算机解决问题的过程通常分为两个阶段：程序开发者针对相应问题开发出一个程序，使用者运行该程序处理这个问题的具体实例，完成具体计算（实际上，是计算机按程序的指示完成计算。为简单起见，人们常说程序完成计算，这样说不会引起误解）。开发程序的工作只需要做一次，得到的程序可以多次使用，每次处理问题的一个实例。当然，对复杂的程序，完成后还可能需要修改完善、消除错误、升级功能。这些都是后话。无论如何，用计算机解决问题，首先需要开发一个能解决问题的程序。

1.1.1 程序开发过程

*程序开发*就是针对一个具体问题，做出一个能解决该问题的程序的工作过程。实际问题通常来自真实世界，既不清晰也不明确，而程序是对计算机操作过程的精确描述，两者之间相去甚远。因此，开发程序的工作需要经过一些阶段，由于人的认识能力有限，过程中还可能出现反复。图1.1说明了该过程的各个工作阶段，描述了程序开发的流程。

分析阶段：程序开发的第一步是弄清问题。实际中提出（或发现）的问题往往比较模糊、不精确，经常缺乏许多细节。因此，程序开发的第一步就是深入分析问题，弄清其方方面面的情况和细节，将问题细节化和严格化，最终得到一个比较详尽、尽可能严格的问题描述。在软件开发领域，这一工作阶段通常称为*需求分析*。

设计阶段：问题的严格描述仍然是说明性的（该问题“是什么”），而相应的计算机求解是一个操作性的过程（“怎样做”能解决这个问题），两者之间通常也相去甚远。在实际编程之前，我们首先需要有一个能解决问题的计算模型。这个模型包括两个方面，一

方面需要表示计算中处理的数据，另一方面需要有求解问题的方法，称为算法。由于问题可能很复杂，不仅可能涉及很多数据，数据之间还可能有错综复杂的关系。为了有效操作，需要把这些数据组织好。数据结构课程的主要内容就是研究数据的组织技术。而如何在良好组织的数据结构上完成计算，就是算法设计的问题，也是本书讨论的重点。

编程阶段：有了解决问题的抽象计算模型，下一步就是用某种适当的编程语言实现这个模型，做出一个可以由计算机执行的实际计算模型，也就是一个程序。针对抽象计算模型的两个方面，在编程中，我们一方面要利用编程语言的数据机制实现抽象计算模型中所需的数据结构，还要基于语言的命令和控制结构实现解决问题的算法。

检查和编译阶段：复杂的程序通常不可能一蹴而就，写出的代码中可能存在各种错误，最简单的是语法和类型错误。通过人或计算机（语言系统、编译器）检查，可以发现这些简单错误。经过反复检查和修改，最后得到一个可以运行的程序。

测试和调试阶段：程序可以运行，并不代表它就是我们期待的程序了。我们还需要通过尝试性运行，检查其功能是否满足需求，这一阶段称为测试和调试。程序运行中可能出现动态运行错误，导致计算无法完成。这时就需要回到前面阶段去修改程序，消除错误。我们也可能发现程序的结果或产生的效果不能满足需要，这种错误称为逻辑错误。出错原因可能是编程工作中的手误，也可能是算法设计有错，甚至是没做好初始时的问题分析。无论如何，发现错误之后，就需要设法找出产生问题的原因，然后回到前面的某个工作阶段去修正错误，修正后重做后面的工作。这些工作可能需要反复进行，直至最终得到一个满意的程序。

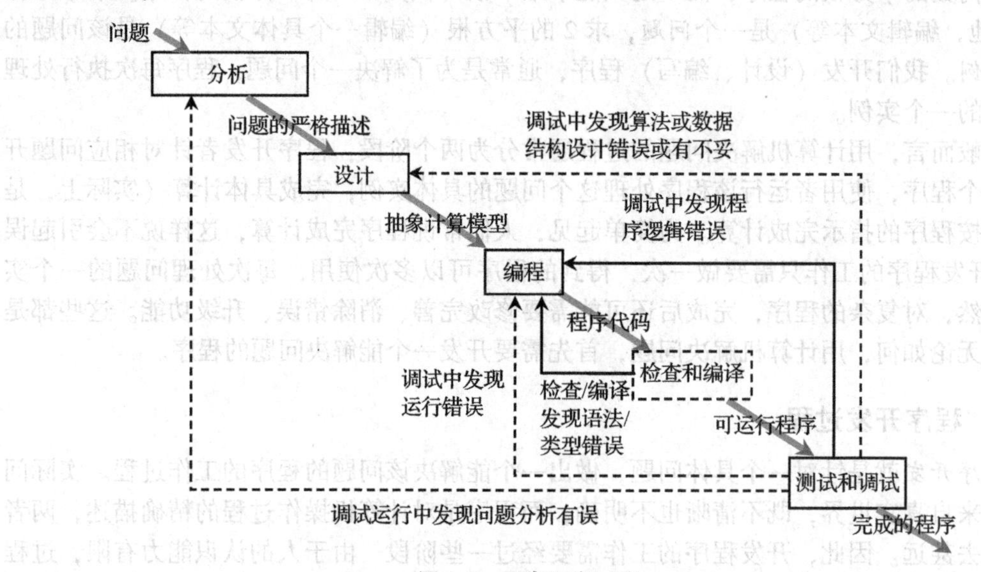

图 1.1 程序开发过程

图 1.1 和上面的说明阐释了从问题出发，最终得到所需程序的开发过程。在工作的第二和第三阶段，算法和数据结构的设计、运用技术扮演着重要角色：第二阶段需要设计出抽象的数据结构和算法，第三阶段需要考虑它们在具体编程语言中的实现。设计阶段的工作是针对具体问题，建立一个可能用计算机实现的问题求解模型，而编码阶段（及其后续工作）则实现这个求解模型，最终完成一个可以在计算机上运行的程序。

相对而言，设计阶段的工作更困难一些。其工作基础是问题的说明性描述，有关信息通常不能简单地直接映射到问题的操作性求解过程。为了完成这一工作，需要人的智力和想象力，考虑被求解问题的性质和特点，参考人们用计算机解决问题的已有经验、已有的技术和方法。这些方面的讨论是本课程的重要内容。

编码阶段的工作相对容易一些。例如，如果确定了采用 Python 作为解决问题的编程语言，就需要把已建立的抽象数据模型映射到 Python 语言支持的具体数据结构，把解决问题的抽象求解过程映射到一个用 Python 语言描述的计算过程。这两方面的配合就得到了一个用 Python 语言写出的、能解决问题的程序。

下面将通过若干实例说明程序开发中的一些情况。

1.1.2　一个简单例子

显然，一个问题的说明性描述与解决它的操作过程之间关系密切。但是，前者通常只说明了要解决的问题是什么，期望得到怎样的解；而后者则要说清通过怎样的操作过程能得到所需要的解。对给定问题 A，如果我们用某种方式严格地描述一个操作过程，对 A 的每个实例，这个过程都能给出相应的解，这一描述就是解决问题 A 的一个算法。

现在用一个最简单的问题来说明有关情况。假设现在的问题是求任意非负实数的平方根。这句话就是问题的一个*非形式描述*，我们工作的第一步就是把它严格化。

假设实数是一个已知概念，现在基于它来考虑问题。在上面的说明中，没讲清的概念就是平方根。根据数学中平方与平方根的定义，非负实数 x 的平方根就是满足等式 $y \times y = x$ 的非负实数 y。这是一个严格的数学定义，它清楚地定义了结果 y 应该满足的条件。但是，它并没有给出从给定的 x 求出满足条件的 y 的方法。

从计算的角度看，上面的定义还有一个重大缺陷：对于给定的实数，即使它只包含有穷位小数，其平方根通常也是无理数，不能写成有穷的数字表示。而计算应该是一个有穷过程，在有穷步内完成。因此，一般而言，通过计算只能得到实数的平方根的近似值。在考虑求平方根的计算方法（算法）时，必须考虑这个问题，应该把近似值的允许误差作为参数，事先给定。基于这些考虑，上述问题描述应该修改（进一步明确化）为：对任一非负实数 x，设法找到一个非负实数 y，使 $|y \times y - x| < e$，这里的 e 就是给定的允许误差。

这样，我们就有了问题的一个严格描述。但请注意，这个描述是说明性的，它清晰地说明了问题的解是什么样的 y，但并没有说明如何得到这样的 y。平方根是一个数学概念，要找到计算平方根的过程性描述（算法），也需要数学领域的知识。

人们已经提出了一些求平方根的方法。中小学数学课中介绍过求平方根的方法，但是，那里介绍的方法中需要做试除，不太适合机械进行（也可以实现，但比较麻烦）。求平方根的另一种算法称为*牛顿迭代法*，描述如下：

0. *对给定的正实数 x 和允许误差 e，令变量 y 取任意正实数值，例如令 $y = x$。*
1. *如果 $y \times y$ 与 x 足够接近，即 $|y \times y - x| < e$，计算结束并把 y 作为结果。*
2. *取 $z = (y + x/y)/2$。*
3. *以 z 作为 y 的新值，回到步骤 1。*

首先，这是一个算法，因为它严格地描述了一个计算过程。任何计算设备，只要能完成实数的算术运算、求绝对值和比较大小，就可以执行这个计算过程。

但是，要说这个算法能求出实数的平方根，还需要证明两个断言：1）对任一正实数 x，如果上面的算法结束，它一定能给出 x 的平方根的近似值；2）对任意给定的误差 e，算法一定结束（实际上，这还与具体误差 e 和计算机实数表示的精度有关，有关讨论从略）。

第一个断言很清楚，步骤 1 的条件 $|y \times y - x| < e$ 说明了这个断言成立。第二个断言需要一个数学证明，证明计算过程中 y 值的序列一定收敛，其极限是 x 的平方根。这样，只要迭代的次数足够多，$|y \times y - x|$ 就能任意小，因此对任何允许误差 e，这个循环都能结束。这个结论的证明请读者考虑，我们不再进一步讨论。

有了上面的算法，写出相应的 Python 程序已经不困难了。我们很容易根据上面的算法定义出完成平方根计算的 Python 函数。下面是一个定义：

```
def sqrt(x):
    y = 1.0
    while abs(y * y - x) > 1e-6:
        y = (y + x/y)/2
    return y
```

其中变量 y 的初值用 1.0，允许误差 e 选用 10^{-6}。通过用各种数值调用这个函数，很容易看到，这个函数确实能完成所需要的工作。

从这个简单实例中，我们可以看到从问题的（非形式）描述出发，最终得到一个可用程序的工作过程。由于求平方根的问题比较简单，特别是其中涉及的数据只是几个实数，数据组织的工作非常简单。下一节的实例将能更好地展现数据组织的情况和作用。

还有一个问题值得注意。在上面的例子中，最不清晰的一步是从平方根的定义到求平方根的算法。算法设计是一种创造性工作，基于人对问题的认识和相关领域的知识，并不存在用之而万事皆灵的设计思路和方法。计算机科学领域有一个研究方向称为算法的设计与分析，计算机教育中也有相应课程，其中一部分内容就是介绍人们在算法设计方面的经验，总结其中的规律、线索和有价值的思考方法。但是，经验只是经验，在设计新算法时可以借鉴，并不保证有效。就像在数学里有许多重要的定理和证明，证明新的猜想时都可以借鉴，但不一定有用。另外，算法分析考察算法的性质，1.3 节有简单的介绍。

1.2　问题求解：交叉路口的红绿灯安排

本节展示一个具体问题的计算机求解过程，进一步说明在这一过程中可能出现的情况、需要考虑的问题，以及可能的处理方法。

交叉路口是现代城市路网中最重要的组成部分，繁忙的交叉路口需要红绿灯来指挥车辆的通行与等待。合适的红绿灯设计和安排是保证交通安全、道路通行秩序和效率的关键因素。交叉路口的情况多种多样，常见的形式如三岔路口和十字路口，也有形式更复杂的路口，但比较少见。进一步说，有些道路是单行线，中国的交叉路口还有人车分流和专门的人行/自行车红绿灯等许多情况，这些都进一步增加了路口交通控制的复杂度。如果要开发一个程序，自动实现交叉路口的红绿灯安排和切换，还需要考虑许多复杂情况。

下面准备考虑的问题比较简单：如何安排红绿灯（与之对应的是允许行驶的路线），才能保证同时允许的行驶路线互不交叉，从而保证路口的交通安全？

为了进一步看清问题，我们考虑一个具体实例，希望从中发现解决问题的线索。作为实例的交叉路口如图 1.2 所示㊀。这是一个五条路的交叉口，其中两条

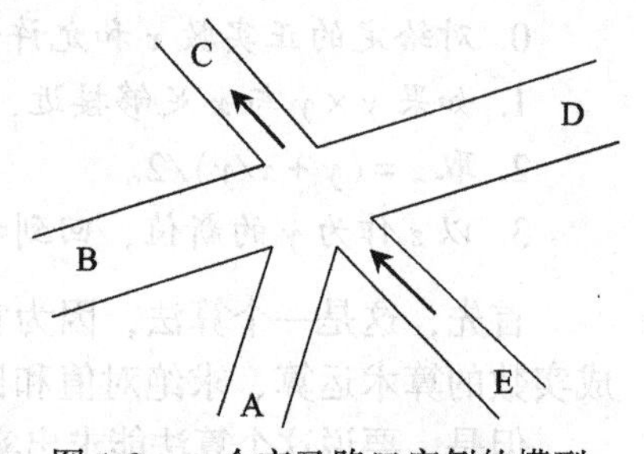

图 1.2　一个交叉路口实例的模型

㊀ 本例参考张乃孝编著《数据结构和算法》，高等教育出版社出版。

路是单行线（图中用箭头标出），其余为正常的双向行驶道路。实际上，这个图已经是原问题实例的一个抽象，与行驶方向无关的因素都已经抽象掉了，例如道路的方位、不同道路交叉的角度、各条道路的宽度、一般情况下的车流量，等等。

根据图中表示的情况，不难看到，从路口的一个方向驶入的车辆可能向着多个方向驶出，各种可能行驶方向的轨迹相互交错，形成复杂的局面。按不同方向行驶的车辆可能相互冲突，说明这里存在实际的安全问题，因此，红绿灯安排的设计必须慎重！

解决问题的一种思路是对行驶方向分组，使得

- 同属一组的各个行驶方向的车辆均可以同时行驶，不出现相互交叉的行驶路线，因此就保证了安全和路线畅通（安全性问题）。
- 所做的分组应该尽可能大些，以提高路口的车流量（效率问题）。

第一条是基本安全问题，丝毫不能妥协。第二条只涉及通行效率，这个要求具有相对性。不难看出，同时允许行驶的方向越少，越容易保证安全。例如，每次只放行一个行驶方向，一定能保证安全，但道路通行效率太低，因此完全不可取。还可以看到，这不是一个一目了然的问题，需要深入分析，才可能得到统一的解决方法（算法）。

1.2.1 问题分析和严格化

图形表达方式一目了然，特别有助于把握问题的全局。但是，如图 1.2 这样的图形并不适合表达问题细节和分析结果。如果把所有允许行驶的方向画在图中，我们将看到来来去去、相互交织的许多有向线段，很难看清它们的相互关系。

为了厘清情况，我们应该先罗列出这个路口的所有可能行驶方向，例如从道路 A 驶向道路 B、从道路 A 驶向道路 C。为了简便易读，我们分别用 AB、AC 表示这两个行驶方向。采用这种表示方式，不难列出这个路口的总共 13 个可能行驶方向：

AB AC AD BA BC BD DA
DB DC EA EB EC ED

采用抽象表示的目标就是把问题看得更清楚。现在问题变成：我们需要把给定的所有可能行驶方向划分为一些可以同时打开绿灯的方向组，也就是说，做出这些行驶方向的安全分组，保证同一组里的行驶方向互不冲突，可以同时放行。

这里的“冲突”又是一个需要进一步明确的概念。显然，两个行驶路线交叉是最明显的冲突情况[⊖]。如果对这样两个方向同时开绿灯，按绿灯行驶的车辆就有在路口撞车的危险，这是不能允许的。因此，这两个方向不能放入同一个分组。

为了弄清安全分组，需要设计一种表示冲突的方法，清晰地描述出现冲突的情况。如果把所有行驶方向画在一张纸上，在相互冲突的方向之间画一条连线，就得到了一个冲突图。图 1.3 就是上面实例的冲突图，其中的 13 个小矩形表示所有的可能行驶方向，两个矩形之间有连线表示它们代表的行驶路线相互冲突。注意，在这个图形中，各矩形的位

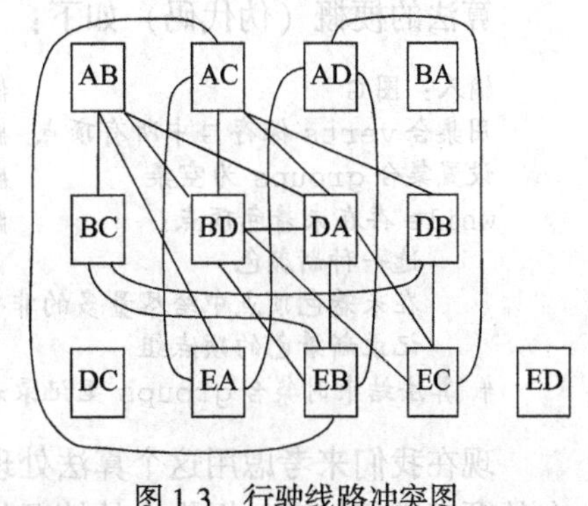

图 1.3 行驶线路冲突图

⊖ 注意，“冲突”是对可能出现的危险情况的认识，其定义也应该根据实际情况考虑。例如，在允许 BD 方向的情况下，是否同时允许 AD 和 ED 就可能有不同考虑。对冲突的不同定义将得到不同的解。

置和大小等都不重要，只有矩形中的标号和矩形之间的连线有意义。后面会看到，这种图形构成了一种典型的（重要）数据结构，称为图，图中元素称为顶点，连线称为边或者弧。相互之间有边的顶点称为邻接顶点。第7章将详细讨论这种结构。

有了冲突图，寻找安全分组的问题就可以换一种说法：为冲突图中的顶点确定一种分组，保证属于同一组的顶点互不邻接。显然，可用的分组方法很多。如前所述，每个顶点作为一个组一定满足要求。但是，前面说过，我们期待一种较少的分组，或者最少的分组。回到原问题，就是希望在一个周期中的红绿灯转换的次数最少。

1.2.2 图的顶点分组和算法

经过前面的一步步抽象和严格化，要解决的问题从交叉路口的红绿灯安排变成了一类抽象的图结构上的顶点分组。假设有了这样的图结构，现在要做的就是设计一个算法，它保证给出一个满足需要的分组。对于这个问题，安全性是排在第一位的最基本的要求，必须满足；而分组最少是进一步的附加要求，是一种追求。

以非相邻为条件的最佳顶点分组问题，实际上对应于一个著名的理论问题：*图的最佳着色问题*。其中，把顶点看作地图上的区域，把相邻看作两个区域有边界，把不同分组看作给相邻顶点不同的着色。著名的*四色问题*说：对任意一个按区域分割的*平面图*，只需要用4种不同颜色着色，就能保证任意相邻区域的颜色不同。但请注意，根据交叉的路口情况构造出的冲突图可能不是平面图㊀，因此完全可能需要更多的颜色。

人们对图着色问题做过一些研究，目前情况是：已经找到的最佳着色算法（目标是得到最佳分组）基本相当于枚举出所有可能的着色方案，从中选出用颜色最少的方案。例如，直截了当的方法就是基于图中顶点枚举出可能的分组，再从中选出满足基本要求的分组（属于同一组的顶点互不相邻），最后从中选出分组数最少的分组。这样做时需要考虑结点的各种可能组合，而不同组合的个数与顶点个数之比是指数关系，因此，这个算法的代价非常高。功能相同的其他算法可能更复杂，但效率不会有本质性提高。

下面考虑一种简单算法，这是一种*贪婪算法*，或称*贪心法*。贪心法也是一种典型的算法设计思路（或称*算法设计模式*），基本想法就是根据处理中掌握的信息，向着得到解的方向，能做的就尽可能做，直到不能做了再换一个方向继续。这样做并不保证找到最优解，但通常能找到一个“可接受的”解。对我们的问题，它可能给出一种较好的分组。

算法的梗概（伪代码）如下：

```
输入：图G                              # G记录了图中的顶点连接关系
用集合verts保存G中所有顶点            # 建立初始状态
设置集合groups为空集                   # groups记录得到的分组，其元素是顶点的集合
while 存在未着色顶点：                 # 每次迭代用贪心法找一个新分组
    选一种新颜色
    在未着色顶点中给尽量多的非邻接点着色   # 构造一个分组
    记录新着色的顶点组
# 算法结束时集合groups里记录着一种分组方式，细节还需要进一步考虑
```

现在我们来考虑用这个算法处理图1.3中的冲突图，假定操作按照前面列出的13个方向的顺序进行处理。操作中的情况如下：

㊀ 这里所说的平面图（图形）指一类图，在保持邻接关系不变的前提下，通过调整顶点的位置，总可以把原图变换为另一个图，在这个图中不存在两条边交叉的情况。

1. 选第 1 种颜色构造第 1 个分组，顺序地选出相互不冲突的 AB、AC、AD，以及与任何方向都不冲突的 BA、DC 和 ED，把它们放在一起，作为第一组。
2. 选出 BC、BD 和与它们不冲突的 EA 作为第二组。
3. 选出 DA 和 DB 作为第三组。
4. 剩下的 EA 和 EB 作为第四组。

显然，上述几个分组内部的各个方向互不冲突，而且每个行驶方向都属于一个分组，因此，我们已经得到了一个满足问题要求的解。分组情况如下：

{AB, AC, AD, BA, DC, ED}, {BC, BD, EA}, {DA, DB}, {EA, EB}

在上面的算法梗概里，还有一个重要的细节缺失：其中没有说明如何完成一种新颜色的着色处理。现在考虑这个问题。

设 G 如前所述，算法开始时 verts 是 G 中顶点的集合。用新变量 new_group 记录正在构造的用当前新颜色着色的顶点集合，算法的每次迭代生成一个新分组，开始做新分组时把 new_group 置为空集。找出 verts 里可以用新颜色着色的顶点集的算法是：

```
new_group = 空集
for v in verts:
   if v 与 new_group 中所有顶点之间都没有边：
        从 verts 中去掉 v
        把 v 加入 new_group
# 循环结束时 new_group 是可以用一种新颜色着色的顶点集合
```

用这段伪代码作为前面算法框架中主循环的体，我们就得到了一个完整的算法。

仔细检查这个算法，可以看到其中假设了一些集合操作和一些图操作。集合操作包括判断一个集合是否为空，构造一个空集，从一个集合里删除元素，向一个集合里加入元素，顺序获得一个集合的各个元素（上面算法中的 for 循环里需要做这件事）。图的操作包括获取图中所有顶点，以及判断两个顶点是否相邻。

实际上，上面的讨论中顺便介绍了两种最基本的算法设计方法：

- 枚举和选择（选优）：根据问题，设法枚举出所有可能情况，先从中筛选出问题的解（检查枚举生成的结果，判断其是否为问题的解），再从这些解中找出所需的解（例如最优解，完成这一步，我们需要有评价解的优劣的能力）。
- 贪心法：根据当时已知的局部信息，完成尽可能多的工作。这样做，通常可以得到正确的解，但可能并非最优解。对一个复杂的问题，全面考虑最优的代价可能太高，为了得到实际可用的算法，常常需要在最优方面做出妥协。

1.2.3　算法的精化和 Python 描述

前面我们已经开发出了一个解决图着色问题的抽象算法，但它与实际程序还有很大距离。如果进一步考虑实现，还有很多需要处理的细节，例如：

- 如何表示颜色？例如，可以考虑用一些不同的整数代表颜色。
- 如何记录得到的分组？可以考虑用集合表示分组，把构造好的分组（集合）加入 groups 作为元素（也就是说，令 groups 是集合的集合）。
- 如何表示图结构？

实际上，是否把“颜色”记入 groups 并不重要，可以记录或者不记录。下面的考虑是记录颜色，将“颜色”和相应的新分组做成一种二元组。

现在考虑怎样填充前面算法中的细节，完成一个 Python 程序。首先，我们考虑把抽象的集合对应到 Python 的 set 类型，所需集合操作大都可以直接映射 set 的操作：

- 判断集合 vs 是空集，对应于直接判断 not vs。
- 设置一个集合为空，对应于赋值语句 vs = set()。
- 从集合中去掉一个元素的对应操作是 vs.remove(v)。
- 向集合里增加一个元素的对应操作是 vs.add(v)。

Python 的 set 类型支持元素遍历，可以用 for x in vs …实现，这会导致循环以某种 Python 系统内部确定的顺序遍历集合 vs 的元素。

算法中需要的图操作依赖于图的表示，需要考虑如何在 Python 中实现图数据结构。图是一种复杂数据结构，支持一些操作，实现方法很多，第 7 章将详细讨论这个问题。下面假定我们已经有了图结构，它支持两个操作（具体实现依赖于图的表示）：

- 函数 vertices(G) 得到 G 中所有顶点的集合。
- 谓词 not_adjacent_with_set(v,group,G) 检查顶点 v 与顶点集 group 中各顶点在图 G 中是否有边相连，无边时返回真（True）。

有了图结构和这两个操作，程序实现就很简单了。下面是一个程序（算法）：

```
def coloring(G): # 做图 G 的着色
    color = 0
    groups = set()
    verts = vertices(G) # 取得 G 的所有顶点，依赖于图的表示
    while verts:        # 如果集合不空
        new_group = set()
        for v in verts:
            if not_adjacent_with_set(v, newgroup, G):
                new_group.add(v)
                verts.remove(v)
        groups.add((color, new_group))
        color += 1
    return groups
```

这个算法已经是一个 Python 函数，能对任何一个图计算出顶点分组。其中欠缺的细节就是图的表示，以及函数里用到的两个图操作（见上面的说明）。

1.2.4 讨论

一般而言，完成了程序还不是工作的结束。在任何时候，当我们完成了一个算法或程序后，都应该回过头仔细检查得到的结果，考虑其中有没有问题。上面的工作完成了一个图着色程序，给它一个冲突图，它就会返回一个分组的集合。现在应该回过头，认真考虑工作中遇到的各种情况和问题，包括一些前面可能忽略的情况。

解唯一吗？

首先，应该看到，对给定的交叉路口实例，满足要求的分组通常并不唯一。除了前面几次提到的每个方向独立成组的平凡解之外，完全可能找到另一些解，其分组数并不更多。对前面的具体问题实例，下面是另一组满足要求的解，分组数也是 4：

{AB, EB, EC}, {AC, AD, BC}, {BA, BD, DB, ED}, {DA, DC, EA}

读者不难做出判断，这个分组确实是该问题实例的解。

前面算法给出的解是确定的，这依赖于算法中选择顶点的具体策略，以及对图中顶点的遍历顺序（算法中的 `for x in verts` 给出一种顶点顺序）。

求解算法和原问题的关系

回顾前面的工作过程，我们从问题出发，最终得到了一个 Python 程序：

1. *有关工作开始于交叉路口的抽象图示，首先枚举所有合法通行方向。*
2. *根据通行方向和（不同方向）冲突的定义，画出一个冲突图。*
3. *把通行方向的分组问题归结为冲突图中不相邻顶点的划分问题，开发相应的求解算法，用得到的顶点分组作为交叉路口可以同时通行的方向分组。*

但是，这样得到的结果真是原交叉路口问题实例所要求的解吗？

仔细分析可以看到，上面算法中采用的分组定义并不等同于原问题中的分组定义：算法给出的是所有行驶方向的一种划分（各分组互不相交，每个顶点只属于一个分组）；而本工作开始考虑安全分组时，只要求同属一组的顶点（行驶方向）互不冲突。也就是说，原问题允许同一个行驶方向属于不同分组（现实情况也是这样，可能某行驶方向在多种情况下都是绿灯，例如所谓的“无害右转”）。分组不相交的根源在于算法（程序）中构建新分组的方法：一旦选择某顶点，就将其从未分组顶点集中删除，这样就产生了划分的效果。

想回到求解之前对原问题的考虑，并不一定需要推翻得到的算法，也可能在原算法上调整。例如，对图 1.3 的交叉路口实例，前面算法给出：

{AB, AC, AD, BA, DC, ED}, {BC, BD, EA}, {DA, DB}, {EA, EB}

我们可以尽可能地扩充这些分组，加入与已有成员不冲突的方向，这样就能得到：

{AB, AC, AD, BA, DC, ED}, {BC, BD, EA, BA, DC, ED},
{DA, DB, BA, DC, ED, AD}, {EA, EB, BA, DC, ED, EA}

根据前面的定义，这样扩充得到的各个分组仍然是安全的，请读者检查。如何修改前面算法，使之能给出这样的分组？这个问题留给读者考虑。

另一个问题前面已经有所讨论，就是冲突概念的定义问题。前面采用行驶方向相互交叉作为不安全情况的定义，这是一种很合理的选择。但是，完全可以有不同的考虑。例如，前面提到的直行与旁边道路的右转问题（例如，在允许 BD 的情况下，是否允许 AD 和 ED）。对于同一个路口，如果冲突的定义不同，做出的冲突图自然会不同。实际定义应该反映交管部门对具体路口实际情况的考量，需要根据具体情况确定。

还有许多实际问题在前面算法中也没有考虑。例如，在用于控制实际交叉路口的红绿灯时，得到的行驶方向分组应该按什么顺序循环更替？这里能否找到一些调度原则，设计算法得出结果？另一些问题更实际，可能也更难通过计算机处理。例如各分组的绿灯持续时间，这里涉及公平性、实际需要等，可能还有其他问题。

总结一下，在前面的工作中，我们从问题出发逐步推进，最后得到了算法和程序。但是，这个程序解决的问题与原问题已经有了一些距离。算法的输入是经过人工分析和加工而得到的冲突图，要做出冲突图，就需要定义什么是冲突，这一步完全基于人的考虑。此外，算法的结果尚未考虑红绿灯的实际调度，因此，要用到实际中，还需要做许多工作。

在我们用计算机解决实际问题时，经常会看到上面这些情况，以及许多类似的情况。

小结

本节的目标是开发一个程序，给它任意一个交叉路口的信息，就能得到该路口可能行驶方向的安全分组。经过仔细分析，我们给出了一种解决方案（算法），并进一步精化，给出了一个采用Python语言形式描述的“函数定义”。但它还不是一个可以运行的程序。

Python是一种高级的编程语言，提供了一批高级数据类型。例如，set数据类型可直接用于前面的算法。但是，算法中需要的一些功能是Python没有的，主要是缺少图结构及其操作。在Python里实现了图结构，前面的“算法”就变成了一个可运行的实际程序。

有些编程语言中没有像set这样的高级数据类型，只提供了很少的一组基本类型和几种数据组合机制。例如，C语言就是这样，只有几种简单类型和较低级的组合机制。要在C语言里实现前面的算法，就需要自己实现集合、图以及相关操作。

在解决复杂问题的程序里，经常要用到集合、图等复杂的数据结构，用于表达计算中获得、构造和处理的复杂信息。理解这类高级结构的各方面性质，在所用编程语言中有效地实现它们，是本书后面章节将要讨论的重要问题。对于提供了一些高级数据结构的Python语言，本书还将介绍其中一些重要结构的性质，以及它们的合理使用方法。

1.3 算法和算法分析

本节集中讨论算法的问题，特别是算法的性质及其分析技术。

1.3.1 问题、问题实例和算法

前面说过，在考虑计算问题时，我们需要清晰地理解问题、问题实例和算法三个重要概念，弄清它们之间的关系。这些就是本小节讨论的内容。

三个基本概念

考虑一个计算问题时，需要注意三个重要概念：

- 问题：一个问题W是需要解决（需要通过计算求解）的一个具体需求。例如判断任一个正整数N是否为素数，求任意一个方形矩阵的行列式值等。“问题”的概念可以严格定义，但我们还是想依靠读者的直观认识。总而言之，现实世界中存在着许许多多需要用计算的方法来解决的问题，它们是研究算法、实现程序的出发点。
- 问题实例：问题W的实例w是W的一个具体例子，通常可以通过一组参数设定。例如，判断1013是否为素数是素数判断问题的实例，求一个具体方阵的行列式值是行列式求值问题的实例。显然，一个问题反映了它的所有实例的共性。
- 算法：解决问题W的算法A是对一个计算过程的严格描述。对W的任何实例w实施算法A，都能得到w的解。例如，判断素数的算法应能判断1013是否为素数，还能处理其他正整数；求矩阵行列式值的算法能应用于任何矩阵，得到其行列式的值。

下面是一些（计算）问题及其实例：

- 求两个矩阵的乘积，求任意两个具体矩阵的乘积都是其实例。
- 把一个整系数的多项式分解为一组不可约的整系数多项式（因式）的乘积，完成具体多项式的因式分解就是这个问题的实例。
- 把一个图像顺时针旋转90°，将任何具体图像旋转90°都是其实例。

- 辨认数码相机取景图像里的人脸，每次拍照时处理取景框图像都是其实例。

要用计算机解决某个问题，就必须开发出一种解决问题的方法（和算法），然后将它实现为一个程序。解决一个问题的算法应该能求解该问题的（所有）具体实例。另一方面，对于一个可以用计算机解决的问题，完全可能存在多种不同的算法。

算法的性质

一个算法（algorithm）是对一种计算过程的严格描述，通常认为算法具有如下性质：

- **有穷性**（算法描述的有穷性）　一个算法的描述应该由有限多条指令或语句构成。也就是说，算法描述的长度必须是有穷的。
- **能行性**（或称**有效性**）　算法中所用指令（语句）的意义必须严格、简单和明确，可以通过某种设备（如计算机）完成。算法说明的操作（计算）过程可以机械地进行。
- **确定性**　作用于所求解问题的给定输入（以某种形式描述的被处理问题的具体实例，实例的表示）时，该算法将产生一个唯一确定的动作序列。使用算法的方式，就是把问题实例（的表示）作为输入，执行算法描述的操作序列，得到相应的解。
- **终止性**（行为的有穷性）　对问题的任何实例，算法产生的动作序列都是有穷的：它或者终止并给出该问题实例的解，或者终止并指出对给定的输入无解。
- **输入/输出**　有明确定义的输入和输出。

满足确定性的算法也称为确定性算法。实际上，现在人们也关注意义更广泛的概念，例如所谓的非确定性算法，还有并行算法、概率算法等。另外，人们还关注并不要求必须终止的计算描述，这种描述有时被称为过程（procedure）。

解决问题的算法不仅具有理论意义，也有重要的实际价值。例如：

- 谷歌、百度等网络搜索公司开发和使用的各种网络检索和排名算法。它们能有效地利用大量计算机设备，收集、整理互联网上存在的大量杂乱无章的信息，满足网络用户的需要。从用户角度看，这些算法的重要功能是对与用户请求有关的信息做了一些整理，把最可能满足用户需要的信息排在前面，这个问题称为排名（ranking）。
- 现代社会特别重视信息的传播和存储的安全，社会生活中使用越来越广泛的电子金融、电子商务都非常依赖于信息的安全性。计算机网络和网络服务的安全性依赖于所用的加密方法，高安全和高效率的加密/解密算法具有极高的应用价值。

算法的描述

前面说，一个算法严格描述了一种计算过程，但是没说明算法描述的形式和方式。实际上，与数学中的定义和定理类似，算法首先用于人之间的交流，传播问题的解决方法，帮助人理解和思考问题的求解方法和技术。因此，算法的描述方式必须在易写、易读、易理解和严格性之间取得某种平衡。具体算法描述应该基于清晰定义的概念，包含足够多的细节，使得严格按算法描述一步步工作，就能完成具体实例的求解。常见的描述形式如：

- 自然语言（如汉语或英语）描述。用自然语言描述计算过程，可能比较容易阅读，但通常比较冗长、啰唆，也容易有歧义，可能造成读者的误解。
- 在自然语言描述中结合一些数学记法或公式的描述形式。这是前一描述形式的变形，主要是为了简洁、严格（消除歧义），减少误解的可能性。

- 严格定义的形式化描述形式。下面是两个例子。
  - 采用某种通用的计算模型描述，例如用一个完成相应计算的图灵机描述算法。这种描述是严格的，无歧义，但通常非常烦琐，极难阅读，而且难以进一步使用。
  - 采用某种严格的专门为描述算法而定义的形式化描述语言。这样做可以保证严格性，避免歧义。但是，目前还没有公认的最合适的语言。
- 采用类似某种编程语言的描述形式。可能掺杂使用数学符号和记法描述算法的一些细节和具体操作。例如，前面实例用的就是类似 Python 的控制结构，结合自然语言和数学符号。利用编程语言的控制结构，可以简洁清晰地反映操作的控制、执行条件和顺序，常能得到较为简洁的算法描述。这种方式的问题是可能涉及过多细节，不利于跨语言使用。在实际写算法描述时，应该注意尽量避免这些问题。
- 采用某种伪代码形式，结合编程语言的常用结构、形式化的数学记法代表的严格描述和自然语言。这种方式与前一方式类似，但不过多拘泥于具体语言。

目前最常见的是后两种描述形式。在本书中需要描述算法时，通常采用 Python 语言程序的形式，结合自然语言和数学表达形式，主要用于局部的操作功能说明。

算法和程序

需要用计算来解决的问题通常都很复杂：问题实例可能很大，完成计算可能需要做数以千万或亿万次具体操作。人工计算只能处理简单问题的小实例，不可能完成大规模计算。要解决有一定规模的有实际价值的问题，必须利用能自动工作的计算机器，今天能用的就是电子计算机。要指挥计算机工作，就需要做出它能够执行的程序。

*程序*可以看作用计算机能处理的语言描述的算法。由于程序是算法的实际体现，又能由计算机执行，因此被称为算法的*实现*。程序可以用各种计算机语言描述，例如：可以用特定计算机硬件能直接处理的机器语言或者汇编语言；也可以用通用的高级语言描述，如使用 C、Java 等。本书将采用 Python 语言描述程序，定义各种数据结构，实现各种算法。

程序和算法密切相关。每一个程序背后都隐藏着一个或一些算法。如果一个程序正确实现了能解决某个问题的某算法，用这个程序处理该问题的实例，就应该得到相应的解。此外，这个程序运行时表现出的各种性质，也应该反映它所实现的算法的性质，这样的程序才是相应算法的一个合理实现。下面还会进一步讨论这个问题。

另一方面，由于程序是用计算机能处理的具体编程语言描述的，其中必然会包含一些与具体语言有关的细节结构，以及语言的描述方式方面的特征。使用的语言不同，不仅可能影响算法描述的方便性，也可能影响相应算法在计算机上实际运行的效率。

由于上面这些情况，在抽象地考虑问题的求解、相应的计算过程，或者考虑计算过程的抽象性质时，人们常用算法作为术语，特别强调这是有关计算过程的一个抽象描述。而在考虑一个计算在具体语言里的实现和实现中的问题时，人们常用*程序*这一术语讨论相关问题。本书也采用这种通行的做法。此外，有时文中实际讨论的是一个程序，却说算法，这时我们实际想说的就是该程序背后那些与具体语言无关的东西。

算法设计与分析

算法是计算机科学技术领域重要的研究方向，其具体应用遍及计算机科学技术的所有研究和应用领域。由于算法的重要性，有关专家已经在这里深耕多年，也对算法设计和开发的经验做了许多总结，相关研究领域称为*算法设计与分析*。

所谓算法设计，就是从需要解决的问题出发，通过分析和思考，最终得到一个能解决问题的算法的工作过程。显然，算法设计是一种创造性工作，需要智慧和经验，不可能自动化。实际应用问题千变万化，解决它们的算法也多种多样。但是，由于都是描述计算，许多算法的设计思想有相似之处，也有些规律可循。人们深入研究了算法设计领域的经验和成果，总结出一些有用的线索、重要的思路和模式，可供我们在设计新算法时参考。人们还对算法的设计方法做了一些分类研究，对我们的学习和工作也很有参考价值。

算法设计中的通用想法可以称为*算法设计模式*。重要的模式包括：

- **枚举法**。根据被求解问题，枚举出所有可能有用的信息，从中选出真正有用的信息或者问题的解。这种方法利用了计算机的速度优势，在解决简单问题时十分有效。
- **贪心法**。前面提到过这种方法，就是根据问题的情况尽可能做出一部分解，然后基于已有的部分解逐步扩充，得到完整的解。在解决复杂问题时，这种做法未必能得到最优解。但如果没有更好的办法，或者得到最优解的代价太高，贪心法就有了用武之地。
- **分治法**。设法把复杂的问题分解为若干相对简单的子问题，分别求解。然后把得到的子问题的解组合起来，构造出原问题的解。
- **回溯法（搜索法）**。专指通过探索的方式求解问题。如果问题很复杂，没有清晰的求解路径，可能需要通过一些步骤去求解。如果每一步又存在多种选择，我们就只能采用试探的方式，根据实际情况选择一个可能方向。当后面的求解步骤无法继续时，需要退回到前面的选择点另选其他路径，这种回退再另寻出路的动作称为*回溯*。
- **动态规划法**。在一些复杂情况下，问题求解很难直截了当地进行，这时就需要在前面的步骤中积累信息，在后续步骤中根据已知信息，动态地选择当时可以确定的最佳求解路径（同时还可能进一步积累信息）。这种算法模式称为*动态规划*。
- **分支限界法**。可以看作搜索方法的一种改良（或高级）形式。如果在搜索过程中可以得到一些信息，提前确定某些貌似有用的方向实际上并没有价值，就可以及早将其删除，以缩小需要探索的求解空间，加速问题的求解过程。

这里需要说明两点：首先，上面这些算法设计模式是前人的经验总结，只能借鉴，不应该作为教条。其次，这些模式并不相互排斥。例如，一般而言，解决复杂的问题时，都需要对问题做适当的分解；另外，分解中得到的最简单情况常常可以采用枚举或其他直接的方式处理。所以，复杂算法常常是多种模式的有机组合，从中可以看到多种算法模式的身影。还应该强调，对于算法设计而言，并没有放之四海而皆准的设计理论或设计技术，我们不但需要借鉴和灵活运用前人经验，还要动用自己的智慧。算法是智力活动的产物，一个好算法至少相当于一个好定理及其证明，因为算法不仅说明了一件事可以用计算机处理，而且可以实现为程序，使我们有可能用计算机去解决问题。

在设计和使用算法的过程中，人们也深入研究了算法的性质，包括所有算法的一些共有性质，以及不同类别的算法的具体性质。在共有性质中，最重要的就是算法的实施必然耗费资源，要付出时间和空间的代价。*算法分析*的主要任务就是弄清其资源消耗的量，下一小节会专门讨论这个问题。算法分析的最重要作用是作为评价算法的方法。例如，解决同一个问题时，常可以设计出许多不同算法，消耗时间和空间更少的算法通常更为可取。

1.3.2 算法的代价及其度量

在现实世界中研究计算问题，必须考虑计算的代价。一方面，计算机是一种物理设备，执行每个操作都需要时间。今天的计算机速度非常快，每秒能完成数十亿计的操作，但每次操作还是需要一点时间。大量操作的时间加在一起，就可能超过任意固定的时间限度。另一方面，计算时需要保存被处理的数据，复杂的计算中还要保存许多中间结果。虽然今天最普通的计算机也有数十亿计的存储单元，但存储量毕竟有穷，总有可能用完。

由于这些情况，确定了算法之后，我们还必须考虑用它解决问题的代价：该算法在求解过程中需要多少存储空间？完成问题实例的求解需要多少时间？从使用者的角度，最重要的是得到结果的最长可能时间，以及算法运行中的存储需求的上限。

度量的单位和方法

现实中有许多不同的计算机，它们的操作速度、存储单元的大小等都可能不同。理论研究应该有一定抽象性，忽略具体机器的非普遍性特征，反映算法的共性和本质，得到的结果才有更广泛的指导意义。为了抽象地研究算法的性质，我们需要做一些简单假设：

- 计算机为存储数据准备了一组基本单元，每个单元只能保存固定大小的一点数据。在考虑算法的空间性质时，我们将以这种单元作为计量单位，考察需要使用的单元数量。
- 计算机能执行一些基本操作，每次操作消耗一个单位的时间。在考察算法的时间性质时，我们将以基本操作作为计时单位，考察算法需要执行的操作数量。

在分析具体算法时，可以根据需要选择合理的存储单位，以其计量值作为存储开销（空间开销）的度量，只要求这种单位的大小固定；还应该选一组合适的操作，以其执行次数作为时间度量，选择的前提是常规计算机执行这些操作的时间大致是某个常量时间。

为了评价不同的算法，我们需要一种合理的方法，下面讨论这个问题。讨论中以计算的时间开销为例，空间开销的情况类似，不再另行说明。

假设有一个针对计算问题 W 的算法 A，现在要考虑 A 的时间开销。根据前面的讨论，算法 A 应该能处理 W 的任何实例。问题 W 的实例可能有大有小，对规模不同的实例，使用算法 A 求解的代价通常可能不同。很显然，判断 1013 或者 10013131301131 是否为素数，同一个算法需要花费的时间通常会不同。要计算矩阵行列式的值，计算 3×3 矩阵的行列式只涉及 9 个元素的处理，而计算 3000×3000 矩阵的行列式，需要处理的元素数增大了 100 万倍，计算量必然大得多，耗费的时间也必然多得多。

上述讨论说明，在应用于不同实例时，同一算法的（时间和空间）代价通常会随实例规模（大小）的增大而增大。如果希望对算法代价的一种度量能适用于任何实例，度量的方式就必须反映实例规模对求解代价的影响。一种合理的方法是把算法的代价定义为实例规模的函数。也就是说，针对一个具体算法，设法确定一种函数关系，以问题实例的规模 n 为参量，该函数描述这个算法在处理规模为 n 的实例时付出的（时间或空间）代价。

把算法的代价看作实例规模的函数后，我们就会看到一种现象：随着实例规模的增长，有些算法的（时间或空间）代价函数的增长比较快，而另一些算法的代价函数增长得比较慢。这种相异的函数关系就反映了被度量算法的性质。按高等数学的观点，这样的函数关系描述了一种增长趋势，表现的是在规模 n 趋向无穷的过程中代价函数的增长速度。下面把这些函数关系分别称为算法的时间代价和空间代价。

与实例和规模有关的两个问题

在讨论算法的代价时，还有两个问题需要说明。首先是实例规模度量的选择。实例度量是分析一个算法的基本标准，算法的代价将基于它来描述。采用的尺度不同，有关算法代价的结论也可能不同。实际中会出现什么问题呢？我们先看两个具体例子。

对于判断素数的问题，有两个尺度似乎都可以选作实例规模的度量：一种是被检查整数的数值，另一种是被检查整数在某种进制（例如十进制或二进制）表示下的数字串长度[㊀]。这里有一个大问题：当进制大于等于2时，整数的数值与其进制表示的数字串长度之间是指数关系，长 m 的数字串可以表示直至 B^m-1 的整数，其中 B 为进制的基数（例如10或2）。对矩阵行列式问题也有两种可能的尺度，可以取矩阵的维数，或者取矩阵中的元素个数。两者之间有一个平方的差异。易见，虽然上述几种度量选择都有道理，但选择不同的尺度来描述算法的代价，就会得到不同的结论。

我们对算法做理论研究，不仅希望能比较解决同一问题的不同算法，还希望对解决不同问题的算法之间的关系有所认识。因此，我们希望通过一种统一的尺度来讨论算法的代价问题。由于问题实例对应于算法的输入，素数判断算法的输入就是可能长也可能短的数字串，而矩阵行列式算法的输入就是表示矩阵的那一组元素。就实例规模而言，最直接的反映就是输入数据的多少，这种看法适用于一切计算问题和算法。

按照这种观点，对于素数判断问题，应该用整数表示的数字串长度作为问题规模的度量；而对矩阵的行列式求值，应该用矩阵中元素的个数（或者元素个数乘以每个元素的表示长度，两者之间差一个常量因子）作为问题规模的度量。对一些具体问题，有时人们也有习惯的做法。例如，对于与矩阵有关的算法，人们在讨论问题时，经常用矩阵的阶数作为规模的度量。按这种度量给出算法的代价，就会与以矩阵元素个数为标准的代价有一个平方的差异。

还有一个问题值得注意：我们用同一个算法解决问题时，即使处理同样规模的实例，计算的代价也可能不同。以素数判断算法为例。对于长度为100个十进制数字的整数，如果被检查的是偶数，算法可能立刻给出否定的结果，而对于奇数就需要花更多时间。在这方面，处理不同问题的不同算法的性质也可能不同。

现在考虑处理数值表（数值序列）的两个问题：如果要得到表中数据的平均值，任何算法都需要算出所有数据之和，对同样大小的实例（同样长度的数据表），计算代价都差不多。如果问题是找到数据表中第一个小于0的项，情况就很不一样了。采用顺序检查的方法处理包含10 000个数据的表，有时很快就能得到结果，有时则要检查完所有数据。

考虑计算中可能遇到的各种情况，在分析算法A的代价时（以时间为例），实际上存在着几种不同的度量准则。对于处理规模为 n 的实例，我们可以考虑：

- 算法A完成工作最少需要多少时间；
- 算法A完成工作最多需要多少时间；
- 算法A完成工作平均需要多少时间。

很显然，第一种考虑的价值不大，因为这种考虑通常不能提供有用的信息。在实际中也是如此，对完成工作所需时间的最乐观估计基本上没有价值。

第二种考虑提供了一种保证，说明在这一估计时间内，算法A一定能完成所需的处理工作。这种代价称为最坏情况的时间代价。

第三种考虑是希望对算法A做一个全面评价（处理规模为 n 的所有实例的平均时间代价），全面地反映这个算法的性质。但也应该看到，这个时间代价并不是一个保证，并非

㊀ 注意，只要基数 $B \geqslant 2$，在不同基数之下，同一整数的编码长度就只相差一个常数因子。例如，整数 n 的二进制编码长度与十进制编码长度之比大约是 $\frac{\log_2 n}{\log_{10} n}=\log_2 10$。

对每个实例的计算都能在这一时间内完成。此外，“平均”依赖于所选实例，以及这些实例出现的概率，常常需要做一些假设。例如，假定规模同为 n 的各种实例的出现均匀分布。然而，在实践中，具体问题的实例的出现可能有自己特殊的分布情况，未必与理论分布一致，而真实的分布往往很难确定。这些都给平均代价的度量带来困难。

在有关算法的研究和分析中，人们通常主要关注算法的最坏情况代价，有时也关注算法的平均代价。本书后面的章节里也这样考虑。

常量因子和算法复杂度

如果我们仔细地分析一个具体程序处理一个具体实例的过程，有可能弄清计算过程中各种操作的实际执行次数。通过分析一些不同规模的实例，也可能把得到的操作次数总结为问题实例规模的一个具体函数。当然，这样做一定会牵涉很多细节，再加上程序描述中可能出现分支等情况，给出一个精确的统一描述通常是非常困难的。

对于抽象的算法，我们常常无法做出精确的代价度量，因此只能退而求其次，设法估计算法代价的量级。从另一个角度看，分析算法性质是为了算法的设计和评价，最终还是为了用程序实现算法。由于程序运行所用的计算机不同、描述程序的语言不同、实现的方法不同等，同一个算法在不同环境中运行，实际（时间和空间）代价也可能有很大差异。

这些情况说明，具体的精确分析虽然很好，但在实践中的价值有限。对于算法的时间和空间性质，最重要的还是其代价的量级和变化趋势，这些是代价的核心，而代价函数的常量因子的意义则次之。例如，我们可以认为 $3n^2$ 和 $100n^2$ 属于同一个量级，如果两个算法处理同样规模实例的代价分别为这两个函数，就认为它们的代价“差不多”。基于这些考虑，人们提出描述算法性质的“大O记法”。

现在给出“大O记法”的严格定义：对于一个单调上升的整数函数 f，如果存在一个整数函数 g 和实常数 $c>0$，使得对于充分大的 n 总有 $f(n)\leqslant c\cdot g(n)$，我们就说函数 g 是 f 的一个*渐近函数*（忽略常量因子），记为 $f(n)=\mathrm{O}(g(n))$。易见，$f(n)=\mathrm{O}(g(n))$ 说明在趋向无穷的极限意义下，函数 f 的增长速度受限于函数 g（忽略常量因子）。

把渐近函数的概念应用于算法的代价问题。假设存在函数 g，使算法A处理规模为 n 的问题实例所用的时间 $T(n)=\mathrm{O}(g(n))$，则称 $\mathrm{O}(g(n))$ 为算法A的*渐近时间复杂度*，简称*时间复杂度*。算法的*空间复杂度* $S(n)$ 的定义与此类似。

这里有几点说明。

首先，如果 $T(n)=\mathrm{O}(g(n))$，那么，对任何增长速度比 $g(n)$ 更快的函数 $g'(n)$，显然也有 $T(n)=\mathrm{O}(g'(n))$。这说明上面定义考虑的是算法复杂度的上限。虽然这种描述不太精确，但对于本书的讨论以及很多计算机实践，这种度量方式已经足够了。

其次，虽然可以选择任意合适的函数作为描述复杂度时使用的 $g(n)$，但是实际上，一组简单的单调函数足以反映人们对基本算法复杂度的关注。在算法和数据结构领域，人们最常考虑的是下面这组渐近复杂度函数：

$$\mathrm{O}(1),\mathrm{O}(\log n),\mathrm{O}(n),\mathrm{O}(n\log n),\mathrm{O}(n^2),\mathrm{O}(n^3),\mathrm{O}(2^n)$$

在后面的讨论中，我们将经常采用通行的说法，把 $\mathrm{O}(1)$ 称为*常量复杂度*（这实际上说明算法的代价与实例规模无关），把 $\mathrm{O}(\log n)$ 称为*对数复杂度*，把 $\mathrm{O}(n)$ 称为*线性复杂度*，把 $\mathrm{O}(n^2)$ 称为*平方复杂度*，把 $\mathrm{O}(2^n)$ 称为*指数复杂度*。注意，根据前面的脚注，在考虑量级时，对数函数的底数并不重要（不同的底数只会带来常量因子的不同），因此可以忽略。另外，当一个算法的时间复杂度为 $\mathrm{O}(n)$ 时，我们也常说这个算法是一个 $\mathrm{O}(n)$ 时间的算法，或者说该算法需要 $\mathrm{O}(n)$ 时间。对其他复杂度也常采用类似的说法。

显然，如果算法 A_1 具有平方时间复杂度，但不具有线性时间复杂度，也就是说，其时间代价函数 $T_1(n)=O(n^2)$，但 $T_1(n) \neq O(n)$，而另一个算法 A_2 具有线性时间复杂度，那么，只要问题的规模 n 足够大，一般而言，算法 A_2 就会比算法 A_1 快得多[⊖]。

图 1.4 描绘了不同复杂度函数的增长速度。表 1.1 给出了对几个具体 n 值（n=10, 20, 30, 40, 50），几个常用的复杂度函数的值。可以看到这些函数值变化的一些情况和趋势。

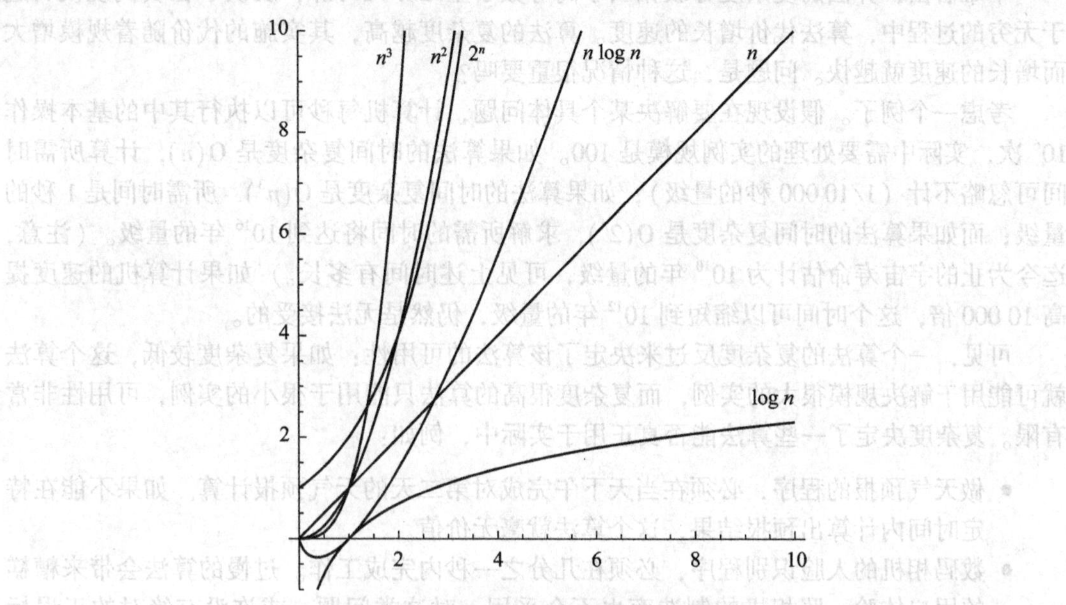

图 1.4　几个常见复杂度函数的增长情况

表 1.1　不同 n 值下常用复杂度函数的值

n	10	20	30	40	50
$\log n$	3.219	4.322	4.907	5.322	5.644
$n\log n$	32.19	86.44	147.21	212.88	282.2
n^2	100	400	900	1600	2500
n^3	1000	8000	27 000	64 000	125 000
2^n	1024	1 048 576	$\approx 1.0 \times 10^9$	$\approx 1.0 \times 10^{12}$	$\approx 1.0 \times 10^{15}$

按照上面的理论，如果算法的改进只是加快了常量倍，也就是说，减小了复杂度函数中的常量因子，算法的复杂度并不改变。然而，在一些实际情况中，这种改进也可能很有意义。例如，需要 3 天时间算出明天的天气预报与需要半天时间就能算出明天的天气预报，算法的实际价值是截然不同的。前者毫无价值，而后者就有可能实用了。理论分析主要是给出了一种基本趋势，使人们可以从比较宏观的角度认识所用的算法。

如果 $T(n)=O(g(n))$（或者 $S(n)=O(g(n))$），函数 $g(n)$ 就是算法的实际时间开销的一个上界。但这不表示算法的实际开销真正具有与 $g(n)$ 同样的增长速度，只说明其增长速度不超过 $g(n)$。当然，也可以研究复杂度的下界（算法代价的增长速度不低于……），或者其上确界和下确界。一些算法分析书籍用不同的记法表示这些概念。本书中只用“大 O

⊖ 这里说“一般而言”的原因见前面有关算法处理问题实例的具体情况的讨论。这句话的另一层意思是，并不能保证对规模足够大的每个实例，算法 A_2 都比算法 A_1 更快。

记法”，但在分析算法时尽可能考虑“紧的”上界。总而言之，“大O记法”给出的是一种保证。另一方面，对很复杂的算法，确定其时间或空间开销的上确界（下确界）可能很困难。

算法复杂度的意义

不难看出，算法的复杂度分级相当于高等数学里无穷大的阶，反映了在实例规模 n 趋于无穷的过程中，算法代价增长的速度。算法的复杂度越高，其实施的代价随着规模增大而增长的速度就越快。问题是，这种情况很重要吗？

考虑一个例子。假设现在要解决某个具体问题，计算机每秒可以执行其中的基本操作 10^6 次，实际中需要处理的实例规模是100。如果算法的时间复杂度是 $O(n)$，计算所需时间可忽略不计（1/10 000秒的量级）；如果算法的时间复杂度是 $O(n^3)$，所需时间是1秒的量级；而如果算法的时间复杂度是 $O(2^n)$，求解所需的时间将达到 10^{16} 年的量级。（注意，迄今为止的宇宙寿命估计为 10^{10} 年的量级，可见上述时间有多长。）如果计算机的速度提高10 000倍，这个时间可以缩短到 10^{12} 年的量级，仍然是无法接受的。

可见，一个算法的复杂度反过来决定了该算法的可用性：如果复杂度较低，这个算法就可能用于解决规模很大的实例，而复杂度很高的算法只能用于很小的实例，可用性非常有限。复杂度决定了一些算法能否真正用于实际中，例如：

- 做天气预报的程序，必须在当天下午完成对第二天的天气预报计算。如果不能在特定时间内计算出预报结果，这个算法就毫无价值。
- 数码相机的人脸识别程序，必须在几分之一秒内完成工作。过慢的算法会带来糟糕的用户体验，照相机的制造商也不会采用。对这类问题，或许没有绝对的正误标准，如果找不到效率够高的好算法，可以考虑不那么准确但速度更快的算法。
- 汽车自动刹车控制系统，必须在驾驶员踩下制动踏板后迅速算出施加给各车轮刹车部件的压力。如果这个计算不能在若干毫秒内完成，后果将不堪设想！

解决同一问题的不同算法

解决同一个问题，很可能存在不同的算法。现在考虑一个简单问题：求斐波那契数列的第 n 项。根据数学知识，斐波那契数列的第 n 项 F_n 可以定义如下：

$$F_0 = F_1 = 1$$

$$F_n = F_{n-1} + F_{n-2} \quad (\text{对于 } n > 1)$$

根据这个定义，我们可以直截了当地写出一个递归算法（用Python函数表示）：

```
def fib(n):
    if n < 2:
        return 1
    else :
        return fib(n-1) + fib(n-2)
```

把参数 n 看作实例规模，易见计算 F_n 的时间代价（考虑求加法的次数）大致等于计算 F_{n-1} 和 F_{n-2} 的代价之和。这说明，计算 F_n 的时间代价大致等比于 F_n 的值。有下面结论：

$$\lim_{n\to\infty} F_n = \left(\frac{\sqrt{5}+1}{2}\right)^n$$

括号里的表达式约等于1.618，所以，采用上面的算法，计算 F_n 的时间代价按 n 值的指数增长。对较大的 n，这一计算就需要极长的时间。

求斐波那契数还有另一个简单的递推算法：

- 对 F_0 和 F_1（如果 n 等于 0 或 1）直接给出结果 1。
- 否则从 F_{k-1} 和 F_{k-2} 递推计算 F_k，直至 k 等于 n 时就得到了 F_n。

对应的 Python 函数实现也很简单：

```
def fib(n):
    f1 = f2 = 1
    for k in range(1, n):
        f1, f2 = f2, f2 + f1
    return f2
```

用这个算法计算 F_n，循环前的工作只做一次，循环需要做 $n-1$ 次。每次循环只执行了几个简单动作，总工作量（基本操作执行次数）与 n 的值呈线性关系。

这个例子说明，解决同一个问题的不同算法，其计算复杂度的差异可以很大，甚至具有截然不同的性质。通过分析算法（程序）复杂度，可以帮助使用者选择适用的算法；也可能发现目前使用的算法复杂度太高，促使人们去开发更好的算法。当然，对于一个问题有没有本质上复杂度更低的算法，也是需要研究的问题。

请读者注意，实际情况可能更复杂，常常不像上面两个算法这样黑白分明。在实际中经常遇到一些情况，需要考虑的两个（或多个）可用算法各有优劣。例如，一个算法的时间复杂度较低但空间复杂度较高，另一个算法的情况正好相反；一个算法对某些问题实例的效率很高，而对另一些实例的效率很差，另一个算法的情况则有所不同。对这些情况需要做进一步分析，权衡利弊，选择最适合实际情况的算法，或者组合使用不同的算法。

1.3.3 算法分析

算法分析的目标就是推导出算法的复杂度，其中最重要的技术是构造和求解递归方程，后面将简单介绍一些情况。由于本书中讨论的算法都比较简单，一般不需要高级的分析和推导技术，采用下面介绍的简单技术就可以完成分析。

基本循环算法的分析

这里只考虑算法的时间复杂度和最基本的循环算法，其中只有顺序组合、条件分支和循环结构。分析这种算法通常只需要几条基本计算规则：

0. 基本操作，通常认为基本操作的时间复杂度为 O(1)。如果是函数调用，应该把函数体的时间复杂度代入，参与整个算法的时间复杂度计算。
1. 加法规则（顺序复合）：如果算法（或所考虑的算法片段）是两个部分（或多个部分）的顺序复合，其复杂度就是这两部分（或多个部分）的复杂度之和。以两个部分为例：

   $$T(n) = T_1(n) + T_2(n) = \mathrm{O}(T_1(n)) + \mathrm{O}(T_2(n)) = \mathrm{O}(\max(T_1(n), T_2(n)))$$

   其中 $T_1(n)$ 和 $T_2(n)$ 分别为顺序复合的两部分的时间复杂度。由于忽略了常量因子，复杂度的加法等于求最大值，取 $T_1(n)$ 和 $T_2(n)$ 中复杂度较高的一个。
2. 乘法规则（循环结构）：如果算法（或所考虑的算法片段）是一个循环，循环体将执行 $T_1(n)$ 次，每次执行需要 $T_2(n)$ 时间，那么

   $$T(n) = T_1(n) \times T_2(n) = \mathrm{O}(T_1(n)) \times \mathrm{O}(T_2(n)) = \mathrm{O}(T_1(n) \times T_2(n))$$

3. 取最大规则（分支结构）：如果算法（或所考虑的算法片段）是条件分支，两个分支的时间复杂度分别为 $T_1(n)$ 和 $T_2(n)$，则有：

$$T(n) = O(\max(T_1(n), T_2(n)))$$

现在看一个简单实例。矩阵乘法要求得到两个 $n \times n$ 矩阵 m1 和 m2 的乘积，存入另一个 $n \times n$ 矩阵 m。假设矩阵在 Python 语言里实现为一个两层的表，两个参数矩阵 m1 和 m2 已经有值，用于保存结果的 m 也已经准备好，计算过程可以用下面代码段描述：

```
for i in range(n):
    for j in range(n):
        x = 0.0
        for k in range(n):
            x = x + m1[i][k] * m2[k][j]
        m[i][j] = x
```

这个程序片段是一个两重循环，循环体是一个顺序语句，其中还有一个内嵌的循环（共计为三重循环）。根据上面的复杂度计算规则，可以做出下面的推导：

$$T(n) = O(n) \times O(n) \times (O(1) + O(n) \times O(1) + O(1))$$
$$= O(n) \times O(n) \times O(n) = O(n \times n \times n) = O(n^3)$$

第一行中第 3 个因子 $(O(1) + O(n) \times O(1) + O(1))$ 表示循环体的复杂度，它包含一个简单循环和前后的两个基本语句，化简后也得 $O(n)$。

再看另一个实例：求 n 阶方形矩阵的行列式的值。我们考虑两种不同算法。

（1）**高斯消元法**：通过逐行消元，把原矩阵变换为一个上三角矩阵，最后求出对角线上的所有元素的乘积，就得到矩阵行列式的值。算法的梗概如下：

```
# 设被求值矩阵为二维表 A[0:n][0:n]
for i in range(n-1):
    用 A[i][i]将 A[i+1:n][i]的值都变为 0
det = 1.0
for i in range(n):
    det *= A[i][i]
```

最后求乘积的循环需要 $O(n)$ 时间。前一步的消元循环从 i 等于 0 做到 i 等于 n-2，对 i 迭代时需要做 n-i-1 行的消元，在每行里需要对 n-i 个矩阵元素做乘法和减法运算，总的时间开销不超过 $O(n^2)$，因此整个算法的时间复杂度是 $O(n^3)$。

（2）**直接基于矩阵行列式的定义**：这个算法是递归的，也就是说，计算 n 阶方阵的行列式时需要计算 n 个 $n-1$ 阶的行列式。类似地，计算每一个 $n-1$ 阶行列式时需要算出 $n-1$ 个 $n-2$ 阶的行列式……如此考虑，可以得到下面的推导：

$$T(n) = n \times ((n-1)^2 + T(n-1))$$
$$> n \times T(n-1)$$
$$> n \times (n-1) \times T(n-2)$$
$$= O(n!)$$

第一行中的平方项表示构造低一阶的矩阵的开销。得到的复杂度 $O(n!)$ 比 $O(n^2)$ 的增长还要快得多，因此这个算法的复杂度极高，只能处理很小的矩阵，没有实用性。

*** 递归算法的复杂度**

最后简单介绍有关递归算法复杂度的理论结果，供读者参考。实际上，循环算法也可以看成简单的递归算法，但因为循环算法比较简单，多数情况下不必采用下面介绍的技术。

递归算法通常具有如下的算法模式：

```
def recur(n):
    if n == 0:
        return g(…)
    somework
    for i in range(a):
        x = recur(n/b)
        somework
    somework
```

也就是说，n 值为 0 时直接调用 g 得到结果，否则原问题将归结为 a 个规模为 n/b 的子问题，其中 a 和 b 是由具体问题决定的两个常量。另外，在本层递归中还需要做些工作，在上面描述里用 somework 表示，其时间复杂度可能与 n 有关，设为 $O(n^k)$。这个 k 也应该是常量，$k = 0$ 表示这部分工作与 n 无关。这样就得到了下面的递归方程：

$$T(n) = O(n^k) + a \times T(n/b)$$

仔细研究这一递归方程，可以得到如下的结论：

- 如果 $a > b^k$，那么 $T(n) = O(n^{\log_b a})$；
- 如果 $a = b^k$，那么 $T(n) = O(n^k \log n)$；
- 如果 $a < b^k$，那么 $T(n) = O(n^k)$。

这些结论能涵盖很大一部分递归定义算法（程序）的情况。

注意，由于这里要求 a、b、k 为常量，有关结论不能处理前面行列式的递归计算，那里的情况是把规模为 n 的问题归结为 n 个规模为 $n-1$ 的问题。

1.3.4 Python 程序的计算代价（复杂度）

本书将用 Python 语言实现算法，因此经常需要考虑 Python 程序的复杂度。

时间开销

在考虑 Python 程序的时间开销时，有一个问题特别需要注意：Python 语言的很多基本操作不是常量时间的。现在介绍和分析一些 Python 结构和操作的效率，这里先列出一些具体情况，更详细的介绍见后面章节。

- 基本算术运算是常量时间操作[⊖]，逻辑运算是常量时间运算。
- 创建对象需要耗时，也需要存储，都与对象大小有关。构造组合对象时还可能需要构造元素，不仅有元素个数问题，还有元素的大小问题。可以分为两种基本情况：
  - 构造新的空结构（空表、空集合等）是常量时间操作；
  - 构造一个包含 n 个元素的结构，则至少需要 $O(n)$ 时间。统计说明，分配长度为 m 个元素的存储块的时间代价是 $O(m)$。
- 序列对象的操作有些是常量时间的，有些不是。例如：
  - 复制和切片操作通常需要线性时间（与长度有关，是 $O(n)$ 时间操作）；
  - list 和 tuple 的元素访问、list 的元素赋值都是常量时间操作；
  - list 的一般加入/删除元素操作（即使只加入一个元素）是 $O(n)$ 时间操作。

⊖ 这句话不准确。浮点数算术运算应认为是常量时间操作。但 Python 的 int 类型可以表示任意大的整数，通过软件技术实现。超过一定范围后，整数越大，一次算术运算耗费的时间也越长。

有关表操作的详细情况参见3.2.4节。在分析使用了序列对象的程序时，需要特别注意其中各种操作的复杂度。
- 字符串也是序列对象，许多字符串操作不是常量时间的。
- 字典 dict 操作采用高级程序技术实现，情况比较复杂，在后面有关“字典”的第7章有详细讨论，现在简单说明一些情况。dict 的最重要操作是加入新关键码-值对和基于关键码查找关联值。这两个操作的最坏情况复杂度是 $O(n)$，但平均复杂度是 $O(1)$。也就是说，字典操作通常效率很高，但偶尔也会出现效率很低的情况。

上面的 n 都表示结构中的元素个数，讨论的都是最常用的操作，它们的效率对程序效率有重大影响。另外，有些类似操作的效率差异很大。例如，在表尾加入和删除元素是常量时间操作，在其他地方加入/删除元素是线性时间操作，应该尽可能选用前者。

空间开销

程序里使用对象要付出空间代价。建立一个表或元组至少要占用与元素个数成正比的空间。如果一个表的元素个数与问题的规模线性相关，建立它的空间付出至少为 $O(n)$（如果元素也是新建的，还要考虑元素本身的存储开销）。

相对而言，表和元组是比较简单的结构。而集合和字典要支持快速查询等操作，其结构更复杂。包含 n 个元素的集合或字典至少需要占用 $O(n)$ 的存储空间。

这里还有两个问题需要特别提出，请读者注意：

1. Python 的各种组合数据对象都没有预设的最大元素个数。在实际使用中，这些结构都能根据计算中的需要自动扩充存储空间。但需要注意，在一个对象的存续期间，其实际空间占用可能自动增大，但是不会自动缩小（即使后来元素变得很少）。假设某个程序里创建了一个表，然后通过不断加入元素导致该表变得很大，之后又不断删除元素使表中的元素变得很少了，这个表占用的存储空间也不会减少。
2. 注意自动存储管理的影响。举个例子，假设程序里创建了一个表，如果一直将其作为某全局变量的值，该对象就会始终存在并占用存储。如果将其作为函数局部变量的值，或者虽作为全局变量的值，但后来又将其抛弃，该对象占用的存储就能回收。

总之，在估计 Python 程序的空间开销时，必须考虑上面这类细节。

Python 提供了很多高级结构，通过简短的代码能完成很多工作，例如构造复杂的新表或者元组。这种方便性也可能带来负面影响。懒散且不清醒的人很容易写出一些貌似正确、实际无用的程序。它们可能由于时间开销太大且毫无必要，只能处理很小的实例；或者是在计算中生成大量不必要的对象，耗尽所有可用内存而最后崩溃。另一个很显然的事实是，构造数据对象本身也需要时间，这两方面的问题往往是纠缠在一起的。

这些讨论都说明，要想写出有用的程序，必须特别关注程序的空间和时间开销。

Python 程序的时间代价实例

现在考虑一个很简单的例子。假设现在需要把得到的一系列数据存入一个表，其中得到一个数据是 $O(1)$ 常量时间操作。有关代码可以写为：

```
data=[]
while 还有数据:
    x = 获得下一数据
    data.insert(0,x) # 新数据加在表的最前面
```

或者写为

```
data=[]
while 还有数据:
    x = 下一数据
    data.insert(len(data),x) # 新数据加在最后，或写 data.append(x)
```

前一代码段把新元素加在已有元素之前，后一写法把新元素加在已有元素之后。两种写法都能完成所需工作（元素加入表中），但表中元素的顺序不同。现在的问题是：这两种写法的效率怎么样？显然，这两段程序的时间代价与循环次数（表的最终长度）有关。但实际情况是：前一个程序段完成工作需要 $O(n^2)$ 时间，而后一个程序段只需要 $O(n)$ 时间。这种情况与 `list` 的实现方式有关，第 3 章中有详细讨论。

作为另一个例子，考虑建立一个表，其中包含从 0 到 $10\,000\times n-1$，共计 $10\,000\times n$ 个整数。下面几个函数都能完成这一工作：

```
def test1(n):
    lst=[]
    for i in range(n*10000):
        lst = lst + [i]
    return lst

def test2(n):
    lst=[]
    for i in range(n*10000):
        lst.append(i)
    return lst

def test3(n):
    return [i for i in range(n*10000)]

def test4(n):
    return list(range(n*10000))
```

但它们需要的时间差异巨大。还可能有许多其他做法也能完成这一工作。请读者自己做些试验，看看不同函数定义产生的计算代价随着 n 值增大而增长的趋势。

程序实现和效率陷阱

假设我们设计了一个算法，通过对它的分析，得到了该算法的时间与空间复杂度。进而，我们可以用某种语言（例如 Python）实现这个算法。这时就出现了一个问题：这个算法实现（程序）的时间开销与原来算法的时间复杂度之间有什么关系？

按照理想的情况，作为算法的实现，相应程序的时间代价的增长趋势应该等同于原算法的时间复杂度。但是，如果程序写得不好，其实际复杂度有可能更差。假设原算法的时间复杂度是 $O(n)$，实现它的程序的复杂度也可能达到 $O(n^2)$ 或者更糟。这说明了一个问题：在考虑程序开发时，不但要选择好的算法，还要考虑如何做出算法的良好实现。

应该注意，用 Python 等高级语言编程，存在一些“效率陷阱”，使得能用的算法变成不能用的程序（时间代价太大），或者至少浪费了大量时间。在实际中，不良实现方式导致的（效率）缺陷很可能“葬送”一个软件，至少也会损害其可用性（降低其价值）。

上面给出的 Python 程序示例中就有这样的情况，例如函数 `test1`。在这方面，最常见的错误是毫无必要地构造一些可能很大的数据对象。例如，在函数的递归调用中构造一些大型结构（如 `list` 等），而后只实际使用了其中的个别元素。从某个局部看，这样做可能使常量时间操作变成线性时间操作。但从递归算法的全局看，甚至有可能是基于多项式时间算法，做出了一个需要指数运行时间的程序，这种程序基本无用。

这种事例的存在说明了一个情况：Python 这样的编程系统提供了许多很有用的高级功能，但是，要想有效地使用它们，我们很有必要了解相关结构的更深入的情况。本书的一个目标就是提供这方面的基本知识，帮助读者深入理解 Python 语言本身。

另外，有些读者可能很想知道 Python 这样强大的系统是如何构造起来的，本书也会提供许多与此有关的基本信息。

1.4 数据结构

从程序输入和输出的角度看，用计算机解决问题可以看作完成某种信息形式的转换。如图 1.5 所示，把以一种形式表示的信息（输入）送给程序，通过在计算机上运行程序，产生以另一种形式表示的信息（输出）。

- 如果程序的输入是"信息表示 A"，表达了需要求解的问题实例；
- 如果得到"信息表示 B"，表达了与这个实例对应的求解结果；

那么，我们就可以认为这个程序完成了该问题实例的求解工作。

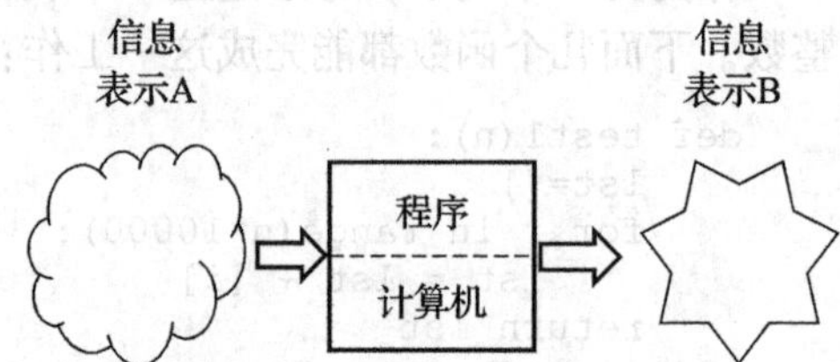

图 1.5　计算和数据表示的转换

为了能用计算机处理与问题有关的信息，必须用某种方式表示它们，并能把相应表示送入计算机。通过表示，信息就变成了（计算机能处理的）数据。与问题有关的信息可能很复杂，不仅可能数量庞大，信息项之间还可能存在错综复杂的联系。为了有效处理，我们必须以适当的形式把蕴涵这些信息的数据组织好。需要处理的信息的情况越复杂，处理过程（计算过程）越复杂，数据的良好组织就越重要。*数据结构*研究的就是计算过程中的数据组织技术。

1.4.1 数据结构及其分类

本节先简单介绍几个概念，而后介绍数据结构的一些情况。

信息、数据和数据结构

*信息*是我们生活和工作中最经常说到和听到的一个术语，人们都说今天已经进入了信息时代。但是，给*信息*一个容易理解的确切定义并不容易。朴素地看，任何事物的形态和运动都蕴涵信息，人的思想和行为也产生信息。我们希望用计算机处理的终极对象就是各种信息，因此说计算机是处理信息的工具，它本质上具有与人类发明的其他工具截然不同的性质。

显然，要想用计算机处理信息，首先必须把信息变成计算机能处理的形式。这种转换可能由人完成，也可能通过一些物理设备完成。例如，数码相机把一个场景转化为一幅数字化图像；数字麦克风把一段声音转化成按某种方式编码的一串数字信号；人通过敲击键盘，把一些语言记录下来，变成一段标准编码的文本串；光学扫描和文字识别可以把纸张上的印刷文本转变为计算机能处理的标准编码文本。

在计算机科学技术领域，*数据*（data）指计算机（程序）能处理的符号形式的总和，或者说，数据就是经过了编码的信息（信息的编码表示）。

在讨论计算机处理时，经常有*数据元素*（data element）的说法，用于指称某种最基本的数据单位。在计算机硬件层面，所有被存储和处理的数据都编码为二进制代码，一切数据最终都表现为一个二进制位序列，最基本的数据元素就是一个二进制位。但在计算机应用的不同层面上，涉及的数据可能具有丰富的表现形式。我们说的一个数据元素，通常是指在当前关注的上下文中，作为整体保存和处理的一个数据单元。

实际中需要处理的通常不是单个的数据元素，而是或多或少的一组数据元素。另一方面，这些元素通常也不是独立的互不相关的个体，而是相互之间有各种联系。一批数据元素和它们之间的联系作为一个整体，表示了需要解决的问题（实例）。

数据结构（data structure）研究数据之间的关联和组合的形式及相关操作，总结其中的规律性，发掘其中的有用结构，研究这些结构的性质和操作，还研究这些有用结构在计算机里的实现，以支持复杂数据对象的有效使用，并支持处理它们的高效算法。在考虑数据结构时，其中的数据元素被当作原子性的单元，它们可以任意简单或复杂，没有任何限制。

抽象定义与重要类别

我们首先抽象地考察数据结构的概念。从逻辑上看，一个数据结构包含有穷的一集数据元素，元素之间有某些特定的逻辑关系。这样，一个数据结构可以看作一个二元组

$$D=(E,R)$$

其中的 E 是数据结构 D 的元素集合，是某个数据集合 $\boldsymbol{E}$ 的一个有穷子集，而 $R\in E\times E$ 是 D 的元素之间的关系。不同种类的数据结构，其元素之间的关系不同。

上面这个定义非常宽泛，对于关系 R 没有任何限制。人们对实际常用的数据结构做了一些梳理，选择不同的特殊的 R，总结出一批很有用的典型数据结构。主要包括：

- **集合结构**：特点是数据元素之间没有任何需要关注的关系，关系 R 是空集。集合数据结构就是元素的集合，只是把它们包装为一个整体。这是最简单的数据结构。
- **序列结构**：元素之间有一种明确的先后关系（顺序关系），即有一个元素排在最前面，除了最后的元素外，每个元素都有一个唯一的后继元素，所有元素排成一个线性序列。关系 R 就是这里的线性顺序关系。序列结构也称为*线性结构*，一个这样的数据对象就是一个*序列对象*。序列结构还有一些变形，如环形结构和 ρ 形结构。其特点是每个元素只有（最多）一个后继，但是不存在最后元素。图 1.6 给出了几个序列结构的示例，图中的小圆圈表示数据元素，箭头表示元素之间的关系，描述了关系的方向性。

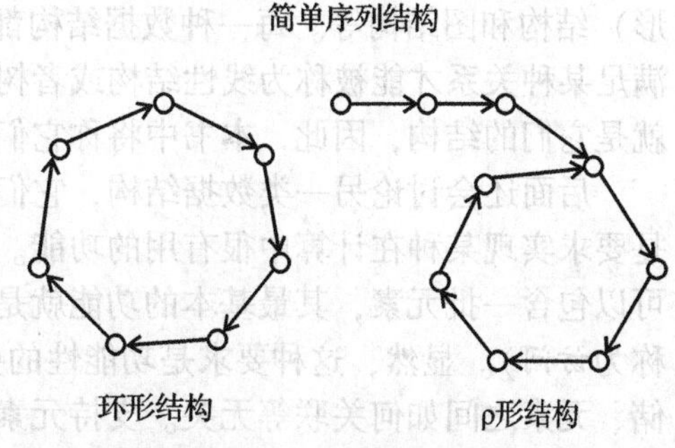

图 1.6 序列结构及其变形

- **层次结构**：元素分属于一些不同的层次，一个上层元素可以关联一个或几个下层元素，关系 R 形成了一种明确的层次性，只有从上层到下层的联系（也可能允许跨层次的联系）。层次结构又可以分为一些简单或者复杂的子类别。
- **树形结构**：最简单的层次结构是树形结构。在树形结构中只有一个最上层元素，称为根，其余元素都是根的直接或间接关联的下层元素。进一步说，除根外的每个元

素都有且仅有一个上层元素与之关联。树形结构简称为树，相应的复杂数据对象称为树形对象。第6章将详细讨论这类结构。树形结构的图示可参看6.1节和6.7节。

- **图结构**：在这种结构里，数据元素之间可以有任意复杂的相互联系。数学领域中的图概念是这类复杂结构的抽象，因此人们把这种一般性的结构称为*图结构*，把这样的复杂对象称为*图对象*。第7章将详细讨论图结构。

可以认为图结构包含了前面几类结构，那些结构都是图的受限形式。元素之间的关系受限，可能带来一些有意义的性质。

算法和程序中的数据结构

我们可以从逻辑结构的角度去分析和研究各种抽象的数据结构。但是，在计算机领域里，人们更关心的是利用这些结构表示计算机处理的信息，以及信息之间的联系。为此，需要研究在实际应用中各种数据结构表现出的性质和产生的问题。

在应用于实际时，我们不仅要考虑如何把抽象的数据结构映射到计算机或程序可以表达和操作的数据形式，还需要考虑数据结构的各种操作，包括建立相应结构、访问其中元素、插入或删除元素等一般操作。在具体的应用中，通常还需要考虑一些与具体情况有关的特殊操作。

数据结构上的操作也要通过算法实现。对于复杂的数据结构，例如树结构和图结构，存在许多有趣而且有用的算法。图算法更是已经发展成为算法领域的一个重要分支。在后面章节里讨论数据结构时，介绍该结构上的重要算法也是其中的关键内容。

要在程序里使用某种数据结构，首先必须把该结构映射到编程语言的数据机制，也就是说，基于语言的数据机制去实现它。这个映射称为（抽象）数据结构的*物理实现*。在做这种映射时，我们需要考虑如何更好地利用语言的数据机制，良好的设计将为相关算法提供更好的支持。更进一步，语言系统（编译器或解释器）将把我们定义的数据结构映射到计算机存储器。此时，语言系统会尽可能地关注有效利用计算机存储器的问题。1.4.2节和1.4.3节将介绍这两方面的一些情况，第2章将介绍抽象数据类型的思想和Python的类定义机制。在后面各章里，在抽象地介绍了某种数据结构后，都会讨论相关的Python实现问题。

结构性和功能性数据结构

前面介绍了数据结构的概念，并列举了一些常用的数据结构，如线性结构、树（树形）结构和图结构等。每一种数据结构都对其中元素之间的关系有明确的规定，元素之间满足某种关系才能被称为线性结构或者树结构等。也就是说，这些数据结构的最重要特征就是它们的结构，因此，本书中将称它们为*结构性数据结构*。

后面还会讨论另一类数据结构，它们并没有对元素的相互关系做任何结构性规定，而是要求实现某种在计算中很有用的功能。我们将它们称为*功能性数据结构*。这些数据结构可以包含一批元素，其最基本的功能就是支持元素的存储和某些方式的使用（“使用”也称为*访问*）。显然，这种要求是功能性的要求，而不是结构性的要求，因为与元素如何存储、元素之间如何关联等无关。支持元素存储和访问的数据结构称为*容器*，人们开发了许多不同种类的容器结构，它们各有一些功能特点。本书将讨论一些这类结构，包括栈、队列、优先队列、字典等，它们都以某种方式支持元素存储和访问（包括删除），但可能提供不同的访问特性，这些特性在抽象算法和实际程序里都非常重要。容器数据结构的使用非常广泛。

由于只有功能性要求，功能性数据结构可以采用任何技术实现。在设计时，人们通常先把这类结构映射到某种结构性的数据结构，之后使用相应的实现技术，有时也开发一些专门的技术。有关功能性数据结构的讨论主要在第5章和第8章。

本节剩下部分将集中关注数据结构的实现问题。下面首先介绍计算机存储器的一些基本情况，以及编程语言中支持数据存储和组织的机制，最后简单综述Python语言的数据功能。了解这些情况有助于理解后面各章的内容。

1.4.2 计算机内存对象表示

要清晰理解数据结构的性质，理解数据结构的实现和处理中的问题，就需要了解计算机内存结构和计算机存储管理方面的基本情况。本小节讨论这方面的问题。

内存单元和地址

程序运行时（程序中）直接使用的数据都保存在计算机的*内存储器*（简称*内存*）中。内存是CPU可以直接访问的数据存储设备。与之对应的是*外存储器*，简称*外存*，包括磁盘、光盘、磁带等。存储在外存的数据必须先装入内存，之后才能在程序里使用。

内存的基本结构是线性排列的一批*存储单元*。每个单元的大小相同，可以保存一个单位大小的数据，单元大小可能因计算机的不同而不同。在目前常见的计算机中，一个单元可以保存一个字节（8位二进制代码）的数据。因此，如果要存放一个整数或者浮点数，就需要用连续的几个单元。例如，存放一个标准的浮点数需要连续的8个单元。

内存单元具有唯一编号，称为*单元地址*，简称*地址*。单元地址从0开始连续排列，全部可用地址形成从0开始的一个连续的正整数区间，如图1.7所示。

图1.7 计算机内存的基本结构

程序执行中对内存单元的访问（存取其中数据）通过单元地址进行，因此，要访问一个数据，必须先知道保存它的单元的地址。在常规计算机里，一次内存访问可以存取若干个单元的内容。例如，目前常见的64位计算机一次可以存取8个字节的数据，也就是说，一次操作可以访问8个单元的内容。基于地址访问内存单元是常量时间操作，与单元的位置或整个内存的大小无关，这是分析与数据结构有关的算法时的一个基本假设㊀。在高级语言层面讨论和分析数据结构问题时，人们通常不关心具体的单元大小或地址范围，只假定所考虑数据保存在内存中某处，而且假定这种访问是常量时间操作。

对象的存储和管理

在程序运行中，需要构造、使用、处理许多不同数据对象，这些对象都保存在内存里。需要构建一个对象时，系统将在当时空闲的内存中划定一块或几块区域（内存区域指一个内存单元或一些地址连续的内存单元），把该对象的数据存入其中，还可能需要做些

㊀ 满足这一假设的存储器称为*随机访问存储器*（RAM，与只能较好地支持顺序访问的磁盘和磁带等外存设备对应），其特点就是无论以怎样的随机顺序访问其中的数据，每次访问所需的时间都是常量。
实际上，这个假设也是一种抽象。为了提高操作速度，新型计算机的CPU都采用了多级缓存结构和复杂的数据调度算法。这些机制造成的结果是，连续访问一批单元的速度远高于在较大内存范围内进行同样次数的随机访问，这使数据结构的操作效率呈现出更复杂的现象。由于上述情况，基于随机访问假设的算法和程序分析与实际程序的运行情况有一定偏差。但这种抽象仍有很好的指导意义。

管理工作。Python 解释器中有一个专门子系统（存储管理系统）负责这些工作。当一个对象不再有用时，存储管理系统会设法回收其占用的存储，以便将来用于其他对象。这些工作是自动进行的，程序开发者不必关心。其他语言系统也会或多或少地做一些这方面的工作。

程序运行中可能不断建立一些对象，每个对象都有一个固定的唯一标识，用于识别和使用对象。在一个对象的存续期间，其标识保持不变，这是一个基本原则。具体用什么表示对象标识由系统设计者决定。最简单的方式就是直接用对象的存储位置（地址），这显然是一种唯一标识，因为两个对象不会出现在同一个位置。Python 标准函数 `id` 取得对象标识，内置操作 `is` 和 `is not` 比较对象标识，判断是否为同一个对象。

对象的访问

在编程语言层面，我们只要知道了一个对象的标识，就可以直接访问（使用）它。已知对象标识（无论它是否为对象的地址），访问相应对象的操作可以映射到已知地址访问内存单元，这种操作可以在常量时间完成（是常量时间操作）。

一个组合对象包含了一组元素，程序经常需要访问这种对象的元素。如果一个组合对象中元素的大小相同，就可以把它们存入一块连续内存区域（元素存储区），给每个元素一个编号（称为下标，index）。知道了这种组合对象的元素存储区位置，又知道了需要访问的元素的下标，访问元素就是常量时间操作。这件事很容易证明：假设元素存储区的起始位置是内存地址 p，每个元素占用 a 个内存单元。再假设组合对象中首元素下标为 0，现在要访问下标为 k 的元素。通过下式就能算出该元素的位置 $\mathrm{loc}(k)$：

$$\mathrm{loc}(k) = p + k \times a$$

有了位置就能直接访问相应的元素了。上述公式是统一的，只需要做一次乘法和一次加法，所用时间与组合对象中元素的个数无关，与元素下标大小也无关。

再考虑另一种情况，假设某类型的组合对象都包含同样一组元素，元素大小可能不同，但都存放在对象的连续存储区里，而且元素的排列顺序相同，排在同样位置的元素大小相同。显然，在上面的条件下，根据元素的排列顺序，我们可以事先算出各元素在对象存储区中的相对位置，称为元素的存储偏移量。假设对象 o 的地址为 p，o 中元素 e_i 的偏移量为 r_i，可算出 e_i 的地址为 $p+r_i$，有关情况见图 1.8（显然 e_0 的偏移量为 0）。易见，掌握了一个这种类型的组合对象，访问其中任何元素的操作也能在常量时间完成。

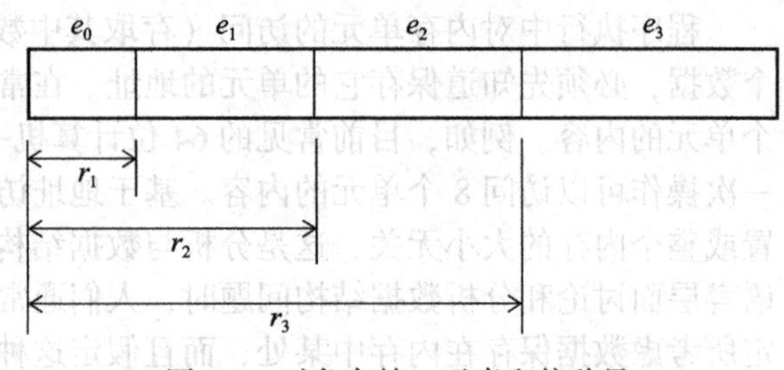

图 1.8　对象存储、元素和偏移量

上面两种情况概括了数据结构中组合对象元素访问的基本情况，解释了对象访问和元素访问的时间复杂度问题。在有关数据结构的讨论中，这两种操作都很重要，也是对与数据结构有关的算法做复杂度分析的基础。

对象关联的表示

程序语言中有一些基本类型（如字符、整数和浮点数），这些类型的数据的内存表示方式由计算机硬件和语言系统确定，一项数据通常占据确定数目的几个连续单元。例如，一个浮点数通常占据连续的 8 个字节单元。复杂数据对象（数据结构）通常包含一批元素

(数据成员),这些元素本身也是数据对象,既可能是基本数据,也可能是具有内部结构的复杂对象,元素之间通常有某些联系。要表示这样的复杂数据结构,必须表示两方面的信息:所有数据元素本身,以及元素之间的联系。具体元素的情况由对象的实际情况确定,而如何表示元素之间的联系,则是一个一般性的问题,是数据结构的研究和实践中必须关注的重要问题。

在计算机里表示数据元素之间的联系,只有两种基本技术:

1. 利用元素的存储位置**隐式**表示。内存是单元的线性序列,如果数据对象的元素顺序存放,知道了前一个元素的位置和大小(存储占用量),就能知道下一个元素的位置。如果存储的是一批大小相同的元素,我们可以利用前面的公式,直接算出其中任意一个元素的位置。显然,利用存储位置可以直接表示序列数据对象中元素之间的线性关系。
2. 把数据元素之间的联系也看作一种数据,**显式**地存储在内存中。采用这种技术可以表示数据元素之间任意复杂的关系,因此,这种技术的功能更强大。

第一种方式就是在一个存储块里顺序存储复杂结构中的所有元素,称为元素的顺序表示。把整个结构(包括其元素)存放在一起,有利于统一安排和管理。

采用顺序表示的一个典型例子是简单的字符串。假设每个字符用一个字节存储,为了创建一个字符串,首先根据需要存储的字符串找到一个足够大的内存块,然后把字符串内容复制进去,情况如图 1.9a 所示。图中箭头表示内存块的起始位置(或者说是该字符串的标识),由它出发可以找到并使用字符串的内容,也可以把它赋给变量或传给函数。

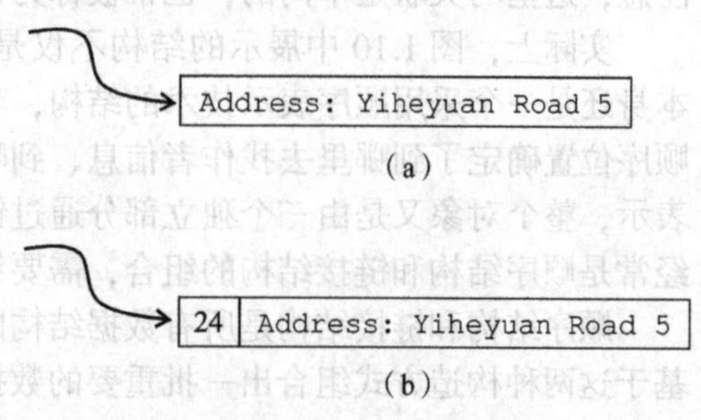

图 1.9 字符串对象的表示

但是,上述做法通常还不够。在这里,内存单元里保存的都是二进制编码,字符串的存储块里保存的是串中字符的编码。字符串的长短不统一,仅从单元的内容无法判断字符串到哪里结束。为解决这个问题,通常需要约定一种存储安排。对于字符串,一种可能方式是在其存储块的开始用一个固定大小的部分记录字符串的长度,随后保存串的实际内容,如图 1.9b 所示。这一设计结合了两个层次的表示:在上层看到的是两项数据,首先是一个表示串长度的整数,紧接着的一块内存区域保存字符串的内容。而后一个区域本身又是一系列单元,其中保存字符串的各个字符。由于整数占用的内存单元数已知,根据前面的讨论,只要知道整个存储块的开始位置(对象标识),在常量时间内就能找到字符串里的任何字符。

这个例子说明,程序里的对象,即使简单如字符串,也需要设计一种合适的内存存储方式,称为该种对象的表示(representation)。图 1.9 及其讨论说明了如何为字符串设计一种表示。人们在用 C 语言等编程时,经常需要自己去设计数据对象的表示。而在用 Python 编程时,对于语言提供的各种组合类型(包括字符串、表等),由于 Python 系统开发者已经完成了这部分工作,我们编程时就可以坐享其成了。

字符串的结构比较简单,可以用一块存储区表示。类似情况如数学里的 n 维向量,可以表示为 n 个浮点数的连续序列。数学中的矩阵是数据的两维阵列,元素类型相同,也可以考虑采用连续存储的表示方式。但是,并非所有的对象都这样简单。

假设现在需要为记录书籍的信息设计一种对象，有关信息包括两个成分：作者和书名。显然，表示它们的对象也应该有两个元素，而且这两个元素都是字符串。对不同的书籍，这两个元素字符串的长度可能不同。虽然我们可以把两个字符串保存在一个存储块里，加入特殊分隔符以便区分，但那样做在使用时会很不方便，也影响操作的效率。

一种合理的表示方式如图 1.10 所示，通过三个独立部分的组合表示一个完整的书籍对象。首先是一个二元结构，它表示书籍对象本身。另外两个独立的字符串分别表示两个成分。在二元结构里记录这两个成分字符串的引用（记录它们的标识）。这里采用的就是表示数据元素之间联系的第二种技术：显式记录数据关联。这样，掌握了有关的二元结构，借助其中记录的数据关联，就可以找到书籍的所有信息了。

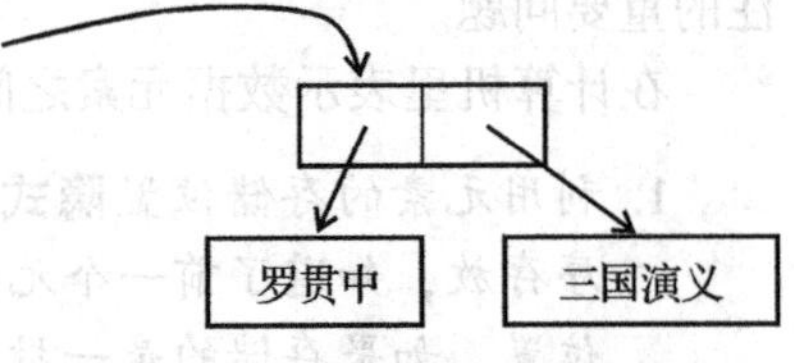

图 1.10　一种书籍对象的表示

总结一下，这里是用一组独立的存储块（对象）表示一个复杂数据对象，对象成员用独立的成员对象表示，在一些地方记录相关对象的关联信息（标识）。这种表示方式称为对象的*链接表示*，通过链接方式形成的复杂结构称为*链接结构*。链接技术经常用于表示复杂的组合对象。在图 1.10 中，我们用箭头表示对象间的关联，本书后面也将一直这样做。注意，这里的关联是单向的，也常被称为*链接*或者*引用*。

实际上，图 1.10 中展示的结构不仅是一个链接结构，作为书籍对象主体的二元结构本身还是一个采用顺序表示技术的结构，其中包含两个成分，分别记录两个链接，它们的顺序位置确定了到哪里去找作者信息、到哪里去找书名信息。两个字符串对象都采用连续表示，整个对象又是由三个独立部分通过链接连成一体。在实际中，复杂数据对象的表示经常是顺序结构和链接结构的组合，需要结合使用这两种技术。

顺序结构和链接结构是所有数据结构的构造基础。在后面章节里，读者将会看到如何基于这两种构造方式组合出一批重要的数据结构。

1.4.3　Python 对象和数据结构

本书将用 Python 作为编程语言讨论数据结构和算法的问题。现在我们概述 Python 语言里与数据表示有关的一些基本情况。在后面的讨论中，我们还将介绍 Python 的一些重要标准数据结构的实现和性质，以帮助读者更好地理解 Python 语言本身，更好地使用各种数据类型，更准确地分析（和估计）其可能的行为。

Python 变量和对象

高级语言中的变量（全局变量、函数的局部变量和参数）是内存及其地址的抽象。变量本身也要在内存中安排位置，每个变量占用若干存储单元。语言系统需要设计一套系统化的方式来处理这个问题，由于此问题与我们的讨论关系不大，下面不多考虑。为了理解程序的行为，我们假定程序在运行中总能找到根据作用域可见的变量，取得或修改它们的值。

Python 语言允许通过初始化（或提供实参）的方式给变量（或函数参数）约束值，还可以通过赋值设置或修改变量的值。Python 里的值就是对象，给某个变量约束一个对象，就是把该对象的标识（内存位置）存入这个变量。图 1.11 形象地表示了程序运行中的情况：右边云状部分表示对象所处的内存，每个对象有自己的存储位置，箭头表示变量与值的约束关系。图 1.11 里只有几个简单类型的对象，复杂组合对象的情况类似。从变量出发访问值（对象）是常量时间操作，这是分析 Python 程序的时间代价的基础。

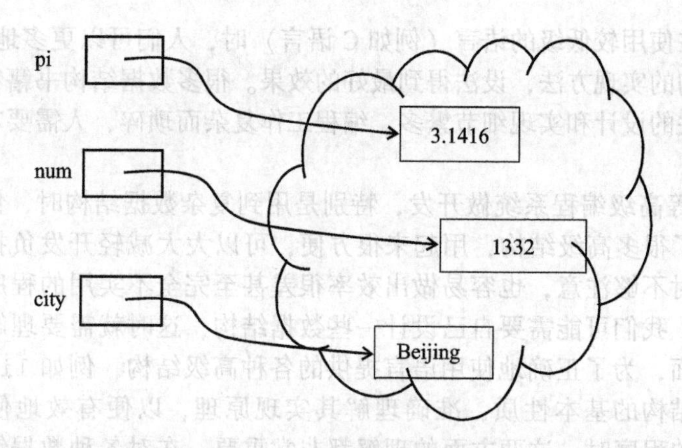

图 1.11 变量和对象约束

Python 变量的值可以是基本对象，也可以是组合对象，例如 list 等。程序中建立和使用的对象（无论简单或复杂）分别存放在独立的存储块里。每个对象有一个标识（id 值），不同对象可能通过链接相互关联，这种关联可以通过赋值操作改变。

变量里保存着值（对象）的引用，这种方式称为变量的*引用语义*。这样，每个变量都只需要保存一个引用，它们占用的存储空间大小一致。有些语言采用另一种方式，把变量的值直接存入变量的存储区，这种方式称为*值语义*。在这种语言里，整型变量需要占用足够存放一个整数的空间，浮点变量占用足够存放一个浮点数的空间。如果某变量需要保存很多数据内容，例如一个大数组，它就会占很大一块存储。例如，C 语言采用值语义。

Python 对象的表示

我们写 Python 程序时可以不关心对象的表示，但是，了解一些这方面的情况，有助于我们更清晰地理解程序的行为，特别是与执行效率有关的行为。现在对 Python 对象的表示做一个概貌性的介绍。后面讨论具体数据结构时，还会介绍一些具体的实现细节。

Python 语言的实现基于一套精心设计的链接结构。变量与其值对象的关联通过链接实现，对象之间的联系同样通过链接。一个复杂对象内部可能包含多个子部分，相互之间也通过链接建立联系。例如，假设有一个 list 里包含了 10 个字符串元素，在实现中，相应 list 对象里就会记录与这 10 个字符串的链接关系（参见图 1.10）。

Python 的组合对象可以具有任意的规模，例如，list/tuple 都可以包含任意多个元素。不同组合对象需要的存储单元数可能不同（不同的 list 有长有短），可能有复杂的内部结构（例如，表元素还可以是复杂的对象）。在创建和使用复杂对象的过程中，涉及很复杂的存储安排和管理工作。Python 解释器包含了一个存储管理系统，负责管理可用内存，为各种对象安排存储，支持灵活有效的内存使用等。我们的程序在运行中要求建立对象时，管理系统就会为其安排存储；当某些对象不再有用时，管理系统回收其占用的存储。存储管理系统屏蔽了具体内存使用的细节，大大降低了编程人员的负担。

各种对象的表示方式很重要，直接影响相关操作的效率，也间接地影响着 Python 程序的效率。自然，Python 语言系统的实现者认真考虑了各种需要，选择了最合适的实现方式。但是，由于实际需要千差万别，有些需求相互依赖，甚至相互冲突。语言实现者只能权衡利弊，采用一些折中方案。这就导致了某些使用方式相对高效，而另一些方式比较差。了解这方面情况，我们就有可能更合理地使用 Python 语言写出更好、效率更高的程序。

一般而言，在使用较低级的语言（例如 C 语言）时，人们可以更多地考虑具体情况，自己设计数据结构的实现方法，设法得到最好的效果。很多数据结构书籍特别关注这方面问题。当然，相关的设计和实现细节繁多，编程工作复杂而琐碎，人需要花费更多的时间和精力。

使用 Python 等高级编程系统做开发，特别是用到复杂数据结构时，情况是很不一样的。Python 提供了很多高级结构，用起来很方便，可以大大减轻开发负担。但是，如果在使用这些结构时不够注意，也容易做出效率很差甚至完全不实用的程序。为了避免这种情况，一方面，我们可能需要自己设计一些数据结构，这时就需要理解构造数据结构的技术。另一方面，为了正确地使用语言提供的各种高级结构，例如 `list` 和 `dict` 等，也需要了解这些结构的基本性质，准确理解其实现原理，以便有效地使用它们。在用 Python 开发复杂的程序时，这两方面的理解都非常重要。在对各种数据结构问题的讨论中，本书也将深入介绍 Python 重要数据类型的一些情况，以帮助读者建立起这些方面的正确认识。

Python 的几个标准数据类型

Python 提供了丰富的数据类型，各个类型都提供了大量操作。本书中使用的类型不多，使用的操作也很有限。另外，为了展示数据结构的实现技术，书中广泛使用了 Python 的面向对象机制，但使用方式比较规范，第 2 章将介绍有关情况。下面概述用到的组合类型。

`list`（表）是书中使用最多的组合类型。表对象可以包含任意多个任意类型的元素，元素访问和修改都是常量时间操作。此外，表对象是可变对象，可以加入或删除元素。算法中经常需要从空表开始逐步加入元素，后面一些数据结构的实现采用这种技术。

`tuple`（元组）在保存和元素访问方面的性质与表类似。但元组对象是不变对象，只能在创建时一次构造，不能通过逐步添加的方式构造。这种类型在本书中使用较少。

`dict`（字典）支持基于关键码的数据存储和检索。关键码只能是不变对象（如元组和字符串）。如果关键码是组合对象，其元素也必须是不变对象。一个字典可以容纳任意多的关键码/值对，支持高效检索（平均时间为 O(1)）。后面将说明如何做出这种奇妙的对象。

其余组合数据类型在本书中没有使用，基本类型的情况比较简单，无须赘述。

练习

一般练习

1. 复习本章讨论的概念：程序开发，需求分析，逻辑错误，算法，冲突图，图着色问题，贪心法（贪婪算法），算法设计模式，枚举和选择，问题，实例，算法的性质，确定性算法，非确定性算法，过程，排名，伪代码，程序，算法的实现，算法设计，分治法，回溯法（搜索法），动态规划法，分支限界法，算法分析，最坏情况代价，平均代价，时间复杂度，空间复杂度，时间复杂度的基本计算规则，数据结构，信息，数据，数据元素，集合结构，序列结构，层次结构，树形结构，图结构，结构性数据结构，功能性数据结构，容器，内存，外存，内存单元，地址，存储管理系统，对象标识，元素存储区，下标，偏移量，顺序表示，链接表示，引用（链接），引用语义，值语义。
2. 请设法证明 1.1.2 节给出的求平方根的牛顿迭代法一定收敛。
3. 修改 1.2 节红绿灯安排实例中的算法，使之最后给出的各个分组达到最大。
4. 请完整写出采用高斯消元法求矩阵行列式的算法，并仔细分析其时间复杂度。

5. 解决同一问题有两个算法，一个算法的时间开销约为 $100 \times n^3$，另一个算法的时间开销约为 0.5×2^n。请回答：当问题实例的规模达到多大以后，后一个算法将更快？
6. 假设现在需要对世界人口做一些统计，希望在 1 天之内完成工作。如果采用的算法具有线性复杂度，多快的计算机就足以满足工作需求？如果所用算法具有平方复杂度呢？用天河二号超级计算机大约能处理怎样复杂度的算法？
7. 如果在宇宙大爆炸的那一刻启动了一台每秒十亿次运算的计算机执行求斐波那契数的递归算法（见 1.3.2 节），假设每条指令计算一次加法。到今天为止，这台计算机已经算出了第几个斐波那契数？该数的值是多少？
8. 假设你从 3 岁开始手工操作计算器，每秒可以完成 3 次加法或乘法。执行求斐波那契数的递归算法，到今天为止，你可能算到第几个斐波那契数？假设你执行 1.3.3 节中给出的求矩阵乘积的算法，到今天为止，能完成两个多大的矩阵的乘积？
9. 根据本章的讨论和自己的认识，设法对数据结构和算法的关系做一个综述和总结，其中应包含适当的说明和讨论，并提出你认为重要的问题。

编程练习

1. 回忆（查阅）基础数学中求平方根的方法，请定义一个 Python 函数，其中采用基础数学中的方法求平方根。从各方面比较这个函数和基于牛顿迭代法的函数。
2. 基于 1.3.4 节中构造整数表的几个函数做一些试验，对一组参数值统计它们的执行时间。修改这些函数或自己定义功能相同但实现方法不同的函数，重复试验，对 Python 中构造表的各种方法做一个总结。
3. 用 Python 字典表示冲突图结构，关键码 (a, b) 关联的值为 True 表示方向 a 与 b 冲突，没有值表示不冲突。用这种技术完成另一个求无冲突分组的程序。
4. 基于第 3 题的类似设计开发一个程序，使之能枚举出一个冲突图上的各种分组组合，并从中找出最佳的无冲突分组。

第2章 抽象数据类型和Python类

在讨论具体的数据结构概念和技术之前，本章将首先介绍*抽象数据类型*这个重要概念，并简单综述Python*面向对象*的编程技术。后者可以看作抽象数据类型的一种实现技术，也是后面章节里讨论各种数据结构时使用的基本技术。

2.1 抽象数据类型

抽象数据类型（Abstract Data Type，ADT）是被计算机工作者广泛接受的一种思想和方法，也是设计和实现程序模块的一种有效技术。ADT的基本思想是抽象，或者说是*数据抽象*（与函数定义实现的*计算抽象*相对应，计算抽象也称为*过程抽象*）。

按照抽象的思想，设计者在考虑一个程序部件时，应该首先给出一个清晰的边界，通过一套*接口*描述说明这一程序部件的可用功能，但并不强调也不限制有关功能的实现方法。从使用者的角度看，一个程序部件实现了一些功能，如果它能满足自己的需要，就可以通过其接口使用，不需要了解其实现细节。Python函数就是一种功能部件，其头部定义了函数的接口，说明了函数名以及函数对参数的要求。使用者只需要考虑函数的功能是否满足需要，提供合适的参数，保证调用符合函数的要求，并不需要知道函数的具体实现方法。

在程序开发实践中，人们逐渐认识到，仅有计算层面的抽象机制和抽象定义还不够，还要考虑数据层面的抽象。能围绕一类数据建立程序组件，将该类数据的具体表示和相关操作的实现包装成一个整体，是组织复杂程序的最重要而且有效的技术，可用于开发出很有用的程序模块。要把围绕着一类数据对象构造的模块做成一个*数据抽象*，同样需要区分模块的接口和实现。模块的接口提供使用其功能所需要的所有信息，但不涉及实现细节，用户了解这些信息就能使用这个模块了。另一方面，模块实现者需要通过一套数据定义和函数（过程）定义，实现模块接口描述的功能，在形式上和实际效果上满足模块接口的要求。

2.1.1 数据类型和数据构造

类型（*数据类型*）是程序设计领域的重要概念之一。程序里描述的、利用计算机处理的数据，通常分属于一些类型，例如整数或浮点数类型等。每个类型包含一集具体的数据对象，还规定了对这些对象的合法操作。各种编程语言都有类型的概念，每种语言都提供了一批*内置数据类型*，并为每个内置类型提供了一批操作。

以Python为例，它提供的基本类型包括逻辑类型bool、数值类型int和float、字符串类型str，还有一些组合类型。逻辑类型bool只包含两个值（两个对象）True和False，可用操作包括and、or和not；数值类型int包含很多具体的值（整数对象），对它们可做加减乘除等运算；其他类型的情况类似。在开发程序时，我们应该根据需要选用合适的数据类型。

但是，无论编程语言提供多少种内置类型，在处理复杂的问题时，程序员或早或晚都会遇到一些情况，此时所有内置类型都不能满足或者不适合实际需要。在这种情况下，编程语言提供的组合类型可能帮助解决一些问题。例如，Python 为数据组合提供了 list、tuple、set、dict 等结构（它们也被看作类型）。在编程时，我们可以利用这些结构把一组相关数据组织成一个数据对象，作为一个整体存储、传递和处理。

举个例子，假设程序里需要有理数。最朴素的想法是用两个整数分别表示有理数的分子和分母，在此基础上实现各种运算。在这种安排下，把有理数 3/5 存入变量可能写成：

```
a1 = 3
b1 = 5
```

利用 Python 中的函数可以返回元组，允许多项赋值的特性，加法函数可以如下定义：

```
def rational_plus(a1, b1, a2, b2):
    num = a1*b2 + b1*a2
    den = b1*b2
    return num, den
```

下面是一个简单的函数使用实例：

```
a2, b2 = rational_plus(a1, b1, 7, 10)
```

不难想到，如果我们真的这样写程序，很快就会遇到非常麻烦的管理问题：时时需要记清哪两个变量记录了一个有理数的分子和分母，操作中绝不能混淆。需要换一个有理数参加运算，就要处理成对变量名的代换问题。如果程序比较复杂，其中用到许多有理数，描述相关的操作时就很容易弄错。而如果发现有错，确定错误位置并更正也极其费时费力。总而言之，用两个独立的整型变量表示一个有理数，这种技术完全不实用。

一种简单改进就是利用语言的数据组合机制，把相关的多项数据组合在一起。重看有理数的例子，我们可以考虑用一个 Python 元组（tuple）表示一个有理数，约定用其中的第 0 项表示分子，用第 1 项表示分母。这样，我们就可以写出如下的代码：

```
r1 = (3, 5)
r2 = (7, 10)

def rational_plus(r1, r2):
    num = r1[0]*r2[1] + r2[0]*r1[1]
    den = r1[1]*r2[1]
    return num, den

r3 = rational_plus(r1, r2)
```

显然，现在的情况好了很多，许多管理问题得到了缓解。这就是数据构造和组织的作用。

但是，如果进一步考虑，我们会发现这种做法仍有许多缺陷，例如：

1. 这里使用的不是特殊的“有理数”，而是普通元组，不能将其与其他元组相互区分。例如，假设程序还要处理平面上的整数格点，格点也用整数的二元组表示，例如，(3,5) 表示 X 坐标为 3、Y 坐标为 5 的点。从概念上说，把一个有理数与一个格点相加绝对荒谬。但 Python 语言和上面的 `rational_plus` 函数都不会认为那样做是错误。

2. 与有理数相关的操作并没有与表示有理数的二元组绑定（前一个问题也与此有关）。由于 Python 不需要说明函数参数的类型，这个问题将表现得更加严重。

3. 为有理数对象定义运算（函数）时，需要直接按位置取元素。对有理数这样结构简单的对象，操作中只需区分位置0和1，需要记忆的位置信息不多，负担不太重。如果数据对象很复杂，其中包含十几个甚至几十个成员，那么在为这种组合对象定义操作时，记住每个成员的位置并正确使用，就是很大的麻烦。修改数据表示更让人头痛。

上面的分析说明，简单地利用语言提供的数据组合机制，不足以处理复杂程序里的数据组织问题。上面前两点的根源在于，如上构造和使用的"有理数"不是类型，不能得到Python语言中类型功能（如类型检查）的支持。第3点说明，简单地用元组等表示结构复杂的数据，可能影响程序的阅读和理解，使程序难以编写正确、难以修改。抽象数据类型的思想和支持这种思想的编程语言机制能帮助解决（至少是大大缓解）这些问题。

2.1.2　抽象数据类型的概念

造成前一节提出的编程缺陷的最重要原因是数据表示完全暴露，还有对象使用和操作实现对于具体表示的依赖性。要克服这些缺点，就需要将对象的使用与其具体实现相互隔离。理想情况是：我们在编程中使用一种对象时，只需要考虑应该如何使用，不需要（最好是根本不能）关注或触及对象的内部表示。这样的数据对象就是一种抽象数据单元，一组这样的对象构成一个抽象的数据类型，为使用者提供了一套数据功能。

抽象数据类型的基本想法就是把数据定义为抽象的对象集合，只为它们定义可用的合法操作，屏蔽其内部实现的细节，包括数据的表示细节和操作的实现细节。当然，要使用一类对象，首先需要能构造这种对象，之后能操作它们。抽象数据类型提供的操作应该满足这些要求。一个数据类型的操作通常可以分为三类：

1. 构造操作：基于已知信息构造一个本类型的新对象。例如，基于一对整数构造一个有理数对象，或基于两个已有的有理数对象构造一个表示它们之和的有理数对象，等等。
2. 解析操作：用于从本类型的对象中提取有用信息，得到的结果反映了被操作对象的某方面特性，可以是其他类型的数据，但不是本类型的对象。例如，我们可能需要两个操作，分别获取有理数的分子或分母，操作结果应该是整数（整数类型的对象）。
3. 变动操作：这类操作修改被操作对象的内部状态。例如，银行账户对象应该提供修改余额的操作等。执行一次变动操作，对象还是原来的账户对象，仍然表示原客户的信息，但是对象内部记录的存款余额改变了，反映了客户账户的余额变动。

显然，一个抽象数据类型还应该有一个名字，用于代表这个类型。

实际上，编程语言的内置类型都可以看作抽象数据类型。以Python的字符串类型str为例：str对象有内部规定的表示形式（无须对外宣布，也不能简单使用），我们用Python编程时并不依赖字符串的具体表示（甚至不必知道）；str提供了一组操作，每个操作都有明确的意义，与其具体采用的实现技术无关。整数类型int和实数类型float等的情况都与str类似。当然，语言可能为内置类型提供一些额外的方便。例如，Python为字符串提供了特殊的文字量书写方式，可以看作简化的构造操作。

数据类型，特别是有着复杂内部结构的类型，有一个重要性质称为变动性，表示该类型的对象在创建之后是否允许变化。如果某个类型只提供了上面的第1类和第2类操作，那么该类型的对象在创建之后就不会变化，永远处于一个固定的状态，这样的类型称为**不变数据类型**，其对象称为**不变对象**。程序里只能（基于其他信息或已有对象）构造该类型的新对象或取得已有对象的特性，不能修改已有对象。如果一个类型提供了第 3 类操作，执行这种操作后，虽然还是这个对象，但其内部状态已经变了，这样的类型称为**可变数据类型**，其对象称为**可变对象**。下面经常将它们简称为不变类型和可变类型。

例如，Python 的 str 类型只提供了前两类操作，因此 str 是一个不变数据类型；list 类型提供了所有三类操作，是一个可变数据类型。Python 的 tuple 和 frozenset 也是不变数据类型，而 set 和 dict 是可变数据类型。我们在编程中设计或定义一个抽象数据类型时，首先应根据实际需要，决定是将其定义为不变类型，还是定义为可变类型。

上面的讨论说明，程序员需要掌握抽象数据类型的思想和技术。同时，编程语言应该支持程序员定义自己的抽象数据类型。下面将通过例子，考察在定义抽象数据类型时应该怎样思考，怎样描述它们，描述中应该给出哪些信息。然后介绍 Python 怎样支持这种定义。

2.1.3　抽象数据类型的描述

定义抽象数据类型（ADT）的目标是定义一类具有特定功能，可以在计算中使用的对象。其功能体现为它们支持的一组操作。还要为定义的 ADT 取一个名字。

我们为 ADT 规定一种描述方式，其形式体现了 ADT 的主要特点。在后面介绍各种数据结构时，经常先给出一个 ADT 描述。写这种描述的过程本身也有意义，因为做这件事能帮助开发者理清对希望定义的数据类型的想法，清晰表述各方面的形式要求（如操作名、参数的个数和类型等）和功能要求（希望操作完成的计算或产生的效果等）。

一个简单的有理数 ADT 可以描述如下：

```
ADT Rational:                          # 定义有理数的抽象数据类型
    Rational(int num, int den)         # 构造有理数 num/den
    +(Rational r1, Rational r2)        # 求出表示 r1 + r2 的有理数
    -(Rational r1, Rational r2)        # 求出表示 r1 - r2 的有理数
    *(Rational r1, Rational r2)        # 求出表示 r1 * r2 的有理数
    /(Rational r1, Rational r2)        # 求出表示 r1/r2 的有理数
    num(Rational r1)                   # 取得有理数 r1 的分子
    den(Rational r1)                   # 取得有理数 r1 的分母
```

我们用特殊名字 ADT 表示这是一个抽象数据类型描述，其后是被定义类型的名字。定义的主要部分描述了一组操作，每个操作描述包括两个部分：首先是用标识符或特殊符号给出的操作名，后面跟着参数表，随后是用 Python 注释形式给出的操作的功能描述。请注意，在描述操作的参数时，可以在参数名前写一个类型名，表示参数应具有的类型，也可以省略。这里我们采用了类似 Python 代码的描述形式。

具体到上面的抽象数据类型，类型名是 Rational，它提供了 7 个操作。第一个操作以 Rational 作为名字，这种形式表示它是最基本的构造操作，基于其他类型的数据构造本类型的对象。随后的几个算术运算也是构造操作，它们基于 Rational 类型的对象生成 Rational 类型的新对象。最后两个是解析操作，取得有理数对象的性质（分子和分母）。

我们可以用这种形式描述其他类型。例如，下面是一个表示日期的 ADT：

```
ADT Date:                                  # 定义日期对象的抽象数据类型
    Date(int year, int month, int day)     # 构造表示 year/month/day 的对象
    difference(Date d1, Date d2)           # 求出 d1 和 d2 的日期差
    plus(Date d, int n)                    # 计算出日期 d 之后 n 天的日期
    num_date(int year, int n)              # 计算 year 年第 n 天的日期
    adjust(Date d, int n)                  # 将日期 d 调整 n 天（n 为带符号整数）
```

注意，这个类型里出现了一个第3类操作 adjust。现在举例说明其可能用途。假设在某个实际应用中建立了一个表示会议开始日期的对象，随后这个对象在系统中的许多地方（许多具体的功能模块）共享，例如会务、交通、餐饮、住宿等方面的管理子系统。后来出现了一些情况，导致需要修改会期。这时就有两种修改方法：第一种是用 adjust 操作去修改那个日期对象，由于对象共享，修改的效果自然会被各有关部门看到；第二种是另行构造一个表示新会期的对象，然后重新给各部门发一轮通知，要求它们都用新日期对象替换原来的对象。显然，这两种方案都能解决问题，但是基于它们的工作细节却大不相同。

看了两个抽象数据类型的例子之后，现在总结其中的一些情况：

- 一个 ADT 描述由一个头部和按一定格式给出的一组操作描述构成。
- 头部的引导关键词是表示抽象数据类型的 ADT，随后是被定义的类型名。
- 一个操作描述也包含两个部分：头部和功能描述。
- 操作的头部包括操作名和参数表，参数表中给出参数类型和参数名。在 ADT 描述中，参数名主要用在解释这个操作功能的地方（这里借用了 Python 的注释形式）。
- 操作的功能用自然语言描述，这是一种非形式化的说明，主要是为了帮助人们理解这些操作需要（能够）做什么，以便正确地实现和使用它们。

在 ADT 描述中，除了用自然语言给出的功能描述之外，其他方面都比较严格。自然语言具有天然的非精确性和歧义性，用它写的描述很难精确无误。这种描述的意义需要人去理解，误解是造成错误的最重要根源。举例说，检查上面有关日期的 ADT，就会发现一些不够清楚的地方。例如，“求出 d1 和 d2 的日期差”是什么意思？是否包含两端（或者一端）的日期？“调整 *n* 天”的确切含义是什么？这些都需要进一步解释。

实际上，上述问题确实比较难处理，因为这里要说明的是有关操作的“语义”，也就是意义、行为或效果。对各种实际程序部件（推而广之，各种程序和实际应用），精确而且正确地理解其中各种操作的功能显然是最重要的事情。但是，语义的描述很不简单。虽然在计算机科学技术的研究中，人们已经提出了一些描述语义的方法，但这些方法都比较复杂，准确而且正确的描述很不容易写好，也不容易理解。此外，使用这些描述方法需要特殊的学习和锻炼，绝大部分开发者都缺乏这种经验，因此实践中使用不多。语义描述方面的细节超出了本书的范围，不再深入介绍。本书后面的实例还将继续使用自然语言描述。当然，在写这种描述时，我们希望尽可能避免歧义性和误解。例如，在描述中结合使用数学符号和自然语言，对一些一般情况和特殊情况给出具体说明等。这种方式能基本满足本书的需要。

ADT 是一种思想，也是一种组织程序的技术，其要点是：

1. 围绕着数据类型定义程序模块，如上面的 Rational 和 Date 都是这样。
2. 模块的接口和实现分离。上面只给出了模块的接口规范，包括模块名、模块提供

的各个操作的名字和参数。每个操作还有非形式化的语义说明。

3. 在需要实现时，从所用的编程语言里选择一套合适的机制，采用合理的技术，实现这种 ADT 的功能，包括具体的数据表示和操作。

如何在 Python 语言里实现抽象数据类型是 2.2 节的主题。

2.2 Python 的类和面向对象编程

介绍了 ADT 的基本思想之后，现在考虑其在 Python 语言里的实现。本书将使用最自然的技术：用 Python 的 class 定义（类定义）实现 ADT。我们假定读者已经有 Python 编程经验，因此这里只做比较简单的介绍。下面简要介绍 class 定义的基本结构和相关设施，而后说明基于 class 的面向对象编程技术，给出几个简单实例。熟悉这些内容的读者可以直接跳到下一章，但还是建议读一读下面几节，作为对已有知识的复习。

本书中对 Python 面向对象机制的使用比较规范。由于本书的主题，讨论将限制在必要的范围内。有关 Python 面向对象机制和编程技术的细节，请读者参考其他书籍和材料。

2.2.1 类的定义和使用

本节介绍 Python 类定义和使用的基本情况。

类定义

下面是一个简单的类定义：

```
class C1:
    def __init__(self, aa):
        self.a = aa
    def inc(self, b):
        self.a += b
```

类定义由关键词 `class` 开始，随后是类名（上面的 `C1`）和冒号，以及一个作为类（定义）体的语句组。类定义也是一种语句，执行时建立被定义的类。定义好的类也是一种对象，表示一个类型，其主要用途就是创建类的*实例*（称为该类的*实例对象*）。

类体里定义的变量和函数等称为这个类的*属性*。最常见的情况是类体只包含一组 `def` 语句，定义了一组局部函数。按常规形式定义的函数是操作本类实例的方法，称为*实例方法*。其参数表里第一个参数表示被操作对象，通常用 `self` 作为参数名。在方法体中访问实例对象的属性时，需要用 `self` 开始加圆点的（属性访问）形式。下面简单地说方法时总指实例方法，其他情况后面介绍。类体里出现其他语句的情况也留到后面说明。

一个类里通常都会定义一个名为 `__init__` 的方法（即在 `init` 前后各加两个下划线），称为*初始化方法*，其作用是构造本类的新对象。与其他方法一样，`__init__` 方法也以 `self` 作为第一个参数。注意，实例对象的属性遵循 Python 通行的“赋值即定义”的原则，一旦给对象的某属性赋值，就自动建立该属性并设置相关的值。

定义好一个类后，可以通过实例化操作创建其实例对象。实例化采用函数调用形式，以类名作为函数名。解释器遇到这种调用，在创建了新对象后，自动对它执行本类的 `__init__` 方法（如果类中没定义此方法，就不做这一步）。如果类中的 `__init__` 方法只有形参 `self`，创建实例的操作就像调用一个无参函数；如果有其他形参，调用时就应该提供相应的实参。例如，语句 `x = C1(5)` 创建 `C1` 类的新实例，并把它赋给变量 `x`。在这之后，调用 `x.inc(3)` 就是要求这个新对象执行 `inc` 方法。

类的最重要作用是支持创建抽象数据类型，在建立这种抽象时，人们不希望暴露实现的细节。例如，我们可能不希望暴露有理数对象内部用两个整数分别表示分子和分母。对于一些复杂的对象，信息隐藏的意义可能更重要。Python 没有专门服务于信息隐藏的机制，只能靠编程约定。首先，人们约定，在类定义里，由下划线_开头的属性名（和函数名）作为内部使用的名字，不应该在这个类的定义之外使用。另外，Python 会对类定义里以两个下划线开头（但不以两个下划线结尾）的名字做特殊处理，使得在类定义之外不能直接用这个名字访问。这是另一种保护方式。本书中定义类时将遵循这些约定。

定义有理数类

本小节用定义有理数类作为例子，说明定义类时的一些问题和技术。

定义有理数类时有一个特别的情况。我们知道 1/2 =3/6，也就是说，有理数的表示不唯一。为了处理这种情况，我们可以总是记录最简形式，约去分子和分母的最大公约数。为了做化简，就需要定义一个求最大公约数的函数 gcd。但这个函数应该定义在哪里呢？不难看到几个情况：gcd 的参数应该是两个整数，不属于要定义的有理数类，函数中的计算也与有理数无关，因此其参数表不应该以表示有理数的 self 作为第一个参数。但另一方面，这个 gcd 是为实现有理数类而使用的辅助功能，根据信息局部化的原则，应该定义为有理数类的局部函数。这些情况说明，gcd 应该是在有理数类里定义的一个*非实例方法*。

Python 把类中定义的这种方法称为*静态方法*，定义时需要在函数定义头部之前加装饰符@staticmethod。静态方法的参数表中不应该有 self 参数，在其他方面没有限制。我们可以从其定义类的名字出发以属性引用的形式调用静态方法，也可以从该类的对象出发调用。本质上说，静态方法就是定义在类里的局部的普通函数。

还有一个问题：人们创建有理数时提供的实参可能有正负，而内部表示应该规范化，保证所有有理数内部的分母为正，用分子的正负表示有理数的正负。这些检查和变换都应该在有理数类的初始化方法里完成，保证构造出来的总是规范的有理数。

考虑了这些问题之后，我们可以给出下面的有理数类定义（开始部分）：

```
class Rational:
    @staticmethod
    def _gcd(m, n):
        if n == 0:
            m, n = n, m
        while m != 0:
            m, n = n % m, m
        return n

    def __init__(self, num, den=1):
        if not isinstance(num, int) or not isinstance(den, int):
            raise TypeError
        if den == 0:
            raise ZeroDivisionError
        sign = 1
        if num < 0:
            num, sign = -num, -sign
        if den < 0:
            den, sign = -den, -sign
        g = Rational._gcd(num, den)
        # call function gcd defined in this class.
        self._num = sign * (num//g)
        self._den = den//g
```

类名为 Rational，其中定义了一个局部使用的静态方法 _gcd。初始化函数首先检查参数类型和分母的值，如果参数不合法就抛出异常。随后的两个 if 语句保证正数的 sign 值为 1，而负数的 sign 值为-1。函数最后用化简后的分子和分母设置新实例的数据属性。请注意初始化函数里如何调用局部静态函数，如何给实例的属性赋值。

上面定义中把有理数的两个属性都作为内部属性[1]。但是，计算中有时也需要提取有理数的分子或分母。为此定义一对解析操作（也是实例方法）：

```
def num(self): return self._num
def den(self): return self._den
```

现在考虑定义有理数的运算。我们可以定义名字为 plus 等的方法，但是，对有理数这样的“数学”类型，如果能用运算符（+、-、*、/等）描述计算，表达式的形式更自然。Python 支持这种想法，它为所有算术运算符规定了特殊方法名[2]。所有特殊方法名都以两个下划线开始，并以两个下划线结束。与+运算符对应的名字是 __add__，与*对应的名字是 __mul__。下面是实现有理数运算的几个方法定义，其他运算不难类似地实现：

```
def __add__(self, another):        # mimic + operator
    den = self._den * another.den()
    num = (self._num * another.den() +
           self._den * another.num())
    return Rational(num, den)

def __mul__(self, another):        # mimic * operator
    return Rational(self._num * another.num(),
                    self._den * another.den())

def __floordiv__(self, another): # mimic // operator
    if another.num() == 0:
        raise ZeroDivisionError
    return Rational(self._num * another.den(),
                    self._den * another.num())

# ... ...
# 其他运算符可以类似定义:
#-:__sub__, /:__truediv__, %:__mod__, etc.
```

我们在每个方法最后用 Rational(..., ...) 构造新对象，这样做既保证了有理数对象都具有规范的形式，也避免了重复描述类似的处理过程。另外，除法函数在开始处检查除数是否为 0 并可能抛出异常。这里定义的是整除运算符 //。按 Python 的惯例，普通除法 / 的结果应该是浮点数，对应方法名是 __truediv__，如果需要可以另行定义。

还请注意：算术运算要求另一个参数也是有理数对象。如果想检查这个条件，可以在方法开始加一个条件语句，用 isinstance(another, Rational) 检查。另外，another 是有理数对象，上面的方法定义中都没有直接去访问属性，而是通过解析函数。

计算中经常需要比较有理数的相等和不等，或者比较它们的大小。Python 为各种关系运算提供了特殊方法名。下面是有理数相等、小于运算的方法定义：

---

[1] 不难想清楚，这两个属性确实应该作为内部属性。如果在类（对象）之外随便设置有理数的分子和分母，有可能造成一些不应该出现的情况。首先，外部设置的值可能不满足有理数的需要，例如不是整数，或者分母不是大于 0 的整数。还有，作为一种数学对象，有理数不应该是可变对象。显然下面的情况是不可接受的：计算中得到了一个有理数，在后来的使用中这个数却不断变化。

[2] 实际上，Python 为语言中所有运算符定义了特殊方法名，详情请查看 Python 文档。

```
def __eq__(self, another):
    return self._num * another.den() == self._den * another.num()

def __lt__(self, other):
    return self._num * another.den() < self._den * another.num()

#其他比较运算符可以类似定义:
# !=:__ne__, <=:__le__, >:__gt__, >=:__ge__
```

不等、小于等于、大于、大于等于运算可以用类似的方式实现。

为便于输出，人们经常在类里定义一个把实例转换到字符串的方法。为了与标准函数 str 配合，该方法应该采用特殊名 __str__。下面是有理数类的字符串转换方法：

```
def __str__(self):
    return str(self._num) + "/" + str(self._den)
```

至此我们完成了一个简单的有理数类，读者可以根据自己的想法增添其他函数。

在程序定义好一个类后，就可以像使用 Python 标准类型一样使用它。首先是创建有理数类的对象，形式是采用类名的函数调用式：

```
five = Rational(5)  # 初始化方法的默认参数保证用整数直接创建有理数
x = Rational(3, 5)
```

由于有理数类定义了 str 转换函数，可以直接用标准函数 print 输出：

```
print("Two thirds are", Rational(2, 3))
```

我们还可以很方便地使用算术运算符和条件运算符：

```
y = five + x * Rational(5, 17)
if y < Rational(123, 11): ...
```

还可以获得对象的类型，或者检查对象和类的关系：

```
t = type(five)
if isinstance(five, Rational): ...
```

总而言之，从使用的各方面情况看，利用类机制定义的类型与 Python 的内部类型没什么差别，地位和用法完全一样。Python 标准库的一些类型就是这样定义的。

有关类定义、类中的方法定义等，还有下面几点说明：

- 初始化方法里赋值的属性与类定义中的方法同名是一种常见错误，应特别注意。举例说，假设 Rational 类定义了名为 num 的操作，如果在 __init__ 函数里给 self.num 赋值，就会覆盖同名方法定义。前面定义里数据属性名为 _num，避免了名字冲突。
- 要在一个方法函数里调用同一个类中的其他函数，需要明确提供第一个参数 self，以属性描述的方式写方法调用。例如，在方法函数 f 里调用 g 时应该写 self.g(...)。
- 从其他方面看，方法函数就是定义在类体里面的函数。函数中也可以访问全局名字空间里的变量和函数，必要时也可以写 global 或 nonlocal 声明等。

类的数据属性和方法

类定义创建的类对象主要支持两种操作：属性访问和实例化（创建类的实例）。类的

*数据属性*相当于类里的局部变量，通过类体里的赋值语句创建，赋值即定义。在类中的方法里，可以通过类名，以属性访问的形式操作这些属性。人们常用这种数据属性记录与整个类有关的信息，如可供本类实例共享的信息。此外，每个类对象都有一个 __doc__ 数据属性，其值是该类的文档串。类体中的函数定义产生该类的*函数属性*，它们的值是函数对象。类中的各种方法就是相应类对象的函数属性。

实际上，Python 也允许先创建空的实例对象，然后通过赋值为它们加入属性。但在实际编程中，人们都觉得这样做太麻烦、容易出错，也难维持某种规范性以保证程序正确工作。在创建一个类的实例时，人们希望能自动设置必要的属性，保证建立的对象状态完好，具有所需要的性质。Python 类的初始化方法 __init__ 就是用于满足这种需要。

如果类里定义了一个实例方法函数，这个类的实例对象就可以通过属性引用的方式调用这个函数。在用 x.*method*(...) 的形式调用方法函数 *method* 时，对象 *x* 将作为 *method* 的第一个实参，约束到 *method* 的第一个形参 self，其他实参按 Python 有关函数调用的规定分别约束到 *method* 的其他形参，然后执行该函数的体代码。

除了实例方法外，类里还可以定义另外两类方法函数。首先是前面介绍过的静态方法，定义时需要在 def 行前加 @staticmethod 装饰符。静态方法就是定义在类里的普通函数，它们没有特殊的 self 参数，可以通过类名或者实例对象，以属性访问的形式调用。注意，由于没有 self 参数，无论用哪种形式去调用，都必须为每个形参提供实参。

另一类函数称为类方法函数，定义形式是在 def 行前加 @classmethod 装饰符。这种方法必须有表示调用类的第一个参数，习惯上用 cls，还允许任意多个其他参数。类方法也用属性访问的形式调用，函数执行时，调用类将自动约束到 cls 参数，函数里可以通过这个参数访问类的其他属性。类方法可用于实现与本类的所有对象有关的操作。

现在看一个例子。假设我们希望在定义的类里维护一个计数器，记录程序运行中创建的这个类的所有实例对象的个数。下面的类里实现了这种计数工作：

```
class Countable:
    counter = 0

    def __init__(self):
        Countable.counter += 1

    @classmethod
    def get_count(cls):
        return Countable.counter
    # 类定义的其他部分省略

x = Countable()
y = Countable()
z = Countable()

print(Countable.get_count())
```

类里定义了数据属性 counter 作为对象个数计数器，初值为 0。每次创建该类的对象时，初始化方法 __init__ 就把这个计数器加一。类方法 get_count 访问这个属性。运行上面代码段时将输出整数 3，表示 print 之前创建了 3 个 Countable 对象。

与类定义有关的规则

类定义可以出现在程序里的任何地方，例如出现在函数定义里，或出现在另一个类定义内部，这样定义的就是相应函数里或类里的局部类。人们经常把类定义写在模块的最外层，使定义类在整个模块可用，而且允许其他模块通过import语句导入和使用。

类定义也是一种作用域单位，其中的定义只在该类内部有效，在类外不直接可见，不会与外面的名字冲突。在类外使用时，必须通过类名做属性引用。例如，下面是一段合法代码：

```
class C:
    a = 0
    b = a + 1

x = C.b
```

然而，在前面的例子里可以看到一个情况：counter是Countable类的数据属性，但是在Countable类的两个方法里都是通过类名，以属性引用的形式访问counter。这样做是必须的，因为在Python语言里，类的作用域规则与函数的规则有些不同。

对函数定义，外层名字（全局名和外围作用域的局部名）的作用域自动延伸到内层作用域。这样，如果在函数f内部定义局部函数g，在g的函数体里可以直接使用f里有定义的变量，以及f里定义的其他局部函数，除非这个名字在g里被局部定义覆盖。

类定义的情况不是这样。在类C里定义的名字（C的数据属性或函数属性名），其作用域并不自动延伸到C内部嵌套的作用域（局部类或者方法的体）。因此，如果需要在类中的函数定义里引用这个类的属性，一定要采用基于类名的属性引用形式。

解释器执行类定义时将创建一个新名字空间，类定义中语句（包括方法定义）都在这个名字空间里执行，通常在这里创建一些数据属性和函数属性。类定义执行完成时，解释器基于相应名字空间创建类对象，并把新建的类对象关联于类名。此后，通过这个类名就能引用相应类对象了。这样创建的类对象将一直存在，除非使用del操作明确删除。

2.2.2　继承

做面向对象的程序设计时，基本工作包括三个方面：定义需要的类（也是定义新类型），创建这些类的（实例）对象，调用对象的方法完成工作。前面介绍了类定义的基本情况，本节介绍另一种重要机制——*继承*。继承的作用主要有两个：首先是基于已有类定义新类，复用已有类的功能，减少定义新类的工作量，从而提高工作效率；另一个作用更重要，就是建立一组类（类型）之间的继承关系，利用这种关系更好地组织复杂的程序。

继承、基类和派生类

在定义一个新类时，可以列出一个或几个已有类作为被继承的类，这样就建立了这个新定义类与指定的已有类之间的*继承关系*。这样定义的新类称为所列已有类的*派生类*（或*子类*），被继承的类称为这个新类的*基类*（或*父类*）。派生类继承基类的所有功能，可以直接使用，也可以根据需要修改其中一些功能（重新定义基类的某些函数属性）。此外，派生类还可以根据需要扩充功能（定义新的数据和/或函数属性）。

在概念上，人们把派生类看作其基类的特殊情况，认为它们的实例集合具有包含关系。设C是B的派生类，C类的对象也是基类B的对象。人们常常希望在要求B类实例的上下文中可以使用C类的实例对象，这是面向对象编程中最重要的一条规则，称为*替换原理*。许多面向对象编程技术都利用了类之间的继承关系，也就是利用替换原理。

一个类可能是其他类的派生类，又可能被用作基类来定义新派生类。这样，在一个程序里，所有的类根据继承关系形成了一种*层次结构*（显然，不应出现类之间的循环继承，这种情况是程序错误，Python系统将报错）。Python有一个基本的内置类object，其中定义了一些所有的类都需要的功能。如果一个类定义时没说明基类，它就自动以 object 作为基类。这样，任何用户定义类都是 object 的直接或间接派生类。

基于已有类 BaseClass 定义派生类的语法形式是：

```
class <类名>(BaseClass, …):
    <语句组>
```

列在类名后面括号里的“参数”就是基类，可以有一个或多个，它们都必须在这个类定义所在的名字空间里有定义。可以用复杂的表达式描述基类，该表达式的值必须是类对象。例如，可以用 import 导入另一模块后，从该模块里的类派生定义新类。

标准函数 issubclass 检查两个类是否具有继承关系，包括直接或间接的继承关系，issubclass(cls1, cls2)返回 True 表示 cls2 是 cls1 的直接或间接基类。实际上，Python 的一些基本类型之间也有子类（子类型）关系。

作为最简单的例子，下面代码定义了一个我们自己的字符串类：

```
class MyStr(str):
    pass
```

这个类继承内置类型 str 的所有功能，没做任何修改或扩充。但它是一个新类，是 str 的一个派生类。有了这个定义，我们就可以写：

```
s = MyStr(1234)
issubclass(MyStr, str)
isinstance(s, MyStr)
isinstance(s, str)
```

第一个语句创建了一个 MyStr 类的对象，后三个表达式的值都是 True。最后一个表达式为真，因为派生类的对象也是基类的对象。

派生类经常需要扩充新的数据属性，这时就必须重新定义 __init__，以正确完成实例的初始化。如果希望派生类对象可以作为基类对象使用（替换原理），可以对这种对象调用从基类继承来的方法，在这些对象里就应该包含基类对象的所有数据属性，这样，在创建派生类的对象时就需要初始化这些数据属性。完成这一工作的常见方式是直接调用基类的 __init__ 方法，利用它为新实例里的那些在基类实例中也有的数据属性设置初值。也就是说，派生类的 __init__ 方法定义的最常见形式是：

```
class DerivedClass(BaseClass):
    def __init__(self, ...) :
        BaseClass.__init__(self, ...)
        ... ... # 初始化派生类的新属性，其他操作

    ... ... # 派生类的其他语句（和函数定义）
```

这里继承 BaseClass 类定义了派生类 DerivedClass。在调用基类的初始化方法时，必须明确写基类的名字，不能从 self 出发去调用，否则就是调用自己的 __init__ 了。调用必须把表示本对象的 self 作为第一个实参，并传递必要（且合适）的实参，就能正确地初始化派生类实例中属于基类的那一部分属性。

在派生类里覆盖基类的其他函数时，也常希望新函数是基类原函数的扩充。这种情况与上面 __init__ 的情况类似，因此，在新函数里也应该用 BaseClass.methodName(…) 的形式调用相应的基类函数。实际上，我们可以用这种形式调用基类的任何函数（无论该函数是不是被派生类覆盖，是不是正在定义的新函数覆盖的函数）。同样要注意，在这种

调用中，通常都应该把表示本对象的 self 作为第一个实参。

方法查找和对象绑定

设变量 x 的值是一个对象 o，我们写 x.m(...)，就是希望调用名字为 m 的函数。Python 解释器需要确定应该调用的具体函数（是哪个类里定义的名字为 m 的函数）。被调函数可能是 o 的类 C 里定义的，也可能是类 C 的某个基类 B 里定义的。确定被调用函数需要经过一个查找过程，从 o 所属的类 C 开始，如果在这里找到 m，就执行这个函数；如果没找到就到 C 的基类去找。这个过程沿继承关系向上，直至在某个类里找到函数 m 并使用它。如果查找到类 object 也没找到所需函数，就是属性无定义，解释器报告 AttributeError 异常。显然，解释器需要记录类之间的继承关系，以支持上述属性查找过程。

如前所述，派生类可以覆盖其基类里已有的函数定义（即，重新定义同名函数）。根据上述查找过程，一旦某个函数在派生类里重新定义，在它（以及其派生类）的实例的方法调用时，就不再会找到基类里定义的方法了。这样就实现了方法的覆盖。

假设某实例对象调用的方法 f 里调用了另一个实例方法 g（通过 self.g(...)的形式）。这时查找方法 g 的过程就只与这个实例（的类型）有关，与 f 在哪个类里定义无关。考虑一个例子。假定 B 是 C 的基类，两个类的定义分别是：

```
# code showing dynamic binding
class B:
    def f(self) :
        self.g()
    def g(self) :
        print('B.g called.')

class C(B):
    def g(self) :
        print('C.g called.')
```

如果在执行 x = B()之后调用 x.f()，显然将调用 B 类里定义的 g 并打印出“B.g called.”。但如果在执行 y = C()之后调用 y.f()，情况会怎样呢？

由于 C 类里没有 f 的定义，y.f()实际调用的是 B 类定义的 f。在 f 的定义里调用 self.g()时就出现了一个问题：应该调用哪个函数 g？根据程序正文，正在执行的方法 f 是类 B 里定义的，在类 B 里 self 的类型应该是 B。如果根据这个类型去查找 g，就应该找到类 B 里定义的 g。这种根据静态程序正文关系确定被调用方法的规则称为*静态约束*（或称*静态绑定*）。但 Python 不这样做，它和大多数常见的面向对象语言一样，基于方法调用时 self 关联的实例对象的类型去确定应该调用的 g，这种规则称为*动态约束*。

y.f()的执行过程是：由于 y 是 C 类的实例，首先基于它确定应该调用的函数 f。由于 C 类里没定义 f，按规则应该到 C 类的基类里查找 f。在 C 类的基类 B 里找到了 f 的定义，因此就执行它。在执行 f 的过程中遇到调用 self.g()。由于当时 self 的值是一个 C 类的实例，确定 g 的工作再次从该对象所属的 C 类开始。由于 C 类里有函数 g 的定义，它就是应该调用的方法，执行这个函数将打印出“C.g called.”。

在程序设计语言领域，这种通过动态约束确定调用关系的函数称为*虚函数*。

标准函数 super()

Python 提供了一个标准函数 super，把它用在派生类的方法定义里，就是要求从这个类的直接基类开始做属性查找（而不是从该类自身开始查找）。采用 super 函数而不直接写具体基类的名字，查找过程更加灵活。如果直接写基类的名字，无论在什么情况下执行，总是调用指定的基类的方法，而如果写 super()，解释器就会先找到当前类的直接基类，从那里开始规范的方法查找过程。

函数 super 有几种使用方式，最简单的是不带参数的调用形式，例如

```
super().m(…)
```

如果在一个方法函数的定义里出现了这个调用，那么在执行到这个语句时，Python 解释器就会从对象所属类的基类开始查找函数 m。下面是一段用于说明相关问题的简单代码：

```
class C1:
    def __init__(self, x, y):
        self.x = x
        self.y = y
    def m1(self) :
        print(self.x, self.y)
    ……

class C2(C1):
    def m1(self):
        super().m1()
        print("Some special service.")
    ……
```

在执行类 C2 里的 m1 时，解释器将从 C2 的基类（也就是 C1）开始查找 m1。由于 C1 有 m1 的定义，应该调用的就是它。显然，这种形式的 super 调用（并进而调用基类的方法）只能出现在方法函数定义里。实际调用时，当前实例作为被调用函数的 self 实参。

super 的第二种使用形式是 super(C, obj).m(...)，要求从指定的类 C 的基类开始查找函数属性 m，这里的 obj 必须是类 C 的实例。解释器找到 m 后将用 obj 作为该函数的 self 实参。这种写法可以出现在程序里任何地方，可以不在类的方法函数里。super 的其他调用形式的使用情况更特殊，这里就不介绍了。

方法对象

类对象的函数属性约束到由类中函数定义生成的函数对象。程序里通过类 C 的实例 o 调用类 C 的方法函数 m 时，解释器将创建一个方法对象，其中封装起实例对象 o 和方法函数 m。实际执行这个方法对象时，解释器将把 o 作为 m 的第一个实参去执行 m 的体。m 中通过形参 self 的属性访问，都作为对 o 的属性访问（取值/赋值）。举个例子：

- 假设类 C 里定义了方法函数 m，C.m 就是一个函数，其值是一个普通的函数对象，就像采用其他方式定义的函数一样，如 math.sin 的值就是一个函数对象。
- 设变量 p 的值是类 C 的实例 o，p.m 的值就是基于 o 和函数 m 建立的方法对象。
- 使用方法对象的最常见方式是直接从类实例做方法调用。例如，假设类 C 的方法函数 m 有三个形参，变量 p 的值是类 C 的实例，从 p 出发调用 m 就应写成 p.m(a, b) 的形式，这里 a 和 b 应该是适合作为 m 后两个参数的表达式。易见，方法调用 p.m(...) 等价于函数调用 C.m(p, ...)。方法的其他参数通过调用表达式中的其他实参提供。
- 方法对象也是一种（类似函数的）对象，可以作为对象使用。例如，可以把方法对象赋给变量，或作为实参传入函数后去调用。在上面假设下，我们完全可以写“q = p.m”，之后在其他地方写调用 q(a, b)，表示用 a 和 b 作为实参调用这个方法对象。

注意，方法对象和函数对象不同，它实际上包含了两个成分：一个是由类中的函数定义生成的函数对象，另一个是调用时约束的一个（属于相应类的）实例对象。在这个方法对象最终执行时，其中的实例对象将被作为函数的第一个实参。

2.2.3 异常类和自定义异常

前面定义 Rational 类时已经用到了异常。异常是 Python 语言的一套特殊控制机制，主要用于支持错误的检查和处理，也可以用于实现特殊的控制转移。如果程序执行中发生异常，无论是解释器发现的异常情况（例如除零或类型错误），还是 raise 语句引发的异常，正常执行控制流立刻中止，解释器转入异常处理模式，查找能处理所发生异常的处理器。如果找不到相应处理器，在交互解释环境下，系统将在环境中输出错误信息，结束当前执行并回到交互状态，等待下一个输入；在直接执行方式下，当前程序将直接终止。

每个异常有一个名字，如 ValueError、TypeError、ZeroDivisionError 等，解释器根据异常去查找处理器。实际上，Python 异常都是类（class），运行中产生异常就是生成相应类的一个实例，异常处理机制完全基于面向对象的概念和性质。全体内部异常类构成了一个树形结构，所有异常类的基类是 BaseException，其最重要子类是 Exception，内置异常类都是 Exception 的直接或间接派生类。如果我们需要定义异常，就应该从系统异常类中选择一个合适的异常，从它派生出自己的异常类。例如：

```
class RationalError(ValueError):
    pass
```

最简单情况（很常见）只是希望定义一种特殊异常，并不需要这种异常有特殊功能。在这种情况下只需要简单派生（如上）。为语法完整，这里用一个 pass 语句作为类的体。

处理异常的结构是 try 语句。一个 try 语句可以带有任意多个 except 子句，这种子句就是异常处理器。except 子句头部用表达式描述它捕捉和处理的异常，可以列出一个或多个异常名，写多个异常名时需要用括号括起。子句体描述捕捉到相应异常时的动作。

运行中发生异常时，查找处理器的工作由解释器完成。异常与处理器的匹配按面向对象的方式处理。假设发生异常 e，某异常处理器头部列有异常名 E，而且 isinstance(e, E) 为真，这个处理器就将捕捉并处理 e。举例说，如果运行中发生了一个 RationalError 异常，某处理器的头部列出了 RationalError，或者 ValueError，又或者 Exception，它就能捕捉这个异常。当然，匹配 ValueError 的处理器还能捕捉和处理其他异常，匹配 Exception 的处理器能捕捉和处理各种主要异常。

异常的传播和捕捉

运行中的异常可能发生在模块层语句的执行中，更多是发生在某个函数的执行中。假设在函数 f 的执行中发生异常 e，函数 f 的当前执行立即中断，解释器转入异常处理模式，查找能处理 e 的处理器。有关查找过程如下：

- 首先在发生异常的 f 的函数体里查找处理器，
  - 如果发生异常的语句位于一个 try 语句的体里，就顺序检查这个 try 语句后附的各个 except 子句，看看是否存在能处理 e 的处理器。
  - 如果发生异常的 try 语句的所有异常处理器都不能处理 e，解释器转去查看包围着该 try 语句的外围 try 语句（如果存在），检查其中是否存在能处理 e 的异常处理器。这个查找将逐层检查（发生e的）函数f里的各层try语句。

- 如果上述检查过程跳出了f函数体里某个最上层的try语句，就说明e不能在函数f里处理，此时函数f的执行异常终止，e在函数f的本次执行的调用点重新引发，导致又一轮处理器查找工作。查找规则与上面一样。

- 如果上述查找过程在某一步找到了与e匹配的处理器，解释器就转去执行该except子句的体（异常处理器代码）。执行完这段代码后，解释器转到这个异常处理器所在的try语句之后回到正常的执行模式，并从那里继续执行下去。
- 上述查找过程可能导致函数一层一层地以异常方式退出，有可能一直退到主模块的最上层，也没有找到与之匹配的处理器，那么：
  - 如果程序是在解释器的交互方式下执行，Python解释器中止主模块的执行并回到交互状态，输出错误信息后等待用户的下一个命令。
  - 如果程序是自主执行（或称按批处理方式执行），该程序立即终止。

如果异常发生在主模块的表层（不在任何函数里），处理过程同上。

在异常处理的过程中还可能出现一些情况。例如，正在执行处理器代码时又发生了新异常，或者处理中遇到某些特殊情况，需要引发新异常。Python语言定义了这些情况的处理细节，这里就不继续讨论了。

内置的标准异常类

Python语言定义了一套标准异常类，它们都是BaseException的派生类，其最重要的子类是Exception，标准异常类都是Exception的直接或间接派生类。

下面是一些常用异常，后面章节中有些例子里将从一些异常派生自定义的异常类。

```
BaseException
 +-- SystemExit
 +-- KeyboardInterrupt
 +-- GeneratorExit
 +-- Exception
      +-- ArithmeticError
      |    +-- FloatingPointError
      |    +-- OverflowError
      |    +-- ZeroDivisionError
      +-- AssertionError
      +-- AttributeError
      +-- EOFError
      +-- ImportError
      +-- LookupError
      |    +-- IndexError
      |    +-- KeyError
      +-- NameError
      |    +-- UnboundLocalError
      +-- OSError
      ... ...
      +-- ReferenceError
      +-- RuntimeError
      |    +-- NotImplementedError
      +-- SyntaxError
      ... ...
      +-- SystemError
      +-- TypeError
      +-- ValueError
      ... ...
```

这个图不完全，省略了一些异常（包括所有称为“警告”，即Warning，的异常）。

2.2.4　本书采用的ADT描述形式

后面许多章节里将采用Python的面向对象技术和类结构定义各种数据类型，为了更好地与之对应，这里对ADT的描述形式做一点改动。后面使用的ADT描述将模仿Python类定义的形式，也认为ADT描述的是一个类型，因此：

- ADT的基本创建函数将以 `self` 作为第一个参数，表示被创建的对象，其他参数表示为正确创建对象时需要提供的其他信息。
- ADT描述中的每个操作也都以 `self` 作为第一个参数，表示被操作的对象。
- 定义二元运算时也采用同样的形式，其参数表将有 `self` 和另一个同类型对象，操作返回的是运算生成的结果对象。
- 虽然Python函数定义的参数表里不要求描述参数类型，但是，为了提供更多信息，在后面写ADT定义时，我们还是经常采用写参数类型的形式，用于说明操作对具体参数的类型要求。在很多情况下，这样写可以省略一些文字说明。

按这种方式描述的有理数对象ADT如下：

```
ADT Rational:                             # 定义有理数的抽象数据类型
    Rational(self, int num, int den)      # 构造有理数 num/den
    +(self, Rational r2)                  # 求出本对象加 r2 的结果（有理数）
    -(self, Rational r2)                  # 求出本对象减 r2 的结果
    *(self, Rational r2)                  # 求出本对象乘以 r2 的结果
    /(self, Rational r2)                  # 求出本对象除以 r2 的结果
    num(self)                             # 取得本对象的分子
    den(self)                             # 取得本对象的分母
```

总结

随着计算机科学理论和软件技术的发展，人们逐渐认识到，数据的抽象和计算过程的抽象同样重要。以建立数据抽象为目标的抽象数据类型的思想逐渐发展起来，这种思想对程序和软件系统的设计以及编程语言的发展都产生了广泛而深远的影响。新的编程语言都为建立数据抽象设计了专门的结构或机制，所有设计优良的复杂软件系统在其设计和实现的许多方面都表现并实践着抽象数据类型的思想。掌握抽象数据类型的基本思想和实践技术，是从简单编程走向复杂的实际应用开发的学习历程中的重要一步。

抽象数据类型的基本思想是抽象定义与数据表示和数据操作实现的分离。定义抽象数据类型，首先要通过一组操作（函数）描述该类型对象与外界的接口。这样的接口定义在程序中划出了一条清晰的分界线：一边是抽象数据类型的实现，可以采用适合需要的任何技术；另一边是使用这个抽象数据类型的其他程序部分，只需要相对于给定的操作接口定义。这种分离能很好地支持程序的模块化，是分解和实现大型复杂系统的最重要的技术。

Python语言里专门用于支持数据抽象的机制是类（class）及其相关结构。解释器处理一个类定义后生成一个类对象。该类对象具有类定义描述的所有数据属性和函数属性，约束到给定的类名，就像函数定义生成的函数对象约束到函数名一样。类对象的最重要功能

就是实例化，即通过调用的形式生成该类的实例对象。如果类中定义了名为 `__init__` 的初始化函数，生成实例时就会自动调用它；没定义这个函数时生成一个空对象。人们通常用初始化函数为实例对象建立数据属性，设置对象的初始状态。实例对象可以通过属性调用的形式，调用其所属类的实例函数。类里还可以定义静态方法和类方法。

面向对象的另一个重要机制是*继承*，用于支持基于已有的一个或几个类定义新类。这样定义的新类称为*派生类*（或子类），被继承的类称为*基类*（或父类）。派生类可以利用基类的所有机制，可以重新定义基类中已有的方法，改变自己实例的行为，或者定义新方法以扩充新实例的行为。在方法调用时，Python 采用动态约束规则，根据调用对象的类型确定被调函数。面向对象的观点把派生类看作基类的特殊情况，派生类的对象也是基类的对象。如果在定义新类时不指明基类，Python 就认为基类是 `object`。这样，一个程序里的类定义形成了一种层次结构，最高层是 `object`，其他都是 `object` 的派生类。开发者可以通过恰当的类层次设计，把程序中的数据组织好，以利于程序的开发和维护。

综上所述，基于 Python 的类机制，不仅可以定义出一个具体的抽象数据类型，而且可以定义出一组相关的具有层次关系的抽象数据类型。在定义新类型时，可以通过继承的方式尽可能利用已有的功能，提高工作效率。良好设计的类层次结构还使开发者可以把所需操作定义在适当的抽象层次上，使操作尽可能通用化。

Python 的异常处理机制是完全基于类和对象的概念定义的。系统定义了一组异常类，形成了一套标准的异常类层次结构。引发一个异常就是生成相应异常类的对象。Python 解释器设法找到与异常匹配的处理器，匹配条件就是发生的异常对象属于处理器描述的异常类。应该注意，派生类的对象也是基类的对象。因此，捕捉基类异常的处理器也能捕捉派生类异常。如果需要定义自己的异常，我们只需要选择一个异常类，基于它定义一个派生类。

练习

一般练习

1. 复习下面概念：抽象数据类型，接口，实现，过程抽象和数据抽象，类型，内置类型和用户定义类型，表示，不变类型和可变类型，不变对象和可变对象，类，类定义和类对象，类对象名字空间，类的属性（数据属性和函数属性），类的实例（实例对象，对象），方法，实例方法，`self` 参数，方法和函数，函数 `isinstance`，初始化方法，实例的属性和属性赋值，静态方法，类方法，实例变量和私有变量，特殊方法名，继承，基类，派生类，方法覆盖，替换原理，类层次结构，类 `object`，函数 `issubclass`，类方法查找，静态约束和动态约束，函数 `super`，Python 标准异常，异常类层次结构，`Exception` 异常，Python 异常的传播和捕捉。
2. 请列举数据类型的三类操作，说明它们的意义和作用。
3. 为什么需要初始化函数？其重要意义和作用是什么？
4. 设法说明在实际中某些类型应该定义为不变类型，另一些类型应该定义为可变类型。请各举出两个例子。
5. 请简要列举并说明在定义一个数据类型时应该考虑的问题。
6. 请检查 2.1.3 节中给出的 `Date` 抽象数据类型，讨论其中操作的语义说明里有哪些不精确之处，设法做些修改，尽可能地消除描述中的歧义性。
7. 请解释并比较类定义中的三类方法：实例方法、静态方法和类方法。
8. 请列出 Python 编程中有关类属性命名的约定。
9. 请通过实例比较类作用域与函数作用域的差异。

10. 试比较正文中采用元组实现有理数和采用类实现有理数的技术，讨论这两种不同方式的优点和缺点。

编程练习

1. 定义一个表示时间的类 `Time`，它提供下面操作：
   (1) `Time(hours,minutes,seconds)` 创建一个时间对象。
   (2) `t.hours()`、`t.minutes()`、`t.seconds()`，它们分别返回时间对象 t 的小时、分钟和秒值。
   (3) 为 `Time` 对象定义加法和减法操作（用运算符 + 和 -）。
   (4) 定义时间对象的等于和小于关系运算（用运算符 == 和 <）。
   注意：`Time` 类的对象可以采用不同的内部表示方式。例如，可以给每个对象定义三个数据属性 `hours`、`minutes` 和 `seconds`，基于这种表示实现操作；也可以用一个属性 `seconds`，构造对象时算出参数相对于基准时间 0 点 0 分 0 秒的秒值，同样可以实现所有操作。请从各方面权衡利弊，选择合适的设计。
   上面情况表现出“抽象数据类型”的抽象性，其内部实现与使用良好隔离，换一种实现方式（或改变一些操作的实现技术）可以不影响使用它的代码。
2. 请定义一个类，实现正文中描述的 Date 抽象数据类型。
3. 扩充 2.2.1 节中给出的有理数类，加入一些功能：
   (1) 其他运算符的定义。
   (2) 各种比较和判断运算符的定义。
   (3) 转换到整数（取整）和浮点数的方法。
   (4) 给初始化函数加入从浮点数构造有理数的功能（Python 标准库浮点数类型的 `as_integer_ratio()` 函数可以用在这里）。
   对应运算符的特殊函数名请查看语言手册 3.3.7 节（Emulating Numeric Types）。
4. 2.2.1 节的有理数类实现中有一个缺点：每次调用类中的 `__init__`，都会对两个给定参数做一遍彻底检查。当用在有理数运算函数中构造结果时，其中一些检查并不必要，浪费了时间。请查阅 Python 手册中与类有关的机制，特别是名字为 `__new__` 的特殊方法等，设法修改有关函数的设计，使得其既能完成工作又能避免不必要的检查。
5. 请定义一个银行客户类，为这个类定义适当的方法。再以这个客户类作为基类，派生出一个金卡客户类和一个白金卡客户类，给予这两个类的客户一定的优惠，例如在银行转账时降低或免收费用等。也可以做一点实际调查，根据实际银行的客户管理情况定义几个不同类型的客户类。

第3章 线 性 表

程序里经常需要把一组（通常是同类型的）数据作为整体管理和使用，为此就需要创建这种数据组，用变量记录它们，将它们传进/传出函数等。组中元素可以修改，数目也可以变化（可以插入/删除元素）。有时需要把这样一组数据看成序列，用元素在序列中的位置和顺序表示有实际意义的信息，或者表示数据之间的某种关系。*线性表*（简称*表*）就是这样一组元素（的序列）的抽象。一个线性表容纳了一些元素，还记录着元素之间的一种顺序关系。

线性表是最基本的数据结构，本身应用广泛，还经常用作其他数据结构的实现基础。程序中可能需要各种线性表，如整数的表、字符串的表，或者复杂结构的表。Python 内置的 list 和 tuple 都以具体形式支持程序里的这类需要，它们可以看作线性表的实现。

本章将讨论线性表的概念、两种基本实现方法、若干变形和一些应用实例。

3.1 线性表的概念和表抽象数据类型

表可以看作一种抽象的（数学）概念，也可以作为一种抽象数据类型。本节首先介绍表的概念和它的一些抽象性质，然后定义一个表抽象数据类型。

3.1.1 表的概念和性质

在抽象地讨论线性表时，我们先假定一个（有穷或无穷的）基本元素集合 E，其元素可能是某类型的对象。E 上的线性表就是 E 中有穷的一组元素排成的序列 $L=(e_0, e_1, \cdots, e_{n-1})$，其中 $e_i \in E$ 且 $n \geqslant 0$。一个表可以包含 0 个或多个元素，每个元素在表中有一个确定的位置，称为该元素的下标。在本书中，下标总从 0 开始编号（一些书籍选择从 1 开始编号）。表中元素的个数称为表的*长度*。无元素的表称为*空表*，显然，空表的长度为 0。

表元素之间存在一种基本关系，称为*下一个关系*。对于表 $L=(e_0, e_1, \cdots, e_{n-1})$，其下一个关系是二元组的集合 $\{<e_0, e_1>, <e_1, e_2>, \cdots, <e_{n-2}, e_{n-1}>\}$。下一个关系是一种*顺序关系*，也就是*线性关系*，因此我们说表是一种*线性结构*。非空的线性表总有唯一的*首元素*和唯一的*尾元素*（或称*末元素*）。在一个表里，除首元素之外的每个元素 e 都有且仅有一个*前驱元素*；除尾元素之外的每个元素都有且仅有一个*后继元素*。

我们可以把线性表作为一种数学对象来研究，为之建立抽象的数学模型，研究这种结构的性质。但根据本书的目的，我们主要关注的是把线性表作为一种程序里使用的数据类型和一种构造数据结构的基本方式。下面讨论这方面的问题。

3.1.2 表抽象数据类型

从编程和应用的角度看，线性表是一种组织数据的结构，现在考虑如何将其定义为一种抽象数据类型。有两群人从不同的角度考虑相关问题：线性表的使用者和它的实现者。

- 从使用者角度看，线性表是一种有用的结构。使用者需要考虑该结构提供了哪些操作，是否能方便地使用以解决自己的问题。实际的使用也会对表的实现提出一些要求。
- 实现者则必须考虑两个问题：1）如何设计一种合适的表示，把表内部的数据组织好；2）提供哪些有用而且必要的操作，并有效实现这些操作。这两个问题密切相关。

显然，其他数据结构的情况也如此。在设计和研究一种抽象数据类型时，都会遇到这两个不同的观察角度，两者既统一又有分工，我们需要处理好两者之间的关系。这里的情况与函数的定义和使用的情况类似。下面讨论中的一些考虑具有普遍意义。

在一个数据结构里总要存储一些信息，具体存储方式包装在数据结构内部，从外部可能看不到，使用时也不需要关心。但是，具体的表示方式可能对数据结构上操作的实现和性质产生重要影响。对于较复杂的数据结构，可能存在多种不同表示方式（后面会看到具体例子），设计时需要考虑的因素很多，利弊得失的权衡可能很复杂，不容易做出正确的决策。本书将提供一些有用信息，帮助读者理解其中的问题，以及其中各种重要的利弊权衡。

线性表的操作

我们首先从使用者的角度，考虑一个线性表数据结构应该提供哪些操作。

- 作为抽象数据类型的线性表是数据对象的一种组合体，应该提供创建线性表的操作。一种简单操作是创建空表对象，操作时不需要其他信息。如果还允许创建包含一些元素的表，就需要考虑如何为创建操作提供初始元素序列。
- 程序中可能需要检查一个表，获取其各方面的信息。例如，我们可能需要判断一个表是否为空，考察其中的元素个数（求表的长度），检查表里是否存在某个特定的数据对象等。为此，我们需要定义一些获取表中信息的解析操作。
- 可能需要动态改变表的内容，包括插入新元素或删除已有元素。插入元素有许多不同方式：简单插入只要求把新元素插入表中，定位插入要求把新元素放到表中的特定位置。删除元素可以是定位删除，即删掉某个位置的元素，也可以是按条件删除元素。后一种删除还可以分为删除一个元素或删除满足某些条件的所有元素。例如，可能要求从整数表里删除一个值为0的元素、删除所有等于0的元素，或者删除表里的所有负数等。
- 一些涉及一个或两个表的操作。例如表的组合操作，希望得到一个表，其中包含两个已有表中的所有元素；或者从一个已有的表得到一个新表，其中每个元素都是原表中的元素按某种规则（操作）修改后的结果，等等。
- 要求对表中每一个元素做某种操作。注意，这是一个操作类，给定任何对单个表元素的操作，就有一个与之对应的对表中所有元素进行的操作。这类操作需要逐个访问表中元素，对每个元素做同样的事情。这是一种操作模式，称为对表元素的*遍历*。

此外，后两类操作都可以实现为变动操作，让它们实际修改被操作的表，直接实现操作的效果；也可以实现为非变动操作，让每个操作建立一个新表，与原表相比多了（插入了）或少了（删除了）一个或一些元素，或者表元素都按特定的方式修改了。

上面的讨论至少可以给读者一个印象：要设计一种表对象，并没有一个固有的正确的操作集合，而是有许多可能，应根据实际需要考虑并做出选择。

上面列出的操作中，有些是所有数据结构都需要的“标准操作”，如创建操作、组合结构的判空操作。对元素个数可能变化的对象，需要有检查元素个数的操作。如果实现方式固定了组合结构的容量，满时无法插入新元素，就必须有判断结构满的操作。不同编程语言或实现方式也可能影响操作集合。在一些语言里（如C语言），数据结构不再有用时必须显式销毁，释放存储。Python有自动存储管理功能，因此不必（也无法自己）处理销毁问题。

此外，具体数据结构还可能需要一些特殊操作。例如，集合数据结构需要支持常用集合运算（求并、交、补集等），图数据结构要判断结点是否相邻（两点间是否有边）的操作等。

表抽象数据类型

现在考虑一个简单的表抽象数据类型，为其定义一组基本操作。由于我们计划用Python类来实现这种类型，定义中有些设计反映了这方面考虑。但从整体上看，这个抽象数据类型的描述是一般性的，并不依赖于Python语言。

```
ADT List:                    #一个表抽象数据类型
  List(self)                 #表构造操作，创建一个新表
  is_empty(self)             #判断 self 是否为一个空表
  len(self)                  #获得 self 的长度
  prepend(self, elem)        #将元素 elem 插入表中作为第一个元素
  append(self, elem)         #将元素 elem 插入表中作为最后一个元素
  insert(self, elem, i)      #将 elem 插入表中作为第 i 个元素，其他元素的顺序不变
  del_first(self)            #删除表中的首元素
  del_last(self)             #删除表中的尾元素
  del(self, i)               #删除表中第 i 个元素
  search(self, elem)         #查找元素 elem 在表中出现的位置，不出现时返回-1
  forall(self, op)           #对表中的每个元素执行操作 op
```

上面定义参考了Python及其类定义的表达方式。操作的self参数表示被操作的List对象，其他参数为操作提供信息：elem参数表示参与操作的表元素，i表示表中元素下标，最后一个操作实现对表中元素的遍历，其op参数表示对表元素的操作。

显然，根据前面的讨论，我们还可以为这个类型增加更多操作，但上面这些基本操作已能反映表操作的各方面特征。下面的讨论将基于这组操作进行。

可以看出，这个抽象数据类型描述的是一类变动数据对象，其中的prepend、append等操作都要修改被操作的表对象本身，操作的效果就体现在表的修改上。我们完全可以定义另一个非变动的表抽象数据类型，为此只需要把上面所有修改表的操作都变成构造新表的操作，在新表里体现各种操作的效果。这一工作留给读者自己完成。

3.1.3 线性表的实现：基本考虑

现在研究表的实现时，有两个方面的问题必须考虑：

1. 计算机内存的特点，以及存储元素和记录元素之间顺序信息的需要。

2. 各种重要操作的效率。假设程序里需要用一个表，表的创建操作只需要做一次，但这个表可能存在很长时间。程序里可能对这个表做各种操作，常用的操作包括表的性质判断（使用函数 is_empty），还有（定位）访问、插入和删除元素，以及元素遍历等。在考虑表的实现结构时，需要特别考虑这些操作的实现效率。

注意，元素遍历就是依次访问表里的所有（或一批）元素，操作代价显然与遍历中访问元素的个数有关。在遍历所有元素时，我们自然希望完成工作的代价不超过 $O(n)$。在下面讨论中可以看到，插入/删除/访问元素的代价与表的实现结构有关。

综合考虑各方面情况，人们提出了两种基本的实现模型：

1. 表中元素顺序存放在一大块连续存储区里，这样实现的表称为**顺序表**（或**连续表**）。在这种实现中，元素的顺序关系很自然地由存储位置的顺序表示。
2. 表元素存放在链接起来的一系列存储块里，这样的表称为**链接表**，简称**链表**。在这种情况下，元素之间的顺序就可以用存储它们的存储块之间的链接关系表示了。

基于这两种基本实现模型，还可以有不同的具体实现技术。不同技术在一些方面各有长短，可以根据需要选择，后面有些讨论。3.2 节将讨论顺序表实现，3.3 节讨论链表。

3.2　顺序表

顺序表的基本实现方式很简单：使用一片足够大的连续存储区，将表元素顺序存放其中。通常把首元素（第一个元素）放在存储区的开始，其余元素依次顺序存放。元素之间的逻辑顺序关系通过它们在存储区里的相对物理位置表示（隐式表示元素的顺序）。

3.2.1　基本实现方式

最常见情况是表元素的类型相同，因此，每个元素需要的存储量相同，可以在存储区内等距地顺序存放。这种安排可以直接映射到计算机内存和单元。

在上述安排下，元素位置的计算很简单，存取操作可以在 $O(1)$ 时间内完成。设一个顺序表元素存储区的起始位置（内存地址）为 l_0，表元素编号从 0 开始（采用 Python 习惯），元素 e_0 自然存储在内存位置 $\mathrm{Loc}(e_0) = l_0$。再假定元素所需的存储单元数为 $c = \mathrm{size}(元素)$，在这种情况下，元素 e_i 的地址计算公式如下：

$$\mathrm{Loc}(e_i) = \mathrm{Loc}(e_0) + c \times i$$

表元素的大小 $\mathrm{size}(e)$ 通常可以静态确定（例如，元素是整数或实数，也可以为复杂的对象但大小相同），在这种条件下，计算机硬件能高效实现表元素的访问操作。

顺序表中元素存储区的基本表示方式（布局）如图 3.1a 所示，有了下标（可以看作元素的逻辑地址），利用上面的公式可以计算出元素的物理地址（实际地址）。根据前面有关计算机内存结构的讨论，元素访问是具有 $O(1)$ 复杂度的操作。

如果表元素的类型不同、大小不一，把它们连续存入元素存储区，就没有计算元素位置的统一公式了。这时可以采用另一种布局：实际元素外置，另行存储，表存储区里保存对各个元素的引用（链接），如图 3.1b 所示。因为保存链接所需的存储量相同，现在可以利用上面统一公式算出各个元素链接的位置，再做一次间接访问就能得到实际的元素。请注意，图 3.1b 里的 c 不是数据元素的大小，而是一个链接的大小，这个量通常很小。

在图 3.1b 所示的存储安排中，顺序表里保存的不是实际数据，而是找到实际数据的线索，这种信息也常被称为对实际数据的索引，这样的顺序表是最简单的索引结构。在后面的一些章节里还会讨论其他更复杂的索引结构。

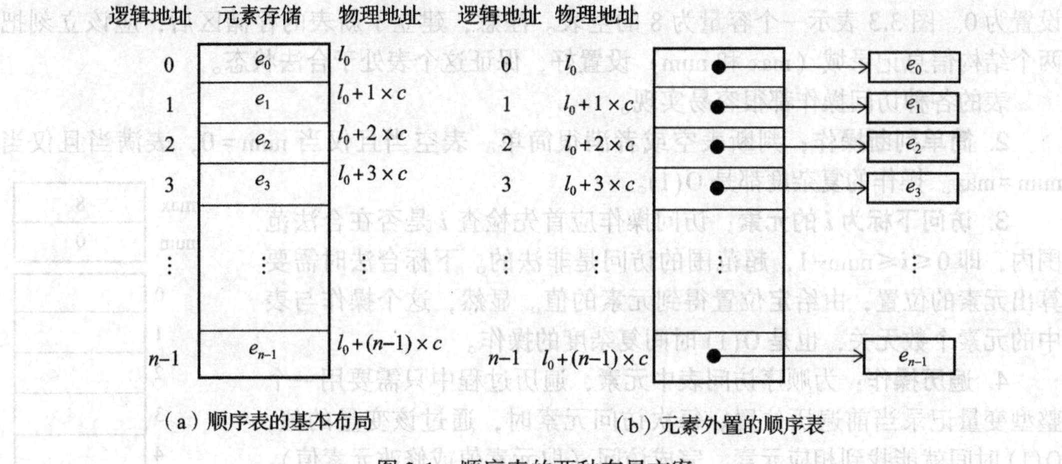

（a）顺序表的基本布局　　（b）元素外置的顺序表

图 3.1　顺序表的两种布局方案

在确定了顺序表的基本表示方案后，我们还需要考虑线性表的各种操作的特点和需求，以及由它们带来的结构性问题。

表的一个重要性质是可以插入/删除元素，也就是说，在一个表的存续期间，其长度（元素个数）可能变化。这就带来了一个问题：建立表时应该安排多大的存储区？表元素存储块安排在内存里，一旦分配就有了固定的大小（并因此确定了表的容量，即元素个数的上限）。而且，这个块的前后都可能是其他对象，存储块大小不能随便变化，特别是无法扩充。

创建一个顺序表时，一种可能是按当时确定的元素个数分配存储。这种做法适合不变的顺序表，如 Python 的 tuple 对象。对于可变动的表，我们必须区分表的容量和（当前）元素的个数。建立这种表时，合理的方案是分配一块足以容纳当前需要记录的元素的存储块，还应该保留一些空位，以满足增加元素的需要。

这样，在一个顺序表的元素存储区里，一般情况是保存着一些元素，还有一些可以存元素的空位。我们需要约定元素的存放方式，通常把已有元素连续存放在存储区的前面一段，空位留在后部。为保证正确操作，存储区的容量和当前元素个数都必须记录。这样，一个顺序表实例的完整信息如图 3.2 所示，该表的存储区可容纳 8 个元素，当前存放着 4 个元素。

容量	8
元素个数	4

0	1328
1	693
2	2529
3	154
4	
5	
6	
7	

图 3.2　一个顺序表

易见，元素存储区的大小决定了表的容量，这是分配存储块时确定的，对这个元素存储区，容量是不变的。元素个数记录需要与表中实际的元素个数保持一致，在表元素变化时（插入删除元素时），必须更新这一记录。

3.2.2　顺序表基本操作的实现

有了表容量和元素个数，表操作的实现方式就很清楚了。下面假设 max 为表容量，num 表示当前元素个数。有些操作将给出示意代码，其中假设 `L` 为被操作表，其属性 `num` 和 `max` 分别为当前元素个数和容量，`elems` 是元素存储区，x 是要求插入的元素。

创建和访问操作

1. **创建空表**：创建空表时需要分配一块元素存储区，记录表的容量并将元素计数值设置为 0。图 3.3 表示一个容量为 8 的空表。注意，建立了新表的存储区后，应该立刻把两个结构信息记录域（max 和 num）设置好，保证这个表处于合法状态。

表的各种访问操作都很容易实现。

2. **简单判断操作**：判断表空或者满很简单。表空当且仅当 num = 0，表满当且仅当 num = max。操作的复杂度都是 O(1)。

3. **访问下标为 *i* 的元素**：访问操作应首先检查 *i* 是否在合法范围内，即 $0 \leqslant i \leqslant num-1$，超范围的访问是非法的。下标合法时需要算出元素的位置，由给定位置得到元素的值。显然，这个操作与表中的元素个数无关，也是 O(1) 时间复杂度的操作。

max	8
num	0

0	
1	
2	
3	
4	
5	
6	
7	

图 3.3　一个空表

4. **遍历操作**：为顺序访问表中元素，遍历过程中只需要用一个整型变量记录当前遍历位置。每次访问元素时，通过该变量的值，O(1) 时间就能找到相应元素，完成访问（取元素值或修改元素值）。查找下一元素时变量值加 1，查找前一元素时减 1。此外，要保证遍历中的元素访问都在合法范围内进行。

5. **检索给定元素 d 的（第一次出现的）位置**：这种操作称为*检索*或*查找*（searching）。如果没有其他信息，我们只能*顺序检索*，即用 d 与表中元素逐个比较，直到找到元素或确定表中没有这个元素。可以用一个基于下标的循环，找到时返回元素下标，找不到时返回一个特殊值（例如 -1，它不会是合法的元素下标，很容易判断）。下面是示例代码：

```
for i in range(L.num):
    if L.elems[i] == d:
        return i
return -1
```

这段代码是操作函数的体，返回检索的结果。

6. **检索给定元素 d 在位置 *k* 之后的第一次出现**：与上面操作的实现方式类似，只是需要从下标为 *k*+1 的元素开始，而不是从下标 0 开始。

另一种需求与最后两个操作类似：给定一个条件，要求找到第一个满足该条件的元素，或者找到某个下标之后第一个满足条件的元素。所用条件可以是在定义查找操作时确定的，更一般的情况是允许在调用查找操作时提供一个描述条件的谓词函数。这两个操作的实现方式与上面两个操作类似，只是在其中不是比较元素，而是检查条件。

后三个操作都需要检查表元素的内容，属于基于内容的检索。数据存储和检索是一切计算和信息处理的基础，第 8 章（字典和检索）将深入研究这个问题。

总结一下，不修改表结构的操作只有两种模式：直接访问，或者是通过一个下标循环检查和处理。前一类操作都具有 O(1) 的时间复杂度，后一类操作与访问的元素个数相关，复杂度是 O(*n*)，其中 *n* 是表元素个数。

变动操作：插入元素

下面考虑表的变动操作，即各种插入和删除元素的操作。在表的尾端插入和删除操作的实现很简单，在其他位置插入和删除的操作麻烦一些。

插入的情况参见图 3.4，假定表处于图 3.2 的状态，以几种不同方式插入新元素。

1. 尾端插入新元素：新元素存入表中第一个空位，即下标 num 的位置。如果 num = max 就是表满了，操作失败（后面将介绍处理这种情况的其他技术）。下面是示意代码：

```
if L.num == L.max:
    raise BufferError
L.elems[L.num] = x
L.num += 1
```

显然这是 O(1) 时间操作。如果插入元素时没有其他要求，就应该在尾端插入。这样做最简单，而且效率最高。图 3.4a 显示的是在图 3.2 的表尾端插入新元素 111 后的状态。

2. 新元素插入第 i 个位置：这是一般情况，尾端和首端插入是其特殊情况。操作时需要先检查下标 i 是否合法插入位置，下标 0 到 num（包括 num，如果表不满）都合法。下一步考虑插入。通常情况下，位置 i 已经有数据（除非 i 等于 num），要想把新数据存入这个位置，又不能抛弃原有的数据，就必须把原数据移走，移动方式由操作的要求确定。操作结束后应该保持有数据的单元在存储区前段的连续性，还需要更新 num 的值。

如果不要求维持原有元素的相对位置（不要求保序），可以采用如下简单处理方式：

```
if not (0 <= i and i <= L.num):
    raise IndexError
if L.num == L.max:
    raise BufferError
L.elems[L.num] = L.elems[i]
L.elems[i] = x
L.num += 1
```

这一操作仍能在 O(1) 时间完成。图 3.4b 显示了在原表位置 1 插入数据 111 后的情况。

如果要求保持原有元素的顺序（保序），就不能像上面那样简单地腾出空位，而是必须把位置 i 之后的元素逐一下移（需要用一个循环），最后把数据项存入空出来的位置 i。这样操作的开销正比于移动元素的次数，这个次数不会超过表中元素个数，最坏和平均情况是 $O(n)$。图 3.4c 描绘了在位置 1 插入数据 111，并要求保序，完成操作后的状态。

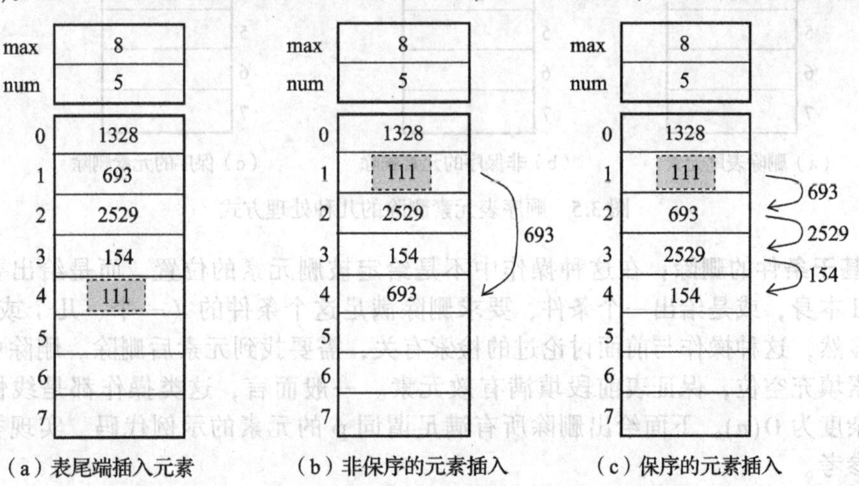

图 3.4 顺序表插入元素的几种处理方式

变动操作：删除元素

现在考虑元素删除。下面示例将图 3.4c 中的表作为操作前的状态。

1. 尾端删除元素：删除表尾元素的操作非常简单，只需要把元素计数值 num 减一。

这样，原来的表尾元素不再位于合法的表下标范围内，相当于被删除了。对图 3.4c 的表，删除表尾元素后的状态如图 3.5a 所示，从逻辑上说，最后的 154 已经看不到了。

2. 删除位置 *i* 的数据：这是一般的定位删除，尾端和首端删除都是其特殊情况。这里需要先检查下标 i 是否为当前表中合法的元素位置，即 $0 \leqslant i < \text{num}$。下标非法时可以采用引发异常的策略，也可以忽略操作，什么也不做。确认下标合法后实际删除元素。

与插入元素的情况类似，删除也有两种情况：不要求保序时可以简单处理，直接把当时位于 num-1 元素拷贝到位置 i，覆盖原有元素。如果要求保序，就需要把 i 之后的元素逐项上移。删除的最后都要修改表的元素计数值。下面是保序删除的示意代码：

```
# 一般定位删除
if 0 <= i and i < L.num:
    for n in range(L.num - 1, 0, -1):
        L.elems[n - 1] = L.elems[n]
L.num -= 1
```

图 3.5b 给出了非保序方式下删除下标 1 元素的结果。同样，由于元素计数值减 1，最后的 154 也不会再被访问了。图 3.5c 给出了删除同一个元素，但保持其他元素原有顺序的操作结果，这也使表回到了图 3.2 的状态。显然，尾端删除和非保序定位删除操作的时间复杂度是 $O(1)$，保序定位删除的复杂度是 $O(n)$，因为可能移动一系列元素。

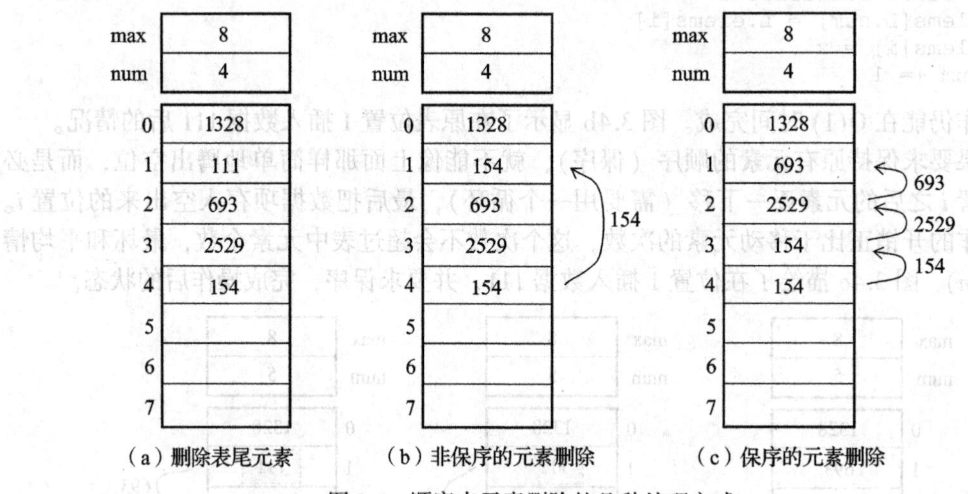

（a）删除表尾元素　（b）非保序的元素删除　（c）保序的元素删除

图 3.5　顺序表元素删除的几种处理方式

3. 基于条件的删除：在这种操作中不是给定被删元素的位置，而是给出要求删除的元素 d 本身，或是给出一个条件，要求删除满足这个条件的（一个、几个或者所有）元素。显然，这种操作与前面讨论过的检索有关，需要找到元素后删除。删除中也需要移动元素填充空位，保证表前段填满有效元素。一般而言，这类操作都是线性时间操作，复杂度为 $O(n)$。下面给出删除所有满足谓词 p 的元素的示例代码，实现类似操作时可以参考。

```
i, j = 0, 0
while (j < L.num):
    if not p(L.elems[j]):
        L.elems[i] = L.elems[j]
        i += 1
    j += 1
L.num = i
```

这里用一个循环完成所有删除，复杂性显然为 $O(n)$。我们参考下图解释其效果。

i 和 j 都是元素存储区下标，i 绝不会超过 j。循环中元素区总分为 A、B、C 三段：A 段元素的下标小于 i 且都不满足 p（包含原表中直至下标 j 的所有不满足 p 的元素，并保持原顺序），B 段为删除操作后留下的空闲单元，C 段是尚未检查的元素。三段都可能为空。循环结束时，所有元素都已检查，A 段包含删除后应该留下的元素并保序。最后需要正确设置 L.num。

顺序表操作的性质

顺序表的一些操作比较简单，复杂度为常量 $O(1)$。现在准备更仔细地考察定位插入和删除操作的复杂度，首端和尾端插入/删除是它们的特例。下面只考虑保序的操作，前面说过，这一对操作的复杂度是 $O(n)$，现在详细讨论这些问题。

假设顺序表有 n 个元素，在下标 i 处插入新数据时需要移动 $n-i$ 个元素，而删除下标为 i 的元素需要移动 $n-i-1$ 个元素。再假设在位置 i 插入和删除元素的概率分别是 p_i 和 p_i'，那么，插入操作的平均元素移动次数就是 $\sum_{i=0}^{n}(n-i)\cdot p_i$，删除操作的平均元素移动次数是 $\sum_{i=0}^{n-1}(n-i-1)\cdot p_i'$。平均复杂度要考虑各种情况的分布。如果所有位置出现的概率相同，可算出两个操作的平均时间复杂度都是 $O(n)$。另外，最坏情况下的时间复杂度显然是$O(n)$。

我们对表的顺序实现（顺序表）做一个简单总结：

- **优点**：按位置（随机）访问元素是 $O(1)$ 时间的操作。元素在表里存储紧凑，除表元素存储区外，操作中只需要 $O(1)$ 空间（若干辅助变量）存放少量信息。
- **缺点**：需要连续的存储区存放元素，如果表很大，就需要大片的连续内存。如果很大的存储区里只保存了少量元素，就会产生大量空闲单元，造成表内的存储浪费。建立了存储块后容量保持不变。创建时需要考虑元素存储区大小，而实际需求通常很难事先估计。另外，执行插入或删除操作时，通常需要移动许多元素，效率低。

在 3.2.3 节里将会看到，这里所说的“容量固定”的缺点实际上是可以解决的。

3.2.3 顺序表的实现结构

前面说过，一个顺序表的完整信息包括两部分，一部分是表的元素集合，另一部分为正确完成操作所需要的信息，是表的全局情况信息。在前面的设计中，后一部分信息包括元素存储区的容量和当前表中元素的个数。一个具体的数据结构应该有一个整体形态。对顺序表而言，我们需要把上述两部分信息关联起来，构造为一个完整对象。怎样把这两部分信息组织为一个顺序表的实际表示呢？这是实现顺序表时需要解决的第一个问题。

两种基本实现方式

由于保存表的全局信息所需的存储是常量的，无论表里有多少元素，全局信息的规模相同。根据计算机内存的特点，存在两种可行的实现方式，如图 3.6 所示。

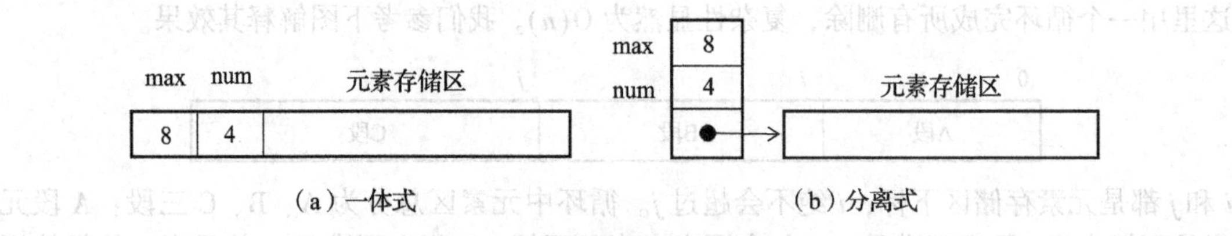

（a）一体式　　（b）分离式

图 3.6　顺序表的两种实现方式

在图 3.6a 所示的一体式实现中，表的全局信息与元素存储区以连续的方式存入同一个存储块，几部分数据的整体构成一个完整的表对象。这种实现方式比较紧凑，所有数据集中存储，整体性强，易于管理。另外，由于连续存放，从表对象 L 出发，根据下标访问元素，仍然可以用与前面类似的公式计算位置，只需要加上一个常量，如下所示：

$$\mathrm{Loc}(e_i) = \mathrm{Loc}(L) + C + i \times \mathrm{size}(e)$$

其中 C 是保存 max 和 num 所需要的存储量。这种方式也有缺点。例如，元素存储区是表对象的一部分，因此不同的表对象大小不一。此外，表创建后元素存储区就固定了。

图 3.6b 给出了另一实现方法，其中表对象里只保存表的全局信息（容量和元素个数），实际元素存放在一个独立的存储块里，通过链接与基本表对象关联。这样做，表对象本身的大小统一，不同表对象可以关联不同大小的元素存储区。这种实现的缺点是一个表通过多个（两个）独立对象实现，管理工作复杂一些。请注意，采用这种实现，基于下标的元素访问仍能在常量时间完成。有关操作分为两步：首先从表对象找到元素存储区，然后用公式计算存储位置。虽然操作代价比一体式实现的代价略高，但仍然是常量的。

替换元素存储区

分离式实现的最大优势是带来一种新的可能：在表标识不变的情况下换一块元素存储区。这样，表还是原来的表，其内容可以不变，但是容量变了。如果实际工作中不断向一个表插入元素，最终一定会填满其元素存储区。如果该表采用一体式实现，元素存储区满后再插入元素的操作就会失败。表对象位于内存中，其两边可能是其他对象，一般而言不能直接扩大。要想让程序继续工作，我们只能另建一个容量更大的表，把元素搬过去。但这样做就是改用了另一新表，通常需要更新当时引用着这个表的所有关联。这个工作很难完成。

采用分离式实现技术，这种问题就很容易解决了。我们可以在不改变对象（标识）的情况下，为表换一块更大的元素存储区，使插入操作能正常完成。操作过程如下：

1. 申请一块更大的元素存储区；
2. 把表中当时已有的元素拷贝到新存储区；
3. 用新的元素存储区替换原来的元素存储区（改变表对象的元素存储区链接）；
4. 实际插入新元素。

经过这几步操作，还是原来那个表对象，但其元素存储区可以容纳更多元素了，所有使用这个表的地方都不需要修改。这样，我们就做出了一种可以扩充容量的表，只要程序运行环境中还有足够大的空闲存储，这种表就不会因为存储区满了而导致操作无法进行。采用这种技术实现的顺序表称为*动态顺序表*，因为其容量可以在使用中动态变化。

后端插入和存储区扩充

一个较大的表常常是从空表或者很小的表开始，通过不断增加元素而构造起来的。如果在创建表时不能确定所需容量，又希望保证操作正常进行，采用动态顺序表技术就是最合理的选择。这种表能随着元素的增加而动态变化，自动满足实际应用的需要。

现在考虑这种表增长过程的时间复杂度问题。假设随着操作的进行，动态顺序表的大小从 0 逐渐扩大到 n。如果采用前端插入或一般定位插入，每次操作的时间都与表长度有关，总开销应该与 n 的平方成正比，也就是说，整个增长过程的时间开销是 $O(n^2)$。

现在考虑后端插入。由于不需要移动元素，一次操作的复杂度是 $O(1)$。但这里还有一个情况需要考虑：连续完成一些插入后，当前元素存储区终将被填满，这时就需要换一块存储区。更换存储区时需要拷贝元素，耗时是 $O(m)$（m 是当时元素个数）。这样就出现了一个问题：应该怎样选择新存储区的容量呢？这件事涉及的问题比较复杂。

首先考虑一种简单策略：每次替换存储区时增加 10 个空位。这种策略可称为*线性增长*，10 是增长的参数。假设表长（表中元素个数）从 0 不断增长到 1000，每插入 10 个元素就要换一次存储，拷贝当时的所有元素。总的元素拷贝次数是：

$$10 + 20 + 30 + \cdots + 990 = 10 \times \sum_{i=1}^{99} i = 49\,500$$

对一般的 n，很容易算出元素拷贝的总次数大约是 $1/20 \times n^2$。也就是说，虽然每次做尾端插入的代价是 $O(1)$，考虑了元素拷贝之后，一般而言，执行一次插入操作的平均时间代价还是达到了 $O(n)$。虽然这里有一个分数的常量因子，但这种结果还是不理想。

很容易看到，之所以出现总开销比较高的情况，是因为在插入元素的过程中需要比较频繁地替换元素存储区，而且一次次替换中拷贝的元素越来越多。改变替换时增加的空位数，例如把 10 换成 100，只能减小 n^2 的常量系数，不能带来本质性的改进。我们应该考虑一种策略，使得随着元素的增加，要求替换存储区的情况出现得越来越少。

人们提出的一种策略是每次容量加倍。假设表元素个数从 0 增加到 1024，存储区大小的序列是 $1, 2, 4, 8, \cdots, 1024$，表增长过程中拷贝元素的次数是：

$$1 + 2 + 4 + \cdots + 512 = \sum_{i=0}^{9} 2^i = 1023$$

其中 $9 = \log_2 1024 - 1$。对一般的 n，在整个表的增长过程中，元素拷贝次数也是 $O(n)$。也就是说，采用存储增长的*加倍增长*策略和尾端插入操作，一个表从 0 增长到 n，插入操作的平均时间复杂度是 $O(1)$。可以证明，采用等比增长都可以得到这样的结果。

不同替换策略带来了大为不同的操作复杂度。后一策略在操作复杂度上有明显优势，但也需要付出代价。对比在上面两种不同策略下，连续插入元素的增长过程：对于前一个策略，无论 n 取什么值，元素存储区的最大空闲单元数是 9；对后一策略，最大空闲单元数可以达到差不多 $n/2$。也就是说，为了获得时间上的优势，需要付出空间的代价。

还有一个问题值得注意：动态顺序表后端插入的代价不统一。大多数操作可以在 $O(1)$ 时间完成，但也会出现由于替换存储区而导致的高代价操作。当然，采用加倍策略，高代价操作的出现较偶然，并将随着表的增大而变得越来越稀疏。另一方面，不断插入元素是这里的最坏情况，一般情况下插入和删除交替出现，替换存储区的情况将会更少。但无论如何，高代价操作可能出现，这个情况值得注意，特别是对那些时间要求特别高的应用。

缓解上述问题的一种可能是增加一个设定容量的操作。这样，如果程序员知道下面一段操作中的时间要求必须得到保证，就可以在操作前根据情况把表改到一个足够大的容量，保证在关键计算片段中不出现存储区替换。

上面讨论说明，动态顺序表的后端插入的时间复杂度能做到O(1)。这是一种平均复杂度，与前面讨论时间复杂度概念有些不同，这里考虑的是一系列操作的平均，由一系列快速操作分担一次慢速操作的代价，称为分偿式的时间复杂度（amortized complexity）。

3.2.4　Python 的 list

前几小节介绍了顺序表及其实现技术。由于本书使用 Python，其中 list 和 tuple 就是顺序表，具有顺序表的所有性质，所以这里就不准备给出在 Python 里定义顺序表的实际代码了（前面已有一些关键操作的示例代码）。本小节介绍这两种 Python 类型的情况，以帮助读者进一步理解它们，知道如何正确、合理地使用它们。tuple 是不变的表，因此不支持改变状态的变动操作，在其他方面都与 list 类似。因此，下面集中关注 list 类型。

list 的实现技术

Python 标准类型 list 就是一种元素个数可变的线性表，可以插入和删除元素，在各种操作中维持已有元素的顺序。其他重要的实现约束包括：

- 一个 list 对象可以包含任意多个任意类型的元素，基于下标（位置）的元素访问和更新操作的时间复杂度应该是 O(1)；
- 允许任意插入元素（不会出现由于表满而无法插入新元素的情况），而且，在不断插入元素的过程中，表对象的标识（对它应用标准函数 `id` 得到的值）保持不变。

这些基本约束决定了 list 只能采用如下解决方案：

- O(1) 时间的元素访问，保持元素顺序，只能采用顺序表技术，元素放在一片连续存储区。一个 list 里允许不同类型的元素，而且支持 O(1) 访问，只能采用元素外置方式。
- 要能容纳任意多的元素，就必须能更换元素存储区。要保证在更换存储区时 list 对象的标识（`id`）不变，只能采用前面介绍的分离式实现技术。

在 Python 的官方实现中，list 就是一种采用分离式技术实现的动态顺序表，元素外置，其性质都源于这种实现方式[⊖]。具体实现的一些情况：创建空表时不分配元素存储区；遇到 `insert` 或 append 要求插入元素，第一次分配能容纳 4 个元素的存储区；继续扩容时每次扩容约 1.125 倍。采用这样小的扩容比，是为避免扩容后表里出现过多空位。

使用 list 时，如果需要反复插入元素，应优先选用 `lst.insert(len(lst), x)`在尾端插入，效率高。与之等价的简化写法是 `lst.append(x)`。

一些主要操作的性质

list 的其他特点也来自顺序表实现方式。例如，一般位置的插入/删除操作都保持已有元素的顺序，因此可能移动一些元素，均为 $O(n)$ 时间操作。插入元素时需要检查存储区是否已满，必要时换一块存储区并拷贝原有元素。如果是执行定位插入操作时存储区满，操作方式可以优化，在拷贝过程中完成新元素插入，具体实现请读者考虑。

再看其他操作。对于所有序列（无论是否为变动序列）都提供的共性操作，复杂度由操作中需要检查的元素个数确定。下面是一些具体情况：

⊖　请注意：Python 还有非官方实现，其中 list 完全可以采用其他技术。使用这类系统，应该了解它的有关情况。但是，按 Python 语言的设计要求，动态顺序表是 list 的最合理实现方式。

- len(.) 是 O(1) 操作，因为表中记录了元素个数；元素访问和赋值都是 O(1) 操作。
- 为了支持自动存储管理，删除元素时必须解除元素的引用关系（不能仅仅修改元素计数值），可以把元素区中相应单元的链接置为空值。这样，尾端删除仍是常量时间操作，而尾端成批插入和尾端切片删除的代价与插入/删除的元素数有关。
- 一般位置的元素插入、切片替换、切片删除、表拼接（extend）等都是 $O(n)$ 操作。pop 操作默认为删除表尾元素并将其返回，时间复杂度为 O(1)，一般情况的 pop 操作（指定非尾端位置）为 $O(n)$ 时间复杂度。

注意，Python 的 list 对象不支持检查当前容量，也不支持设置容量，与容量相关的处理均由解释器自动完成。这样做减少了编程人员的负担，避免了人为操作可能引进的错误，但也限制了表的使用方式，3.2.3 节最后提到的技术也无法使用。

几个操作

现在考察 list 的几个特殊操作。

lst.clear() 清除表 lst 里的所有元素，Python 文档中没有说明这个操作的复杂性，也没有说明操作时 lst 的容量变化情况。有两种明显的可能实现方法：

- 把表 lst 的元素计数值（表的长度记录）设置为 0，并解除所有元素关联（参见前面有关删除操作的讨论）。这样做，表的容量不变，但已经是空表了。
- 直接删除元素存储区，解释器的存储管理器将自动回收这块存储区。

第一种实现维持了当时的元素区。如果执行 clear 之前该表很长，那么操作后表里没元素了，但仍然占着原有的大块存储。第二种实现要求这个表重新开始，如果它再次增长到很大，过程中又会一次次更换存储区。很明显，第二种实现更依赖自动存储管理。

语句 lst.reverse() 修改表 lst 的内容，将其中的元素顺序倒置，原来的首元素变成尾元素，其他元素相应调换位置。很容易给出下面的实现（假设它在 list 类里定义，elems 属性是元素存储区，num 属性是元素个数）。显然，这个操作的复杂度是 $O(n)$。

```
def reverse(self):
    elems = self.elems
    i, j = 0, self.num-1
    while i < j:
        elems[i], elems[j] = elems[j], elems[i]
        i, j = i+1, j-1
```

标准类型 list 仅有的特殊操作是 sort，它对表中元素排序。这是一个变动操作，操作中可能移动表存储区里的元素。有关算法问题将在第 9 章讨论。最好的排序算法的平均和最坏情况时间复杂度都是 $O(n \log n)$。Python 的排序算法就是这样。

3.2.5 顺序表的简单总结

顺序结构是组织一组元素的最重要方式。顺序表就是采用顺序结构实现的线性表，这种结构也是许多其他数据结构的实现基础。后面章节里将反复看到这方面的例子。

采用顺序表结构实现线性表时：

- 最重要的优势是 O(1) 时间的定位元素访问。很多简单操作的效率也比较高。
- 最重要的缺点是插入/删除等操作的效率。这类操作改变表中元素序列的结构，是典型的变动操作。由于元素在顺序表的元素存储区里连续排列，一般而言，插入/

删除操作时就需要移动元素，而且可能移动很多元素，操作代价高。
- 特殊的尾端插入/删除操作具有 O(1) 时间复杂度。插入还受到元素存储区容量的限制。通过适当的存储区扩充策略（按比例扩容），尾端插入可以达到 O(1) 的平均复杂度。

顺序表的优点和缺点都在于其元素存储的集中和连续性。从缺点看，这样的表结构不够灵活，不容易调整和变化。如果使用过程中需要经常修改结构，采用顺序表实现就不太方便，操作的代价可能很高。还有一个问题也值得提出：如果程序里需要巨大的线性表，采用顺序表实现，需要巨大的连续存储空间，也可能造成存储管理的困难。

下一节将要讨论的链接表，在顺序表的上述两个缺点方面都表现出一些优势。

3.3　链接表

本节考虑线性表（表）的另一种实现技术——链接表。

3.3.1　线性表的基本需要和链接表

回忆一下，表就是一些元素的序列，维持着元素间的线性关系。表实现的基本需求是：

- 能找到表中的首元素（无论直接或者间接，这件事通常很容易做到）；
- 从表中任一个元素出发，可以找到表中的下一个元素。

把表元素存入一块连续的存储区（顺序表），自然能满足这两个需求，元素之间的顺序关系是隐含的。但是，要满足上述两项需求，并不一定需要连续存储元素。显然，对象之间的链接也可以看作一种顺序关联，基于这种关联，也可以实现线性表。

前面说过，实现线性表的另一常用技术就是基于链接结构，用链接关系显式地表示元素之间的顺序关联。基于链接技术实现的线性表称为*链接表*，简称*链表*。

采用链接方式实现线性表的基本想法如下：

- 把表中元素分别存入一批独立的存储块（称为表的*结点*）里。
- 在前一结点里用链接的方式显式地记录与下一结点的关联，保证从组成表结构的任一结点都可以找到下一个结点，从而保证能找到表中的下一个元素。

这样，只要掌握了一个表的第一个结点，就能顺序找到这个表的其他结点。在这些结点里可以找到表的所有元素。在本节和 3.4 节的讨论中，我们一直假定在每个结点里只存储一个表元素。在一个结点里存储多个元素的技术请读者考虑，本章最后有些讨论。

链接技术是一类非常灵活的数据组织技术，存在多种不同的链接表实现方式。下面首先讨论最简单的*单链表*，其中每个结点里记录存储着下一个表元素的结点的标识（引用/链接）。3.4 节将介绍采用了其他结构的链表，不同的链表各有所长，满足不同的需要。在下面的讨论中，我们将一直把“存储着下一表元素的结点”简称为“下一结点”。

实际上，开发（复杂的）链接结构需要功能强大的存储管理技术支持。在 C 语言等语言里，开发这种程序时需要关注很多技术细节，编程复杂、容易出错，完成的链表用起来也比较麻烦。Python 等新型语言能很好地支持与链接结构有关的高级技术，使我们可以很方便地建立和使用各种复杂的链接结构。实际上，在用 Python 编写简单程序时，已经广泛用到了各种（由 Python 默认提供的）链接结构，后面会介绍一些这方面的情况。

3.3.2 单链表

单向链接表（下面简称为单链表，或直接称链表）的结点是一个二元组，如图 3.7a 所示，其表元素域 elem 保存着作为一个表元素的数据项（或者表元素的关联信息，链接），链接域 next 里保存着同一个表里的下一个结点的标识（链接）。

在最常见形式的单链表里，与表里的 n 个元素对应的 n 个结点通过链接形成一条结点链，如图 3.7b 所示。要掌握一个表，只需用一个变量保存这个表的首结点的引用，如图中的 head，这种变量称为表头变量或者表头指针。从表头变量可以找到表的首结点，从表中任一结点可以找到下一结点，如此下去就能找到表里的任一个结点。掌握了表的首结点，就可以找到表中第一个元素（保存在该结点的 elem 域），还可以找到该表的下一结点和下一个表元素。按同样方式继续，就可以找到这个表的任何元素。

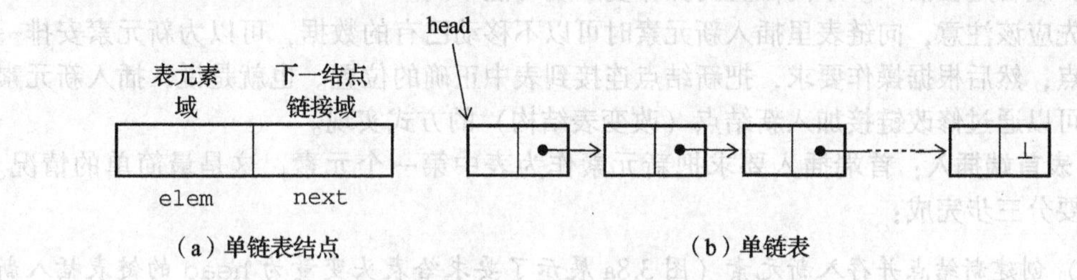

图 3.7 单链表的结点和单链表

总结一下：

- 一个单链表由一些表结点构成，结点是对象，有自己的标识，也称为结点的链接。
- 结点之间通过链接建立起单向的顺序联系，表头变量保存首结点的链接（引用）。
- 表元素（或其标识）记录在表结点里，常见方式是一个结点记录一个元素。

为表示链表结束，我们给表中最后结点（表尾结点）的链接域赋一个不会作为结点对象标识的值（称为空链接）。Python 的习惯是用系统常量 None 表示这种情况。图 3.7 里用“接地符号”⊥表示链表结束，下面将一直这样做。通过判断（域或变量的）链接值是否为空，就知道链表是否结束。在顺序扫描表结点时，可以这样判断操作是否完成。一个表头指针为空说明其引用的链表结束，没有元素就结束说明该表头指针指向的是空表。

在实现链表上的算法时，我们不需要关心结点的具体链接值是什么，只需要关心链表的逻辑结构。对链表的操作也只需要根据其逻辑结构考虑和实现。

为了方便下面的讨论，我们定义一个简单的表结点类：

```
class LNode:
    def __init__(self, elem, next_=None):
        self.elem = elem
        self.next = next_
```

这个类里只定义了一个初始化方法，它给实例对象的两个域赋值。方法的第二个参数用名字 next_，是为了避免与 Python 标准函数 next 重名。这也是 Python 编程中的一种命名习惯。第二个参数还提供了默认值，只是为了使用方便。

基本链表操作

现在考虑链表的基本操作及其实现。

1. 创建空链表：只需把相应的表头变量设置为空链接。在 Python 里设置为 `None`，在其他语言里也有惯用值，例如，有些语言（如 C/C++）用 0 作为这种特殊值。

2. 删除链表：丢弃链表的所有结点。这个操作的实现与具体语言环境有关。在一些语言（如 C/C++）里需要通过操作释放各结点占用的存储。在 Python 里处理很简单，给表头变量赋 `None` 就意味着抛弃了表中所有结点，存储管理系统会自动回收结点占用的存储。

3. 判断表是否为空：比较表头变量与空指针，在 Python 里就是检查是否为 `None`。

4. 判断表是否满：一般而言链表不会满，除非程序用完了所有可用的存储空间。

插入元素

现在考虑单链表的插入元素操作。这里同样有插入位置的问题，可以做首端插入、尾端插入，或者定位插入。不同位置的操作复杂度可能不同。

首先应该注意，向链表里插入新元素时可以不移动已有的数据，可以为新元素安排一个新结点，然后根据操作要求，把新结点连接到表中正确的位置。也就是说，插入新元素的操作可以通过修改链接加入新结点（改变表结构）的方式实现。

1. 表首端插入：首端插入要求把新元素作为表中第一个元素，这是最简单的情况。操作需要分三步完成：

（1）创建新结点并存入新元素（图 3.8a 展示了要求给表头变量为 `head` 的链表插入新的首元素 13，首先为 13 创建一个新结点并用变量 `q` 指向它。这是实际插入前的状态）。

（2）把原链表首结点的下一结点链接存入新结点的链接域 `next`，使得原表的结点链接到了新结点之后。

（3）修改表头变量，使之指向新结点，现在新结点已经成为首结点，13 成为表的首元素（图 3.8b 表示这两步设置完成后的状态。注意，示意图中表示链接指针的箭头长度和形状都没有特别的意义，只有链接关系有意义）。

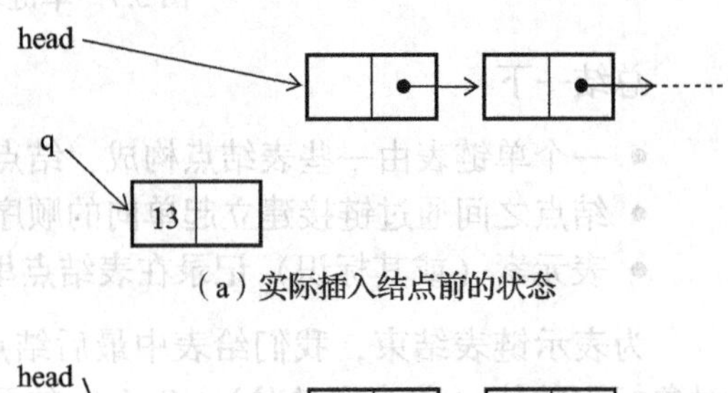

（a）实际插入结点前的状态

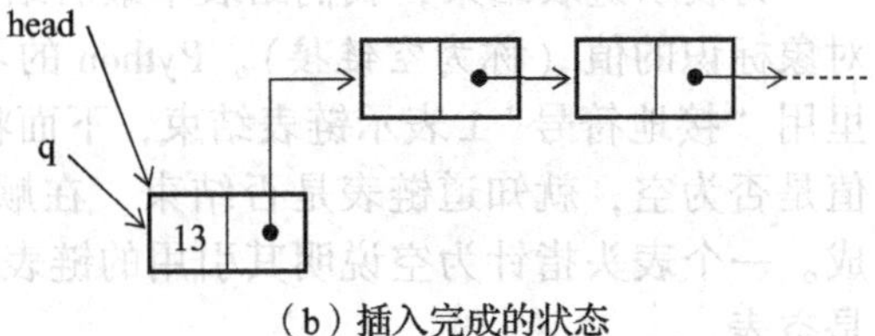

（b）插入完成的状态

图 3.8　单链表，新元素插入在表头

应该看到，即使插入前 `head` 是空，上面三步也能正确完成工作。这种插入操作的实现只做了一次新结点的存储分配和几次赋值，时间复杂度显然为常量。

下面是示例代码段：

```
q = LNode(13)
q.next = head
head = q
```

2. 一般情况的元素插入：要想把新元素插入单链表里的某个位置，必须先找到该位置之前的那个结点，因为新结点应该插入在它后面，需要修改它的 `next` 域。如何找到这个结点的问题下面讨论，我们先考虑已经找到该结点之后插入元素的工作。

假设变量 `pre` 已经指向元素插入位置的前一结点，有关操作也分为三步：

(1) 创建一个新结点并存入需要插入的元素(图 3.9a 是实际插入前的状态)。

(2) 把 pre 所指结点 next 域的值(下一结点的引用)存入新结点的 next 链接域,这个操作将原表里 pre 所指结点之后的那一段结点链接到新结点之后。

(3) 修改 pre 所指结点的 next 域,使之指向新结点,将新结点链入表中。

整个操作完成后的状态如图 3.9b 所示。注意,即使插入前 pre 所指结点是表中最后一个结点(表尾结点),上述操作也能把新结点正确接入,使之成为新的表尾结点。

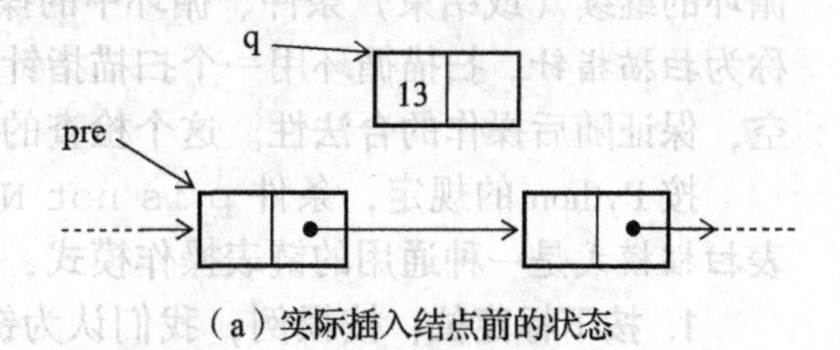

(a)实际插入结点前的状态

下面是示例代码段:

```
q = LNode(13)
q.next = pre.next
pre.next = q
```

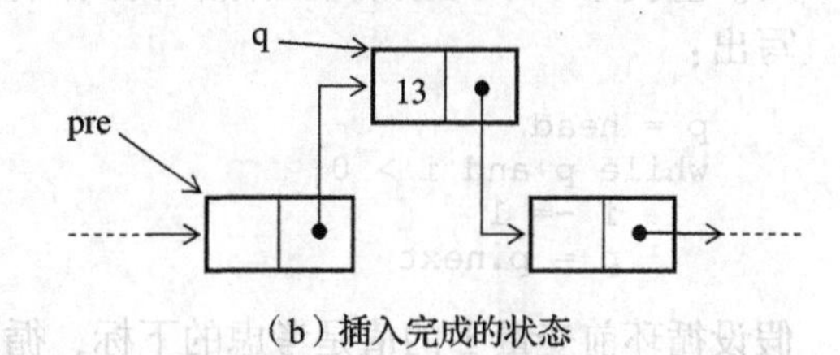

(b)插入完成的状态

图 3.9 单链表,新元素插入 pre 之后

删除元素

删除链表元素也可以通过调整表结构并删除结点的方式完成。操作时需要区分两种情况:删除首元素的操作可以直接完成,删除其他元素需要先找到前一结点。

1. 删除表首元素:删除首元素对应于删除表的首结点,我们只需要修改表头指针,令其指向表中第二个结点。原来的首结点就丢弃不用了。

图 3.10a 展示了这个操作。示例代码只包含一个语句:

```
head = head.next
```

2. 一般情况的元素删除:处理一般情况需要先找到被删元素所在结点的前一结点,修改该结点的 next 域,使之指向被删结点的下一个结点。

图 3.10b 展示了这个操作。设变量 pre 指向前一结点,实际删除只需要一个语句:

```
pre.next = pre.next.next
```

显然,这两个操作都要求被删结点存在。

删除结点还需要释放存储。Python 的自动存储管理系统能完成相关工作,使编程工作更简单,也保证了安全性。

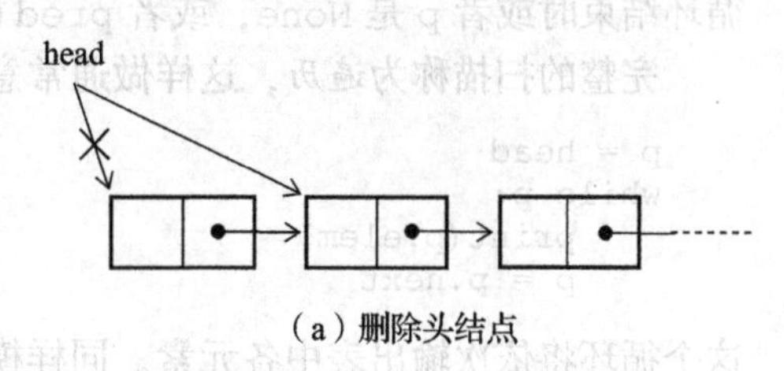

(a)删除头结点

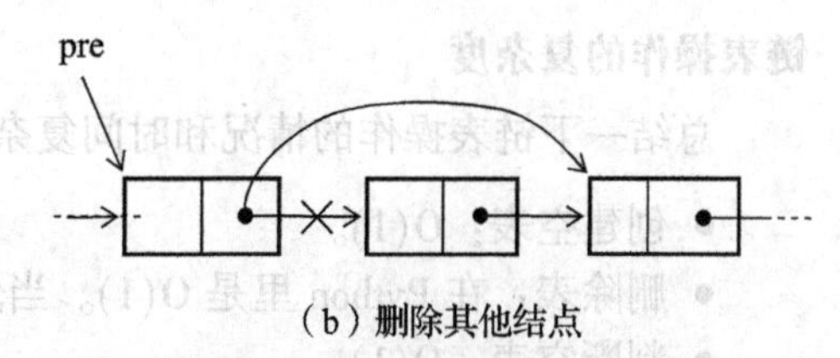

(b)删除其他结点

图 3.10 单链表的结点删除

扫描、定位和遍历

在一般情况下插入或删除元素,都要求找到被删结点的前一结点。此外,我们也可能需要定位链表中的元素、修改元素,或者逐个处理表中元素等。这些操作都需要检查链表的内容,实际上是检查表中的一些(或全部)结点的内容。

单链表只有一个方向的链接,开始时我们只掌握表头变量。所以,对表内容的检查只能从表头变量开始,沿着链接逐步进行。这种操作过程称为链表的扫描,基本操作模式是:

```
p = head
while p is not None and 需要继续的其他条件成立:
    对p所指结点里的数据做所需操作
    p = p.next
```

循环的继续（或结束）条件、循环中的操作都由具体问题决定。循环中使用的辅助变量 p 称为*扫描指针*。扫描循环用一个扫描指针作为控制变量，每步迭代前必须检查其值是否为空，保证随后操作的合法性。这个检查的作用等同于顺序表的越界检查。

按 Python 的规定，条件 p is not None 可以简单地用 p 取代，下面也经常这样做。*表扫描模式*是一种通用的链表操作模式，下面介绍几个常用操作的实现。

1. 按下标定位：按惯例，我们认为链表首结点中元素的下标是 0，其他元素依次排列。查找第 i 个元素所在结点的操作称为*按下标定位*，可以参考上面的表扫描模式写出：

```
p = head
while p and i > 0:
    i -= 1
    p = p.next
```

假设循环前变量 i 的值是考虑的下标，循环结束可能出现两种情况：扫描完表中所有结点还没找到第 i 个结点，或者 p 所指结点就是所需结点。通过检查 p 值是否为 None 可以区分这两种情况。显然，如果现在要删除第 k 个结点，可以先将 i 设置为 $k-1$，循环后检查 i 是 0 而且 p.next 不是 None，就可以执行实际删除了。定位插入的情况类似。

2. 按条件定位：假设想在链表里找到第一个满足谓词 pred 的元素。同样可以参考上面的表扫描模式，写出的检索循环如下：

```
p = head
while p and not pred(p.elem):
    p = p.next
```

循环结束时或者 p 是 None，或者 pred(p.elem) 是 True，后者表示找到了所需元素。

完整的扫描称为*遍历*，这样做通常意味着需要对表中每个元素做一些事情。例如：

```
p = head
while p:
    print(p.elem)
    p = p.next
```

这个循环将依次输出表中各元素。同样模式也可以用于完成其他元素操作。

链表操作的复杂度

总结一下链表操作的情况和时间复杂度。

- 创建空表：O(1)。
- 删除表：在 Python 里是 O(1)。当然，Python 解释器做存储管理也需要时间。
- 判断空表：O(1)。
- 插入元素（都需要加上一次分配结点的时间）：
  - 首端插入元素：O(1)。
  - 尾端插入元素：O(n)，因为需要先找到表尾结点。
  - 定位插入元素：O(n)，平均情况和最坏情况。
- 删除元素：

- 首端删除元素：O(1)。
- 尾端删除：O(n)。
- 定位删除元素：O(n)，平均情况和最坏情况。
- 其他删除通常需要扫描整个表或其中一部分，O(n)。

扫描、定位或遍历操作都需要检查一批表结点，其复杂度受限于表结点的个数，都是 O(n) 操作。其他在工作中有这类行为的操作也至少具有 O(n) 复杂度。

求表的长度

在使用链表时，经常需要求表的长度，我们可以为此定义一个函数：

```
def length(head):
    p, n = head, 0
    while p:
        n += 1
        p = p.next
    return n
```

这个函数采用表扫描模式，遍历表中所有结点完成计数。

显然，这个求表长度的算法所用时间与表结点个数成正比，具有 O(n) 复杂度。

实现方式的变化

以求表长度为例，如果程序经常需要调用上面的函数，O(n) 复杂度就可能带来效率问题。如果表很长，执行该函数时就会出现可以察觉的停顿。解决这个问题的一种方法是改造单链表的实现结构，增加一个表长度记录。显然，这个记录不属于任何表元素，是有关表的整体的信息。表示这件事的恰当方法是定义一种专门的链表对象，把表的长度和表中的结点链表都作为这个表对象的数据成分，如图 3.11 所示。

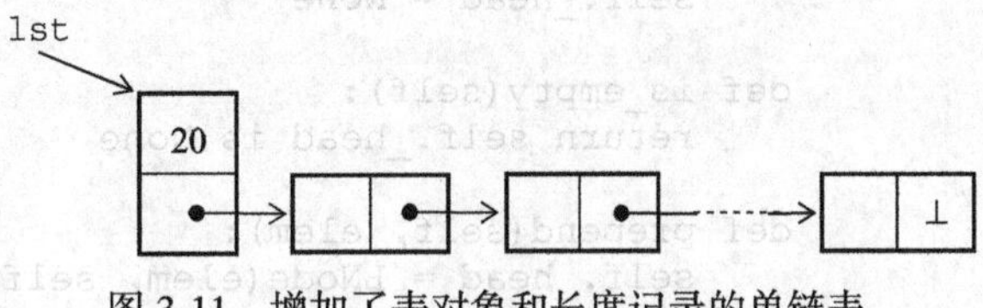

图 3.11 增加了表对象和长度记录的单链表

图中变量 lst 指向表对象，该对象的一个数据域记录表中元素个数（图中 20 表示这个表当时有 20 个结点），另一个域引用该表的结点链。采用这种表示方式，求表长度的操作就可以直接返回元素计数域的值。但也要注意，这种表的每个变动操作都需要维护计数值。从整体看，这种调整有得也有失。这里消除了一个线性时间操作，可能在一些应用中很有意义。

3.3.2 节定义了链表的结点类 LNode，下面是一段简单的使用代码：

```
llist1 = LNode(1)
p = llist1
for i in range(1, 11):
    p.next = LNode(i)
    p = p.next

p = llist1
while p:
    print(p.elem)
    p = p.next
```

第一个循环逐步建立起一个链表，表中元素是整数 1~10，用迭代器控制，把一个个新结点链接在已有结点链的最后。第二个循环输出表中各结点的元素值。

3.3.3 单链表类的实现

前一节讨论了链表的各种操作，以及重要的链表扫描模式。基于上面的讨论，本节研究如何用 Python 语言实现一个链表类。

自定义异常

为能合理地处理链表操作中遇到的一些错误状态（例如，方法执行中遇到了无法操作的错误参数），我们首先为链表类的实现定义一个新异常类：

```
class LinkedListUnderflow(ValueError):
    pass
```

这里把 LinkedListUnderflow 定义为标准异常类 ValueError 的子类，准备在空表访问元素等场合抛出这个异常。在这些情况下也可以直接抛出 ValueError，但定义了自己的异常类之后，我们就可以写专门的异常处理器，在一些情况下可能很有价值。

Python 标准异常的情况见 2.2.3 节。自定义异常类都应该继承异常类 Exception 或其派生类。我们应该从标准异常类中选一个最接近所需的异常，继承该异常类。

LList 类的定义、初始化函数和简单操作

现在基于结点类 LNode 定义一个单链表对象的类，这种表对象里只有一个引用链接结点的 _head 域，初始化为 None 表示建立的是空表。这里基本采用图 3.11 的设计，但表对象里没有元素计数，增加元素计数域的变形留作练习。判断表空的操作检查 _head，在表头插入数据的操作是 prepend，操作 pop 删除表头结点并返回结点里的数据。

```
class LList:
    def __init__(self):
        self._head = None

    def is_empty(self):
        return self._head is None

    def prepend(self, elem):
        self._head = LNode(elem, self._head)

    def pop(self):
        if self._head is None: # 无结点，引发异常
            raise LinkedListUnderflow("in pop")
        e = self._head.elem
        self._head = self._head.next
        return e
```

这里把 _head 域看作对象的内部表示，不希望外部使用。按习惯，这种域采用单个下划线开头的名字。几个操作都很简单，只有 pop 需要检查对象状态，表空时引发异常。

后端操作

在链表末尾插入元素，必须先找到最后一个结点。相关的实现首先是一个扫描循环，找到尾结点后把包含新元素的结点插入在其后。下面是定义：

```
    def append(self, elem):
        if self._head is None:
            self._head = LNode(elem)
            return
        p = self._head
```

```
        while p.next:
            p = p.next
        p.next = LNode(elem)
```

连接新结点时需要区分两种情况：原表为空时引用新结点的应该是表对象的 _head 域，否则就是尾结点的 next 域。两种情况下需要修改的数据域不一样。许多链表变动操作都会遇到这个问题，只有表首端的插入/删除可以统一处理。

现在考虑删除表中最后元素的操作，这时需要删除表尾结点。前面说过，要从单链表中删除一个结点，必须找到它的前一结点。为了执行后端删除操作，扫描循环应该找到表中倒数第二个结点，也就是找到 p.next.next 为 None 的 p。下面定义的 pop_last 函数不仅删去表中最后元素，还把这个元素返回（与 pop 的行为相一致）。

在开始一般性的扫描之前，需要处理两个特殊情况：表空时没有可以返回的元素，应该引发异常。表中只有一个元素的情况也需要特殊处理，因为这时需要修改表头指针。对于一般情况，先通过循环找到位置，取出最后结点的数据后将其删除。

```
def pop_last(self):
    if self._head is None: # 空表
        raise LinkedListUnderflow("in pop_last")
    p = self._head
    if p.next is None: # 表中只有一个元素
        e = p.elem
        self._head = None
        return e
    while p.next.next: # 直到p.next 是最后结点
        p = p.next
    e = p.next.elem
    p.next = None
    return e
```

其他操作

LList 类的另一个方法是查找满足给定条件的表元素。这个方法有一个参数，调用时需要提供一个判断谓词，该方法返回第一个满足谓词的元素，不存在这种元素时引发异常。显然，这个操作也需要采用前面的基本扫描模式。定义如下：

```
def find(self, pred):
    p = self._head
    while p is not None:
        if pred(p.elem):
            return p.elem
        p = p.next
    raise ValueError("Linked list: no such element.")
```

最后一个方法非常简单，但在实际中可能很有用。在开发一个表类的过程中，人们经常希望能检查被操作的表的情况：

```
def printall(self):
    p = self._head
    while p is not None:
        print(p.elem, end='')
        if p.next is not None:
            print(', ', end='')
        p = p.next
    print('')
```

最后的 print 只是为了输出一个换行符号（换一行），其参数是空串。

下面是一段简单的使用链表的代码：

```
mlist1 = LList()
for i in range(10):
    mlist1.prepend(i)
for i in range(11, 20):
    mlist1.append(i)
mlist1.printall()
```

这里先建立了一个空表，之后通过循环在表首端插入 10 个元素（10 个整数），又通过循环在表尾端插入 9 个元素（整数），最后顺序输出表里的所有元素。

表的遍历

人们把线性表一类的对象称为汇集对象（即 collection 对象，或容器对象），它们本身是对象，又包含着一组元素对象。显然，Python 内置的 list、tuple 等都是汇集对象类型。对于汇集对象，典型的使用方法之一就是逐个处理其中的元素，这种操作称为*遍历*。上面的 printall 是一个完成特定工作的遍历操作，它逐个输出表中元素。实际使用链接表时，可能需要对其中的元素做各种操作，链表类应该以某种方式支持这种操作模式。

传统的遍历方式是为汇集对象类定义一个遍历函数，它以一个操作为参数，将其作用到汇集对象的每个元素上。例如，我们可以为 LList 定义下面的方法：

```
def for_each(self, proc):
    p = self._head
    while p is not None:
        proc(p.elem)
        p = p.next
```

proc 的实参应该是可以作用于表元素的操作函数，它将作用于每个元素。假如 list1 是以字符串为元素的表，下面的语句将一行一个地输出这些字符串：

```
list1.for_each(print)
```

在经典语言里编程时，人们常常采用上面的技术。这种技术的优点是比较规范，主要缺点是灵活性不足，不容易与其他编程机制（例如无法与控制结构）配合使用。为了解决使用中的不便，人们经常用 lambda 表达式等方式定制这里使用的操作函数。

遍历元素是程序中最重要的一种工作模式，新型语言都为这类操作提供了专门的支持，而且希望把用户定义类型纳入统一的编程模式。Python 为内部汇集类型提供的标准遍历机制是迭代器，使用方式是放在 for 语句头部，在循环体里逐个处理汇集对象的元素，实施各种操作。LList 是汇集类型，我们也应该为它提供类似的操作方式。

在 Python 程序里定义迭代器，最简单的方式是定义生成器函数。在一个类里，可以定义一个（或几个）具有这种功能的方法。下面是为 LList 类定义对象的一个迭代器：

```
def elements(self):
    p = self._head
    while p is not None:
        yield p.elem
        p = p.next
```

有了这个方法，在代码里就可以写：

```
for x in list1.elements():
    print(x)
```

以这种方式处理链接表，在形式上与处理 list 或 tuple 差不多。

更好的方法是直接把 LList 定义为一种可迭代对象类，为此只需加入下面方法：

```
    def __iter__(self): # 用生成器函数定义链表的迭代器
        p = self._head
        while p:
            yield p.elem
            p = p.next
```

定义了采用特殊名 __iter__ 的方法之后，我们就可以直接写：

```
for x in list1:
    print(x)
```

筛选生成器

如果我们深入思考，可能会发现前面定义的 find 方法经常不适用。它只能取得满足 pred 的第一个元素，而在被操作的表里可能有多个这样的元素。

在经典编程语言里，这个问题没有自然的解决方案，但 Python（和一些新型语言）里的情况不同。我们通过简单地改造 find 方法，定义一个功能类似的迭代器，就可以用 for 语句逐个处理满足条件的表元素了。下面将新方法命名为 filter，表示要求基于给定谓词筛选出表中满足谓词 pred 的元素。方法定义的改动很简单：

```
    def filter(self, pred):
        p = self._head
        while p is not None:
            if pred(p.elem):
                yield p.elem
            p = p.next
```

这也是一个生成器方法，使用方式与 elements 类似，只是需要提供一个谓词参数。

本节定义了一个简单的链表类，它提供了一些有用操作。从这些操作的定义中可以看到链表操作的许多特点。我们可以根据需要为 LList 增加其他操作，如定位插入和删除等，这些都留给读者完成。请读者查看 Python 中 list 支持的操作，看看 LList 还缺少什么，考虑如何为 LList 类实现它们。注意，有些可能需要定义为特殊名方法。

3.4 链表的变形和操作

链表并非只有前面讨论的一种，实际上，人们提出了许多形式不同的链表设计，它们各有优点和适用环境。下面首先介绍单链表的简单变形，然后介绍双链表。

3.4.1 单链表的简单变形

单链表（每个结点只有一个指针域）存在许多不同的设计，可以根据需要和实际情况选择采用。本节从简单单链表的一个缺点出发，讨论一种修改的设计。

简单单链表实现有一个缺点：尾端插入元素操作的效率很低，因为操作中只能从表头开始查找表的尾结点，然后才能链入新结点。在实际中，需要从两端频繁插入元素的情况也很常见。我们能否修改表的设计，提高后端插入操作的效率呢？

确实可以！图 3.12 给出了一种设计，这里给表对象增加一个尾结点引用域。有了这个域，一步就能找到尾结点，在表尾插入新元素的操作只需

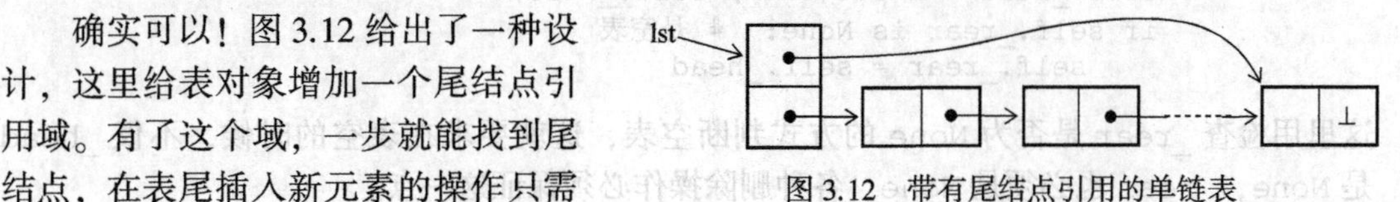

图 3.12 带有尾结点引用的单链表

O(1) 时间。

应该注意到：链表的这一新设计与前面单链表的结构差别不大，这种结构变化应该不影响已有非变动操作的实现，只影响变动操作。在这种情况下，我们有可能重用前面的定义（或定义的一部分）吗？

通过继承和扩充定义新链表类

实际中经常遇到这种情况：需要的新程序部件和某个已有部件很像，但也有些不同。在这种情况下，简单的想法是把原代码拷贝一份，在其基础上修改。但是，一旦拷贝了代码，引进了重复的代码片段，很多麻烦就不可避免地出现了。维护两份类似代码至少带来三份麻烦，不但两者都可能需要修改，还可能需要维护修改的一致性。

第 2 章讲过，面向对象的技术在解决这种问题时特别有效，它支持基于已有类（基类）定义新类（派生类）。派生类将继承基类的所有功能（数据域和方法），允许定义新的数据域和/或新的方法，还可以重新定义基类里已经定义的方法（称为方法*覆盖*）。这里把链表的新变形作为一个定义派生类的例子，展示如何完成这一类工作。

链表类 LList 提供了需要定义的（具有图 3.12 的新结构的）新链表类对象的许多功能，应该尽可能利用。用面向对象编程的说法，我们应该考虑把新链表类定义为 LList 的派生类。这样，这个新类就能继承 LList 的所有非变动操作。实际上，作为派生类能继承基类的所有操作，但原有的变动操作不符合这里的需要，必须重新定义。

从数据域看，新类的对象需要增加一个尾结点引用域，在这个类的初始化函数里应该正确设置这个域，变动操作都可能使用和修改这个域，因此都需要重新定义。

我们把要定义的类命名为 LList1，这个类的定义的头部应该是：

```
class LList1(LList):
    ... ... # 方法定义和其他
```

实际上，用户定义类都是派生类。如果定义时未注明基类，就以公共类 object 为基类。

初始化和变动操作

下面考虑方法定义，首先是初始化方法。注意，LList1 类的对象也是 LList 类的对象，也可能作为 LList 链表使用，因此这种对象里应该有 LList 对象的所有数据域（这里只有一个 _head）。LList1 的初始化函数应该先初始化 LList 对象的数据域。前面说过，做这件事的最合理且方便的方式就是对 self 调用 LList 的初始化函数。现在还要初始化尾结点引用域。新的尾结点引用域用 _rear 作为域名，也初始化为 None：

```
    def __init__(self):
        LList.__init__(self)
        self._rear = None
```

现在考虑前端插入操作。插入包含新数据的结点，操作方式与 LList 一样，但是，现在还要考虑尾结点引用域的设置：如果原表为空表，插入的第一个结点同时也是尾结点。这说明需要重新定义 prepend 覆盖原来的操作。下面是一个定义：

```
    def prepend(self, elem):
        self._head = LNode(elem, self._head)
        if self._rear is None:  # 是空表
            self._rear = self._head
```

这里用检查 _rear 是否为 None 的方式判断空表，这就要求在表空的时候，不仅 _head 是 None，_rear 也必须是 None。各种删除操作必须保证这一点。

回忆一下，从 LList 继承的判断表空操作只检查 _head。同一个类里的其他操作应该与它一致。下面的定义虽然比上面的定义长一点，但是更合适：

```
def prepend(self, elem):
    if self._head is None:
        self._head = LNode(elem, self._head)
        self._rear = self._head
    else:
        self._head = LNode(elem, self._head)
```

增加了尾结点引用后，现在可以直接找到尾结点，在其后链接结点的操作也能更快完成。这个操作的性能改善是本次设计修改的主要收获。注意，在链表操作定义中，通常都需要区分被修改的是头变量（域）的情况和一般情况。有关函数的定义如下：

```
def append(self, elem):
    if self._head is None:  # 是空表
        self._head = LNode(elem)
        self._rear = self._head
    else:
        self._rear.next = LNode(elem)
        self._rear = self._rear.next
```

现在考虑弹出元素的操作 pop，有趣的是它可以**不重新定义**。这个结果与统一用 _head 为 None 判断空表有关。请读者自己分析。但是，更合适的是采用如下定义：

```
def pop(self):
    x = super().pop()
    if self._head is None:
        self._rear = None
    return x
```

这里先利用 super() 函数调用基类的 pop，弹出元素记录在 x，如果表空（_head 为 None，删除的是表中唯一结点），就把 _rear 也设置为 None，切断与被删除结点的关联，保证该结点能及时回收。这里我们借助基类中被覆盖的方法完成了一部分工作。

最后是弹出末元素的操作。采用新的结构，这个函数没有变简单，反而稍微麻烦了一点。删除了尾结点之后还需要更新_rear：

```
def pop_last(self):
    if self._head is None:  # 是空表
        raise LinkedListUnderflow("in pop_last")
    p = self._head
    if p.next is None: # 表中只有一个元素
        e = p.elem
        self._head, self._rear = None, None
        return e
    while p.next.next is not None:  # 直到p.next是最后结点
        p = p.next
    e = p.next.elem
    p.next = None
    self._rear = p
    return e
```

下面是一段使用这个类的代码：

```
mlist1 = LList1()
mlist1.prepend(99)
for i in range(11, 20):
```

```
    mlist1.append(randint(1,20))

for x in mlist1.filter(lambda y: y % 2 == 0):
    print(x)
```

新类的基本使用形式与 LList 相同，变化的只是后端插入操作的效率。最后一个语句输出表 mlist1 里的所有偶数，其中用一个 lambda 表达式描述筛选条件。

3.4.2　循环单链表

单链表的另一常见变形是*循环单链表*（简称*循环链表*），其中最后一个结点的 next 域不用 None，而是指向表首结点，如图 3.13a 所示。如果仔细考虑，就会发现在表对象里记录尾结点更合适（参见图 3.13b），这样可以同时支持 O(1) 时间的表头/表尾插入和 O(1) 时间的表头删除。当然，由于循环链表的结点连成圈，哪个结点算是表头或表尾主要是概念问题，从表的内部形态上无法区分。现在考虑实现一个循环链表类，采用图 3.13b 的表示。下面只讨论几个典型操作，它们反映了循环链表的特点，更多操作留给读者作为练习。

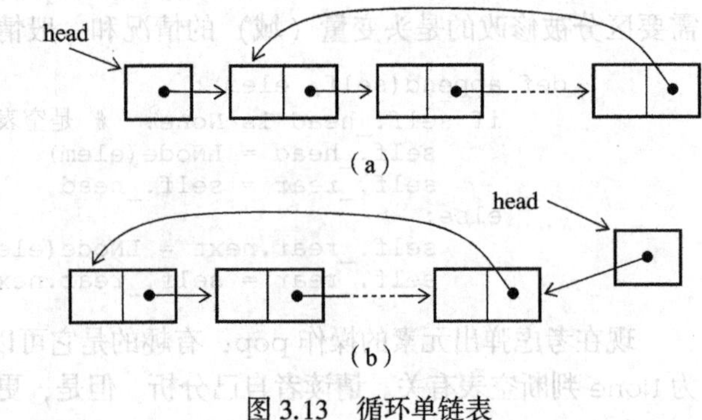

图 3.13　循环单链表

表对象只需要一个数据域 _rear，在逻辑上始终引用着尾结点。前端插入结点，就是在尾结点和首结点之间插入新的首结点，尾结点引用不变。尾端插入也是在原尾结点之后（与首结点之间）插入新结点，但这是新尾结点，因此需要更新尾结点引用。两个操作都需要考虑空表情况。前端弹出很容易实现，后端弹出（留作练习）需要用一个扫描循环。循环链表操作与普通单链表的差异影响到扫描循环的结束控制，使得一些不变操作也要修改，如 __iter__ 等。下面实现中比较扫描指针与尾结点，处理完尾结点就结束。

循环单链表类

下面是循环表类定义（没有继承 LList），其中只实现了几个典型方法，供参考。

```
class LCList:  # 循环单链表类
    def __init__(self):
        self._rear = None # 表对象只有一个 rear 域

    def is_empty(self):
        return self._rear is None

    def prepend(self, elem):  # 前端插入
        p = LNode(elem)
        if self._rear is None:
            p.next = p  # 表中第一个结点，建立初始的循环链接
            self._rear = p # 第一个结点既是表头也是表尾
        else:
            p.next = self._rear.next
            self._rear.next = p # 链在尾结点之后，就是新的首结点

    def append(self, elem):  # 尾端插入
```

```
        self.prepend(elem) # 直接调用前端插入操作
        self._rear = self._rear.next # 修改 rear 使之指向新尾结点

    def pop(self): # 前端弹出
        if self._rear is None:
            raise LinkedListUnderflow("in pop of CLList")
        p = self._rear.next
        if self._rear is p: # rear 等于其 next 说明表中只有一个结点
            self._rear = None # 弹出唯一结点后 rear 置空
        else:
            self._rear.next = p.next #一般情况，删去结点
        return p.elem

    def __iter__(self): # 用生成器函数定义循环链表的迭代器
        if self.is_empty():
            return
        p = self._rear.next
        while True:
            yield p.elem
            if p is self._rear:
                return
            p = p.next
```

补足所需定义后，简单链表的演示代码都可以用在这里（只需要修改类名）。

3.4.3 双链表

单链表只有一个方向的链接，只能做一个方向的扫描和操作。即使增加了尾结点引用，也只能改善尾端插入的效率。如果希望两端的插入和删除都能高效完成，就必须修改结点（从而也修改链表）的设计，增加另一方向的链接。这样做就得到了*双向链接表*，简称*双链表*。有了结点间的双向链接，不仅能支持两端的高效操作，一般结点操作也更方便。显然，这样做也付出了代价：每个结点增加一个链接域，新增空间开销与结点数成正比，是 $O(n)$。如果每个结点的数据规模比较大，新增的开销可能显得不太重要了。

为了支持两端的高效操作，双链表可以采用图 3.14 所示的结构，包含一个尾结点引用域。从双链表中任一结点出发，可以直接找到其前后的相邻结点（O(1) 操作）。而单链表中只能方便地找到下一结点，要找到前一结点，就必须从表头开始扫描。在双链表里易于找到前后结点，使许多操作都更容易完成。下面假定双链表结点的下一结点引用域是 next，前一结点引用域是 prev。

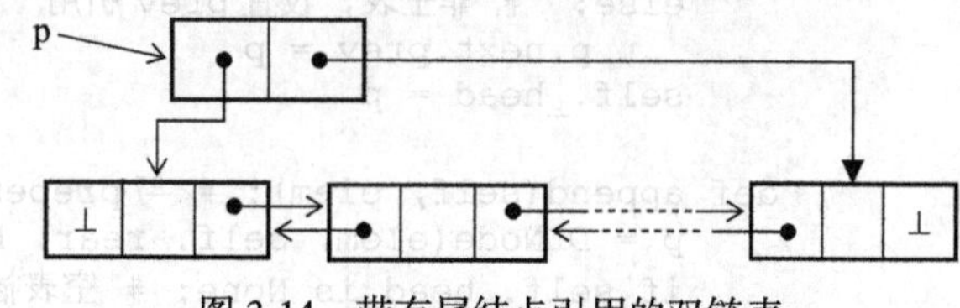

图 3.14　带有尾结点引用的双链表

结点操作

先考虑结点删除。实际上，只要掌握双链表里一个结点，就可以把它从表中取下，并把其余结点正确链接好。图 3.15 说明了这个操作。设 p 引用被操作结点，示例代码是：

```
p.prev.next = p.next
p.next.prev = p.prev
```

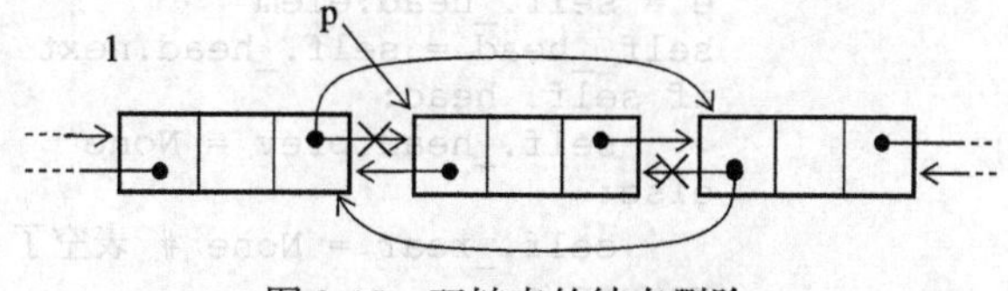

图 3.15　双链表的结点删除

这两个语句使 p 所指结点从表中退出，其余结点保持顺序和链接。如果考虑前后可能没有结点的情况，应增加适当的条件检查。

在任一结点的前后插入结点的操作也很容易局部完成，只需掌握确定插入位置的结点。插入一个结点需要做四次链接赋值，请读者考虑（下面也有代码）。

双链表类

现在考虑定义一个双链表类。

首先，双链表的结点与单链表不同，因为结点里多了一个反向引用域。可以考虑独立定义，或者在 LNode 类的基础上派生。这里用派生方式定义：

```
class DLNode(LNode):  # 双链表结点类
    def __init__(self, elem, prev=None, next_=None):
        LNode.__init__(self, elem, next_)
        self.prev = prev
```

使用的方式与链表结点类似。

下面定义了一个双链表类，从带首尾结点引用的单链表类 LList1 派生，采用图 3.14 所示的结构。空表判断和 find、filter、printall 方法都可以继承，它们执行中只使用 next 方向的引用，用在双链表上也完全正确。

几个变动操作都需要重新定义，因为需要设置前一结点引用 prev。可以看到，现在首尾两端的插入/删除都可以直接完成，只需要常量时间。仔细检查这里的两对方法，可以看到它们几乎是对称的，其中 _head 与 _rear 对应，next 与 prev 对应。

```
class DLList(LList1):  # 双链表类
    def __init__(self):
        LList1.__init__(self)

    def prepend(self, elem):
        p = DLNode(elem, None, self._head)
        if self._head is None: # 空表
            self._rear = p
        else:  # 非空表，设置 prev 引用
            p.next.prev = p
        self._head = p

    def append(self, elem): # 与 prepend 对称
        p = DLNode(elem, self._rear, None)
        if self._head is None: # 空表插入
            self._head = p
        else:  # 非空表，设置 next 引用
            p.prev.next = p
        self._rear = p

    def pop(self):
        if self._head is None:
            raise LinkedListUnderflow("in pop of LDList")
        e = self._head.elem
        self._head = self._head.next
        if self._head:
            self._head.prev = None
        else:
            self._rear = None # 表空了
        return e
```

```
    def pop_last(self): # 与pop对称
        if self._head is None:
            raise LinkedListUnderflow("in pop_last of LDList")
        e = self._rear.elem
        self._rear = self._rear.prev
        if self._rear:
            self._rear.next = None
        else:
            self._head = None  # 表空了
        return e
```

对于单链表的其他操作，请读者分析哪些可以直接继承、哪些需要覆盖，并自己定义覆盖函数，覆盖时请尽可能利用基类函数完成部分工作。单链表的演示代码在这里都能工作，只是有些操作的性能改善了，在执行的输出结果上看不到差异。

循环双链表

双链表也可以定义为循环链表，也就是说，让表尾结点的 next 指向首结点，再让首结点的 prev 指向尾结点，如图 3.16 所示。易见，在这种表里，结点的 next 引用形成了指向下一结点方向的引用环，而 prev 引用形成指向前一结点方向的引用环，两个环相向而行。循环双链表不需要尾结点指针。有意思的是，由于有双向链接，无论是掌握首结点还是尾结点，都能高效实现首尾两端的插入/删除操作（O(1) 复杂度）。

这种链表的实现留作练习。

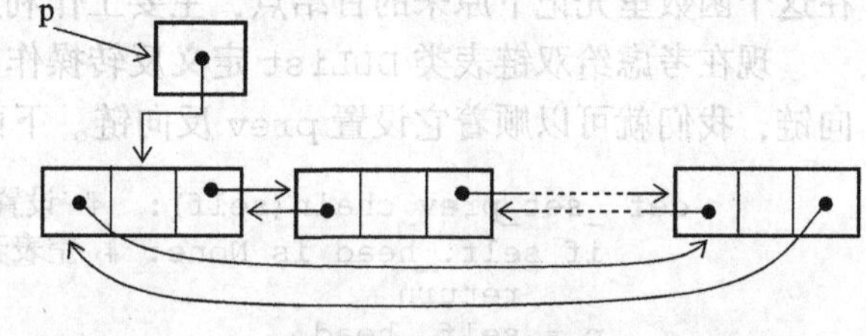

图 3.16 循环双链表

3.4.4 两个链表操作

前面讨论了链表的几种重要变形，展示了如何在各种链接结构上实现最基本的操作。现在讨论两个更有趣的链表操作，从它们的实现中可以看到链表操作的更多特点。

链表反转

首先考虑表元素的反转，也就是 Python 中 list 类的 reverse 操作。3.2.4 节最后给出了在顺序表上的一个示例性实现。反转顺序表元素的算法用两个下标，通过逐对交换元素位置并把下标向中间移动的方式工作，两个下标碰头时操作完成。

同样的操作模式也可以用在双链表上，因为双链表结点有 next 和 prev 两个引用，能支持两个方向的扫描。这个实现留作练习。在单链表上也可以用同样思路实现元素反转，但要麻烦得多。原因很简单：单链表不支持向前找结点。要找到前一结点，只能从表头开始，这就使算法需要 $O(n^2)$ 时间。请读者想想还有别的办法吗？

请注意：对于顺序表，改变其中元素顺序的方法只有一种，就是搬动表中的元素。而对链接表，实际上存在两种方法：可以在结点之间搬动元素，也可以修改结点之间的链接，通过改变结点的链接顺序来改变表元素的顺序。上面说过，用搬动元素的方式实现单链表中的元素反转很不方便，而且效率低。下面考虑基于修改链接的方法。

单链表操作最好在首端进行，首端插入/删除只需要 O(1) 时间。如果不断向一个表的首端插入结点，早放进的结点排在表的后面，而不断从首端取结点，最后取下的是尾结点。这说明，从一个表首端不断取结点，将其插入另一个表首端，就形成了一个反转过程。取下和插入都是 O(1) 时间的操作，总时间开销是 $O(n)$，这样就能得到一个高效反转算法。

下面的函数作为 LList 类的一个方法，最后把反转后的结点链赋给表对象的 _head。

```
def reverse(self):
    p = None
    while self._head:
        q = self._head
        self._head = q.next # 摘下原表最前面的结点
        q.next = p          # 将刚摘下的结点插入 p 引用的结点序列
        p = q
    self._head = p  # 反转后的结点序列已做好，重置表头链接
```

在实际生活中也能见到类似的过程。例如，把一列火车车厢的顺序颠倒过来，就是通过这种过程实现的。将桌上的一摞书一本本拿下来叠成另一摞，也是这个操作的实例。

类 LList1 继承 LList 时需要重定义这个方法，反转后需要正确设置 _rear。

```
def reverse(self):
    p = self._head # 记录首结点
    super().reverse(self)
    self._rear = p # 设置为新的尾结点记录
```

在这个函数里先记下原来的首结点，主要工作利用 LList 的 reverse 完成。

现在考虑给双链表类 DLList 定义反转操作。首先注意一个事实：只要存在正确的前向链，我们就可以顺着它设置 prev 反向链。下面的方法完成这一工作：

```
def _set_prev_chain(self):  # 设置反向链和尾指针
    if self._head is None: # 空表无须设置
        return
    p = self._head

    p.prev = None  # 设首结点的 prev 为 None
    while p.next:
        p.next.prev = p
        p = p.next
    p.next = None  # 设尾结点的 prev 为 None
    lst._rear = p  # 设置尾指针
```

有了 _set_prev_chain 操作，定义双链表反转操作就非常容易了：

```
def reverse(self):
    super().reverse(self)  # 调用 LList 的反转方法
    self._set_prev_chain(self)
```

链表排序

现在考虑另一个更复杂的操作：对链表中的元素排序。把一组物品按某种顺序排列是真实世界中常见的工作，数据处理中也常需要将数据排序。排序，就是设法调整数据序列中元素的顺序，使之按某种特定顺序排列。人们对这个问题做了很多研究，开发出许多重要算法，第 9 章将专门研究这个问题。本节只是想通过排序问题，讨论表操作的一些技术。下面讨论中假定表元素可以用>和<=比较，希望把表元素按<=关系从小到大排序。

Python 的 list 类型有一个 sort 方法。如果 lst 的值是 list 类型的对象，lst.sort()将把其中元素从小到大排序。另外，也可以用标准函数 sorted 排序各种序列，sorted(lst)生成一个新 list 对象，其中元素是 lst 的元素排序的结果。

链表里保存着元素序列，也有排序的需求。下面讨论链表的排序问题、相关的算法和实现。这里只考虑一种简单排序算法，称为插入排序。其基本想法是：

1. 在操作过程中一直维护一个排好序的序列片段。初始时，该段只包含一个元素，可以是任何一个元素，因为一个元素的序列总应该是排好序的。
2. 每次从尚未处理的元素中取出一个元素，将其插入已排序片段中的正确位置，保持插入后的序列片段仍然是正确排序的。
3. 当所有元素都插入了排序的片段时，排序工作完成。

先看一个顺序表（list）排序函数，展示插入排序的过程。首先考虑已排序段的安排问题。由于未排序部分越来越小，每次操作（即上面的步骤 2）减少一个元素；已排序部分越来越大，每次增加一个元素。因此可以让这两个部分共用原来的表，我们在表前部积累排序片段，无须使用额外存储。

在排序过程中，被排序表的状态如图 3.17a 所示：下标 i 之前的段已经排序，从 i 开始的段尚未处理，当前要考虑位置 i 的元素 d 的插入问题，并正确完成这一工作。这样处理一个元素后 i 值加 1，当 i 的值超出表右端时排序完成。

一个元素的处理也通过一个循环实现，循环中维持已排序元素的相对顺序，最终确定 d 的正确插入位置。循环开始时取出 d 使位置 i 变为空位。循环中的状态如图 3.17b 所示，下标变量 j 记录空位并逐步左移。每次迭代比较 d 和位置 $j-1$ 的元素，如果 d 较小就把位于 $j-1$ 的元素右移到位置 j，并将 j 值减 1（表示空位左移）。这样在 j 与 i 之间就会积累起一段大于 d 的元素。重复上述操作，直至位置 j 之前的元素不大于 d 时把 d 放入空位。显然，表中直至 i 的子序列仍保持有序。将 i 加 1 后又回到了图 3.17a 的状态。

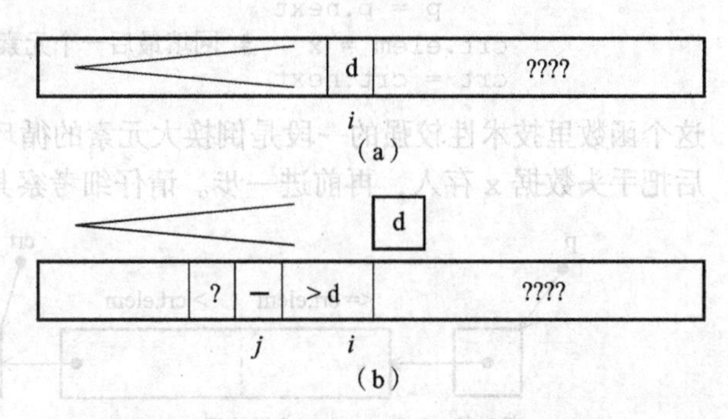

图 3.17 顺序表插入排序过程的示意图

这个算法中需要嵌套两重循环：

```
def list_sort(lst):
    for i in range(1, len(lst)): # 开始时片段[0:1]已排序
        x = lst[i]
        j = i
        while j > 0 and lst[j-1] > x:
            lst[j] = lst[j-1]  # 反序逐个后移元素至确定插入位置
            j -= 1
        lst[j] = x
```

现在考虑为单链表 LList 定义一个排序方法。注意，由于这里只有 next 链接，扫描指针只能向 next 方向移动，不能从后向前查找结点（或元素）。另外，如前所述，存在着两种可能完成排序的做法：移动表中元素，或者调整结点之间的链接关系。下面给出两个算法，它们分别采用这两种技术完成排序，而且都是插入排序的实现。

首先考虑基于移动元素的单链表类的排序算法。采用插入排序方法，在这里也是每次取一个未排序元素，在已排序序列中找到正确位置后插入。但是，由于处理的是单链表，为了有效操作，算法中只能按 next 的方向检查和处理表元素。

下面算法工作中的基本状态如图 3.18 所示。其中扫描指针 crt 指向当前考虑的结点（假设这里的表元素为 x），在一个大循环中每次处理一个表元素并前进一步。对一个元素的处理分两步完成：(1) 从头开始扫过小于等于 x 的表元素，直至确定了图 3.18 中已排序段里标出虚线的位置，找到了第一个大于 x 的表元素；(2) 做一系列“倒换”，把 x 放入正确位置，并将其他表元素后移[㊀]。下面的函数实现了这个过程：

```
def sort1(self):
    if self._head is None:
        return
    crt = self._head.next # 从首结点之后开始处理
    while crt is not None:
        x = crt.elem
        p = self._head
        while p is not crt and p.elem <= x: # 跳过小元素
            p = p.next
        while p is not crt: # 倒换大元素，完成元素插入的工作
            y = p.elem
            p.elem = x
            x = y
            p = p.next
        crt.elem = x    # 回填最后一个元素
        crt = crt.next
```

这个函数里技术性较强的一段是倒换大元素的循环，每次迭代取出一个结点里的数据，然后把手头数据 x 存入，再前进一步。请仔细考察其中的操作和顺序，确认其正确性。

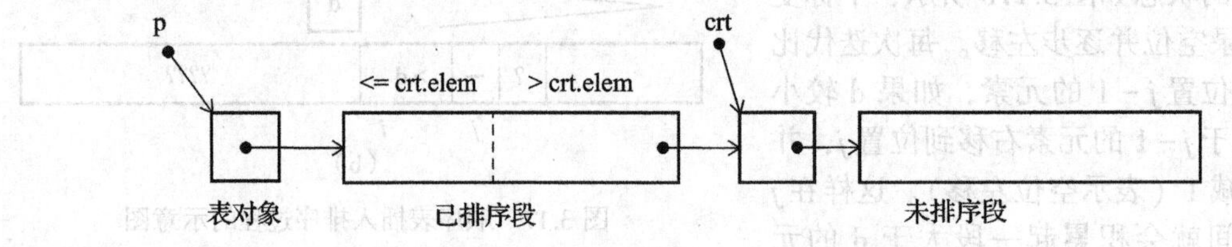

图 3.18　单链表插入排序（移动元素方法）的中间状态

现在考虑通过调整链接实现插入排序。操作过程比较容易理解，就是一个个取下链表结点，将其插入一段元素递增的结点链中的正确位置。下面是方法的实现：

```
def sort(self):
    p = self._head
    if p is None or p.next is None:
        return

    rem = p.next
    p.next = None
    while rem is not None:
        p = self._head
        q = None
        while p is not None and p.elem <= rem.elem:
            q = p
            p = p.next
        if q is None:
            self._head = rem
        else:
```

㊀ 像顺序表那样从后向前逐个后移元素，对单链表很不合适。请读者考虑实现，并与这里的方法比较。

```
            q.next = rem
        q = rem
        rem = rem.next
        q.next = p
```

如果被处理的表为空或只包含一个元素，它自然是排序的，表更长时就需要处理。用 rem 记录尚未处理的结点段，初始化后的循环把除表头结点外的其他结点逐一插入_head 关联的排序段。内层循环在排序段中查找 rem 结点的插入位置。这里用了两个扫描指针 p 和 q，它们亦步亦趋地前进，直到 p 所指结点的元素更大或者已到达排序段尾，结点 rem 应该插入 q 和 p 之间。随后的条件语句分别处理表头插入和一般情况插入，每一步最后连接好排序段并将 rem 推进一步。大循环结束时全部结点都插入排序段，工作完成。

在这个定义里，需要特别注意大循环最后的三个赋值语句。赋值的次序绝不能写错，否则将导致被处理的表段丢失，那样就不可能完成排序工作了。

两个排序函数都假定定义在 LList 类里。LList1 和 DLList 是 LList 的派生类，利用 LList 的 sort 定义它们的排序方法非常方便。例如 DLList 的排序方法：

```
    def sort(self):
        super().sort(self)   # 调用 LList 的排序方法
        self._set_prev_chain()
```

排序时不考虑反向链接，修复只需要做一次遍历。请读者为 DLList 实现一个插入排序方法，直接调整双向链接，然后从代码长度和效率两方面比较这两种实现方法。

3.4.5 在顺序表里实现“链表”

链表的本质就是在表结点里显式存储下一结点的定位信息，使我们可以利用这种信息在表中游走、扫描、遍历、调整。上述说法并没有限制定位信息的表示方式。在硬件层面，单元地址是最直接的定位信息。在 Python 里用独立对象表示结点时，对象标识是最自然的定位方式。但是我们完全可以采用其他方式。一种常见技术是在 list（或其他语言的数组）里嵌入“链表”，用表元素表示结点，用元素下标表示“结点”定位（链接）。

假设我们通过下面语句生成了一个 list：

```
cells1 = [[0, -1 if i==19 else i+1] for i in range(20)]
llist = 0
```

出现的情况如图 3.19 所示。如果把 cells1 中各个元素的第一个成分看作数据，第二个成分看作下一“结点”的位置（链接），把变量 llist 看作指示表头结点位置的变量，把-1 看作链表结束标志，就可以认为 cells1 里存储了一个链表。从 llist 出发，

cells1	0	0	0	......	0
	1	2	3		–1

⇧ llist

图 3.19 在顺序表里表示了“链表”

利用元素中第二个成分的值就能遍历这个链表：cells1[0]的下一结点是 cells1[1]，cells1[1]的下一结点是 cells1[2]，等等。这种链表的结构也很容易调整。如果这时执行语句 cells1[19][1] = 0，就得到了一个循环链表。

实际上，我们不仅能在一个 list（或数组）里表示一个链表，也可以表示多个链表。通过修改元素中表示链接的成分的值，就能修改其中链表的结构。例如，下面语句

```
cells2 = [[0, i] for i in range(20)]
```

得到的情况如图 3.20 所示。按前面的约定，应该认为在 cells2 里存储着 20 个循环链表，每个链表只包含一个结点，它们的下一结点链接（用下标表示）都指向其自身。执行下面语句

```
cells2[0][1] = 1
cells2[1][1] = 0
```

cells2				
0	0	0	……	0
0	1	2		19

图 3.20 在顺序表里表示一些“链表”

就合并了前两个循环链表，做出了一个包含两个结点的循环链表。

在 Python 的 list（或其他语言的数组）里实现链接结构的技术，在操作复杂数据结构的算法中有许多应用。读者将在后面的章节里看到一些情况。

3.4.6 不同链表的简单总结

3.3 节和 3.4 节里介绍了几种不同的链表结构，现在对它们做一个简单总结，其中讨论复杂度时用的 n 均指链表的长度。

- 基本单链表包含一系列结点，通过一个方向的链接构造起来。它支持高效的前端（首端）插入和删除操作（时间复杂度为 O(1)），定位操作或尾端操作都需要 $O(n)$ 时间。
- 增加了尾结点引用域的单链表可以很好地支持首端/尾端插入和首端弹出元素（这几个操作都具有 O(1) 时间复杂度），但不能支持高效的尾端删除。
- 循环单链表也能支持高效的表首端/尾端插入和首端弹出元素。在这种表上扫描、遍历的结束判断需要特别处理。
- 双链表中每个结点都有两个方向的链接，因此可以高效地找到前后结点。如果有尾结点引用，两端插入和删除操作都能在 O(1) 时间完成。循环双链表的性质类似。
- 对于单链表，遍历和检索操作都只能从表头开始，需要 $O(n)$ 时间。对于双链表，这些操作可以从表头或表尾开始，复杂度不变。与它们对应的两种循环链表，遍历和检索可以从表中任何一个地方开始，但要需要特别考虑结束条件。

链表的主要优点如下：

- 链表是通过将一些存储元素的结点链接起来而构成的，结点（以及其中表元素）之间的顺序由链接关系决定，链接可以修改，因此表的结构很容易调整。
- 不移动结点里的元素，只修改结点间的链接，就能方便地修改表的结构和元素的排列。这种灵活性非常有用。例如，可用于实现插入/删除一个或多个元素、翻转整个表、重排表中元素、根据需要把一个表划分为两个表或多个表等各种操作。
- 整个表由一些小的存储块构成，比较容易安排和管理。如果表中元素特别多，采用分别存入小存储块的方式，有关的存储需求比较容易安排。

链表也有一些明显的缺点，主要是一些操作的代价比较大：

- 定位访问（基于位置找到元素）需要线性时间，这是与顺序表相比最大的劣势。
- 简单单链表的尾端操作为 $O(n)$，增加尾指针可以把尾端插入变成 O(1) 操作，但仍不能有效实现尾端删除。要实现两端的高效插入和删除，就需要为每个结点加入反向链接。

- 对于单链表，为找到当前元素的前一元素，必须从头开始扫描表结点。这种操作代价高，应尽量避免。双链表能解决这个问题，但要为每个结点付出存储的代价。
- 为存储一个表元素，需要多用一个链接域，这是实现链表的存储代价。双链表可以提高链表操作的灵活性，但需要再增加一个链接域。

3.5 表的应用

本节通过一个简单的例子展示表结构的使用。这里将给出同一个问题的几种不同实现，其中以不同方式使用了不同的表结构。后面章节还有很多表的应用实例。

3.5.1 Josephus 问题和基于数组概念的解法

Josephus 问题是数据结构教科书里常用的例子，问题描述如下：假设有 n 个人围坐一圈，现在要求从第 k 个人开始报数，报到 m 的人退出。然后从下一人开始继续报数并按同样规则退出，直至所有人退出。要求顺序输出各个出列人的编号。

本节考虑第一种解法——基于 Python 的 list 和固定大小的“数组”概念。也就是说，把 list 看作元素个数固定的对象，只能修改元素，不改变表结构（不做插入删除）。这种方法相当于将 n 把椅子摆成一圈，人走了，但椅子不动而且位置不变。基于这种设计可以有多种实现方法。下面方法中给每个人（表元素）一个编号，出列的情况用 0 表示。算法梗概如下：

- 初始：
  - 建立一个包含 n 个人（的编号）的表。
  - 找到第 k 个人，从那里开始。
- 处理过程中采用把相应表元素置 0 的方式表示人已出列，反复做：
  - 数 m 个（尚且在位的）人，数到表的末端再转回下标 0 继续。
  - 把表示第 m 个人的表元素修改为 0。
- n 个人出列即结束。

下面算法里用 i 表示数组下标，其初值取 k-1，内层循环中每次加 1 并通过取模 n 保持 i 的取值范围正确。大循环的一次迭代出列一人，共计执行 n 次迭代。循环体里的 count 计数直至 m（通过内层循环），计数中跳过空椅子。其他部分都很容易理解。

```
def josephus_A(n, k, m):
    people = list(range(1, n+1))

    i = k-1
    for num in range(n):
        count = 0
        while count < m:
            if people[i] > 0:
                count += 1
            if count == m:
                print(people[i], end="")
                people[i] = 0
            i = (i+1) % n
        if num < n-1:
            print(", ", end="")
        else:
            print("")
    return
```

这里函数名中的A表示数组实现。下面是函数的使用实例：

```
josephus_A(10, 2, 7)
```

定义这个函数的主要麻烦是表下标的（循环）计数 i 和表中有效元素的计数 count 相互脱节。计数变量 count 达到 m 时输出表元素下标 i，并将该元素置 0，表示这个人已经出列。输出了最后一个元素后让 print 输出一个换行符。

这个算法的复杂度不太容易分析。内层循环的总迭代次数是变量 i 加 1 的次数，应该与 n 和 m 有关，因为 m 影响找到下一元素的操作步数。考虑两个特殊情况：

- 当 $m=1$ 时，每次内循环只执行一次迭代，总的时间开销是 $O(n)$。
- 当 $m=n$ 时，先考虑计算到最后表中只剩一个元素的情况。不难看到，内层循环需要遍历整个表 n 遍，每一遍只能把 count 的值加 1，因此，为了删除这个元素，花费的时间就是 $O(n^2)$。整个计算过程中 i 加 1 的次数大约是

$$n \times \left(\frac{n}{n} + \frac{n}{n-1} + \cdots + \frac{n}{3} + \frac{n}{2} + \frac{n}{1}\right) \approx n^2 \times \log n$$

可以看到这个算法不容易分析的情况了。这里不进一步讨论。

3.5.2 基于顺序表的解

现在考虑另一个算法：把保存参加者编号的 list 按表的方式处理，一旦确定了应该退出的人，就将表示这个人编号的表元素从表中删除。

这样，随着计算的进行，所用的表将变得越来越短。下面用 num 表示表的长度，每退出一人，表的长度 num 减 1，至表长度为 0 时计算工作结束。采用这种想法和设计，表中的元素全是有效元素（不再出现表示人已出列的 0），元素计数与下标计数得到统一，所以下标更新可以用 i = (i + m - 1) % num 统一描述。

基于这些想法写出的程序非常简单：

```
def josephus_L(n, k, m):
    people = list(range(1, n+1))

    num, i = n, k-1
    for num in range(n, 0, -1):
        i = (i + m-1) % num
        print(people.pop(i),
              end=(", " if num > 1 else "\n"))
    return
```

函数调用的形式和前一函数相同，如 josephus_L(10, 2, 7)。

函数体是一个简单的循环计数，反复用 pop 删除元素。最后的输出语句值得说一下，其中用条件表达式描述输出的结束字符串：如果整个计算没完成（num 值大于 1），就在出列人的编号后加逗号和空格；如果所有人的编号都已输出，就输出一个换行符。

这个算法的复杂度比较容易考虑。虽然函数里的循环只执行 n 次，但由于输出语句调用了 list 的 pop 操作，它需要线性时间，所以算法复杂度是 $O(n^2)$。由于这里采用直接加 m 的方式计算应该出列的人，并不做直到 m 的计数，所以算法的复杂度与 m 无关。

3.5.3 基于循环单链表的解

现在考虑基于循环单链表实现的算法。从形式上看，循环单链表可以很直观地表示围

坐一圈的人，顺序数人可以自然地反映为在循环表中沿着 next 链扫描，一个人退出可以用删除相应结点的操作模拟。删除后又可以沿着原方向继续数人了。

根据上面的分析，这个算法应该分为两个阶段：

1. 建立包含指定个数（和内容）的结点的循环单链表，这项工作可以通过从空表出发，在表的尾部逐个插入元素的方式完成；
2. 循环计数，找到并删除应该退出的结点。

具体实现可以有多种方式，例如，为原循环单链表增加一个循环计数的函数，然后写程序利用这个函数完成操作。下面的实现采用了另一种设计：基于循环单链表类派生一个专门的类，通过其初始化方法完成全部工作。

派生类 Josephus 的实现中没有增加“当前人指针”一类设施，而是采用了另一种技术，把计数过程看作人圈的转动（结点环的转动）。这个类里定义了新方法 turn，它将循环表对象的 _rear 指针沿 next 方向移 m 步（相当于结点环旋转）。

初始化函数首先调用基类 LCList 的初始化函数建立空表，然后用一个循环建立包含 n 个结点和相应数据的表。最后的循环调用 turn 方法，找到并弹出结点，输出编号。

```
class Josephus(LCList):
    def turn(self, m):
        for i in range(m):
            self._rear = self._rear.next

    def __init__(self, n, k, m):
        LCList.__init__(self)
        for i in range(n):
            self.append(i+1)
        self.turn(k-1)
        while not self.is_empty():
            self.turn(m-1)
            print(self.pop(),
                  end=("\n" if self.is_empty() else ", "))
```

虽然这里用了一个类作为基础，但其使用方式与调用一个函数类似，建立这个类的对象就是完成一次计算，例如 Josephus(10, 2, 7)，所创建对象本身并不重要。

这个算法的时间复杂度比较容易考虑：建立初始表的复杂度是 $O(n)$，后面循环的复杂度为 $O(m\times n)$，因为总共做了 $m\times n$ 次一步旋转，每次操作的时间是 $O(1)$。

*3.6 广义表和数组[1]

广义表和数组（包括矩阵）也是数据结构课程中经常讨论的对象，它们都与线性表有些关系。本节简单讨论这些概念，以及相关的实现和计算问题。

3.6.1 广义表

广义表可以看作线性表的一种推广，它是著名编程语言 Lisp[2]的基础数据结构。在考虑广义表时，所有非广义表的数据项或结构都称为*原子*。

---

[1] 本书中标 * 号的部分为选学/选讲内容。

[2] Lisp 是著名计算机科学家 John McCarthy（1927—2011）在 20 世纪 50 年代开发的编程语言，该语言对编程语言的发展产生了重要影响。John McCarthy 由于在人工智能等领域的重要贡献获 1971 年图灵奖。

定义、性质和Python实现

定义 一个广义表是一些元素的线性序列：

$$GL=(a_0, a_1, \cdots, a_{n-1})$$

其中元素 a_i 可以是原子（非广义表，例如是数、符号、字符串等），也可以是广义表。元素个数 n 称为表的长度，无元素的广义表称为空（广义）表，其长度为0。当 $n \geq 0$ 时，a_0 称为 GL 的头部，用 head(GL)表示；$(a_1, \cdots, a_{n-1})$称为 GL 的尾部，用 tail(GL)表示。此外，广义表的基本构造操作是 cons，它有两个参数，第二个参数应该是广义表。cons(a, b)构造出以 a 为头部、b 为尾部的广义表。例如 $\text{cons}(a_0, (a_1, \cdots, a_{n-1})) = (a_0, a_1, \cdots, a_{n-1})$。

很明显，广义表是一种递归结构，其定义是递归的，元素可以是广义表。容易看到，对任何非空的广义表 L，都有 cons(head(L), tail(L)) = L。此外，如果 B 是广义表，那么就有 head(cons(A, B)) = A 和 tail(cons(A, B)) = B。这些都是广义表的基本性质。

用小写字母和数表示原子，大写字母表示广义表，下面是一些广义表的例子：

A = (a)	1个元素的广义表，其元素是原子
B = (A, (b, c))	2个元素的广义表，两个元素又是广义表
C = (B, a, (A, (d, e)))	4个元素的广义表，首末元素都是嵌套的广义表
F = (*, (+, 1, 3), (-, 5, 2), (-, 4))	4个元素的广义表

基于不同的原子可以构造出各种有用的广义表。例如，上面最后一个例子可以看作一个算术表达式，其最外层运算是乘法，三个运算对象又是不同的算术表达式。

广义表允许任意复杂的嵌套结构，可用于表示复杂的数据对象。下面是三个例子：

((math, 67), (phys, 102), (chem, 145), (bio, 133))

((60, (2, 2, 3, 5)), (70, (2, 5, 7)), (108, (2, 2, 3, 3, 3)), (182, (2, 7, 13))

((4, 3), (12, 2), (-5, 1), (2, 0))

第一个例子可能表示了某大学里几个系的教工人数；第二个例子表示了一些合数的素因子；第三个例子可用于表示一元多项式，其中的变元默认，表里给出了多项式中各个项的系数和指数，这里表示的多项式是 $4x^3+12x^2-5x+2$。因为广义表的这种功能通用性，Lisp 语言只提供了这一种结构，就能表示各种程序里需要使用的各种数据对象。

上面的例子说明，各种计算对象都可能映射到某种广义表表示，有关的计算工作可以通过广义表的操作完成，最后再把得到的广义表映射回到原来的计算对象。例如，我们可能基于上面简单说明的多项式表示，实现一个完成各种多项式计算的复杂计算系统。人们已经做出了一些这样的系统，如著名的符号计算系统 Maple 和 Mathamtica 等，其中就是采用类似上面介绍的结构表示各种数学表达式，包括多项式。

实际上，Python 的 `list` 就可以看作广义表的一种实现，`list` 的元素也可以是 `list`，允许任意层次的嵌套结构。一些 `list` 操作的定义也借鉴了 Lisp 语言的思想。

广义表操作的递归定义

广义表具有递归的结构，其操作最适合采用递归的方式定义。设有谓词 `atom`，参数是原子（非广义表）时返回 `True`，否则返回 `False`；另一谓词 `null` 遇到空表时返回 `True`。求广义表中原子个数的 Python 函数可如下定义，其中用到基本操作 `head` 和 `tail`：

```
def count_atom(gl):
    if null(gl):
        return 0
    if atom(gl):
        return 1
    return count_atom(head(gl)) + count_atom(tail(gl))
```

基于已有广义表构造新表的操作也可以用递归方式定义。例如，我们希望构造一个广义表，它具有与参数 gl 同样的基本结构，只是其中的 x 都换成 y。下面是函数定义：

```
def subst(gl, x, y):
    if gl == x:
        return y
    if null(gl) or atom(gl):
        return gl
    return cons(subst(head(gl), x, y), subst(tail(gl), x, y))
```

最后一行对原 gl 的头部和尾部分别做代换，用代换结果做出一个新广义表。

现在考虑定义检查两个广义表是否相等的谓词。不难想清楚，两个广义表相等，当且仅当它们的结构相同，而且相应位置的原子成员都相等。下面是谓词函数的定义：

```
def equal(gl1, gl2):
    if atom(gl1) and atom(gl2):
        return gl1 == gl2
    if null(gl1) and null(gl2):
        return True
    if atom(gl1) or atom(gl2) or null(gl1) or null(gl2):
        return False
    return equal(head(gl1), head(gl2)) and equal(tail(gl1), tail(gl2))
```

上面这些例子展示了递归定义广义表操作的基本框架。我们总是先考虑原子情况和空表情况的处理，最后处理非空的广义表，而且总是递归地分别处理其头部和尾部。

另一种方式是通过循环处理同一层的元素，原子直接处理，元素中的广义表递归处理。以求表中原子个数的操作为例，如下定义的函数也能完成这一工作：

```
def count_atom1(gl):
    num = 0
    while not null(gl):
        if atom(head(gl)): # 处理元素中的原子
            num += 1
        else:
            num += count_atom1(head(gl)) # 递归处理作为元素的广义表
        gl = tail(gl)
    return num
```

循环中一次次求表的尾部，直至遇到空表的情况。

广义表的链接表示

从前面的介绍中可以看到，基本的广义表操作包括取得其 tail 部分，得到除去首元素之外的广义表。前面说过，链表结构能最好地支持首端操作，而首端操作正好对应到广义表的 head 和 tail 操作，这说明链表结构是实现广义表的良好选择。在 Lisp 系统里，广义表就常用链接方式定义，一个结点称为一个 Cons 单元。

我们可以仿照单链表结点类，定义一个 Cons 单元类：

```
class Cons:
    def __init__(self, head, tail=None):
        self._head = head
        self._tail = tail

    def head(self):
        return self._head
    def tail(self):
        return self._tail
    def set_head(self, newhead):
        self._head = newhead
    def set_tail(self, newtail):
        self._tail = newtail
```

空表用None表示，可以直接检查。Cons(a, b)构造以a为头部、b为尾部的广义表。如果x是非空广义表，则x.head()和x.tail()分别返回其头部和尾部。这里还把广义表定义为可变对象，可用set_head和set_tail设置头部和尾部。

头尾设置操作使我们可以构造出更复杂的广义表结构。例如，经过下面几个语句：

```
A = Cons(1)
B = Cons(2, A)
C = Cons(B, A)
A.set_tail(A)
```

我们将得到图3.21所示的情况。可以看到，这里广义表B的尾部就是广义表A，而广义表C的头部是广义表B，尾部是广义表A，不同广义表共享了一些部分。另外，A的尾部又是其自身，形成了一个自递归的结构。

显然，用我们前面定义的函数，例如count_atom，处理这种广义表，就会出现无穷递归、永远也得不到结果的情况。即使没有结构递归的情况，结构共享也可能导致那些函数的结果不正确，例如重复计算了表中的一些部分。正确处理这类复杂结构需要更精致的算法，这里就不更多讨论了。

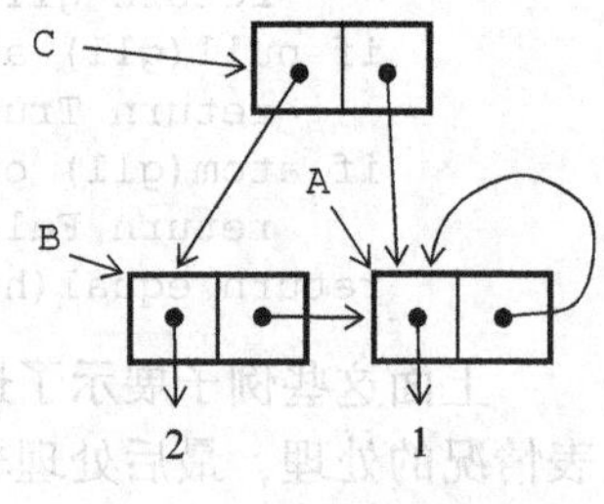

图3.21　包含共享和递归的广义表

3.6.2　数组

数组是许多编程语言直接支持的数据组合结构，例如Fortran、C/C++、Java等语言都提供了数组。数组包括一维数组、二维数组等。三维以上的数组很少用到，一些语言或实现对数组的维数有上限设置。一维数组可以看作元素个数固定的线性表，二维数组可以看作以一维数组为元素的线性表，更高维的数组也可以这样看。

大部分语言只支持元素类型统一且固定的数组，例如可以定义元素为整数或浮点数的数组。在Python里，各种数组都可以用list实现。但是list的功能远远超出数组的需要：元素类型任意且不必统一，支持元素个数变化，因此实现的代价较高。用list实现数组是“杀鸡用牛刀”了。为支持简单数组，Python标准库的array包提供了一种更高效的数组类型array，可用于定义整数的或浮点数的数组。例如，下面代码创建了两个数组：

```
x = array("i", [0]*1000)
y = array("d", [0.0]*200)
```

第一行创建了一个包含1000个int类型元素的数组，第二行创建了一个包含200个

double 类型元素的数组，两个数组的元素均初始化为 0。创建数组时的第一个参数称为“类型码”，其他类型码的情况参见 Python 的标准库手册。

如果需要二维数组，我们可以建立一个表，其元素为上面这种 array 对象。更高维的数组也可以用类似方法建立。另一种技术就是把高维数组映射到一维数组，见下。

高维数组与一维数组

高维数组可以很方便地嵌入到一维数组中（可称为线性化）。先看一个例子：图 3.22 给出了一个二维数组（矩阵），它可以看作三个行向量的数组，或者三个列向量的数组。无论按哪种观点，把这些向量顺序排列，各向量的元素也顺序排列，可以得到两种线性化结果，如图中所示。矩阵下第一行是按行向量线性化的结果，称为*行优先表示*，第二行是*列优先表示*。无论按哪种顺序线性化，都可以用于把二维数组存入一维数组。显然，任意大小的二维数组都可以线性化。

$$\begin{pmatrix} a_{00} & a_{01} & a_{02} \\ a_{10} & a_{11} & a_{12} \\ a_{20} & a_{21} & a_{22} \end{pmatrix}$$

$a_{00}, a_{01}, a_{02}, a_{10}, a_{11}, a_{12}, a_{20}, a_{21}, a_{22}$

$a_{00}, a_{10}, a_{20}, a_{01}, a_{11}, a_{21}, a_{02}, a_{12}, a_{22}$

图 3.22 3×3 二维数组的两种线性化

三维和更高维的数组也可以线性化，存入一维数组。做线性化时，同样有类似行优先或列优先的问题。现在有多个维，问题变成了最低维优先（对应于行优先）还是最高维优先（对应于列优先）。实现高维数组的线性化，需要解决数组元素在对应的一维数组中的定位问题（下标转换问题），现在考虑这个问题。假定需要线性化的是 m 维数组，其第 j 维的长度是 n_j，下标从 0 开始，下标范围从 0 到 n_j-1。数组元素原来的下标是 $i_1, i_2, \cdots, i_m$，在所做的线性化中，最后一个下标 i_m 优先变化（对应于二维数组的行优先表示）。在这些假设下：

$$(i_1, i_2, \cdots, i_m) \text{ 映射到 } (\cdots((i_1 \times n_2) + i_2) \times n_3) + \cdots) + i_m$$

左边是 m 维数组的下标序列，右边表达式算出一维数组里对应的下标。很明显，相应一维数组应该包含 $n_1 \times n_2 \times \cdots \times n_m$ 个元素[⊖]。不难看到，这一映射是一一对应。

数组类的实现

现在考虑如何定义一个类，实现多维数组结构和操作。我们用 Python 标准库的 array 类型作为内部的实现基础，定义出下面的类：

```
class ArrayInit(Exception):
    pass
class ArrayIndex(IndexError):
    pass
class Array:
    def __init__(self, typecode, def_value, dims):
        if len(dims) < 1:
            raise ArrayInit("Dimension should be positive.")

        size = 1
        for d in dims:
            if not isinstance(d, int) or d < 1:
                raise ArrayInit("Dim size should be pos-int.")
            size *= d

        self._ndim = len(dims)
```

⊖ 这里给出的是运算次数最少的方法。如果采用最高维下标优先变化（对应二维数组的列优先），或者各维的下标不是从 0 开始，我们都可以做出类似的映射公式。请感兴趣的读者自己做一下。

```
        self._dims = dims
        self._elems = array(typecode, [def_value]*size)

    def get(self, indices): # 元素取值，如 a.get([i, j, k])
        if len(indices) != self._ndim:
            raise ArrayIndex("Array access: dimension is wrong.")
        for k in range(self._ndim):
            if not isinstance(indices[k], int):
                raise TypeError("Array access: index.")
            if indices[k] < 0 or indices[k] >= self._dims[k]:
                raise ArrayIndex("Array access: index out of range.")
        ind = indices[0]
        for i in range(1, self._ndim):
            ind = ind * self._dims[i] + indices[i]
        print(ind)

        return self._elems[ind]

    def set(self, indices, value): # 元素赋值如 a.set([i, j, k], x)
        pass # 实现与 get 类似，略
```

set 方法与 get 类似，留给读者练习。下面是几行使用这个类的代码：

```
z = Array("i", 3, [2, 3, 4])
z.set([1,2,3], 9)
print(z.get([1, 2, 1]))
print(z.get([1, 2, 3]))
```

第一行创建了一个三维数组，三个维的长度分别为 2、3 和 4，这里的第二个参数给定数组元素的默认值。第二行给数组中一个元素赋值（假设读者已经实现了 set 方法），最后两行取出数组元素输出，应该分别输出 3 和 9。

初始化方法和 get 方法定义中的很大一部分是做各种检查：创建参数是否合适（维数非空，各个维的长度都是正整数等），访问时的维数是否正确，下标是否在合法范围内，等等。其余部分没有特殊之处，计算元素位置时直接使用了前面的公式。

3.6.3 矩阵

矩阵是一类数学对象，在工程与科学计算中应用广泛，也是近年炙手可热的机器学习领域常用的数据形式。早期人们用 Fortran 语言开发了一些高效的矩阵程序包，后来也用 C 语言开发了矩阵程序包。当前使用最广泛的科学与工程计算系统是 MATLAB，该软件从支持高效矩阵运算的工具起步，已经发展成一个功能强大而且丰富的应用计算系统。

矩阵可以直接映射到二维数组，有关实现问题前面已经讨论过。但是，实际中需要处理的矩阵可能非常大，一个维的长度可能成百成千，可能包含大片的无信息区域，有用元素很稀疏，如果直接用二维数组表示，会浪费太多的空间。有关矩阵实现的研究主要集中在如何压缩矩阵的表示，以及如何在压缩的矩阵上有效实现各种运算。本节将简单介绍一些情况，其中有些方法只适用于方阵，另一些方法可用于任何矩阵。下面的讨论以 $n \times n$ 的方阵为例。

在一些矩阵里，不包含信息的元素（值为表示无信息的 0 或其他值）的出现位置有规律，称为**特殊矩阵**。有些矩阵里不包含信息的元素随机出现但占比非常大（有信息的元素很少），称为**稀疏矩阵**。如果矩阵很大，采用完整表示，就会为大量无意义元素而浪费存储。下面先讨论特殊矩阵的压缩存储技术，然后讨论稀疏矩阵的问题。

特殊矩阵的表示

有一类特殊矩阵称为下三角矩阵（如图 3.23a 所示），其主对角线之上的元素均为 0（也就是说，对所有的 $i<j$ 都有 $a_{ij}=0$）。对于这种矩阵，可以考虑更紧凑的线性化，只存储非 0 元素。很容易算出，这种矩阵包含 $(n\times(n+1))/2$ 个有效元素，不难给出下面映射（按行优先的顺序线性化）：

$$(i,j) \text{ 映射到 } (i\times(i+1))/2+j \quad \text{当 } 0\leqslant j\leqslant i<n$$

对于上三角矩阵（如图 3.23b 所示），相应的映射（按行优先的顺序线性化）是

$$(i,j) \text{ 映射到 } i\times n-(i\times(i+1))/2+j \quad \text{当 } 0\leqslant i\leqslant j<n$$

公式也可以变形为 $i\times(2n-i-1)/2+j$。请读者检查。

$$\begin{pmatrix}4&0&0&0\\5&3&0&0\\9&7&6&0\\3&2&4&2\end{pmatrix}\qquad\begin{pmatrix}4&5&9&3\\0&3&7&2\\0&0&6&4\\0&0&0&2\end{pmatrix}\qquad\begin{pmatrix}4&5&9&3\\5&3&7&2\\9&7&6&4\\3&2&4&2\end{pmatrix}$$

（a）　　（b）　　（c）

图 3.23　下三角矩阵、上三角矩阵和对称矩阵示例

另一类特殊矩阵是对称矩阵（如图 3.23c 所示），也就是说，对任意的 i 和 j 都有 $a_{ij}=a_{ji}$。我们可以按下三角矩阵的逐行方式存储，然后把上三角部分映射到其中，得到

$$(i,j) \text{ 映射到 } \begin{cases} i\times(i+1)/2+j & \text{当 } i\geqslant j\\ j\times(j+1)/2+i & \text{当 } i<j\end{cases}$$

采用压缩存储技术，这三种特殊矩阵可以节约近一半存储空间，有一定价值。如果需要处理其他类型的特殊矩阵，也可以参考这里的想法，按某种规则将其线性化。另一方面，是否采用特殊表示方式，还要看需要支持什么运算。两个下三角矩阵（上三角矩阵、对称矩阵）之和还是同一种特殊矩阵，但其他运算就未必能保证这种性质了。

$$\begin{pmatrix}0&0&7&0&0&0\\3&0&0&0&5&0\\0&0&0&6&0&0\\0&0&0&0&0&4\\0&9&0&0&2&0\\0&0&8&0&0&0\end{pmatrix}$$

图 3.24　一个稀疏矩阵

稀疏矩阵

稀疏矩阵中有效元素的比例很小，直接用二维数组表示，就会有大量单元浪费在无信息的矩阵元素上。图 3.24 是一个 6×6 的稀疏矩阵，其中有信息的元素只有 8 个。实际应用中的矩阵更大，有效元素只有 1% 或更低比例的情况并不罕见。如何用更少存储表示稀疏矩阵，又能有效支持所需操作，一直是人们非常关心的问题，特别是在设计和实现支持各种矩阵运算的程序库或软件系统时。

稀疏矩阵的一种实现方法是采用三元组的顺序表，三元组 (i,j,a_{ij}) 的成员分别表示矩阵元素的两个下标和值，所有矩阵元素存入一个顺序表（也可以用链接表，但没有任何优势）。为了方便运算的实现，表中元素通常按行优先或者列优先顺序排列。例如，图 3.25 中给出的就是图 3.24 中矩阵的顺序表表示，按行优先顺序。

i	j	a_{ij}
0	2	7
1	0	3
1	4	5
2	3	6
3	5	4
4	1	9
4	4	2
5	2	8

图 3.25　稀疏矩阵的三元组表示

采用三元组表示，每项数据需要增加行列信息，对一项信息而言并不划算。但如果矩阵很稀疏，总的存储占用量有可能减少很多。另一方面，矩阵运算的实现将麻烦很多。例如，做

矩阵加法 A + B，需要针对 A 的每个元素找到 B 中下标相同的元素，还要考虑 B 中那些下标未在 A 中出现的元素。虽然都是 $n \times n$ 矩阵，但是两个矩阵的三元组表未必等长。下面是实现矩阵加法的算法：

```
C, m, n = [], 0, 0 # C 为新建的矩阵，作为求和结果
while m < len(A) and n < len(B): # 比较下标
    if A[m][0]<B[n][0] or A[m][0]==B[n][0] and A[m][1]<B[n][1]:
        C.append(A.[m]); m++
    elif B[m][0]<A[n][0] or B[m][0]==A[n][0] and B[m][1]<A[n][1]:
        C.append(B.[n]); n++
    else: # A[m][0] == B[n][0] and A[m][1] == B[n][1]
        c = A[m][2] + B[n][2]
        if c != 0:
            C.append((A[m][0], Am[m][1], c))
        m++; n++
while m < len(A): # 复制 A 的剩余部分
    C.append(A[m]); m++
while n < len(B): # 复制 B 的剩余部分
    C.append(B[n]); n++
```

这里假设 A 和 B 为求和的两个矩阵的三元组表，C 是表示和矩阵的三元组表。第一个循环分情况处理 A 和 B 的元素（三元组），按顺序把下标不同的元素加入 C，下标相同时求和，结果非 0 时也加入 C。后两个循环处理剩下部分，其中最多有一个循环真正执行，写法正确而简洁。算法时间复杂性是 O(len(A)+len(B))，与两个表的长度成正比。

另一个常用运算是矩阵乘法 A×B，要求给出结果矩阵的元素，需要按行使用 A 的元素，按列使用 B 的元素：$c_{ij} = a_{i0} \times b_{0j} + a_{i1} \times b_{1j} + \cdots + a_{i(n-1)} \times b_{(n-1)j}$。如果每次乘法直接在 B 的三元组表中找同列元素，只能顺序搜索，代价高。一种优化的方法是先做出 B 的转置矩阵的三元组表，再做矩阵乘法就比较容易实现了。这两种乘法的算法描述都留作读者的练习，在构造转置矩阵时，Python 的表排序函数 sort 可能有用。

为了更好地支持矩阵运算，人们提出了十字链表方法，其中维持了两组链表，分别表示矩阵行和矩阵列，相互交叉形成十字。图 3.26 是图 3.24 中矩阵的十字链表表示。

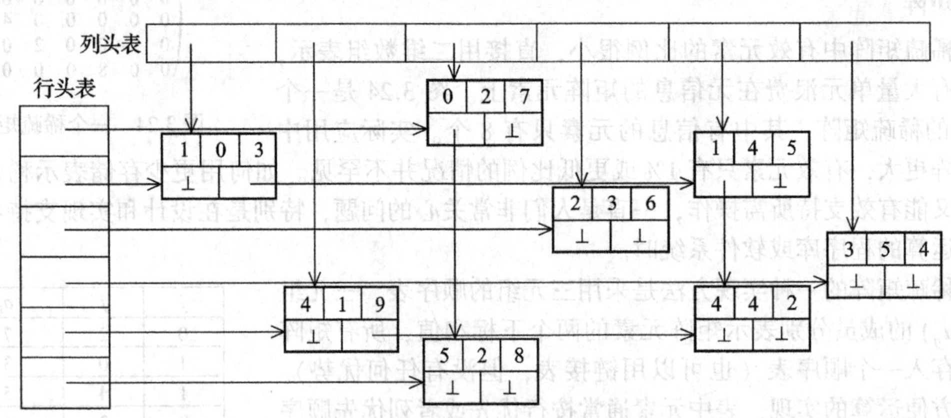

图 3.26 矩阵的十字链表表示法

从图中可以看到，十字链表表示包括一个行头表和一个列头表，以及一些十字链表结点。每个结点里记录行列下标和元素值，还有行列链表指针。图 3.26 中采用简单单链表，也可以用循环链表或其他链表，甚至双链表，支持查找同行列的下一（或前一）元素。

不难看出，在十字链表里，遍历同一行或同一列的元素比较方便，有利于矩阵运算的实现。但另一方面，正确构造矩阵的十字链表相当麻烦，涉及两个方向上的正确链接。此外，为了存储一个矩阵元素，在这里需要记录多项信息。有关十字链表矩阵上的算法，这里就不准备继续深入了。有兴趣的读者可以自己考虑或查找相关材料。

从上面讨论中可以看到，人们为优化稀疏矩阵的实现方式、节约存储空间，做出了许多努力，提出了一些有益的想法。对极度稀疏的矩阵，这些想法有可能大大提高存储效率。但这些表示方法也相当复杂，在其上实现各种有用运算的算法也会变得很复杂。另一方面，有些算法的效率有可能被改善。例如，前面给出的三元组表上的矩阵加法，只需要检查被求和矩阵中的有意义元素，不像常规算法需要处理矩阵中所有元素，无论其是否携带了有用信息。但是，并非每个算法都是这样。如果我们需要实现一套矩阵运算，就应该综合考虑这些问题，权衡利弊，选择最合适的表示方法和处理它的有效算法。

总结

本章讨论了线性表（表）的概念、基本运算、抽象数据类型，以及两种实现技术（顺序表和链接表实现）。最后还讨论了几种与表相关的结构。

表是 n 个数据元素的有限序列，元素在表中有特定的排列位置和前后顺序。

顺序表

在线性表的顺序实现（顺序表）中，元素保存在一块连续的存储区里，其逻辑顺序通过存储位置反映。顺序表只需要存放元素本身，存储密度大，空间利用率高。元素存储位置可以基于下标通过统一公式计算，在 O(1) 时间内随机存取。这些是顺序存储结构的优点。

另一方面，由于采用连续存储方式，顺序表的灵活性不足。为有效支持元素插入和删除，表中需要预留一些空位。表的长度会有变化，常需要按最大需求安排存储空间。空闲位置也会造成额外的存储开销。此外，顺序表里的插入和删除操作都可能需要移动许多元素，代价比较高。这些是顺序存储结构带来的缺点。特殊情况是表尾端插入和删除为 O(1) 操作。

连续存储块具有确定的规模，如果程序在运行中不断插入元素，最终会填满整个元素空间，继续插入元素的操作将无法完成。采用动态顺序表技术，可以避免由于表满而导致程序被迫终止。这种技术带来了一个新问题：原本高效的后端插入操作，可能由于扩容而非常耗时。这种偶发情况也会影响程序的行为，在开发对时间效率要求高的程序时必须注意。另一个问题是扩容策略，需要在平均操作效率和闲置存储量之间权衡。

链接表

在线性表的链接实现（链接表，链表）里，元素保存在一批小存储块里，通过显式的链接将这些块连成一串，形成链式结构。结点的链接结构反映了元素的顺序关系。

链接表元素的顺序由它们所在结点之间的链接表示，而链接很容易调整，可以用于方便地实现表元素的插入、删除和表结构重整等各种操作。链接表的灵活性较强，实现操作的方式更加灵活多样。对于一些应用，这种灵活性是非常重要的。

另一方面，为实现链接表，每个结点要增加一个链接域，付出额外的存储代价。但表中不需要预留空位，有多少个元素就建立多少个结点，这是优势。对一个链表，能直接掌握的只是其中一两个结点（首结点，以及可能的尾结点），要访问其他结点，只能顺着链接一步步地去找。这说明，对于链表，按位置访问元素（随机访问）的代价很高。链表的最合理使用方式是前端操作和顺序访问。增加尾结点引用后，可以支持高效的末元素访问和尾端元素插入，不能支持高效的尾端删除。引入反向链接就得到了双链表，增加了另一种数据访问顺序，也使中间结点的操作更加方便。但是这种改造也不会改变链表的基本性质。

链表的另一特点是存在很多变形。为突破简单单链表的操作限制，可以引入尾结点指针、建立循环链接，或扩充为双链表。这些变形可能使一些操作的实现更直接，提高效率。但也可能付出存储代价，或给一些操作的实现带来新问题，如尾指针、反向链的维护等。

讨论

实际上，顺序表与链接表并不是完全不相容的技术。本章讨论的链接表采用一个结点保存一个表元素的方式，是最常见的实现方式，也是一种极端安排。实际上，完全可以在一个结点里存储多个表元素，形成连续存储和链接存储的混合形式。从这个角度看，顺序表也可以看作链接表的一种特殊形式，这种“链表”只有一个结点，所有表元素都保存在这个结点里。请回顾一下图3.6的分离式实现，可以很清楚地看到这一点。

顺序表的另一个优点是访问的*局部性*。表元素顺序映射到一批连续内存单元，下一元素的物理存储位置与当前元素很近。由于目前计算机体系结构的特点，顺序访问内存中相近位置的效率最高，而真正的随机内存访问效率较低。链接表的情况完全不同，逻辑上的下一结点可能被安排在内存中的任何位置，逻辑上的顺序访问实际上可能是对计算机内存中许多不同位置的随机访问，硬件执行时的效率比较低。

另一方面，顺序表需要较大的连续空间，这一情况有时也会带来问题。当需要建立能保存很多元素的巨大的表时，如果采用顺序表，就可能给Python解释器的存储管理带来麻烦。链接表的结点是小块存储，无论表的整体有多大，存储管理问题都更容易处理。

前面说过，顺序和链接是构造复杂数据结构的两种基本技术，顺序表和链表是这两种技术的体现和代表。对这两种表的操作也是典型的复杂数据结构操作技术，展示了一些最重要的设计和编程技术。学习和实践这两种结构的操作，能大大提升学习者的编程能力。本章学习的一个重点是链表操作，这是高级编程技术的一个难点，也是（几乎）一切高级编程技术的基础。此外，本章还展示了一些重要的面向对象编程技术，讨论了如何通过继承已有的类，构造新的具有类似功能（或结构）的类，满足实际需要。

本章最后还简单介绍了广义表和数组、矩阵的概念，以及一些相关的设计和处理技术。讨论中给出了一些代码示例，其中有些技术很典型，请读者注意学习。

练习

一般练习

1. 复习下面概念：线性表（表），基本元素集合，元素集合和序列，下标，空表，（表的）长度，顺序关系（线性关系），首元素，尾元素，前驱和后继，数据抽象的实现者和使用者，顺序表（连续表）和链接表（链表），顺序表的元素布局，索引和索引结构，容量，（元素）遍历，查找（检索），定位，插入和删除元素，尾端插入（插入）和删除，保序插入和删除，表的一体式实现和分离式实现，动态顺序表，元素存储区的增长策略（线性增长，加倍增长），分偿式复杂度，元素反转和排序，链接结构，单链表（单向链接表），链接，表头变量（表头指针），空链接，链表处理的扫描模式，汇集对象，尾结点引用，循环单链表，双向链接表（双链表），循环双链表，链表反转，链表排序，Josephus

问题，广义表，原子，头部，尾部，Cons 单元，数组，数组的维数，线性化，行优先表示，列优先表示，矩阵，特殊矩阵，稀疏矩阵，压缩存储，随机存取，顺序存取，访问的局部性。

2. 下面哪些事物的相关信息适合用线性表存储和管理，请说明原因：
   (1) 在银行排队等候服务的顾客
   (2) 书架上的一排书籍
   (3) 计算机桌面上的各种图标及其相关信息
   (4) 计算机的文件和目录（文件夹）系统
   (5) 个人的电话簿
   (6) 工厂流水线上的一系列工位
   (7) 个人银行账户中的多笔定期存款
   (8) 一辆汽车的所有部件和零件
3. 假设需要频繁地在线性表的一端插入/删除元素。如果用顺序表实现，应该用哪一端作为操作端？如果用链接表实现呢？为什么？
4. 假设线性表的一个应用场景中的主要操作是基于位置访问表中元素和在表的最后插入删除元素，采用哪种结构实现线性表最为合理，为什么？
5. 在某种链接表使用场景中，最常用的操作是在表首元素之前插入或删除元素，在表尾元素之后插入元素。此时采用哪种实现技术最合适？为什么？
6. 请列举出顺序表的主要缺点，如果改用链接表能否避免这些缺点？请交换两者的角色并重新考虑类似的问题。
7. 请仔细总结顺序表和链接表的特点，并设法提出一些操作场景，在这些场景中采用一种结构比较合适而采用另一种则非常不合适。
8. 设法总结出一些设计和选择的原则，说明在什么情况下应该优先使用顺序表，在什么情况下应该优先使用链接表。
9. 请考虑两个排序序列（例如元素按 < 关系从小到大排序）的合并操作，称为归并，并设计一种算法实现这种序列的归并。分析你设计的算法，如果其复杂性不是 $O(\max(m, n))$，请修改算法使之达到 $O(\max(m, n))$（其中 m 和 n 是两个序列的长度）。
10. 请从操作实现的方便性和效率的角度比较带尾结点指针的单链表和循环单链表，以及它们相对于简单单链表的优点（和缺点）等，并总结出在什么情况下应该使用这两种结构，或应该优先使用其中某一种结构。
11. 请全面比较循环单链表和双链表的特点。
12. 请用原子和 cons 操作构造出下面广义表，用 None 表示空广义表，原子直接写出：
    (1) ((math, 67), (phys, 102))
    (2) ((60, (2, 2, 3, 5)), (70, (2, 5, 7)))
13. 请分别画出下面两串语句执行后得到的广义表的图示（参考 Cons 类定义和图 3.21）：
    (1)
    ```
    A = Cons(1, None); B = Cons(A, Cons(A, None));
    C = Cons(A, None); C.set_tail(B.tail)
    ```
    (2)
    ```
    A = Cons(1, 2); B = Cons(A, None); C = Cons(B, 3);
    D = Cons(A, None); D.set_tail(Cons(A, C))
    ```
14. (1) 请验证 3.5.3 节给出的按行优先顺序线性化下三角矩阵和上三角矩阵的元素下标变换公式。
    (2) 请给出按列优先顺序线性化这两种矩阵的下标变换公式。
15. (1) 假设存储一个浮点数需要 8 个字节，存储一个链接指针需要 4 个字节。请针对稀疏矩阵，计算出当矩阵中有效元素占比小于什么值时，采用十字链表表示可以节省 50% 的空间，什么情况下能节省 80% 空间。
    (2) 请用伪代码形式写出求两个十字链表表示的矩阵之和的算法，尽可能写清楚其中的各种控制和操作。

编程练习

1. 检查本章开始定义的线性表抽象数据类型和3.3节定义的链表类LList，给LList加上所有在抽象数据类型中有定义、但LList类没定义的所有操作。
2. 请为LList类增加定位（给定顺序位置的）插入和删除操作。
3. 给LList增加一个元素计数值域num，并修改类中操作，使它们都能正确维护这个计数值。请相应地修改表元素计数函数len。Python内置标准函数len自动调用用户定义类里名为__len__的函数，请改用这个特殊方法名。

   请比较这种实现和原来没有元素计数值域的实现，说明两者各自的优缺点。
4. 请基于元素相等操作==定义一个单链表的相等比较函数。另请基于字典序的概念，为链接表定义大于、小于、大于等于和小于等于判断。
5. 请为链接表定义一个方法，它基于一个顺序表（list）参数构造一个链接表。另请定义一个函数，它从一个链接表构造出一个顺序表。
6. 请为单链表类增加一个反向遍历方法rev_visit(self,op)，它能按从后向前的顺序把操作op逐个作用于表中元素。你定义的方法在整个遍历中访问结点的总次数与表长度n是什么关系？如果不是线性关系，请设法修改实现，使之能达到线性关系。这里要求遍历方法的空间代价是$O(1)$。（提示：你可以考虑为了遍历而修改表的结构，只要能在遍历的最后将表结构复原。）
7. 请为单链表类定义下面几个元素删除方法，并保持其他元素的相对顺序：

   （1）del_minimal()删除当时链表中的最小元素；

   （2）del_if(pred)删除当前链表里所有满足谓词函数pred的元素；

   （3）del_duplicate()删除表中所有重复出现的元素，也就是说，表中任何元素的第一次出现保留不动，后续与已遇到过的元素相等的元素都删除。

   要求这些操作的复杂度均为$O(n)$，其中n为表长。
8. 请为单链表类定义一个变动方法interleaving(self, another)，它把另一个单链表another的元素交错地插入本单链表。也就是说，结果单链表中的元素是其原有元素与单链表another中元素的一一交错的序列。如果某个表更长，其剩余的元素应放在修改后得到的单链表的最后。
9. 考虑实现单链表插入排序的另一个想法：插入排序，也就是把需要排序的元素一个个按序插入到另一个元素已经排好序的链表里，从空链表开始。请根据这个想法实现另一个完成单链表排序的插入排序函数。
10. 定义一个单链表剖分函数partition(lst,pred)，其参数为单链表lst和谓词函数pred，函数partition返回一对单链表（一个序对），其中第一个单链表包含原链表lst里所有值满足pred的结点，第二个链表里是所有其他结点。注意，两个表里的结点还应保持原表里结点的相对顺序。也就是说，如果在某结果表里结点a的后继结点是b，在原表lst里a一定位于b之前。
11. 扩充正文中给出的循环单链表类CLList，实现LList1中有定义的所有方法。
12. 请为循环单链表类扩充一个方法interleaving(self, another)，要求见上面针对简单单链表的有关习题。
13. 请为循环单链表类定义前面各习题中针对简单单链表类提出的方法。
14. 请基于Python的list实现一个元素排序的顺序表类，其中的元素按从小到大的顺序（<关系）存放。考虑需要定义的方法并给出定义，包括一个方法merge(self,another)，其参数another是另一个排序顺序表。该方法将another的元素插入本顺序表，并保证结果表中的数据仍是正确排序的。
15. 请从简单单链表类派生一个排序单链表类，表中元素按从小到大的顺序（<关系）存放。首先考虑需要覆盖的方法并给出定义。为该类增加方法merge(self,another)，参数another也是排序单链表。该方法将链表another的元素插入本链表，并保证结果链表中的数据仍是正确排序的。
16. 请为双链表类定义reverse方法和sort方法，要求这两个函数采用搬移结点中表元素的方式实现所需功能。

17. 请直接为双链表类定义 `reverse1` 方法和 `sort1` 方法，要求操作中不移动结点中的数据，只修改结点之间的链接。从代码长度和执行基本操作的次数两个方面，将这两个函数与 3.4.4 节中提出的从单链表函数扩充的实现方法做一个比较。
18. 请参考第 9 章讨论的各种排序方法，考虑采用除了插入排序之外的另一种方法，为单链表、循环链表和双链表定义相应的排序函数。
19. 请实现一个循环双链表类，定义前面讨论的各种函数。
20. 请考虑一种在一个结点里存储 16 个元素的单向链接表，定义一个类实现这种链表，为这个类定义主要的线性表操作。

    请从各方面比较这种实现与每个结点存储一个元素的简单实现。
21. 基于第 2 章最后的编程练习 5，实现一个简单的银行客户管理系统。首先分析问题，描述一个客户管理 ADT，然后实现这个系统。由于不需生成多个实例，可以用类的数据属性保存客户信息（的表），用一组类方法实现必要操作。这是一种在 Python 语言中建立单例（singleton）数据抽象的技术。
22. 利用链接表实现一种大整数类 `BigInt`。用一个链表表示一个大整数，表中每个结点保存一位十进制整数，这样，任意长的链表就可以保存任意长的整数了。请为这种大整数实现几个重要运算，至少实现加法和乘法。
23. 链接表里的结点都是独立存在的对象，有可能脱离原来所在的表，或者从一个表转移到另一个表。从表对象出发通过遍历，可以访问表中的每个结点（及其数据），而从一个表结点出发则无法确定它属于哪个表（或者不属于任何一个表）。请分析这个问题，考虑在什么场景下确定结点的归属问题有重要意义。考虑下面的技术：为每个结点增加一个“表指针”指向其所属的表。定义一个类实现这种表。
24. 适当扩充 3.6.1 节最后的 `Cons` 类，实现该节介绍的几个广义表算法，并实现：

    （1）拼接函数 append，append(((1), 2), (3, (4))) 将得到 ((1), 2, 3, (4))。

    （2）平坦化函数 flatten，flatten(((1, (2)), ((3, 4), 5))) 将得到 (1, 2, 3, 4, 5)。

第4章　字　符　串

文字处理是最重要的计算机应用领域之一。另一方面，各种计算机系统都需要与人交互，因此或多或少需要处理文字信息。最基本的文字处理是*文本处理*，处理对象是结构简单的自然语言文本，即由某种（或某些）自然语言的基本文字符号构成的序列。在计算机领域中，这样的基本文字符号称为*字符*，符号的序列称为*字符串*。

4.1　字符集、字符串和字符串操作

讨论字符串及其数据结构实现，以及字符串处理问题，首先需要有一个确定的字符集。这里把字符作为一个抽象概念，字符集就是有穷个字符的集合。在实际工作中，人们经常考虑的是计算机领域广泛使用的某种标准字符集，如 ASCII 字符集或 Unicode 字符集。实际上，完全可以用任意一个数据元素集合作为字符集。

为了处理字符串，字符集上需要有一种确定的序关系，称为*字符序*。也就是说，字符集中的字符需要定义一种序，对任意两个字符，它们或者相等（是同一字符），或者某个字符排在另一字符之前。下面用小于（以及大于等）符号表示字符排列的先后顺序，这样，对字符集里任意两个字符，<、=、>三种关系之一成立。

字符串（简称为*串*）可以看作特殊的线性表，表中元素取自选定的字符集。我们在第 3 章已经研究过线性表，那么还有必要专门研究字符串的问题吗？确实有必要！字符串有自己的重要特点，它的许多操作都不是常见的线性表操作。对于线性表，人们主要关心的是元素与表的关系、元素的插入和删除等。而在考虑字符串时，人们经常需要把字符串作为一个整体来使用和处理，特别关心很多以整个串为对象的操作。

4.1.1　字符串的相关概念

现在首先介绍与字符串有关的一些重要概念：

- *字符串的长度*：字符串中字符的个数称为字符串的长度，长度为 0 的串称为空字符串（下面简称*空串*）。显然，任意字符集里只有一个空串。下面用 | s | 表示字符串 s 的长度。举例说，abcd 的长度为 4，aaabcd 的长度为 6。
- 字符在字符串里的*位置*：字符串里的字符顺序排列，每个字符有一个位置（下标）。本书将始终用 0 开始的自然数表示下标，首字符下标是 0。例如，在字符串 abbreviation 里第一个 a 的下标为 0，第二个 a 的下标为 7，v 的下标是 5，n 的下标为 11。
- *字符串相等*：字符串相等基于字符集里的字符定义。两个字符串 s_1 和 s_2 相等的条件是它们的长度相等，而且位于两个串中对应位置的各对字符两两相同。两个字符相同即为同一字符，这一问题显然可以判断。下面用“=”表示字符串相等。
- *字典序*：字典序是字符串上的一种序关系，基于字符序定义。对字符串

  $$s_1 = a_0 a_1 \cdots a_{n-1} \qquad s_2 = b_0 b_1 \cdots b_{m-1}$$

  如果存在一个 $k \geqslant 0$ 使得对任何 $0 \leqslant i < k$ 都有 $a_i = b_i$，但 $a_k < b_k$；或者 $n < m$ 而且对

所有的 $0 \leqslant i < n$ 都有 $a_i = b_i$，则 $s_1 < s_2$。
也就是说，从左向右逐一查看两个串中下标相同的各对字符，遇到的第一对不同字符的字符序决定了这两个字符串的顺序。另外，如果两个串中相同下标的各对字符都相同，但其中一个串较短，那么也认为它比较小，排在前面。举例说，考虑英文字母的集合，字符序采用字母表中的顺序 abcd…这样就有字符串 abc 小于 add，也小于 abcd，因为虽然 abc 和 abcd 的前 3 个字符相同，但后者较长。

- 字符串拼接：拼接是最基本的字符串操作。直观地说，两个串的拼接得到另一个串，其中首先顺序出现第一个串的各个字符，之后是第二个串的各个字符。不同书籍里拼接的记法不同，Python 用“+”表示拼接，本书也采用这种记法。对前面的字符串 s_1 和 s_2，

$$s_1 + s_2 = a_0 a_1 \cdots a_{n-1} b_0 b_1 \cdots b_{m-1}$$

- 子串关系：如果存在串 s 和 s' 使得

$$s_2 = s + s_1 + s'$$

则称字符串 s_1 是字符串 s_2 的子串。直观地说，如果串 s_1 与串 s_2 中的一个连续片段相同，就说 s_1 是 s_2 的子串。显然，一个串可以是或者不是另一个串的子串。
如果 s_1 是 s_2 的子串，也说 s_1 在 s_2 里出现，并称 s_2 里与 s_1 相同的那个字符段的第一个字符的位置为 s_1 在 s_2 里出现的位置。注意，在 s_2 里完全可能存在多个与 s_1 相同的段，这时说 s_1 在 s_2 里多次出现。进而，如果 s_1 在 s_2 里多次出现，那么不同出现还有可能相互重叠。例如，babb 在 babbabbbbabb 里有三次出现，前两个出现有重叠，第一个出现在位置 0，第二个出现在位置 3，第三个出现在位置 8。按照子串的定义，很显然，空串是任何一个字符串的子串；另一方面，任何字符串也是该串自身的子串。

- 前缀和后缀是两种特殊的子串：如果存在 s' 使 $s_2 = s_1 + s'$，则称 s_1 为 s_2 的一个前缀；如果存在 s 使 $s_2 = s + s_1$，则称 s_1 为 s_2 的一个后缀。
直观地说，一个串的前缀就是该串开头的任意一段字符构成的子串，后缀就是该串末尾的任意一段字符构成的子串。显然，空串和 s 既是 s 的前缀，也是 s 的后缀。

- 下面是另外两个常用的串运算：
  - 串 s 的 n 次幂是连续的 n 个 s 拼接而成的串（在一些书籍和文献里，字符串的幂用 s^n 表示，在 Python 语言里用 $s*n$ 表示）。
  - 串替换是指将一个串里的一些（互不重叠的）子串替换为另一些串。由于可能重叠，替换时必须规定替换的顺序，通常是从左到右。

还有许多有用的串运算，有关情况可以参考 Python 的 str 类型或其他语言的字符串类型。字符串处理的经典语言是 SNOBOL。目前流行的各种脚本语言，包括 Python、Perl 等，都提供了非常丰富的字符串功能。

与字符串有关的一些研究

字符串集合和拼接操作构成了一种代数结构，空串是拼接操作的“单位元”（幺元）。请注意，拼接操作有结合律但是没有交换律，结合律是说，对任意 s_1, s_2, s_3，有

$$(s_1 + s_2) + s_3 = s_1 + (s_2 + s_3)$$

但是，一般而言 $s_1 + s_2 \neq s_2 + s_1$。

按照数学的观点，字符串的集合加上拼接操作，构成一个半群。这是一种典型的非交

换半群。由于存在单位元，因此是一种幺半群。

关于串有许多理论研究。20世纪40年代，研究者基于串和串替换提出了一种称为post系统的计算模型，这是一种与图灵机等价的计算模型。另外，（串）重写系统（rewriting system）是计算机理论的一个研究领域，研究基于字符串替换的计算，有许多重要结果和应用。

4.1.2 字符串抽象数据类型

现在考虑字符串抽象数据类型的定义。我们首先面临一个选择：是将字符串定义为一种不变数据类型，还是定义为一种可变数据类型？一些语言（例如Python）里的字符串是不变类型，也有些语言和程序库提供了可变的字符串类型。

下面是一个简单的不变类型的字符串ADT，其中定义了一些字符串操作：

```
ADT String:
    String(self, sseq)          # 基于字符序列 sseq 建立一个字符串
    is_empty(self)              # 判断本字符串是否空串
    len(self)                   # 取得字符串的长度
    char(self, index)           # 取得字符串中位置 index 的字符
    substr(self, a, b)          # 取得字符串中 [a:b] 的子串，左闭右开区间
    match(self, string)         # 查找串 string 在本字符串中第一个出现的位置
    concat(self, string)        # 做出本字符串与另一字符串 string 的拼接串
    subst(self, str1, str2)     # 做出将本字符串里的子串 str1 都替换为 str2 的结果串
```

最后两个操作也可以实现为变动操作，实际地修改本字符串。在这里是实现为非变动操作，在操作中生成满足要求的另一个字符串，返回该串。

这个抽象数据类型里的大部分操作都很简单，只有match和subst比较复杂。不难看出，subst操作的基础也是match，因为需要找到str1在串里的各个出现位置。子串检索操作match（也称为子串匹配）是字符串的核心操作，本章后面部分将详细研究这个问题。

4.2 字符串的实现

4.2.1 基本实现问题和技术

作为字符的线性序列，字符串可以借用表的实现技术，用顺序表或链接表的形式表示。例如，一体式的顺序表技术可用于实现创建时确定大小的字符串；分离式的顺序表技术适用于创建后需要动态变化的字符串（参见图3.6）。显然，如果希望实现可变的字符串对象，就不适合采用前一技术。用链表实现也有利于变化。我们还可以根据串的特点和操作，考虑其他表示方式，所用表示方式应能较好地支持字符串的管理和操作的实现。

在考虑字符串的表示时，有两个重要的方面必须确定：

- 字符串内容的存储。这里有两个极端情况：（1）把串内容存入一个连续的存储块；（2）把串中每个字符存入一个独立存储块，再把这些块链接起来。连续存储的主要问题是需要整块存储，极长的字符串可能造成麻烦；采用一个字符一块的方式，额外的链接域会带来很大开销。也可以采用某种中间方式，把串分段存入一组存储块

并将这些块链接起来。

- *串结束的表示*。不同字符串的长度可能不同，如果采用连续存储方式，由于内存单元里保存的都是二进制编码，仅根据单元内容无法确定字符串的结束位置，因此必须采用某种方式表示字符串结束。这里也有两种基本技术：（1）用一个专门的数据域记录字符串长度，就像前面顺序表的 num 域；（2）用一个特殊编码表示串结束，这时就需要保证该编码不代表任何字符。C 语言的字符串采用了后一种技术。

由于字符串就是字符的线性表，基本实现问题在前面都已讨论过，不再赘述。

现在考虑字符串的操作。不难想到，许多串操作可以看作线性表操作的实例，包括检查是否空串、求串长度、字符检索、字符插入/删除等。串拼接就是基于已有的表建立新表，或者直接修改已有的表（实现为变动操作的拼接）。下面考虑一个复杂一些的操作——串替换，希望通过它的实现展示串操作中可能遇到的一些情况。

如前所述，串替换操作要求把一个串（可以称为主串）s 中某个子串 t 的所有出现都替换为另一个串 t'。这个操作涉及三个串：被处理的主串 s，作为被替换对象需要从 s 中替换掉的子串 t，以及用于替换 t 的 t'。不难看到替换中的一些问题：

- 被替换串 t 可能在 s 中出现多次，需要通过一系列具体的子串替换来完成整个替换。
- t 在 s 里的多次出现可能重叠（回忆前面例子），必须规定一种替换顺序（如从左到右）。
- 串中已经替换过的部分不应该再做替换，因此，在完成了一次子串替换后，应该从代入的新串之后继续工作。
- 无法预知 s 里有 t 的几次独立出现，因此，即使事先知道 s、t、t'的长度，我们也无法简单地算出替换后结果串的长度。这些情况给串替换的实现带来了困难。

实际上，这种子串替换只能逐步完成。由于无法事先确定结果串的长度，在构造结果串的过程中，可能需要扩充已有的存储区。这方面的问题前面已经讨论过。另一方面，易见，串替换的关键是找到子串匹配，这是后面将要讨论的一个重要问题。

4.2.2 实际语言里的字符串

由于字符串处理的重要性，许多编程语言提供了标准的字符串功能，例如：

- C 语言标准库有字符串函数库（string.h 描述），具体系统可能提供扩展的字符串库。
- C++语言标准库提供了另一个字符串库<string>。
- Java 语言的标准库也包含一个字符串库。
- 许多脚本语言（包括 Python）都提供了功能丰富的字符串库。

许多实际字符串库采用动态顺序表技术作为字符串的表示方式，这种技术既能支持任意长的字符串，又能有效地实现各种重要字符串操作，存储密度也比较大（与链接表相比）。不同语言里的字符串功能可能采用不同的设计，最重要的差异包括如下几个方面：

- 把字符串实现为一种不变数据类型，还是实现为可变数据类型。Python 的标准字符串类型是不变数据类型，有些语言的字符串是可变类型。
- 是否另有一个字符类型。Python 没有字符类型，单个字符就是长度为 1 的字符串。这种看法的优点是统一，尽可能地减少概念，但也有些缺点，这里不深入讨论。有些语言有独立的字符类型，例如 C 语言和由 C 发展出的 C++、Java 等。

- 基本字符集的选择。早期语言都以简单的字符编码集合作为字符集，只包含 128 个或 256 个字符，如 ASCII 字符集或扩充的 ASCII 字符集。新近的发展主要是源于国际化的潮流，计算机系统需要处理更多的自然语言，包括汉语等大型字符集。Python 和一些新语言（如 Java）都明确选择 Unicode 作为其编码字符集，就是为了跟上时代的潮流，满足计算机软件国际化的需要。

实际上，要支持不同的字符串操作和不同的应用环境，也可能需要不同的实现方式。例如，有些应用系统里需要记录和处理极长的字符串，如支持操作长度达 MB（大约为 10^6）量级或更长的字符串，对于这种需要，采用连续存储区就可能带来麻烦的管理问题。再看一个具体例子。最常见的一类应用程序是文本编辑器（包括程序编辑器），其中被编辑文本也就是字符串。编辑器需要支持一大批操作，它们来自实际编辑工作的各种具体需要。例如，在一个位置反复插入字符或插入字符序列、标记/复制/粘贴操作、查找和重复替换、各种格式化（对于文本编辑器，就是确定换行位置、适当加入空格等），还需要支持回滚（取消已执行的操作）等。为有效实现这些操作，必须仔细设计字符串的表示方式。

4.2.3　Python 的字符串

本节从数据结构和算法的角度，综述 Python 语言中字符串的基本情况。

Python 标准类型 `str` 可以看作抽象字符串概念的一个实现。`str` 是不变类型，其对象创建后不能修改。由于不同 `str` 对象的长度可能不同，因此对象里记录了字符串长度。在 Python 官方实现里，`str` 对象采用前述一体式的顺序表技术，如图 4.1 所示。`str` 对象的头部除了记录串长度外，还记录了一些供解释器使用，用于管理对象的信息。

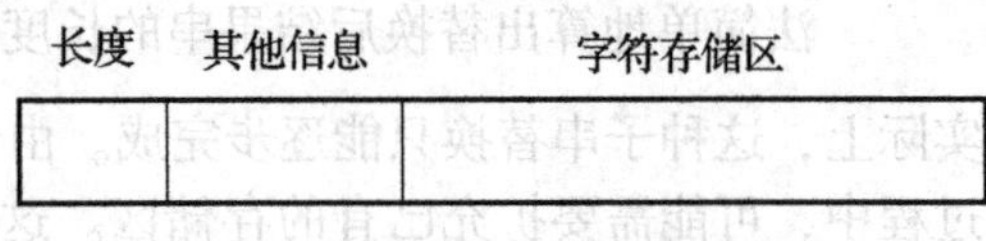

图 4.1　Python 字符串对象的表示

`str` 的操作

`str` 对象的操作分为两类：

- 获取 `str` 对象的信息，如得到串长、检查串内容是否全为数字等。
- 基于已有 `str` 对象构造新 `str` 对象，包括切片（取子串及其推广）、构造小写/大写拷贝，以及各种格式化等。切分操作 `split` 等用于构造包含多个字符串的表。还有更复杂的操作，如 `replace`(也就是前面字符串 ADT 里定义的 `subst`)。

还有一些操作属于子串匹配，如 `count`（检查子串的出现次数）、`endwith`（检查后缀）、`find/index`（找子串的位置）等。这类操作非常重要，4.3 节会讨论相关技术。

`str` 操作的实现

检查字符串内容的操作可以分为两类：

- `O(1)` 时间的简单操作，包括求字符串长度的 `len` 和定位访问字符（注意，Python 没有字符类型，定位访问的结果是只包含一个字符的字符串）等。
- 其他操作都需要扫描串的内容，包括 Python 中所有不变序列的一些共有操作（`in`、`not in`、`min/max`）、各种字符串类型判断（如判断串中是否全为数字等）。这些操作都需通过一个循环逐个检查串中字符，因此都是 $O(n)$ 时间操作。

有些操作需要构造新字符串，情况更复杂一些。这类操作的实现包括两部分工作：首先需要为将要构造的新字符串安排存储区，然后根据被操作串（可能不止一个）以及操作确定的特定方式，在新存储块里构造所需的新串。

以切片操作 s[a, b, k] 为例，其算法梗概是：

1. 根据 a、b、k 的值和 s 的长度计算出新字符串的长度，分配存储。
2. 用形式为“`for i in range(a, b, k):...`”的语句逐个把 s[i] 拷贝到新串。
3. 返回这个新建的字符串。

操作 `replace` 实现串替换，如果不弄清被替换字符串在原串里出现的次数，就不可能事先分配大小合适的存储块。该操作有两种可行的实现方法：可以首先对原串做一次扫描匹配，确定替换串出现的次数（和位置），基于这些情况算出结果串的大小，后面的工作就简单了。另一方法是在构造新串的过程中动态调整存储区。这两种实现都作为课后练习。

如前所述，许多字符串操作的基础是子串查找（包括 `replace`），这是下一节的主题。

4.3 字符串匹配（子串查找）

从前面讨论中可以看到，子串匹配是字符串最重要的一种操作。这个操作不仅本身很重要，而且是许多其他字符串操作的基础。由于其重要性，互联网上有专门的维基百科网页[⊖]讨论相关问题。子串匹配问题也被称为*字符串匹配*（string matching）或者*字符串查找*（string searching）。在有些教科书里直接将其称为*模式匹配*（pattern matching），但实际上，模式匹配是一个内涵更广的概念，详见 4.4 节的讨论。

本节将关注字符串匹配问题，并重点介绍两个典型的匹配算法。

4.3.1 字符串匹配问题

假设有两个串 t 和 p（下面的 t_i, p_j 都是字符）：

$$t = t_0t_1t_2\cdots t_{n-1}$$

$$p = p_0p_1p_2\cdots p_{m-1}$$

*字符串匹配*就是在 t 中查找与 p 相同的子串的操作（或过程）。下面称 t 为*目标串*，p 为*模式串*。通常总有 $m \ll n$，也就是说，模式串的长度远小于目标串的长度。

实际上，这一定义可以大大地推广，4.4 和 4.5 节有进一步讨论。

在实际中 n 可能非常大，m 也可能有一定的规模，程序里可能需要做许多模式串和/或许多目标串之间的匹配，所以匹配算法的效率非常重要。

应用

许多计算机应用中的最基本操作就是字符串匹配。例如：

- 在使用编辑器或文字处理系统工作时，人们经常需要在文本中查找单词或句子（或者中文字及其构成的词语）、在程序里查找拼写错误的标识符等。
- Email 服务器和客户端程序的垃圾邮件过滤器会通过检查邮件标题、发件人或邮件内容中是否包含特定的字符序列，判断其是否属于垃圾邮件。

⊖ 见维基百科 http://en.wikipedia.org/wiki/String_searching_algorithm。

- 谷歌、百度等网络搜索系统最基本的技术就是在互联网的网页（很长的字符串）中查找与各种检索需求（通常都是比较短的字符串）匹配的网页。
- 各种防病毒软件，主要就是在各种文件里检索表征病毒的片段，也是做串匹配。

近年来，分子生物学领域的发展更是把串匹配技术的应用推向高潮。据说，今天全世界计算能力中相当大的一部分（有说法是超过一半）用于做DNA（脱氧核糖核酸）匹配，也就是做串匹配。DNA是细胞核里的一类长分子，在遗传中起着核心作用。DNA由四种碱基构成，分别是腺嘌呤（adenine）、胞嘧啶（cytosine）、鸟嘌呤（guanine）、胸腺嘧啶（thymine）。它们的不同组合构成了各种氨基酸、蛋白质和其他更高级的生命结构。

抽象地看，DNA片段可以看作a、c、g、t四个符号（分别表示上述四个碱基）构成的符号串，例如acgatactagacagt。考查在某种蛋白质分子中是否出现了某个DNA片段，可以看成是用这个DNA片段在蛋白质分子中做匹配。此外，DNA分子可以被切断和拼接，这些动作由各种特殊的酶完成，而酶也是采用特定模式来确定剪切或拼接的位置，就像是在做串匹配。另一方面，所谓的DNA计算，也是利用酶完成的。

实际的串匹配问题

实际应用中模式匹配的规模（n 和 m）可能非常大，而且有严苛的时间要求。具体应用的场景也有许多情况。例如：

- 编辑过程中需要检索的文本可能很大，经常需要用一个模式串在文本中反复检索。
- 网络搜索需要处理数以亿万计的网页，还要应对和满足来自世界各地、发生频率极高而且形式千奇百怪的检索需求。
- 防病毒软件要在合理时间内检查数以十万或百万计的文件（在目前的普通计算机上，文件的数据量可能达到成百上千GB），而且需要同时处理一大批病毒特征串。
- 运行在服务器上的邮件过滤程序需要在很短的时间内扫描数以万计的邮件和附件，用已知的或特定的一组模式串在其中匹配，模式串的集合还经常变化。
- 对于生物/疾病/药物的研究和新作物/生物品种培养等生物学工程应用，需要用大量DNA模式与大量DNA样本（都是DNA序列）匹配。

由于在计算机科学、生物信息学等许多领域的重要应用，串模式匹配问题已成为一个极其重要的计算问题，高效串匹配算法也变得越来越重要。目前，国际上有几个关注字符串匹配问题的国际学术会议，也曾经有过专门的国际竞赛（见前述维基百科网页和万维网）。总而言之，字符串匹配是在理论和实际中都非常重要的计算问题。

4.3.2　串匹配和朴素匹配算法

由于字符串匹配的重要性，人们对这个问题做了许多研究，开发出了一批很有意义（也非常有趣）的算法。在各种讨论算法的教科书和专著中，必定包括对串匹配算法的专门讨论；网络上也有许多与串匹配算法的有关材料，例如前述网络百科全书维基百科的专门介绍。

粗看起来，字符串匹配是一个非常简单的问题。因为字符串由最简单的数据（字符）构成，结构也最简单（简单的顺序结构），因此很容易想到最简单而直接的算法。但实际情况是，简单直接的算法多半并不高效，因为没有很好地利用问题的性质。对这个貌似简单的问题，人们已开发出许多想法和做法“大相径庭”的算法。下面将介绍两个算法。

还有一个情况也值得注意：前面提到（实例也说明）实际应用的不同需要。例如，是用一个模式串在很长的目标串里反复匹配，还是用一组（可能很多）模式串在一个或一组目标串里匹配等。在处理不同情况时，不同算法可能有不同表现，一些算法更适应某些使用方式。这方面的细节和分析超出了本书的范围，我们不再仔细讨论，但这个问题请读者注意。

串匹配的算法

字符串匹配的基础是字符比较，比较两个字符相同或不同是一个逻辑判断。如果从目标串的某位置 i 开始，模式串里的每个字符都与目标串里对应字符相同，就是找到了一个匹配。如果从位置 i 开始比较，模式串没试完就遇到了一对不同字符，就是不匹配。串匹配算法设计的关键有两点：1）怎样选择开始比较的字符对；2）发现了不匹配后，下一步怎么做。对于这两点的不同处理，就形成了不同的串匹配算法。从下面两个匹配算法（朴素匹配算法和 KMP 算法）中可以看到一些情况，更多实例见其他专业书籍或材料。

朴素的串匹配算法

最简单的朴素匹配算法采用最直观可行的策略：

(1) 从左到右逐个匹配字符；

(2) 发现不匹配时，转去考虑目标串里的下一个位置。

图 4.2 展示了一个例子。上面的长串是目标串，下面是模式串。在初始状态 (0)，两个串的起始字符对齐。顺序比较立刻发现第一对字符不同。模式串右移一位得到状态 (1)。顺序比较第一对字符相同，但第二对不同。再将模式串右移一位。这样继续做到状态 (3)，模式串中连续的 5 个字符都与目标串对应字符相同，说明找到了一个匹配。继续进行下去还可能找到更多匹配。

```
(0) acgccagtgccatgtcaccatgattcgg
    ccatg
(1) acgccagtgccatgtcaccatgattcgg
     ccatg
(2) acgccagtgccatgtcaccatgattcgg
      ccatg
(3) acgccagtgccatgtcaccatgattcgg
       ccatg
    ……
```

图 4.2 朴素的字符串匹配

下面是朴素串匹配算法的一个实现：

```
def naive_matching(t, p):
    m, n = len(p), len(t)
    i, j = 0, 0
    while i < m and j < n:   # i==m 说明找到匹配
        if p[i] == t[j]:     # 字符相同！考虑下一对字符
            i, j = i + 1, j + 1
        else:                # 字符不同！考虑 t 中下一位置
            i, j = 0, j - i + 1
    if i == m:   # 找到匹配，返回其开始下标
        return j - i
    return -1    # 无匹配，返回特殊值
```

这个算法实现很容易理解，不需要更多解释。

朴素串匹配算法很简单、容易理解，但效率低。导致其低效的主要情况是执行中可能出现回溯：匹配中遇到一对字符不同，模式串 p 右移一个字符，随后的匹配回到目标串中前面的下一个位置，也回到模式串开始（重置 `j = 0`），再次由 p_0 开始比较字符。

这种操作策略的最坏情况是每趟比较都在模式串最后遇到字符不匹配，完成工作需要做 $n-m+1$ 趟比较，比较次数为 $m\times(n-m+1)$，所以算法时间复杂度为 $O(m\times n)$。

下面是出现最坏情况的一个实例：

目标串：00000000000000000000000000000000000000001

模式串：00000001

朴素串匹配算法效率低，根源在于把每次字符比较看作独立操作，完全没有利用字符串的特点（每个字符都是特殊的，字符集的字符有穷等），也没有利用前面已经做过的字符比较得到的信息。从数学上看，这样做，相当于认为目标串和模式串的字符都是完全随机的，而且每趟比较之间，模式串有可能随机变化，因此任意两次字符比较相互无关，也不可借鉴。实际情况当然不是这样：字符串中的字符取自一个有穷集合，每个串有确定的有穷长度。特别是模式串，通常不太长，而且在匹配中反复使用。各种改进算法都以这样或那样的方式利用了这些特点。下面介绍一个高效的字符串匹配算法，基本想法也出自这些方面。

4.3.3　无回溯串匹配算法（KMP 算法）

KMP 算法是一个高效串匹配算法，由 D. E. Knuth 和 V. R. Pratt 提出，J. H. Morris 几乎同时独立发现了这个算法，因此它被称为 KMP 算法。这是本书中第一个非平凡的算法，它基于对问题的深入分析和理解。这个算法比较复杂，也不太容易理解，这些都是缺点。但是，与朴素的串匹配算法相比，KMP 算法的效率有本质性的提高。

基本考虑

为了理解 KMP 算法的想法，首先需要了解朴素匹配算法的缺陷。我们现在仔细考察一下朴素匹配算法的执行过程，分析其中的问题。

假设目标串是 `ababcabcacbab`，模式串是 `abcac`。图 4.3a 给出了朴素串匹配算法处理中的一系列情况，现在分析其中的问题。状态 (0) 的匹配进行到模式串中字符 `c` 时失败，此前有两次成功匹配，由此可知目标串前两个字符与模式串前两个字符相同。由于模式串的前两个字符不同，与 `b` 匹配的目标串字符不可能与 `a` 匹配，所以状态 (1) 的匹配必定失败。算法没利用这一信息，做了无用功。再看状态 (2)，这次前 4 个字符都匹配，最后匹配 `c` 失败。由于模式串中第一个 `a` 与其后的两个字符(`bc`)不同，再用 `a` 匹配目标串里的 `bc` 一定失败，跳过这两个位置不会丢掉匹配点。另一方面，模式串中下标为 3 的字符也是 `a`，它在状态 (2) 匹配成功，首字符 `a` 不必重做这一匹配。朴素的串匹配算法完全没有考虑这些问题，总是一步步移位并从头比较。

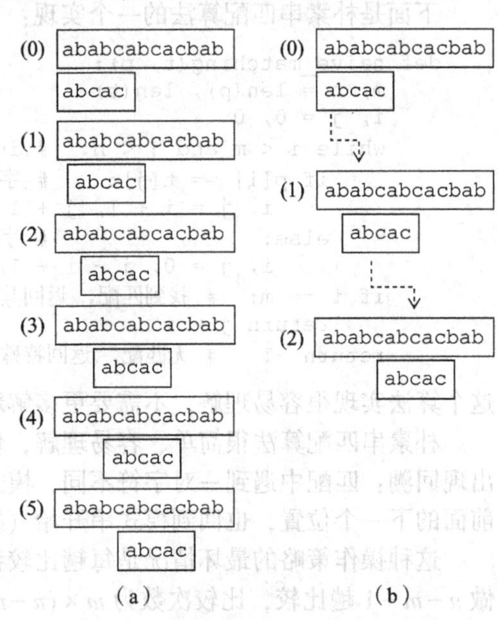

图 4.3　朴素匹配和 KMP 匹配过程

上面的讨论提示我们，由于在匹配前模式串已知，在匹配中反复使用，如果先对模式串做一些分析，记录得到的有用信息（例如，其中哪些位置的字符相同或不同），就有可能避免许多不必要的字符比较，提高效率。显然，这种分析只需要做一次。

KMP 算法的创新就是开发了一套分析和记录模式串信息的机制和算法，而后借助得到的信息加速匹配。对上面实例，用 KMP 算法的匹配过程如图 4.3b 所示。

在状态 (0) 匹配到第一个 c 失败时，由于已知前两个字符不同，KMP 算法直接把模式串右移两个字符，把首字符 a 移到 c 匹配失败的位置（状态 (1)）。这次尝试直到模式串最后的 c 失败。由于已知 c 之前是 a，首字符也是 a，而且两字符之间的字符与它们不同，不可能有匹配。KMP 算法直接把模式串移到使 b 对着刚才匹配 c 失败的位置（前面字符 a 肯定匹配，不必再试），达到状态 (2)。接下去从模式串中的 b 继续试探，找到了成功匹配。在这个过程中，没有出现重新检查目标串前面字符的情况（无回溯）。

问题分析

KMP 算法的一个主要目标是匹配中不回溯。如果匹配时用模式串中 p_i 匹配某个 t_j 失败（出现 $p_j \neq t_j$），就要找到某个特定的 $k_i(0 \leqslant k_i < i)$，下一步用模式串中的字符 p_{k_i} 与目标串里的 t_j 比较。也就是说，匹配失败时需要确定把模式串前移几个字符位，下一步用模式串里匹配失败字符之前的那个字符与目标串中匹配失败的那个字符比较。

要实现这种策略，关键在于确定匹配失败时模式串的前移位置。也就是说，对模式串里每个字符的 p_i，必须找到相应的位置 k_i。这里就出现了一个问题：对匹配失败的 p_i，无论目标串里的 t_j 怎样，与之对应的下标 k_i 都一样吗？如果是，就可以设法事先把这些对应关系算出来，在匹配中直接使用；如果不是这样，这种策略就行不通了。

KMP 算法设计的关键认识是：当 p_i 匹配失败时，前面的 $p_k(0 \leqslant k < i)$ 都已匹配成功（否则就不会考虑 p_i 的匹配）。这也说明，目标串中 t_j 前面的 i 个字符就是模式串 p 前 i 个字符 $p_0p_1p_2\cdots p_{i-1}$ 构成的前缀。这说明，原本应根据目标串中 t_j 前已匹配的一段来决定模式串的前移，实际上只需根据模式串 p 本身就可以决定了。这意味着可以在做实际目标串匹配之前，通过对模式串本身的分析，解决好匹配失败时应该如何前移的问题。

上述分析告诉我们：对 p 中每个 p_i，都可以找到对应的下标 k_i，与目标串无关。假设 p 的长度是 m，应该先对这里的 m 个 $i(0 \leqslant i < m)$ 算出 k_i，保存起来在匹配中使用。记录信息可以用一个长度为 m 的表 pnext，在表元素 pnext[i] 中记录与 i 对应的 k_i 值。剩下的问题就是如何通过对模式串 p 的预分析得到这些 k_i（为每个 p_i 找到对应的 p_{k_i}）。

这里还有一种特殊情况：某些 p_i 的匹配失败时，可能发现此前做过的所有字符比较都没有利用价值。出现这种情况时，下一步就应该从头开始，用 p_0 与 t_{j+1} 比较。发现这种特殊情况，我们就在当时的 pnext[i] 存入−1。显然，对任何模式，都有 pnext[0]=−1。

KMP 算法

假设已经根据模式串做出了 pnext 表，现在先考虑 KMP 算法的实现。核心匹配循环很容易写出来，下面代码中的 i 和 j 分别表示模式串和目标串中当前位置的下标：

```
    while j < n and i < m:  # i==m 时循环结束，就是找到了一个匹配
        if i == -1 :         # 遇到 - 1，比较下一对字符
            j, i = j+1, i+1
        elif t[j] == p[i]:  # 字符相等，比较下一对字符
            j, i = j+1, i+1
        else:                # 从 pnext 取得 p 的下一字符位置，表示模式串前移
            i = pnext[i]
```

显然，前两个 if 分支的动作相同，可以合并。循环可简化为：

```
    while j < n and i < m:  # i==m 时循环结束，就是找到了一个匹配
        if i == -1 or t[j] == p[i]:  # 比较下一对字符
```

```
        j, i = j+1, i+1
    else:                 # 从pnext取得p的下一字符位置，表示模式串前移
        i = pnext[i]
```

基于上面循环，很容易写出如下的匹配函数定义：

```
def matching_KMP(t, p, pnext):
    """ KMP 串匹配，主函数."""
    j, i = 0, 0
    n, m = len(t), len(p)
    while j < n and i < m:  # i==m 说明找到了匹配
        if i == -1 or t[j] == p[i]:  # 考虑p中下一字符
            j, i = j+1, i+1
        else:                  # 失败！考虑pnext决定的下一字符
            i = pnext[i]
    if i == m:          # 找到匹配，返回其开始位置
        return j-i
    return -1           # 无匹配，返回特殊值
```

现在考虑上面算法的复杂度，显然，这里的关键就是主循环的执行次数。注意，在整个循环过程中 j 的值是递增的（但不是严格递增，可能在某些迭代中保持不变），其加一的总次数不会多于 len(t)。由于 i 与 j 同时增值，因此 i 增值的次数也不会大于目标串的长度。而在 if 的另一个分支，i = pnext[i] 总是使 i 值减小（模式串前移，就是用下标更小的字符去匹配）。但是 if 的条件又保证了变量 i 的值不小于-1（表元素的下标不会小于-1，一旦 i 等于-1，下次迭代就会走另一分支），因此 i = pnext[i] 的执行次数不会多于 i 值递增的次数。综合这些情况，我们可以断定，虽然总的循环次数可能多于目标串的长度 n，但仍能保证是 $O(n)$，因此，这个算法时间复杂度是 $O(n)$。

构造 pnext 表：分析

剩下的工作就是构造 pnext 表，我们以图 4.4 中的情况为例（图 4.3b 中的状态(1)）做一些分析。这时位置 i 的字符是最后一个 c，对应位置 k_i 的字符应该是 b。可以看到：

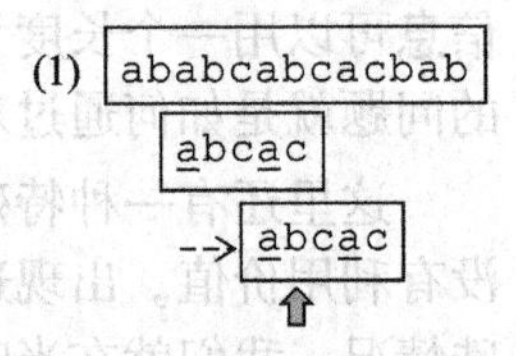

图 4.4　构造 pnext 表

- 模式串前移后，下次匹配应该用的字符之前的前缀子串，应该与匹配失败的字符之前同样长度的子串相同。图中这两个应该相同的子串都加了下划线。
- 如匹配在模式串中位置 i 失败，而 i 的前缀子串中满足上述条件的位置有多处，只能做最短前移，将模式串移到满足上述条件的最近位置，以保证不遗漏可能的匹配。

现在考虑 pnext 表的构造，在下面的分析和讨论中参考了图 4.5。

设匹配在目标串的下标 j 和模式串的下标 i 处失败，如图 4.5a 所示。目标串下标 j 之前的 i 个字符就是模式串的前 i 个字符，即，目标串的子串 $t_{j-i}\cdots t_{j-1}$ 就是 $p_0\cdots p_{i-1}$。

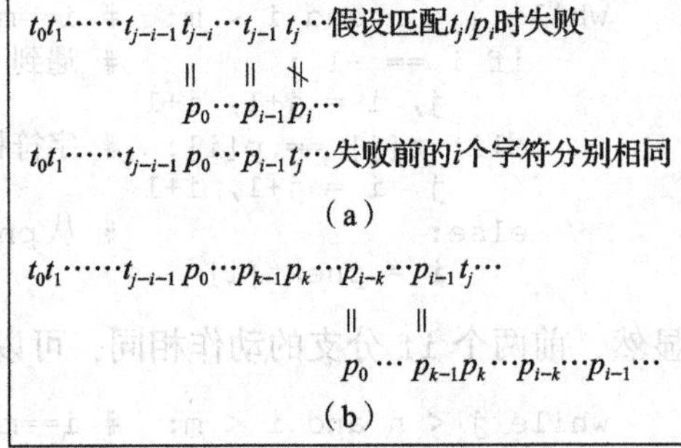

图 4.5　表 pnext 的分析与构造

现在需要找到位置 k，下次匹配用 p_k 与前面匹配失败的 t_j 比较，也就是把模式串移到使

p_k 对准 t_j 的位置，如图 4.5b 所示。正确移动应保证模式串的子串 $p_0 \cdots p_{k-1}$ 与子串 $p_{i-k} \cdots p_{i-1}$ 匹配，参见图 4.5b，而这两个子串就是串 $p_0 \cdots p_{i-1}$ 中长度为 k 的前缀和后缀。这样，确定 k 的问题就变成了确定 $p_0 \cdots p_{i-1}$ 的相等前缀和后缀的长度。显然，k 值越小表示移得越远。前面说移动距离应尽量短，因此，k 应该是 $p_0 \cdots p_{i-1}$ 的最长的相等前缀和后缀（不包括 $p_0 \cdots p_{i-1}$ 本身，但可以是空串）的长度，以保证不跳过可能的匹配。

从图中可以看到，如果 $p_0 \cdots p_{i-1}$ 的最长的相等前后缀的长度为 $k(0 \leqslant k < i-1)$，在 $p_i \neq t_j$ 时，模式串就应该右移 $i-k$ 位，也就是说，应该把 pnext[i] 设置为 k。问题已经清楚了，我们只需要对模式串里的每个位置 i，求出模式串中（前缀）子串 $p_0 \cdots p_{i-1}$ 的最长的相等前后缀的长度。KMP 算法设计者的贡献就是提出了一种巧妙的递推算法。

递推计算最长相等前后缀的长度

递推计算的情况参考图 4.6。假设已经算出 pnext[$i-1$] 的值是 $k-1$，现在要对子串 $p_0 \cdots p_{i-1} p_i$（也就是对位置 i）计算最长相等前后缀的长度。比较 p_i 与 p_k 有两种结果：

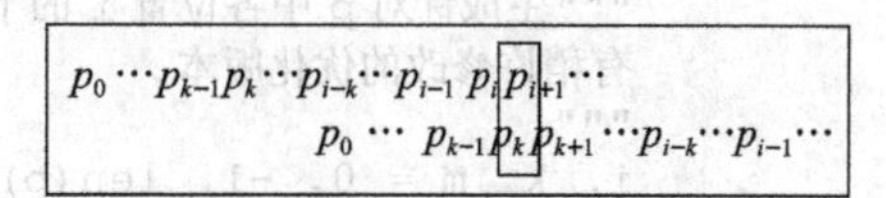

图 4.6 最长相等前后缀长度的递推计算

1. 如果 $p_i = p_k$，那么 i 的最长相等前后缀的长度应该比 $i-1$ 的最长相等前后缀的长度多 1，由此应把 pnext[i] 设置为 k，然后考虑下一个字符。
2. 否则就应该把 $p_0 \cdots p_{k-1}$ 的最长相等前缀移过来继续检查。

注意，第 2 种情况并没有设置，只是继续检查。不难确定，$p_0 \cdots p_{k-1}$ 的最长相等前缀也是 $p_0 \cdots p_{i-1}$ 的相等前缀。由此移过来后继续检查是正确的。

已知 pnext[0] = -1 和直至 pnext[i-1] 的值，求 pnext[i] 的算法如下：

1. 假设 pnext[i-1] = $k-1$。如果 $p_i = p_k$，那么 $p_0 \cdots p_i$ 的最长相等前后缀的长度就是 k，将其记入 pnext[i]，将 i 值加一后继续递推（循环）。
2. 如果 $p_i \neq p_k$，就将 k 设置为 pnext[k] 的值（将 k 设置为 pnext[k]，也就是转去考虑前一个更短的保证匹配的前缀，可以基于它继续检查）。
3. 如果 k 的值等于 -1（这个值一定是由于第 2 种情况，来自 pnext），那么 $p_0 \cdots p_i$ 的最长相同前后缀的长度就是 0，设置 pnext[i] = 0，将 i 值加一后继续递推。

pnext 表构造算法

下面是根据上述的分析而定义的算法：

```
def gen_pnext(p):
    """生成针对 p 中各位置 i 的下一检查位置表，用于 KMP 算法"""
    i, k, m = 0, -1, len(p)
    pnext = [-1] * m   # 初始数组元素全为 -1
    while i < m-1:     # 生成下一个 pnext 元素值
        if k == -1 or p[i] == p[k]:
            i, k = i+1, k+1
            pnext[i] = k  # 设置 pnext 元素
        else:
            k = pnext[k]  # 退到更短相同前缀
    return pnext
```

函数开始时建立一个元素值全为 -1 的表，循环中为下标 0 之后的元素赋值。具体处理完全依照上面的讨论，例如，gen_pnext("abbcabcaabbcaa") 将给出表 [-1, 0, 0,

0, 0, 1, 2, 0, 1, 1, 2, 3, 4, 5]，具体情况请读者自己分析。

易见，这个算法的形式与前面 KMP 串匹配的主函数极为类似，算法分析的论述可以照搬，结论是本算法的时间复杂度为 O(m)，其中 m 是模式串的长度。

pnext 生成算法的改进

在 pnext 生成算法里，设置 pnext[i]时还可以做一点优化。参见图 4.5a 和图 4.5b，匹配失败时有 $p_i \neq t_j$。如果设置 pnext[i]=k 时发现 $p_i = p_k$，显然就有 $p_k \neq t_j$，这时应该把模式串右移到 pnext[k]（而不是仅移到 pnext[i]），下步应该用 $p_{\text{pnext}[k]}$ 与 t_j 比较。修改后模式串可能右移更远，这样做可能提高效率。修改后的函数定义如下：

```
def gen_pnext(p):
    """生成针对 p 中各位置 i 的下一检查位置表，用于 KMP 算法，
    有稍许修改的优化版本.
    """
    i, k, m = 0, -1, len(p)
    pnext = [-1] * m
    while i < m-1:  # 生成下一个 pnext 元素
        if k == -1 or p[i] == p[k]:
            i, k = i+1, k+1
            if p[i] == p[k] :
                pnext[i] = pnext[k]
            else:
                pnext[i] = k
        else:
            k = pnext[k]
    return pnext
```

还用上面的例子，gen_pnext("abbcabcaabbcaa")给出的表是[-1, 0, 0, 0, -1, 0, 2, -1, 1, 0, 0, 0, -1, 5]。不难证明，改进算法产生的pnext 表里的各元素不会大于原算法产生的表中对应的元素。

KMP 算法的时间复杂度及其他

显然，一次 KMP 算法的完整执行包括构造 pnext 表和实际匹配，设模式串和目标串长度分别为 m 和 n，KMP 算法的时间复杂度是 O($m+n$)。由于在通常情况下 $m \ll n$，因此可以认为这个算法的复杂性为 O(n)，优于朴素串匹配算法的 O($m \times n$)。

应该看到，许多场景中需要用一个模式串反复在一个或多个目标串里匹配。在编辑文本时查找/替换某个字符串就是典型的例子。在这种情况下，构造模式串的 pnext 表的工作只做一次，在随后的匹配中反复使用。这是最适合 KMP 算法的场景。

如果需要处理的是这种情况，可以考虑定义一个模式类型（一个类），把 pnext 表定义为模式对象的一个成分，在以模式串作为参数构造模式对象时设置好 pnext 表。实际匹配函数使用这种模式对象去匹配目标串。这一工作留作练习。

KMP 算法的一个重要优点是执行中不回溯。这种性质在一些实际应用中特别有价值，因为它支持一边读入一边匹配，不回头重读就不需要保存被匹配的串。在处理从外部（外存或网络等）获取的大量信息时，这种算法非常合适。

前面说过，人们还提出了许多模式匹配算法（参见维基百科）。另一经典算法由 R. S. Boyer 和 J. S. Moore 提出，采用自右向左使用模式串的匹配方式，也用了一个失败匹配移动表。如果字符集较大而且匹配很罕见（许多实际情况是这样，如在文章里找单词、在邮件里找垃圾关键字），其速度可能远高于 KMP 算法。有兴趣的读者可以自己查

找相关材料。

4.4 字符串匹配问题

前几节讨论的字符串匹配是最简单的情况，模式串就是普通的字符串，实际上是在目标串里找等于模式串的子串。匹配的一方是表示模式的字符串，另一方是目标串的子串。实际中还有很多与此类似但又有或多或少差异的需要，现在讨论一些情况。

4.4.1 串匹配/搜索的不同需要

简单字符串匹配有很广泛的应用，前面举过一些例子。这种匹配有许多不同应用场景，如用一个模式串在目标串里反复检索来找出一些或所有出现、在一个目标串里检查是否出现了一组模式串中的一个，或者在一批目标串里检查一个或一组模式串是否出现等。

然而，有时需要查找的可能不是某特定字符串，而是具有某种形式的字符串。例如：

- 找出一个文本中所有被双引号括起的词语。
- 找出图书馆中书名包括“数据结构”和“算法”两个词的所有书籍。
- 找出一个 Python 程序里所有要求三个参数的函数的函数名。
- 找出网页文件里所有形为 href="…" 的段（这是 HTML 网页里的链接）。
- 找出一个 DNA 片段中所有以某碱基段开始以另一碱基段结束的片段。
- 检查可执行文件中是否出现某种片段模式（例如检查病毒），例如以一种形式的片段开始到另一形式的片段结束，其中出现了某些形式的片段，等等。

在这种匹配需求中，我们考虑的不是一个具体的模式串，而是一批模式串，可能是有穷个，也可能是无穷个。显然，简单罗列（枚举）模式串的方式不能满足这里的需要，因为需要考虑的模式串可能很多，甚至无穷。要处理这类推广了的字符串匹配问题，就需要考虑字符串集合的描述，以及是否属于某个字符串集合的检查。

注意，上面列举的各种检查有一个重要共性：只关注字符串的形式，不关心字符串的意义。例如，找出一批数字串中以 1 开头的串，就是只看形式；而找出值大于 1573 的串，就不是字符串匹配问题了，因为涉及超越了形式的“意义”问题。在我们讨论的匹配中，不要求计算一个一般的谓词函数，只需要检查一个个字符是什么或者不是什么。

模式，字符串和串匹配（串检索）

为了推广匹配的概念，现在重新定义模式的概念。我们要考虑的模式应具有某种特定的表达形式，一个模式描述了（或说能匹配）一组字符串（某个字符串集合）。易见，前几节讨论中考虑的模式串是这个推广了的模式概念的特例：那里模式的形式就是普通字符串；每个模式描述的字符串集合都是单元素集，只包含该模式串本身；匹配的条件就是字符串相等。对于一般的模式，需要回答这三个问题：模式的形式是什么，如何确定所描述的字符串集合，怎样算是匹配。显然，判断是否匹配（或找出匹配）是一个可能的计算问题。

在考虑字符串集合的描述和匹配时，我们需要关注两个问题：

- 为了描述（我们关心的）字符串集合，需要一种严格描述方式。这种方式应该能描述很多有用的字符串集合。一种系统化的描述方式就构成了一种描述字符串模式的语言（显然，前面简单字符串匹配的“模式语言”就是字符串本身）。

- 如何（或者，是否有可能）高效实现所希望的检查（匹配）。

如果模式描述语言的功能更强，就有可能描述更多、更复杂的模式（即描述更多字符串集合），但相应匹配算法也可能具有更高的复杂度。人们在这方面做了许多研究，有许多重要的理论成果。当模式语言变得过于复杂后，我们或许只能做出具有指数复杂性的匹配算法，这种情况使模式语言丧失了实用意义。如果模式语言更复杂，相关模式匹配问题可能变为不可计算问题，也就是说，根本不存在完成匹配的算法。这样的描述语言就完全没有价值了。由此，有意义（有价值）的模式描述语言是在描述能力和处理效率之间的某种合理平衡。

通配符和简单模式语言

如果读者对 DOS 操作系统或者 Windows 命令窗口（cmd）有所了解，就应该知道其中用于描述文件名的“通配符”。为普通的字符串增加几个特殊的通配符，就构成了一种简单的模式描述语言。这里简单介绍一些情况。

DOS 或 Windows cmd 的一些命令中需要写被操作的文件名。例如，命令 dir 要求列出文件及其相关信息，可以用一种文件名描述形式来说明要求列出的文件。在有关文件名（路径）的描述中，可以使用两个通配符 * 和 ?，符号 ? 可以与任意一个实际字符匹配，符号 * 可以与任意一串字符匹配。这样就可以用一个描述来说明一组文件。

例如，`*.py` 描述的是所有最后三个字符是 `.py` 的文件名，因此它将与所有以 `py` 为扩展名的文件名匹配。`f*.*` 描述的字符串集合里包含了所有以字母 `f` 开始，其后有任意多个字符和一个圆点符号，再有任意多个字符的字符串。`a?b` 描述所有 3 个字符的串，其首字符为 `a`，尾字符为 `b`，中间的字符可以任意。

在普通字符串的基础上增加通配符，就形成了一种功能稍微强了一点的模式描述语言。这里的一个模式描述了一个字符串集合，能与该集合中任何一个串匹配。增加了可以与任意长的字符串匹配的“*”符号，就能描述无穷的字符串集合。例如，`a*` 描述了所有以 `a` 开头的字符串，这是一个无穷集合。上面有关文件名的两个例子也是这种情况。

但是，仅仅加入通配符的模式语言还不够灵活，描述能力不够强，能描述的字符串集合很受限。因此，我们需要考虑进一步扩充描述语言，增强其描述能力。

正则表达式

一种非常有意义，也有广泛实用价值的模式语言称为正则表达式（Regular Expression，也被简写为 regex、regexp，或者 RE/re）。这种描述形式由逻辑学家 S. Kleene 提出，在计算机科学技术领域得到了广泛应用。4.5 节将介绍 Python 标准库支持的正则表达式功能，下面我们先从理论上介绍正则表达式的一些基本情况。

正则表达式是一种描述字符串集合的语言，其基本成分包括字符集里的普通字符、几种特殊组合结构，以及表示组合的括号。一个正则表达式描述了字符集上的一个特定的字符串集合。理论的正则表达式及其匹配关系的定义如下，其中的 α 和 β 都表示正则表达式。

- 正则表达式里的普通字符只与该字符本身匹配。
- **顺序组合 $\alpha\beta$**：如果 α 能匹配字符串 s，β 能匹配字符串 t，那么这两个正则表达式的连写 $\alpha\beta$ 就能匹配字符串拼接 $s+t$。
- **选择组合 $\alpha|\beta$**：如果 α 能匹配字符串 s，α 能匹配字符串 t，它们的选择组合 $\alpha|\beta$ 既能匹配 s，也能匹配 t。

- **星号 α∗**：如果 α 能匹配字符串 *s*，星号表达式 α∗能匹配空串、*s*、*s*+*s*、*s*+*s*+*s* 等。也就是说，它能与任意多段 *s* 的拼接串匹配（包括0段）。

上面说明中借用了 Python 的字符串拼接写法，理论著作里大多直接用 *st* 表示 *s* 和 *t* 的拼接。正则表达式中还可以用括号表示表达式的组合。下面是几个例子：

- 正则表达式 abc 只与字符串 abc 匹配。
- a(b∗)(c∗) 与所有包含一个 a 之后是任意多个 b，再后是任意多个 c 的串匹配。
- a((b|c)∗) 与所有在一个 a 后出现任意多个 b 或 c 的串匹配。

这里说的“任意多个”也包括0个。

注意，从理论上说，正则表达式的描述功能覆盖了 DOS 里的通配符。因为字符集有穷，通配符? 可以通过选择组合符 | 描述，通配符 * 可以通过 | 和星号描述。

正则表达式在信息处理（和文本处理）领域应用广泛，人们已经开发了许多实现。实际中使用的正则表达式有一些不同的设计，但都是理论的正则表达式的子集或变形，基于对描述的方便性和实现效率等方面的考虑，有些还有所扩充。各种脚本语言（包括 Python）都提供了正则表达式功能，常规语言也已经或计划将其纳入标准库，如 C/C++/Java 等语言都有正则表达式包。经过人们在 Perl 语言中对正则表达式概念的精炼，现在已经基本形成了一套比较标准的形式。读者可以找到许多介绍正则表达式的书籍或文章，一些人认为正则表达式是程序员必备的重要武器，网上也有很多对正则表达式的讨论。

4.4.2 一种简化的正则表达式

正则表达式是比较复杂的模式描述语言，高效匹配的实现比较复杂，还有些深刻的理论问题。利用正则表达式与有穷自动机的等价性，人们开发出了一些经典的实现技术。由于比较复杂，这里不做进一步讨论。但作为例子，也为帮助读者理解正则表达式匹配中的一些情况，下面介绍一个简化的正则表达式，从中可以看到匹配算法的一些情况[⊖]。

模式语言

这里考虑的是一种简化的正则表达式，其中使用了几个特殊字符（.、^、$、*），其余字符称为普通字符。这里的正则表达式包含如下的描述元素：

- 任一普通字符仅与其本身匹配。
- 圆点符号 . 可以匹配任意字符。
- 符号 ^ 只匹配目标串的开头，并不匹配具体字符。
- 符号 $ 只匹配目标串的结束，并不匹配具体字符。
- 符号 * 表示其前面那个字符可匹配0个或任意多个相同字符。

其中“^”和“$”符号至多在模式的开始和结束出现一次。

上述规则定义了一种简单的模式语言。这里也假定了一个字符集，第一条所用的字符取自该集合。与一般正则表达式相比，这里没有括号，也没有选择描述符，因此描述能力大大减弱了。下面是几个模式示例，请读者根据规则确定它们匹配的字符串集合：

⊖ 本例源自《代码之美》（《Beautiful Code》）一书的第1章，该章和程序都由 B. Kernighan 撰写，原程序用 C 语言描述。这里用 Python 重写，实现方式也做了全面修改。

```
p1 = "a*b.*"
p2 = "^ab*c.$"
p3 = "a*b*.py"
```

匹配算法

下面给出一个朴素的匹配算法 match，其中定义了两个局部函数，分别处理从模式中某个位置开始的匹配和模式中的星号：

```
def match(re, text):
    def match_here(re, i, text, j):
        """检查从text[j]开始的正文是否与re[i]开始的模式匹配"""
        while True:
            if i == rlen:
                return True
            if re[i] == '$':
                return i+1 == rlen and j == tlen
            if i+1 < rlen and re[i+1] == '*':
                return match_star(re[i], re, i+2, text, j)
            if j == tlen or (re[i] != '.' and re[i] != text[j]):
                return False
            i, j = i+1, j+1

    def match_star(c, re, i, text, j):
        """在text里跳过0个或多个c后检查匹配"""
        for n in range(j, tlen):
            if match_here(re, i, text, n):
                return True
            if text[n] != c and c != '.':
                break
        return False

    rlen, tlen = len(re), len(text)
    if re[0] == '^':
        if match_here(re, 1, text, 0):
            return 0
        return -1
    for n in range(tlen):
        if match_here(re, 0, text, n):
            return n
    return -1
```

主函数首先考虑模式开头是否为“^”符号，如果是，就只考虑与目标串前缀的匹配。否则，就对 text 中的各个位置调用 match_here，检查是否匹配。如果找到了匹配，函数返回匹配的开始位置，否则返回-1 表示无匹配。

函数 match_here 检查从模式串 re 中位置 i 开始的部分是否与正文串 text 中位置 j 开始的部分匹配。函数体是一个循环，循环体是一串 if 语句。i == rlen 表示模式串已经处理完，说明找到了匹配。第二个 if 处理模式结尾的“$”符号，如果模式串和正文串都结束就是匹配。第三个 if 处理“*”符号，调用函数 match_star。最后一个 if 检查几种不匹配情况，条件为真时返回匹配失败，否则将变量 i 和 j 加一后继续。

函数 match_star 处理星号的情况，其第一个参数是允许任意次重复的那个字符。函数的实现很简单：从正文中剩下的每个位置开始检查能否与星号之后的模式匹配，否则检查正文串中下一个字符是否与可重复字符匹配，如果匹配就跳过它并继续。

我们可以对这里的模式语言做些扩充，简单的扩充留作练习。

*4.5 Python 正则表达式

许多编程语言都在语言本身或通过标准库提供了正则表达式功能。另一方面，正则表达式（或类似描述方式）在实际程序和系统中使用广泛。为帮助读者了解这方面情况，作为本章的最后一节，这里将简单介绍 Python 语言的正则表达式包。如前所述，由于在 Perl 语言里的精炼，各种实际语言或程序库中对正则表达式的描述已经趋向统一。了解Python正则表达式的情况后，转去使用其他语言的正则表达式功能也会比较容易。

4.5.1 正则表达式标准库包 re

Python 的正则表达式功能由标准包 re 提供。利用正则表达式可以较容易地实现各种复杂的字符串操作。要想正确地使用 re 包，就需要

- 理解正则表达式的描述规则（语法）和意义（语义，也就是与之匹配的字符串集合）。
- 了解正则表达式的一些典型使用方法和情景。

标准库包 re 的正则表达式采用 Python 字符串字面量的形式描述（即，引号括起的字符序列）。从 Python 语言的角度看，它们就是普通字符串。但在用于 re 包提供的特殊操作时，一个具有正则表达式形式的字符串代表一个字符串模式，描述了一个特定的字符串集合。具有这种用途的操作就是 re 包提供的正则表达式匹配操作。

re 的正则表达式描述形式实际上构成一个特殊的小语言：

- **语法** re 包规定的一套特殊描述规则，符合这组规则的字符串就是"正则表达式"，可以用在 re 包提供的各种匹配操作中；
- **语义** 一个形式正确的正则表达式描述了一集字符串，这也是下面介绍的重点。

Python 官方文档中有关 re 包的章节给出了正则表达式描述的各方面细节。文档中的 HOWTO 部分里有一节是 Regular Expression HOWTO，介绍了使用正则表达式的一些问题。网上有不少讨论 Python 正则表达式的材料，有些 Python 编程的书籍里也有相关介绍。

4.5.2 基本情况

本节先介绍一些基本情况。

原始字符串

在深入讨论 Python 正则表达式之前，我们先介绍*原始字符串*（raw string，也是文字量）的概念。原始字符串是 Python 程序里的字符串文字量的一种书写形式，这种文字量的值和普通文字量一样，也就是 str 类型的字符串对象。

描述原始字符串的形式是在常规的字符串文字量前加 r 或 R 前缀，例如：

```
R"abcdefg"      r"C:\courses\python\progs"
```

原始字符串只有一点特殊，就是其中的反斜线字符"\"一般不作为转意符，在得到的字符串对象（str 对象）里原样保留，但位于单引号和双引号前面的反斜线仍作为转意符。

Python 引入原始字符串只是为使一些字符串的写法更简单。例如，描述 Windows 文件路径的原始字符串 `r"C:\courses\python\progs"`，如果采用常规字符串的写法，应

该写成"C:\\courses\\python\\progs"，其中的反斜线符号需要双写，有点麻烦。如果用普通文字量的形式写模式串，希望匹配正文里的“\”字符就更麻烦了。要匹配一个“\”字符，需要写四个反斜线“\\\\”。详情请查看 Python 官方文档的 HOWTO 中有关正则表达式的部分。后面会介绍使用原始字符串的几种常见情况。

元字符（特殊字符）

正则表达式包 re 规定了一组特殊字符，称为元字符。在匹配字符串时，它们起着特殊的作用。这种字符一共有 14 个：

```
. ^ $ * + ? \ | { } [ ] ( )
```

首先请注意，在字符串的一般使用中，这些字符都是普通字符（除“\”外），只有作为正则表达式用于 re 包的特殊操作时，这些字符才具有特殊的意义。下面将把作为正则表达式使用的串称为*模式串*，把模式串里的非特殊字符称为*常规字符*。常规字符是正则表达式的基础，全常规字符的串是最基本的正则表达式。在作为正则表达式使用时，模式串里的常规字符只与其自身匹配。如果一个模式串里只包含常规字符，它就只能与自己匹配。

4.5.3　主要操作

在详细介绍正则表达式中各个元字符的意义和使用技术之前，这里先介绍 re 包提供的几个操作。程序中可以通过这些操作使用正则表达式（还有其他操作，后面介绍）。在下面的函数说明中，参数表里的 pattern 表示模式串（描述正则表达式的字符串），string 表示被处理的字符串，repl 表示替换串，即操作中使用的另一个字符串。

- *生成正则表达式对象*：re.compile(pattern, flag=0)

  从 pattern 生成正则表达式对象，这种对象可用于下面介绍的几个操作。操作实例如：

  ```
  r1 = re.compile("abc")
  ```

  这个语句生成与"abc"对应的正则表达式对象，并将其赋给变量 r1。

  说明：re 包的许多操作都有一个 flag 选项，并为该操作的这一选项参数定义了一组特殊标记。flag 选项描述操作的一些细节行为，下面讨论中将不涉及。

实际上，下面几个操作都能自动从 pattern 串生成正则表达式对象。如果一个匹配模式需要反复使用，先用 compile 生成正则表达式对象并赋给变量，就可以避免重复生成。下面几个函数的 pattern 参数都能接受模式串作为实参，也能直接接受正则表达式对象。

- *检索*：re.search(pattern, string, flag=0)

  在 string 里检索与 pattern 匹配的子串。如果找到，就返回一个 match 类型的对象，否则返回 None。match 对象里记录成功匹配的相关信息，可以根据需要检查和使用。也可以简单地把 match 对象作为真值，用于逻辑判断。有关细节将在后面介绍。
- *匹配*：re.match(pattern, string, flag=0)

  检查 string 是否有与 pattern 匹配的前缀，成功时返回 match 对象，否则返回 None。例如：

  ```
  re.search(r1, "aaabcbcbabcb") # 匹配成功，找到'abc'的第一个出现
  re.match(r1, "aaabcbcbabcb")  # 返回None，'abc'不是其前缀
  re.match(r1, "abcbcbcbabcb")  # 匹配成功，'abc'是其前缀
  ```

- 切分：re.split(pattern, string, maxsplit=0, flags=0)

  以 pattern 作为切分串将 string 分段。参数 maxsplit 指明最大切分数，0 表示要求完成对整个 string 的切分。函数返回切分得到的字符串的表。例如：

  ```
  re.split(' ', "abc abb are not the same")
  #得到： ['abc', 'abb', 'are', 'not', 'the', 'same']
  re.split(" ", "1 2  3   4") # 切分出了几个空串
  #得到： ['1', '2', '', '3', '', '', '4']
  ```

- 找出所有匹配串：re.findall(pattern, string, flags=0)

  返回一个表，表中元素是 string 里与 pattern 匹配的各个子串（从左到右，非重叠的），按顺序列出。如果模式串里只有常规字符，那么做这种匹配没意义，因为结果表里的所有字符串相同。对于一般的模式串，情况就可能不同了。例如，如果我们的模式串正确描述了网页里超链接的形式，用这个函数就能一下子找出网页里的所有链接。

还有些操作将在后面介绍。

4.5.4 正则表达式的构造

本节介绍正则表达式的基本情况。阅读中请注意两点：

- 一类正则表达式（或者一种元符号）的描述形式（构造形式）。
- 具有该种形式的表达式能匹配什么样的字符串（集合）。

顺序组合和结组

Python 正则表达式的最基本构造方式是顺序组合 αβ，即如果 α 能匹配字符串 s，β 能匹配字符串 t，那么这两个正则表达式的连写 αβ 就能匹配字符串拼接 s+t（s、t 为字符串，按 Python 字符串运算的写法，s+t 是两个字符串的拼接）。

模式串里可以用圆括号表示结组，确定模式描述符的作用范围。有些情况必须加括号，后面还会介绍圆括号的其他作用。此外，正则表达式里也可以使用普通 Python 字符串的转意字符描述形式，例如 \n 表示换行，\t 表示制表符等。这些都是匹配中的常规字符。正则表达式里的空格也是常规字符，只能与被匹配串中的空格匹配。

字符组

这里有一批用于描述一组字符的表达形式，也就是说，按这些形式写出的表达式能与一组字符中的任何一个字符匹配。这类描述形式称为字符组描述。

1. 字符组描述符 [...]　这种描述符能与方括号中所列字符中的任何一个匹配，方括号里字符的排列顺序不重要。例如，[abc] 可以与字符 a 或 b 或 c 匹配。

在字符组描述的方括号里，除了可以列出一些字符外，还有另外一些形式：

- 区间形式是（字符列举形式的）字符组的缩写。允许用任何一对数字或（大小写）字母写区间描述，这种字符组与介于两字符之间的所有字符匹配，包括这两个字符。例如，字符组 [0-9] 匹配所有十进制数字字符。区间形式还可以连写，或者与列举形式混用，例如 [34ad-hs-z]。显然，[0-9a-zA-Z] 匹配所有数字和字母（英文字母）。
- 特殊形式 [^...] 表示对 ^ 后面列出的字符组求补，也就是说，这种字符组表达式与

未列在括号里的所有字符匹配。例如，字符组[^0-9]匹配非十进制数字的所有字符，[^\t\v\n\f\r]匹配所有非空白字符（除去空格/制表符/换行符）。

注意，如果字符组里需要包括字符 ^，就不能把它写在第一个位置，可以放在后面，或者写 \^。如果字符组里需要包括字符 - 或]，也必须写 \- 或 \]。

例如，a[1-9][0-9]是包含字符组的顺序组合，能匹配 a10、a11、...、a99。

2. 圆点字符 .　圆点是“通配符”，能匹配任何字符。

例如，模式串 a..b 匹配所有以 a 开头 b 结束的四字符串。

为了方便，re 采用转意串的形式定义了一些常用字符组，包括：

- \d：与十进制数字匹配，等价于[0-9]；
- \D：与非十进制数字的所有字符匹配，等价于[^0-9]；
- \s：与所有空白字符匹配，等价于[\t\v\n\f\r]（注意，第一个字符是空格）；
- \S：与所有非空白字符匹配，等价于[^ \t\v\n\f\r]；
- \w：与所有字母数字字符匹配，等价于[0-9a-zA-Z]；
- \W：与所有非字母数字字符匹配，等价于[^0-9a-zA-Z]。

还有一些类似描述，提供这些特殊字符描述只是为了使用方便。显然，根据前面的说明，上面这些特殊字符组都可以直接描述。

例如，p\w\w\w 与字母 p 开头随后是任意三个字母数字的串匹配。

重复

实际中经常需要找到一个模式（或模式中一个部分）在被匹配串中的连续、重复出现，可能要求任意多次的重复或规定次数的重复。

1. 重复描述符：re 正则表达式的基本重复运算符是 *，模式 α* 要求匹配模式 α 能匹配字符串的 0 次或任意多次重复。举例说，re.split('[,]*', s)将按连续的（任意多个）空格和逗号切分字符串 s，那么 re.split('[,]*', '1 2, 3　4, , 5')得到['1', '2', '3', '4', '5']；re.split('a*', 'abbaaabbdbbabbababbabb')得到['', 'bb', 'bbdbb', 'bb', 'b', 'bb', 'bb']。

使用重复匹配描述时，需要注意一个问题。先用一个例子说明，对 re.match('ab*', 'abbbbbbc')，模式'ab*'可以与字符串里的 a 匹配，也可以与 ab、abb 等匹配。那么，它究竟匹配哪个串呢？一般正则表达式匹配提供了两种可能：

- 贪婪匹配　模式与字符串里有可能匹配的最长子串匹配。对上面的例子采用贪婪匹配规则，模式 ab* 就应该匹配 abbbbbb。re 规定 * 运算符执行贪婪匹配。
- 非贪婪匹配（吝啬匹配）　模式与有可能匹配的最短子串匹配。对所有重复模式描述符，re 都提供了相应的吝啬匹配描述符，后面说明。

重复运算符 + 与 * 略微不同，表示其作用模式的 1 次或多次重复，要求至少一次匹配。

例如，描述正整数的一个简单模式是'\d+'，它等价于'\d\d*'。

2. 可选描述符：? 是可选（片段）描述符，α? 可以与空串或与 α 匹配的字符串匹配，或者说，它要求与 α 匹配的字符串有 0 次或 1 次重复。

例如，描述整数的一种简单模式是'-?\d+'。易见，这个模式也与数字 0 的串匹配。

3. 重复次数描述符：确定次数的重复用{n}描述，α{n}与 α 匹配的串的 n 次重复匹配。

例如，描述北京固话号码的模式串可以写为'(010-)?[2-9][0-9]{7}'。它说明，这种串可能以010-开始，随后是数字2~9，再后是7个十进制数字。

请注意：在许多实际应用中，人们写出的正则表达式描述的往往是实际字符串集合的超集，上面就是一例。显然，并不是每个号码都对应一个电话。但是这种描述通常可以满足需要。例如，上面模式可用于在文本中检索北京市的固话号码。

在这个实例中出现了圆括号，用于描述 ? 的作用范围，这对圆括号不能少。显然，*、?、{3}都有作用范围问题（优先级），re包规定它们都作用于最小表达式。例如，'010-?'表示字符串中的'-'可选，而'(010-)?'表示整个段可选。

4. 重复次数的范围描述符：重复次数的范围用{*m*,*n*}描述。α{*m*,*n*}能与α匹配的串有*m*~*n*次重复匹配，包括*m*次和*n*次。

例如，a{3,7}与3~7个a构成的串匹配。go{2,5}gle与google、gooogle、goooogle、gooooogle匹配。

重复范围描述符中的*m*和*n*可以省略，α{,*n*}等价于α{0,*n*}，而α{*m*,}等价于α{*m*,infinity}。易见，前面几种重复描述符都可以用这种形式表示：

- α{*n*}等价于α{*n*,*n*}，α? 等价于α{0,1}。
- α* 等价于α{0,infinity}，α+ 等价于α{1,infinity}。

*、+、?、{*m*,*n*}都采取贪婪匹配规则，与被匹配串中最长的合适子串匹配（因为它们可能出现在更大的模式里，还需要考虑上下文的情况）。

5. 非贪婪匹配描述符：前面介绍的运算符都采用贪婪匹配规则，与它们对应的有一组非贪婪匹配运算符。这些运算符的形式分别是*?、+?、??、{*m*,*n*}?（在前面各运算符后加一个问号），其语义与上面几个运算符分别对应，但采用非贪婪匹配（最短匹配）规则。

选择

选择描述符 | 描述与两种或多种情况之一的匹配。如果α或者β与一个串匹配，那么α | β也与这个串匹配。

【例4.1】 a|b|c可匹配a、b或者c。[abc]可以看作其简写，书写更简洁方便；还可以写为[a-c]，但这种写法只能用于连续字符的选择。采用选择描述符可以写出更多模式，例如(ab)|(cd)和(ab*)|c*，这些都不能用字符组的方式描述。

【例4.2】 '0|[1-9]\d*'可以匹配Python语言里的十进制整数（注意，Python中的负号看作运算符，非0整数不能以0开头）。如果是针对独立的字段，可以用这个模式。但它还会与0123开头的0匹配，与abc123、a123b里的123匹配。这些在程序里都不看作整数，需要排除。由此可见，实际匹配中还有上下文要求，后面考虑。

【例4.3】 匹配国内固定电话号码的模式：'0\d{2}-\d{8}|0\d{3}-\d{7,8}'。这样写考虑了区号有两位或三位，三位区号时局地号码为7位或8位。这个正则表达式描述的也是实际集合的超集。例如，实际中两位区号只有010/020/021/022，这一段可以精确化为0(10|20|21|22|23)-\d{8}，另一选择段可以精确化为0[3-9]\d{2}-\d{7,8}。改造后的模式串匹配的字符串集合更小（模式更精确）。

“|”描述符的结合力最弱，比顺序组合还弱，因此上面描述里许多地方都不用括号。

首尾描述符

下面介绍几个用于匹配一行或一个串的头尾的描述符。

1. 行首描述符：以 ^ 符号开头的模式，只能与一行的前缀子串匹配。

例如，re.search('^for', 'books for children')将得到 None。但是，re.search('^for', 'books\nfor children')将匹配成功。

2. 行尾描述符：以 $ 符号结尾的模式，只与一行的后缀子串匹配。

例如，re. search ('fish$', 'cats like to eat fishes')将得到 None，但 re. search('like$', 'cats like\nto eat fishes')将匹配成功。

注意，行前缀和行后缀也包括整个被匹配串的前缀和后缀。如果在串里有换行符，那么还包括换行符前的子串的后缀和换行符后的子串的前缀。见上例。

3. 串首描述符和串尾描述符：\A 开头（或者以 \Z 结束）的模式只与整个被匹配串的前缀（或者后缀）匹配。

至此所有 14 个元字符已经全部介绍完毕。总结一下：圆括号、方括号、花括号分别表示结组、字符组和重复次数；圆点是通配符；星号和加号表示重复；^ 和 $ 表示行首和行尾，反斜线还是转意符。使用转意符 \ 的地方很多，以它作为引导符定义了一批特殊的转意元字符，如 \d、\D 等。它还被用于在模式串里写各种非打印字符（如 \t、\n、……）及其自身（\\）等，以及用于在字符组描述 [] 里写 \^、\- 和 \]。

单词边界

现在再介绍两个转意元字符，用于描述特殊子串的边界。

\b 描述单词边界，它在实际单词的边界位置匹配空串（不匹配实际字符）。单词是字母数字的任意连续序列，其边界就是非字母数字的字符或者无字符（串的开头/结束）。

这里有一个比较麻烦的问题：在 Python 的字符串字面量里，\b 表示退格符，而在 re 的正则表达式里 \b 表示单词边界。处理这个问题有两种办法：

1. 将模式串里的 \ 双写，就表示把 \ 本身送给 re.compile 等函数。例如 '\\b123\\b' 将不匹配 abc123a 里的 123，但匹配 (123,123) 里的 123。
2. 用 Python 原始字符串，其中的 \ 不转意。上面模式可写为 r'\b123\b'。

【例 4.4】 匹配 Python 程序里整数的模式可以写为 '\\b(0+|[1-9]\d*)\\b'，或者用原始字符串的形式简单写为 r'\b(0+|[1-9]\d*)\b'。例如：

```
re_int = r'\b(0+|[1-9]\d*)\b'
```

【例 4.5】 希望匹配可能带正负号的整数，可以考虑模式 '[+-]?\\b(0+|[1-9]\d*)\\b'。这个模式还能匹配 x-5 里的 -5，却不能匹配 3 + - 5 里的 - 5（注意这里负号和 5 之间有一个空格）。这些情况说明，找出表示数值的字符串不是简单的字符串匹配问题。在使用正则表达式时，需要仔细考虑被匹配对象的情况。

【例 4.6】 考虑写一个函数，求出在一个 Python 程序里出现的所有整数之和（注意，Python 把一元的正负号看作运算符，不是整数的一部分）。下面是一个定义：

```
def sumInt(fname):
    re_int = r'\b(0|[1-9]\d*)\b'
    inf = open(fname)
    if inf == None:
        return 0
    int_list = map(int, re.findall(re_int, inf.read()))
    # 也可以修改，改用分行读入的方式
    s = 0
```

```
    for n in int_list:
        s += n
    return s
```

转意元字符 `\B` 是 `\b` 的补，它也匹配空串，但要求位于相应位置的字符是字母或者数字。看一个实例：`re.findall('py.\B', 'python, py2, py342, py1py2py4')` 将得到`['pyt', 'py3', 'py1', 'py2']`。注意，第一个 py2 和最后的 py4 都不匹配，因为紧随它们之后的字符不是字母或数字。

匹配对象（match 对象）

许多匹配函数在匹配成功时返回一个 match 对象，其中记录由完成的匹配得到的信息，可以根据需要从中提取和使用这些信息。现在介绍有关情况。

首先，调用匹配操作的结果可用于逻辑判断，匹配成功时得到的 match 对象总表示逻辑真，不成功得到的 `None` 自然表示假。例如可以写：

```
match1 = re.search(pt, text)
if match1:
    ... match1 ... text ... # 使用match对象的处理操作
```

此外，match 对象提供了一组方法，可用于检查和提取成功匹配得到的信息。下面介绍一些基本用法，更多信息（包括一些可选参数）见 re 包文档。在下面介绍中，`mat` 总表示通过匹配得到的一个 match 对象。

- 取得被匹配的子串：`mat.group()`

  匹配成功时得到 `mat`，所用的正则表达式当然是与目标串里的一个子串成功匹配。操作 `mat.group()`得到的就是这个被成功匹配的子串。

- 在目标串里的匹配位置：`mat.start()`

  取得 `mat` 代表的成功匹配在目标串里的实际匹配位置，这是目标串的一个字符位置，也就是被匹配子串的开始字符在目标串中的下标。

- 目标串里被匹配子串的结束位置：`mat.end()`

  结束位置采用 Python 的常规表示方式。假设 `text` 是得到 `mat` 的函数调用中作为匹配目标的那个字符串。下面关系成立：

  ```
  mat.group() == text[mat.start():mat.end()]
  ```

  也就是说，被匹配串等于被匹配正文中由 `start()` 和 `end()` 确定的切片。

- 目标串里被匹配的区间：`mat.span()`

  得到匹配的开始和结束位置形成的二元组，也就是说

  ```
  mat.span() == mat.start(), mat.end()
  ```

- 其他：`mat.re` 和 `mat.string`（这两个表达式是数据域访问，不是函数）

  它们分别是得到这个 match 对象时用于匹配的正则表达式对象和目标串。

与 match 对象有关的应用实例见后。

模式里的组

正则表达式描述中的另一重要概念是组（group）。用圆括号括起的模式段`(...)`也是一个模式，在做匹配时，这种段与被括起的子模式匹配的串匹配。实际上，在完成匹配的同时，每对圆括号还确定了一个匹配“组”（字符段）。在成功匹配中，模式串里各个组

也都成功匹配，与它们分别匹配的一组字符串从1开始编号，可以通过匹配得到的match对象（假设是mat）的方法调用mat.group(n)获取。组0是特殊情况，表示与整个模式匹配的字符串，前面说过，可以用mat.group()获取（可认为0是参数的默认值）。此外，mat.groups()得到一个元组，其中包含从编号1开始的各个组匹配的串。

模式里各对圆括号确定的组按开括号出现的顺序编号，例如，在语句

```
mat = re.search('.((.)e)f', 'abcdef') #
```

执行时匹配成功，这时mat.group()将会得到'cdef'，mat.group(1)将得到'de'，而mat.group(2)得到'd'。此外，mat.groups()得到('de', 'd')。

组还能支持在后续匹配中使用前面已经成功匹配的段，建立不同的部分匹配之间的约束。由成功的组匹配确定的字符串，可以在模式串的后面部分用\n的形式"引用"，表示要求在该位置匹配同一子串，其中的*n*是表示组序号的整数。

例如：r'(.{2}) \1'可以匹配字符串'ok ok'或者'no no'，但是不能匹配'no oh'。当模式中的组成功匹配了'no'后，该模式串随之要求匹配一个空格，而后要求匹配与前面的组匹配同样的子串'no'，但这时遇到的是'oh'，自然无法匹配。

注意，模式串里组编号引用的形式是\1、\2等。但是在普通字符串里，\1表示二进制编码为1的那个（特殊）字符（通常这个字符被写成0x01，写成\1也可以）。然而，现在我们需要在模式串里写\1、\2等。为解决这个问题，上面采用了原始字符串形式的简化写法。这个模式串的常规写法是'(.{2}) \\1'。

re包也提供了正则表达式的另外一些扩充表示，还有一些细节，这里不再继续讨论了。有兴趣的读者可以自己查看Python文档的有关部分。

其他重要操作

re包里还定义了另外几个与匹配有关的操作，包括：

- re.fullmatch(pattern, string, flags=0)　如果整个string与pattern匹配成功，就返回记录匹配成功信息的match对象，不成功时返回None。
- re.finditer(pattern, string, flags=0)　这个方法的功能与findall类似，但它不是返回一个匹配串的表，而是返回一个迭代器，用法与其他迭代器一样。把它用在for语句的头部，可以顺序取得并处理非重叠的各个匹配得到的match对象。
- re.sub(pattern, repl, string, count=0, flags=0)　这个方法生成替换结果的串，其中string里与pattern匹配的各个非重叠子串将顺序地用另一参数repl替换。如果repl是字符串就直接替换。repl还可以是一个以match对象为参数的函数，遇这种情况，就用实参函数对匹配得到的match对象调用的返回值替换被匹配的子串。

【例4.7】　如果希望把字符串text（例如一个Python程序）里所有的\t都替换为4个空格，可以简单地写re.sub('\t', '   ', text)。

程序包re还定义了另外一些操作，可参考Python文档中有关re的说明。

正则表达式对象

前面说过，re.compile(pattern)生成一个正则表达式对象，这种对象可以在匹配中反复使用。实际上，正则表达式对象本身支持另一组方法，与直接用re.*method*形式调用前面介绍的匹配函数相比，正则表达式对象的方法功能更强，使用也更灵活。

下面介绍中的regex代表一个正则表达式对象，方括号括起的部分可选：

- 检索：regex.search(string[, pos[, endpos]]) 检索给定的目标串 string。可以指定检索的开始和结束位置。按 Python 惯例，两个位置确定了一个左闭右开的区间。默认情况是从头到尾检索 string；如果只给 pos 就从指定位置一直检索到串结束。
- 匹配：regex.match(string[, pos[, endpos]]) 检查给定的串 string 是否有与 regex 匹配的前缀。可用 pos 指定开始匹配前缀的位置，用 endpos 给定被匹配段的终点。
- 完全匹配：regex.fullmatch(string[, pos[, endpos]]) 检查 string 里由指定范围构成的子串是否与 regex 匹配，默认范围是整个串。

下面两个方法与 re 的同名操作功能类似，但可以指明匹配区间：

- regex.findall(string[, pos[, endpos]])
- regex.finditer(string[, pos[, endpos]])

下面两个操作与 re 的同名操作功能相同：

- 切分：regex.split(string, maxsplit=0)
- 替换：regex.sub(repl, string, count=0)

另外，表达式 regex.pattern 取得生成 regex 的那个模式串。

4.5.5 正则表达式的使用

本节简单讨论正则表达式的使用方式，供读者参考。更多应用请参考其他材料。

在一些情况中，目标串里可能存在一些（可能很多）与所用正则表达式匹配的子串，需要逐个处理。这种情况下，采用匹配迭代器的方式最方便。编程模式是：

```
rel = re.compile(pattern) # 这里写实际的模式串
for mat in rel.finditer(text) : # text 是被匹配的目标串
    ... mat.group() ...    # 取得被匹配的子串，做所需操作
    ... text[mat.start()] ... text[mat.end()] ...
```

注意：操作 mat.group()、mat.start() 和 mat.end() 都只能访问被匹配串的内容，所做操作不能（也不会）修改目标串。如果需要基于正则表达式进行字符串的匹配和替换（生成替换后的串），首先应该考虑能不能用正则表达式的 sub 方法。如果能直接写出准备代入的新串，就用这个新串作为 sub 方法中对应 repl 的实参。如果需要代入的新串与被匹配的子串有关，可以按某种规则从被匹配的串构造出来，我们就应该定义一个函数来生成新串，以这个函数作为 sub 方法的 repl 参数。

处理更复杂的匹配情况时，可能需要逐一确定匹配成功的位置，然后完成所需操作。每次匹配可能用不同的模式。这种循环自然应该用 while 描述，即用一个记录位置的变量 pos 存储匹配的起始位置，在每次循环迭代中正确更新 pos 的值。

总结

本章介绍了字符串数据结构及其操作。虽然字符串可以看作字符的线性表，但字符串操作有其特殊之处，很多典型操作都是以字符串（不是以字符串里的字符元素）作为操作对象，有些操作的结果也是字符串。重要操作包括构造、拼接、子串替换等。

字符串匹配是许多串操作的基础，因此受到广泛重视，人们提出了很多字符串匹配算法。朴素匹配算法很容易理解，也容易实现，但效率低。KMP 匹配算法首先分析模式串，

记录确定的移位信息，利用这些信息实现无回溯匹配。其主要思想就是尽可能利用已做过的字符比较的结果，能达到 O(n) 的高效率（n 为目标串长度）。人们提出的其他字符串匹配算法也包含了许多有趣的思想，值得关注。

字符串匹配的推广是基于正则表达式的串匹配。这种匹配有坚实的理论基础，在实践中应用广泛。本章介绍了正则表达式的概念和匹配问题，用一个简化的正则表达式模型帮助读者理解匹配中的一些情况。最后详细介绍了 Python 的正则表达式功能。其他主要语言或库的正则表达式定义都与 Python 类似，可以参考。

模式匹配问题还有许多可能的扩展。例如：

- 近似匹配，一些串中数据是通过测量得到的，原本就不准确。另一些情况本身就不要求准确的匹配，允许少量失误和误差。具体的近似判断可以根据应用的需要定义，例如，定义两个串的接近程度，定义一种“距离”等。
- 更复杂情况中的模式匹配问题，例如，字符串是一种一维描述，我们还可以考虑二维或者高维描述中的模式匹配，等等。

练习

一般练习

1. 复习下面概念：字符，字符集，字符串（串），ASCII，Unicode，字符序，字符串长度，空串，字符的位置（下标），字符串相等，字典序，拼接，子串，子串的出现位置，前缀和后缀，串的幂，串替换，子串检索（子串匹配），Python 的 str 类型，字符串匹配，模式匹配，目标串，模式串，朴素匹配算法，无回溯串匹配算法（KMP 算法），模式，模式语言，描述能力与匹配算法的复杂性，通配符，正则表达式，正则表达式匹配，Python 标准库 re 包，Python 原始字符串，元字符，常规字符，顺序组合（拼接），字符组，重复模式，选择模式，组的概念。
2. 字符串 abcdab 有多少个不同的子串？请列出其所有前缀和后缀（子串）。
3. 找出模式串 acba 在目标串 abccacbacbacabcabbacbbbacbacbacb 中的所有出现。
4. 请用 Python 正则表达式描述下面模式：
   (1) 你所在学校的学号
   (2) 你所在学校的职工号
   (3) 你所在城市的带区号的固话号码
   (4) 身份证号码
   (5) 互联网的 IP 地址
   (6) 图书馆中计算机书籍的馆藏目录索引号的集合
   注意：一般而言，正则表达式描述的字符串集合是实际集合的超集，对于复杂的问题，通常无法给出相应字符串集合的精确描述，这时我们希望描述一个适当的超集。
5. 请利用 Python 的正则表达式功能实现下面操作：
   (1) 选出一个浮点数数据文件中所有采用科学记数法表示的数据。
   (2) 找出网页（html 文件）里的所有链接。
   (3) 找出一个 Python 文件中定义的所有全局函数名字。

编程练习

1. 针对 Python 的 `str` 对象，自己实现一个 `replace` 操作函数。
2. 定义生成器函数 `tokens(string,seps)`，其中 `string` 参数是被处理的字符串，`seps` 是描述分隔字符的字符串，都是 `str` 类型的对象。该生成器逐个给出 `string` 里一个个不包含 `seps` 中分隔字符的最大子串。
3. 请基于链接表的概念定义一个字符串类，每个链接结点保存一个字符。实现其构造函数（以 Python 的

str 对象为参数）。请定义下面方法：求串长度，完成字符串替换，采用朴素方式和 KMP 算法实现的子串匹配。

4. 为上述链接表字符串类增加下面方法：

   (1) find_in(self,another)，确定本字符串的字符中第一个属于串 another 的字符所在结点的位置，返回表示这个位置的整数。

   (2) find_not_in(self,another)，与上面函数类似，但它要查找的是本串里不属于 another 的字符。

   (3) remove(self,another)，从 self 里删除串 another 里的所有字符。

5. 实际中经常需要在一个长字符串里查找与某几个字符串之一匹配的子串。请考虑这一问题并设计一个合理的算法，实现这个算法并分析其复杂性。

6. 请参考 4.3.3 节最后的建议，定义一个模式类，其构造函数基于一个字符串参数生成对象内部的 pnext 数组。修改 KMP 算法，使之使用这种模式对象。

7. 考虑一种字符串匹配方法：如果当前字符匹配成功则继续考虑下一字符，如果失败就将模式串右移一个位置，并从模式串的当前位置继续匹配。经过连续的成功匹配到达模式串右端后，重新从模式串左端开始补足必要的字符匹配，直至做完一次完整的模式串匹配。在这种匹配中的任何时候失败，总按上面说的方式，继续用匹配失败的那个模式串字符与目标串的下一个字符比较。请开发这种想法，实现一个字符串匹配函数。

8. R. S. Boyer 和 J. S. Moore 提出了另一种串匹配算法，采用自右向左比较模式串字符的匹配方式，其中也用了一个失败匹配移动表。请基于这一想法深入分析，考虑如何实现一种字符串匹配算法（请自己查找相关材料）。

9. 在维基百科中有关字符串匹配的网页里描述了一些字符串匹配算法。请从中选出一种或几种其他算法，定义 Python 函数实现该算法。

10. 对 4.4.2 节的简化正则表达式做一点扩充：增加元字符 + 表示前一字符的 1 次或任意多次重复，? 表示前一字符可选出现（即，可以出现或不出现）。请实现相应的匹配函数。

第5章 栈和队列

常用数据结构中有一批结构称为容器。一个容器里可以保存一批数据，称为其元素。容器最重要的性质是其存储能力，存入的数据没有明确删除就可以继续使用，而被删除的数据将不再存在于容器中。容器分为一些种类，每类容器具有相同性质，支持同一组操作，可以定义为一个抽象数据类型。第3章介绍的线性表就是一类容器，表对象除了能保存元素，支持元素访问和删除外，还记录了元素之间的一种顺序关系。

本章介绍另外两类常用的容器，分别称为*栈*（stack）和*队列*（queue），它们都是使用非常广泛的基本数据结构。这里还将介绍它们的一些重要应用。

5.1 概述

栈和队列都是保存数据元素的容器，这就意味着我们可以把元素存入其中，访问保存的元素等。这两种结构支持的元素操作包括查看，也就是说，只是获得与元素的有关信息；还支持弹出，即在取得元素的同时将其从容器中删除。

栈和队列主要用于临时保存数据，这些数据是计算中发现或生成的，可能需要在后续工作中使用。这类情况很常见。计算中产生的数据有可能暂时不用或者用不完，剩下的数据经常需要保存起来。如果可能得到的数据项数在编程时就能确定，那么问题很简单，可以定义几个变量作为临时存储。但如果数据项数不能事先确定，就必须采用更复杂的存储机制，这种存储机制称为*缓冲存储*或者*缓存*。栈和队列就是使用最多的*缓冲存储结构*。

5.1.1 栈、队列和数据使用顺序

栈和队列很简单，只支持数据项的存储和访问，不支持记录数据项之间的任何关系。因此它们的操作集合都很小，最重要的就是存入和取出元素的两个操作。作为数据结构，它们还提供了几个共性操作，如结构创建、检查空（可能还有检查满）状态等。

在计算中，中间数据对象的生成有早有晚，在时间上有先有后。在使用这些元素时，有时可能需要考虑它们的生成时间顺序。典型的两种顺序是：

- 按数据生成的顺序，较后生成并保存的数据需要先行使用和处理。例如做数学题，遇到推导进行不下去时，人们通常是退回一步去考虑其他可能性。另一个典型的例子是一摞碗，可以把新的碗摞上去，取碗的时候，总是取最后放上的碗。
- 按数据产生的顺序，较早产生的数据先行处理。现实生活中这样的例子很多，所有排队服务都属于这种模式。例如，到银行办业务时，先到者先接受服务。具体等待方式并不重要，常见的如直接排入一个等待队列，或是（顺序）拿号后等候叫号，每次得到服务的总是此前尚未得到服务的顾客中最早到达者。

这是最常见的两种情况，其中被访问（使用并可能删除）的数据都是默认确定的，并不需要特别指定。栈和队列就是支持按这两种顺序使用元素的缓存数据结构。

栈和队列只需保证元素存储和存取顺序，并不记录或保证新存入元素与已有元素之间的任何关系。鉴于这两种结构在保证元素的存取时间方面的特点，人们有以下说法：

- 栈是保证元素后进先出（后存入者先使用，Last In First Out）关系的数据结构，简称为LIFO结构。
- 队列是保证元素先进先出（先存入者先使用，First In First Out）关系的数据结构，简称为FIFO结构。

对于一个栈或队列，在任何时候，下次访问或/和删除的元素都默认地唯一确定了。只有新的存入或删除（弹出）操作才可能改变下一次默认访问的元素。从元素操作的层面看，栈和队列的性质完全是抽象的、逻辑的，对于如何实现这种关系（如何落实存取之间的时间顺序关系）没有任何约束，任何能满足要求的技术均可使用。

另一方面，实现时总应该考虑最简单而且自然的技术。由于计算机存储器的特点，要实现栈或队列，最自然的技术是用元素存储的顺序表示它们的时间顺序，这说明，我们可以考虑用线性表作为栈和队列的实现结构。举例来说，如果把元素进入存储结构（栈或队列）实现为线性表的后端插入，那么，当时在结构里存储时间最久的元素一定是表前端的那个元素。如果作为队列，下次访问或删除的就应该是这个元素。存储时间最短的元素一定是刚进入而成为表尾的元素。如果作为栈，下次访问或删除的就应该是这个元素。

5.1.2 应用环境

栈和队列是计算中使用非常广泛的缓存结构，其使用环境可以大致总结如下：

- 计算过程分为一些顺序进行的步骤（任何复杂一点的计算都是这样）；
- 计算中执行的某些步骤会不断产生一些后面可能有用的中间数据；
- 产生的数据中有一些不能立即使用，但又需要在将来使用；
- 需要保存的数据的项数不能事先（在编程序的时候）确定。

这种情况下，通常就需要用一个栈或者队列作为缓存结构。

不难看到，上面的情况在实际计算中普遍存在，因此各种计算机软件里通常都使用了一些栈或队列。栈和队列也是许多重要算法的基础，它们的性质和操作效率对这些算法的效率有决定性的影响，后面章节里可以看到这方面的例子。

由于栈和队列在计算机应用中的重要性，Python 的基本功能中已经包含了对栈的支持，我们可以直接用 `list` 实现栈的功能。此外，Python 标准库还提供了一种支持队列功能的结构 `deque`，有关情况将在5.6.1节简单介绍。

本章将分别讨论这两种结构的情况，包括它们的性质和模型、实现和问题，以及一些应用实例。这里还将讨论一些一般性的问题。

5.2 栈：概念和实现

栈（stack，有些书籍中称为*堆栈*）是一种容器，可实现存入元素、访问元素、删除元素的操作。存入栈中的元素之间没有任何关联，只有到达时间的先后。在这里也不关心元素的存储位置、存储顺序等。栈的基本性质保证在任何时刻，可以访问、删除的元素都是在此之前最后存入的那个元素。因此，栈确定了一种默认元素访问顺序，访问时无须提供其他信息。

5.2.1 栈抽象数据类型

前面的讨论已经说明，栈的基本操作是一个小集合（与线性表的情况不同）。现在给出一个栈抽象数据类型的描述，其中定义的操作包括：栈的创建（创建一个空栈）、判断栈是否为空、将元素压入栈里（也称为进栈或入栈）、从栈中弹出元素并将其返回（也称为退栈或者出栈），以及查看栈元素（查看、访问最后入栈的那个元素）。

最后两个操作都遵循栈的 LIFO 规则，被访问或/和删除的元素按 LIFO 规则唯一确定。很显然，如果做这两个操作的时候栈空，那么操作无定义。在具体实现时需要考虑和适当处理这个问题。下面是栈的抽象数据类型描述：

```
ADT Stack:
    Stack(self)              # 创建空栈
    is_empty(self)           # 判断栈是否为空，空时返回 True，否则返回 False
    push(self, elem)         # 将元素 elem 加入栈，也常称为压入或推入
    pop(self)                # 删除栈里最后压入的元素并将其返回，常称为弹出
    top(self)                # 查看栈里最后压入的元素，不删除
```

虽然栈的基本操作很明确，但具体的设计还是可能有些变化。例如，如果所用实现结构的元素容纳能力不能改变，就需要增加一个判断栈满的函数。也可以考虑让栈的 pop 操作只删除元素但不返回。这些只是小变化，并不影响栈的基本性质。

栈的线性表实现

如前所述，线性表可以看作栈最自然的实现方式，换句话说，栈可以实现为（可以看作）在同一端进行插入和删除的线性表。因此，不少教科书直接把栈称为*后进先出表*（LIFO 表），或者*下推表*。在栈的表实现中，执行插入和删除操作的一端称为*栈顶*，另一端称为*栈底*。访问和弹出的都应该是栈顶元素。图 5.1 展示了一个栈在一系列操作中的变化。

用线性表技术实现栈时，操作只在表的一端进行，不涉及另一端，更不涉及表的中间部分。由于这种情况，我们自然应该选择实现最方便而且保证两个主要操作效率最高的那一端作为栈顶。根据前面有关线性表的讨论，易见下述情况：

- 顺序表的后端插入和删除是 O(1) 操作，应该用这一端作为栈顶（采用顺序表实现，图 5.1 中的表应该反过来，把表尾用作栈顶）。
- 链接表的前端插入和删除都是 O(1) 操作，应该用这一端作为栈顶。

栈顶　　　　栈底
【70 28 13 16 37 45】
入栈4
【4 70 28 13 16 37 45】
入栈8
【8 4 70 28 13 16 37 45】
弹出
【4 70 28 13 16 37 45】
弹出
【70 28 13 16 37 45】

图 5.1　线性表作为栈

实际中的栈都采用这两种技术实现。

5.2.2 栈的顺序表实现

前面说过，空栈不支持访问或弹出，另外，由于实现技术的约束，栈也可能满了而不能再存入元素，这些操作都会失败。在考虑栈的实现之前，我们先为操作失败的处理定义一个异常类。操作时栈不满足需要可以看作参数值错误，我们采用下面的定义：

```
class StackUnderflow(ValueError): # 栈下溢（空栈访问）
    pass
```

异常 StackUnderflow 定义为 ValueError 的子类，类体只有一个 pass 语句，说明不准备为新异常提供任何新功能，只希望与其他 ValueError 异常区分开，出错时能产生不同的错误信息，可以定义专门的异常处理操作。自定义异常同样通过 except 捕捉和处理，但（显然）只能通过 raise 语句引发。

采用顺序表技术实现栈，会遇到实现顺序表时提出的各种问题，例如，是采用简单顺序表还是动态顺序表实现？如果采用简单顺序表，就可能出现栈满情况，继续压入元素就会溢出，应该进行检查和处理。如果采用动态顺序表，存储区满时可以扩容，又会出现存储区的扩容策略问题，以及分偿式的时间复杂度问题。

Python 的 list 及其操作实际上提供了与栈的使用方式相关的功能，可以直接作为栈来使用。相关情况可以如下安排（假定 lst 的值是一个表）：

- 建立空栈对应于创建一个空表 []，栈的判空对应于检查是否是空表。
- 由于 list 采用动态顺序表技术，作为栈的表不会满。
- 压入元素操作应在表的尾端进行，对应于 lst.append(x)。
- 访问栈顶元素应该用 lst[-1]。
- 弹出操作也应该在表尾端进行，无参的 lst.pop() 默认弹出表尾元素。

list 采用动态顺序表技术，压栈具有分偿式 O(1) 时间复杂度，其他操作都是 O(1) 的。

把 list 当作栈使用完全可以满足需要。但是，这样建立的对象还是 list，提供了一大批栈**不应该**支持的操作，威胁到了栈的使用安全性（例如，栈要求未弹出的元素应存在，但表允许任意删除）。另外，这样的“栈”不是独立的类型，这是另一个重要缺点。

为了使概念更清晰、使用更安全、操作更容易理解，可以考虑基于 list 定义一个栈类，构造出一个独立的类型，成为前面抽象数据类型的一个合格实现。把 Python 的 list 隐藏在该类的内部，作为其实现基础（对应于前面说的用表实现栈）。

下面是一个栈类的定义，其中用一个 list 类型的数据属性 _elems 作为栈元素存储区，把 _elems 的首端作为栈底，尾端作为栈顶：

```
class SStack():  # 基于顺序表技术实现的栈类
    def __init__(self):  # 用 list 对象 _elems 存储栈中元素
        self._elems = [] # 所有栈操作都映射到 list 操作

    def is_empty(self):
        return self._elems == []

    def top(self):
        if self._elems == []:
            raise StackUnderflow("in SStack.top()")
        return self._elems[-1]

    def push(self, elem):
        self._elems.append(elem)

    def pop(self):
        if self._elems == []:
            raise StackUnderflow("in SStack.pop()")
        return self._elems.pop()
```

所有操作都直接映射到对应的表操作。创建时建立一个空栈，top 和 pop 操作都先检查栈的情况，栈空时引发异常。属性 _elems 只在内部使用，采用下划线开头的名字。

请注意这里的两个 raise 语句，它们都有一个字符串实参，产生的异常对象将携带这些信息。我们可以利用这种实参，从异常的引发处向捕捉异常的处理器传递信息。这里的简单字符串将在 Python 解释器报错时显示，说明错误的出处。在更复杂的情况里，我们可以通过异常的参数传递有用的状态信息，供异常处理器使用。

有了上面的定义，这里给出一段使用 SStack 类的代码：

```
st1 = SStack()
st1.push(3)
st1.push(5)
while not st1.is_empty():
    print(st1.pop())
```

5.2.3　栈的链接表实现

本小节考虑如何基于链接表技术实现一个栈类——链接栈。由于基础是链接表，我们直接借用第 3 章定义的 LNode 类作为链中的结点。

这里的讨论既是为了完整，也有实际意义。list 可以自动扩大存储，基于它定义的栈类不会出现栈满的情况，因此应能满足大部分实际需要。那么为什么还需要考虑基于链接的栈实现？这里主要考虑顺序表的两种情况：扩容需要做一次高代价操作；顺序表需要完整的大块存储区。链接技术在这两方面都有优势。链接实现的缺点是更多依靠解释器的存储管理，结点有链接的开销，结点在内存中任意散布也可能影响操作效率。

前面说过，由于所有栈操作都在线性表的一端进行，采用链接表技术，应该用表头一端作为栈顶，表尾作为栈底，使操作实现方便，效率高。链接栈类的定义很简单：

```
class LStack():  # 基于链接表技术实现的栈类，用 LNode 作为结点
    def __init__(self):
        self._top = None

    def is_empty(self):
        return self._top is None

    def top(self):
        if self._top is None:
            raise StackUnderflow("in LStack.top()")
        return self._top.elem

    def push(self, elem):
        self._top = LNode(elem, self._top)

    def pop(self):
        if self._top is None:
            raise StackUnderflow("in LStack.pop()")
        p = self._top
        self._top = p.next
        return p.elem
```

这个类的使用方式和 SStack 完全一样。从使用的角度看，这两个类除了类名不同外，完全可以相互替代。这也是抽象数据类型的功劳。

5.3　栈的应用

栈是最简单的数据结构，其实现直截了当，不需要过多讨论。另一方面，栈的应用非

常广泛，本节将介绍几个简单应用，供读者参考，也希望读者能举一反三。

栈是算法和程序里最常用的辅助结构，其用途基于两个方面：

- 如前所述，使用栈可以很方便地保存和取用信息，因此它常被作为算法或程序里的辅助存储结构，用于临时保存信息，供后面的操作使用。
- 栈具有后进先出的性质，利用这种性质可以保证特定的存取顺序。对于许多实际应用，这种后进先出的性质非常重要。

实际应用中都以某种方式利用了这两方面的特性。

作为最简单的应用，栈可用于颠倒一组元素的顺序。把所有元素按顺序全部入栈，再顺序取出，就能得到反序的序列。设 list1 是需要倒序的元素系列，执行下面的代码段：

```
st1 = SStack()
for x in list1:
    st1.push(x)
list2 = []
while not st1.is_empty():
    list2.append(st1.pop())
```

现在 list2 存储的就是 list1 中序列的反序序列，整个操作的代价为 $O(n)$。

如果允许入栈和出栈操作任意交错，通过不同的操作序列，可以得到不同的元素序列。注意，这种做法不能得到原序列的任意排列，结果序列有一定规律。请读者分析和研究。

下面介绍栈的若干典型应用，有些非常具体，也有些是一大类应用的代表，更有典型性。

5.3.1 简单应用：括号匹配问题

在许多正文中都有括号，特别是在表示程序、数学表达式的正文片段里。括号有正确配对问题。作为例子，下面考虑 Python 程序里的括号，可以看到：

- Python 程序中有多种不同的括号，下面只考虑其中三种：圆括号、方括号和花括号。
- 每种括号都包括一个开括号和一个闭括号，相互对应。括号括起的片段可能嵌套，各种括号都应该正确地嵌套并分别配对。

不难总结出检查括号配对的基本原则：在扫描代码正文的过程中，遇到的闭括号应该与此前最近遇到且尚未获得匹配的开括号配对。如果最近的未匹配开括号与当前闭括号不配对，或者找不到这样的开括号，就是匹配失败，说明这段正文里的括号配对有误。

由于存在多种不同括号，每种括号都可能出现任意多次，而且可能任意嵌套，为了检查是否匹配，必须在扫描中保存遇到的开括号。因为写程序时无法预知被处理的正文里有多少括号需要保存，所以不能用固定数目的变量来保存，必须用缓存结构。

括号可能嵌套，需要逐对匹配：当前闭括号应该与前面**最近**的尚未配对的开括号匹配，下一闭括号应与前面**次近**的括号匹配。这说明，所存开括号的使用原则是后存入者先用，符合 LIFO 原则。进而，如果一个开括号已配对，就应该删除它，为随后的匹配做好准备。显然，扫描中后遇到并保存的开括号将先配对并删除，也就是按出现顺序后进先出。这些情况说明，为正确支持匹配工作，应该用栈保存开括号。

通过上面的分析，处理这个问题的脉络已经很清楚了：

- 顺序扫描被检查代码正文（一个字符串）里的一个个字符。
- 检查中跳过无关字符（所有非括号字符都与当前处理无关）。
- 遇到开括号时将其压入栈。
- 遇到闭括号时弹出当时的栈顶元素与之匹配。
- 如果匹配成功则继续；发现不匹配时，整个检查以失败结束。可以报错。

现在考虑定义一个函数完成这个检查。在这里需要区分哪些字符是括号、哪些字符是开括号，还需要知道括号之间的配对关系。我们先定义几个变量记录检查中需要用到的数据：

```
parens = "()[]{}"  # 所有括号字符
open_parens = "([{"  # 开括号字符
opposite = {")":"(", "]":"[", "}":"{"} # 表示配对关系的字典
```

变量 parens 的值是所有括号字符的串，可用于检查字符是否为括号；open_parens 的值是所有开括号；opposite 是记录匹配关系的字典，支持从闭括号找到对应的开括号。

有了上面这些数据准备，检查函数的定义已经很简单了：

```
def check_parens(text):
    """括号配对检查函数，text 是被检查的正文串"""
    parens = "()[]{}"
    open_parens = "([{"
    opposite = {")":"(", "]":"[", "}":"{"} # 表示配对关系的字典

    def parentheses(text):
        """括号生成器，每次调用返回 text 里的下一括号及其位置"""
        i, text_len = 0, len(text)
        while True:
            while i < text_len and text[i] not in parens:
                i += 1
            if i >= text_len:
                return
            yield text[i], i
            i += 1

    st = SStack()  # 保存括号的栈
    for pr, i in parentheses(text): # 对 text 里各括号和位置迭代
        if pr in open_parens:        # 开括号，压进栈并继续
            st.push(pr)
        elif st.pop() != opposite[pr]: # 不匹配就是失败，退出
            print("Unmatching is found at", i, "for", pr)
            return False
        # else: 执行到此就是一次括号配对成功，什么也不做，继续

    print("All parentheses are correctly matched.")
    return True
```

函数的主体部分很简单，先建立一个栈 st，然后逐个处理遇到的括号（由独立的括号生成器函数 parentheses 获得）：开括号直接进栈，闭括号与栈顶括号匹配。如果匹配就继续，发现不匹配时输出信息后结束。循环体里的 if 语句没有最后的 else 部分，在相应情况下无须操作。这里写了一个注释，明确说明考虑了这个问题，避免读程序的人误解。对此类情况，人们有时也写一个 pass 作为 else 的体，明确表示这里不需要任何动作。

最重要的工作由局部函数 parentheses 完成，这是一个生成器（generator）函数，可称为括号生成器。它扫描参数 text 里的字符，遇到括号时就生成这个字符和它在 text 里的位置，交给主程序处理。这个生成器一次生成一对结果，主函数的 for 循环里用两个变量接受这一对值。给出字符位置，就是为了生成更好的出错信息。

主函数 check_parens 的使用非常简单，很容易确认它确实能完成工作。

完成了这样一个函数后，现在做一点总结：

1. 函数里利用了栈的后进先出性质，这是完成工作的关键。
2. 首先准备好计算中需要使用的数据。虽然在整个程序里这几个变量都只在一个地方使用，但把它们独立出来，使程序更清晰易读，也易于修改，值得提倡。
3. 函数里充分利用了 Python 丰富的数据结构和操作，如 in 和 not in 等运算符和字典。
4. 把检查正文并找出括号的工作定义为一个独立的生成器函数，使整个函数的代码有了很好的功能划分，意义清晰，也更便于修改和维护。

当然，上面定义的只是一个能初步解决问题的函数，要把它用于实际，还需要做许多工作。例如，如果用于检查实际 Python 程序里的括号配对，正文扫描中就需要跳过注释和字符串等。由于上面函数设计时有很好的功能划分，要处理程序中的更多情况，只需要修改括号生成器，主函数中完成匹配部分完全不需要修改。有关工作留给读者作为练习。

5.3.2 表达式的表示、计算和变换

算术表达式是人的一生中最早接触的形式化描述，我们从小学时代起就开始写各种数学表达式，先是写算术表达式，后来写代数表达式等。

表达式和计算的描述

数学表达式中最重要的构造符号是一组二元运算符。在最常见的表达形式中，二元运算符写在两个运算对象之间，这种写法称为中缀表示形式，按中缀形式写出的表达式称为中缀表达式。中缀表示是一般人最早开始使用的，也是最习惯的表达式形式。

但是实际上，作为表达式的一种形式，中缀表示很难统一地贯彻，一元和多元运算符都难以用中缀形式表示。在数学表达式里，函数可以有任意多个运算对象（函数参数），函数符号（函数名）一般写在运算对象之前，这种写法称为前缀表示。为了界定函数的参数范围，通常用括号将它们括起来。一元运算符可能写在运算对象前面（如正负号）或后面（如阶乘运算符）。可见，表达式的习惯形式是中缀表示和前缀表示等的结合。

假设每个运算符的元数（运算对象个数）确定且唯一[㊀]。在描述表达式时，最重要的问题是要正确地说明计算的顺序。中缀表达式的主要缺点就在这里：它不足以表示所有可能的计算顺序，需要通过辅助符号、约定和/或辅助描述机制来表示。

首先，必须为中缀表达式引进括号的概念，规定先做括号里的运算，以便于强制要求特定的计算顺序。写出所有的括号可能太麻烦。为了解决这个问题，人们引进了优先级的概念，给各种运算符规定不同的优先级（或称优先级关系，如先乘除后加减），优先级高的运算符结合性强。多个运算符相继出现时，先做优先级高的运算。只有这些还不够，还

㊀ 实际上，这个假设也有点问题。例如 + 和 - 既作为二元运算符，又作为一元运算符（正号和负号）。根据上下文可以判别每个运算符对应的元数，因此可以区分这两种情况。

要规定相邻运算符具有相同优先级时的计算顺序（运算符的结合性）。

实际上，（数学）表达式并不一定采用习惯的形式写出。例如，可以采用纯粹的前缀表示，这样写出的表达式称为*前缀表达式*。还有一种写法称为*后缀表示*，其中所有运算符（包括函数）都写在它们的运算对象之后，这样写出的表达式称为*后缀表达式*。实际上，后缀表达式特别适合计算机处理。前缀表达式也称为*波兰表达式*，由波兰数学家J. Lukasiewicz于1929年提出；后缀表达式也称为*逆波兰表达式*。

考虑计算顺序时，出现了有趣的情况，在前述（运算符的元数均确定且唯一）假设下，前缀表达式和后缀表达式都不需要括号，也不需要任何有关优先级或结合性的规定，任意表达式的计算顺序都自然地确定了：对于前缀表示，每个运算符的运算对象就是它之后的几个完整表达式，表达式个数由运算符的元数确定。后缀表示的情况类似但位置相反。

由此可见，中缀表达式的表达能力最弱。给中缀表达式增加了括号以后，几种表达方式具有同等表达能力。优先级和结合性的规定只是为了使用方便。

我们对几种表达式形式做一点对比。按照规定，人们习惯的3 + 2在前缀形式下应写成+ 3 2，在后缀形式下应写成3 2 +。下面是同一个算术计算过程的三种表示形式：

- 中缀形式：`(3 - 5) * (6 + 17 * 4) / 3`
- 前缀形式：`/ * - 3 5 + 6 * 17 4 3`
- 后缀形式：`3 5 - 6 17 4 * + * 3 /`

下面将首先考虑后缀表达式的求值问题，其中假定要处理的是简单算术表达式，运算对象都是浮点数形式表示的数，只有四个运算符`+`、`-`、`*`、`/`（加、减、乘、除），它们都是二元运算符。而后讨论不同表达式形式之间的转换（这里只考虑中缀形式和后缀形式），研究相应的转换算法。最后讨论中缀表达式的求值问题。

后缀表达式的计算

为了便于分析有关计算过程，我们先假设有一个函数`next_item()`，调用它就能得到输入正文中的下一项。项可以是一个数（基本运算对象）或者一个运算符。根据后缀表达式的计算规则，计算过程中应该顺序检查表达式里的每个项，分两种情况处理：

- 遇到基本运算对象（数）时，应该保存它以备后面使用；
- 遇到运算符（函数名也一样，下面不考虑）时，应该根据其元数（下面假定都是二元运算符），取得前面最近遇到的几个运算对象或已完成运算的结果（二元运算符都取两个对象或结果），应用这个运算符（或函数）计算，并保存得到的结果。

显然，这里又遇到了需要保存信息以备将来使用的问题。那么，应该怎样记录这些信息呢？由于表达式可以任意复杂，不能事先确定需要记录的信息项数，因此必须用一个缓存结构。采用什么结构要根据计算的性质决定。首先分析情况：

- 需要保存的是已经掌握的数据，无论这些数据是直接得到的，还是由前面的运算计算出来的，都需要缓存。因为这些中间结果当时还不能立刻使用。
- 处理运算符时要使用此前最后记录的几个结果（项数由运算符的元数确定，现在都是2）。

显然，这里的情况是典型的后保存者先使用，应该用栈作为缓存结构。

上面的分析其实已经说明了有关算法的基本结构，实际编程就是用Python语言写出这个算法。首先考虑算法的框架，不难给出下面的表述：

```
设 st 是一个栈，算法的核心是下面循环
while 还有输入：
    x = next_item()
    if is_operand(x): # 是运算对象，转换为浮点数并入栈
        st.push(float(x))
    else:                  # 否则，是（二元）运算符
        a = st.pop()   # 第二个运算对象
        b = st.pop()   # 第一个运算对象
        ... ...   # 用运算符 x 对 a 和 b 计算
        ... ...   # 计算结果压入栈
```

这里用到了几个辅助函数，它们的实现依赖于具体情况，包括：(1) 被求值的表达式从哪里获得；(2) 表达式如何表示（例如，我们可以考虑用字符串表示）。

下面假定后缀表达式的求值由一个函数完成，被求值表达式由参数得到，对应实参应该是一个字符串，其内容是需要求值的后缀表达式，项之间由空格分隔。

为了使程序更清晰，这里先定义一个包装过程，把字符行划分成项的表：

```
# 定义一个函数，把表示表达式的字符串转化为项的表后计算
def suffix_exp_evaluator(line):
    return suf_exp_evaluator(line.split())
```

仔细看看上面的算法框架，如果处理运算符时栈中元素不足两个，操作应该失败。还有，在处理完整个表达式的时刻，栈里应该只剩下计算结果。这两个操作都需要检查栈的深度，然而，前面的栈类并不支持这种操作。为了满足程序的需要，我们通过继承定义一个扩充的栈类，增加一个检查栈深度的方法（不改变栈元素，不会破坏栈的安全性）：

```
class ESStack(SStack):
    def depth(self):
        return len(self._elems)
```

下面是核心求值过程的定义，函数的参数 exp 应该是一个项的表。与前面的设计相比有一些小修改，还填补了一些前面没有讨论的细节。

```
def suf_exp_evaluator(exp):
    operators = "+-*/"
    st = ESStack() # 扩充功能的栈，可用 depth()检查栈元素个数

    for x in exp:
        if x not in operators:
            st.push(float(x))   # 不能转换将自动引发异常
            continue

        if st.depth() < 2:  # x 必为运算符，栈元素不够时引发异常
            raise SyntaxError("Short of operand, suf_exp_evaluator")
        a = st.pop() # 取得第二个运算对象
        b = st.pop() # 取得第一个运算对象

        if x == "+":
            c = b + a
        elif x == "-":
            c = b - a
        elif x == "*":
            c = b * a
```

```
        elif x == "/": # 这里可能引发异常 ZeroDivisionError
            c = b / a
        else:           # 表达式里出现非浮点数也非加减乘除的符号，报错
            raise SyntaxError("Unknown symbol, suf_exp_evaluator")

        st.push(c)

    if st.depth() == 1:
        return st.pop()
    raise SyntaxError("Extra operand, suf_exp_evaluator")
```

这里改用 for 循环，对 exp 中每个项迭代一次。非运算符的处理就是进栈。一旦确定了当前项是运算符，我们先检查栈中运算对象是否够用，不够时抛出异常。处理完整个表达式时，栈里应该只剩一项结果，否则就是表达式结构有误，也会引发异常。

为了方便用户使用，再定义一个交互式的驱动函数（主函数）：

```
def suffix_exp_calculator():
    while True:
        try:
            line = input("Suffix Expression: ")
            if line == "end": return
            res = suffix_exp_evaluator(line)
            print(res)
        except Exception as ex:
            print("Error:", type(ex), ex.args)
```

对于上面的程序，有几点值得注意：

- 首先，这里假定后缀表达式里不同的项和运算符之间都有空格。在这种情况下，简单地用 str.split()就能得到一个项表。如果没有这一前提，就需要采用更复杂的技术去解析输入串。这方面的细节不是我们讨论的主题，这里不详细介绍，有兴趣的读者可以自己考虑。但请注意，无论如何，都需要先严格地定义合法表达式的形式。
- 主函数里用一个 try 语句捕捉用户使用中的异常，保证这个计算器不会因为用户输入错误而结束。对于交互式程序，用户出错的可能性时时存在，如表达式里出现除 0，或者表达式形式有误。作为交互式程序，应设法保证用户使用中出错时我们的程序不崩溃，而且能合理地继续下去。必要时应该给出错误信息，帮助用户理解出错情况。
- 语句 except Exception as ex 有两重意思：Exception 是所有系统和用户定义异常的基类，捕捉 Exception 就是捕捉所有异常，这就保证了无论运行中出现什么情况，这个计算器都能继续工作。as ex 子句要求把捕捉的异常约束于变量 ex，使后面的处理器代码能通过 ex 找到异常里携带的信息。最后的 print 语句先输出串“Error:”，然后输出所捕捉异常的类型，最后输出引发异常时提供的实际参数。例如，前面计算器里有“raise SyntaxError("Extra operand.")”，如果运行中捕捉到这个语句引发的异常，输出信息就会包括“Extra operand.”。

中缀表达式到后缀表达式的转换

前面说过，在几种表达式形式中，中缀表达式最复杂，需要引入括号等设施，因此对它的求值比较难处理。前一小节定义了一个后缀表达式计算器，如果能把中缀表达式转换

为后缀表达式，我们就可以利用前面定义的后缀表达式计算器了。

现在考虑如何完成这一转换。为了分析这里的情况，我们重看前面的例子。

- 中缀：`(3 - 5) * (6 + 17 * 4) / 3`
- 后缀：`3 5 - 6 17 4 * + * 3 /`

对照这两个表达式，可以看到转换中需要考虑的一些情况：1）在扫描中缀表达式的过程中，如果遇到基本运算对象，就应该将其直接送出，作为后缀表达式的一个项（在后缀表达式里，运算对象出现在对应的运算符之前）；2）把运算符输出到后缀表达式就是要求执行相应的计算，需要仔细控制输出的时机。考虑运算符在后缀表达式里的出现位置时，必须处理好中缀表达式的优先级和结合性等问题。对这个问题，可以做出如下的分析：

- 对于运算符，只有看到下一运算符的优先级不高于它时，才应该做这个运算符要求的计算，也就是说，把该运算符输出到后缀表达式。说得更清楚些，就是在遇到运算符 o 时，应该用它与前面尚未执行的运算符（假设是 o'）比较。如果 o 的优先级不高于 o'，就应该做 o' 要求的计算（也就是输出 o'）。最后记录 o（无论做没做 o' 的计算）。
- 处理过程中，总要拿当前运算符与尚未使用的最近运算符比较，而且可能删除该最近运算符，这就是后保存的信息先用（与现存的最近运算符比较，并可能用掉它）。此外，需要记录的运算符个数无法事前确定。所以，应该用栈保存尚未使用的运算符。
- 转换中需要处理括号问题。表达式里的括号是配对的，左括号表示一个应该优先计算的子表达式的起点，需要记录。右括号表示应优先计算的子表达式到此为止，因此，遇到右括号时，需要逐个送出（弹出）栈里的运算符（做它们要求的计算，后入栈的必定具有更高优先级），直至遇到左括号时也将其弹出。
- 此外，扫描完整个中缀表达式的时刻，栈里可能还剩下一些运算符。它们的计算都应该进行，也就是说，应该逐一弹出它们，送到后缀表达式。

上面的分析已经囊括了处理中缀表达式的过程中可能遇到的所有情况，其中都要求后遇到的运算符或括号先处理，而且只需要考虑运算符和括号。这就说明，只用一个记录运算符的栈就足够了。在操作中，还需要特别注意检查栈空的情况。

下面考虑转换算法。为了使算法更清晰，我们同样先准备一些数据：

```
priority = {"(":1, "+":3, "-":3, "*":5, "/":5}
infix_operators = "+-*/()"  # 把 '(', ')' 也看作运算符，但特殊处理
```

字典 `priority` 为每个运算符关联一个优先级。给开括号“(”关联了最低的优先级，保证其他运算符不会将其弹出，只有“)”能弹出它（通过特殊的处理）。另外，在考虑表达式中项的分类时，我们把括号也看作运算符。

我们给出下面的转换函数定义，返回的结果是用一个表记录的后缀表达式：

```
def trans_infix_suffix(line):
    st = SStack()
    exp = []

    for x in tokens(line):  # tokens 是一个待定义的生成器
        if x not in infix_operators:  # 运算对象直接送出
```

```
            exp.append(x)
        elif st.is_empty() or x == '(': # 左括号进栈
            st.push(x)
        elif x == ')': # 处理右括号的分支
            while not st.is_empty() and st.top() != '(':
                exp.append(st.pop())
            if st.is_empty(): # 没找到左括号，就是不配对
                raise SyntaxError("Missing '('.")
            st.pop() # 弹出左括号，右括号也不进栈
        else: # 处理算术运算符，运算符都看作左结合
            while (not st.is_empty() and
                   priority[st.top()] >= priority[x]):
                exp.append(st.pop())
            st.push(x) # 算术运算符进栈

    while not st.is_empty(): # 送出栈里剩下的运算符
        if st.top() == '(': # 如果还有左括号，就是不配对
            raise SyntaxError("Extra '('.")
        exp.append(st.pop())

    return exp
```

变量exp记录转换得到的后缀表达式，采用项表的形式。函数的实现完全参照前面的情况分析：遇到运算对象时直接输出；遇到左括号时总进栈；遇到右括号时特殊处理；遇到运算符时与栈顶元素比较，可能弹出一些运算符放入表 exp，最后把当前运算符进栈。

为了测试方便，我们定义一个专门用于测试的辅助函数：

```
def test_trans_infix_suffix(s):
    print(s)
    print(trans_infix_suffix(s))
    print("Value:", suf_exp_evaluator(trans_infix_suffix(s)))
```

生成器函数 tokens 逐一产生输入表达式里的各个项：

```
def tokens(line):
    """ 生成器函数，逐一生成 line 中的一个个项。项是浮点数或运算符。
    本函数不能处理一元运算符，也不能处理带符号的浮点数。 """
    i, llen = 0, len(line)
    while i < llen:
        while i < llen and line[i].isspace():
            i += 1
        if line[i] in infix_operators: # 运算符的情况
            yield line[i]
            i += 1
            continue

        j = i + 1 # 下面处理运算对象

        while (j < llen and not line[j].isspace() and
               line[j] not in infix_operators):
            if ((line[j] == 'e' or line[j] == 'E') # 处理负指数
                 and j+1 < llen and line[j+1] == '-'):
                j += 1
            j += 1
        yield line[i:j] # 生成运算对象子串
        i = j
```

函数定义不复杂，对输入参数有一些假设：输入 line 是字符串，表示一个中缀表达式；表达式的各项之间可以有任意多个空格；加减乘除符号作为运算符，它们与前后项之间可以有或没有空格；非空格且非运算符的一段就是一个运算对象，其中如果出现 E 或 e，它后面可以有一个可能带负号的指数部分。这里没仔细检查运算对象是否符合 Python 的浮点数格式。

显然，这个计算器的处理功能有限，它不能处理负号（和负数），也不能处理一元运算符。为了更好地处理算术表达式，首先需要定义“项”的形式和表达式的结构，然后根据这套结构实现将字符串分解为项的函数（例如用生成器函数）。这一过程称为*词法分析*和*语法分析*，有关思想和技术是“编译原理”课程的内容，这里不讨论了。我们也可以只考虑算术表达式，设计一套更简单的处理方式。有关分析和处理留给读者考虑。

中缀表达式的求值

由前面讨论可知，中缀表达式的求值比后缀表达式复杂。结合前两小节的工作可以完成这一求值工作。请读者定义一个函数，调用前两小节定义的函数完成这一计算。

现在考虑另一种方式，不经过后缀表达式过渡，直接实现一个中缀表达式求值的函数。在这样做的时候，我们需要统一地考虑下面几个问题：

- 运算符的优先级。
- 括号的作用。
- 根据扫描表达式过程中的情况，确定完成表达式中各个运算的时机。
- 在需要做某个运算时，能找到正确的运算对象。

前一小节研究了从中缀形式到后缀形式的转换算法，其中解决了上面的前三个问题。转换中使用了一个运算符栈，操作中完成了对运算符优先级和括号的处理，其中需要比较运算符的优先级，根据情况压入/弹出它们。实际上，在该过程中生成后缀表达式的某个运算符的时刻就是应该执行相应运算的时刻。现在考虑上面提出的最后一个问题。

现在需要直接计算中缀表达式，扫描中遇到运算对象时就不能输出，必须保存起来，以便在需要时能容易地找到它们。根据后缀表达式的计算规则，需要做运算时，运算对象应该是前面最近遇到的数或最近计算得到的结果。在后缀表达式计算器里用一个栈保存这些数据，现在可以模拟它。另外引进一个*数据栈*，保存这些运算对象。

有了上面提出的这两个栈，我们就可以把两个过程编织在一起，组合成一个统一的过程。总结这个计算过程，扫描中可能出现下面的几种情况和相应的操作：

1. 遇到运算对象（数）时将其压入数据栈（后缀表达式计算器的动作）。
2. 遇到运算符和括号时，按照前面转换算法中的方式，分几种情况处理。
   (1) 左括号：压入运算符栈。
   (2) 右括号：弹出运算符完成计算，直至弹出对应的左括号。
   (3) 其他运算符：按前面做法，基于优先级处理。
3. 确定了需要应用一个运算符时：
   (1) 其运算对象（数据）就是数据栈顶的两个项。
   (2) 计算得到的结果还需压进数据栈。
4. 处理完整个表达式后，逐项弹出运算符栈剩下的运算符并执行计算，每次结果入栈。

易见，这里的第1项和第3项与后缀表达式计算中的处理方式一致，第2项和第4项与表达式转换算法中的处理方式一致。

写出函数定义的工作留作读者的练习。函数实现的细节可以参考前面两节里的算法，例如其中优先级的处理细节。辅助函数 `tokens` 可以直接使用。

5.3.3　栈与递归

如果在一个定义（例如Python函数定义）里引用了正在被定义的对象（例如被定义的函数）本身，人们就说这个定义是一个*递归定义*。类似地，如果一种数据结构里的某个或某几个部分具有与整体同样的结构，人们也称它为一种*递归结构*。

例如，在Python里定义函数时，我们可以在函数的体里调用这个函数（称为*递归调用*）。这说明，在该函数需要完成的工作中，有一部分需要通过对自己的调用完成，这就是典型的递归定义。另一方面，单链表是递归结构的典型实例：这样的表可能为空；而在其非空时，链接在第一个结点之后的部分也具有同样的结构。

在递归定义或递归结构中，递归的部分必须比原来的整体简单，这样才可能达到某种终结点（称为*递归定义的出口*）。显然，这种终结点必须是非递归的其他结构，否则就会出现无限递归，不能构成良好的定义。例如，结点链的空链接（前面用 `None` 表示）就是递归的终点。另一方面，递归定义的函数体里也需要有直接给出结果的分支。

作为另一个例子，表达式也是一种递归结构。一种*表达式的递归定义*如下：

常量、变量是表达式；

如果 e_1、e_2 是表达式，op 是运算符，那么 e_1 op e_2、op e_1、(e_1) 也是表达式。

这里的常量和变量是基本表达式，它们不是递归的。其他表达式（组合表达式）是基于更简单的表达式和运算符构造起来的，这里有二元运算符、一元运算符和括号。

阶乘函数的递归计算

【例】　对于阶乘函数 $n!$，其数学定义就是递归的：

$$\text{fact}(n)=\begin{cases}1 & n=0\\ n\times\text{fact}(n-1) & n>0\end{cases}$$

相应的Python函数（一种定义方式）如下：

```
def fact(n):
    if n == 0:
        return 1
    else:
        return n * fact(n-1)
```

递归算法（和递归定义的函数）非常有用，它们特别适用于被解决的问题、需要计算的函数或者要处理的数据具有递归性质的情况。但这里有一个问题：递归函数执行中会递归地调用自身，而且还可能继续这样递归调用。在计算机中如何实现这种过程呢？

我们考虑上面递归定义的函数 `fact`，考察一下它的计算过程。以 `fact(6)` 的计算为例，不难看到下面一些情况：

- 为了得到 `fact(6)` 的结果，必须先算出 `fact(5)`。
- 在计算 `fact(6)` 时，这个函数的参数 `n` 取值6；而在递归调用计算 `fact(5)` 时，函数的参数 `n` 取值5，并如此递归下去。
- 递归调用算出 `fact(5)` 的值之后，还需要乘以6（这是在调用 `fact(5)` 之前参数 `n`

的值），以便得到 fatc(6) 的计算结果。这说明在递归调用 fact(5) 时，参数 n 的值是 6 的情况需要记录（存储）。同样，在计算 fact(5) 中调用 fact(4) 时，也需要记录这个调用之前参数 n 的值是 5 的事实。继续向下递归的情况都与此类似。

- 显然，需要这样记录的数据的量与递归的层数成正比（呈线性关系），一般而言，数量上没有限制，因此不能通过预先定义几个整型变量的方式保存。
- 在这样一系列调用时保存的数据中（如上面说的 6、5…），较后保存的数据将较先使用，因为函数返回的顺序与调用顺序相反，后进入的调用先返回。

如前所述，这种后进先出的使用方式和数据项数无明确限制的情况，说明需要（也应该）用一个栈来支持递归函数的实际运行。这样的栈称为*程序运行栈*。

现在看看阶乘函数的计算过程。假定需要计算 fact(3)，其执行中调用 fact(2)，进而调用 fact(1) 及 fact(0)，图 5.2 展示了这一串调用之间的控制流和数据流关系。调用 fact(3) 以实参 3 启动函数 fact 的执行，执行中调用 fact(2)，进而调用 fact(1)。调用到 fact(0) 返回，作为 fact(0) 的结果得到的值 1 参与 fact(1) 里的计算，算出结果后进一步返回。整个过程一直进行到初始调用 fact(3) 返回结果 6 时结束。

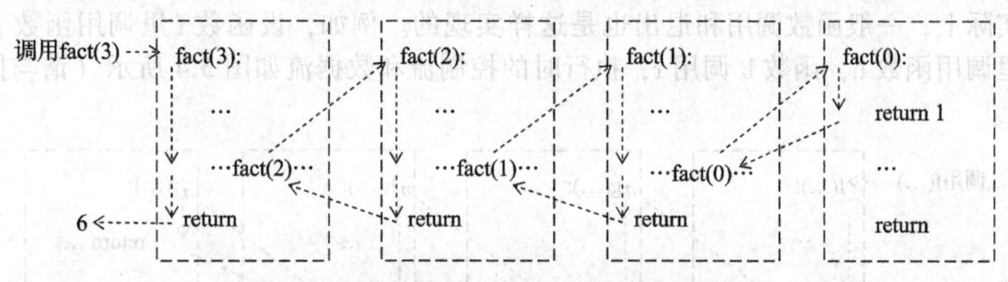

图 5.2　计算 fact（3）过程中的控制流和数据流

图 5.3 描绘了这个计算过程中程序运行栈的变化情况。各小图中标着 *n* 的一列格子记录保存在栈里的函数参数，标着 fact 的格子表示递归调用 fact 返回的值，标着 res 的格子表示本次函数调用的结果，显然 res 应等于 n*fact。图中箭头指明状态变化的过程。

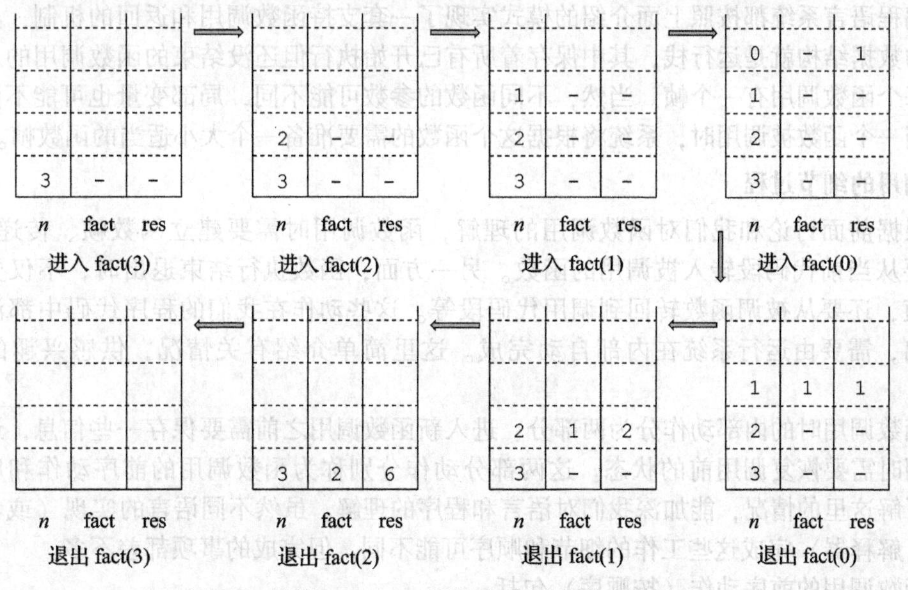

图 5.3　计算 fact（3）过程中运行栈的变化情况示意

第一个小图表示函数调用 fact(3) 开始执行的状态，这时参数 3 入栈；随后执行调用 fact(2)，参数 2 入栈，等等。调用 fact(0) 执行时直接得到 res 等于 1，然后各个调用逐一返回：调用 fact(0) 返回结果 1，使尚未结束的 fact(1) 调用算出 res 值为 1，等等。这样一层层计算并退出，直到 fact(3) 算出结果 6 并最终退出为止。

栈与递归/函数调用

函数执行中都有自己的局部状态，包括函数形参和局部变量的值。递归定义的函数（假设函数名是 rec）也是如此。当 rec 执行中递归调用自己时，当时的局部状态可能在调用返回后继续使用，因此这种状态信息需要保存。前面的讨论说明，为了支持递归定义函数的实现，需要有一个栈（运行栈）来保存每层递归调用的状态。

编程语言的运行系统都维护着一个运行栈。在调用递归定义的函数 rec 时，系统在栈上开辟一块区域，称为一个*函数帧*（简称帧），保存这个调用的执行状态。rec 执行中使用当前的栈顶帧，本次执行的局部信息都在这里。执行中再次递归调用 rec 时，系统为新调用开辟一个新帧，记录新调用的局部信息。rec 从一层递归调用返回时，上一层调用取得下层调用的结果，系统弹出已结束调用的帧，回到函数在前一层执行时的状态。

实际上，一般函数调用和退出也是这样实现的。例如，设函数 f 里调用函数 g，函数 g 里调用函数 h，函数 h 调用 r，执行时的控制流和数据流如图 5.4 所示（请与图 5.2 对比）。

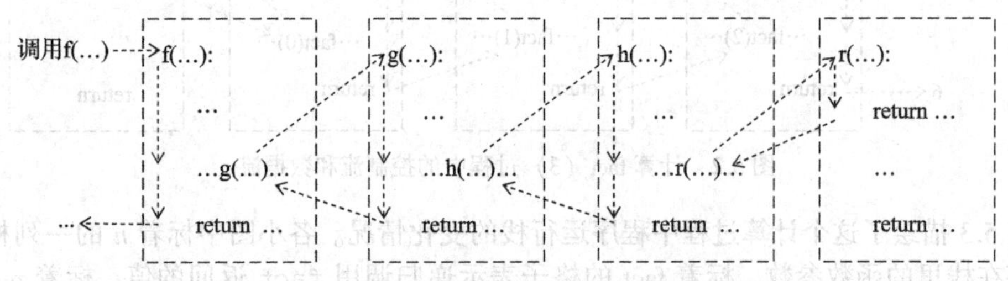

图 5.4　几个函数嵌套调用过程中的控制流和数据流

编程语言系统都按照上面介绍的模式实现了一套支持函数调用和返回的机制，其中最重要的数据结构就是运行栈，其中保存着所有已开始执行但还没结束的函数调用的局部信息，每个函数调用有一个帧。当然，不同函数的参数可能不同，局部变量也可能不同。因此，当一个函数被调用时，系统将根据这个函数的需要准备一个大小适当的函数帧。

*** 函数调用的细节过程**

根据前面讨论和我们对函数调用的理解，函数调用时需要建立函数帧、传递参数，还需要从当前代码段转入被调用的函数。另一方面，函数执行结束退出时，不仅要传递返回值，还要从被调函数转回到调用代码段等。这些动作在我们的程序代码中都没有明确写出，需要由运行系统在内部自动完成。这里简单介绍有关情况，供感兴趣的读者参考。

函数调用时的内部动作分为两部分：进入新函数调用之前需要保存一些信息，退出函数调用时需要恢复调用前的状态。这两部分动作分别称为函数调用的前序动作和后序动作。了解这里的情况，能加深我们对语言和程序的理解。虽然不同语言的实现（或者不同 Python 解释器）完成这些工作的细节和顺序可能不同，但完成的事项都差不多。

函数调用的前序动作（按顺序）包括：

- 为被调用函数的局部变量和形式参数分配存储区（函数帧，或称为活动记录/数据区）；
- 把所有实参和函数的返回地址存入函数帧（实参与形参的结合/传值，记录返回地址）；
- 把控制转到被调用函数的入口。

函数调用的后序动作（函数返回时完成）包括：

- 把被调用函数的返回值存入指定位置；
- 释放被调用函数的存储区（帧）；
- 按以前保存的返回地址将控制转回调用函数。

每次函数调用的前后都需要执行这些动作。对于递归定义的函数，每次递归函数调用时都要执行这些动作。由此可知，函数调用是有代价的：在得到程序代码的模块化和语义清晰性等优势的同时，要付出执行时间的代价。新型处理器结构都针对函数调用的实现做了专门的优化设计，尽可能减弱了函数调用带来的程序性能下降。

递归与非递归

对递归定义的函数而言，每次实际调用中执行的都是作为其函数体的那段代码，只是需要在运行栈里保存各次调用的局部信息。这种情况说明，我们完全有可能修改函数的定义，把一个递归定义的函数改造为（变换为）一个非递归的函数，在改造的函数定义里显式地用一个栈保存计算中的临时信息，最终完成同样的计算工作。

我们现在以阶乘函数的递归定义为例，看看如何写出一个完成同样工作的非递归函数，用自己定义的栈模拟系统的运行栈。改造后的函数可以如下定义：

```
def norec_fact (n): # 自己管理栈，模拟函数调用过程
    res = 1
    st = SStack();
    while n > 0:
        st.push(n)
        n -= 1
    while not st.is_empty():
        res *= st.pop()
    return res
```

这里并没有严格地按递归函数执行中的情况翻译，只是把必要的信息保存到栈里。例如，在这里，计算结果和 res 都没有进栈。但是，这个函数定义还是反映了原来那个递归函数执行中的一些基本情况。例如，函数不断递归调用的一段是不断向一个栈里压入元素，而在一次次函数返回的一段时间里，则不断取出栈中元素用到计算中。

递归函数和非递归函数

本节开始给出了一个求阶乘的递归函数定义，上面又给出了一个完成同样工作的非递归的函数定义，其中用一个局部栈保存计算的中间信息。实际上，可以证明：任何一个递归的函数定义，都可以通过引入一个栈保存中间结果的方式，翻译为一个非递归的函数定义。对应地，任何一个包含循环的程序都可翻译为一个不包含循环的递归函数。

这两个翻译过程都是可计算的，也就是说，我们有可能写出完成这两种翻译的程序，把任何递归定义的函数翻译到完成同样工作的非递归定义的函数，或者把任何包含循环的程序翻译为不包含循环的递归程序（递归的函数定义）。

在做阶乘计算的递归函数里只有一个递归调用，这种形式的递归函数定义很容易翻译

成非递归的函数定义。如果函数里出现了多个递归调用，翻译工作可能更复杂一些，但还是可以完成的。在一些数据结构书籍里介绍了有关的翻译算法，但这些算法的价值主要体现在理论方面，实用性不强，生成的定义通常很复杂，这里就不准备介绍了。

如果我们希望为一个递归算法做出一个非递归的实现，更合适的方法是自己仔细分析该算法的具体情况，弄清计算过程的细节，而后根据得到的认识，想办法设计出一个非递归函数。在一些简单的情况中，我们甚至可能并不需要栈，但一般情况下都需要用一个栈。较好的设计只在栈里保存必要信息，就像前面对 fact 所做的那样。

后面讨论二叉树时，还会进一步考虑递归与非递归算法之间的关系。

进一步说，在目前的新型计算机上，函数调用的效率损失多半都可以接受，通常直接采用递归定义的函数就可以满足需要，不一定需要考虑对应的非递归的函数定义。只有一些特殊的情况，由于效率要求特别高等，我们可能需要做这种工作。

简单背包问题

本小节介绍一个典型问题——背包问题。这个问题的求解算法用递归方式描述很简单，如果通过自己管理一个栈来保存中间数据的方式定义非递归算法，程序比较复杂。

问题的描述：背包里可放入重量为 weight 的物品，现有 n 件物品的集合 S，其中物品的重量分别为 $w_0, w_1, \ldots, w_{n-1}$。问题是，能否从 S 中选出一些物品，其重量之和正好等于 weight？如果存在这样一组物品，就说这一背包问题有解，否则就是无解。

这个问题可以有许多变形，例如可以要求在存在解的时候给出一个解；也可以改变问题的条件，如物品不是 n 件而是 n 种，每种都有任意多件可用等。这个问题是许多实际问题的抽象。在现实生活中，许多货物的运输安排、装车、装箱，以及一些材料的剪裁等，都具有这一问题反映出的某些性质。

现在考虑问题的求解方案。假设 weight$\geqslant 0$，$n \geqslant 0$，用 knap(weight, n) 表示 n 件物品相对于总重量 weight 的背包问题。在考察一个具体实例是否有解时，通过考虑选入或者不选某一件物品，可以把原问题分成两种情况：

- 如果我们不选最后一件物品（其重量是 w_{n-1}），那么 knap(weight, $n-1$) 的解也就是 knap(weight, n) 的解（找到前者的解也就找到了后者的解）。
- 如果选入最后一件物品，那么如果 knap(weight $- w_{n-1}$, $n-1$) 有解，其解加上最后一件物品就是 knap(weight, n) 的解，所以，前者有解后者也有解。

在分析这里提出的问题时，应该注意其中的一个特殊条件：集合中的每种物品有且仅有一件，用了或者不考虑了，物品就没有了。因此才能分解出上面两种情况。

上面的分析说明，这个问题具有递归的性质：对 n 件物品的背包问题，可以归结为两个 n-1 件物品的背包问题。一个针对同样重量但物品数减一；另一个则是减少了重量，物品数也减一。如果其中的一个子问题有解，原问题也就有解。

上述两种情况都把原问题归结为更简单的问题，最后可以归结到几种最简单的情况：

- 重量 weight 已经等于 0，这个情况说明问题有解。
- 重量 weight 已经小于 0，由于归结可能使重量减少，因此可能出现这种情况。出现这种情况，说明按照已做的安排不能得到解。
- 重量大于 0 但已经没有物品可用，说明按已做的安排不能得到解。

基于上述分析，不难写出一个递归定义的函数求解这一问题。

我们的问题只要求给出一个肯定或者否定的回答。下面定义一个返回逻辑值的函数，返回 True 表示存在解，返回 False 表示无解。

上面列出的三种简单情况可以直接得到有解或无解的结论，而前两种一般情况都把原问题归结为规模较小的问题。这几种情况分别表示计算的基础情况和递归情况，可以直接翻译为递归定义的函数。按这种想法写出的递归函数定义如下：

```
def knap_rec(weight, wlist, n):
    if weight == 0:
        return True
    if weight < 0 or (weight > 0 and n < 1):
        return False
    if knap_rec(weight - wlist[n-1], wlist, n-1):
        print("Item " + str(n) + ":", wlist[n-1])
        return True
    if knap_rec(weight, wlist, n-1):
        return True
    else: return False
```

函数的三个参数分别是总重量 weight、记录各物品重量的表 wlist 和物品数目 n。前两个 if 语句处理三种简单情况，直接给出结果；后两个 if 语句处理递归的情况。

在 knap_rec(weight - wlist[n-1], wlist, n-1) 为真时，本层调用实际选取了一件物品。为了提供更多信息，这个函数还产生一项输出，其中列出所选的各物品的顺序号和重量。这样，递归最深的位置最先输出，列出物品的顺序与其在 wlist 里的顺序一致。另一种可能做法是让函数调用返回所选物品的表，有关修改非常简单。

在背包问题的递归算法里出现了两个递归调用：

```
def knap_rec( weight, wlist, n ):
    if ...
    if knap_rec(weight - wlist[n-1], wlist, n-1):
        print("Item " + str(n) + ":", wlist[n-1])
        return True
    if knap_rec(weight, wlist, n-1):
        return True
    else: ...
```

按规范的方式翻译，得到的非递归函数定义比较长，这里不讨论。前面说过，将具体递归算法转换为非递归算法时，通常可以做一些优化，主要是只在栈里保存必要信息。请读者考虑如何写出一个（简单些的）非递归算法。在第 6 章讨论二叉树时，还会讨论递归与非递归算法的问题。那里的算法也牵涉到两次递归调用，其中的一些想法可以参考。

5.4 队列

队列（queue），或称为队，也是一种容器，支持存入元素、访问元素、删除元素。

5.4.1 队列抽象数据类型

队列同样只支持按默认方式存入和取出元素，其特点是保证任何时刻可访问和/或删除的元素，都是在此之前最早存入而至今未删除的那个元素。也就是说，队列支持先进先出。前面说过，我们可以借用数据的线性存储顺序表示存储时间的先后顺序，用线性表作为队列的实现结构。由于这些情况，一些教科书里把队列称为先进先出表。

队列的基本操作也是一个小集合，通常包括创建新队列对象（创建空队列）；判断队列是否为空（还可能需要判断满）；将一个元素存入（称为入队，enqueue）；从队列中删除最老的元素并返回它（称为出队，dequeue）；查看当前（最老的）元素（但并不删除）等。图5.5描述了用线性表实现队列的方式。

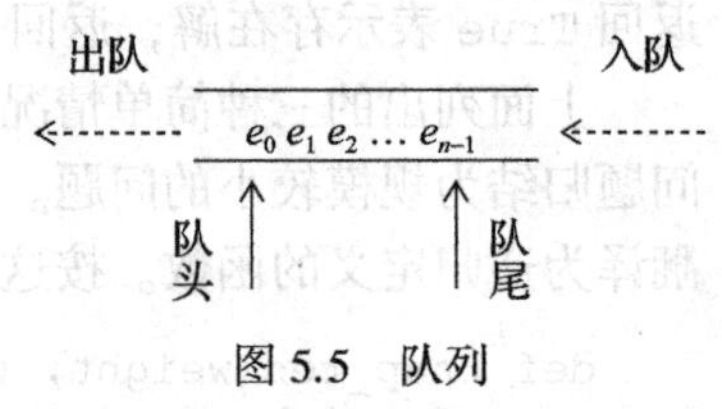

图5.5　队列

下面是一个简单的队列抽象数据类型。队列操作与栈操作一一对应，只是采用另一套习惯的操作名（enqueue/dequeue/peek）。

```
ADT Queue:
    Queue(self)                # 创建空队列
    is_empty(self)             # 判断队列是否为空，空时返回 True 否则返回 False
    enqueue(self, elem)        # 将元素 elem 加入队列，称为入队
    dequeue(self)              # 删除队列里最早进入的元素并将其返回，称为出队
    peek(self)                 # 查看队列里最早进入的元素，不删除
```

下面考虑队列的实现技术，其基础是线性表技术，但由于队列操作的特点和对高效操作的需求，这里还存在一些特殊的情况和问题。

5.4.2　队列的链接表实现

采用线性表技术实现队列，就是利用表中元素的顺序表示入队的先后。队列要求先进先出，从线性顺序看，需要在表的两端操作，不像栈那样在一端操作，实现时麻烦一点。

首先考虑基于链接表技术的实现，这里没有实质性困难。由于需要在链接表两端操作，从一端加入元素，在另一端访问和删除元素。简单单链表只支持首端高效操作，在另一端操作需要 $O(n)$ 时间，不适合作为队列的基础。前面讨论过带表尾端指针的单链表，它支持 $O(1)$ 时间的尾端插入操作，再加上表首端的高效操作，完全满足了队列的需要。如图5.6所示。

有了尾指针，尾端加入元素就是 $O(1)$ 时间操作，可用作队列的入队操作 enqueue。首端访问和删除都是 $O(1)$ 时间操作，分别用作队列的 peek 和 dequeue。可见，用这种单链表技术实现队列，只要修改几个重要操作的名字：把 append 改为 enqueue、把 pop 改为 dequeue、把 top 改为 peek 等，它们都是 $O(1)$ 时间操作。这已经是完全令人满意的实现，不需要做更多讨论了。

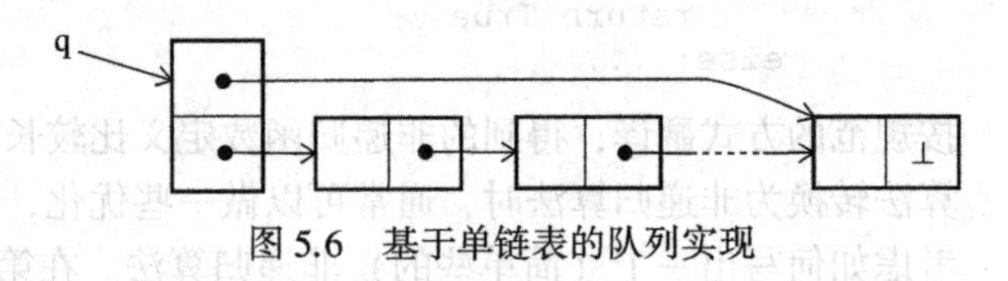

图5.6　基于单链表的队列实现

5.4.3　队列的顺序表实现

现在考虑如何基于顺序表技术实现队列数据结构。首先分析其中的问题。

基于顺序表实现队列的困难

我们先假定 enqueue 操作对应顺序表的尾端插入，根据队列的性质，出队就应该在表首端进行。为了维护顺序表的完整性（元素在表前端连续存放），删除首元素后，表中其余元素都应该前移。这是一个 $O(n)$ 时间操作，Python 中 list 的 pop(0) 操作就是这样，前面研究线性表实现时讨论过这个问题。反过来实现的情况与此类似：尾端弹出元素需要 $O(1)$ 时间，

但从首端插入需要 $O(n)$ 时间。两种设计都无法排除 $O(n)$ 操作，所以都不理想。

另一考虑是首元素出队后表中的元素不动，记住新的队头位置。这样做也有问题，图 5.7 展示了这种队列的运行情况。设初始情况如图 5.7a 所示，经过一些入队/出队操作（见图 5.7b、图 5.7c、图 5.7d、图 5.7e），头尾位置变量的值随着操作变化，操作都能在 $O(1)$ 时间完成。但另一方面，表中元素序列却像是随操作向表尾方向“移动”，前端留下的空位越来越多。

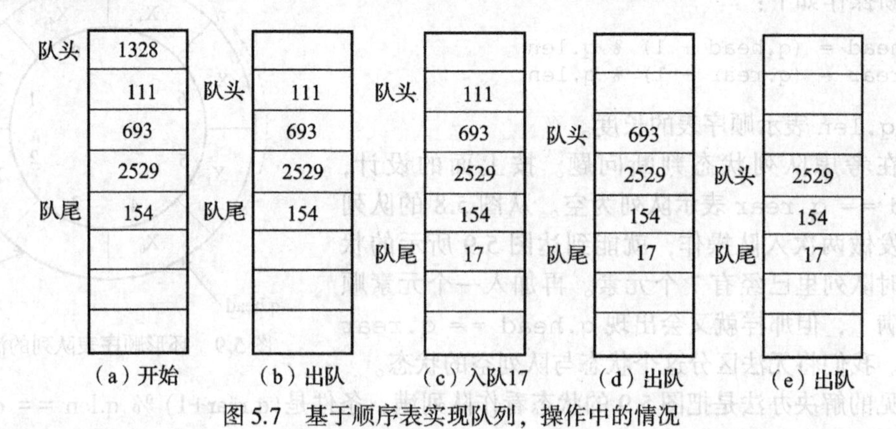

图 5.7　基于顺序表实现队列，操作中的情况

元素存储区大小是固定的，经过反复的入队和出队操作，一定会在某次入队时出现队尾溢出表尾（表满）的情况。在出现这种溢出时，表的前部可能还有许多空位，因此这是一种“假性溢出”，并不是真用完了整个元素区。假如元素存储区能自动增长（例如基于 Python 的 list 实现），随着操作进行，存储区前端就会留下越来越大的空区，而且这块空区永远不会用到，完全浪费了。显然，程序中不应该允许出现这种情况。

上面讨论说明，基于顺序表实现队列，上述几种简单设计都不能令人满意。因此需要另辟蹊径。实际上，从图 5.7 可以看到：在反复入队和出队操作中，队尾最终会到达表存储区末端。这时表末端已经没有空闲位置保存元素了。但与此同时，存储区首端却可能有些空位，可以利用。这样就得到了一种顺理成章的设计：如果入队时队尾已经达到存储区末尾，应该考虑转到存储区的开始位置，如果有空位，就把新元素存在那里。

循环顺序表

上一小节最后的分析中，提出了一种基于顺序表实现队列的合理设计：把（一定大小的）顺序表（存储区）看作环形结构，认为其最后存储位置之后是最前的位置。队列元素保存在结构中的一段“连续”位置里，有关管理和操作都能比较自然地实现。图 5.8 给出了一个实例，其中使用的是包含 8 个单元的顺序表：

- 在队列使用中，顺序表的开始位置不变。例如，图中变量 q.elems 始终指向表的开始。
- 队头变量 q.head 记录队列中第一个元素的位置，图中是位置 4；队尾变量 q.rear 记录最后元素之后的第一个空位，图中是位置 1。
- 队列元素存储在顺序表的一段“连续”单元里，

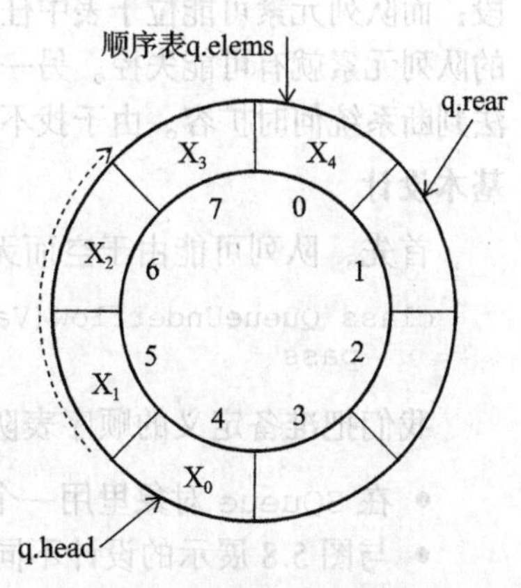

图 5.8　环形顺序表和队列

按Python的写法是[q.head:q.rear]（左闭右开区间）。图5.8的队列有5个元素，位于从位置4到位置0。两个变量的值之差（取模存储区长度）就是队列元素个数。

初始时队列为空，q.head和q.rear应该取相同值，表示顺序表里的一个空段。具体取值并不重要，例如都取值0就能满足需要。

出队和入队操作分别更新变量q.head和q.rear，正确的更新操作如下：

```
q.head = (q.head + 1) % q.len
q.rear = (q.rear + 1) % q.len
```

这里的q.len表示顺序表的长度。

现在考虑队列状态判断问题。按上面的设计，q.head == q.rear表示队列为空。从图5.8的队列状态出发做两次入队操作，就能到达图5.9所示的状态，这时队列里已经有7个元素。再加入一个元素顺序表就满了，但那样就又会出现q.head == q.rear的情况。我们将无法区分这个状态与队列空的状态。

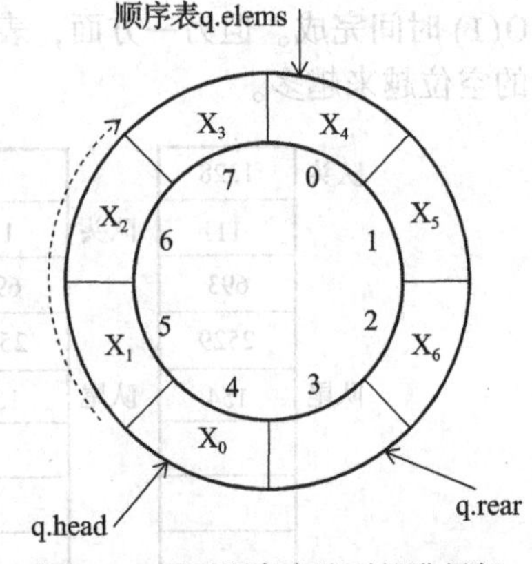

图5.9　环形顺序表队列的满判断

常见的解决办法是把图5.9的状态看作队列满，条件是(q.rear+1) % q.len == q.head，其中%表示取模。采用这种方法，实现队列的表里总要留下一个不能用的空位。实际上，同样是基于循环顺序表，也存在多种不同的实现方法。下一节介绍的队列类定义中采用了另一种技术。

队列元素可能充满顺序表的存储区，如果不希望这时的入队操作失败，就应该采用动态顺序表，在必要时扩容。这个问题不再赘述。

5.4.4　队列的list实现

现在考虑一个具体实现，看看如何基于Python的list实现队列。如前所述，最简单的方法将得到O(1)时间的enqueue操作和$O(n)$时间的dequeue操作。我们也可以基于固定大小的list，在队列满时抛出异常。这两种实现的工作都留给读者练习。

要做出一个更好的实现，就应该采用上面介绍的循环队列的思想。现在考虑定义一个可以自动扩容的队列类。注意，list的自动扩容机制很难直接利用，这里有两个原因：首先是队列元素的存储方式与list的默认方式不一致。list的元素总位于存储区的最前面一段；而队列元素可能位于表中任意一段，有时还分为头尾两段。如果list自动扩容，其中的队列元素就有可能失控。另一方面，list没提供检查存储区容量的机制，队列操作中无法判断系统何时扩容。由于找不到好办法处理这些困难，我们只能自己管理存储。

基本设计

首先，队列可能由于空而无法执行dequeue等操作，为此定义一个异常：

```
class QueueUnderflow(ValueError):
    pass
```

我们把准备定义的顺序表队列类命名为SQueue，考虑如下的基本设计：

- 在SQueue对象里用一个list类型的属性_elems存放队列元素；
- 与图5.8展示的设计不同，这里考虑用两个属性_head和_num分别记录队列首元素所在的位置（下标）和表中元素个数，这样可以避免保留空位的不良情况；

- 用 Python 的 list 作为队列存储区。需要检查当前的表是否已满，必要时换一个存储表，为处理这个问题，需要记录当前的表长度，另设一个属性 _len。

数据不变式

将要定义的队列是比较复杂的数据结构，其状态牵涉到队列对象的四个属性：_elems、_head、_num 和 _len。要保证对象的状态完好，这些属性的值之间应该有正确的关系。另一方面，队列有一组操作，其中的变动操作可能改变一些属性的值，我们需要弄清楚什么样的修改是正确的。如果某个（或某些）操作的实现有误，或者几个操作相互不协调，操作中就可能破坏队列状态的完整性。由此可见，修改队列对象的属性应该有一些原则，所有操作的实现都必须遵循这些原则。实现一种数据结构里的操作时，最重要的问题就是维护对象属性之间的正确关系，这样一套关系称为这种数据结构（如现在考虑的队列）的*数据不变式*。队列的数据不变式描述了“什么是一个完好的队列对象”。所有队列操作必须维护队列的数据不变式，才能保证队列对象在不断操作的过程中始终保持完好的状态。

数据不变式说明对象属性（成分）的性质和它们应满足的逻辑约束关系。如果一个对象的属性取值满足数据不变式，就说明这是一个状态完好的对象。显然，数据不变式对相关操作提出了约束，作为正确实现的基本保证。这里的约束包括两个方面：

- 所有构造对象的操作都必须把对象成分设置为满足数据不变式的状态，保证新创建的对象处于完好的状态。也就是说，所有对象的初始状态必须满足数据不变式。
- 任何变动操作都不能破坏数据不变式。也就是说，如果对一个状态完好的对象应用一个操作，该操作完成时，必须保证对象仍然处于完好的状态。

显然，有了上面两条，这类对象在使用中就能始终处于良好状态。

我们在队列实现中计划考虑的数据不变式如下（用非形式的方式描述）：

- _elems 属性引用队列的元素存储区，这是一个 list 对象，_len 记录存储区的有效容量（由于 Python 语言的特点，我们无法获知 list 对象里存储区的实际大小。实现采用的技术应该保证 _elems[0:_len] 范围内的位置可用）。
- 属性 _head 的位置是队列的首元素（尚在队列里的最早存入的那个元素）的下标，属性 _num 始终记录着队列中元素的数量。
- 队列里的元素总保存在 _elems 里从 _head 开始的一串连续位置中（按照环形表的观点），新入队的元素存入由 _head + _num（取模 _len）算出的位置。例如，需要把元素存入下标 _len 的位置时，自动改为存入下标为 0 的位置。
- 在 _num == _len 的情况下出现了入队列操作时，就应该扩容。

前面讨论过队列的一些其他设计，同样可以写出有关的数据不变式。请读者自己考虑。例如，请详尽准确地写出 5.4.3 节讨论的队列实现中的不变关系。

下面考虑用一个类来实现这种队列。在这个实现里：

- `__init__` 操作建立空队列，它设置对象的属性，保证上述不变式成立；
- 两个修改对象的变动操作（入队和出队）都维持不变式的成立。后面将仔细检查有关情况，这样一组操作就形成了一套相互协调的实现。

显然，不变操作不需要检查，因为它们不改变对象状态，必定维持不变式。

队列类的实现

根据设计，队列首元素位于 self._elems[self._head]，peek 和 dequeue 操作

都应该用这里的元素；下一个空位在 self._elems[(self._head + self._num) % self._len]，入队的新元素应该存入这里。

另外，队列空就是 self._num == 0。队列满就是 self._num == self._len，入队操作中发现这个条件成立时，就应该换存储区，扩大队列容量。

下面是队列类的定义：

```
class SQueue():
    def __init__(self, init_len=8):
        self._len = init_len  # 存储区长度
        self._elems = [0]*init_len  # 元素存储
        self._head = 0          # 表头元素下标
        self._num = 0           # 元素个数

    def is_empty(self):
        return self._num == 0

    def peek(self):
        if self._num == 0:
            raise QueueUnderflow
        return self._elems[self._head]

    def dequeue(self):
        if self._num == 0:
            raise QueueUnderflow
        e = self._elems[self._head]
        self._head = (self._head+1) % self._len
        self._num -= 1
        return e

    def enqueue(self, e):
        if self._num == self._len:
            self.__extend()
        self._elems[(self._head+self._num) % self._len] = e
        self._num += 1

    def __extend(self):
        old_len = self._len
        self._len *= 2
        new_elems = [0]*self._len
        for i in range(old_len):
            new_elems[i] = self._elems[(self._head+i)%old_len]
        self._elems, self._head = new_elems, 0
```

__init__ 方法设置初始状态，该状态显然满足上面讨论的不变式。参数 init_len 用于指定初始容量，默认值为 8。判断空队列的操作检查属性 _num 的值，peek 操作取得队列首元素，它和 dequeue 操作都先检查队列是否为空。

dequeue 操作取队列首元素后修改 _head 属性的值，取模运算保证正确更新。这个操作也使队中元素数减一。显然，这些属性修改都维护了对象的数据不变式。

最复杂的操作是 enqueue，因为它在操作中可能扩大元素存储区。先考虑队列不满的情况，这里的两个语句分别把新元素存入正确位置并更新元素计数值，它们维持了数据不变式。如果队列满，enqueue 就会调用 __extend 方法，该方法将存储区长度加倍，把原有元素搬迁到新表里（放在新表的前面一段），最后设置对象的 _elems 和 _head 属性，转到新存储区，并保证所有属性的取值相互协调。注意，这时新元素尚未入队。无论

是否执行 __extend，函数 enqueue 的最后都将新元素入队。

5.4.5 队列的应用

队列在各种计算机程序和软件系统里使用非常广泛，下面列举一些例子，帮助读者了解有关情况。在后面章节里，读者还会看到一些具体实例。

文件打印

一台计算机可能连着一台打印机，也有一些打印机连在局部网络上，使一大批用户都能通过网络把文件传送给打印机并打印出来。

由于打印机速度有限，用户的使用需求也会有变化，有可能出现这样的情况：打印机正在打印一个文件的过程中，又有用户送来了一个或几个需要打印的文件。对于多台机器共享的网络打印机，经常会发生接到了一些打印任务，却由于正在工作不能立即处理它们的情况。在这些情况中，系统需要把待打印的文件缓存起来。

打印机的管理程序（可能出现在不同层次）管理着一个缓存打印任务的队列。接到新任务时，如果打印机正忙，管理程序就将该任务放入队列。一旦打印机完成了当前工作，管理程序就查看队列，取出其中最早的任务送给打印机。

万维网服务器

考虑一个万维网（Web）服务器系统，其功能就是接收来自万维网的请求，设法找到或者构造出用户需要的页面，发送给提出请求的网络客户。

在服务器运行中，将不断收到来自网络的请求。请求可能来自不同地域的网络用户，在不同时刻，请求出现的频度会有非常大的波动。最典型的例子如淘宝网一类的电商网，或者 12306 铁路客票订票网络，它们在访问高峰处理的任务可能比平时高出若干数量级。如果瞬时到达的请求很多，服务器系统无法立即处理这些请求，就需要把来不及处理的请求放入一个待处理队列。一旦服务器系统里的某个处理器（或处理线程）完成了当时的任务，就会到队列里取走一个未处理请求。在这里，通常也采取先来先服务的规则。

Windows 系统和消息队列

微软的 Windows 系统是围绕着“消息”概念和机制构造和运作的（因此被称为*消息驱动的系统*）。系统运行中，各种活动（窗口界面操作、输入输出、程序的活动）都可能/可以产生消息，要求某些系统程序或用户程序对它们做出响应。

Windows 系统维护着一些消息队列，保存系统中出现的各种消息。系统的消息分发机制检查队列里的消息，根据情况把它们分发给相应的（系统或应用）程序。在处理消息的过程中，这些程序又可能生成新消息。在 Windows 系统里工作的每个程序都有一个隐含的消息队列。程序的最高层结构就是一个消息处理循环，其每次迭代检查自己的消息队列，如果没有消息就进入等待状态，有消息就取出来处理。

与此类似，在一般的计算机系统里，不同处理器或处理进程（线程）之间的通信也可能需要消息队列作为缓冲（这种方式称为异步通信）。通信服务软件（或硬件）负责消息的分发和传递，把发给一个进程的消息放入该进程的消息队列。进程在需要消息时查看自己的消息队列，根据情况取出处理或者等待（如果还没收到期望的消息）。

离散事件系统模拟

队列的另一类常见应用称为*离散事件系统模拟*。*离散事件系统*是真实世界中某些实际系统的抽象。人们希望通过计算机的运行来模拟真实系统的活动情况，帮助理解真实系统实际运行中的行为，或者为计划中的实际系统的设计和实现方式做准备。

可以用离散事件模拟方式考察的真实系统有一些共性：这类（真实世界的）系统的行为可以抽象成一些活动，称为事件。这些事件都需要处理，而对已有事件的处理又可能产生新的事件。由于事件的产生和处理之间存在速度上的差异和波动，因此模拟中经常存在很多等待处理的事件。最简单、最常见的处理方式就是采用"先发生先处理"的工作原则，实现这种模拟时，就需要用队列记录正在等待的事件。

离散事件系统的实例非常多，例如：

- 银行等待服务的顾客、服务席位和服务时间；
- 高速公路收费站通道和服务安排；
- 大楼电梯系统设计和安排；
- 计算机网络中的各种服务系统；等等。

一般而言，在实现这种模拟系统时，需要做下面一些工作：

- 通过调查或设计，选择一批模拟参数（例如，顾客抵达的平均频度）；
- 根据实际情况引入一些随机因素，以反映真实世界中各种非确定性情况（例如，假定顾客到达的频率约为每2分钟一人，到达时间误差为正负1分钟，具有随机性）；
- 用一个或一批队列保存各种待处理活动（例如，正等待的顾客）。

在生成的活动中保存一些反映真实世界情况的信息（例如顾客到达的时间、接受服务的开始时间、离开的时间等），以便所实现的模拟系统最后能完成一些统计工作，得到有参考价值的模拟结果（如平均等待时间等），用以指导真实系统的设计。

在离散系统模拟中，还经常需要考虑另外一些因素，如服务发生或者完成的时间、任务紧迫性等。这种情况就不是简单的先来先服务，需要其他控制手段。在下一章讨论优先队列之后，我们将会考虑一个离散事件模拟系统的具体实例。

5.5　迷宫求解和状态空间搜索

本节讨论栈和队列的一大类应用。我们将从一个具体实例（迷宫求解）开始，后面将讨论一大类非常广泛的问题的处理方法。

5.5.1　迷宫求解：分析和设计

解迷宫是一类常见的智力游戏，也是许多实际问题的反映和抽象。例如，在公路网或铁路网上查找可行的或最优的路线、电子地图中的路径检索、计算机网络传输的路由检索等，情况都与此类似。下面的讨论将从具体到一般，从一类具体迷宫问题的求解开始。

迷宫问题

迷宫问题一般是给定一个迷宫图，以及图中的一个入口点和一个出口点，要求在图中找到一条从入口到出口的路径。各种具体的迷宫可能具有不同的表面结构，给出的迷宫图各种各样，但实质上都是一种找路径问题。

不难看出，搜索从入口到出口的路径的问题具有递归性质：

- 从迷宫的入口开始检查，这是初始的当前位置；
- 如果当前位置就是出口，路径已经找到，问题解决；

- 如果从当前位置已无路可走，则当前正在进行的探查失败，需要按一定方式另行搜索，这是迷宫搜索的技术或策略问题，下面讨论；
- 从可行方向中取一个方向前进一步，从那里继续探索通往出口的路径。

具体迷宫是这个抽象问题的实例。

现在考虑一种简单形式的迷宫。图 5.10 左图给出了这种迷宫的一个例子，其形式是一组位置构成的矩形阵列，空白格子表示可以通行（空位），带阴影的格子表示围墙或障碍。这种迷宫是平面的，形式比较规范，每个空位的上/下/左/右四个方向可能是空位，每次允许在某方向上移动一步，只能移到空位。下面考虑这类迷宫的计算机求解问题。

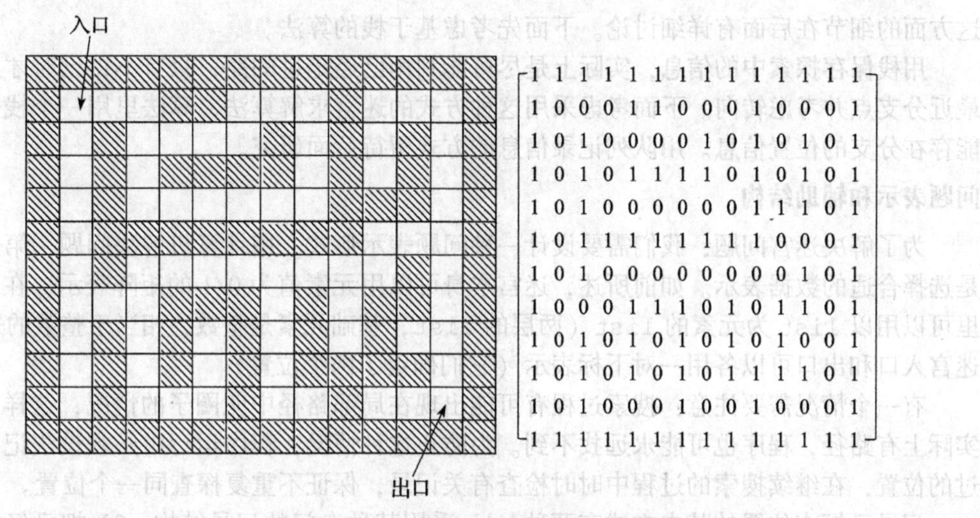

图 5.10　一个简单的迷宫

显然，这种迷宫可以直接映射到二维的 0/1 矩阵，很容易在计算机里表示。图 5.10 右图给出了左边迷宫对应的 0/1 矩阵，空位用整数 0 表示，障碍和边界用 1 表示。

问题分析

首先分析需要处理的问题。可见：

- 在一个迷宫里有一集位置，其中有些可通行的空位相互直接连通（表现为阵列中邻接的空白格，或者矩阵里邻接的 0 元素），一步可达。
- 一个空位有几个相邻位置（有多个相邻的空位就可能形成路径分支），也就是说，可能存在多个向前探查的方向，也可能不存在，具有潜在的多路径分支的情况。
- 这里的目标是找到从入口到出口的一条路径（而不是找到所有可行的路径）。
- 为了找到所需路径，可能需要逐一探查不同的前进方向（即，不同的路径分支）。

由于不存在其他指导信息，唯一可行的工作方式就是通过试探并设法排除无效方向，希望最终能到达出口。工作中显然需要缓存一些信息：如果当前位置有多个可能的继续探查方向，由于下一步只能探查一个方向，当时不能考虑的其他方向必须记下来，供后面参考和使用。如果丢掉这些重要信息，就可能出现实际有解却不能找到的后果。

这里也存在多种不同的搜索方式，可以比较冒进，也可以稳扎稳打。例如，一种考虑是只要还没找到出口就继续向前，直到无路可走时才考虑后退，换一条没走过的路继续尝试。也可以在每一步都试图从最早记录的位置前进，找到下一可达位置并记录之。

上面的讨论说明，探查中发现但尚无法处理的方向信息都需要保存。由于不可能确定需要保存的数据项数，只能采用某种缓存结构，首先应该考虑使用栈或队列。我们只要求搜索过程能找到终点，对于如何找到、找到什么样的路径，并没有任何约束。这就意味着两种结构都有可能被使用。当然，采用不同缓存结构，会对所实现的搜索过程有重要影响。

- 按栈的方式保存和使用信息，实际探索过程将是每步选择一种可能方向并一直向前，直到无法前进才退回到此前最近的选择点，换一条路径继续。
- 按队列方式保存和使用信息，就是总从最早遇到的搜索点一步步拓展。

这方面的细节在后面有详细讨论。下面先考虑基于栈的算法。

用栈保存探索中的信息，实际上是尽可能利用已经走过的路，只有不得已时才后退到最近分支点并考虑转向。下面考虑采用这种方式的迷宫求解算法，算法里用一个栈保存可能存在分支的位置信息。用队列记录信息的方式留待后面研究。

问题表示和辅助结构

为了解决迷宫问题，我们需要设计一种问题表示形式。用计算机解决问题，第一步就是选择合适的数据表示。如前所述，迷宫本身可以用元素值为0/1的矩阵表示，在Python里可以用以`list`为元素的`list`（两层的`list`，基础元素是整数，相当于整数的矩阵）。迷宫入口和出口可以各用一对下标表示（它们确定了两个位置）。

有一个情况需要注意：搜索过程有可能出现在局部路径中兜圈子的情况，这样，即使实际上有路径，程序也可能永远找不到。为防止这种情况，程序运行中必须设法记录探查过的位置，在继续搜索的过程中时时检查有关记录，保证不重复探查同一个位置。

记录已探查位置的基本方式有两种：1）采用某种专门的记录结构；2）把已经检查的信息直接标在“地图”（迷宫图）上。专门记录的信息会随着工作的进展不断膨胀，检查的代价越来越大；直接标在迷宫图上用起来更方便。下面将采用后一种方式。

用矩阵表示迷宫，算法初始时通路上的位置用0表示，非通路位置用1表示。为了记录检查过的位置，我们把相应矩阵元素标记为2，发现元素值为2就不再探索。这种方法很简单，判断也简单：元素值非0就是不能通行（或者不是通路，或者已经探查）。

还需要找一种确定当前位置可行方向的技术，希望容易检查和使用。注意，在到达某位置后，探查过程需要选一个方向前进。如果再次退回这里，就要改走另一方向，直到所有方向都已经探查且没找到出口，就说明应该再退一步。

在这里需要记录方向信息。显然，每个格子有四个邻位，为了能方便地逐一处理它们，应该设计一种系统化的检查方法。我们把一个位置的四邻看作其“东南西北”四个方位，按这个顺序考查四邻。对于单元(i,j)，其四个邻位的数组元素下标如图5.11所示，其中东边（E）位置的下标是$(i,j+1)$，南边位置的下标是$(i+1,j)$，等等。

为了能方便地计算相邻位置，我们定义一个二元组（二元序对）的表，其元素是从任一位置(i,j)得到其四邻位置应该加的数对：

	N $(i-1, j)$	
W $(i, j-1)$	(i, j)	E $(i, j+1)$
	S $(i+1, j)$	

图5.11　四邻的下标计算

```
dirs = [(0,1), (1,0), (0,-1), (-1,0)]
```

对任一位置`(i,j)`，只要加上`dirs[0]`、`dirs[1]`、`dirs[2]`、`dirs[3]`，就分别得到了它

的四邻的位置。这样，我们就很容易用一个循环完成对当前位置四邻的检查。

为了使算法的描述更加方便，我们再定义两个简单的辅助函数。我们假设这两个函数的参数 pos 都是形式为 (i,j) 的二元序对：

```
def mark(maze, pos):  # 给迷宫 maze 的位置 pos 标 2 表示“到过了”
    maze[pos[0]][pos[1]] = 2
def passable(maze, pos):  # 检查迷宫 maze 的位置 pos 是否可行
    return maze[pos[0]][pos[1]] == 0
```

5.5.2 求解迷宫的算法

现在研究迷宫求解算法。下面将给出几个不同算法，并讨论它们的特点和相互关系。

迷宫的递归求解

首先考虑采用递归方式定义迷宫求解算法。由于问题的递归性质，用递归方式描述的算法相对简单，而且不需要辅助数据结构（不需要栈）。如前所述，语言系统（如 Python 解释器）内部有一个运行栈。递归搜索算法实际上就是借用系统的运行栈保存中间信息。

我们首先把前面提出的有关迷宫求解问题的递归观点改写如下：

- 每个时刻总有一个当前位置，开始时的当前位置是迷宫入口。
- 如果当前位置就是出口，问题已解决。
- 否则，如果从当前位置已无路可走，当前的探查失败，回退一步。
- 取一个可行相邻位置，用同样方式探查，如果从该相邻位置可以找到通往出口的路径，那么也就找到了从当前位置到出口的路径。

这些描述可以直接翻译成一个递归的迷宫求解算法，在整个计算开始时，把迷宫的入口（序对）作为检查的当前位置，算法过程就是：

- 调用 mark 给当前位置加标记。
- 检查当前位置是否为出口，如果是则成功结束。
- 逐个检查当前位置的四邻是否可以通达出口（递归调用自身）。
- 如果对四邻的探查都失败，则报告失败。

递归实现的核心函数如下：

```
def find_path(maze, pos, end):
    mark(maze, pos)
    if pos == end:                  # 已到达出口
        print(pos, end=" ")         # 输出这个位置
        return True                 # 成功结束
    for i in range(4): # 否则按四个方向顺序探查
        nextp = pos[0]+dirs[i][0], pos[1]+dirs[i][1]
        # 考虑下一可能方向
        if passable(maze, nextp): # 不可行的相邻位置不考虑
            if find_path(maze, nextp, end): # 从 nextp 可达出口
                print(pos, end=" ") # 输出这个点
                return True         # 成功结束
    return False
```

参数 pos 表示搜索的当前位置，end 表示目标位置。开始时应该以迷宫的入口和出口作为实参调用这个函数。函数的主要部分是一个循环，循环中局部变量 nextp 依次取四邻位

置并检查。函数中用到前面定义的数据 dirs 和两个辅助函数。探索成功后，函数按从出口到入口的顺序（反序）输出一串下标序对，表示找到的通路（经过的所有位置）。

栈和回溯法

现在考虑不用递归求解迷宫问题的一种方法——*回溯法*，其工作中执行两种基本动作：

前进（探查）

条件：当前位置存在尚未探查的四邻位置。

操作：选定下一位置并向前探查。如果还有其他可能未探查的邻位，记录本分支点如果找到出口，则成功结束。

后退（回溯）

条件：遇到死路，不存在尚未探查的四邻位置。

操作：退回最近记录的分支点，检查那里是否存在未探查相邻位置。如果有，取一个未探查位置作为当前位置并前进，没有则删除该分支点并继续回溯。

如果已穷尽所有可能，未能找到出口，以失败结束。

易见，这里分支点的记录和使用/删除具有后进先出性质，应该用栈保存位置信息。遇到分支点将相关信息入栈，删除分支点时将其信息弹出。

实际上，回溯法是一种很重要的算法设计模式，通常总是用栈作为辅助结构，保存工作中发现的回溯点（分支点），以便后面考虑其他可能性时使用。有可能应用回溯法求解的具体问题之间的差别可能很大，但它们有共性：都是从一个出发点开始，设法寻找目标（因此也称为*搜索*）；都需要使用一个栈，搜索过程的行为分为向前探查和向后回溯。回溯法的一种典型实现方法如下（在栈里保存与搜索有关的信息）。

首先把出发点放入栈中，在栈不空的条件下反复做下面几个操作（栈空时以失败结束）：

1. 弹出一项以前保存的信息（作为当前点），如果当前点就是目标则成功结束。
2. 检查从这里前进的可能性（找下一个探查点）。
3. 如果可以向前（存在下一可行位置），那么
   - 把从当前点出发的其他可能结果存入栈。
   - 把下一个探查点也入栈。

注意：(1) 由于已将下一探查点入栈，因此下次迭代自然会将其取出使用。(2) 如果在当前点已经不存在前进可能，算法将直接转到下一次迭代，弹出更早保存的点（就是进一步回溯）；而找到（并压入）下一探查点就是前进。

迷宫的回溯法求解

回到迷宫问题。在这里需要从入口开始搜索，遇到出口时成功结束。遇分支点时按上面说的方式记录信息，继续探查并可能回溯。

这里还有一个问题：搜索中应该把哪些位置入栈？存在两种合理选择：1）在从入口到当前位置的探索中，把途经的所有位置都入栈；2）途经每个位置时，先检查情况，只把还存在其他未探查方向的位置入栈。后一方式增加了入栈前的检查，有可能节省栈空间。

仔细分析，我们又可以看到两个情况：

- 如果前面把一个存在未探查方向的位置压入栈中，后来回溯到这里时，该位置也可能不再存在未探查方向了（原有未探查方向在此期间已经检查过了）。

- 为了在找到路径后将其输出，也需要知道路径上所有的位置。

鉴于这些情况，下面算法记录探索中经过的所有位置，主要是为输出找到的路径。

迷宫问题算法框架（用一个栈记录搜索中需保存的信息）如下：

```
入口 start 相关信息（位置和尚未探索方向）入栈;
while 栈不空:
    弹出栈顶元素作为当前位置继续搜索
    while 当前位置存在未探查方向:
        求出下一探查位置 nextp
        if nextp 是出口:
            输出路径并结束
        if nextp 尚未探查:
            将当前位置和 nextp 顺序入栈并退出内层循环
```

算法实现

根据迷宫的表示以及回溯后继续搜索的需要，准备存入栈里的是序对(pos, nxt)，其中分支点位置 pos 用行/列坐标的序对表示，nxt 是整数，表示回溯到该位置的下一探索方向，4 个方向分别编号为 0、1、2、3，表示表 dirs 的下标。

```
def maze_solver(maze, start, end):
    if start == end:
        print(start)
        return
    st = SStack()
    mark(maze, start)
    st.push((start, 0))  # 入口和方向 0 的序对入栈
    while not st.is_empty(): # 走不通时回退
        pos, nxt = st.pop()      # 取栈顶及其探查方向
        for i in range(nxt, 4): # 依次检查未探查方向
            nextp = (pos[0] + dirs[i][0],
                     pos[1] + dirs[i][1]) # 算出下一位置
            if nextp == end:         # 到达出口，打印路径
                print_path(end, pos, st)
                return
            if passable(maze, nextp):# 遇到未探查的新位置
                st.push((pos, i+1))        # 原位置和下一方向入栈
                mark(maze, nextp)
                st.push((nextp, 0))        # 新位置入栈
                break    # 退出内层循环，下次迭代将以新栈顶为当前位置继续
    print("No path found.")  # 找不到路径
```

这里还给出几点说明。首先，发现一个新位置后总是先用 mark 标记它，然后将其压入栈。这就保证了栈里都是做过标记的位置，也保证任何位置不会被压入两次。其次，栈里的每个元素（位置）之下总是到达它的路径上的前一位置，这是搜索中的一个不变性质，它保证了栈中元素构成一条路径。最后，在找到一条到达出口的路径后程序结束，这时栈里保存的路径不包括 end（它也是当时 nextp 的值）和当前位置 pos。函数 print_path 把这两个位置和栈中的位置输出。该函数的定义没有新意，无须继续讨论。

5.5.3 迷宫问题和搜索

前面说过，迷宫问题是一大类问题的代表，这类问题称为状态空间搜索问题，它们的

基本特征可以描述如下：

- 存在一个可能状态的集合（位置、情况等，这个集合可能很大，甚至可能包含无穷多个状态），例如迷宫问题中的位置集。
- 有一个初始状态 s_0，一个或多个结束状态，或者有判断已经成功结束的方法。例如，迷宫问题中的入口是初始状态，出口表示结束状态。
- 对每个状态 s 有状态集 neighbor(s)，表示与 s 相邻的一组状态（一步可达的状态）。例如，迷宫中每个位置的四个相邻位置。
- 有判断函数 valid(s) 判断 s 是否可行。例如，前面的函数 passable 实现这种判断。
- 问题：找出从 s_0 出发到达某个（或全部）结束状态的路径；或者从 s_0 出发，设法找到一个或者全部解（即找到一个或全部的结束状态）。

这类问题被称为*状态空间搜索*或者*路径搜索*问题。

根据前面的讨论，这种问题可以用递归的方式求解，通过函数递归调用的方式向前探查，通过函数返回的方式回溯；也可以用非递归方式通过回溯法求解，用一个栈保存中间信息。可以（需要）通过状态空间搜索解决的问题很多，经典的简单实例如：

- 八皇后问题（在国际象棋棋盘上为八个皇后安排位置，使之不能相互攻击）。
- 骑士周游问题（在国际象棋棋盘上为骑士找到一条路径，使之可以经过棋盘的每个格子恰好一次。骑士走法与中国象棋的马一样，走“日”字）。

这些都可以作为空间搜索问题的练习。

许多实际应用问题需要通过空间搜索的方式解决，例如许多调度、规划、优化问题（如背包问题）和数学定理的证明（基于一些事实和推理规则），等等。

状态空间搜索：栈和队列

假设有一个问题，我们期望通过计算的方式去解决它。根据我们对问题的认识程度的不同，存在着两种不同的思考和处理方法：

- 如果我们对问题的研究和理解很深入，已经有了全局性的和系统性的认识，就可能设计出一个专门算法，直接去解决问题。这样的算法专门针对被处理问题，直接而高效。研究解决问题的高效算法是计算机领域始终不渝的追求。
- 我们对许多问题的认识不够深入和全面，甚至有些问题（理论上已经证明）不存在算法。这样的问题还能用计算机处理吗？人们一直在思考。实际上，如果有了一些对问题求解空间的局部性认识，就有可能把该问题的求解转化为一个状态空间的搜索问题。因此可以说，搜索法是一种*通用问题求解方法*（general problem solving method）。

显然，针对一个问题的算法能一网打尽地解决该问题的所有实例，而搜索方法则是试探。由于面对的问题存在许多未知，搜索可能成功也可能失败，或者无穷运行也得不到结果。

在搜索的进展过程中，面临的情况通常是：已经探查了从初始状态可达的一些中间状态；一些已经探查过的中间状态存在着尚未探查的相邻状态。显然，对于从初始状态可达的任一中间状态，与它相邻的可达状态也是从初始状态可达的。从一个中间状态继续向前探查，可能确定一些新的可达状态。如果某个新确定的可达状态是结束状态，我们就找到了初始状态到结束状态的路径；否则，就应该把新的可达状态加入已探查的中间状态集。也就是说，搜索过程中需要记录那些存在未探查邻居的中间状态，以备后面使用。

为了记录存在尚未完全探索的后继状态的中间状态，需要用缓存结构。原则上说，栈和队列结构都可以使用，但结构的选择将对搜索的进展方式产生重大影响。现在分析这个问题。

前面的迷宫算法里用的是栈，栈的特点是后进先出。“后进”的状态就是在搜索过程中较晚遇到的状态，即与开始状态距离较远的状态。“后进先出”意味着总是从最后遇到的状态出发考虑继续探索，实际表现就是尽可能地向前检查，向远处探索，仅在无法继续前进时才考虑退回到前面最近保存的状态，换一个方向继续搜索，这就是回溯。

如果用队列作为缓存，其先进先出的特性就会反映到搜索过程中。“先进”队列的状态是搜索中较早遇到的状态，也就是与开始状态距离较近的状态。“先进先出”要求先考虑较近的状态，从它们向外扩展，这样就产生了一种向各个方向“齐头并进”式的搜索。这一过程中没有回溯，只是逐步扩张范围。作为示例，下面考虑基于队列的迷宫求解算法。

基于队列的迷宫求解算法

基于队列的迷宫求解算法重用前面所有基本设计，包括问题的表示方式（矩阵表示和矩阵元素的取值方式）、枚举相邻位置的方法（方向表 dirs 和对方向的循环处理），以及两个基本操作函数（标记函数 mark 和位置检查函数 passable）。

新算法的基本框架如下：

```
将 start 标记为已达
start 入队
while 队列里还有未充分探查的位置:
    取出一个位置 pos
    检查 pos 的相邻位置
        遇到 end 成功结束
        尚未探查的都 mark 并入队
队列空，搜索失败
```

基于这一算法框架，很容易定义一个 Python 函数，其基本结构与前面使用栈的非递归算法类似，只是改用队列作为缓存结构（这里也没有递归）：

```
def maze_solver_queue(maze, start, end):
    if start == end:  # 特殊情况
        print("Path finds.")
        return
    qu = SQueue()
    mark(maze, start)
    qu.enqueue(start)           # start 位置入队
    while not qu.is_empty():    # 还有候选位置
        pos = qu.dequeue()      # 取出下一个位置
        for i in range(4):      # 检查每个方向
            nextp = (pos[0] + dirs[i][0],
                     pos[1] + dirs[i][1])  # 列举各位置
            if passable(maze, nextp):      # 找到新的探索方向
                if nextp == end:           # 是出口，:-)
                    print("Path find.")    # 成功！
                    return
                mark(maze, nextp)
                qu.enqueue(nextp)          # 新位置入队
    print("No path.")  # 没有路径，失败！ :-(
```

虽然上述算法能完成迷宫搜索，但还有一个问题没考虑：找到的路径在哪里？

在前面基于栈的迷宫求解算法里，栈里保存着一些位置，在每个位置之下就是当前路径上到达该位置的前一位置。这样，在搜索中找到出口时，当时的栈里正好保存着到从入口到出口一条路径，只需要追踪栈中的元素，就可以获得找到的路径。

而对基于队列的算法，队列里保存的位置及其顺序与路径无关。例如，如果一个位置有几个“下一探查位置”，它们就会顺序进入队列。这样，在找到了出口时，根据队列里当时的信息，不可能通过追溯得到一条成功路径。这一情况说明，要想在队列算法结束时得到从迷宫入口到出口的路径，必须在搜索中另行记录有关信息。

注意：假设搜索中从当前位置 a 找到了下一位置 b，如果从 b 能到达出口，那么 a 就是最终成功路径上 b 之前的上一个位置，(a, b) 是最终路径上的一段。为了在到达出口时能获得路径，每当我们找到一个新位置时，就需要记住其前驱。只要做好这种记录，在到达出口后反向追溯，就可以得到所需路径了。这里需要记录的是一种（前驱）关系，从一个对象（位置）找到与之相关的另一对象。本书所附代码中给出了一种实现，读者可以自己查看。在 Python 里记录这种关系，最方便的方法是使用字典 dict。请读者自行做出相应的修改。

基于栈和队列的搜索过程

上面的讨论说明，如果需要做搜索，栈或队列都可以用作缓存。但是，什么情况下应该优先考虑某一方式呢？为了回答这个问题，需要深入分析这两种结构产生的搜索，理解其性质。我们还以迷宫搜索为例。

图 5.12 上图给出了基于栈搜索迷宫的一个场景，其中标着交叉符号的是已经检查过、确定不可能在通往出口的路径上的位置。圆圈表示当时栈里记录的位置。注意，这里是按东南西北的顺序检查四邻。

从图中可以看到一些情况：首先，基于栈的搜索可能进入一个局部区域，穷尽其中状态并确定无法到达目标后才能从中退出。这说明搜索比较“冒进”，可能在一条没价值的路上走很远，褒义说是“勇往直前”，贬义说是“不撞南墙不回头”。顺利时可能探查了少量位置就找到解，但也可能陷入大片无解区域。另外，如前所述，任何时候栈里总保存了从入口开始的一条路径。

图 5.12 下图给出了基于队列搜索迷宫过程中的一个场景，圆圈是当时队列记录的位置。有一个情况很值得注意：已检查的位置连成一片，其中没有遗漏，而位于队列里的位置构成这片区域的前沿，形成已检查区域与未探索区域之间的分界。

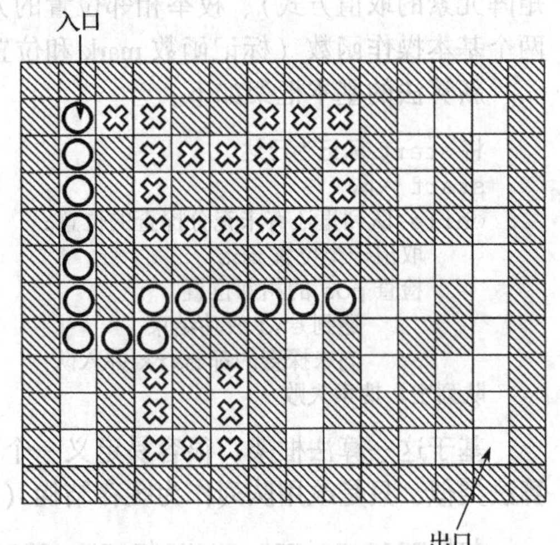

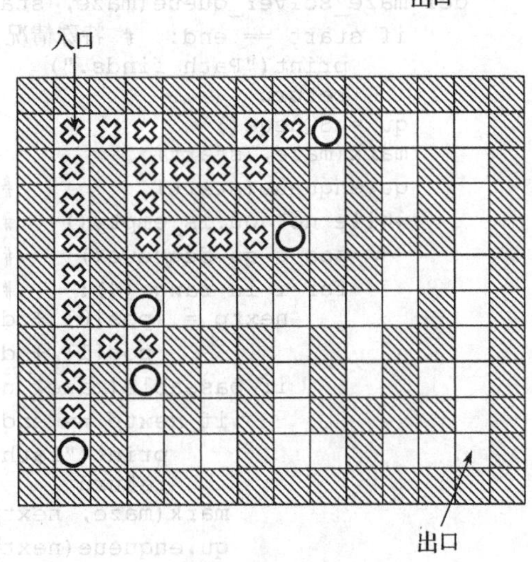

图 5.12　基于栈或队列的迷宫路径搜索

可以看到，基于队列的搜索是一种稳扎稳打、步步为营的搜索，检查完所有与入口距离相同的位置后才更多前进一步。

根据搜索过程的这些特点，人们把基于栈的搜索称为*深度优先搜索*（depth-first search），把基于队列的搜索称为*宽度优先搜索*（width-first search）。

*** 深度和宽度优先搜索的性质**

深度优先和宽度优先是两种基本的搜索方法。本节对它们做一些分析和对比。在需要做搜索时，我们可以根据问题的性质和特点选择合适的方法。

1. 假设问题有解，能否保证找到解

应该注意到，深度优先方法总是沿着一条搜索路径前行，在遍历完该路径可达的整片区域之后才会退出这条路径。如果一片不包含解的子区域很大，算法进入该子区域就会浪费很多时间。如果存在状态无穷多的无解子区域，即使其他地方有解，深度优先搜索算法也可能永远找不到解。宽度优先搜索则不同，它从近到远一步步“蚕食”，只要存在到达解的路径就一定能找到，而且最先找到的必定是最短路径（最近的解）。

根据上面讨论还可以认识到一个情况：对于深度优先搜索，在分支处对不同分支的选择非常重要。前面迷宫算法没考虑这个情况，一方面是问题比较简单，另外也没有其他可以帮助做选择的信息。在处理实际问题时，就应该关注分支的选择问题。

2. 搜索所有可能的解和最优解

我们的迷宫实例只要求找到一个解（一条路径），实际中也可能要求找出所有的解，或者最优解（例如最近的解）。深度优先搜索在找到了一个解之后继续回溯，有可能找到下一个解，遍历完整个状态空间就能找到所有的解。另外，只有找出所有的解，才能从中选出最优解。对于宽度优先搜索，找到一个解之后继续查找，也可能找到其他解，但是找到的解（路径）将越来越长（也可能与前一个解长度相同），第一个解就是最优解。

如果状态空间是无穷的，我们就不可能枚举出所有的解；如果状态空间非常大，枚举出所有的解也不现实。对这些情况，如果希望找最优解，就应该考虑宽度优先搜索。

3. 搜索的时间开销

应该注意到，无论是使用栈还是队列，探查一个状态的开销都可以看作 $O(1)$ 时间操作。因此，求解搜索问题的时间代价受限于状态空间的规模。实际求解的代价正比于找到解之前访问的状态个数。有关情况上面已经讨论了。

4. 搜索的空间开销

在搜索状态空间的过程中需要保存一些中间状态，空间开销就是搜索过程中栈或队列里保存的最大数据项数。两种搜索方法在这方面的表现也很不一样，实际情况由状态空间的情况决定。对深度优先搜索，所需空间由找到一个解（或所有解）之前遇到的最长搜索路径确定，最长路径越长，计算中需要的存储量越大。而对宽度优先搜索，所需空间由搜索过程中路径分支最多的那一层确定。如果出现大量分支，算法需要的存储量就很大。此外，采用宽度优先搜索，路径信息还需要另行保存，其存储量与搜索区域的大小线性相关，可能非常大。图 5.12 展示的宽度优先搜索实例的宽度很小，这种情况并不具有代表性。实际中经常遇到极宽的搜索空间，存储中间状态和路径的代价都可能很大。

5. 如果找到解，如何得到相应路径

前面说过，采用基于队列的搜索，必须用其他方法记录与路径有关的信息。前面提出的技术是在到达每个状态时记录其前一状态，最后追溯这种“前一状态”关系，枚举出路径上的状态（相当于对每个状态形成一个栈）。对于状态不多的情况，这种技术的代价可以接受。但如果状态空间巨大，前一状态记录也可能成为很大的负担，特别是其中大部分记录可能完全没有用，与解路径毫无关系。

总结：如果一个问题可以用空间搜索的方式解决，采用栈或者队列实现深度优先或宽度优先的搜索，都有可能解决问题。具体采用什么技术要看实际问题的各方面性质。搜索空间的深度和宽度情况决定搜索的空间开销。还需考虑的是，要找到一个解、全部解还是最优解等情况。上面对两种搜索算法的性质分析可供参考。

5.6 几点补充

最后介绍与栈和队列有关的一些情况，作为对前面基本内容的补充。

5.6.1 与栈或队列相关的几种结构

人们也常把栈和队列看作访问受限的线性表。栈是只能在同一端插入和删除元素的表，队列是在一端插入而在另一端删除元素的表。两者都是访问方式最少的容器。实际中也可能需要放松一些限制，例如只能在一端插入元素，但允许从两端检查和删除元素；或保持只允许一端访问，但可以在两端插入元素，等等。这样就形成了一些表或队列的扩充结构。

双端队列

在实际中，上面列举的几种特殊结构都可能有用，人们把这几种需求结合在一起，开发了一种称为双端队列的结构，并为其打造了一个特殊的名字 deque（发音为“迪克”）。它允许在两端插入和删除元素，功能覆盖上面提到的几种结构。作为效率要求很高的缓存结构，这里要求两端的四种变动操作都应该具有 O(1) 时间复杂度。

根据至今为止的讨论，我们可以看到双端队列的两种实现方式。首先，双链表结构可以实现两端的常量时间插入和删除操作，因此可用于实现双端队列。本章在介绍队列的顺序表实现时，开发了一种“循环表”结构，它也可以支持双端操作，能得到平均的 O(1) 时间，只是在扩充存储区时需要线性时间。基于环形表实现双端队列的问题留作练习。

Python 的 deque 类

Python 标准库 collections 包里定义的 deque 类型就是一种双端队列。deque 对象的两组插入/删除都是常量时间操作，满足上面要求。deque 类采用双链表技术实现，但在每个结点里顺序保存一组元素。这样，靠近两端的下标访问也可以在常量时间完成。

除了最基本的两端插入/删除操作 append、appendleft、pop、popleft 之外，deque 还支持另外一些操作，包括在两端扩充一段元素等。有关情况请看 Python 手册。

由于双端队列的功能涵盖队列的功能，并能自动扩容，在开发实际程序时，也可以直接用标准库的 deque 作为队列的实现，选择一对操作作为入队/出队操作。

5.6.2 顺序实现和链接实现

栈和队列是最常用的数据结构，其操作效率极为重要。读者可能提出这样的问题：既然采用链接表实现的两端操作都可以统一做到 O(1) 复杂度（双链表），为什么还要考虑顺序表？后者最高效的后端插入平均为 O(1) 时间，但最坏情况也需要线性时间。

这个问题的回答并不简单，牵涉到计算机硬件的一个重要特性。在实际计算机里，能与 CPU 速度匹配的存储器的成本太高。为了提高性价比，目前各种计算机都采用了分级缓存结构，以弥补主内存（相对很慢）与 CPU 之间巨大的速度差距。如果程序要使用某个内存单元 d 的数据，缓存管理硬件就会把包含单元 d 的一片连续内存单元复制到高速缓存。如果随后 CPU 的一批操作中使用的数据都在这片单元范围内，它就直接在高速缓存里取用，不需要再实际访问内存，因此可以大大提高操作效率。与内存相比，高速缓存的容量小得多，能存放的数据很有限，内存和高速缓存之间的数据交换由硬件自动管理。

这种机制造成了一种现象：如果连续进行的一批内存访问是局部的，操作速度就会快得多。因此，人们在考虑程序的效率时，一个重要线索就是尽可能使对计算机内存的使用局部化。在高级编程语言的层面上，顺序表（或数组）是局部化的典型代表，在可能的情况下应尽量使用，特别是在效率要求较高的计算中。而链接结构由独立的结点链接而成，这些结点可能在内存中任意分配。即使程序顺着链接逐个访问结点，在内存层面的表现也可能是在许多单元之间随机地跳来跳去。因此，链接表在带来灵活性的同时，可能有明显的效率代价。这些情况就是我们需要考虑顺序表实现的最重要原因。

另一方面，在一些语言里，顺序表结构还能避免复杂的存储管理。Python 的 `list` 情况特殊，它能基于复杂的存储管理技术灵活增长，加之元素可以允许任意且不同的类型，这些都需要付出时间和空间的代价。Python 还提供了一些效率通常更高的线性表数据类型，如内置的 `bytes` 和 `bytearray` 类型、标准库提供的 `array` 类型等。它们可以看作受限的 `list`，只能存储特定类型的对象，如数值或字符，但存储效率和操作的效率较高。其中一个因素是 `list` 采用元素外置技术，而上面几种类型都采用元素内置技术（参见图 3.1）。对于 `list`，从表结构到元素也是链接，可能带来效率损失。

总结

栈和队列是最简单的容器，也是最常用的两种辅助性数据结构，主要用于数据缓存，在算法和实际系统中应用广泛。两种结构只支持默认方式的存取操作，不能指定位置或内容。栈和队列的差异就在于取数据的顺序。栈以后进先出（LIFO）为基本性质，保证任何时候可以访问和删除的都是此前最后存入的元素。队列以先进先出（FIFO）为基本性质，保证可以访问和删除的都是此前存入而且至今尚未删除的元素中最早进入队列的元素。

栈和队列需要保证的性质与时间有关。时间是线性的，因此，它们最自然的实现方式就是利用线性表中元素的顺序表示元素到达的顺序。栈和队列通常都采用线性表技术实现，因此，栈也被一些人称为后进先出表，队列被称为先进先出表。

线性表的两种实现技术，顺序表和链接表，都能用于实现栈和队列。栈的实现比较简单，后进先出意味着各种重要操作都在表的一端进行，应该选择插入和删除操作效率高的一端：对于顺序表，应该在尾端操作；对于链接表，应该在首端操作。队列要求先进先出，因此需要在表的一端插入数据，在另一端删除数据。对于链接表，增加了尾结点指针后，尾端插入也具有 $O(1)$ 时间复杂度。将其作为元素的入队端，首端作为出队端，就能得到一种高效的实现。在用顺序表实现队列时，还需要采用循环顺序表的技术。

栈和队列有很多应用，包括支持程序设计语言中的函数调用和递归函数实现、状态空间搜索等非常重要的应用，以及大量具体应用。发现程序里需要使用栈或队列，首先是看到程序运行中会不断产生一些数据，它们需要保存起来以备后面使用。这种情况说明需要引进一种缓存结构。具体是应该用栈还是队列，要根据实际应用对元素使用顺序的要求。

本章许多例子的讨论中都非常详细地分析了面临的情况，可供参考。

在讨论基于循环顺序表的队列实现的一节里还介绍了数据不变式的概念，以及如何借助数据不变式保证实现一个数据结构的一批操作相互协调。有关的概念和讨论非常重要，应该认真领会，在实现各种数据结构时灵活应用。

练习

一般练习

1. 复习下面的概念：容器，元素，容器数据结构，栈（堆栈），队列（队），缓冲存储（缓存），后进先出（LIFO，后进先出表），先进先出（FIFO），实现结构，入栈（压入）操作，出栈（弹出）操作，栈顶，栈底，括号匹配问题，表达式的中缀表示（前缀表示，后缀表示），波兰表达式，逆波兰表达式，表达式求值，表达式形式转换，运算符栈，数据栈，函数的递归定义，递归结构，递归调用，运行栈，函数帧（栈帧），入队，出队，循环顺序表，数据不变式，消息，消息驱动的系统，消息队列，离散事件系统和模拟，迷宫问题，当前位置，探查，回溯法，搜索，状态空间搜索，路径搜索，通用问题求解方法，深度优先搜索，宽度优先搜索，最优解，双端队列（deque）。
2. 考虑符号 a, b, c, d 按顺序进栈，允许在进栈过程中任意插入弹出操作。请列出这样做可能产生的所有出栈元素序列。
3. 如果栈的压入序列为 1, 2, 3, 4, 5，下面哪个（或哪些）不可能是栈的弹出序列：
   A. 2, 3, 4, 1, 5　　B. 5, 4, 1, 3, 2　　C. 2, 3, 1, 4, 5　　D. 1, 5, 4, 3, 2
4. 设顺序将整数 1, 2, 3, …, n 压入栈中，并全部弹出形成的输出序列是 $a_1, a_2, \cdots, a_n$。如果 a_1 是整数 k，那么 a_2 可能是什么？如果 a_i 是整数 k，那么 a_{i+1} 可能是什么？
5. 在前一题目的假设下，产生的输出序列中不可能出现 $i<j<k$，使得 $a_j<a_k<a_i$。请设法证明这个结论。
6. 把下面中缀表达式翻译为与之等价的前缀形式：
```
(a + b) * (c - d)
2 * (a + b) / c / d
```
7. 把下面后缀表达式翻译为与之等价的中缀形式：
```
a b c / f d - * 3 r / + -
2 a + b / c d - e f - * /
```
8. 写出下面数学表达式的前缀形式和后缀形式：
```
1+ (2 - 3 ×5) / 4
(7 + 4) × (2 - 6 / 3) + 4
```
9. 假设火车调度场有一个 Y 形调度线，其一条支线上有一列客车车厢，其中任意交错出现硬座车厢和卧铺车厢，现需要将它们重新排列为硬座在前而卧铺在后的一列客车，从另一支线推出。这里只有一个车头在 Y 形铁路顶端，请为其设计一个调度算法。
10. 将 1, 2, 3, 4 作为双端队列输入数据（可在加入任一端），存在多少种可能的输出序列？如果输入数据是 1, 2, 3, 4, 5，情况怎么样？

编程练习

1. 改造 5.3 节的括号匹配检查函数，让它从指定文件读入数据。在发现不匹配时，不仅输出不匹配的括号，还输出该括号在原文件里的行号和字符位置。
2. 请修改前一题完成的函数，使之可以检查实际 Python 程序里的三种括号匹配。
3. 考察 Python 语言标准，改进中缀表达式到后缀表达式里的 `tokens` 生成器，使之能更好地处理所有符合 Python 语法的算术表达式。
4. 请定义一个函数，它组合使用正文讨论的中缀表达式到后缀表达式的转换函数和后缀表达式的求值函数，实现对中缀表达式的求值功能。
5. 请定义一个独立的中缀表达式求值函数，不经过后缀表达式转换。注意，一种技术如 5.3.2 节中讨论的，使用两个栈，一个存储运算对象和计算的中间结果，另一个存储尚未处理的运算符。也可以考虑只用一个栈的方法。

6. 请定义函数，其输入是一个后缀表达式，输出是加了所有括号的中缀表达式。不需要考虑括号的必要性，加进所有括号能保证计算顺序正确。请分析算法的时间和空间复杂度。进一步工作是改造你的函数，中缀表达式里只加入必要的括号。
7. 设法实现一个不用递归的背包求解函数。实现该算法的关键在于需要考虑两种递归情况时，必须把一种可能保存起来，然后按另一可能继续走下去。如果按一种可能做下去能得到结论，保留的信息都可以丢掉；否则就需要找到最近的另一种可能安排，检查能否从这里找到解。这里还有一个难点是如何输出合格的物品配置。
8. 有一个非常著名的 Ackerman 函数，其特点是函数值增长得特别快。该函数的定义如下：

$$\mathrm{Ack}(m,n)=\begin{cases} n+1 & m=0 \\ \mathrm{Ack}(m-1,1) & m\neq 0 \land n=0 \\ \mathrm{Ack}(m-1,\mathrm{Ack}(m,n-1)) & m\neq 0 \land n\neq 0 \end{cases}$$

（1）请定义一个递归函数实现 Ackerman 函数。

（2）请定义一个非递归函数实现 Ackerman 函数。

（3）请画出用非递归函数计算 Ack(2, 1) 的过程中栈的变化情况。

9. 请详尽描述 5.4.3 节说明的队列实现方法的数据不变式，请根据这组不变式实现一个队列，并逐一验证每个操作都满足有关不变式的要求。
10. 请基于顺序表技术实现一种双端队列结构，保证其两端插入和删除均为常量时间操作。
11. 双端队列的一种显然实现方法是采用双链表技术，请做出这种实现。
12. 八皇后问题（参考图 5.13）：国际象棋棋盘为 8 行 × 8 列，共有 64 个格子，棋子置于格中。皇后是国际象棋里威力最强的棋子，可以在直、横和两个斜线方向上攻击。八皇后问题要求在棋盘上为八个皇后安排位置，使之不能相互攻击。例如，图 5.13 给出的是问题的一个解。请为求解这个问题设计一套适当的数据表示，并实现一个求解该问题的非递归程序。还请考虑以下工作：

（1）修改上面定义的函数，使之可以产生所有满足条件的皇后布局。

（2）修改上面工作，使之能处理一般的 n 皇后问题。

13. 骑士周游问题：国际象棋中骑士的行棋方式与中国象棋中的马类似，走“日”字。现在的问题是，在国际象棋棋盘上为骑士找到一条路径，使之可以经过棋盘的每个格子恰好一次。图 5.14 是这个问题的一个解。请定义一个非递归函数求解这个问题，函数的参数是骑士的初始位置，程序求出路径，返回途经位置的表。

图 5.13　习题 12 图示

图 5.14　习题 13 图示

14. 请设法统计在骑士周游过程中程序回溯的步数及其随着已走路径长度的变化而变化的趋势：

（1）你可能发现，随着剩余结点越来越少，回溯的情况会越来越多，连续回溯的步数也会越来越长。请分析这里的原因，设法提出缓解的方法。

（2）请修改所用搜索方法，加入适当的分支选择策略，提高求解程序的效率。

第6章 二叉树和树

本章和下一章将研究一些复杂的数据结构，它们也是一些基本元素的汇集，但元素之间可能存在复杂的联系。这种情况下，在包含 n 个元素的结构里，元素之间的最远距离就不是 n，可能近得多。这方面的特殊性应该有效利用。但另一方面，元素之间的复杂联系也会带来检查和操作的困难，大大提高某些操作的代价。也就是说，结构的复杂可能使得一些问题有更高效的处理方法，也可能使某些操作更难完成、算法的效率更低。

元素之间的复杂联系可用于表示数据之间的复杂关系，实际中确实有这种需要。能表示复杂的联系将给数据的组织和使用带来更多选择，也可能带来更多问题。复杂的数据结构可能存在更多组织方式，也存在更多的实现方法。另一方面，处理结构中元素的方法（算法）也可能变得更复杂，常常需要借助一些辅助数据结构，例如栈和队列。

本章将研究各种复杂结构中最简单的一类结构，称为*树形结构*。这是一类非常重要的结构，在实际中应用广泛。它们不但自身非常有用，还反映了许多计算过程的抽象结构。这些都将随着讨论而逐渐清晰起来。本章将要讨论的树和二叉树都属于树形结构。

树形结构也是由结点（结构中的逻辑单元，可用于保存数据）和结点之间的连接关系（一种后继关系）构成。树形结构与线性结构（表）不同，其最重要的特征包括：

- 一个结构如果不空，其中就存在着唯一的起始结点，称为*树根*（root）。
- 树根外的其余结点都有且只有一个*前驱*（这一点与线性结构相同）。但另一方面，一个结点可以有 0 个或多个*后继*（与线性结构不同）。另外，在非空树结构中一定存在无后继的结点，这种结点与表的尾结点类似，在一个树形结构里可以有多个这种结点。
- 一个树形结构里的所有结点都在从树根通过后继关系可达的结点集合里。换句话说，从树根结点出发，经过若干次后继关系，可以到达结构中的任何一个结点。
- 后继关系不会形成循环，这说明后继是一种序，但一般不是线性表里那样的全序。
- 从一个树形结构里任意两个不同结点出发，通过后继关系可达的两个结点集合或者互不相交，或者一个集合包含另一集合（这时必定有一个结点是另一结点的直接或间接后继）。

树形结构的重要特征使之与线性表不同，也与其他更复杂的结构不同。树形结构里的结点形成了一种层次结构，可以用于表示各种常见的层次关系。

下面首先讨论树形结构中相对简单，也是使用最广泛的二叉树结构。

6.1 二叉树

*二叉树*是一种简单的树形结构，其特点是每个结点至多有两个后继，后继结点数只能为 0、1 或 2。此外，后继结点还分左右，或为左关联的结点，或为右关联的结点。

6.1.1 概念和性质

本节介绍二叉树的定义和一些重要概念，阐释二叉树的一些重要性质。

定义和图示

定义（二叉树）：二叉树是*结点*的有穷集合。这个集合或者是空集；或者其中有一个称为*根结点*的特殊结点，其余结点分属两棵不相交的二叉树，这两棵二叉树分别是原二叉树（或说是原二叉树的根结点）的*左子树*和*右子树*。

显然，二叉树的定义是一个递归定义，二叉树是一种递归结构。非空二叉树有两棵子树，子树也是二叉树，其结构与整棵树相同。非空二叉树的结点集合至少包含一个根结点，但子树可以为空。如果两棵子树都为空，这就是一棵只包含根结点的二叉树。还需强调，二叉树的两棵子树有明确的左右之分，讨论子树时必须明确说明是左子树还是右子树。

二叉树有一种直观的图形表示，能帮助理解其抽象定义和实际形态。图 6.1 给出了几棵二叉树的图示，其中的小圆圈代表二叉树的结点，树形倒置，根结点画在最上面，其左右子树分别画在根结点下面的左右两边，连线连接根结点与它的子树。

【例 6.1】 图 6.1 给出了几棵二叉树。其中 T_1 比较直观，根结点有两棵子树，具有一层层的结构；T_2 是只包含根结点的二叉树；T_3 也是二叉树，但其中每个结点（除了最下一个）都有且只有一棵右子树。

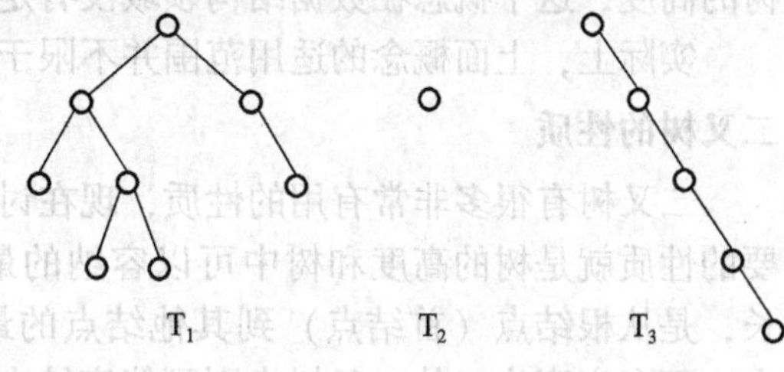

图 6.1 三棵二叉树

几个基本概念

现在介绍一些与二叉树有关的概念。

不包含任何结点的二叉树称为*空树*，只包含一个（根）结点的二叉树称为*单点树*。一般而言，一棵二叉树里可以包含任意（但有穷）个结点。

二叉树的根结点称为其子树的根结点的*父结点*；与之对应，子树的根结点称为二叉树的树根结点的*子结点*。注意，父结点和子结点的概念是相对的。

我们可认为从父结点到子结点有一条连线，称为从父结点到子结点的*边*。这种边有方向，形成单方向的父结点/子结点关系（*父子关系*，即本章开始说的后继关系）。基于父子关系定义的传递关系称为*祖先/子孙关系*，它决定一个结点的*祖先结点*，或*子孙结点*。另外，父结点相同的两个结点互为*兄弟结点*。易见，一棵二叉树（或其中子树）的根结点 r 是这棵树（这棵子树）中所有其他结点的祖先结点，而这些结点都是 r 的子孙结点。

二叉树里有些结点的两棵子树都为空，没有子结点。这种结点称为*树叶*（结点）。树中其余结点称为*分支结点*。注意：分支结点可以只有一个分支（一个子结点）。对于二叉树中的结点，只有一个分支时必须说明是其左分支还是右分支。结点的子结点个数称为该结点的*度数*。显然，树叶结点的度数为 0，分支结点的度数可以是 1 或者 2。

根据定义，一棵二叉树只有五种可能形态，如图 6.2 所示（从左到右）：图 (1) 无结点，空二叉树；图 (2) 只有根结点，单点树；图 (3) 只有根结点和左子树；图 (4) 只有根结点和右子树；图 (5) 两棵子树俱全。

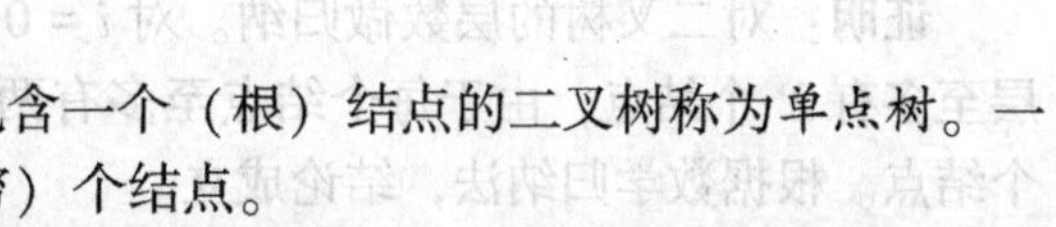

(1) (2) (3) (4) (5)

图 6.2 二叉树的 5 种可能形态

路径，结点的层和树的高度

根据祖先结点和子孙结点的定义，从一个祖先结点到其任一子孙结点都存在一个边的序列，形成从前者到后者的联系。这样一串首尾相连的边构成树中的一条路径，路径中边的条数称为路径的长度。显然，从一个结点到它的子结点有一条长度为1的路径。为统一起见，我们也认为从每个结点到其自身有一条长度为0的路径。显然，从一棵二叉树的根结点到该树中任一结点都有路径，而且唯一。对二叉树中的任意子树也有类似结论。

二叉树是一种层次结构。我们把树根看作其最高层元素，如果有子结点，其子结点看作下一层元素。规定二叉树根的层数为0，位于 k 层的结点的所有子结点都是 $k+1$ 层的元素。这样，二叉树里的每个结点都处在某一层。易见，从树根到树中任一结点的路径的长度，也就是该结点所在的*层数*，可以简称为该结点的层数。

一棵二叉树的*高度*（也称为*深度*）是树中结点的最大层数，也就是这棵树里的最长路径的长度。树的高度是二叉树的整体性质。只有根结点的树高度为0。人们一般不讨论空树的高度，这个概念在数据结构领域没有定义。

实际上，上面概念的适用范围并不限于二叉树，也适用于后面将讨论的一般树结构。

二叉树的性质

二叉树有很多非常有用的性质，现在讨论其中一些性质。作为数据结构，二叉树最重要的性质就是树的高度和树中可以容纳的最大结点个数之间的关系。树的高度类似于表长，是从根结点（首结点）到其他结点的最大距离。在长度为 n 的表里只能容纳 n 个结点，而在高度为 h 的二叉树中则可能容纳大约 2^h 个结点，这是表与树的最大不同点。

性质 6.1　在非空二叉树第 i 层中至多有 2^i 个结点（$i \geqslant 0$）。

证明：对二叉树的层数做归纳。对 $i=0$，第0层至多有一个根结点，$2^0=1$。假设第 i 层至多有 2^i 个结点，由于每个结点至多有两个子结点，因此第 $i+1$ 层至多有 $2\times 2^i=2^{i+1}$ 个结点。根据数学归纳法，结论成立。

性质 6.2　高度为 h 的二叉树至多可以有 $2^{h+1}-1$ 个结点（$h \geqslant 0$）。

证明：与性质6.1的证明类似。

性质 6.3　对于任何非空二叉树 T，如果其叶结点的个数为 n_0，度数为2的结点个数为 n_2，那么 $n_0=n_2+1$。

证明：可以根据二叉树5种不同形态，通过结构归纳法证明。由于条件中说明了树非空，这里只需要考虑4种形态的情况。设 T 是一棵二叉树，用 $\mathrm{L}(T)$ 表示 T 中叶结点个数，$\mathrm{B}(T)$ 表示 T 中度数为2的结点的个数。证明如下：

基础：单点二叉树只有一个结点，它就是叶结点，无度数为2的结点，结论成立。

归纳1：如果树 T 包含根结点 r 且只有左子树 T_1，根据归纳假设，$\mathrm{L}(T_1)=\mathrm{B}(T_1)+1$。易见，整个二叉树 T 的叶节点和度数2结点个数都与 T_1 中一样，即 $\mathrm{L}(T)=\mathrm{L}(T_1)$，$\mathrm{B}(T)=\mathrm{B}(T_1)$，所以 $\mathrm{L}(T)=\mathrm{B}(T)+1$。$T$ 只有右子树的情况类似，证明从略。

归纳2：如果树 T 包含根结点 r 和非空左右子树 T_1 和 T_2，由归纳假设，$\mathrm{L}(T_1)=\mathrm{B}(T_1)+1$，$\mathrm{L}(T_2)=\mathrm{B}(T_2)+1$。由于 $\mathrm{L}(T)=\mathrm{L}(T_1)+\mathrm{L}(T_2)$，$\mathrm{B}(\mathrm{T})=\mathrm{B}(T_1)+\mathrm{B}(T_2)+1$（加1是因为根结点 r 的度数为2），结论成立。证明完毕。

满二叉树，扩充二叉树

现在介绍两类特殊的二叉树。

满二叉树：所有分支结点的度数都是2的二叉树称为一棵满二叉树。满二叉树是所有二叉树的一个子集。

【例 6.2】 图 6.3 给出了两个满二叉树。右边的满二叉树属于一类特例，其中每层结点都满，在同高度的二叉树中结点数达到上限。

性质 6.4 满二叉树里的叶结点比分支结点多一个，因为满二叉树里的分支结点都是度数为 2 的结点，这是**性质 6.3** 的推论。

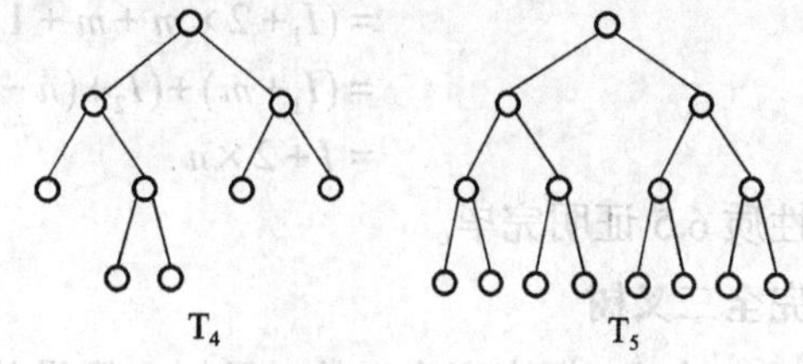

图 6.3 两棵满二叉树

扩充二叉树：对给定的二叉树 T，加上足够多的新叶结点，可以使 T 的原有结点都变成度数为 2 的分支结点，这样得到的二叉树称为 T 的*扩充二叉树*。扩充二叉树中新增的结点称为其*外部结点*，原树 T 的结点称为其*内部结点*。空树也看作一棵扩充二叉树。

【例 6.3】 图 6.4 给出的是图 6.1 里的二叉树 T_1 及其扩充二叉树。

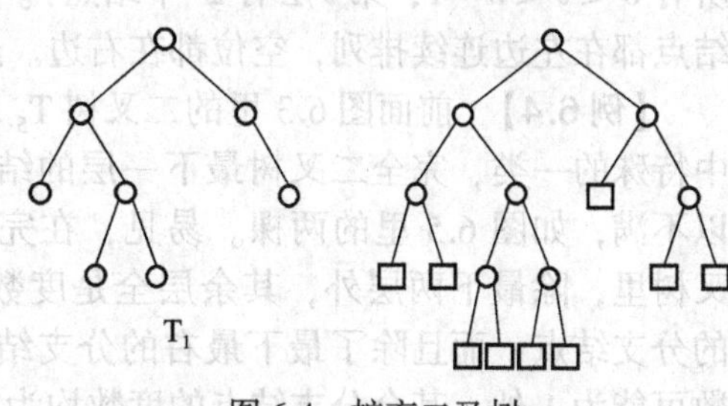

图 6.4 扩充二叉树

从形态看，任何二叉树的扩充二叉树都是满二叉树。根据**性质 6.4**，非空扩充二叉树的外部结点比内部结点多一个。

性质 6.5 （扩充二叉树的内部和外部路径长度）：扩充二叉树的*外部路径长度* E 是从树根到树中各外部结点的路径长度之和，*内部路径长度* I 是从树根到树中各内部结点的路径长度之和。如果该树有 n 个内部结点，那么 $E = I + 2 \times n$。

证明：设我们考虑的二叉树为 T，其扩充二叉树为 T'，T' 的外部路径长度为 E，内部路径长度为 I。下面根据 T 的结构做归纳证明。

基础：T 是空树时 T' 也是空树，结论显然成立。假设 T 只有根结点，其扩充二叉树 T' 有两个外部结点和 1 个内部结点。很显然，T' 的内部路径长度 $I = 0$，外部路径长度 $E = 2$，由这些可知 $E = I + 2 \times n$ 成立。

归纳 1：设 T 有 n 个结点，只有根结点 r 和左子树 T_1，其右子树空。可知 T_1 结点数为 $n-1$。设 T_1 的扩充二叉树是 T_1'，它有 $n-1$ 个内部结点和 n 个外部结点。设 T_1' 的外部路径长度是 E_1，内部路径长度是 I_1，根据归纳假设 $E_1 = I_1 + 2 \times (n-1)$。考虑 T 的扩充二叉树 T'。首先，从 T 的根 r 到 T_1' 的任一内部结点的路径长度都比在 T_1' 中增加了 1，还增加了 r 到 r 的内部路径长度 0，所以 $I = I_1 + (n-1)$。另一方面，r 到 T_1' 的 n 个外部结点的路径也有同样情况，还需加上从 r 到其新增右子结点的外部路径长度 1。所以，

$$E = E_1 + n + 1 = I_1 + 2 \times (n-1) + n + 1 \quad [\text{根据归纳假设}]$$
$$= (I_1 + (n-1)) + 2 \times (n-1) + 2 = I + 2 \times n$$

T 只有右子树的情况类似，证明从略。

归纳 2：假设 T 有根 r，其左右子树 T_1 和 T_2 都不为空。采用上面同样的记法并记 T_1 的结点数（也就是 T_1' 的内部结点数）为 m，那么 T_2 的结点数为 $n-m-1$。由归纳假设

$$E_1 = I_1 + 2 \times m, \quad E_2 = I_2 + 2 \times (n-m-1)$$

设 T 的扩充二叉树是 T'。根据与上面情况类似的理由，在 T' 里，r 到 T_1' 的内部结点的路径长度之和是 $I_1 + m$，r 到 T_1' 的外部结点的路径长度之和是

E_1+m+1；r 到 T'_2 的内部结点的路径长度之和是 $I_2+(n-m-1)$，到其外部结点的路径长度之和是 $E_2+(n-m)$，还有 r 到 r 的长度为0的内部路径。综上：

$$
\begin{aligned}
E &= (E_1+m+1)+(E_2+(n-m)) \\
&= (I_1+2\times m+m+1)+(I_2+2\times(n-m-1)+(n-m)) \quad [\text{归纳假设}] \\
&= (I_1+m)+(I_2+(n-m-1))+(2\times m+2\times(n-m-1)+2) \\
&= I+2\times n
\end{aligned}
$$

性质6.5证明完毕。

完全二叉树

对于一棵高度为 h 的二叉树，假设其第0层至第 $h-1$ 层的结点都满（也就是说，对所有 $0\leqslant i\leqslant h-1$，第 i 层有 2^i 个结点）。最下一层的结点可能不满，而如果不满时，所有结点都在左边连续排列，空位都在右边。这样的二叉树就是一棵完全二叉树。

【例6.4】 前面图6.3里的二叉树 T_5 就是一棵完全二叉树。当然，T_5 属于完全二叉树中特殊的一类，完全二叉树最下一层的结点可以不满，如图6.5里的两棵。易见，在完全二叉树里，除最下两层外，其余层全是度数为2的分支结点；而且除了最下最右的分支结点度数可能为1外，其余分支结点的度数均为2。

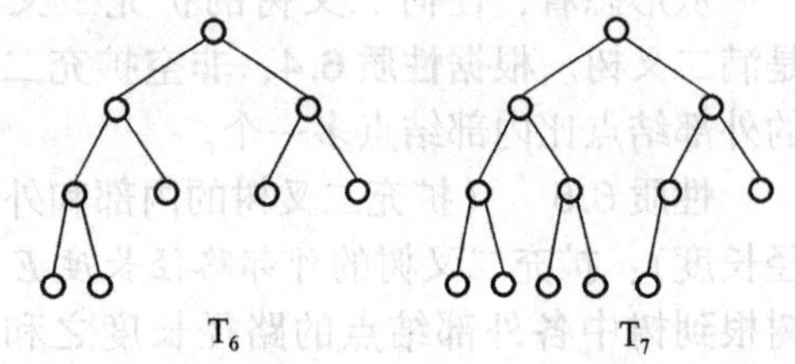

图6.5 两棵完全二叉树

性质6.6 n 个结点的完全二叉树高度 $h=\lfloor\log_2 n\rfloor$，即为不大于 $\log_2 n$ 的最大整数。

证明：设完全二叉树 T 包含 n 个结点，高度是 h。由于 T 在 n 个结点的二叉树里最低，由性质6.2，$2^h-1<n\leqslant 2^{h+1}-1$，即 $2^h\leqslant n<2^{h+1}$。取对数得到 $h\leqslant\log_2 n<h+1$。可见 h 为不大于 $\log_2 n$ 的最大整数，得证。

性质6.7（完全二叉树的结点编号定理） 如果 n 个结点的完全二叉树的结点按照层次、每层中按从左到右的顺序从0开始编号，对任一结点 i（$0\leqslant i\leqslant n-1$）都有：

- 序号0的结点是根。
- 对于 $i>0$，其父结点的编号是 $\lfloor(i-1)/2\rfloor$。
- 若 $2\times i+1<n$，其左子结点序号为 $2\times i+1$，否则它无左子结点。
- 若 $2\times i+2<n$，其右子结点序号为 $2\times i+2$，否则它无右子结点。

证明：根据下标编号、结点所在层等，对下标做归纳证明。证明过程略。

性质6.7是完全二叉树最重要的性质，使这种二叉树可以方便地存入表或数组，根据下标就能找到任一结点的子结点或父结点，无须以其他方式记录树结构信息（也就是说，完全确定二叉树的结构）。图6.6说明了如何把图6.5中的二叉树 T_6 存入一个表，检查元素下标，很容易验证性质6.7成立。注意，根据性质6.1，完全二叉树第 i 层有 2^i 个结点，根据性质6.2，前 $i-1$ 层结点如全满，共计 2^i-1 个结点。根的下标是0，第 i 层结点从下标 2^i-1 的位置开始存放，连续 2^i 个结点属于这一层。

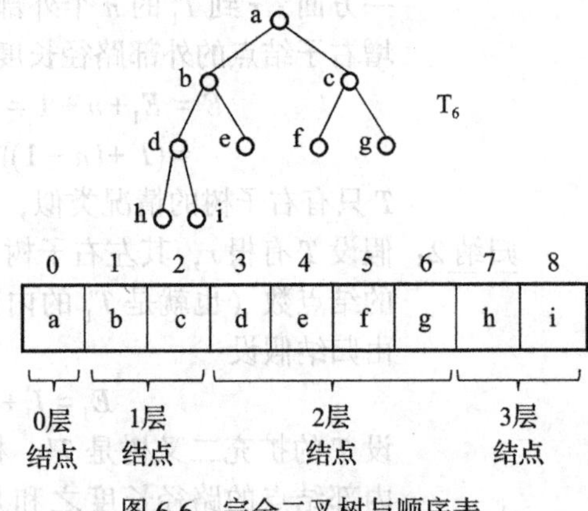

图6.6 完全二叉树与顺序表

性质 6.7 定义了完全二叉树与线性结构间一个自然的双向映射，可以方便地从相应线性结构恢复完全二叉树。一般二叉树显然没有这个性质。后面将看到该性质的价值和用途。

一般而言，n 个结点的二叉树有如下一些情况（直观的看法）：

- 如果它足够“丰满整齐”（树中度数为 1 的分支结点稀少，而且到叶结点的路径的长度差不多），树中最长路径的长度将为 $O(\log n)$。例如，完全二叉树都是这样。
- 如果它比较“畸形”，最长路径的长度可能达到 $O(n)$。典型情况如图 6.1 中的 T_3，或图 6.7 里的几个例子。其中都有些特别长的路径（退化情况）。

这些情况说明，一般而言，n 个结点的二叉树中的最长路径为 $O(n)$。但可以证明，对所有 n 个结点的二叉树，所有从根到叶结点的路径的平均长度为 $O(\log n)$。

下面考虑把二叉树作为一种存储数据元素的汇集型数据结构，研究其实现问题，包括二叉树的表示、构造和基本操作等。

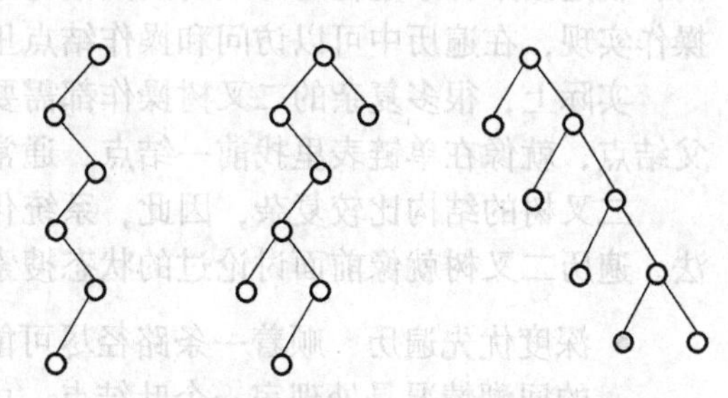

图 6.7 三棵比较“畸形”的二叉树

6.1.2 抽象数据类型

结点是二叉树的基础，我们主要用结点来保存与应用有关的信息。作为二叉树的表示，还需记录二叉树的结构信息，保证能检查结点的父子关系，能从一个结点找到左/右子结点。

下面是一个基本的二叉树抽象数据类型的定义：

```
ADT BinTree:                              # 一个二叉树抽象数据类型
    BinTree(self, data, left, right)      # 构造操作，创建一个新二叉树
    is_empty(self)                        # 判断 self 是否为一个空二叉树
    num_nodes(self)                       # 求二叉树的结点个数
    data(self)                            # 获取二叉树根存储的数据
    left(self)                            # 获得二叉树的左子树
    right(self)                           # 获得二叉树的右子树
    set_left(self, btree)                 # 用 btree 取代原来的左子树
    set_right(self, btree)                # 用 btree 取代原来的右子树
    traversal(self)                       # 遍历二叉树中各结点数据的迭代器
    forall(self, op)                      # 对二叉树中的每个结点的数据执行操作 op
```

二叉树的基本操作应该包括创建二叉树。要构造一棵二叉树，需要两棵已有的二叉树（可为空二叉树）和希望保存在根结点的数据。空二叉树的表示是个问题。由于空二叉树没有信息，可以用某个特殊值表示，例如在 Python 里用 None 表示。在实现二叉树时，我们也可以另行引进一个表示二叉树的结构，把树结点置于其管辖之下。

除了构造函数外，二叉树的其他操作还包括判断空树 is_empty，三个访问操作分别访问保存在根结点的数据和左右子树。另外，还可以考虑修改左右子树的操作，以及对二叉树结点（数据）的遍历操作，下一节（6.1.3 节）专门讨论这个操作。

6.1.3　遍历二叉树

二叉树有唯一的根结点，通过结点之间的父子关系，从根结点出发应该能找到树中所有信息。这使二叉树的根结点具有类似线性表中表头元素的地位，常被作为标识代表整个二叉树。二叉树中的子树也可以由它们的根结点代表。这种看法在二叉树的表示和相关算法的设计中都很重要，根结点常被用作处理二叉树的操作的入口（参见下面例子）。

二叉树的结点可能保存数据，因此也是一种汇集型的数据结构。前面说过，对任何汇集结构，都有逐一处理其中数据元素的问题，也就是*遍历*（周游，traversal）。遍历二叉树，就是按某种系统化的方式访问其中每个结点各一次。这一过程可以基于二叉树的基本操作实现，在遍历中可以访问和操作结点里的数据。

实际上，很多复杂的二叉树操作都需要借助遍历。例如，在二叉树里寻找一个结点的父结点，就像在单链表里找前一结点，通常不是一步就能完成的操作。

二叉树的结构比较复杂，因此，系统化遍历有多种可能方式，下面讨论几种不同的算法。遍历二叉树就像前面讨论过的状态搜索，以根为起始点，存在两种基本方式：

- 深度优先遍历　顺着一条路径尽可能向前探索，必要时回溯。对于二叉树，最基本的回溯情况是处理完一个叶结点，由于无路可走，只能回头。
- 宽度优先遍历　在所有路径上齐头并进。

深度优先遍历

按深度优先方式遍历一棵二叉树，需要做三件事：遍历左子树，遍历右子树，访问根结点（可能操作其中的数据）。下面用L、R、D表示这三项工作，参见图6.8。

按不同顺序完成这三项工作，形成三种常见遍历顺序（假定总是先处理左子树，否则就是6种）：

- *先根序遍历*（按DLR的顺序）。
- *中根序遍历*（按LDR），也称对称序。
- *后根序遍历*（按LRD）。

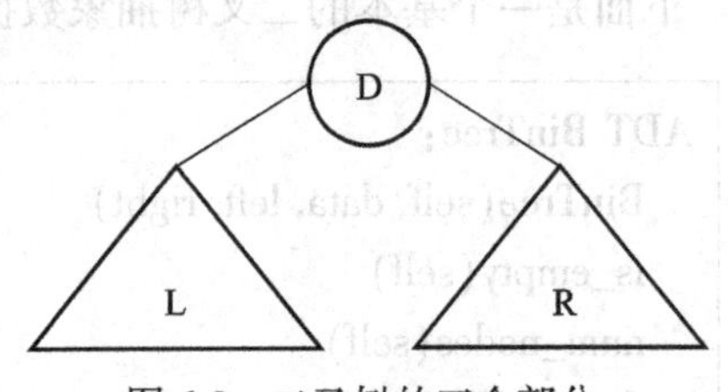

图6.8　二叉树的三个部分

二叉树的子树也是二叉树，把同样的遍历顺序（方式）继续运用到子树的遍历中，就形成了一种遍历整棵二叉树的统一方法。

在遍历过程中遇到子树为空的情况，就结束这部分的处理并转去做下一步工作。例如，在先根序遍历中遇到左子树为空，就转去遍历相应的右子树。

【例6.5】　按不同深度优先方式遍历图6.9给出的二叉树。

按先根序遍历（先访问根结点，而后遍历左右子树），得到下面结点访问序列：

A B D H E I C F J K G

按后根序遍历（先以同样方式遍历左右子树，最后访问根结点），得到下面序列：

H D I E B J K F G C A

按对称序（中根序，先以同样方式遍历左子树，而后访问根结点，最后再以同样方式遍

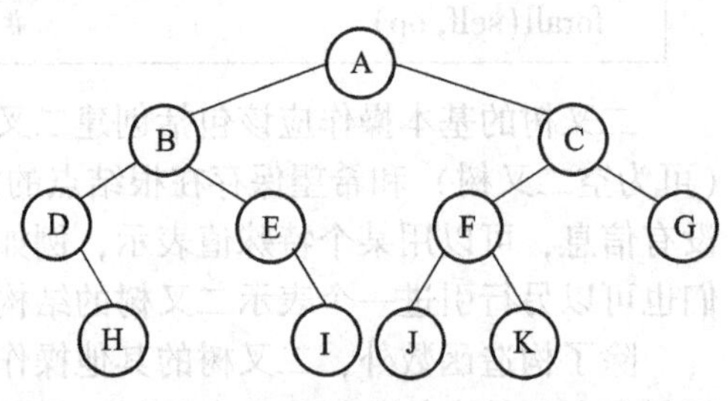

图6.9　二叉树遍历的实例

历右子树）遍历的访问序列：

D H B E I A J F K C G

关于二叉树的遍历，我们有如下的概念：

- 按先根序遍历二叉树得到的结点序列称为其*先根序列*。
- 按后根序遍历二叉树得到的结点序列称为其*后根序列*。
- 按对称序遍历二叉树得到的结点序列称为其*对称序列*（*中根序列*）。

如果二叉树中每个结点有唯一标识，这些序列就可以用结点的标识描述（如上例所示）。显然，给定一棵二叉树，其先根序列、后根序列和对称序列都唯一确定了。但是，给定了任意一个遍历序列，都无法唯一确定相应的二叉树。对这个问题有如下的结果：

命题 如果已知一棵二叉树的对称序列，又知道该二叉树的另一个遍历序列（无论是先根还是后根序列），就可以唯一确定这棵二叉树（请读者考虑和证明）。

宽度优先遍历

现在考虑按宽度优先顺序遍历二叉树的问题。前一章说过，宽度优先就是按路径长度由近到远地访问结点。对二叉树做这种遍历，也就是逐层访问树中的结点。与状态空间搜索的情况一样，这种遍历不能写成一个递归过程。

宽度优先遍历只规定了逐层访问，并没有规定同层结点的访问顺序。但算法必须规定一个顺序，常见的是在每一层都从左到右访问。实现这一算法需要用一个队列作为缓存。

宽度优先遍历又称为按*层次序*遍历，通过这种遍历产生的结点序列称为二叉树的*层次序列*。对于图 6.9 中的二叉树，其层次序列是：

A B C D E F G H I J K

二叉树遍历与搜索

请注意，一棵二叉树可以看作一个状态空间（参看第 5 章讨论）：根结点对应状态空间的初始状态，父子结点链接对应状态的邻接关系。按这种看法，一次二叉树遍历也就是一次覆盖整个状态空间的搜索。前面所有有关状态空间搜索的方法和实现技术都可以原样移植到二叉树遍历问题中，包括递归的搜索方法、基于栈的非递归搜索（即上面讨论的深度优先遍历）、基于队列的宽度优先搜索（对应于这里的层次序遍历）。

二叉树的特点是一个结点至多有两个子结点。另一方面，在二叉树遍历中，从一条路走下去，绝不会与另一条路相交（在树形结构中，两个不同分支没有公共结点），不必考虑循环访问的问题。这些特殊情况都有助于简化算法的实现。

搜索也可以看到系统化的枚举状态（遍历结点），但未必需要检查全部结点，有些时候在找到所需的信息后就可以结束。在二叉树上，可能同样需要做这种搜索。

最后，在状态空间的搜索过程中，如果记录下从一个状态到另一状态的过渡操作，将其看作状态之间的链接，就会发现这种搜索过程实际上构造出了一棵树，称为*搜索树*。当然，一般而言，这样形成的结构不是二叉树而是一般的树。但无论如何，这种情况都进一步说明了树遍历与状态空间搜索之间的紧密联系。

6.2 二叉树的 list 实现

本节考虑在 Python 里实现二叉树的一种简单技术和它的一个应用。这种技术不仅可以用于实现二叉树，也可以用于实现后面讨论的一般树。

简单看，二叉树结点也就是一个三元组，元素是左右子树和本结点数据。Python 的 list 或 tuple 都可以用于组合这样的三个元素，两者的差异仅在于变动性。如果要实现不能改变结构的二叉树，可以用 tuple 作为组合机制；要实现可以修改结构的二叉树，就应该用 list。下面讨论用 list 构造二叉树，其中所有的基本考虑都适用于 tuple。

6.2.1 设计和实现

二叉树是一种递归结构，Python 的 list 也是递归结构。我们很容易基于 list 来实现二叉树。例如，可以采用下面的设计：

- 空树用 None 表示。
- 非空二叉树用包含三个元素的表 $[d, l, r]$ 表示，其中：
  - d 表示存在根结点的元素。
  - l 和 r 是两棵子树，采用与整个二叉树同样结构的 list 表示。

显然，这样做就把二叉树映射到一种分层的 list 结构，每棵二叉树都有与之对应的（递归结构的）list。例如，下面是一棵二叉树的 list 表示：

```
['A', ['B', None, None],
      ['C', ['D', ['F', None, None],
                  ['G', None, None]],
            ['E', ['H', None, None],
                  ['I', None, None]]]]
```

实际上，这也就是著名编程语言 Lisp 采用的嵌套括号表示形式。上面描述中将同一层的子树相互对齐，只是为了阅读方便。图 6.10 给出了与上面的 list 表示对应的二叉树的图示，存储在各结点的字符串都标在结点里面。

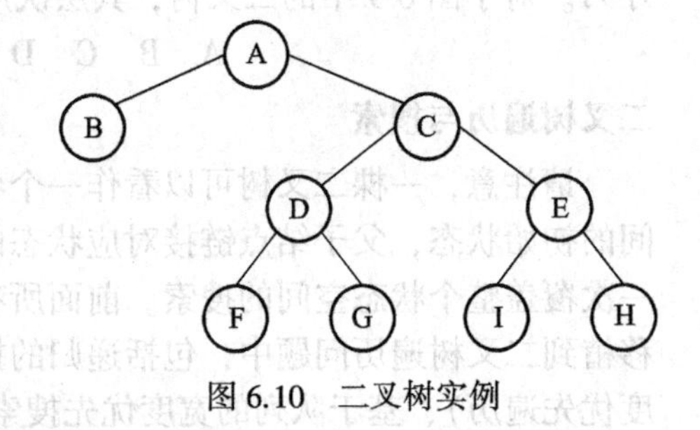

图 6.10　二叉树实例

相关的二叉树的实现和操作都很简单。下面是实现基本操作的一组函数定义。这些函数及其实现只是示意，说明这种二叉树实现可以如何做，并没有写得很完善。例如，定义中完全没有考虑参数的合法性问题。

```
def BinTree(data, left=None, right=None):
    return [data, left, right]

def is_empty_BinTree(btree):
    return btree is None

def root(btree):
    return btree[0]

def left(btree):
    return btree[1]

def right(btree):
    return btree[2]

def set_root(btree, data):
    btree[0] = data
```

```
def set_left(btree, left):
    btree[1] = left

def set_right(btree, right):
    btree[2] = right
```

构造函数 BinTree 为后两个参数提供默认值，主要是为了使用方便。

基于上述构造函数的嵌套调用，可以构造出任意复杂的二叉树，例如：

```
t1 = BinTree(2, BinTree(4), BinTree(8))
```

这相当于写语句 t1 = [2, [4, None, None], [8, None, None]]。

可以修改二叉树中的任何部分，例如：

```
set_left(left(t1), BinTree(5))
```

其中把 t1 的左子树的左子树换成了 BinTree(5)，使 t1 的值变成：

```
[2, [4, [5, None, None], None], [8, None, None]]
```

这是一棵高度为 2 的二叉树。list 内部的嵌套层数等于树的高度。

基于三元素的 list（或者三元素的 tuple）实现二叉树，也存在后面讨论中提出的各种计算问题。另一方面，list 是 Python 标准类型，这里用其中一类特殊形式表示二叉树，有关的缺点在前面讨论过。如果需要，完全可以基于上面的表示技术实现一种二叉树类，这一工作留给读者完成。后面几节里有关二叉树实现的讨论都可作为参考。

6.2.2 二叉树的简单应用：表达式树

本小节研究二叉树的一个应用：表达式树。这一应用主要利用了二叉树的结构。下面首先分析表达式的结构，然后讨论它与二叉树的关系，以及基于二叉树实现表达式的技术。最后的表达式实现采用了前面的简单二叉树实现技术。

二元表达式和二叉树

数学表达式（算术表达式）也是分层次的递归结构，一个运算符作用于相应运算对象，运算对象又可以是任意复杂的表达式。二叉树的递归结构正好可以用来表示这种表达式，其中结点与子树的关系可用于表示运算符对运算对象的作用。

下面考虑只包含二元运算符的表达式，称为*二元表达式*。实际上，有关技术的应用范围远不止二元表达式，完全可以用于表示一般的（数学）表达式，以及逻辑表达式等。*算术表达式*是数学表达式的特殊情况，其中的基本表达式是数和变量。

二元表达式可以很自然地映射到二叉树（运算符都是二元的）：

- 以基本运算对象（数和变量）作为叶结点中的数据。
- 以运算符作为分支结点的数据，则
  - 其两棵子树是它的运算对象。
  - 子树可以是基本运算对象，也可以是任意复杂的二元表达式。

实际上，一元运算符、一元函数和二元函数都可以纳入上述表示方式，多元函数的问题在后面有简单讨论。各种数学软件都采用了与此类似的表示方式。

【例 6.6（二元表达式的遍历序列）】 易见，一个结构正确的二元表达式对应于一棵满二叉树，例如图 6.11 中的表达式。现在考虑这一表达式树的先根、后根和中根序列。

先根序遍历得到×-*a b*+/*c d e*，正是该表达式的前缀表示。

后根序遍历得到*a b*-*c d*/*e*+×，正是该表达式的后缀表示。

对称序遍历得到*a*-*b*×*c*/*d*+*e*，基本上是相应表达式的中缀表示，只是缺少必要的括号（未能正确表达计算顺序）。

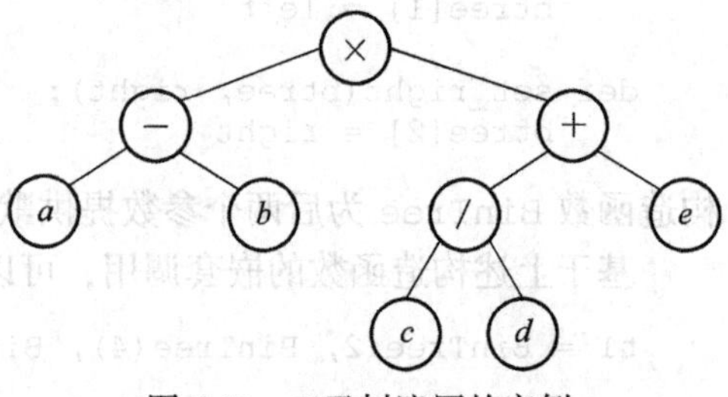

图 6.11　二叉树遍历的实例

构造表达式

由于建立好的数学表达式绝不变化，数学运算和操作都是基于已有表达式构造新表达式。因此，一种合理方式是把它实现为“不变的”二叉树，下面用 Python 的 tuple 作为实现基础，用三元 tuple 表示二叉树结点。

为使有关表示更简洁清晰，我们对上面提出的二叉树的表示做一点修改。可以注意到，按照前面的设计，表达式 3∗(2+5) 直接映射到二叉树是

```
('*', (3, None, None),
      ('+', (2, None, None), (5, None, None)))
```

在这种表示里出现了大量无意义的 None。为避免这种情况，我们把基本运算对象（数或变量）直接放在 tuple 叶结点的位置。上面表达式的简化表示是：

```
('*', 3, ('+', 2, 5))
```

这是带括号的前缀表达式，括号表示运算符的作用范围。现在的表达式由两种结构组成：

- 如果是序对（tuple），就是运算符作用于运算对象的复合表达式。
- 否则就是基本表达式，也就是数或者变量。

这两条构造规则可用于解析表达式的结构，实现对表达式的处理。

现在定义几个表达式构造函数：

```
def make_sum(a, b):
    return ('+', a, b)

def make_prod(a, b):
    return ('*', a, b)

def make_diff(a, b):
    return ('-', a, b)

def make_div(a, b):
    return ('/', a, b)

# 其他构造函数与此类似，略
```

下面语句构造出一个简单的算术表达式：

```
e1 = make_prod(3, make_sum(2, 5))
```

显然，我们可以构造出具有任意复杂结构的表达式。

用字符串表示变量，就能构造出各种代数表达式，例如

```
make_sum(make_prod('a', 2), make_prod('b', 7))
```

在定义表达式处理函数时，经常需要区分基本表达式（直接处理）和复合表达式

（递归处理）。为了区分这两种情况，我们定义一个判别基本表达式的函数：

```
def is_basic_exp(a):
    return not isinstance(a, tuple)
```

为简单起见，这里认为只有 int、float、complex 三个具体数值类型的对象，判断是否数值的函数可以用下面的定义：

```
def is_number(x):
    return (isinstance(x, int) or isinstance(x, float) or
            isinstance(x, complex))
```

表达式求值

前面定义的二元表达式是简单数学表达式的一种 Python 实现。在这些定义的基础上，我们可以根据需要实现各种表达式操作。例如，可以定义 Python 函数求出两个二元表达式的和、乘积等。作为例子，这里考虑一个求表达式值的函数。

我们有下面的表达式求值规则：

- 对表达式里的数和变量，其值就是它们自身；
- 其他表达式根据运算符的情况处理，可以定义专门的处理函数；
- 如一个运算符的两个运算对象都是数，就可以实施运算，求出一个数值。

还有些情况，如加数是 0、乘数是 0 或 1，有关的部分表达式可以做求值和化简。总而言之，所谓求值，就是对表达式做一些简单化简，把能计算的部分都计算出来。

下面是求值函数的基本部分：

```
def eval_exp(e):
    if is_basic_exp(e):
        return e
    op, a, b = e[0], eval_exp(e[1]), eval_exp(e[2]) # 子表达式求值
    if op == '+':
        return eval_sum(a, b)
    elif op == '-':
        return eval_diff(a, b)
    elif op == '*':
        return eval_prod(a, b)
    elif op == '/':
        return eval_div(a, b)
    else:
        raise ValueError("Unknown operator:", op)
```

这里的基本做法就是基于运算符，把不同计算分发给具体函数处理。请特别注意加了注释的语句，其中通过对本函数的两个递归调用处理子表达式，完成所需计算。在后面可以看到，对二叉树的所有递归处理都将采用这种模式。

最后一行引发异常时为异常提供了两个实参。如果没有其他处理，Python 解释器显示异常信息时将输出这些实参的值（输出字符串 Unknown operator 和 op 的实际值）。

下面是对和式和除式求值的函数，其他函数类似（从略）：

```
def eval_sum(a, b):
    if is_number(a) and is_number(b):
        return a + b
    if is_number(a) and a == 0:
        return b
    if is_number(b) and b == 0:
```

```
            return a
        return make_sum(a, b)

    def eval_div(a, b):
        if is_number(a) and is_number(b):
            return a / b
        if is_number(a) and a == 0:
            return 0
        if is_number(b) and b == 1:
            return a
        if is_number(b) and b == 0:
            raise ZeroDivisionError
        return make_div(a, b)
```

读者不难完成这个求值器（参见本章后面的练习）。

扩充

上面的表达式计算系统有很大扩充空间。首先是可以定义更多表达式操作，例如：

- 定义函数，以比较好读的形式输出这里的表达式（请读者自己考虑，后面有讨论）。
- 定义二元表达式的各种运算（其中化简是很困难的工作，除了简单化简）。
- 定义高级的数学操作。例如，针对某个变量求导代数表达式的函数（得到另一代数表达式，比较容易）、求表达式的不定积分（不容易做好），等等。

显然，表达式定义形式也可以扩充。由于 tuple 允许任意多个元素，因此可以用于表示一元运算符或者函数应用。例如，我们可以扩充表达式表示，使下面表达式合法：

```
('+', 2, 4, ('*', 15, ('sin', 2.3), 'x'))
```

请读者自己考虑如何扩充，如何修改前面的定义。

沿着这个方向继续工作下去，完全可能在 Python 语言里实现一个完成复杂表达式计算的系统，其功能是目前广泛使用的数学软件 Maple 或 Mathematica 的一个子集。

6.3 优先队列

本节讨论另一种重要缓存结构：*优先队列*。从原理上说，这种结构与二叉树没有直接关系。但是基于对一类二叉树的认识，我们可以做出优先队列的一种高效实现。因此，本节的内容也可以看作二叉树的一个应用。

6.3.1 概念

首先介绍优先队列的概念。作为缓存结构，优先队列也用于临时保存数据，可以访问和弹出，特殊之处是存入数据时为其附一个有序值，称为其*优先级*。优先队列保证任何时候访问或弹出的总是当时所存元素中优先级最高的。如果只访问元素而不弹出，再次访问还得到同一个元素。具体数据集合和所用的优先序由实际需要确定，对同一集数据，完全可以使用不同的优先序。在实现优先队列时，需要确定一个表示优先级的全序集，例如整数，也可以用其他集合，但要保证任意两个优先级都能比较。

存入优先队列的项是二元组 (p, d)，其中 p 表示该项的优先级，d 是实际数据。显然，可能出现两个项的优先级相同的情况。通常只要求保证访问（或弹出）的总是当时优先级最高的数据之一，并不要求是其中最早存入的数据。如果需要，也可以要求最优先数据先进先出（即，在考虑优先的同时还要满足 FIFO 性质）。但这个问题不是下面讨论的重点。

优先关系可以代表所存数据的某种附加性质，例如用于描述实际中：

- 各项工作的计划开始时间（实际中、模拟中都可能使用）；
- 一个大项目中各种工作任务的急迫程度（或截止期）；
- 银行客户的诚信度评估（用于决定优先贷款），等等。

显然，这类需求在实际中无穷无尽。

优先队列的操作也很简单，应该包括：

- 创建，判断空（还可以有清空内容、确定当前元素个数等）。
- 插入元素，访问和删除优先队列里（当时最优先）的元素。

下面考虑优先队列的实现问题。

6.3.2 基于线性表的实现

优先队列的概念只是提出了一种功能需求，并没有对所用的实现方式提出任何限制。这里首先考虑一种简单的方法：基于线性表技术实现优先队列。

有关实现方法的考虑

线性表可以存储元素，显然可以作为优先队列的实现基础。元素在线性表里的存储顺序可用于表示它们之间的某种顺序关系。对于优先队列，我们可以用这个顺序表示元素之间的优先关系，也就是说，在线性表中将元素按优先顺序排列、存储。

请注意，从使用的角度看，用户只关心优先队列的操作特性。按优先级顺序存储元素是一种可能，但并不必需。稍加思考，就可以提出两种不同的实现方案：

1. 在存入数据时，保证表中元素始终按优先级顺序排列（把这个要求作为数据不变式的一部分），任何时候排在最前面的元素优先级最高，后面的元素优先级递减。采用这种存放方式，存入元素时需要按序插入，比较麻烦，效率较低，但访问和弹出比较方便。
2. 存入数据时采用最简单的方式（用顺序表存入表尾端，用链接表时存储表首端），取用或弹出时通过检索找到最优先的元素。这种设计把选择最优元素的工作推迟到访问/取出时，存入操作的效率高但取用麻烦。如果需要多次访问同一个元素但并不弹出，就需要多次重复检索。当然，我们也可以在一次检索之后记录最优先元素，再次需要时直接使用。这样做还需要与元素弹出相互配合，有关实现问题请读者考虑。

经过比较和分析（请读者自己分析其合理性），下面准备采用第一种方案：加入新数据时插入正确的位置，保证元素始终按优先级顺序排列。

基于 `list` 实现优先队列

现在考虑优先队列的顺序表实现，由于顺序表的性质，为保证访问和弹出都能在 O(1) 时间完成，最优先元素应该放在表尾。我们用一个 `list` 对象存储数据，它能根据存储元素的实际需要自动扩容。在插入新元素时，我们先确定正确的插入位置，然后调用 `list` 的 `insert`（或其他操作）做定位插入。这样做能保证不出现越界。

在下面实现中，假定被存储的元素可以用 `<=` 比较优先级，值较小的元素优先级更高。这一点不难根据需要修改。我们先定义一个异常类，在优先队列类里使用：

```
class PrioQueueError(ValueError):
    pass
```

将优先队列定义为一个类：

```
class PrioQue:
    def __init__(self, elist=[]):
        self._elems = list(elist)
        self._elems.sort(reverse=True)
```

可以通过 `__init__` 的参数为优先队列提供初始元素。注意参数的默认值，以可变对象作为默认值是一种危险操作，需要特别当心。调用 list 转换有两个作用：首先是对实参表（包括默认值空表）做一个拷贝，避免共享。这样做也使构造函数的实参可以是任何可迭代对象，例如迭代器或元组等。最后调用 list 的 sort 方法，其中的 reverse 参数要求做从大到小的排序。注意，这里假设是用较小表示较优先，可以根据需要修改。

插入元素是这里最复杂的操作，需要找到正确的插入位置：

```
    def enqueue(self, e):
        i = len(self._elems) - 1
        while i >= 0:
            if self._elems[i] <= e:
                i -= 1
            else:
                break
        self._elems.insert(i+1, e)
```

while 循环从最后的元素开始检查，结束时 i 或为 -1，或是第一个大于 e 的元素的下标，最后的定位插入总是正确的。while 的条件还考虑了优先度相同元素的排列顺序正确，保证同优先级的元素也能做到先进先出。

其他方法都比较简单，如下所示：

```
    def is_empty(self):
        return not self._elems

    def peek(self):
        if self.is_empty():
            raise PrioQueueError("in top")
        return self._elems[-1]

    def dequeue(self):
        if self.is_empty():
            raise PrioQueueError("in pop")
        return self._elems.pop()
```

对顺序表实现的分析

分析上面实现中各个操作的效率，可以很清楚地看到：插入元素是 $O(n)$ 操作，其他都是 $O(1)$ 操作。注意，即使插入时存储区满，需要扩容，复杂度也没有改变，仍然是 $O(n)$。

前面还讨论过另一种实现方案。如果采用该方案，插入元素操作具有 $O(1)$ 的平均复杂度（扩容时需要 $O(n)$ 时间），而访问和弹出队列最优先元素都是 $O(n)$ 时间操作。

如果改用链接表实现，几个主要操作的复杂度与顺序表类似。总之，采用线性表技术实现优先队列，无论采用怎样的具体技术，在插入元素与取出元素的操作中，总有一种是具有线性复杂度的操作，这一情况不能令人满意。

6.3.3 树形结构和堆

本节将研究改善优先队列的操作性能的可能性。

线性和树形结构

首先分析效率低的原因。前面实现中按序插入的操作低效，根源是需要沿着表结构顺序检索插入位置。表长度是 n，检索（和最终插入）自然需要 $O(n)$ 时间。这说明，只要元素按优先级线性排列，就无法避免线性复杂性：对顺序表，需要检查和移动 $O(n)$ 个元素；对链接表，需要沿着链接爬行 $O(n)$ 步。这些情况说明，不改变数据的线性存储方式，就不可能突破 $O(n)$ 的复杂度。要做出效率更高的优先队列，必须考虑其他数据组织方式。

一般而言，确定最优先元素并不需要与其他所有元素比较。以体育比赛的淘汰赛为例，假设有 n 名选手参加，确定冠军需要进行 $n-1$ 场比赛，而每个选手只需要进行约 $\log_2 n$ 场比赛。在决出冠军后，要确定真正的第二名，前段比赛确定的亚军只需要与所有输给冠军的人比赛，也就是说，沿着冠军胜利的路线比赛，不超过 $\log_2 n$ 次。

上面情况说明，利用树形结构的祖先/子孙序，有可能得到更好的操作效率。但是，要想利用树形结构的优势实现一种高效的优先队列，还需要解决一个重要问题：在反复插入和删除元素的过程中，始终保持树形结构的特点，保证操作效率。

堆及其性质

采用树形结构实现优先队列的一种有效技术称为堆。从结构上看，堆就是在结点里存储数据的完全二叉树，但其中数据的存储要满足一种特殊的堆序：任一个结点里所存的数据（按所考虑的序）必须优先于或等于其子结点（如果存在）里的数据。

根据堆的上述定义，不难看到：

- 堆中从树根到任一叶结点的路径上，各结点所存的数据按优先关系（非严格）递减。
- 堆中最优先的元素必定位于二叉树的根结点里（堆顶），$O(1)$ 时间就能检索到。
- 对位于树中不同路径上的元素，这里并没有对它们之间的优先关系提出任何限制。

如果我们要求的序是小元素优先，构造出来的堆就称为小顶堆（小元素在上），堆中每个结点的数据均小于等于其子结点的数据，堆顶是最小元素。按照大元素优先得到的堆称为大顶堆，每个结点里的数据都大于等于其子结点的数据，堆顶是最大元素。

图 6.12 形象地描绘了堆的形状（就是完全二叉树）以及堆中一条路径的情况。除最下一层右边可能有欠缺，各层结点全满。从根到叶的路径上越小的圆圈越接近根，表示堆序关系。

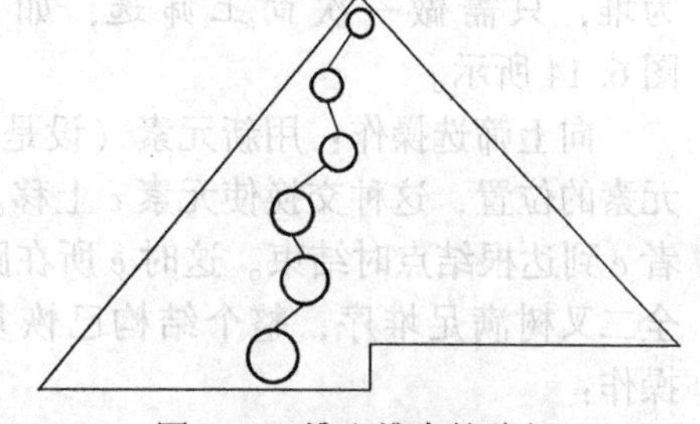

图 6.12 堆和堆中的路径

前面说过：完全二叉树可以自然而且信息完全地存入顺序结构（如一个顺序表，见图 6.6），因此，堆也可以自然地存入顺序表，通过下标就能方便地找到树中任一结点的父结点/子结点。

在下面讨论中说到堆的时候，经常是指存储在顺序表里的一棵完全二叉树，其中元素的存储情况使它形成了一个堆。由于这种结构与堆一一对应，我们可以不区分这两个概念。

堆和完全二叉树还有下面几个重要的性质（参考图6.13）。

性质1　在一个堆最后加上一个元素（在相应顺序表尾加一个元素），整个结构还是一棵完全二叉树，但它未必是堆（最后元素未必满足堆序）。

性质2　一个堆去掉堆顶（表中下标0的元素），其余元素形成两个“子堆”，二叉树的子结点/父结点下标计算规则仍适用，路径上堆序仍然成立。

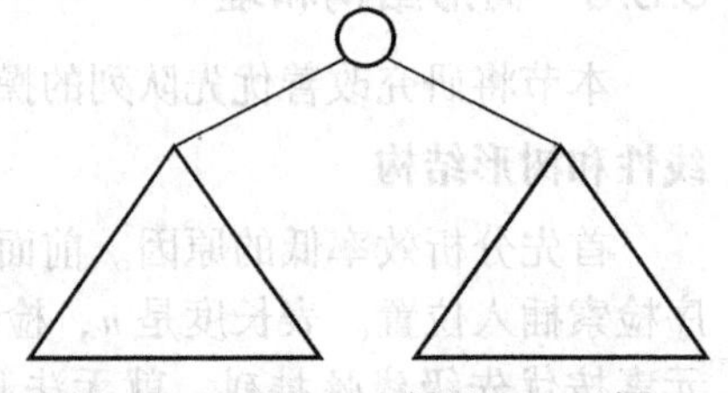
图6.13　完全二叉树的根和子树

性质3　对通过“性质2”中所说操作得到的表（其中包含两个子堆），给它加入根元素（存入下标0的位置），得到的序列又可以看作完全二叉树，但未必是堆（根结点未必满足堆序）。

性质4　去掉一个堆的最后元素（最下一层的最右结点，也就是相应的顺序表尾的元素），剩下的元素仍然是一个堆（既是完全二叉树，也满足堆序的条件）。

堆与优先队列

现在考虑如何基于堆的概念和结构实现优先队列。

首先，用堆作为优先队列，可以直接找到（取出）堆中最优先的元素（表的首元素），只需O(1)时间。但要实现优先队列，还需要解决两个问题：

- 实现插入元素操作：向堆（优先队列）中加入一个新元素，必须高效地构造出一个包含了原有元素和新元素的堆。
- 实现弹出元素的操作：从堆中取出最小元素后，还需要把剩余元素重构成堆。

下面将看到，这两个操作均可以在O(log n)时间内完成。其他操作都很简单，都是O(1)时间操作，可以参考后面的代码，不需要更多的讨论。

6.3.4　优先队列的堆实现

解决堆插入和删除的关键操作称为筛选，筛选又分为向上筛选和向下筛选。

插入元素和向上筛选

首先考虑向堆中加元素的操作。根据性质1，在一个堆最后加入一个元素，结果还是完全二叉树，但未必是堆。为把这棵完全二叉树恢复为堆，只需做一次向上筛选，如图6.14所示。

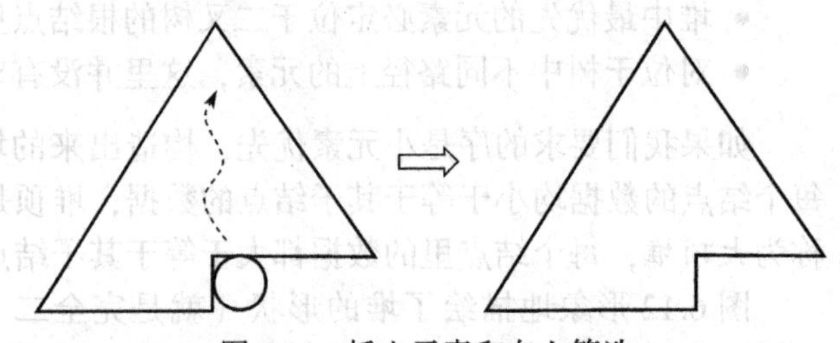
图6.14　插入元素和向上筛选

向上筛选操作：用新元素（设是e）与其父结点的数据比较，如果e较小就交换两个元素的位置，这种交换使元素e上移。重复此操作，直到e的父结点的数据小于等于e或者e到达根结点时结束。这时e所在路径上的元素有序，其余路径保持有序，因此这棵完全二叉树满足堆序，整个结构已恢复为堆。这样就可以得到基于堆的优先队列的插入操作：

- 把新加入元素放在（顺序表里）已有元素之后，执行一次向上筛选操作。
- 向上筛选操作中比较和交换的次数不会超过二叉树中最长路径的长度。根据完全二叉树性质，加入元素操作可以在O(log n)时间完成。

弹出元素和向下筛选

堆顶元素就是最优元素，应该弹出它。弹出该元素后，其余元素已经不再是堆，但可以看作两个“子堆”（**性质 2**）。根据**性质 3** 和**性质 4**，从数组最后取一个元素放在堆顶，又得到一棵完全二叉树，它比弹出操作前的堆少了一个元素，而且，除堆顶元素之外的其余元素都满足堆序。此时的状态如图 6.15（左）所示，需要把它恢复为堆。

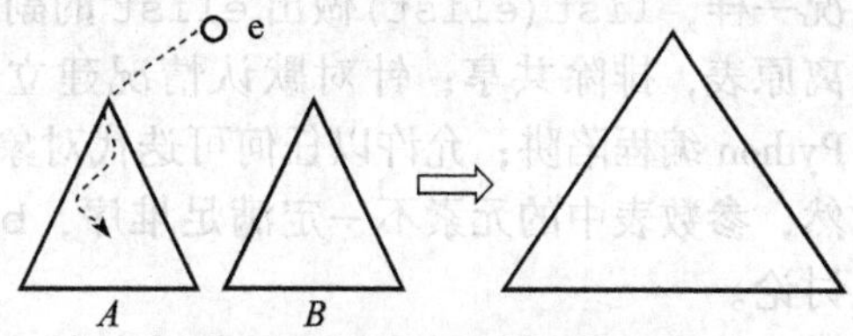

图 6.15 删除元素和向下筛选

在这种情况下，恢复堆的操作称为向下筛选。把两个子堆 A 和 B 加上新的根元素 e 做成堆的操作步骤是：

- 用 e 与 A、B 两个“子堆”的顶元素（根）比较，最小者作为整个堆的顶：
  - 若 e 不是最小，最小的必为 A 或 B 的根。设 A 的根最小，将其移到堆顶，相当于删去了 A 的顶元素。
  - 下面考虑把 e 放入去掉堆顶的 A，这是规模更小的同样问题。
  - B 的根最小的情况可以用同样方式处理。
- 如果某次比较中 e 最小，以它为顶的局部树已经成为堆，整个结构也恢复为堆。
- 如果 e 已经落到底，这时它自身就是一个堆，整个结构也恢复为堆。

到达最后两种情况，重新构造堆的工作就完成了。

总结一下优先队列弹出操作的实现，分为三个步骤：

- 弹出当时的堆顶；
- 从堆最后取一个元素作为完全二叉树的根；
- 执行一次向下筛选。

前两步都是 O(1) 时间操作。最后一步需要从完全二叉树的根开始，每步操作做两次比较，操作次数不长于树中路径的长度。根据完全二叉树的性质，从这种优先队列里弹出元素的操作具有 $O(\log n)$ 时间复杂度。

基于堆的优先队列类

现在定义一个优先队列类，该类的对象里用一个 `list` 存储元素，还需要考虑 `list` 的使用方式。我们在尾端加入元素，以首端作为堆顶，与前面用排序表实现的方式相反[㊀]。

下面是类的构造函数和两个简单方法：

```
class PrioQueue:
    """ Implementing priority queues using heaps
    """
    def __init__(self, elist=[]):
        self._elems = list(elist)
        if elist:
            self.buildheap()

    def is_empty(self):
        return not self._elems
```

㊀ 交换表两端的安排会遇到什么样的情况？请读者自行分析。

```
    def peek(self):
        if self.is_empty():
            raise PrioQueueError("in peek")
        return self._elems[0]
```

构造函数提供了一个表参数，使用户能为优先队列提供初始元素。与前面排序表的情况一样，list(elist)做出elist的副本，能起到多方面作用：使优先队列内部的表脱离原表，排除共享；针对默认情况建立一个新的空表，避免以可变对象作为默认值的Python编程陷阱；允许以任何可迭代对象作为参数，扩大了这个构造函数的适用范围。显然，参数表中的元素不一定满足堆序，buildheap方法将其转变为堆，具体实现在后面讨论。

前面已经详细讨论了入队操作的技术，下面是它的实现，主要工作由siftup完成：

```
    def enqueue(self, e):
        self._elems.append(None)  # 加一个空元素
        self.siftup(e, len(self._elems)-1)

    def siftup(self, e, last):
        elems, i, j = self._elems, last, (last-1)//2
        while i > 0 and e < elems[j]:
            elems[i] = elems[j]
            i, j = j, (j-1)//2
        elems[i] = e
```

注意，siftup的实现里并没有先存入元素后再考虑交换，而是“拿着它”去查找正确插入的位置。循环条件保证跳过的元素都是优先度较低的元素，在检查过程中将它们逐个下移。循环结束时i的值就是应该存入元素的位置。

弹出元素的操作稍微复杂一点。取出堆顶元素e0后弹出最后元素，然后做一次向下筛选来恢复堆中的元素顺序，最后返回e0。

```
    def dequeue(self):
        if self.is_empty():
            raise PrioQueueError("in dequeue")
        elems = self._elems
        e0 = elems[0]
        e = elems.pop()
        if len(elems) > 0:
            self.siftdown(e, 0, len(elems))
        return e0

    def siftdown(self, e, begin, end):
        elems, i, j = self._elems, begin, begin*2+1
        while j < end:    # invariant: j == 2*i+1
            if j+1 < end and elems[j+1] < elems[j]:
                j += 1    # elems[j]不大于其兄弟结点的数据
            if e < elems[j]:       # e在三者中最小，已找到了位置
                break
            elems[i] = elems[j]   # elems[j]在三者中最小，上移
            i, j = j, 2*j+1
        elems[i] = e
```

与siftup类似，在siftdown的实现里，我们也是“拿着新元素”找位置，没采用先存入元素再逐步交换的方法，这样可以少做一些没价值的动作。

最后考虑堆的初始构建，基于已有的list建立初始堆。这里的做法基于如下两个事

实：(1) 一个元素的序列已经是堆；(2) 如果元素位置合适，在表里已有的两个“子堆”上加一个元素，通过一次向下筛选，就可以把这部分元素调整为一个更大的子堆。

初始表可以看作一棵完全二叉树，从下标 end//2 开始，后面的表元素都是树叶，也就是说，它们中的每一个都是堆。从这个位置开始向前处理，就是从完全二叉树的最下最右分支结点开始，向左一个个建堆，再向上一层层建堆，直至所有元素构成一个完整的堆。

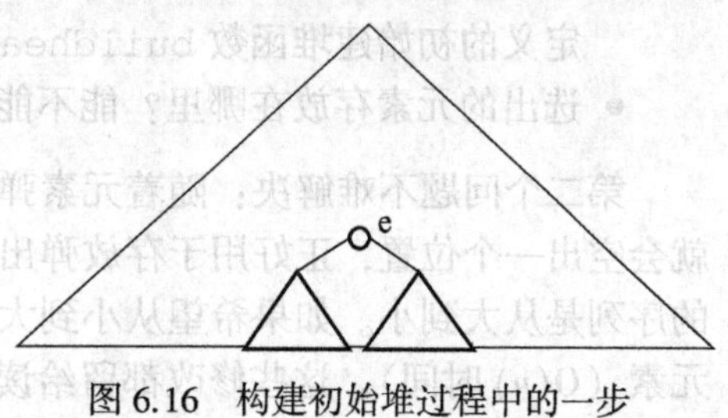

图 6.16 构建初始堆过程中的一步

参考图 6.16，这里的每一步工作都是在两个已有堆上加一个根元素，再把它们形成的完全二叉树调整为一个堆。只需做一次向下筛选。下面函数里的循环完成这些工作：

```
def buildheap(self):
    end = len(self._elems)
    for i in range(end//2, -1, -1):
        self.siftdown(self._elems[i], i, end)
```

构建操作的复杂度

前面已经分析了入队和弹出操作的复杂性，其他操作的时间复杂度都是 O(1)。现在考虑堆构建函数的复杂度。显然，仅有的问题是其中的循环：

```
for i in range(end//2, -1, -1):
    siftdown(self._elems[i], i, end)
```

假设被处理的完全二叉树中有 n 个元素，高度为 h。在这棵树里：

- 高度为 2 的子树共计大约 $n/4$（也就是 $n/2^2$） 棵。把每一棵这样的子树调整为一个堆，根元素移动的距离不超过 1；
- 高度为 3 的子树共计大约 $n/8$（也就是 $n/2^3$） 棵，把每一棵这样的子树调整为一个堆，根元素移动的距离不超过 2；其余类推。

对这些操作中的移动次数求和：

$$
\begin{aligned}
C_1(n) &\leqslant \sum_{i=0}^{h-1}(h-i)2^{i+1} = \sum_{j=1}^{h} j \cdot 2^{h-j+1} \quad (\text{令 } j = h - i) \\
&= \sum_{j=1}^{h} 2 \cdot j \cdot 2^{-j} \cdot 2^{h} \leqslant 2n \sum_{j=1}^{h} j/2^{j} \quad \left(\sum_{j=1}^{h} j/2^{j} \leqslant 2\right) \\
&\leqslant 4n = O(n)
\end{aligned}
$$

由此可以得到结论：堆构建操作的复杂性是 O(n)。

总结一下：基于堆的概念实现优先队列，创建操作的时间复杂度是 O(n)，只做一次。插入和弹出操作的复杂度是 O($\log n$)，效率高。插入操作首先在表尾加元素，可能导致表对象扩容，出现 O(n) 的最坏情况，但这也保证了不会因为堆满导致操作失败。另外，所有操作中只用了简单变量，没用到其他结构，所以，它们的空间复杂度都是 O(1)。

6.3.5 堆的应用：堆排序

如果一个顺序表里存储的数据构成一个小顶堆（元素之间的关系满足堆序），按优先队列的操作方式反复弹出堆顶元素，能得到一个递增序列。不难想到，这实际上就是一种可行的方法，可以用于完成对顺序表中元素的排序工作。

基于这种技术完成排序工作，还需要解决两个问题：

- 顺序表里的初始元素序列通常不满足堆序。这个问题前面已经讨论了，6.3.4 节中定义的初始建堆函数 buildheap 能把任意顺序表的内容调整为一个堆。
- 选出的元素存放在哪里？能不能不用其他空间？

第二个问题不难解决：随着元素弹出，堆中元素越来越少。每弹出一个元素，表后面就会空出一个位置，正好用于存放弹出的元素。但请注意，采用小顶堆工作时，最后排出的序列是从大到小。如果希望从小到大排序，可以基于大顶堆工作，或在排序后反转表中元素（$O(n)$ 时间）。这些修改都留给读者。下面是一个直接参考前面工作的函数定义：

```
def heap_sort(elems):
    def siftdown(elems, e, begin, end):
        i, j = begin, begin*2+1
        while j < end:  # invariant: j == 2*i+1
            if j+1 < end and elems[j+1] < elems[j]:
                j += 1  # elems[j]小于等于其兄弟结点的数据
            if e < elems[j]:     # e 在三者中最小
                break
            elems[i] = elems[j]  # elems[j]最小,上移
            i, j = j, 2*j+1
        elems[i] = e

    end = len(elems)
    for i in range(end//2, -1, -1):
        siftdown(elems, elems[i], i, end)
    for i in range((end-1), 0, -1):
        e = elems[i]
        elems[i] = elems[0]
        siftdown(elems, e, 0, i)
```

在这个函数里重新定义了 siftdown 操作来作为主函数的内部函数。主函数体主要包括两个循环：第一个循环建堆，从位置 i 开始，以 end 为建堆范围的边界；第二个循环逐个取出最小元素，将其积累在表的最后，存入一个元素退一步。

函数的复杂度很容易分析：初始建堆为 $O(n)$ 时间，第二个循环做 n 次，每次取出一个元素后放好新顶元素并做一次向下筛选，新堆顶下行的距离不超过 $\log n$。显然，该循环的总开销为 $O(n \log n)$。函数里只用了几个局部变量，空间复杂度是 $O(1)$。

有关排序问题，第 9 章有专门讨论。那里要介绍一些与排序有关的概念，还将分析和比较本书中讨论的所有排序算法（包含这个堆排序算法）。

6.4　应用：离散事件模拟

第 5 章提到过一类重要的计算机应用：离散事件系统模拟，现在考虑这个问题。

前面说过，人们希望通过这种模拟理解系统行为，评价或设计真实世界中实际的或所需的系统。适用于这种模拟的系统应该具有如下的行为特征：

- 系统运行中可能不断发生一些事件（带有一定的随机性）；
- 一个事件在某个时刻发生，其发生有可能导致其他事件在未来发生。

这类系统都可以用下面介绍的方法模拟。

作为例子，现在考虑一个负责检查过境车辆的海关检查站的场景：

- 车辆按一定时间间隔到达，间隔有一定随机性，假设间隔的取值范围为 $[a, b]$ 分钟；
- 由于车辆的不同情况，每辆车的检查时间为 $[c, d]$ 分钟；
- 海关可以开 k 个通道；
- 我们希望理解开通不同数量的通道对车辆通行的影响。

这样的系统比较适合采用离散事件模拟的方式做试验。例如，在考虑建设这个海关时，通过模拟海关的运行情况，分析需要建设几条检查通道等。海关的设计目标是提供良好的服务，保证合理的车辆等待时间和合理的建设成本（不出现很多空闲通道）。

模拟中的事件经常需要排队，队列结构适合用在这里记录事件。很多情况下还涉及时间或其他排序因素，优先队列结构可能提供所需要的功能。从下面的实例可以看到这两类结构的应用，其中还介绍了一些面向对象设计的想法和技术。

6.4.1 通用的模拟框架

进行这种模拟时，一种基本想法就是按事件发生的时间顺序处理。在模拟系统里，可以用一个优先队列保存已知在未来的特定时刻发生的事件（将时间看作优先级），系统的运行就是不断从优先队列里取出将要发生的事件，实现其行为，直至整个模拟结束。

事件的具体处理（运行）由模拟问题决定。处理一个事件可能导致另一个或一些（将在以后某时刻发生的）新事件，这些事件应放入优先队列，使它们能在应该发生的时刻被处理。在模拟过程中，系统始终维护一个当前时间，也就是当时正发生的那个事件的时间。

我们的计划是先开发一个通用的模拟类，它实现上述基本过程，而后基于这个基础类开发一个具体的模拟系统实例。这个框架还可以用于开发其他的模拟系统。

下面是综合了需求和各方面的考虑定义出的一个通用模拟器类：

```
from random import randint
from prioqueue import PrioQueue
from queue_list import SQueue

class Simulation:
    def __init__(self, duration):
        self._eventq = PrioQueue()
        self._time = 0
        self._duration = duration

    def run(self):
        while not self._eventq.is_empty(): # 模拟到事件队列空
            event = self._eventq.dequeue()
            self._time = event.time()  # 事件的时间就是当前时间
            if self._time > self._duration: # 时间用完就结束
                break
            event.run()  # 模拟这个事件，其运行可能生成新事件

    def add_event(self, event):
        self._eventq.enqueue(event)

    def cur_time(self):
        return self._time
```

这个模拟系统用到几个模块，包括我们定义的队列和优先队列模块、标准库的 ranint 包。

Simulation 类的对象（模拟器对象）实现模拟过程，其中用了一个优先队列记录模拟中缓存的事件，称为*事件队列*。属性 _time 记录当前时间，_duration 记录模拟的总时长（通过构造函数的参数指定）。类中定义了两个主要方法和两个简单辅助方法。最主要的方法是 run，它实现一次完整模拟：只要事件队列不空，就从中取下（按时间排列的）第一个事件，用该事件的时间设置系统的当前时间，然后令该事件运行。

具体事件的行为由其 run 方法确定，这里直接调用。在该方法的运行中有可能生成新事件（为此应调用这里的 add_event）。这里采用一种经典的模拟技术，让被模拟系统的各种事件自己推动整个模拟的进行。在这种模拟系统里，每个事件是一个对象，有其特定的具体行为，由相应的事件类定义。这种模拟技术称为面向对象的离散事件模拟。

对任何一个具体的模拟，我们只需要根据情况实现一种特殊的事件（类）。为了规范所有事件类的形式，我们先定义一个公共的事件基类，在其中实现几个所有事件都需要实现的基本操作。最后还定义了一个什么都不做就报错的 run 方法：

```
class Event:
    def __init__(self, event_time, host):
        self._ctime = event_time
        self._host = host

    def __lt__(self, other_event):
        return self._ctime < other_event._ctime

    def __le__(self, other_event):
        return self._ctime <= other_event._ctime

    def host(self):
        return self._host

    def time(self):
        return self._ctime

    def run(self):  # 具体事件类必须定义这个方法
        raise NotImplementedError("Event must implements run method.")
```

注意构造函数的 host 参数，它表示事件模拟使用的模拟系统（称为*宿主系统*）。在事件执行时，可能需要访问其宿主系统。此外，run 方法的定义强制要求派生类覆盖它。

上面两个类构成了一个采用面向对象技术实现的离散事件模拟框架。在利用它实现具体模拟系统时，我们只需从 Event 类派生，定义被模拟系统的具体事件类，根据实际需要定义其中的 run 方法。还需要根据模拟的需要，定义一个具体的模拟系统类。

6.4.2　海关检查站模拟系统

现在，我们用 6.4 节开始提到的海关检查站作为例子，展示如何开发一个具体的模拟系统。对这个系统，假设有如下的基本考虑：

- 海关的职责是检查过往车辆，这里只模拟一个通行方向的检查。
- 假定车辆按一定速率到达，有一定随机性，每隔 a 到 b 分钟有一辆车到达。
- 海关有 k 条检查通道，检查一辆车耗时 c 到 d 分钟。
- 到达的车辆在专用道路上排队等待，一旦有检查通道空闲，正排队的第一辆车就进入该通道检查。如果车辆到达时有空闲通道而且没有等待车辆，它就直接进入通道检查。

• 希望得到的数据包括车辆的平均等待时间和通过检查站的平均时间。

综上所述，模拟的参数包括两个时间区间、通道数，还有总模拟时间。

模拟类

现在考虑如何针对这些需求设计一个实际的模拟类。我们把这个类命名为 Customs，它的一个对象完成一次模拟工作。

首先考虑模拟中需要记录的信息。为了运行 Customs 的模拟，需要一个实际驱动模拟的 Simulation 对象。由于到达车辆可能排队，Customs 对象里需要有一个队列记录排队车辆，用属性 _waitline 表示。几个检查通道是海关的内部资源，用表 _gates 表示各通道的状态，0 表示通道空闲，1 表示通道被占用。另外几个属性记录一些统计数据。

这些设计考虑都反映在 Customs 类的初始化函数里：

```
class Customs:
    def __init__(self, gate_num, duration,
                 arrive_interval, check_interval):
        self._simulation = Simulation(duration)
        self._waitline = SQueue()
        self._duration = duration
        self._gates = [0]*gate_num
        self._total_wait_time = 0
        self._total_used_time = 0
        self._car_num = 0
        self._arrive_interval = arrive_interval
        self._check_interval = check_interval
```

有一批方法实现一些简单操作或服务（如累积时间和车辆计数），几个简单方法直接把工作传给 _simulation、_waitline 等，还有两个方法寻找空闲通道、释放完成工作的通道：

```
    def wait_time_acc(self, n):
        self._total_wait_time += n

    def total_time_acc(self, n):
        self._total_used_time += n

    def car_count_1(self):
        self._car_num += 1

    def add_event(self, event):
        self._simulation.add_event(event)

    def cur_time(self):
        return self._simulation.cur_time()

    def enqueue(self, car):
        self._waitline.enqueue(car)

    def has_queued_car(self):
        return not self._waitline.is_empty()

    def next_car(self):
        return self._waitline.dequeue()
```

```
    def find_gate(self):
        for i in range(len(self.gates)):
            if self._gates[i] == 0:
                self._gates[i] = 1
                return i
        return None

    def free_gate(self, i):
        if self._gates[i] == 1:
            self._gates[i] = 0
        else:
            raise ValueError("Clear gate error.")
```

最后两个方法分别实施模拟和输出统计数据：

```
    def simulate(self):
        Arrive(0, self)  # initially generate one car
        self.simulation.run()
        self.statistics()

    def statistics(self):
        print("Simulate " + str(self._duration)
              + " minutes, for "
              + str(len(self._gates)) + " gates")
        print(self._car_num, "cars pass the customs")
        print("Average waiting time:",
              self._total_wait_time/self._car_num)
        print("Average passing time:",
              self._total_used_time/self._car_num)
        i = 0
        while not self._waitline.is_empty():
            self._waitline.dequeue()
            i += 1
        print(i, "cars are in waiting line.")
```

实现模拟的方法simulate把第一个到达事件（时间0有一辆车到达）加入模拟器，然后启动模拟。最后调用统计函数，其功能就是输出一些数据。

排队队列里的对象表示等待的车辆。类Car实现这种对象，其中记录一辆车的到达时间，定义很简单：

```
class Car:
    def __init__(self, arrive_time):
        self._time = arrive_time

    def arrive_time(self):
        return self._time
```

为了看到模拟过程中发生的情况，我们定义一个输出日志条目的函数。这种函数在程序开发的调试运行阶段特别有用：

```
def event_log(time, name):
    print("Event: " + name + ", happens at " + str(time))
    pass
```

事件类

最后定义模拟中可能发生的事件。所谓事件，就是这个系统运行中出现的一些关键情况。通过分析，可以看到海关检查站系统模拟需要下面几种事件：

- 汽车到达事件。一辆车到达时需要生成一个 Car 对象，其中记录到达时间。这一事件的发生还意味着若干时间之后将有下一辆车到达等。我们为此定义一个类 Arrive，规范此类事件的行为。
- 汽车开始检查事件。因为这种事件太简单，下面没为它定义专门的类。
- 汽车检查完毕的离开事件。为此定义类 Leave。

上述事件类都是 Event 的派生类，放入事件队列的就是它们的对象。事件对象的构造函数完成必要的设置，包括将事件自身加入队列等。它们的 run 函数描述相应事件发生时应该出现的各种情况（动作、状态变化等）。

首先是 Arrive 类，其中只定义了一个构造函数和一个 run 方法：

```
class Arrive(Event):
    def __init__(self, arrive_time, customs):
        Event.__init__(self, arrive_time, customs)
        customs.add_event(self)

    def run(self):
        time, customs = self.time(), self.host()
        event_log(time, "car arrive")
        # 生成下一个 Arrive 事件
        Arrive(time + randint(*customs.arrive_interval),
               customs)
        # 下面是本到达车辆事件的行为
        car = Car(time)
        if customs.has_queued_car(): # 有车辆在等，进入等待队列
            customs.enqueue(car)
            return
        i = customs.find_gate() # 检查空闲通道
        if i is not None:        # 有通道，进入检查
            event_log(time, "car check")
            Leave(time + randint(*customs.check_interval),
                  i, car, customs)
        else:
            customs.enqueue(car)
```

构造函数首先记录事件发生的时间等信息，然后把事件压入事件队列，等待处理。run 方法描述了事件真正发生时的活动：首先创建下一个车辆到达事件，然后实现该车辆到达时的应有行为。到达事件应该创建一个 Car 对象表示到达的车辆，如果当时有排队的车辆，该车也加入排队；无车辆等待时先查看是否有空闲通道，如果能开始检查就创建一个离开事件，否则（虽然没有排队车辆，但各通道都忙）也进入队列等待。

离开事件类的定义如下，这种对象有两个属性，分别记录该离开事件的相关车辆和检查通道，以便在实际发生事件时使用：

```
class Leave(Event):
    def __init__(self, leave_time, gate_num, car, customs):
        Event.__init__(self, leave_time, customs)
        self._car = car
        self._gate_num = gate_num
        customs.add_event(self)

    def run(self):
        time, customs = self.time(), self.host()
        event_log(time, "car leave")
```

```
            customs.free_gate(self._gate_num)
            customs.car_count_1()
            customs.total_time_acc(time - self._car.arrive_time())
            if customs.has_queued_car():
                car = customs.next_car()
                i = customs.find_gate()
                event_log(time, "car check")
                customs.wait_time_acc(time - car.arrive_time())
                Leave(time + randint(*customs.check_interval),
                      self._gate_num, car, customs)
```

离开事件的关键是最后的条件语句。在一辆车离开检查站时，需要检查有无排队等待的车辆。如果有，就开始检查其中第一辆车，还要生成相应的离开事件。

实际模拟

完成了上面所有工作之后，就可以执行实际模拟了。下面几行代码首先定义模拟所需的一套参数，然后基于这些数据创建了一个模拟系统对象，最后一个语句启动模拟：

```
car_arrive_interval = (1, 2)
car_check_time = (3, 5)
cus = Customs(3, 480, car_arrive_interval, car_check_time)
cus.simulate()
```

下面是模拟系统的一段典型输出。由于有随机因素，每次运行的情况可能不同。下面的输出说明本次运行模拟包含 3 个通道的海关检查站，共计 480 分钟（8 小时）。最后是车辆的平均排队时间和平均通过时间。由于有日志函数，系统还输出了很多事件（删去了很大部分）：

```
Event: car arrive, happens at 0
Event: car check, happens at 0
Event: car arrive, happens at 1
......
Event: car leave, happens at 480
Event: car check, happens at 480
Simulate 480 minutes, for 3 gates
315 cars pass the customs
Average waiting time: 0.3904761904761905
Average passing time: 4.390476190476191
0 cars are in waiting line.
```

如果消去对日志函数的调用，模拟将只输出统计结果。

至此，这个具体的模拟系统就全部完成了。它也说明了基于前面的模拟框架实现具体模拟系统时需要做哪些工作，可供参考。总结一下这个工作：

- Simulation 类和 Event 类实现了一个支持离散事件模拟的通用框架。
- 实际事件类的 run 方法通过生成新事件完成模拟过程的实际控制。
- Customs 类实现了海关检查站模拟系统的基础支撑功能和主控函数。
- 其中用一个队列作为缓冲，保存已经到来但还不能立即检查的车辆。

本章最后的练习提出了一些进一步工作。

6.5　二叉树的类实现

前面介绍了二叉树的概念，以及基于 Python 的 list 或 tuple 的实现，还介绍了二叉树的一些应用。这些应用主要是利用了二叉树的结构，有些应用利用了二叉树的结点个数与高度之间的对数关系，以提高操作效率。现在考虑如何定义一种二叉树数据结构类型。实际上，前面讨论过的利用 list 或 tuple 的实现技术都可以作为二叉树类型的内部表示方式。这些可能的做法留给读者去研究，并可以与下面讨论的技术对比。

下面的实现方法称为二叉树的链接实现，与顺序表的链接实现技术类似：用一个数据单元表示一个二叉树结点，通过子结点链接（指针）建立结点之间的联系。采用这种表示方法，我们只要掌握了一棵二叉树的根结点，就掌握了整个的二叉树结构。

6.5.1　二叉树结点类

二叉树由一组结点组成，这里先定义一个表示二叉树结点的类。结点通过链接引用子结点，没有子结点的情况用链接值为 None 表示，也就是说，空二叉树直接用 None 表示。

下面是基于这些考虑定义的二叉树结点类：

```
class BinTNode:
    def __init__(self, dat, left=None, right=None):
        self.data = dat
        self.left = left
        self.right = right
```

构造函数有三个参数，分别为结点数据和左右子结点。后两个参数为默认值就是构造叶结点。

下面语句构造了一棵包含三个结点的二叉树，用变量 t 引用树根结点：

```
t = BinTNode(1, BinTNode(2), BinTNode(3))
```

基于 BinTNode 类的对象构造的二叉树具有递归的结构，很容易采用递归的方式处理。作为示例，下面两个函数定义展示了处理这种二叉树的一些典型技术：

```
# 统计树中结点个数：
def count_BinTNodes(t):
    if t is None:
        return 0
    else:
        return 1 + count_BinTNodes(t.left) \
                 + count_BinTNode(t.right)

# 假设结点中保存数值，对这种二叉树里的所有数值求和：
def sum_BinTNodes(t):
    if t is None:
        return 0
    else:
        return t.dat + sum_BinTNodes(t.left) \
                + sum_BinTNodes(t.right)
```

注意，代码行最后的反斜线符号表示续行。

可以看到，递归定义的二叉树操作具有统一的模式，包括两个部分：

- 描述对空树的处理，通常是直接给出结果。
- 描述非空树情况的处理：
  - 如何处理根结点（处理根结点数据时应直接给出结果）。
  - 通过递归调用分别处理左、右子树。
  - 基于上述三个部分处理的结果得到对整个树的处理结果。

本章最后的练习中提出了一些类似的问题，都可以采用这一模式描述。

6.5.2　遍历算法

6.1.3 节抽象地讨论了遍历二叉树的深度优先算法和宽度优先算法，本节考虑如何针对链接的二叉树结点构成的二叉树，定义实现遍历二叉树的函数。

递归定义的遍历函数

要完成深度优先方式的二叉树遍历，可以采用递归方式定义函数，程序非常简单。采用非递归方式定义这类函数也很有意义，我们将在后面讨论。

这里给出的是按先根序遍历二叉树的递归函数定义：

```
def preorder(t, proc): # proc 是具体的结点数据操作
    if t is None:
        return
    proc(t.data)
    preorder(t.left)
    preorder(t.right)
```

按中根序和后根序遍历二叉树的函数与此类似，只是其中几个操作的排列顺序不同。本书所附代码文件里有相关定义，读者也很容易自己写出来。

这里假定了对应于 t 的实参是 BinTNode 类型的对象。如果需要，可以在函数最前面增加断言语句 assert(isinstance(t, BinTNode))检查参数类型，也可以用条件语句检查，并在类型不正确时抛出异常。

为了能看到具体二叉树的情况，可以定义一个以易读形式输出二叉树的函数。这里采用带括号的前缀形式输出，遇到空子树时输出一个符号“^”：

```
def print_BinTNodes(t):
    if t is None:
        print("^", end="") # 空树输出 ^
        return
    print("(" + str(t.data), end="")
    print_BinTNodes(t.left)
    print_BinTNodes(t.right)
    print(")", end="")
```

易见，这个函数也是递归定义的先根序遍历。下面是使用示例：

```
t = BinTNode(1, BinTNode(2,BinTNode(5)), BinTNode(3))
print_BinTNodes(t)
实际输出：(1(2^(5^^))(3^^))
```

可以看出，如果遇到空树时不输出一个记号，只有一棵子树时就无法区分左右了。

前面讨论线性表时说过，通过迭代器（函数）完成容器遍历有诸多优势。较早版本的 Python 不支持通过递归方式定义二叉树的迭代器，3.3 版引进了 yield from 表达式和语句，允许把一部分生成工作委托给其他迭代器。现在我们可以写出下面的递归定义：

```
def preorder1(t):
    if t is None: return # 空树，结束
    yield t.data
    yield from preorder1(t.left)
    yield from preorder1(t.right)
```

最后两个语句就是把遍历子树的工作委托给本生成器函数的两个递归调用。这个二叉树遍

历函数（生成器函数）同样可以作为迭代器，用在 for 语句的头部。

宽度优先遍历

要实现采用宽度优先方式的二叉树遍历函数，同样需要用一个队列。下面定义里使用的是前面定义的 SQueue 类：

```
from SQueue import *

def levelorder(t, proc):
    qu = SQueue()
    qu.enqueue(t)
    while not qu.is_empty():
        n = qu.dequeue()
        if t is None:  # 弹出的树为空则直接跳过
            continue
        qu.enqueue(t.left)
        qu.enqueue(t.right)
        proc(t.data)
```

处理一个结点时，函数把左右子结点加入队列，这里实现的是对每层结点从左到右的遍历。上面的写法可能把空树加入队列，可以考虑在操作前检查子结点的情况，修改很简单。

非递归的先根序遍历函数

下面讨论非递归定义的深度优先遍历算法，这些讨论也很有意义，理由如下：

- 帮助我们进一步理解递归与非递归的关系；
- 更清楚地理解二叉树遍历的具体过程和一些性质；
- 有关算法本身也有用，还可以看到分析问题和设计算法的一些情况。

先考虑定义一个实现先根序遍历的非递归函数。在三种深度优先遍历中，先根序遍历的非递归描述是最简单的。

非递归遍历需要用一个栈保存树中未访问部分的信息。当然，即使确定了采用先根序遍历，还是可能有多种不同实现方法。我们的基本考虑如下：

- 由于采取先根序，遇到结点就应该访问，下一步应该沿着树的左分支下行；
- 但结点的右分支（右子树）还没有访问，因此需要记录，将右子结点入栈；
- 遇到空树时回溯，取出栈中保存的一个右分支，像遍历二叉树一样遍历它。

每次遇到空树，就说明一棵子树的遍历工作完成。如果完成遍历的是左子树，对应右子树应该是当时的栈顶元素。如果完成的是右子树，说明以它为右子树的更大子树已完成遍历，下一步应该处理更上一层的右子树。算法还有些细节，主要是循环的控制。

在循环中需要维持一种不变关系。我们让变量 t 一直以当前待遍历子树的根为值，栈中保存着前面遇到但尚未遍历的那些右子树。这样，只要当前树非空（这棵树需要遍历）或者栈不空（还存在未遍历的部分），就应该继续循环，这样就确定了循环继续的条件。

循环体中应该先处理当前结点的数据，并沿着树的左分支下行，一边处理一边把结点的右分支压入栈，为此也需要用一个循环。内部循环直至遇到空树时回溯，从栈里弹出一个元素（最近的一棵右子树），要做的工作同样是按先序遍历一棵二叉树。

把这些问题都看清楚以后，定义出的函数非常简单：

```
def preorder_nonrec(t, proc):
    s = SStack()
    while t is not None or not s.is_empty():
        while t is not None: # 沿左分支下行
            proc(t.data)     # 先根序先处理根数据
            s.push(t.right)  # 右分支入栈
            t = t.left
        t = s.pop()  # 遇到空树，回溯
```

如果变量 tree 的值是一棵二叉树，其结点中保存的是可打印数据，下面语句将逐项输出该树里的数据内容，用空格分隔：

```
preorder_nonrec(tree, lambda x:print(x, end=" "))
```

这里用了一个 lambda 表达式，其中定制了输出形式，输出一项之后不换行。

非递归的中根序遍历算法与先根序算法类似，在本书所附的代码文件里有，请读者自己分析。建议读者先自己设法写一个定义，再与文件里的定义比较。

非递归算法的一个价值就是把算法过程完整显示出来了，便于进行细致的分析。现在考虑非递归的先根序遍历算法的时间和空间复杂度。

时间复杂度：在上面函数的整个执行中，将对每个结点访问一次，一部分子树（所有右子树）被压入和弹出栈各一次（栈操作是 $O(1)$ 时间的），proc(t.data)操作的复杂性与树的大小无关，所以整个遍历过程需要花费 $O(n)$ 时间。

空间复杂度：这里的关键因素是遍历中栈可能达到的最大深度（栈中元素的最大个数），而栈的最大深度由被遍历的二叉树的高度决定[㊀]。由于二叉树高度可能达到 $O(n)$，因此在最坏情况下，本算法的空间复杂度是 $O(n)$。另外，前面说过，n 个结点的二叉树的平均高度是 $O(\log n)$，所以，非递归先根序遍历的平均空间复杂度是 $O(\log n)$。

在一些情况下，修改实现方法也可能降低空间开销。如果修改上面的函数，只把非空右子树进栈，有可能减少空间开销。有关修改请读者完成。

通过生成器函数遍历

用 Python 写程序中考虑容器结构的遍历时，必须想到迭代器。前面给出了递归定义的二叉树迭代器。简单修改上面的非递归先根序遍历函数，就能得到一个非递归的迭代器：

```
def preorder_elements(t):
    s = SStack()
    while t is not None or not s.is_empty():
        while t is not None:
            s.push(t.right)
            yield t.data
            t = t.left
        t = s.pop()
```

任何非递归定义的遍历算法，都可以用这种方法直截了当地修改为迭代器。采用递归方式定义迭代器算法，则需要特殊语言功能的支持。第3章研究链接表的迭代器时，我们讨论过利用迭代器处理容器元素的优势，非递归遍历算法的一个重要用途就是实现迭代器。

非递归的后根序遍历算法

在二叉树的几种非递归遍历中，后根序算法最难写。在这种遍历中，每个分支结点

㊀ 实际情况还有些复杂，本节（6.5.2 节）最后有一些讨论。

(树或子树的根结点）都要经过三次：第一次遇到它时立刻转去处理其左子树，从左子树回到这里就应该转到右子树，从右子树回来才处理根结点数据，而后返回上一层。

每个问题都可能写出多个不同的算法。下面介绍一种后根序遍历算法，这是能找到的各种算法中最简短的一个。为解释这个算法，请参考图 6.17。图中的曲折线表示运行中某时刻（实际上是每个时刻）位于栈里的结点序列，以被遍历二叉树的根结点（曲折线上端的小实心圆）为栈底元素，直至栈顶（小实心圆），这些结点构成树中一条路径。这也意味着栈里每个结点的父结点就是位于它下面的那个结点。

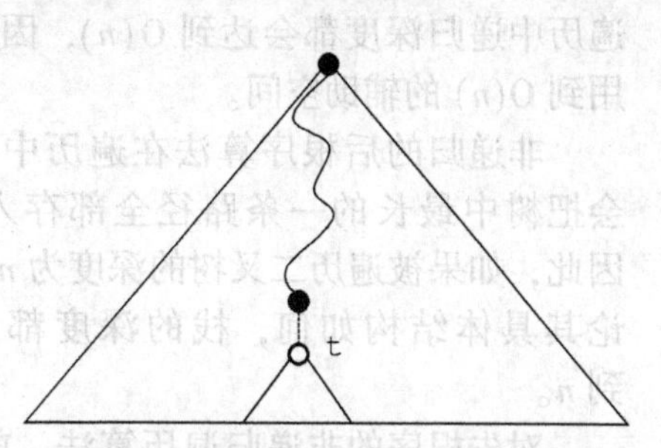

图 6.17　非递归后根序遍历中的情况

变量 t 的值是当前结点（可能空）。在实现遍历的循环中维持下面不变的关系：

- 栈中结点序列的左边是整个二叉树已遍历过的部分，右边是尚未遍历的部分；
- 如果 t 不空，其父结点就是栈顶结点；
- t 空时栈顶就是应该访问的结点。

根据被访问结点是其父结点的左子结点或右子结点，就可以决定下一步怎么做：如果是左子结点就转到右兄弟结点；如果是右子结点，就应该转去处理其父结点并强制退栈。

函数定义中的关键部分是一个下行循环（函数体中的内层循环），目标是找到下一个应该访问的结点。该循环要求在有左子树的情况下持续向左下行，没有左子树时向右一步后继续。循环结束说明栈顶是叶结点，应该访问它。如果外层循环的一次迭代不进入内层循环体，就说明栈顶结点的左右子树都已经遍历完毕，应该访问栈顶结点。

虽然算法中的想法略微复杂，但函数定义很简短：

```
def postorder_nonrec(t, proc):
    s = SStack()
    while t is not None or not s.is_empty():
        while t is not None:  # 下行循环，直到栈顶的两子树空
            s.push(t)
            t = t.left if t.left is not None else t.right
            # 注意这个条件表达式的意义：能左就左，否则向右一步
        t = s.pop()  # 栈顶是应访问结点
        proc(t.data)
        if not s.is_empty() and s.top().left == t:
            t = s.top().right # 栈不空且当前结点是栈顶的左子结点
        else:
            t = None    # 没有右子树或右子树遍历完毕，强迫退栈
```

注意：1）内层循环找当前子树的最下最左结点，将其入栈后循环终止；2）如果被访问结点是其父结点的左子结点，直接转到其右兄弟结点继续；3）如被处理结点是其父结点的右子结点，设 t 为 None 将迫使外层循环在下次迭代弹出并访问更上一层的结点。

非递归的遍历

现在考察非递归遍历算法的一些情况。首先，从时间复杂性看，几种不同遍历算法都访问每个结点且仅访问一次，压栈（退栈）的次数不超过结点个数，因此，时间复杂性都是结点个数的线性函数，即 $O(n)$。对于空间复杂性，不同非递归遍历算法的情况则可能

不同。考虑图 6.18 给出的几棵二叉树，它们的高度都达到 O(n) 量级。

如果用递归算法遍历这些二叉树，遍历中递归深度都会达到 O(n)，因此会用到 O(n) 的辅助空间。

非递归的后根序算法在遍历中一定会把树中最长的一条路径全部存入栈。因此，如果被遍历二叉树的深度为 n，无论其具体结构如何，栈的深度都会达到 n。

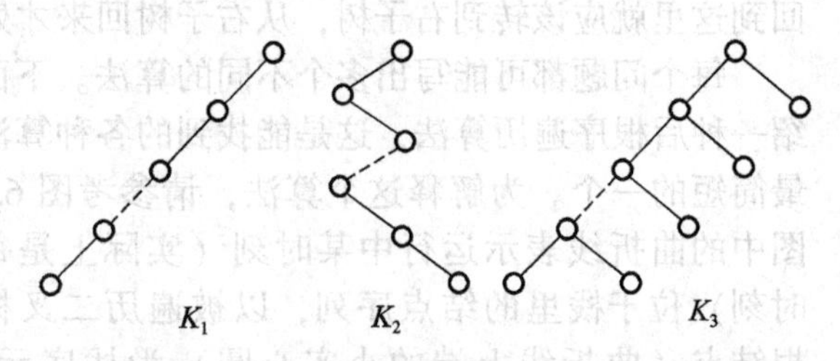

图 6.18　几棵深度达到 O(n) 的二叉树

对先根序的非递归遍历算法，前面说过，可以改为只把非空右子树入栈。如果这样做，在遍历任何单枝树（如图中的 K_1 或 K_2）时，栈的深度都不会超过 1。最坏情况是图中的树 K_3 的情况，栈的深度可能达到大约 $n/2$，由此也是 O(n)。

中根序遍历的情况与先根序类似。请读者设法定义一个函数，使栈空间使用达到最少。

6.5.3　二叉树类

直接基于结点构造的二叉树具有递归结构，可以很方便地递归处理。但这种二叉树结构不太规范：None 表示空树，但 None 的类型并不是 BinTNode。此外，基于结点构造的二叉树，就像前面基于结点构造的链表，不是良好封装的抽象数据类型。解决这些问题的方法就是定义一个二叉树类，以 BinTNode 结点链接成的树形结构作为内部表示。

下面是二叉树类定义的基本部分：

```
class BinTree:
    def __init__(self):
        self._root = None

    def is_empty(self):
        return self._root is None

    def root(self):
        return self._root

    def leftchild(self):
        return self._root.left

    def rightchild(self):
        return self._root.right

    def set_root(self, rootnode):
        self._root = rootnode

    def set_left(self, leftchild):
        self._root.left = leftchild

    def set_right(self, rightchild):
        self._root.right = rightchild
```

还可以考虑定义一个或多个元素迭代器，例如：

```
    def preorder_elements(self):
        t, s = self._root, SStack()
        while t is not None or not s.is_empty():
```

```
        while t is not None:
            s.push(t.right)
            yield t.data
            t = t.left
        t = s.pop()
```

其他操作可以根据需要定义。可以以这个二叉树为基类定义派生类，后面有这种例子。除遍历操作外，上面定义的其他操作都具有 O(1) 时间复杂度。

在这种表示中，求父结点比较困难，相当于单链表的求前一结点操作，只能通过从根开始的遍历实现，最坏时间代价是 $O(n)$。如果经常需要访问父结点，可以考虑给结点增加一个父结点链接域，如图 6.19 所示。在设置子结点链接关系的同时设置好父结点链接。这种二叉树表示方式类似于双链表。请读者尝试定义这样的结点类和二叉树类，可以自己定义，也可以通过继承 BinTNode 和 BinTree 定义。

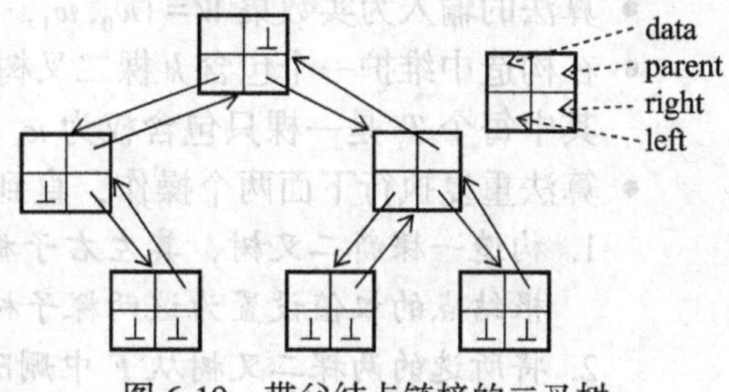

图 6.19　带父结点链接的二叉树

6.6 哈夫曼树

哈夫曼树（Huffman tree）是一种重要的二叉树，在信息领域有重要的理论和实际价值。这里的讨论将其看作二叉树的一种重要应用。

6.6.1 哈夫曼树和哈夫曼算法

前面介绍过扩充二叉树的外部路径长度，即根到所有外部结点的路径长度之和：

$$E = \sum_{i=0}^{m-1} l_i$$

其中 m 是扩充二叉树中外部结点的个数，l_i 是从根到外部结点 i 的路径的长度。

带权扩充二叉树的外部路径及其长度

考虑上面概念的一种扩充。我们给扩充二叉树的每个外部结点标一个数值，称为该结点的权，表示与该结点有关的某种性质，并把带权扩充二叉树的外部路径长度定义为

$$WPL = \sum_{i=0}^{m-1} w_i l_i$$

其中 w_i 是外部结点 i 的权。

【例 6.7】　考虑图 6.20 中的带权扩充二叉树，很容易计算出外部路径长度：

左边树：$(1+3+6+9)\times 2 = 38$

右边树：$9+6\times 2+(2+3)\times 3 = 36$

可见，最规整的树未必（带权）路径最短。

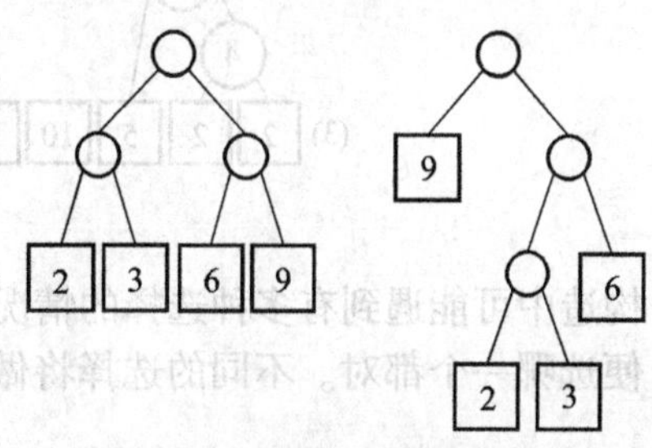

图 6.20　两棵带权扩充二叉树

哈夫曼树

定义：设有实数集 $W=\{w_0, w_1, \cdots, w_{m-1}\}$，$T$ 是一棵扩充二叉树，其 m 个外部结点分别以 $w_i(i=0,1,\cdots,m-1)$ 为权，而且 T 的带权外部路径长度 WPL 在所有这样的扩充二叉树中达到最小，则称 T 为数据集 W 的最优二叉树或者哈夫曼树。

显然，以同一集实数作为外部结点的权的扩充二叉树可能有许多，它们的 WPL 值可

能不同。图6.20展示的两棵树即是实例。注意，这里将 W 看作集合而不是序列，在构造相应的扩充二叉树时，集合中的实数值可以按任意方式选取。

构造哈夫曼树的算法

哈夫曼（D. A. Huffman）提出了一个算法，它能从任意的实数集合构造出与之对应的哈夫曼树。这个构造算法描述如下：

- 算法的输入为实数集 $W=\{w_0, w_1, \cdots, w_{m-1}\}$。
- 在构造中维护一个包含 k 棵二叉树的集合 F，开始时 $k=m$ 且 $F=\{T_0, T_1, \cdots, T_{m-1}\}$，其中每个 T_i 是一棵只包含权为 w_i 的根结点的单点二叉树。
- 算法重复执行下面两个操作，直到集合 F 中只剩下一棵树为止。
  1. 构造一棵新二叉树，其左右子树是从集合 F 中选取的两棵权最小的二叉树，其根结点的权值设置为这两棵子树的根结点的权值之和。
  2. 将所选的两棵二叉树从 F 中删除，把新构造的二叉树加入 F。

易见，步骤2每做一次，F 里的二叉树就减少一棵，这就保证了本算法必定终止。

另一方面，要证明这一算法做出的是哈夫曼树（最优二叉树）则不太容易（请读者自己考虑）。只能用结构归纳法，证明的关键是如何严格证明其中的归纳步骤。

还请注意：给定集合 W 上的哈夫曼树不唯一。如果 T 是集合 W 上的哈夫曼树，交换其中任意一个或多个结点的左右子树，得到的仍是 W 上的哈夫曼树。

【例6.8】 考虑实数集 $W=\{2, 3, 7, 10, 4, 2, 5\}$，图6.21展示的构造过程从这个集合出发，做出了一棵哈夫曼树（最后子图外部结点下面标的整数是到该结点的路径长度）。

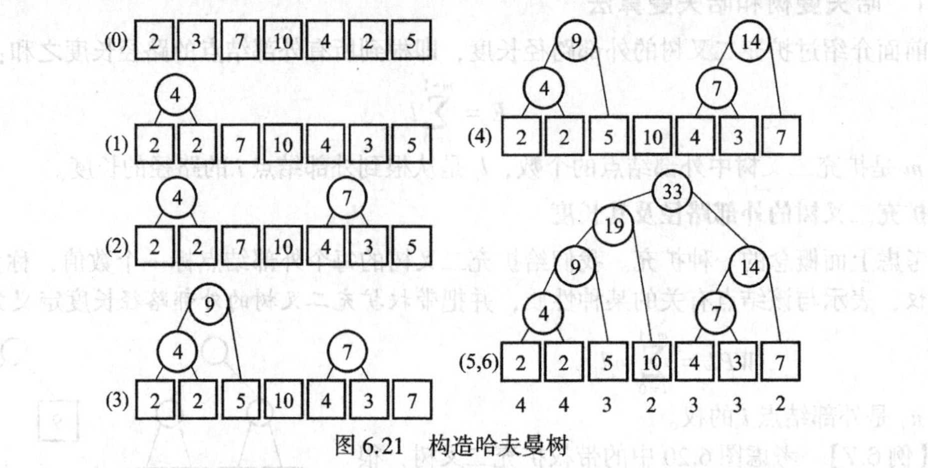

图6.21　构造哈夫曼树

构造中可能遇到有多种选择的情况。如图6.21中第(2)步，当时有两个权值为4的树，随便选哪一个都对。不同的选择将做出不同的哈夫曼树，但它们的外部路径长度相等。

6.6.2　哈夫曼算法的实现

现在考虑哈夫曼树算法的实现。由于我们用Python编程，应该尽可能地利用这个语言的各方面特点。

构造算法

在构造算法的执行中需要维护一组二叉树，而且要知道每棵树（其树根结点的）的权值。我们可以考虑用二叉树的结点类构造哈夫曼树，在树根结点记录树的权值。

构造过程中需要不断选出权值最小的两棵二叉树，用它们构造一棵新二叉树。显然，最佳选择是用优先队列存放这组二叉树，以二叉树根结点权值为优先级，小者优先。

我们首先建立一组单结点的二叉树，以权值作为优先码存入优先队列，要求先取出队列里的最小元素。然后反复做下面两件事，直至优先队列里只剩下一个元素：

1. 从优先队列里弹出两个权值最小的元素（两棵二叉树）；
2. 以所取的二叉树作为子树构造一棵新二叉树，将其权值设定为两棵子树的权值之和，并将这棵二叉树压入优先队列。

这里还有两个必须解决的小问题：需要为二叉树定义一个序；需要检查优先队列中元素（二叉树）的个数，只剩一棵二叉树时结束。我们从前面定义的类派生出两个类：

```
class HTNode(BinTNode):
    def __lt__(self, othernode):
        return self.data < othernode.data

class HuffmanPrioQ(PrioQueue):
    def number(self):
        return len(self._elems)
```

首先以二叉树结点类为基类，派生出专门的哈夫曼树结点类，增加了一个小于比较；再从优先队列类派生一个专为哈夫曼算法服务的类，扩充了一个检查元素个数的方法。

做好了上面的准备之后，哈夫曼树生成算法的实现直截了当，基本上就是前面算法的文字说明的简单翻译，其操作过程直接反映了需要完成的计算工作：

```
def HuffmanTree(weights):
    trees = HuffmanPrioQ()
    for w in weights:
        trees.enqueue(HTNode(w))
    while trees.number() > 1:
        t1 = trees.dequeue()
        t2 = trees.dequeue()
        x = t1.data + t2.data
        trees.enqueue(HTNode(x, t1, t2))
    return trees.dequeue()
```

这里唯一需要解释的是参数，该函数允许以任何可迭代对象（包括任意序列）作为实参。函数里第一个循环把实参的元素加入优先队列，第二个循环构造哈夫曼树。

算法分析

哈夫曼树构造算法的主要部分是两个循环。

第一个循环建立 m 棵二叉树，并把它们加入优先队列。这部分计算的时间复杂度是 $O(m \log m)$，因为加入一个元素需要做一次 $O(\log m)$ 复杂度的筛选。应该记得，前面初始建堆的方法只需要 $O(m)$ 时间。请读者自己修改程序，改用前面的方法。

第二个循环需要做 $m-1$ 次，每次减少一棵树。构造新树的时间复杂性与 m 无关，是 $O(1)$ 复杂度的操作。每次迭代把一棵新二叉树加入优先队列，需要 $O(\log m)$ 时间。整个循环的复杂度是 $O(m \log m)$。可见，整个算法的时间复杂度是 $O(m \log m)$。

算法执行中构造出一棵包含 $2m-1$ 个结点的树，所以，空间复杂度是 $O(m)$。

6.6.3 哈夫曼编码

哈夫曼树的应用广泛，在具体应用中权值被赋予具体的意义。现在介绍哈夫曼编码，这是当年研究并提出哈夫曼树的缘起，在信息领域有重要的理论意义和实际价值。

定义

最优编码问题：给定基本数据集合：

$$C=\{c_0, c_1, \cdots, c_{m-1}\}, \quad W=\{w_0, w_1, \cdots, w_{m-1}\}$$

集合 C 是需要编码的字符集，W 为 C 中各字符在实际信息传输（或者信息存储）中出现的频率。现在要求为 C 设计一套二进制编码[⊖]，使得：

1. 用这种编码存储/传输的平均开销最小。
2. 对任一对不同字符 c_i 和 c_j，字符 c_i 的编码不是 c_j 编码的前缀。

第二个条件有利于解码。如果任一字符的编码都不是另一个字符的编码的前缀，只要已检查的编码段对应于某个字符的编码，就可以确定原文里就是这个字符。

哈夫曼编码的生成

哈夫曼提出了一种解决这个问题的方法，即所谓的哈夫曼编码。构造的方法就是首先构造出一棵哈夫曼树，基于它做出哈夫曼编码。有关过程是：

- 以 $W=\{w_0, w_1, \cdots, w_{m-1}\}$ 作为 n 个外部结点的权值，以 $C=\{c_0, c_1, \cdots, c_{m-1}\}$ 中的字符作为外部结点的标注，基于权值集合 W 和相应结点集构造出一棵哈夫曼树；
- 在得到的哈夫曼树中，从树中各分支结点到其左子结点的边上标注二进制数字 0，各分支结点到其右子结点的边上标注数字 1；
- 以从根结点到一个叶结点（外部结点）的路径上的二进制数字序列，作为这个叶结点的标记字符的编码，得到的就是哈夫曼编码。

可以证明：对任意集合对 (W, C)，如上构造的哈夫曼编码是字符集 C 的最优（最短）编码。哈夫曼编码在编码理论里有重要意义，是给定字符集（在确定概率分布下）的最优编码。

显然，我们不难利用前面给出的哈夫曼树构造函数实现一个程序，使之能生成字符串的哈夫曼编码。相应的开发工作留给读者作为练习。

【例 6.9】 假设现有“字符：权值”组 {a:2, b:3, c:7, d:4, e:10, f:2, h:5}，要求通过哈夫曼的算法做出相应的哈夫曼编码。

首先做出与数据中权值对应的哈夫曼树，也就是图 6.21 的结果。按哈夫曼编码的要求为树中各边标注数字 0 和 1（图 6.22），外部结点标注对应的字符，就得到下面的编码：

```
a: 0000
b: 101
c: 11
d: 100
e: 01
f: 0001
h: 001
```

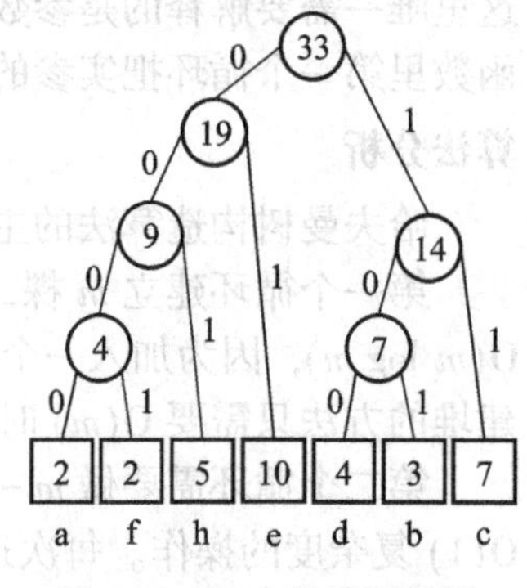

图 6.22 哈夫曼编码实例

假设收到报文 0010100100001000000101011100，根据图 6.22 的哈夫曼树，很容易得到解码后的正文：hehadabed。

⊖ 注意：这里考虑的是编码效率的优化问题，不同字符的编码长度可以不同。目前常用的 ASCII 码等采用等长编码（所有字符用同样长的二进制序列编码），没考虑这里讨论的优化。

6.7 树和树林

现在考虑一般的树和树的集合（树林）。作为概念，树代表很广泛的一类树形结构，在许多方面都有与二叉树类似的概念，但二叉树并不是树的特例。作为树形结构，树具有前面提出的树形结构的所有共性性质。

6.7.1 实例和表示

现实世界中的许多事物可以抽象出某种树形结构，例如：

- 家族关系。简单的家谱具有树形的结构，长辈与子女有父子关系，按世代分层。
- 机关、组织、公司的组织结构关系。
- 复杂设备、仪器、交通工具的零部件组成，等等。

这类结构都具有层次性，高层元素与低层元素有关，同层元素彼此之间无关。此外，与不同元素相关的元素集合互不相交。这些都符合本章开始讨论的树形结构的基本性质。把它们的元素抽象为结点，上层元素与下层元素的联系抽象为结点之间的联系，就得到了树。

【例 6.10】 一个大家庭四代同堂，曾祖一辈有三个孩子，第 2 代分别有两个、一个和三个孩子，第 3 代中的一些人已经有了第 4 代，大家庭共计 14 人。给这个家庭的每个人赋予一个字母标记，该家庭的情况可以用集合形式表示如下：

- 所有人的集合是：N = {A, B, C, D, E, F, G, H, I, J, K, L, M, N}；
- 反映其家庭结构的父子关系是：R = {⟨A, B⟩, ⟨A, C⟩, ⟨A, D⟩, ⟨B, E⟩, ⟨B, F⟩, ⟨C, G⟩, ⟨D, H⟩, ⟨D, I⟩, ⟨G, J⟩, ⟨G, K⟩, ⟨H, L⟩, ⟨I, M⟩, ⟨I, N⟩}。

这样一对（结点）集合 N 和（结点之间的）关系 R 描述了上述家庭的组成情况，形成该家庭组成的一种抽象描述。不难看出，这个结构是一棵树。

虽然这种集合形式的描述严格而明确，但却不太直观。为了帮助理解和学习，人们提出了树的一些直观表达形式。这些形式更容易理解，当然，也只适合表示较小的树。

最典型的图示形式与前面二叉树类似，用圆圈表示树中结点，结点间的联系用圆圈之间的连线表示。上层结点画在上面，因此结点之间的上下关系表示了联系的方向。例如，图 6.23 画出的就是上面的家庭关系树。

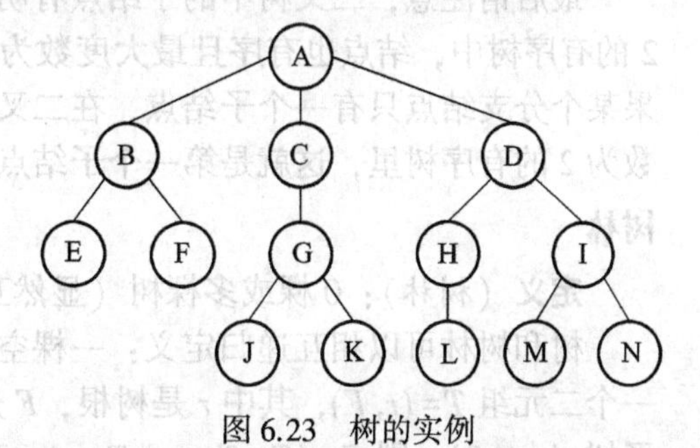

图 6.23　树的实例

描绘树结构的另一种方法是文氏图（Venn Diagram，也称韦恩图），由 19 世纪英国哲学家和数学家 John Venn 发明，用于描述集合之间的关系。把树中向下的关联看作集合包含（子孙结点包含），就可以用文氏图描述树。这种方式实际使用不多。

另一种较常见的方法是嵌套括号表示法，人写比较方便，计算机也容易处理。这种形式在前面讨论二叉树时已经多次出现，例如在二叉树的 `list` 表示和递归定义的二叉树输出函数中。用嵌套括号表示，每层括号里的第一项是本层（结点的）数据，随后的内嵌括号及内容表示子树（具有相同的结构）。

6.7.2　定义和相关概念

本节给出树的定义，介绍与树有关的一些概念，讨论树的一些性质。其中许多概念和性质与二叉树类似。树（tree）是具有递归性质的结构，其定义也是递归的。

定义：一棵树是 $n(n\geqslant 0)$ 个结点的有限集 T，当 T 非空时满足：

- T 中有且仅有一个特殊结点 r 称为树 T 的根；
- 除根结点外的其余结点分为 $m(m\geqslant 0)$ 个互不相交的非空有限子集 $T_0, T_1, \cdots, T_{m-1}$，每个集合 T_i 为一棵非空树，称为 r 的子树（subtree）。

结点是不加定义的概念。要求子树非空是为了保证子树数目（和树的结构）的定义明确。

结点个数为0的树称为空树。一棵树可以只有根但没有子树（$m=0$），这就是单结点的树，只包含一个根结点。易见，与二叉树类似，树也是一种层次性结构。子树的根看作树根的下一层元素，整个树中的结点可以这样分为一层层结点。

一棵树（的树根）可能有多棵子树，因此就有子树的排列顺序是否有意义的问题。对于有序树，每个结点的子树都排好顺序，因此可以说第一棵子树、下一棵子树等；而无序树认为结点的不同子树没有顺序关系[⊖]。有序树的图示中的子树通常从左到右画出。按照有序树的观点，图6.24的两个图表示两棵不同的树，而按照无序树的观点，它们表示同一棵树。

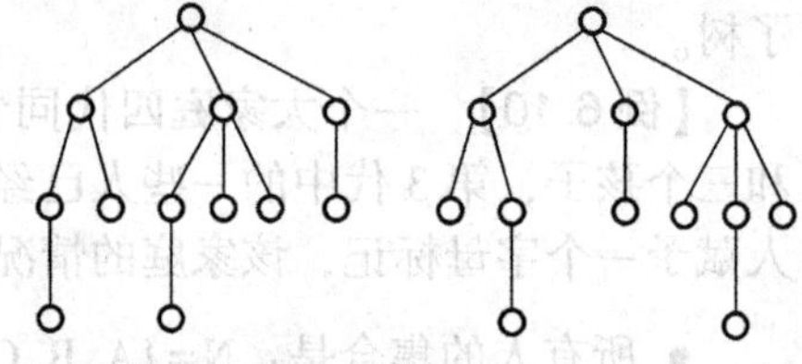

图6.24　两棵树：相同还是不同？

由于计算机表示中有自然的顺序，因此数据结构研究中主要关心有序树。

相关概念

一些概念与二叉树类似，如父结点和子结点、边、兄弟结点、树叶和分支结点、祖先/子孙关系、祖先结点和子孙结点、路径和路径长度、结点的层、树的高度（或深度）等。在有序树里可以考虑子结点的顺序，因此可以说最左结点等。一个结点的*度数*就是其子结点的个数，树中结点的度数没有限制。一棵树的*度数*就是该树中度数最大的结点的度数。

最后请注意，二叉树中的子结点有明确的左右之分，结点的最大度数是2。在度数为2的有序树中，结点也有序且最大度数为2。但两者是不同的概念。不同之处就在于，如果某个分支结点只有一个子结点，在二叉树中必须说明它是左子结点还是右子结点。在度数为2的有序树里，这就是第一个子结点，但没有左右的概念。

树林

定义（树林）：0棵或多棵树（显然互不相交）的集合称为一个树林。

树和树林可以相互递归定义：一棵空树就是一个空树林。如果树 T 不空，它可表示为一个二元组 $T=(r,F)$，其中 r 是树根，F 是 r 的所有子树构成的树林。设树 T 有 m 棵非空子树（$m\geqslant 0$），则 $F=(T_0, T_1, \cdots, T_{m-1})$，其中的 T_i 为 r 的第 i 棵子树（这是有序树的情况。对于无序树，F 没有顺序）。这一讨论说明，树和树林可以相互递归定义：非空树由树根及其子树树林构成，而树林则由一组树组成。

对于树林，同样需要区分有序树林和无序树林的概念。对于有序树林，我们可以讨论

⊖ 一些教科书中说无序树的子树是一个集合，这种说法有点问题。一个根结点完全可以有两棵或者多棵完全一样的子树。因此，我们不说结点的子树是集合。

它的第一棵树、下一棵树等。对于无序树林则没有这些概念。

树、树林与二叉树的关系

有序树林与二叉树之间存在一种一一对应关系，可以把任何一个（有序）树林映射到一棵二叉树，而其逆映射把这棵二叉树映射回原来的树林。该映射定义如下：

- 顺序连接同一结点的各子结点（它们在原树林里互为兄弟结点），作为这些结点的右分支的边（也就是说，将树/树林中下一兄弟作为二叉树里的右分支）；
- 保留每个结点到其第一个子结点的连接作为该结点的左分支，并删去这个结点到它的其他子结点的连接（也就是说，原树林里第一个子结点作为二叉树里的左分支）。

这里把树林里各棵树的根也看作兄弟结点，需要从第一棵树的根开始建立连接。

【例 6.11】 图 6.25 中左边的树林包含三棵树。要得到对应的二叉树，我们先连起三棵树的根，并在各棵树中连接兄弟结点，如右图中增加的粗黑实线。然后，删除从各个结点到它除了第一个子结点之外其他子结点的连线（如图中虚线所示的连线），就得到了对应的二叉树。要想让图示更规范，只需要稍微调整子结点的位置。

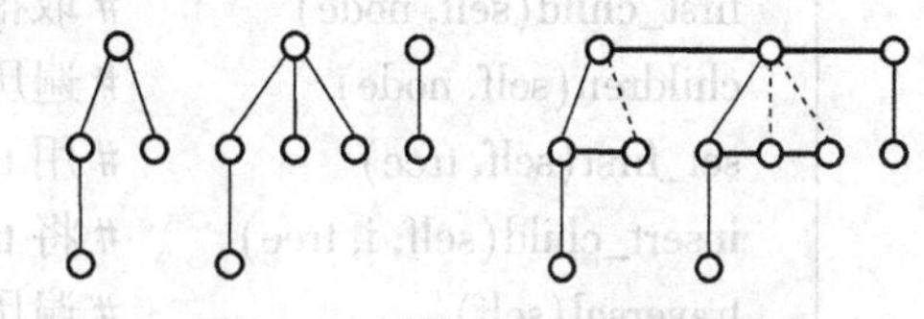

图 6.25 树林到二叉树的映射

二叉树到树林的转换也不难完成：

- 对每个结点，在它和它的左子结点向右路径上的每个结点之间加一条边；
- 删去原二叉树中各结点向右的边。

图 6.26 是一个简单的例子。按上面步骤，图中首先加了两条边，用粗实线表示，然后删除了四条边（图中虚线），最后得到的是一个包含了三棵树的树林。

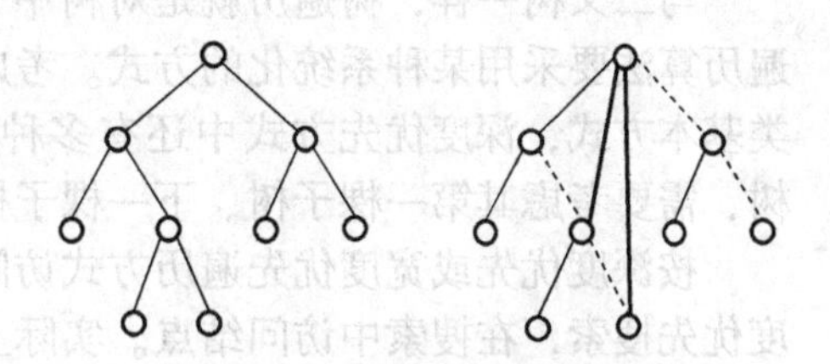

图 6.26 二叉树到树林的转换

树可以看作一棵树组成的树林，因此树与二叉树的一个子集之间存在一一对应关系。有关情况很简单，请读者考虑。

树的性质

作为一种抽象结构，树也有许多重要性质。其中一些与二叉树的性质类似。

性质 6.8 *在度数为 k 的树中，第 i 层至多有 k^i 个结点。*

性质 6.9 *度数为 k 高为 h 的树中至多有 $\frac{(k^{h+1}-1)}{(k-1)}$ 个结点。*

k 度完全树是如下的 k 度树：除了最下一层分支结点中最右的那个结点的度数可能小于 k 外，其余所有分支结点的度数均为 k。k 度完全树有下面重要性质：

性质 6.10 *n 个结点的 k 度完全树，高度 $h=\lfloor \log_k n \rfloor$，即不大于 $\log_k n$ 的最大整数。*

易见，对于 n 个结点的 k 度完全树，其高度比 n 个结点的完全二叉树小一个常量因子 $\log_2 k$。在实际中这个常量因子也可能有价值。此外，与完全二叉树类似，k 度完全树也可以存入一个顺序表，有简单的父子结点的下标计算规则。请读者考虑。

性质 6.11 *$n>0$ 个结点的树里有 $n-1$ 条边。*

6.7.3 抽象数据类型和操作

前面两节讨论的是作为抽象概念的树，下面考虑树作为数据结构的问题。

抽象数据类型

首先定义一个树抽象数据类型如下：

```
ADT Tree:                              # 一个树抽象数据类型
    Tree(self, data, forest)           # 构造操作，基于树根数据和一组子树
    is_empty(self)                     # 判断是否为一棵空树
    num_nodes(self)                    # 求树中结点个数
    data(self)                         # 取得树根存储的数据
    first_child(self, node)            # 取得树中结点 node 的第一棵子树
    children(self, node)               # 遍历树中结点 node 的各子树的迭代器
    set_first(self, tree)              # 用 tree 取代原来的第一棵子树
    insert_child(self, i, tree)        # 将 tree 设置为第 i 棵子树，其他子树顺序后移
    traversal(self)                    # 遍历树中各结点之数据的迭代器
    forall(self, op)                   # 对树中的每个结点的数据执行操作 op
```

与二叉树的情况类似，上面的大部分操作都比较清晰，但遍历操作的情况不同。由于树具有复杂的结构，同样存在多种系统性地遍历树中结点的方式。

树的遍历

与二叉树一样，树遍历就是对树中每个结点恰好访问一次的过程。因为要遍历子树，遍历算法要采用某种系统化的方式。考虑树遍历时，同样应该区分深度优先和宽度优先两类基本方式，深度优先方式中还有多种不同的遍历顺序。在这里合适的讨论对象是有序树，需要考虑其第一棵子树、下一棵子树，或者子树的序列等。

按深度优先或宽度优先遍历方式访问结点，操作过程就像是对树做深度优先搜索或宽度优先搜索，在搜索中访问结点。实际上，在一般状态空间搜索问题里，搜索过程中经历的状态（看作结点）和状态之间的转移关系（看作边）就形成了一棵“树”，称为搜索树。搜索过程就是按某种顺序“遍历”这棵树（虽然这棵树不一定显式表示）。

首先考虑宽度优先遍历，或称按层次遍历，算法中需要一个队列：

开始：将树根加入队列；
过程：重复下面动作直至队列空：
　　弹出队列里的首结点并访问
　　将该结点的子结点顺序加入队列

按层次方式遍历图 6.27 中的树，得到的序列在图中给出。

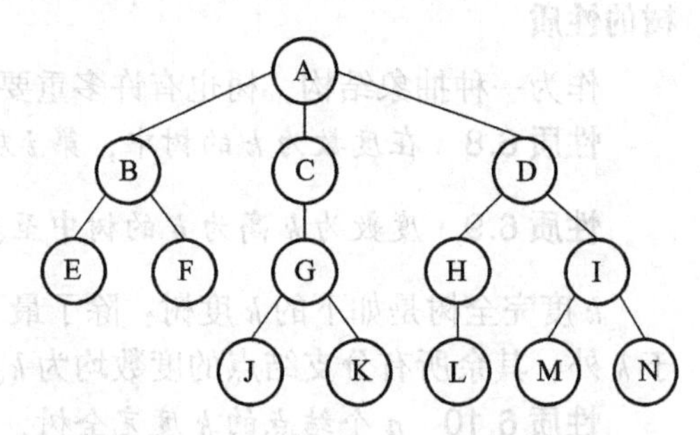

按层次：A, B, C, D, E, F, G, H, I, J, K, L, M, N
先根序：A, B, E, F, C, G, J, K, D, H, L, I, M, N
后根序：E, F, B, J, K, G, C, L, H, M, N, I, D, A

图 6.27　树的遍历

深度优先遍历也存在多种方式，差别在于遍历中访问根结点数据的时刻。先根序和后根序是在访问所有子树之前或之后访问根；中根

序在这里的意义不明确，有人将此定义为在访问第一棵子树之后访问根结点。

显然，先根序或后根序遍历算法都可以用递归或非递归的方式描述。在非递归描述的算法中，需要用一个栈保存已经发现但还来不及访问的分支。算法实现的主要问题是正确处理回溯，为此需要记录所考察结点的已访问分支或者下一个应该访问的分支。这一问题在前面栈的应用（迷宫搜索）一节已有实例，请读者参考，不再进一步讨论。

图 6.27 中也给出了采用先根序和后根序访问图中的树得到的序列。

6.7.4　树的实现

现在考虑树的实现技术。与二叉树类似，这里也需要记录树中结点和结点之间的联系。但是，树的结构不如二叉树规整，实现时需要处理这种情况。

此外，由于树结构比较复杂，这给树的表示带来了更多的问题和可能性。不同表示方法有各自的优点和缺点，应该根据实际情况和需要选择。常用的树表示方法有：

- 子结点引用表示法，父结点引用表示法；
- 子结点表表示法；
- 长子-兄弟表示法；等等。

子结点引用表示

树的最基本表示方法是子结点引用法（或称子指针表示法），其基本设计与二叉树的链接表示法类似：用一个数据单元表示一个结点，用结点之间的链接表示树结构。但这里有一个麻烦：树结点的度数不定，不同结点的度数可能差别很大。这一事实给树结点的表示带来困难。如果没有编程语言的支持，实现一般的树结构将涉及比较复杂的编程技术。在这种情况下，一种简单考虑是只支持度数不超过某个固定的值 m 的树，也就是说，树中分支结点至多允许有 m 棵子树。图 6. 28 描绘了这种树结点的布局，其中专门用一个数据域记录树结点的实际分支数（这里的 k）。

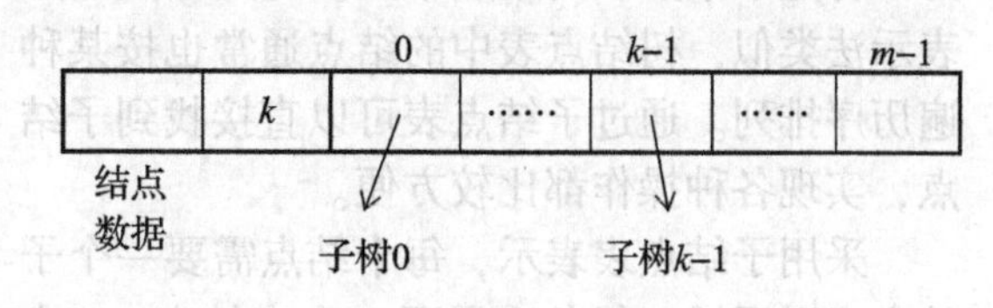

图 6.28　树结点的布局

采用这种结点布局，最大的缺点是会出现大量空闲的结点引用域。

性质 6.12　*在 m 度结点表示的 n 个结点的树中，恰有 $n\times(m-1)+1$ 个空引用域。*

子结点引用法的优点是直接反映树的结构，操作方便灵活，能很好地支持结构变动。如果辅之以高级实现技术，可以表示任意复杂程度的树。在 Python 里实现树结构，可以采用前面基于 `list` 实现二叉树的技术，也可以用嵌套的 `list` 对象表示树。有关工作留给读者完成。

父结点引用表示

为了克服子结点引用法空间闲置多的缺点，人们考虑了父结点引用表示法。在任何树形结构（包括二叉树）里，除树根外的每个结点都有（且仅有）一个父结点。因此，如果在子结点里记录父结点关系，每个结点就只需要一个引用域。但要注意，这时所有引用路径都从叶结点开始，而且叶结点相互独立。这种情况说明，仅靠父结点引用关系，我们无法掌握整棵树。为了解决这个问题，人们提出了一种方法：用一个顺序表表示一棵树，每个表元素表示一个结点，结点中包含结点数据和父结点引用两个部分。

图 6.29 中给出了一个例子，其中用顺序表的下标表示父结点引用，通过顺序表的整

体结构掌握这棵树。为了表示更多信息，树中结点可以按某种遍历顺序排列。图6.28中的结点按层次序排列，这样，做层次遍历时只需要顺序访问。

父结点引用技术的优点是存储开销小，除结点信息外，每个结点只需要一个父结点引用域。对 n 个结点的树，需要 $O(n)$ 附加空间，与树的度数无关。

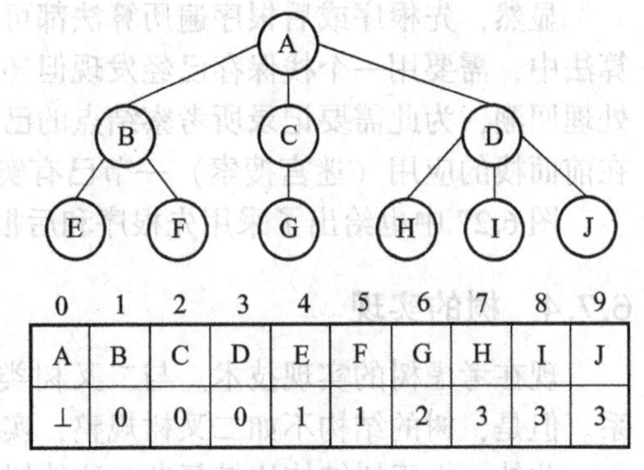

0	1	2	3	4	5	6	7	8	9
A	B	C	D	E	F	G	H	I	J
⊥	0	0	0	1	1	2	3	3	3

图6.29　树的父结点引用表示

由于结构中只记录了父结点关系，要想从父结点找到子结点，就必须通过查找，复杂度是 $O(n)$。采用顺序表表示，插入/删除结点时要解决复杂的管理问题，还有一些技术和设计问题。有关细节请读者考虑，可作为设计和编程练习。

子结点表表示

另一种常见技术称为子结点表表示，该方法用一个顺序表存储树中各结点的信息，每个结点关联一个子结点表，记录树的结构信息。

图6.30给出了图6.29中的树的子结点表表示的图示，其中的子结点表用链接结构实现。实际上，也可以采用顺序表结构。

这种表示中有两种单元：一种单元表示结点，是结点数据和子结点表头指针的二元组；另一种是子结点表的结点单元。与父结点引用表示法类似，树结点表中的结点通常也按某种遍历序排列。通过子结点表可以直接找到子结点，实现各种操作都比较方便。

采用子结点表表示，每个结点需要一个子结点表引用域，每条边需要一个表结点。n 个结点的树有 $n-1$ 条边，这两种表示方法的开销都是 $O(n)$，增加的存储与树中结点的度数无关。

基于子结点表技术实现一个树类的工作也留给读者作为设计和编程练习。

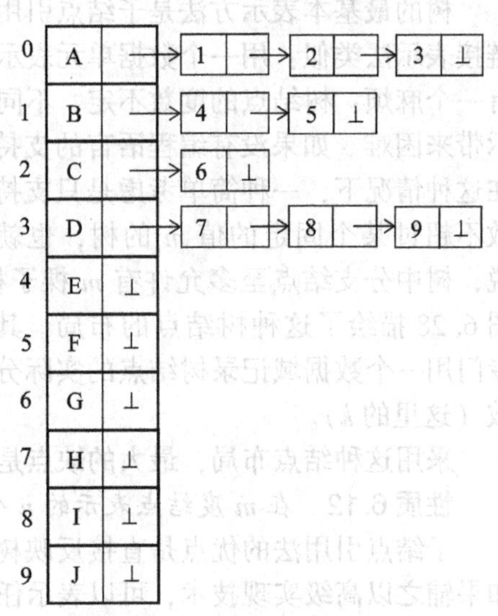

图6.30　树的子结点表表示

长子-兄弟表示法

另一个技术是*长子-兄弟表示法*，其实就是树的二叉树表示。采用这种表示，每个树结点对应于二叉树的一个结点。二叉树中结点 d 的左子结点是原树中 d 的第一个子结点，而二叉树中 d 的右子结点是原树中 d 的下一个兄弟结点。

这种表示的细节不再进一步讨论。下面考虑在Python中实现树的一种技术。

6.7.5　树的Python实现

Python提供了许多高级数据功能，在Python中实现树有很多可能方法。前一节讨论了树的几种抽象实现技术，它们都可以在Python里落实。下面不准备继续讨论它们，而是考虑一种简单实现技术。请读者考虑，这种实现技术与前面讨论的哪一种（或几种）技术类似。

树的 Python 的 `list` 实现

一个树结点里包含两部分信息：结点本身的数据以及一组子树。一种显然的 Python 实现方式是用二元组表示树，例如包含两个成员的元组或者包含两个成员的表。其中第一个成员表示结点，第二个成员表示子树序列（一个树林，这部分又可以用元组或者表实现）。如果要表示结点数据和/或子树有可能变动的树，我们就应该用表（list）。

下面考虑另一种方式，把结点数据和子树序列包装在一个表里。这一设计实际上是前面二叉树的 list 实现的直接扩充。首先定义一个构造这种树的函数：

```
class SubtreeIndexError(ValueError):
    pass

def Tree(data, *subtrees):
    return [data].extend(subtrees)
```

注意，这里的 subtrees 是一个序列参数，在函数调用中，它将约束除去第一个实参之外的其他实参的序列。序列也可迭代，因此可以作为 extend 的参数。

在下面实现中，我们假设空树直接用 None 表示，还定义了另外几个操作函数：

```
def is_empty_Tree(tree):
    return tree is None

def root(tree):
    return tree[0]

def subtree(tree, i):
    if i < 1 or i > len(tree):
        raise SubtreeIndexError
    return tree[i + 1]

def set_root(tree, data):
    tree[0] = data

def set_subtree(tree, i, subtree):
    if i < 1 or i > len(tree):
        raise SubtreeIndexError
    tree[i+1] = subtree
```

下面是若干使用示例：

```
tree1 = Tree('+', 1, 2, 3)
tree2 = Tree('*', tree1, 6, 8)
set_subtree(tree1, 2, Tree('+', 3, 5))
```

这里还采用了 6.2 节里表达式树的想法，叶结点直接用数据项表示。上面的操作构造了两个表达式，其中把加法和乘法看作多元运算符。由于这种树直接用 Python 的 list 实现，因此可以用标准函数 print 查看树的情况。其他操作留给读者完成。

定义树类

上面讨论的技术是把树结构直接映射到嵌套的表。由于 Python 的表可以自动扩展，因此这种树中的结点没有度数限制，可以修改数据，也可以增/删/修改子树。但如前所述，这样的树不是特殊的树类型对象，只是特殊形式的嵌套表，因此不能得到 Python 类型系统的支持。根据前面的经验，这件事不难解决，可以用上述设计作为内部表示，定义一个树类，由这个类提供各种操作树的方法。有了前面实现二叉树类型的经验，这个工作不难完成。

在同样的外部接口之下，类的内部表示可以采用不同的设计。前面讨论中提出，一个树结点的相关信息包括两部分：一项结点数据和一组子树。可以按这种观点设计树对象中的基本结点构件，其中采用一个数据域和一个子结点表域。

```
class TreeNode:
    def __init__(self, data, subs=[]):
        self._data = data
        self._subtrees = list(subs)

    def __str__(self):
        return "[TreeNode {0} {1}]".format(self._data,
                                           self.subtrees)
```

这里的 `__str__` 方法将自动被标准函数 `str(...)` 调用，主要用于显示和输出。

相应的树类不难定义，下面只给出了它的初始化函数：

```
class Tree:
    def __init__(self):
        self._root = None
    # ......
    # ......
```

完成这个类的工作也留给感兴趣的读者。

*6.8 等价类和查并集

本节考虑一个很重要的问题，也作为树的一个应用。由此开发的技术和数据结构在一些应用和重要算法中有不少应用，在本书后面章节里可以看到具体的例子。

6.8.1 概念和问题

假设有一集元素，它们被分成一些互不相交的组（子集），形成了对集合的一个划分。划分可以看作集合上的等价关系，每个子集是一个等价类。同属一个子集的元素相互等价，不同子集的元素互不等价。等价关系有几条重要性质：自反性（任何元素与自己等价，即，对任何元素 a，a 与 a 等价），对称性（如果 a 与 b 等价，那么 b 与 a 等价），传递性（如果 a 与 b 等价且 b 与 c 等价，那么 a 与 c 等价）。下面是一个例子：

$$\{\{0,8,4\},\{2,5\},\{1,3,6,7,9\}\}$$

假设我们有一组元素，以及一批有关某些元素对等价的信息，如何构造出相应的等价类（集合划分），以及使用构造的结果呢？这些就是本节希望研究的问题。这里假定元素集合是固定的，元素等价的信息可以一次给定，也可以逐步提供。为了简单起见，我们假定集合元素是从0开始的一组自然数（计算机可以表示的集合总可以映射到这个集合）。

现在考虑这种数据结构的操作。显然，我们需要检查一个元素属于哪个等价类，还需检查两个元素是否等价。此外，如果有一个新的元素等价关系 (a, b)，我们需要将其“加入”结构中。如果 a 和 b 原来属于不同的等价类，加入关系 (a, b) 会导致它们分属的两个等价类合并（由于传递性）。可以注意到，判断两个元素是否等价的问题可以归结为两个元素所属的等价类是否相同。根据上述讨论可以总结出这种数据结构的两个最重要的操作如下：

find(x) 查出 x 所属的等价类。

union(x, y) 合并 x 和 y 分属的两个等价类。

如果 x 和 y 属于同一个等价类，执行 union(x,y) 不改变等价类的划分。由于上面这两个基本操作，人们把这种结构称为查并集。

在进一步考虑数据结构的实现之前，有一个问题需要解决：如何表示等价类？直接用集合（子集）来表示比较麻烦，也不容易比较。由于等价类表示的是等价关系，人们提出的一种技术是为每个等价类设一个代表元。等价类中任一个元素都可以作为其代表元，我们只希望从任何元素都能找到相应的代表元，等价类的比较可以归结为代表元的比较。

6.8.2 朴素实现

最简单的实现是用一个 list 表示相应的自然数集，下标表示集合中的各个元素，list 元素值记录集合元素所在等价类的代表元。这样，直接访问 list 元素就实现了 find 的功能，合并两个等价类就是统一元素的代表元，通过修改 list 元素的方式完成。

可以为此定义一个类，其实例就是查并集。初始时我们不知道元素之间的等价关系，每个元素自成等价类，其代表元就是自身。随着执行 union，查并集对象的内部状态不断改变，始终反映已知等价关系形成的等价类。按这种想法定义的查并集类如下：

```
class Find_Union0: # 朴素实现，O(n)合并
    def __init__(self, size):
        self._size = size
        self._sets = [i for i in range(size)]

    def find(self, a):
        if 0 > a or a >= self._size:
            raise IndexError("Index out of range: find_union.")
        return self._sets[a]

    def union(self, a, b): # 合并两个集合，O(n)复杂性
        r1 = self.find(a)
        r2 = self.find(b)
        if r1 != r2:
            for i in range(self._size):
                if self._sets[i] == r2:
                    self._sets[i] = r1 # 总以 r1 作为并集的代表元
```

初始化函数的参数给定集合大小，用对象属性记录这个大小，另一属性 _sets 表示查并集的状态，初始时各元素以自己为代表元。函数 find 非常简单，当参数合法时给出 _sets 里对应元素的值。函数 union 先找到两个参数的代表元。如果它们相同就什么也不做，否则合并两个等价类，做法就是把与 r2 同类的元素的代表元都改为 r1。

这个定义正确实现了查并集的功能，find 实现简单，已做到最高效。其主要弱点就是 union 操作比较低效，无论被合并的等价类的大小如何，union 操作总需要扫描整个 _sets，具有 $O(n)$ 复杂度。下面的讨论都是为了改进查并集的效率。

6.8.3 用树表示集合

在前面的查并集实现中，子集本身没有结构，由相关操作自然产生。一个子集的元素散布在顺序表里，相互之间没有任何联系。由于这种情况，做 union 操作时就只能扫描

整个顺序表，设法找到所关注的子集的元素，这就是 O(n) 时间的由来。要提高 union 操作的效率，必须在子集的元素之间引入联系。根据问题的需要，我们希望引入的联系有助于提高 union 操作的效率，又保证能有效实现 find 操作。由此人们想到了树形结构。

我们可以用一棵树表示一个集合，树结点表示集合元素。对于查并集，每个集合（等价类）需要有一个特殊的代表元，find 操作要求从集合的元素找到代表元。这些提示我们用树根结点表示代表元，采用父结点引用表示法表示树结构（参考 6.7.4 节和图 6.29），这样，一棵树或一个树林就可以存入一个顺序表（数组），正好满足所需。

在这种父结点引用表示的树里，要从集合元素（结点）找到代表元（根结点），我们只需要从这个结点出发，顺着父结点引用链走到不能再走为止。合并两个元素（结点）所属的等价类（子集），也只需把一个子树的根结点作为另一子树根的子结点，简单地建立一个父结点引用关系。这样就大大简化了等价类的合并操作。

我们继续前面的朴素做法，在初始化时，让每个结点以自身作为代表元。在集合的树形表示中，这意味着让根结点的父引用指向自身。这个情况将被用来检查根结点。

```
class Find_Union1: # 属性集合表示，高效合并
    def __init__(self, size):
        self._size = size
        self._sets = [i for i in range(size)]

    def find(self, a):
        if 0 > a or a >= self._size:
            raise IndexError("Index out of range: find_union.")
        while self._sets[a] != a: # 查找代表元
            a = self._sets[a]
        return a

    def union(self, a, b):
        r1 = self.find(a)
        r2 = self.find(b)
        if r1 != r2: # 改进的合并，r1 作为并集代表元
            self._sets[r2] = r1
```

这里的 find 和 union 操作都重新定义了。由于集合采用树表示，查找代表元的工作不再能一步完成，需要沿树中父引用链上行，用一个循环描述。循环结束条件是“本结点就是自己的代表元”。另一方面，找到两个元素的代表元后，union 的操作非常简单。我们直接把元素 a 的 d 代表元设置为元素 b 的代表元的父结点，这就合并了两个等价类。

用下面语句建立初始集合：

```
x1 = Find_Union1(num)
```

处理了等价关系 (0,5)、(1,3)、(1,0)、(4,6)、(2,7)、(4,7)、(9,8)、(8,7)、(8,5) 之后，我们将得到图 6.31 里的集合结构。这时所有元素都已经属于同一个等价类了。

很明显，现在 find 操作操作的时间开销由树的结构决定，union 操作也一样，因其工作的开始就是两次调用 find 操作。如果等价类集合的高度很低，这两个操作都比较高效，我们的修改就真正有了收获。但如果树的

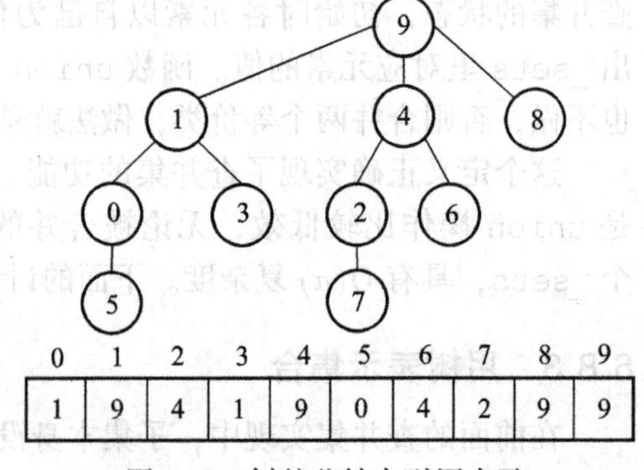

图 6.31　树的父结点引用表示

结构不好，这两个操作都可能很费时。

很不幸，可能的最糟情况确实会出现。假如查并集 x1 处理的等价序列是 (1,0)、(2,1)、(3,2)、(4,3)、(5,4)、(6,5)、(7,6)、(8,7)、(9,8)，构造出的树就退化为一个“线性”结构，以 9 为树根，直到 0 为叶结点（请读者手工或运行程序检验这种说法）。

那么，有没有办法避免这种问题呢？

6.8.4 优化结构

合并两棵子树时，如果总是以结点数较多的树（下面简称其为**大树**）的根作为新树的根，新树中各结点到树根的路径长度之和较小，因此，执行 find 操作的平均代价较低。图 6.32 给出了一个例子。假设我们需要合并图 6.32a 中给出的两棵树，以其中一棵树的根作为结果的根。这时存在两种方法，如图 6.32b 和图 6.32c 所示。不难算出，对于图 6.32b 中的树，从所有结点到根的路径长度之和较小。这一结果可以严格证明，请读者考虑。现在考虑如何修改前面的设计，支持树结点个数比较，改进 union 操作。

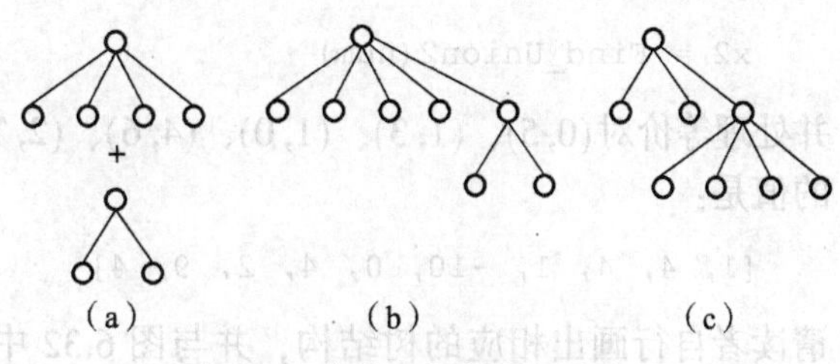

图 6.32　合并两棵树的两种方法

被操作的子树嵌在线性表里，在每次合并时统计树中结点数的代价太高，不适合采用。最好能方便地得到子树结点数，而且在不断合并中方便地维护这种信息。树根是一棵树的代表，把树中结点数的信息维持在与根结点有关联的地方，更容易找到。注意，根结点的父结点引用域实际是空闲的，只要求这里的值能与正常引用相互区分（以便确定根结点）。前面实现中让它引用根结点自身，或者采用特殊值，都能满足这种基本要求。完全可以改用其他方法。注意，结点引用是表元素下标，都是非负值。在根结点的引用域里存放一个负值，也能满足判断根结点的基本要求。这里的想法就是把树中结点数的信息以负值的形式存入根结点的引用域（线性表单元）里，用 $-k$ 表示这棵树有 k 个结点。

初始时每个结点自成一棵子树（自成一个等价类），树中结点数是 1，因此应该建立一个元素都是 -1 的线性表。合并子树时需要比较结点数，选择大子树的根作为结果树的根，并正确更新根结点的结点数记录。find 操作也需要做适当修改，遇到引用值为负时就找到了代表元。这样就得到了如下的新类定义：

```
class Find_Union2: # 合并到较大的集合
    def __init__(self, size):
        self._size = size
        self._sets = [-1 for i in range(size)] # 用负值记录集合元素数

    def find(self, a):
        if 0 > a or a >= self._size:
            raise IndexError("Index out of range: find_union.")
        while self._sets[a] >= 0:
            a = self._sets[a]
        return a

    def union(self, a, b):
        r1 = self.find(a)
        r2 = self.find(b)
```

```
        if r1 == r2:
            return
        if self._sets[r1] <= self._sets[r2]: # 合并到较大集合
            self._sets[r1] += self._sets[r2] # 元素个数求和
            self._sets[r2] = r1              # 设置代表元
        else:
            self._sets[r2] += self._sets[r1]
            self._sets[r1] = r2
```

注意，由于结点计数用负值表示，数值较小就是结点数较多。

执行下面语句：

```
x2 = Find_Union2(num)
```

并处理等价对(0, 5)、(1, 3)、(1, 0)、(4, 6)、(2, 7)、(4, 7)、(9, 8)、(8, 7)、(8, 5) 后，_sets 的值是：

```
[1, 4, 4, 1, -10, 0, 4, 2, 9, 4]
```

请读者自行画出相应的树结构，并与图 6.32 中的树比较，看看结构是否有些改善。如果用这个查并集处理前面导致退化结构的等价对序列(1, 0)、(2, 1)、(3, 2)、(4, 3)、(5, 4)、(6, 5)、(7, 6)、(8, 7)、(9, 8)，_sets 的最终值将是下面的表：

```
[1, -10, 1, 1, 1, 1, 1, 1, 1, 1]
```

这是最优查并集结构（可称为平坦结构），find 执行中最多上行一步。

分析

除两次调用 find 操作之外，union 操作的其他代码都很简单，显然只需要常量时间。所以，在这一查并集实现中，union 操作的时间复杂度最终也归结到 find 操作的复杂度，find 操作的复杂度则依赖于其中循环的迭代次数，而这个迭代次数受限于被处理树的高度。归根结底，采用这种技术构造出的树结构决定了这种实现中操作的效率。

注意，查并集里的树结构是通过一系列 union 操作构建起来的，究竟建立起怎样的结构，依赖于被处理的等价对序列。通过归纳法可以证明，对于 n 个结点，采用合并到较大树的策略，反复调用 Find_Union2 的 union 方法，构造出的树高度不会超过 $\lfloor \log_2 n \rfloor + 1$，所以，执行 m 次 find 操作和 union 操作的总代价是 $O(m \log n)$，这就保证了操作的效率。具体证明并不复杂，请感兴趣的读者自己考虑，或者查找有关资料。

路径压缩

进一步改进就是在查找代表元的操作中压缩途经结点的查找路径。考虑图 6.33a 的情况，图中三角形表示子树。假设现在查找元素 x 的代表元，最终找到元素 r。很显然，操作过程中途经的各元素也都以 r 为代表元。如果修改树结构，让这些元素（包括 x）直接以 r 作为父结点，再次查询就能大大提速。修改后的树结构如图 6.33b 所示。易见，这样修改树结构，不会改变元素的代表元关系。

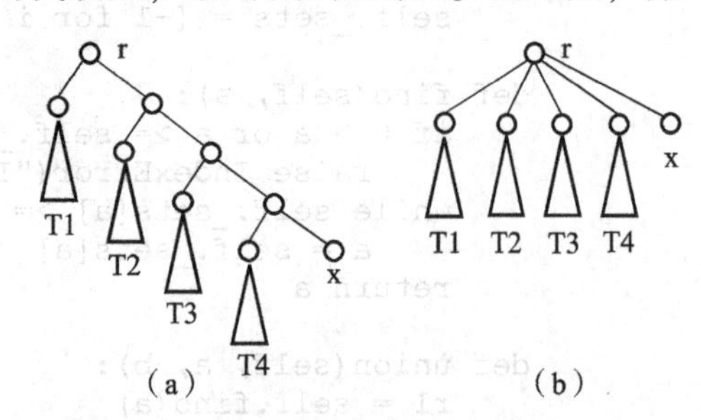

图 6.33　执行 find 操作时压缩查找路径

现在考虑把这种新改进纳入实现。我们可以沿用前面实现中的 union 定义，还是在根结点保存树中结点数，合并树时仍然以较大树的根作为结果树的根。唯一需要修改的是 find 函数。要想压缩路径，就需要找到树根，下面 find 定义中用第一个循环完成这项工作，第二个循环修改途经结点的父结点引用，操作直截了当：

```
def find(self, a):
    if 0 > a or a >= self._size:
        raise IndexError("Index out of range: find_union.")
    r = a
    while self._sets[r] >= 0: # 查找代表元
        r = self._sets[r]
    while a != r: # r 是 n 的代表元
        self._sets[a] = r
        a = self._sets[a]
    return r
```

将这个修改了的函数作用于前面做过的两个等价对序列实例，将得到下面的结果：

```
[1, 4, 4, 1, -10, 1, 4, 4, 4, 4]
[1, -10, 1, 1, 1, 1, 1, 1, 1, 1]
```

请读者画出对应的树结构，并与前面的几个结果比较。

与由第一个等价对序列得到的结果比较，可以看到，通过增加路径压缩功能，一步就能到达代表元的结点增加了。这一情况直观地表现出新方法的功效。此外，前面的方法一旦构造出树结构，无论后来怎么使用，这个结构都不会变化。加入路径压缩功能后，随着查询操作的进行，树结构将不断优化。这种情况说明，我们得到了一种自优化的数据结构，系统的性能将随着使用不断改善。在实际应用中，这种特性也很有意义。

人们仔细分析了这种优化后查并集的操作代价[⊖]，证明了对于 n 个结点做 m 次 find 和 union 操作（$m \geqslant n$），总的时间开销为 $O(m\alpha(m,n))$。这里的 $\alpha(m,n)$ 是 Ackerman 函数 $Ack(m,n)$ 的逆函数（请看第 5 章的编程习题 8）。$Ack(m,n)$ 增长极快，所以 $\alpha(m,n)$ 的增长极其缓慢（但不是常数），对所有实际中可能见到的 m 和 n，$\alpha(m,n) \leqslant 4$。有关的分析比较复杂，这里不进一步讨论，请读者参考算法方面的教科书。这些情况说明，采用了上面介绍的路径压缩技术，得到的结构操作效率很高，find 和 union 操作的代价近乎常量。

请注意一个情况，这里的第一个实现非常简单，但效率不理想。研究者经过仔细分析，提出了一系列改进，修改后的实现效率越来越高，但与此同时，算法本身越来越复杂。实际中这种情况很常见，许多算法和程序都是通过反复磨砺才逐渐成熟完善的。

本节开始时说过，查并集有很多应用。这里不准备专门介绍具体的应用了，在下一章里，我们就会看到这种结构的一个应用。

总结

树形结构是计算中使用广泛的一种较复杂的数据结构。树形结构具有层次性，又可以表达数据之间的一对多关系，因此可用于描述很多实际数据的有关信息。著名的 XML 数据就是一种基于树结构的标准数据形式，被广泛用于各种领域的数据表示、存储和交换。另一些类似的数据表示形式也在发展。此外，树结构也广泛用在各种软件内部，如操作系统管理的文件系统、高级语言处理系统中各种基本数据的表示。实际上，高级语言程序（包括

⊖ R. E. Tarjan 在 1975 年证明了这里的结果。R. E. Tarjan 因算法和数据结构领域的工作获 1986 年图灵奖。

Python 程序）本身就具有树形结构，是一层层语言结构的嵌套。其中的表达式、控制结构、作用域等都是嵌套的树形结构。总而言之，树形结构具有极重要的理论意义和实用价值。

树形结构是典型的递归结构，采用递归方式可以比较简洁地描述树形结构操作和处理算法。另一方面，如果需要，也可以借助栈或队列辅助结构，写出处理树结构的非递归算法。本章中，特别是在讨论树遍历时，给出了一些处理树结构的算法实例。

在处理包含许多数据元素的结构时，需要考虑逐个访问其中元素的过程，这就是遍历。对树这样比较复杂的结构，存在多种不同的遍历方法。系统化的遍历方法分为深度优先和宽度优先两类。根据遍历中访问根结点信息的时机，深度优先遍历又有多种不同方式，主要有先根序、中根序和后根序三种方式。其中先根序处理最为简单，而后根序最复杂，特别是实现后根序处理的非递归算法。但是在实际中，有许多实际问题的处理需要按后根序的方式进行，例如在第 5 章和本章里都讨论到的表达式求值。

实际上，树遍历也就是一种状态空间搜索。树的深度优先处理过程对应于状态空间的深度优先搜索，树的宽度优先处理过程对应于状态空间的宽度优先搜索。对任何状态空间搜索，探索路径的整体也形成了一种树形结构，称为搜索树。

树形结构有许多不同的子类，其中二叉树和一般树是最重要的树形结构。这两种结构之间有一种等价关系，有序树林（一组有序树的有序汇集）与二叉树之间可以相互转换。在实际中，人们经常采用二叉树作为基础来实现树结构。

二叉树和树都有许多重要应用。本章中介绍了表达式树、堆和优先队列、哈夫曼树和哈夫曼算法等。还有许多实际应用，如用于数学表达式、离散事件模拟等。

二叉树和树有多种不同的实现方式，使用最多的是结点链接表示。一般树的结构不规整，不同结点的度数可能相差很大。为了在空间占用量和操作方便性之间取得某种平衡，人们提出了多种不同的实现方法，也经常利用树与二叉树之间的等价关系来表示树。

练习

一般练习

1. 复习下面概念：树形结构，树根，前驱，后继，二叉树，左子树和右子树，空树，单点树，父结点/子结点，左/右子结点，父子关系，祖先/子孙关系，祖先/子孙结点，树叶，分支结点，结点的度数，路径，路径长度，结点的层数，树的高度（深度），满二叉树，扩充二叉树，内部结点和外部结点，内部路径长度和外部路径长度，完全二叉树，二叉树的遍历，深度优先遍历，先根序（先序）遍历，中根序（对称序/中序）遍历，后根序（后序）遍历，先根序列，对称（中根）序列，后根序列，宽度优先遍历（按层次顺序遍历），层次序列，表达式树，二元表达式，算术表达式，表达式求值，优先队列，优先关系，优先级，堆，堆序，小顶堆，大顶堆，筛选（向下筛选，向上筛选），堆排序，离散事件模拟，模拟框架，事件队列，宿主系统，二叉树的链接实现，二叉树结点类，非递归的二叉树遍历算法，非递归后序遍历，下行循环，二叉树类，带权扩充二叉树，哈夫曼树（最优二叉树），哈夫曼算法，哈夫曼编码，最优编码，树和树林，树根，有序树和无序树，有序树林和无序树林，搜索树，子结点引用表示法，父结点引用表示法，长子-兄弟表示法，查并集，等价关系，代表元，用树表示集合，路径优化，自优化结构。
2. 三个结点 a，b，c 可以构造出多少棵不同的二叉树？请画出它们。
3. 四个结点可以构造出多少棵不同的（一般的）树？请画出它们。
4. 若一棵二叉树有 10 个度为 2 的结点、6 个度为 1 的结点，它有几个叶结点？
5. 已知一棵二叉树有 36 个叶结点，这棵树的全部结点至少有多少个？
6. 将二叉树的概念推广到三叉树，一棵 244 个结点的三叉树至少有多高？

7. 请根据二叉树的几种结构形态，严格证明扩充二叉树的外部路径长度和内部路径长度之间的关系式 $E = I + 2 \times n$。
8. 用嵌套的 list 表示二叉树时，空表表示空树。请总结空表的个数与树中分支结点和叶结点个数的关系公式，并严格证明这一关系公式。
9. 请对图 6.34 中的二叉树完成以下工作：
   (1) 做出其先根序、中根序和后根序序列。
   (2) 将其转换为树（或树林），而后做出得到的树（或树林）的先根序、中根序和后根序序列。
   (3) 比较和讨论上面两组遍历得到的结果。
10. 对图 6.34 中的二叉树，做出其扩充二叉树，并求出这棵扩充二叉树的内部路径长度和外部路径长度。
11. 已知一个算术表达式树的中缀形式为 A+B*C-D/E，后缀形式为 ABC*+DE/-，请给出其前缀形式。
12. 如果知道了一棵二叉树的先根序列和后根序列，能够确定原来的二叉树吗？如果能请证明之，不能请举出反例。

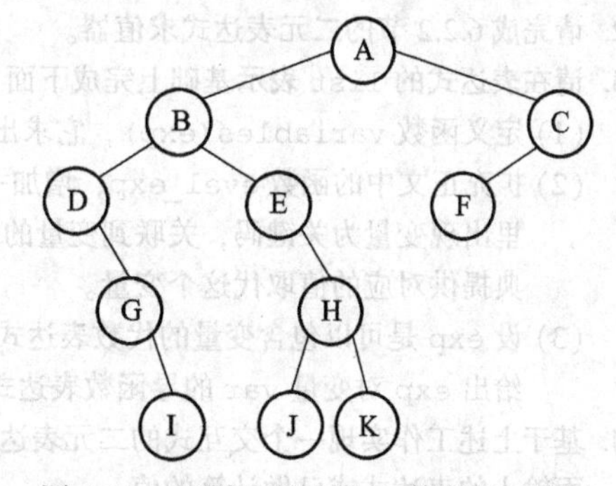

图 6.34　习题 9 和习题 10 使用的二叉树

13. 确定所有满足下面条件的二叉树：
    (1) 其先根序列与中根序列相同。
    (2) 其后根序列与中根序列相同。
    (3) 其后根序列的反转与其中根序列相同。
    (4) 其先根序列与后根序列相同。
14. 满足什么条件的非空二叉树的先根序列正好等于其后根序列的反转？
15. 请证明下面结论：在一棵树的先根序列、中根序列和后根序列中，所有树叶结点的相对位置都一样。
16. 什么是前缀编码？说明如何利用二叉树设计二进制的前缀编码？其实前缀编码并不限于二进制编码，请考虑如何推广这个概念。
17. 下面几个符号编码集合中，哪些是前缀编码？
    (1) {0, 10, 110, 11101, 10111}　　(2) {11, 10, 001, 101, 0001}
    (3) {00, 010, 0110, 1010, 1001}　　(4) {b, c, aa, ac, aba, abb, abc}
18. 假设通信中使用的字符 a, b, c, d, e, f, g, h, i, j, k 在电文中出现的频率分别是 3, 8, 5, 17, 10, 6, 19, 15, 23, 16, 9，请做出相应的哈夫曼编码。
19. 假设用于通信的电文都由 8 个字母组成，这些字母在电文中出现的频率分别为 7, 19, 4, 6, 32, 3, 21, 12。请做出 8 个字母的哈夫曼编码。另外，采用 0~7 的二进制表示形式是另一种编码方案。请比较这两种编码方案的优缺点。
20. 请证明哈夫曼算法的正确性，即，通过该算法构造出的二叉树一定是哈夫曼树。
21. 在一棵树中只有度数为 $k \geqslant 1$ 的结点和度数为 0 的叶结点（也就是说，它是一棵满的 k 叉树）。已知树里有 m 个度数为 k 的结点，它有多少叶结点？
22. 设树林 F 包含三棵树，其结点个数分别为 N_1、N_2 和 N_3。T 是与 F 对应的二叉树，T 的根结点的右子树有多少个结点？
23. 假设树 T 包含 n_1 个度数为 1 的结点，n_2 个度数为 2 的结点，……，n_m 个度数为 m 的结点，该树有多少个叶结点？
24. 请设计一个算法，判断一棵二叉树是否为满二叉树。另外，再设计一个算法判断一棵二叉树是否为完全二叉树。
25. 假设现在需要交换一棵二叉树中各结点的左右子树，请设计完成这一操作的递归算法和非递归算法。
26. 6.7.2 节中说，k 度完全树可以信息完全地存入一个顺序表。请考虑如何完成这项工作，并给出父子结点之间的下标计算的规则。
27. 请严格证明，按 6.8 节的规则合并两棵树，以结点较多的树的根作为结果树的根，得到的树中所有结点到根的路径的长度之和较小（参看6.8.4节）。

28. 6.8.4节中说，通过“反复调用 Find_Union2 的 union 方法，构造出的树高度不会超过 $\lfloor \log_2 n \rfloor + 1$”，请严格证明这个结论。

编程练习

1. 请根据6.2节的讨论，基于 Python 的 list 实现一种二叉树类。
2. 请完成6.2.2节的二元表达式求值器。
3. 请在表达式的 list 表示基础上完成下面工作：
   (1) 定义函数 variables(exp)，它求出表达式 exp 里出现的所有变量的集合。
   (2) 扩充正文中的函数 evel_exp，增加一个参数 values，对应实参应是一个字典，以可能在表达式里出现变量为关键码，关联到变量的值。eval_exp 在求值过程中遇到变量时检查该字典，用字典提供对应的值取代这个变量。
   (3) 设 exp 是可以包含变量的代数表达式（只有加和乘运算），请定义函数 derive(exp, var)，它给出 exp 对变量 var 的导函数表达式。
4. 基于上述工作实现一个交互式的二元表达式计算器，其中定义一种（程序）变量机制，可用于记录前面输入的表达式或已做计算的值。
5. 参考6.2.2节最后的讨论，基于上一题的工作进行扩充，实现一个具有更广泛可用性的表达式计算器。
6. 请定义一个二元表达式类，在其中实现一些重要的表达式计算。
7. 6.3.2节讨论了基于线性表的优先队列实现。其中在方法2的最后，概述了一种临时记录检索到的最优先元素的技术。请进一步开发这种技术，实现一个采用这种技术的优先队列类型。请仔细分析该节中提出的几种技术的优缺点。
8. 请修改海关检查站模拟系统，改用每个检查通道分别设一个等待队列的管理策略。对这种新策略做一些模拟，并将模拟结果与共用等待队列的策略比较。
9. 假定一个银行网点有4个服务柜台，每个柜台前可能有一个等待队列。顾客到达时，如果有空闲柜台就直接去办理业务，没有空闲柜台就选择当时最短的队列排队等待。此外，如果某柜台业务员空闲且其等待队列已空，该业务员将从当时有人的某个队列叫一个顾客过来。请做一个系统模拟该网点的运转：先选择一组可以根据情况设定的模拟参数，而后开发这个系统，最后选择几组不同的参数做一些模拟。
10. 6.5.2节定义了一个输出二叉树的函数。请写一个读入这种输出形式，并构造出相应的二叉树的函数。假设结点里保存的数据是整数。
11. 修改6.5.2节给出的非递归定义的先根序遍历函数，只在右子树非空时才将其进栈。考虑这时的循环条件和函数内的语句，尽可能做些优化。
12. 请设法定义非递归的先根序和中根序遍历函数，使栈空间的使用达到最少。请论证所定义的函数确实具有这种性质。
13. 请为6.5.2节的二叉树类增加下面方法，对于其中相等判断、拷贝、结点计数等，请考虑递归和非递归两种实现。可以借助类中已有的遍历操作实现如下方法：
    (1) 一个层次序的遍历方法。
    (2) 方法 __eq__(self, another) 判断另一棵树 another 是否与 self 相等。两棵树相等当且仅当其结构相同且每个结点的数据相等。
    (3) 方法 clone(self) 生成 self 的一个拷贝。
    (4) 方法 count_nodes(self) 返回树中叶结点个数和非叶结点个数的序对。
14. 设二叉树不同结点的标识唯一。假定有了一棵二叉树的先序序列和中序序列，分别用 Python 的 list 表示，请定义一个函数生成该二叉树的嵌套表形式。
15. 请将 Python 的 list 或 tuple 作为内部表示，定义一个类实现二叉树数据类型。请对比这种实现与本章正文中定义结点类和二叉树类的实现。
16. 请考虑6.5.3节最后提出的带父结点链接的二叉树实现方法，定义这种二叉树类，并认真研究这种类上的算法。请尽可能地利用新增加的指针提高操作效率，并设法减少算法的辅助空间开销。

17. 定义一个函数，对任何给定的字符集及其出现概率，生成对应的哈夫曼编码。
18. 请基于 Python 的 `list` 对象实现一个基于父结点引用的树类，参考树抽象数据类型，实现相关的操作。
19. 请基于子结点表技术的基本思想，设计和实现一个树类，定义必要的操作。
20. 请完成 6.7.5 节提出的借助 Python 语言内置类型 `list` 的树实现，定义必要的操作。也可以自己做出另一种设计。
21. 6.7.5 节的最后提出了两种树类的实现技术。请参考那里的讨论，实现一个或者两个完整的树类，包括一组必要的操作。
22. 假设需要保存的元素分为 5 个不同的优先级，但希望相同优先级的元素能按照 FIFO 顺序被取出使用。请设计并实现一种能满足这一需要的数据结构。
23. 请实现一个函数，它能求出查并集中最高集合树的高度。利用这个函数和 `random` 标准包功能，用较大的集合对书中的几种查并集实现做一些试验，比较执行效果。

第7章 图

图是一种抽象的数学结构（拓扑结构），用于研究抽象对象之间的一大类二元关系及其拓扑性质。数学领域里有一个称为“图论”的研究分支专门研究这种数学结构。

在计算机的数据结构领域和课程里，图被看作一类复杂数据结构，可用于表示具有各种复杂联系的数据集合。图结构在实际中应用非常广泛。

由于图的结构比较复杂，其中有许多重要的计算问题，人们针对这些问题提出了许多重要而且有趣的算法。图算法是算法研究的一个重要分支，有许多论文和专著。由于图结构的复杂性，人们开发了许多实现方式，不同的方法各有优劣。本章将介绍图的基本知识，一些基本实现方法，若干基本计算问题和几个重要算法。

7.1 概念、性质和实现

7.1.1 定义和图示

一个图是一个二元组 $G=(V, E)$，其中：

- V 是一个非空有穷的*顶点*集合（也可以有空图的概念，但实际意义不大）；
- E 是顶点偶对（称为边）的集合，$E \subseteq V \times V$；
- V 中的顶点也称为图 G 的顶点，E 中的边也称为图 G 的边。

顶点是图中的基本个体，可以表示具体应用中希望关心的任何实体。

图分为*有向图*和*无向图*两类。有向图的边有方向，是顶点的有序对；无向图的边没有方向，是顶点的无序对。在下面的讨论中，*有向边*将用尖括号形式表示，例如 $\langle v_i, v_j \rangle$ 表示从 v_i 到 v_j 的有向边，v_i 称为该边的*始点*，v_j 是该边的*终点*。在有向图里，$\langle v_i, v_j \rangle$ 和 $\langle v_j, v_i \rangle$ 是两条不同的有向边。*无向边*用圆括号形式表示，(v_i, v_j) 和 (v_j, v_i) 表示同一条无向边。

如果在图 G 里有边 $\langle v_i, v_j \rangle \in E$（对于无向图，有 $(v_i, v_j) \in E$），则称顶点 v_j 为 v_i 的*邻接顶点*或*邻接点*（注意，无向图里的*邻接关系*是双向的），也称该边为与顶点 v_i 关联的边，或者 v_i 的*邻接边*（在无向图中，该边是与两个顶点关联的边，也是两个顶点的邻接边）。边集合 E 表示了顶点之间的*邻接关系*。

在下面讨论中，我们对所关注的图有两个限制：1）不考虑顶点到自身的边，也就是说，若 $\langle v_i, v_j \rangle$ 或 (v_i, v_j) 是图 G 的边，我们都要求 $v_i \neq v_j$；2）同一对顶点之间没有重复出现的边，若 $\langle v_i, v_j \rangle$ 或 (v_i, v_j) 是图 G 的边，那么它就是这两个顶点之间唯一的边。去掉这些限制将得到稍微不同的数学对象，同样可以进行研究。

【例 7.1】 令 $G_1=(V_1, E_1)$，其中 $V_1=\{a, b, c\}$ 是三个顶点的集合，$E_1=\{\langle a, b\rangle, \langle b, c\rangle, \langle c, b\rangle\}$。再令 $G_2=(V_2, E_2)$，其中 $V_2=\{1, 2, 3, 4\}$ 是 4 个顶点的集合，$E_2=\{(1, 2), (1, 3), (2, 3), (2, 4), (3, 4)\}$。$G_1$ 就是以 a、b、c 为顶点的有向图，而 G_2 是以 1、2、3、4 为顶点的无向图。

图的图示

图的上述形式化定义完全精确，用这种方式表示的图易于用计算机处理，但是人看起来不直观。为方便理解，人们提出了一种图示。在学习图的基本理论和算法时，这种图示很有帮助。图与其图示一一对应，下面把它们等同对待，画出一个图示时常说它是一个图。

在图的图示中，顶点用小圆圈表示，顶点的标记放在圆圈旁边；边用顶点之间的连线表示。有向图的边用带单向箭头的连线表示，无向图里的边用简单连线表示。

【例7.2】 图7.1中画出了例7.1里定义的两个图，左边是有向图 G_1，右边是无向图 G_2。注意，在这种图示里，顶点的位置、顶点之间的距离、不同的边之间有没有或者如何交叉等都无关紧要，有意义的是存在哪些顶点、顶点间有怎样的邻接关系。我们只关心图的（拓扑）结构。

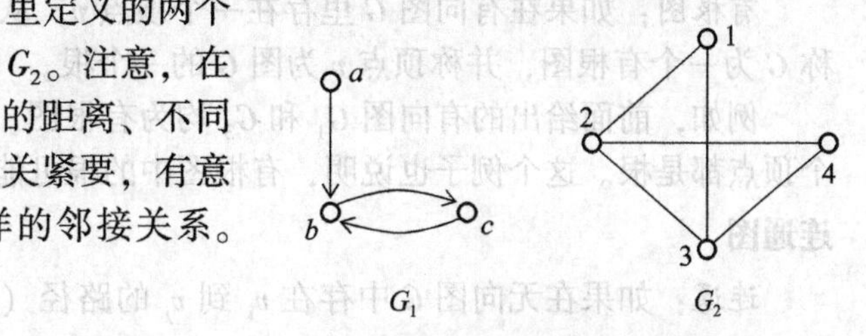

图7.1 两个图的实例

7.1.2 图的一些概念和性质

下面介绍与图有关的一些基本概念和性质。

完全图：任意两个顶点之间都有边的图（有向图或无向图）称为完全图。显然：

- n 个顶点的无向完全图有 $n\times(n-1)/2$ 条边；
- n 个顶点的有向完全图有 $n\times(n-1)$ 条边。

请注意一个重要事实：$|E|\leqslant|V|^2$，即 $|E|=\mathrm{O}(|V|^2)$。在具体的图中，边的条数可能达到顶点数的平方，但也可能很少。考虑图算法的时间复杂度和空间复杂度时经常用到这个事实。

【例7.3】 图7.2给出了两个完全图，G_3 是有向完全图，G_4 是无向完全图。

度（顶点的度）：顶点的度就是其邻接边的条数。对有向图，顶点的度还分为入度和出度，分别表示以该顶点为终点或始点的边的条数。

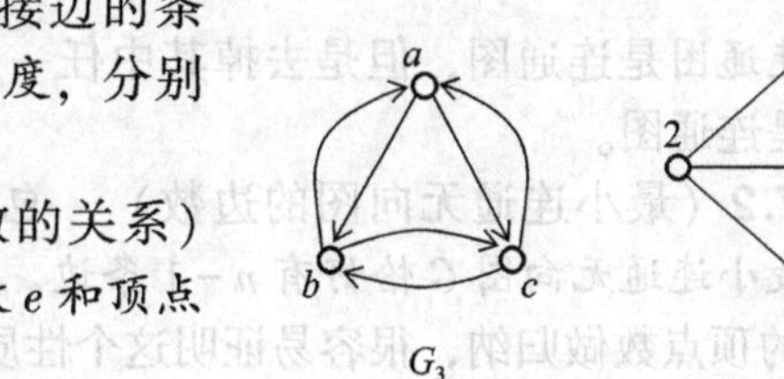

图7.2 两个完全图的实例

性质7.1（顶点数、边数和顶点度数的关系） 无论对有向图还是无向图，顶点数 n、边数 e 和顶点的度数满足下面关系：

$$e=\frac{1}{2}\sum_i D(v_i)$$

其中 $D(v_i)$ 表示顶点 v_i 的度数，这里要求对所有顶点的度数求和。

路径和相关性质

路径是图的一个重要概念。对于图 $G=(V,E)$，如果存在顶点序列 $v_{i_0},v_{i_1},v_{i_2},\cdots,v_{i_m}$，使得 $(v_{i_0},v_{i_1}),(v_{i_1},v_{i_2}),\cdots,(v_{i_{m-1}},v_{i_m})\in E$（它们都是 G 的边，对有向图是 $\langle v_{i_1},v_{i_2}\rangle,\cdots,\langle v_{i_{m-1}},v_{i_m}\rangle\in E$），则说从顶点 v_{i_0} 到 v_{i_m} 存在路径，并称 $\langle v_{i_0},v_{i_1},v_{i_2},\cdots,v_{i_m}\rangle$ 是从顶点 v_{i_0} 到 v_{i_m} 的一条路径。下面是一些与路径相关的概念：

- 路径的长度就是该路径中边的条数。
- 回路（环路）指起点和终点相同的路径。
- 如果一个回路中除起点和终点外的其他顶点均不相同，则称为简单回路。
- 简单路径是内部不包含回路的路径。也就是说，该路径上的顶点除起点和终点可能相同外，其他顶点均不相同。显然，简单回路也是简单路径。

注意，从顶点 v_i 到另一顶点 v_j 可能存在路径，也可能不存在路径。如果存在路径，则可能有一条或者多条路径，不同路径的长度也可能不同。特别地，如果从 v_i 到 v_j 存在非简单的路径（即，包含回路的路径），那么从 v_i 到 v_j 就有无穷多条不同的路径，其中一些路径之间的不同就在于在回路上绕圈的次数不同。

有根图：如果在有向图 G 里存在一个顶点 v，从 v 到图 G 中其他的顶点均有路径，则称 G 为一个有根图，并称顶点 v 为图 G 的一个根。

例如，前面给出的有向图 G_1 和 G_3 均为有根图。其中图 G_1 的根是顶点 a，图 G_3 的三个顶点都是根。这个例子也说明，有根图中的根可能不唯一。

连通图

连通：如果在无向图 G 中存在 v_i 到 v_j 的路径（它显然也是 v_j 到 v_i 的路径），则说 v_i 到 v_j 连通（因为是无向图，显然 v_j 到 v_i 也连通，因此也说 v_i 与 v_j 之间连通），或者说从 v_i 可达 v_j。为了简化讨论，下面将始终默认任一顶点 v_i 与其自身连通，可达其自身。有向图也可以类似地定义连通性，但这里的连通性可以不是双向的。

连通无向图：如果无向图 G 中任意两个顶点 v_i 与 v_j 都连通，则 G 称为连通无向图。

强连通有向图：如果对有向图 G 中任意两个顶点 v_i 和 v_j，从 v_i 到 v_j 和从 v_j 到 v_i 都有路径（注意，有向图的路径有方向，这里要求两个方向的路径存在），则 G 是强连通有向图。

显然，完全无向图都是连通图，完全有向图也都是强连通有向图，但反过来不成立。存在非完全的连通无向图和强连通有向图。

【例7.4】 图7.3里的 G_5 是一个强连通有向图，G_6 是一个连通无向图。它们都不是完全图。

最小连通图是连通图，但是去掉其中任一条边后就不再是连通图。

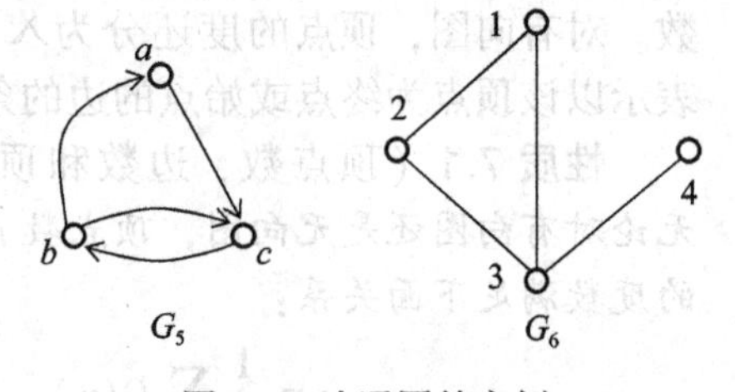

图7.3　连通图的实例

性质7.2（最小连通无向图的边数）　包含 n 个顶点的最小连通无向图 G 恰好有 $n-1$ 条边。

对 G 的顶点数做归纳，很容易证明这个性质。

性质7.3（最小有根图的边数）　包含 n 个顶点的最小有根图（即，去掉任一条边将不再是有根图）恰好有 $n-1$ 条边。可以类似证明。

第6章讨论的树可以看作图的一个子类。满足**性质7.2**的无向图称为无向树。无向树中任一顶点都可以看作树根，从它出发可以到达任何其他顶点。满足**性质7.3**的有向图称为有向树，这种图的根可以看作树根，树中存在从树根到其他任意顶点的路径。

子图，连通子图

对于图 $G=(V,E)$ 和图 $G'=(V',E')$，如果 $V'\subseteq V$ 而且 $E'\subseteq E$，就称 G' 是 G 的一个子图。特别地，根据定义，G 也是其自身的子图。

子图是原图的一部分，而且它自身也是图，应该满足图的基本定义，就是其中每条边的两个顶点都必须在这个子图中。

【例7.5】 图7.4给出了有向图 G_1 的几个子图，其中虚线只用于分隔不同的图。当然，G_1 本身和空图也是 G_1 的子图。另外，G_1 也是完全图 G_3 的子图。图7.3里的 G_5 和 G_6 分别是前面 G_3 和 G_4 的子图。

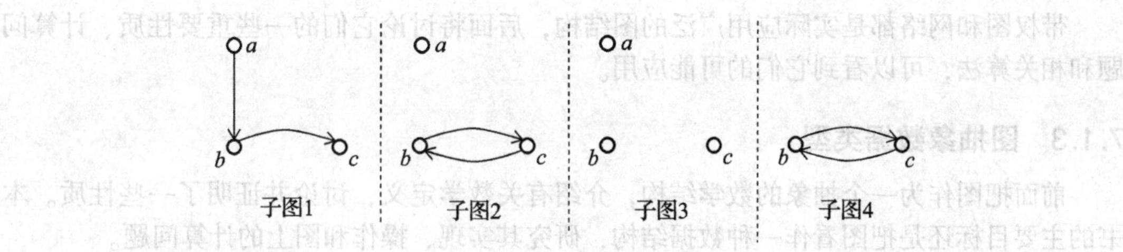

图 7.4 图 G_1 的三个子图

一个图可能不是连通图（或强连通图），但它的一些子图则可能是连通的（或强连通的），这种子图称为原图的*连通子图*（对有向图，是*强连通子图*）。

图 G 的一个*极大连通子图*（*连通分量*）G' 是图 G 的一个连通子图，而且 G 中不存在真包含 G' 的连通子图。也就是说，从连通性的角度看，G' 的顶点和边集合都已经不能扩充，是极大的（如增加顶点就会不连通，也无法增加其他边）。如果 G 本身连通，它只有一个连通分量，就是 G 本身。如果 G 不连通，则其连通分量多于一个。

易见，无向图 G 的所有连通分量形成 G 的一个划分，每个连通分量包含 G 中一集顶点和它们之间的所有边，不同连通分量的顶点集互不相交，这些顶点集和边集的并就是 G。

类似地，有向图 G 的一个*极大强连通子图*称为它的一个*强连通分量*。但请注意，有向图 G 的强连通分量只形成其顶点的一个划分，所有强连通分量并未必等于图 G，可能少了一些连接不同连通分量的有向边。这一点与无向图不同。

为帮助理解有向图的情况，可以考虑图 7.4 里的几个有向图（图 G_1 的子图）。子图 4 是一个强连通有向图，只有一个连通分量。子图 2 不是强连通图，但请注意，由于顶点总与其自身连通，顶点 a 自身也是子图 2 的一个强连通分量，因此这个子图包含两个强连通分量。类似地，子图 3 包含 3 个强连通分量。最后看子图 1，其中任意两个顶点都不相互连通，因此有 3 个强连通分量，但图中的两条边不属于任何连通分量。从子图 1 还看到了一个情况：有向图的强连通分量之间可能存在单向连通。

带权图和网络

如果图 G 的每条边被赋以一个权值，则称 G 为一个*带权图*（带权有向图或带权无向图）。边的权值可用于表示实际应用中与顶点间关联有关的信息。带权连通无向图也称为*网络*。

【例 7.6】 图 7.5 给出了两个带权图，标在边旁边的数表示该边的权。G_7 是带权有向图，G_8 是带权无向图（而且连通，因此是网络）。

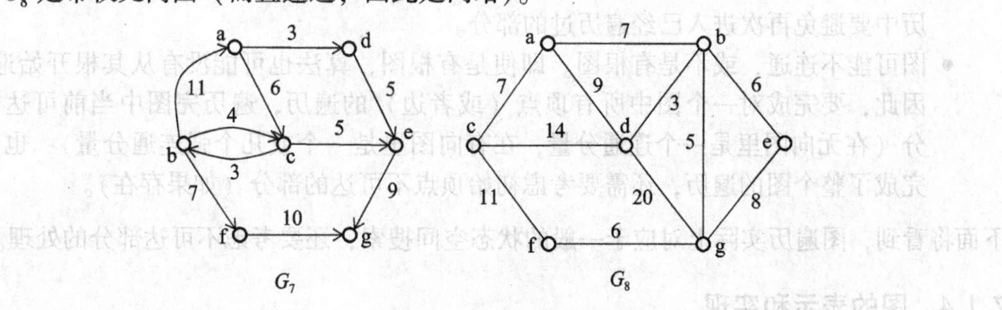

图 7.5 带权图实例

带权图和网络都是实际应用广泛的图结构，后面将讨论它们的一些重要性质、计算问题和相关算法，可以看到它们的可能应用。

7.1.3 图抽象数据类型

前面把图作为一个抽象的数学结构，介绍有关数学定义，讨论并证明了一些性质。本书的主要目标还是把图看作一种数据结构，研究其实现、操作和图上的计算问题。

首先考虑图抽象数据类型。作为复杂的数据结构，可以给图定义许多有用的操作。下面的抽象数据类型描述中定义了一些操作：

```
ADT Graph:                      # 一个图抽象数据类型
    Graph(self)                 # 图构造操作，创建一个新图
    is_empty(self)              # 判断是否为一个空图
    vertex_num(self)            # 获得这个图中的顶点个数
    edge_num(self)              # 获得这个图里边的条数
    vertices(self)              # 获得这个图里的顶点集合
    edges(self)                 # 获得这个图里的边集合
    add_vertex(self, vertex)    # 将顶点 vertex 加入这个图
    add_edge(self, v1, v2)      # 将从 v1 到 v2 的边加入这个图
    get_edge(self, v1, v2)      # 获得 v1 到 v2 边有关的信息，没有时返回特殊值
    out_edges(self, v)          # 取得从 v 出发的所有边
    degree(self, v)             # 检查 v 的度
    forall(self, op)            # 对表中的每个元素执行操作 op
```

创建图时可以创建一个空的图，也可以基于有关图中顶点的信息创建只包含这些顶点但没有边的图，或者基于顶点和边的信息创建一个图。我们可以根据具体情况，为图的构造函数引进必要的参数。上面的抽象数据类型描述只作为示例，实际中要根据应用的需求考虑操作集合。定义操作时还需要考虑是无向图还是有向图。例如，对有向图，顶点的度应该分为出度和入度，邻接边也需要区分是出边还是入边。实际中一般只使用出度和出边。

除了上面描述中的操作外，还需考虑遍历图中所有顶点或者所有边的遍历操作。图的遍历与树的遍历有许多不同，最重要的有以下两点：

- 图中可能有回路，到同一个顶点可能有多条路径（树中没有这些情况），因此在遍历中要避免再次进入已经遍历过的部分。
- 图可能不连通，或不是有根图。即使是有根图，算法也可能没有从其根开始遍历。因此，要完成对一个图中所有顶点（或者边）的遍历，遍历完图中当前可达的部分（在无向图里是一个连通分量，在有向图里是一个或几个强连通分量），也未必完成了整个图的遍历，还需要考虑初始顶点不可达的部分（如果存在）。

下面将看到，图遍历实际上对应于一般的状态空间搜索，还要考虑不可达部分的处理。

7.1.4 图的表示和实现

图的结构比较复杂，在图的表示中需要表示顶点和顶点之间的边。一个图可能有任意

多个顶点（但有穷），图中任意两个顶点间都可能有边。每个顶点可能保存一些由实际应用确定的信息，在这里不是重点。在抽象讨论中，我们主要关注边与顶点的邻接关系和顶点间的邻接关系，这些是图表示的关键。另一方面，边上也可能附一些信息，如边的权值。

一个图可能包含很复杂的结构关系，其表示和实现方法自然可以有许多变化。此外，图需要支持较大的一集操作，采用不同实现方法，各种操作的效率可能差别很大。实际应用中常需要实现一些图上的算法，各种常用操作在不同算法里的重要性也可能不同。由于这些情况，人们开发了许多实现图的技术，我们也不难提出其他的技术。下面介绍几种基本的实现技术，需要时，应该根据具体应用的情况做出合理选择。

邻接矩阵

图的最基本表示方法是*邻接矩阵*法，邻接矩阵是表示图中顶点间邻接关系的方阵。对于 n 个顶点的图 $G=(V,E)$，其邻接矩阵是一个 $n\times n$ 方阵，图中每个顶点（按顺序）对应于矩阵里的一行和一列，矩阵元素表示图中的邻接关系。

最简单的邻接矩阵是以 0/1 为元素的方阵。对于图 G，其邻接矩阵是

$$A_{ij}=\begin{cases}1 & \text{如果顶点 } v_i \text{ 到 } v_j \text{ 有边}\\ 0 & \text{如果顶点 } v_i \text{ 到 } v_j \text{ 无边}\end{cases}$$

带权图的邻接矩阵元素的定义是

$$A_{ij}=\begin{cases}w(i,j) & \text{如果顶点 } v_i \text{ 到 } v_j \text{ 有边且该边的权是 } w(i,j)\\ 0\text{ 或 }\infty & \text{如果顶点 } v_i \text{ 到 } v_j \text{ 无边}\end{cases}$$

对于无边的情况，是以 0 还是∞为值（∞用某个特殊值表示）应该根据实际需要确定。有向图或无向图都可以这样表示，无向图中的一条边对应于两个矩阵元素。

易见，邻接矩阵表示（而且只表示了）图中顶点数和顶点间的联系（边），每个顶点对应一个行列下标，通过一对下标可确定图中一条边的有无（或取得该边的权）。顶点的其他信息需要另外表示，可以用一个*顶点表*，顶点在表中的下标与矩阵一致。

【例 7.7】 图 7.3 中两个图的邻接矩阵分别为（其中令 a/b/c 分别对应下标 0/1/2）：

$$A_{G_5}=\begin{pmatrix}0 & 0 & 1\\ 1 & 0 & 1\\ 0 & 1 & 0\end{pmatrix}\quad A_{G_6}=\begin{pmatrix}0 & 1 & 1 & 0\\ 1 & 0 & 1 & 0\\ 1 & 1 & 0 & 1\\ 0 & 0 & 1 & 0\end{pmatrix}$$

无向图的邻接关系是对称的，其邻接矩阵都是对称矩阵。有向图则未必。此外，由于不考虑顶点到自己的边，矩阵的对角线元素都是 0。如果要表示图中的连通关系，可以令对角线元素为 1，默认各顶点自身连通。邻接矩阵中的标号 i 的一行和一列都对应于顶点 i，行对应该顶点的出边，列对应该顶点的入边，非 0 元素个数就是顶点的出度/入度。

在表示带权图时，对角线元素可以根据情况选择 0 或∞，可以与无边的情况相同或不同。如果图中的权表示的是从顶点到顶点的某种代价，无边时的代价应该是无穷大，而顶点到自身的代价是 0。我们可以在邻接矩阵里反映这些情况。

【例 7.8】 图 7.5 中带权图 G_7 的邻接矩阵（其中令 $a/b/c\cdots$对应于下标 0/1/2…）如下：

$$A_{G_7}=\begin{pmatrix} 0 & \infty & 6 & 3 & \infty & \infty & \infty \\ 11 & 0 & 4 & \infty & \infty & 7 & \infty \\ \infty & 3 & 0 & \infty & 5 & \infty & \infty \\ \infty & \infty & \infty & 0 & 5 & \infty & \infty \\ \infty & \infty & \infty & \infty & 0 & \infty & 9 \\ \infty & \infty & \infty & \infty & \infty & 0 & 10 \\ \infty & \infty & \infty & \infty & \infty & \infty & 0 \end{pmatrix}$$

为了符合 Python 语言的习惯，我们将总用 0 开始的自然数为顶点和矩阵元素编号。

邻接矩阵表示法的缺点

从上面例子可以看到，邻接矩阵经常很稀疏，大量元素是表示无边的值，有信息的元素比例不大。对于实际应用中很大的图，这种情况更明显。举个例子，假设现在要表示中国铁路线路图。目前中国大约有 6000 个铁路车站，对应6000 个顶点。图中的边表示车站之间有铁路直接相连。显然，绝大部分车站对应的顶点度数为 2，因为它们只与另外两个车站连接。这说明图中边数大约是顶点数的 2 倍。表示这个图的邻接矩阵大约有 6000^2 个元素，而其中只有大约 6000×2 个元素有实际信息，99.96% 的元素只是说明相应的边不存在。

实际应用中很多的图都是这种情况，其中的边数与顶点数呈线性关系，而不是平方关系。采用邻接矩阵表示这种图，空间浪费非常大。进一步分析，这种情况对程序（算法）的时间开销也有影响。假设要遍历铁路线路图中的边，采用邻接矩阵表示，为检查所有矩阵元素，至少要花费等比于顶点数的平方的时间，而实际边数等比于顶点数。

为了降低图表示的空间代价（在一些情况下也提高计算的效率），人们提出了许多其他技术，它们都可看作邻接矩阵的压缩版，例如：

- 邻接表表示法。
- 邻接多重表表示法。
- 图的十字链表表示。

下面主要介绍邻接表表示法，其他表示的情况可以参考 3.6.3 节有关稀疏矩阵的讨论。

在 Python 语言里实现图有许多具体方法。例如，可以用 Python 语言的内置数据类型直接实现邻接矩阵或者邻接表，还可以考虑其他方法。具体情况后面讨论。

图的邻接表表示

邻接表的基础是一个顶点表，每个顶点表项关联一个边表，其中记录该顶点的所有邻接边，这样就构成图的一种表示。在具体实现中，我们可以采用链接表或顺序表作为顶点表和/或边表，形成具体的邻接表表示。

顶点是图中最基本的成分，通常有标识，也可以顺序编号，以便通过编号访问。边是图中的附属部件，图算法中经常需要访问一个顶点的各条边。另一方面，图中顶点通常不变化，而边的增减情况多一些。由于这些情况，实际中人们经常用一个顺序表记录图中的顶点，每个顶点关联一个表示其邻接边表的链表，这样就形成了图 7.6 所示的结构。这里给出的是图 G_7 的出边表表示。在对应顶点 i 的边表里，每个表结点对应一条边，结点里记录该边终点的下标。一个顶点关联的边表长度就是它的出度。

在图 7.6 里，顶点的信息只有标记，实际中可以根据需要增加更多的数据域，存储所需的任何信息。G_7 是一个带权图，图 7.6 只描述了它的连接关系。如果要表示边的权值，就需要在每个链表结点里增加相应的域。

图 7.7 给出了用邻接表表示无向图 G_8 的情况。基本表示方法与有向图相同，只是每条边将出现在两个邻接点的边表里。在整个图表示中，所有链表的结点数之和等于图中边数的两倍。同样，这个示意图里也没有表现边的权值。

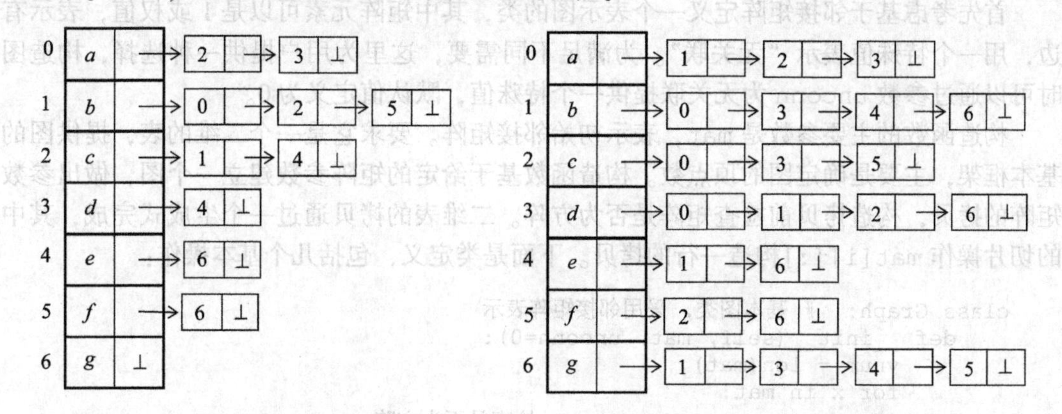

图 7.6 有向图 G_7 的邻接表表示　　　　图 7.7 无向图 G_8 的邻接表表示

7.2 图的 Python 实现

这里首先简单地介绍几种在 Python 里实现图结构的技术：

- 以 `list` 为元素的 `list`（两层的表），或者以 `tuple` 为元素的 `tuple`（两层的 `tuple` 结构），都可以作为邻接矩阵的直接实现。如前面所言，这种表示结构简单，使用也方便，容易判断顶点的邻接关系。但存储代价大，不适合很大而且稀疏的图。
- 用 Python 内置的 `bytearray` 字节向量类型或标准库的 `array` 类型。`bytearray` 是内置类型，与 `str` 类似，但为可变类型。`bytearray` 对象的元素是二进制字节，足以表示边的存在与否，存储效率高。`array` 是数值汇集类型，其元素可以是整数或浮点数的值，可用于表示带权图。有关细节见 Python 手册，这里不进一步讨论。如果读者计划用这些类型作为图的实现基础，下面讨论中的许多想法可以参考。
- 用字典（`dict` 对象），以顶点下标的序对 (i, j) 作为关键码，实现从顶点对到邻接关系的映射（例如用值 1 表示有边，`None` 或 0 表示无边）。这种实现的检索效率高（平均为 O(1) 时间），空间开销可以做到与图中边数成正比[⊖]，适合表示稀疏矩阵。但字典比较复杂，基于顺序存储技术实现，是否适合大型的图还需要试验。
- 自定义类型实现邻接表表示，其中具体数据的组织可以考虑上述各种技术。

下面将讨论两种自定义的实现方法，定义两个图类。我们假定有一个全局变量 `inf` 表示无穷大。在一些情况下，带权图中 v 到 v' 无边时需要用 `inf` 作为边的权值。`inf` 的值应该大于程序里可以计算出的任何值。在 Python 里可以定义这种值，只需要写：

⊖ 这里的关键是如何在字典里表示顶点之间没有边。如果对所有无边的 (i,j) 实际设置 `None` 值，空间开销至少是 $O(n^2)$。利用字典的 `get` 方法可以避免这种开销。设 g 是表示图的字典。用 $g[(i,j)]$ 的形式访问字典项时，关键码无定义将报 KeyError 异常。但用 `g.get[(i,j)]` 的形式访问，关键码无定义时返回 `None`。利用后一特征，就可以在 g 中只设置有边的情况。这种技术也可以用于表示带权图，为此只需利用 `get` 的第二个参数（默认值为 `None`）提供无边情况的默认值。参看 Python 手册。

```
inf = float("inf")  # inf的值大于任何float类型的值
```

7.2.1 邻接矩阵实现

首先考虑基于邻接矩阵定义一个表示图的类，其中矩阵元素可以是1或权值，表示有边，用一个特殊值表示“无关联”。为满足不同需要，这里为用户提供一种选择，构造图时可以通过参数 unconn 为无关联提供一个特殊值，默认值定义为0。

构造函数的主要参数是 mat，表示初始邻接矩阵。要求它是一个二维的表，提供图的基本框架，主要是确定图的顶点数。构造函数基于给定的矩阵参数建立一个图，做出参数矩阵的拷贝，构造拷贝前检查矩阵是否为方阵。二维表的拷贝通过一个生成式完成，其中的切片操作 mat[i][:]构造一行的拷贝。下面是类定义，包括几个基本操作：

```
class Graph:  # 基本图类，采用邻接矩阵表示
    def __init__(self, mat, unconn=0):
        vnum = len(mat)
        for x in mat:
            if len(x) != vnum:  # 检查是否为方阵
                raise ValueError("Argument for 'Graph'.")
        self._mat = [mat[i][:] for i in range(vnum)]# 做拷贝
        self._unconn = unconn
        self._vnum = vnum

    def vertex_num(self):
        return self._vnum

    def _invalid(self, v):
        return 0 > v or v >= self._vnum

    def add_vertex(self):
        raise GraphError(
            "Adj-Matrix does not support 'add_vertex'.")

    def add_edge(self, vi, vj, val=1):
        if self._invalid(vi) or self._invalid(vj):
            raise GraphError(str(vi) + ' or ' + str(vj) +
                             " is not a valid vertex.")
        self._mat[vi][vj] = val

    def get_edge(self, vi, vj):
        if self._invalid(vi) or self._invalid(vj):
            raise GraphError(str(vi) + ' or ' + str(vj) +
                             " is not a valid vertex.")
        return self._mat[vi][vj]
```

几个涉及顶点的操作都首先检查顶点下标的合法性。

这个简单的图类没计划支持增加顶点，因此把 add_vertex 操作定义为直接引发异常。给邻接矩阵表示增加一个顶点，不仅需要给矩阵增加一行，还要为每行增加一个元素，比较麻烦。当然，如果真需要也是可以实现的，这项工作留给读者练习。

许多图算法中需要逐个处理一个顶点的各条出边。下面定义一个方法返回出边的表，它调用一个内部的静态函数完成工作。下面实现中每次对具体顶点的调用将构造一个新表，如果用完就丢掉，下次还需要重新做。为避免这种代价，可以设法记录已经构造的表，有关设计和实现请读者考虑。还可以考虑定义获得出边序列的迭代器。

```
    def out_edges(self, vi):
        if self._invalid(vi):
            raise GraphError(str(vi) + " is not a valid vertex.")
        return self._out_edges(self._mat[vi], self._unconn)

    @staticmethod
    def _out_edges(row, unconn):
        edges = []
        for i in range(len(row)):
            if row[i] != unconn:
                edges.append((i, row[i]))
        return edges
```

这里用一个静态方法构造出一个结点表，顶点 v 的出边用 (v', w) 的形式表示，其中 v' 是该边的终点，w 是边的信息（对于带权图，就是边的权）。如果 g 是一个图对象，v 是其合法顶点下标，用下面形式的循环可以方便地处理 v 的各条出边：

```
for vv, w in g.out_edges(v):
    ... v ... vv ... w ...
```

循环中，vv 和 w 将逐个取得 v 的各条出边的终点和权值。

最后为 Graph 类定义一个采用特殊名 __str__ 的方法函数，为这个类的对象提供一种转换为字符串的形式（可用于输出）。Python 规定，对一种类型的对象使用内置函数 str 时，它就去调用该类的 __str__ 的方法。下面是方法定义：

```
    def __str__(self):
        return "[\n" + ",\n".join(map(str, self._mat)) + "\n]"\
               + "\nUnconnected: " + str(self._unconn)
```

函数生成的字符串包括两个部分，分为几行：首先是表示图结构的两层表，生成为嵌套表的形式，每个元素表生成一行；随后是“Unconnected: *nnn*”，说明无关联情况的表示方式。请注意，在构造表的基本部分时，我们使用了 str 的 join 方法，分隔符是换行和逗号。这种技术特别适合构造由一种分隔符连接的多段字符串。

上面定义的图类已经可以满足本章讨论的需要了。给这个图类扩充其他操作的工作留作课后练习，前面的图抽象数据类型和下面的讨论可供参考。

7.2.2 压缩的邻接矩阵（邻接表）实现

邻接矩阵的缺点是空间占用与顶点数的平方成正比，可能带来很大浪费。以前面提到的中国铁路路线图为例，采用上一节的类，99.9% 以上的元素可能是 inf（表示无边）。另外，邻接矩阵不容易增加顶点，不太适合以逐步扩充的方式构造图对象。

现在考虑一种“压缩的”表示形式，也就是前面介绍的邻接表，类名为 GraphAL（邻接表图类）。在 GraphAL 对象里，每个顶点 v 的所有邻接边用一个（不一定等长的）list 对象表示（也可以用链接表，请读者考虑），表元素是二元组 (v', w)，其中 v' 是边的终点，w 是边的信息（权）。GraphAL 对象的主要部分就是以这种 list 为元素的 list，每个元素对应一个顶点。请注意这个设计与前面 Graph 类的相似性。

首先可以看到，采用这种设计，我们很容易给已有的图添加顶点：只需为外层表中增加一个表示新顶点的项，对应的边表设为空表。可以通过随后的操作加入新边。也就是说，这种表示能更好地支持以逐步扩充的方式构造大型图对象。

GraphAL 类的定义继承 Graph 类，提供同样的接口，内部使用同一套数据域。由于内部表示采用完全不同的形式，因此类中的主要方法都需要重新定义，少数方法可以继承。实际上，我们完全可以不采用继承 Graph 的方式定义这个类。但那样做就需要拷贝几个重用的方法，采用继承还是有益的（下面还可以看到更多益处）。新类定义的开始部分如下：

```
class GraphAL(Graph):
    def __init__(self, mat=[], unconn=0):
        vnum = len(mat)
        for x in mat:
            if len(x) != vnum:  # 检查是否方阵
                raise ValueError("Argument for 'GraphAL'.")
        self._mat = [Graph._out_edges(mat[i], unconn)
                     for i in range(vnum)]
        self._vnum = vnum
        self._unconn = unconn
```

这里为初始化方法的 mat 参数提供空表作为默认值，以支持从空图出发逐步构造所需的图对象[⊖]。这也是本类的一种典型使用方式，实际中也有需要。最后调用 Graph 类的内部函数 _out_edges 构造出所需的边表。

下面是 GraphAL 类里其他方法的定义：

```
    def add_vertex(self):  # 增加新顶点时安排一个新编号
        self._mat.append([])
        self._vnum += 1
        return self._vnum - 1

    def add_edge(self, vi, vj, val=1):
        if self._vnum == 0:
            raise GraphError("Cannot add edge to empty graph.")
        if self._invalid(vi) or self._invalid(vj):
            raise GraphError(str(vi) + ' or ' + str(vj) +
                             " is not valid vertex.")
        row = self._mat[vi]
        i = 0
        while i < len(row):
            if row[i][0] == vj:  # 修改 mat[vi][vj] 的值
                self._mat[vi][i] = (vj, val)
                return
            if row[i][0] > vj:  # 原来无到 vj 的边，退出循环后加入边
                break
            i += 1
        self._mat[vi].insert(i, (vj, val))

    def get_edge(self, vi, vj):
        if self._invalid(vi) or self._invalid(vj):
            raise GraphError(str(vi) + ' or ' + str(vj) +
                             " is not a valid vertex.")
        for i, val in self._mat[vi]:
            if i == vj:
                return val
        return self._unconn

    def out_edges(self, vi):
        if self._invalid(vi):
```

⊖ 这里又出现了用可变对象作为参数默认值的情况，应该保证总是建立一个新拷贝。

```
            raise GraphError(str(vi) +
                             " is not a valid vertex.")
        return self._mat[vi]
```

加入新顶点的方法很简单，加入新边的方法最复杂。采用这一复杂设计，是因为从邻接矩阵构造的边表中隐藏着一种顺序：其中的出边按顶点在邻接矩阵的下标顺序排列。加入新边时应该维持这种顺序，保证图操作的规范性。如果把新边简单地加在边表的最后，图操作的顺序就没有保证了[⊖]。显然，这样考虑也使插入操作的代价等比于边表长度。考虑到一般情况下图的构造（和扩充）只做一次，这里多用一点时间通常不会成为问题。

边表的设计本身也是可以考虑的问题。采用顺序表（如这里用 list）和顺序检索方式的插入/访问，如果顶点的出度不太大，操作成本不是问题。如果顶点的出度可能很大，也可以考虑采用二分检索技术，或者为每个顶点关联一个表示边表的字典（Python 的 dict），记录从邻接顶点到边值的关联，以支持快速插入和访问。

7.2.3 小结

上面定义了两个表示图的类，其内部实现不同但接口相同，这两个类的对象支持同样一组方法（Graph 中的 add_vertex 没实现），也支持同样的使用方式。因此，如果基于这组方法实现重要的图算法，有关定义将适用于这两种不同的图实现。

应该看到，两个类采用的数据表示不同，操作的实现方法不同，操作的时间和空间效率也不同。例如，从一个顶点出发访问所有出边，对于 Graph 对象，操作代价正比于图中结点数，对于 GraphAL 对象则正比于顶点的出边数。另外，要确定两个顶点之间是否有边，对 Graph 对象是常量时间操作，而对 GraphAL 对象就需要扫描一个顶点的出边表。下面将会看到这些情况对算法效率的影响。

最后，上面两个类主要表示了边的信息，其中的顶点只是一个编号。如果实际图中的顶点还有更多的关联信息，例如名字和其他相关数据，就需要扩充上面的类。例如，可以考虑在图对象里增加一个顶点表或顶点字典。

7.3 基本图算法

很多实际问题可以抽象为图和图上的计算问题，例如：

- 互联网和移动电话网的路由（几乎每个人每天都在使用）；
- 集成电路（和印刷电路板）的设计和布线；
- 运输和物流中的各种规划、安排问题；
- 工程项目的计划、安排；
- 许多社会问题计算，如金融监管（例如关联交易检查）；等等。

一旦从应用中抽象出一个图，一些应用问题可能就变成图上的一个算法问题。

本章剩下的部分将讨论一些图上的问题和算法，这些问题都有清晰的应用背景，算法里也蕴涵着有价值的思想和理论，其正确性需要（也可以）严格证明。图算法的复杂度非常重要，因为需要处理的问题实例的规模可能很大，低效算法完全不实用。此外，由于图的结构比较复杂，图算法中常用到前面讨论的一些数据结构，特别是栈、队

⊖ 是否在操作中维持某种顺序是一项设计选择，涉及操作效率和算法意义的确定性，因事制宜。

列和优先队列。

7.3.1 图的遍历

前面已经多次讨论过遍历问题。*图的遍历*，同样是按某种方式系统地访问图中每个顶点而且仅访问一次的过程，也称为*图的周游*。实际上，前面讨论过的状态空间中的状态和状态之间的联系就可以看作一个图，图的遍历对应于一次穷尽的状态空间搜索。

在图的实现中，顶点可能具有可利用的结构。例如，如果采用邻接矩阵或邻接表表示，我们就可以通过下标遍历所有顶点，操作的实现非常方便。但是，有些情况要求基于图中顶点的邻接关系进行遍历。例如，要找出从一个顶点可达的所有顶点，或者找到满足特定条件的可达顶点，就必须基于图的结构进行遍历了。

图未必连通。基于图的结构遍历只能从一个（或几个）顶点出发，只能访问到顶点所在的连通分量（对有向图，是该顶点的可达子图）的全部顶点。要完成整个图的遍历，在完成了一个可达部分的遍历后，还需要考虑对图中尚未遍历的其他部分的处理。

与一般状态空间搜索的方式对应，要完成图的遍历，基本方法同样是深度优先和宽度优先两种。但要注意，与树的情况不同，图中能到达同一个顶点的路径可能不止一条，还可能存在回路。这样，遍历中就必须避免多次重复处理同一个部分的潜在危险。第 5 章研究迷宫搜索时曾经讨论过这个问题，这里也将采用标记顶点的技术。

下面讨论深度和宽度优先遍历的性质及其程序实现。

深度优先遍历和宽度优先遍历

采用*深度优先遍历*方式处理一个图，也就是采用深度优先搜索（Depth-First Search，DFS）的方式实施遍历过程。假定从指定顶点 v 出发，深度优先遍历的做法是：

- 首先访问顶点 v，并将其标记为已访问。
- 检查 v 的邻接顶点，从中选一个尚未访问的顶点，从它出发继续进行深度优先搜索(这是递归)。不存在这种邻接顶点时回溯。注意，邻接顶点可能已经排好某种顺序。
- 反复上述操作直到从 v 出发可达的所有顶点都已访问。
- 如果还有未访问顶点，选一个未访问顶点重复前述过程。如此下去，直到访问完所有顶点。

通过深度优先遍历得到的顶点序列称为该图的*深度优先搜索序列*或者 DFS 序列。显然，对图中顶点的邻接点采用不同访问顺序，可能得到不同的 DFS 序列（DFS 序列不唯一）。如果规定了每个顶点的邻接点的顺序，就确定了 DFS 序列。

图的*宽度优先遍历*通过宽度优先搜索（Breadth-First Search，BFS）的方式实施遍历。假设从指定顶点 v_i 出发，宽度优先遍历的过程如下：

- 先访问顶点 v_i 并将其标记为已访问；
- 依次访问 v_i 的所有相邻顶点 $v_{i_0}, v_{i_1}, v_{i_2}, \cdots, v_{i_{m-1}}$（可能规定某种顺序），再依次访问与 $v_{i_0}, v_{i_1}, v_{i_2}, \cdots, v_{i_{m-1}}$ 邻接的所有尚未访问过的顶点，如此进行下去，直到从顶点 v_i 可达的所有顶点都已访问；
- 如果还存在未访问顶点，则选择一个未访问顶点，由它出发，按宽度优先搜索的方式继续工作，直到访问完所有顶点。

通过宽度优先遍历得到的顶点序列称为这个图中顶点的*宽度优先搜索序列*或者 BFS 序列。

与 DFS 的情况类似，如果规定了图中各顶点的邻接点顺序，BFS 序列就确定了。

【例 7.9】 看两个简单例子。首先考虑图 7.5 中 G_7 的 DFS 序列。假设从顶点 a 出发开始遍历，一个顶点的不同邻接顶点按照 a, b, c, ……的顺序处理。得到的序列是：

$$a, c, b, f, g, e, d$$

考虑图 7.5 中 G_8 的 BFS 序列。采用上面同样假定，得到的序列是：

$$a, b, c, d, e, g, f$$

深度优先遍历的非递归算法

现在考虑图的遍历算法。显然，这种算法可以采用递归或非递归的技术实现。下面只考虑非递归的深度优先遍历算法，其基本过程的框架与前面迷宫求解问题类似，同样需要用一个栈作为辅助数据结构。其他遍历算法留作练习。

假设图对象是前面定义的 Graph 类或 GraphAL 类的实例，现在要求遍历从给定顶点 v0 出发可达的顶点集。我们考虑基于 Graph 对象或 GraphAL 对象支持的基本操作描述遍历算法，因此，得到的算法（程序）对这两个图类的对象都适用。

如前所述，必须防止多次遍历同一顶点。下面算法里用一个内部表记录访问历史，对应每个顶点有一个表元素。当某个顶点被访问时，将该顶点下标对应的表元素设置为 1。初始时这个表的元素初值都为 0。下面是遍历函数的定义，它返回得到的 DFS 序列：

```
def DFS_graph(graph, v0):
    vnum = graph.vertex_num()
    visited = [0]*vnum # visited 记录已访问顶点
    visited[v0] = 1
    DFS_seq = [v0]        # DFS_seq 记录遍历序列
    st = SStack()
    st.push((0, graph.out_edges(v0))) # 入栈(i,edges)，说明
    while not st.is_empty():          # 下次应访问边 edges[i]
        i, edges = st.pop()
        if i < len(edges):
            v, e = edges[i]
            st.push((i+1, edges)) # 下次回来将访问 edges[i+1]
            if not visited[v]: # v 未访问，访问并记录其可达顶点
                DFS_seq.append(v)
                visited[v] = 1
                st.push((0, graph.out_edges(v)))
                # 下面访问的边组
    return DFS_seq
```

算法中入栈的元素形式为 $(i, edges)$，其中 $edges$ 是某个顶点的边表，i 是边表的下标，表示当这个序对弹出时应该考虑的下一条边的下标。

现在考虑上述算法的复杂度。在本章的讨论中，算法复杂度（时间或空间）一般都基于图中顶点数 $|V|$ 和边数 $|E|$ 度量，这样做显然是合理的。

时间复杂度：函数开始时构造 visited 表和 DFS_seq 表，时间复杂度是 $O(|V|)$。算法中入栈和出栈操作的次数对应于图中边数，总开销是 $O(|E|)$ 时间。遇到未访问顶点时，需要将其出边表入栈。对于 Graph 对象，构造所有出边表的总耗时为 $O(|V|^2)$，而对 GraphAL，取得所有出边的总耗时是 $O(|E|)$。综合起来，对 Graph 对象（图的邻接矩阵实现），遍历的时间复杂度是 $O(|V|^2)$；而对 GraphAL 对象（图的邻接表实现），时间复杂度是 $O(\max(|V|, |E|))$。我们知道 $|E| \leqslant |V|^2$，所以，对于比较稀疏的图，后一个代价较低。

空间复杂度：`visited` 和 `DFS_seq` 都需要 $O(|V|)$ 空间，栈的深度也不会超过顶点个数，所以算法的空间复杂度是 $O(|V|)$。

从上面讨论中，可以看到数据结构的不同实现方法对算法复杂度的影响。

这里只给出了一个遍历算法。采用类似设计，可以给出图的宽度优先遍历，或者基于递归描述的深度优先遍历。与前面线性表或树的情况类似，我们也可以不生成遍历序列，而是给遍历函数引进操作函数参数，或定义遍历图的生成器函数。有关工作留作练习。

7.3.2　生成树

现在考虑图的生成树的概念及其相关算法。

如果图 G 是连通无向图或者强连通有向图（实际上只要求是有根有向图），从无向图 G 中任一顶点 v_0 出发，或者从有根有向图的根 v_0 出发，到图中任意的其他顶点都存在路径。本节（如果不专门提出）讨论中关注的就是这两种图。

性质 7.4（图中路径与路径上的边数）　如果图 G 有 n 个顶点，必然可找到 G 中的一个包含 $n-1$ 条边的边集合，其中包含从 v_0 到其他所有顶点的路径（很容易通过归纳法证明）。

图 G 中满足上述性质的 $n-1$ 条边（加上 G 所有顶点）形成了 G 的一个子图 T。由于 T 包含 n 个顶点且只有 $n-1$ 条边，因此它不可能包含回路，因此是一棵树。根据不同的图或为有向树或为无向树，以 v_0 为根结点。

对于无向图 G，满足上述性质的子图 T 是 G 的一个最小连通子图（去掉其中任意一条边后将不再连通）。由于图 T 是树形结构，因此称 T 为 G 的一棵生成树。

对于强连通有向图（或有根有向图）G，满足上述性质的子图 T 是 G 的一个最小的有根子图（以 v_0 为根）。T 也称为 G 的一棵生成树。

请注意，有根有向图未必强连通。另外，如果一个图有生成树，生成树也可能不唯一。

性质 7.5（生成树的边数）　n 个顶点的连通图 G 的生成树恰好包含 $n-1$ 条边。无向图 G 的生成树就是 G 的一个最小连通子图，这是一个无环图。有向图的生成树中所有的边都位于从根到其他顶点的（有方向的）路径上。

一般而言，一个无向图 G 可能非连通。但由于任何无向图都可以划分为一组连通分量，因此每个无向图都存在生成树林。

性质 7.6（图的生成树林的边数）　包含 n 个顶点、m 个连通分量的无向图 G 的生成森林恰好包含的 $n-m$ 条边（通过对 G 的连通分量个数做归纳，不难证明这个性质）。

遍历和生成树

从连通无向图或强连通有向图中任一顶点出发遍历，或从有根有向图的根顶点出发遍历，都可以访问到所有顶点。遍历中经过的边加上原图所有顶点，就构成该图的一棵生成树。通过遍历构造生成树的过程可以按深度优先或宽度优先方式进行，在遍历中记录经过的边，就能得到原图的深度优先生成树（简称 DFS 生成树）或宽度优先生成树（BFS 生成树）。

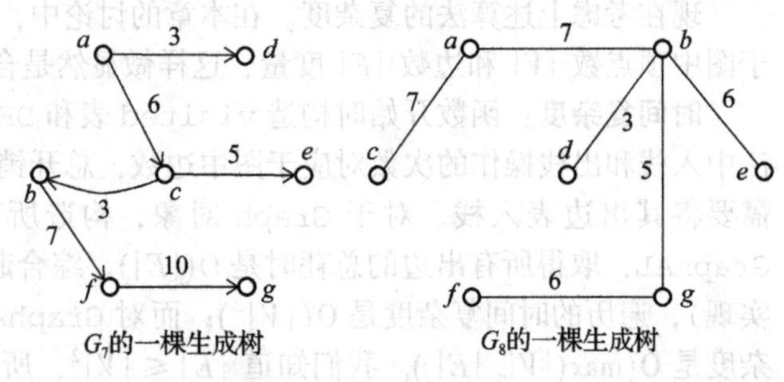

图 7.8　带权图实例

【例 7.10】图 7.8 展示的是图 7.5 中两个图的生成树。左边是对图 G_7 从顶点 a 出发遍历得到的

DFS 生成树，右边是对 G_8 从顶点 b 出发遍历得到的 BFS 生成树。

构造 DFS 生成树

现在考虑构造 DFS 生成树的算法。构造 BFS 生成树的方法类似，留作练习。

前面讨论过如何实现 DFS 遍历，剩下的问题是如何构造并给出所需要的 DFS 生成树。生成树的顶点就是原图的顶点，关键是如何表示生成树的边。

注意：生成树上的边形成了从初始顶点到其他顶点的一簇路径。在这簇路径里，一个顶点可能有多个“下一顶点”，但每个顶点至多有一个“前一顶点”。记录路径的一种方式是记录所有的“前一顶点”关系（这也就是第 6 章讨论过的父结点引用法）。有了这些信息，遍历完所有顶点之后，根据前一顶点关系，通过追溯，就能得到所有的路径。

考虑路径上的前一顶点关系，针对每个顶点，只需要记录一项信息。设图中有 vnum 个顶点，我们可以用一个包含 vnum 个元素的表 span_forest 记录路径信息，令表项 span_forest[vi]的形式是序对(vj, e)，其中 vj 是从 v0 到 vi 的路径上 vi 的前一顶点，e 是从 vj 到 vi 的邻接边的信息。如果只考虑简单的图，有关边存在的 1 可以不记。但我们希望统一处理各种图，包括不丢失带权图中边的信息，因此采用如上设计。

有了这些考虑，就可以设计递归/非递归的 DFS 生成树构造算法，或者 BFS 生成树构造算法了。下面只考虑一个 DFS 递归算法，其余算法留作练习。

构造 DFS 生成树：递归算法

本节定义的函数 DFS_span_forest 将生成参数 graph 的 DFS 生成树林，其中主要工作由内部的递归定义函数 dfs 完成。

主函数里的局部变量 span_forest 是一个包含 vnum 个元素的表，初始时元素值都是 None，表示到达相关顶点的路径尚未找到。实际上，这个 None 也表示该顶点尚未访问，所以就不再需要前面遍历算法里使用的 visited 表了。

主函数里的循环是考虑图 graph 可能不连通，循环找到下一未遍历顶点，从它出发做一棵生成树。if 条件成立表示找到了未访问顶点，标记该顶点到自身的边长为 0（这个标记也表示该顶点是一棵生成树的根），然后调用 dfs 构造以这个顶点为根的生成树。

函数 dfs 的定义非常简单。这里只有一点值得提出：函数执行中需要修改非局部的变量 span_forest，必须把这个变量声明为 nonlocal。

```
def DFS_span_forest(graph):
    vnum = graph.vertex_num()
    span_forest = [None]*vnum

    def dfs(graph, v):          # 递归遍历函数，在递归中记录经由边
        # 修改非局部变量 span_forest 的值对象，不需要定义它为 nonlocal
        for u, w in graph.out_edges(v):
            if span_forest[u] is None:
                span_forest[u] = (v, w)
                dfs(graph, u)

    for v in range(vnum):
        if span_forest[v] is None:
            span_forest[v] = (v, 0)
            dfs(graph, v)
    return span_forest
```

由于 span_forest 的值是一个表，实际上也可以通过参数传递。

现在考虑算法的时间复杂度，情况与遍历算法类似：

- 主函数的循环对每个顶点检查一次，其自身的执行时间为 $O(|V|)$。
- 在子函数 `dfs` 的各次调用的所有递归访问中，表 `span_forest` 的每个顶点将设置一次，不会重复设置，而这种设置的次数与 `dfs` 递归调用的次数一样（因为这两个语句顺序执行）。但另一方面，`dfs` 里的循环可能访问到图中每条边，但至多一次。
- 对于 `Graph` 类型的对象，取得所有出边需要 $O(|V|^2)$ 时间。

综合可知，对于图的邻接矩阵实现，本算法的时间复杂度是 $O(|V|^2)$；对于图的邻接表实现，算法的时间复杂度是 $O(\max(|V|, |E|))$。

对于空间复杂度，`span_forest` 需要 $O(|V|)$ 空间，`dfs` 函数递归的深度也不会超过 $O(|V|)$，所以这个算法的空间复杂度是 $O(|V|)$。

7.4 最小生成树

本章剩下的几节主要讨论带权图上的计算问题和相关算法。本节首先讨论带权连通无向图（网络）上的最小生成树问题，给出两个求最小生成树的算法。

7.4.1 最小生成树问题

假定 G 是一个网络，边带有给定的权值，我们自然可以做出它的生成树。G 的生成树中各条边的权值之和称为该生成树的**权**。G 可能有多棵生成树，不同生成树的权值也可能不同，其中权值最小的生成树称为 G 的**最小生成树**（Minimum Spanning Tree，简记为 MST）。显然，任何一个网络都必然有最小生成树，但最小生成树也可能不唯一。

最小生成树有许多应用。例如，将城市看作网络顶点，边是连接城市的通信网，以通信线路的成本作为权，按最小生成树建立的通信网就是这些城市之间成本最低的通信网。类似问题很多，如成本最低的城市间（或村庄间）公路网、输电网、有线电视网；城市的输水管网、暖气管线、配送中心与线路网络；集成电路或印刷电路板的地线、供电线路等。

在表示这类应用的带权图中，各结点到自身的权值应该取 0，到其他结点有边时有具体权值，无边时权值取无穷大 `inf`。下面算法中均采用这一假定。

7.4.2 Kruskal 算法

Kruskal 算法是一种构造最小生成树的简单算法，其中的想法比较简单。

基本方法

设 $G=(V,E)$ 是一个网络，其中 $|V|=n$。Kruskal 算法构造最小生成树的过程是：

1. 初始时取包含 G 中所有 n 个顶点但没有边的孤立点子图 $T=(V,\{\})$，T 中每个顶点自成一个连通分量。随后的步骤将通过不断给 T 加入边的方式构造 G 的最小生成树。
2. 每步构造检查 E 中的边，找到下一条最短且两端点在 T 的两个不同连通分量的边 e，把它加入 T，就将这两个连通分量连成一个连通分量，使 T 的连通分量个数减一。

3. 重复上述动作，直到 T 所有顶点都处于同一个连通分量里为止，这个连通分量就是 G 的一棵最小生成树。

如果还没得到包含 G 所有顶点的连通分量，已经找不到满足第 (2) 步要求的边了，就说明原图不连通，没有最小生成树。这时算法得到的是 G 的最小连通树林。

我们需要证明算法的正确性。显然，如果算法成功结束，得到的一定是原图的生成树，关键是证明该生成树最小。为此，我们可以通过归纳证明在加入第 i 条边后，得到的包含 $n-i$ 棵树的树林权值最小。初始时无边，断言自然成立，再根据归纳步骤，就能得到加入 $n-1$ 条边得到的生成树依然最小的结论。归纳步骤的严格论述请读者考虑。

【例 7.11】 考虑用 Kruskal 算法构造图 7.9 中 G_9 的最小生成树。构造过程见图 7.9。(1) 是 T 的初始状态。第一步选择图中最短边 (b, d)，将其加入 T 得到状态 (2)。这时有两条长度为 5 的最短边都可以减少连通分量数。任选其中的 (a, d) 加入 T 得到状态 (3)。前面未用的另一最短边不能减少连通分量数，将其抛弃（这个情况也说明最小生成树不唯一）。选择下一最短边 (c,f) 加入 T 得到状态 (4)。随后再顺序选取两条长 7 的边和一条长 8 的边得到状态 (5)。这时只剩下一个连通分量，最小生成树构造成功。

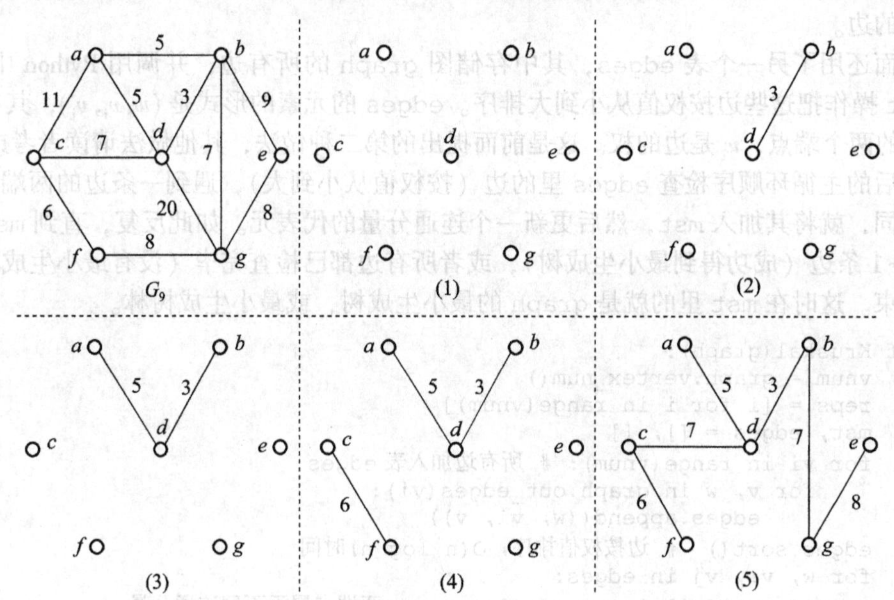

图 7.9 构造最小生成树的 Kruskal 算法，算法过程示例

算法实现的问题

考虑下面 Kruskal 算法的抽象描述：

```
T = (V, {})
while T 所含边数小于 n-1:
    选取 E 中当前的最短边(u,v)，将它从 E 中删去
    if (u,v)两端点属于 T 的不同连通分量:
        将边(u,v)加入 T
```

这里还有两个问题需要考虑。首先，当前最短边的选取有多种可能的做法。例如，每次扫描剩下的边并选出最短边，或者先对所有的边按权值排序后顺序选取，还可以用一个优先队列。几种做法的性质不同，请读者分析。另一个问题更重要，就是判断两个顶点在

当时的 T 里属于不同连通分量。一种显然的方法是在 T 中检查该边的两个端点，看它们之间是否已有路径。但是这种做法太麻烦也太费时间。

一种有效方法是为每个连通分量设一个代表元（参考 6.8 节的查并集），如果两个顶点的代表元相同，它们就属于同一连通分量。这样，如果能高效地从顶点找到代表元，就能高效判断两个顶点是否连通。采用这个方法，算法执行中需要记录和维护（必要时更新）每个顶点的代表元。另一个问题是合并连通分量时的代表元维护。加入一条边将减少一个连通分量，这时就需要选一个顶点，让两个连通分量里的顶点都以它为代表元。最简单的方法是从原来的两个代表元中任选一个，而后更新另一连通分量中顶点的代表元。

算法的 Python 实现

本节实现前面提出的算法。

我们用一个下标为顶点编号的表 reps 记录各顶点的代表元，这样，从顶点找代表元只要 O(1) 时间。算法开始时，每个顶点自成连通分支，应该以自己作为代表元（reps[i]=i）。算法过程中不断更新 reps，保证 reps[v] 总是 v 的代表元的下标。为记录逐步构造起来的最小生成树，再用一个表 mst（最小生成树的首字母缩写）累积最小生成树的边。

下面还用了另一个表 edges，其中存储图 graph 的所有边，并调用 Python 中 list 的 sort 操作把这些边按权值从小到大排序。edges 的元素的形式是 (w, v_i, v_j)，其中 v_i 和 v_j 是边的两个端点，w 是边的权。这是前面提出的第二种做法，其他做法请读者考虑。

随后的主循环顺序检查 edges 里的边（按权值从小到大），遇到一条边的两端点的代表元不同，就将其加入 mst，然后更新一个连通分量的代表元。如此反复，直到 mst 里积累了 $n-1$ 条边（成功得到最小生成树），或者所有边都已检查完毕（没有最小生成树）时循环结束。这时在 mst 里的就是 graph 的最小生成树，或最小生成树林。

```
def Kruskal(graph):
    vnum = graph.vertex_num()
    reps = [i for i in range(vnum)]
    mst, edges = [], []
    for vi in range(vnum): # 所有边加入表 edges
        for v, w in graph.out_edges(vi):
            edges.append((w, vi, v))
    edges.sort()  # 边按权值排序，O(n log n)时间
    for w, vi, vj in edges:
        if reps[vi] != reps[vj]:      # 两端点属于不同连通分量
            mst.append(((vi, vj), w)) # 记录这条边
            if len(mst) == vnum-1:    # |V|-1 条边，构造完成
                break
            rep, orep = reps[vi], reps[vj]
            for i in range(vnum):  # 合并连通分量，统一代表元
                if reps[i] == orep:
                    reps[i] = rep
    return mst
```

Kruskal 算法的复杂度

现在考虑 Kruskal 算法的实现的复杂度。假设被处理的图是 $G=(V, E)$，复杂度基于 G 的顶点集合和边集合的大小 $|V|$ 和 $|E|$ 描述。

对于时间复杂度，我们有如下的分析：

- 建立边表 edges 用 $O(|E|)$ 时间，排序时间为 $O(|E|\ \log|E|)$（由 Python 排序函数的时间性质确定。注意，由于 $|E|\leqslant|V|^2$，$\log|E|\leqslant 2\times\log|V|$，进而 $O(\log|E|)\leqslant O(2\times\log|V|)$，$O(\log|E|)=O(\log|V|)$，由此得到 $O(|E|\ \log|E|)=O(|E|\ \log|V|)$）。
- 主循环里的操作分为两个分支，一个进入条件体，另一个不进入：
  - 整个循环体执行不超过 $O(|E|)$ 次，时间是 $O(|E|)$。
  - 进入条件体（最后记录得到的边）的次数最多为 $|V|-1$ 次，每记录一条边后修改代表元的小循环需要 $O(|V|)$ 时间，这部分的复杂度是 $O(|V|^2)$。
  - 主循环的时间复杂度是 $O(\max(|E|,|V|^2))=O(|V|^2)$。
- 总的时间复杂度是 $O(\max(|E|\ \log|E|,|V|^2))$。

现在考虑空间复杂度。算法中用了一个保存边的表 edges，另外两个表 reps 和 mst 的大小由图中顶点数确定。因此，算法的空间复杂度是 $O(\max(|E|,|V|))$。如果处理的是连通图，那么总有 $O(|E|)\geqslant O(|V|)$，可以得到空间复杂度是 $O(|E|)$。

注意：如果被操作的图采用邻接矩阵表示，建立边表需要 $O(|V|^2)$ 时间，主循环之前部分的复杂度就是 $O(\max(|E|\ \log|E|,|V|^2))$，但整个算法的复杂度不变。如果算法不是先建立排序的边表，而是直接检查和维护原图的一个拷贝，一次次找最小元，这样实现 Kruskal 算法的时间复杂度将达到 $O(|V|^3)$，空间复杂度可能达到 $O(|V|^2)$。

清醒的读者可能已经看到，这里维护连通分支和设立代表元的工作正好对应到 6.8 节讨论的查并集的功能。改用 6.8 节优化查并集实现，可以使时间复杂度降到 $O(|E|\ \log|V|)$ 或者更低，具体实现请读者完成，并请仔细分析算法的效率。

上面的讨论也说明，从本质上说，Kruskal 算法是一种解决问题的抽象想法，可以称为一个抽象算法，或称为*算法模式*。我们实现这个算法时，可以采用不同的辅助数据结构和不同的具体实现方法。不同实现可能具有不同的时间和空间复杂度。

7.4.3 Prim 算法

本节考虑解决同一问题的另一种算法，称为 Prim 算法，它基于最小生成树的一种重要性质，基本想法与 Kruskal 算法完全不同。这里的想法是从一个顶点出发，逐步扩充包含该顶点的部分生成树 T。开始时 T 只包含初始顶点且没有边，最终做出一棵最小生成树。

MST 性质及其证明

最小生成树有一个重要的性质，称为 MST 性质，叙述如下：

设 $G=(V,E)$ 是网络，U 是 V 的任一真子集，设边 $e=(u,v)\in E$ 且 $u\in U$，$v\in V-U$（也就是说，e 的一个端点在 U 里，另一个端点不在其中），而且，在 G 中所有一个端点在 U 另一端点在 $V-U$ 的边中 e 的权值最小，那么 G 必定有一棵包括边 e 的最小生成树。

证明：取 G 的一棵最小生成树 T（根据定义，网络的最小生成树存在），如果 e 属于 T 则性质得证。否则将 e 加入 T 得到 G 的另一子图 T'。由于 T 连通而且是生成树，因此 T' 中必定存在环，由 T 无环可知该环一定包含 e。因为 e 的一端在 U 而另一端在 $V-U$，所以这个环中必定存在另一条边，其一端在 U 且另一端在 $V-U$。设该边为 e'，从 T' 中去掉 e' 得到 G 的另一子图 T''，易见如下两个性质成立：1）T'' 连通；2）T'' 包含 $n-1$ 条边。因此 T'' 是 G 的一棵生成树。根据定义，e 的权值不大于 e'，因此 T'' 的权值不大于 T，即为所需。

Prim 算法的基本想法

Prim 算法是 MST 性质的直接应用：从一个顶点开始扩充，每一步利用 MST 性质选择一条最短连接边及其邻接顶点加入子图，直至结点集包含所有顶点（网络总有生成树）。

算法的细节如下：

- 从图 G 的顶点集 V 中任取一顶点（例如顶点 v_0）放入集合 U 中，这时 $U=\{v_0\}$，令边集合 $E_T=\{\}$，显然 $T=(U,E_T)$ 是一棵树（只包含一个顶点且没有边）。
- 检查所有一个端点在 U 而另一个端点在 $V-U$ 的边，找出其中权最小的边 $e=(u,v)$（假设 $u\in U$，$v\in V-U$），将顶点 v 加入顶点集合 U，并将 e 加入边集合 E_T。易见，扩充之后的 $T=(U,E_T)$ 仍然是一棵树。
- 重复上述步骤，直到 $U=V$（所构造的树已经包含了所有顶点）。这时集合 E_T 里有 $n-1$ 条边，子图 $T=(U,E_T)$ 就是 G 的一棵最小生成树。

算法正确性：算法得到的必然是 G 的最小生成树。请读者考虑如何证明其正确性。

【例 7.12】 图 7.10 展示了 Prim 算法从顶点 a 出发构造 G_9 的最小生成树的过程：初始状态如(1)，最小生成树 T 的顶点集 U 只包含 a。这里从 U 到非 U 顶点的边有三条（图中虚线边），其中两条权值为 5 的边最短。选择 (a, b) 并将顶点 b 加入 U，得到状态 (2)。现在从 U 到非 U 顶点的边有 4 条，选择最短边 (b, d) 并将顶点 d 加入 U，得到状态 (3)。现在从 U 到非 U 顶点的边有 5 条，其中两条权值为 7 的边最短。选择边 (c, d) 并将顶点 c 加入 U 得到状态 (4)。继续加入边 (c, f)、(b, g) 后发现新边 (e, g) 更短，将其加入得到如 (5) 所示的生成树。

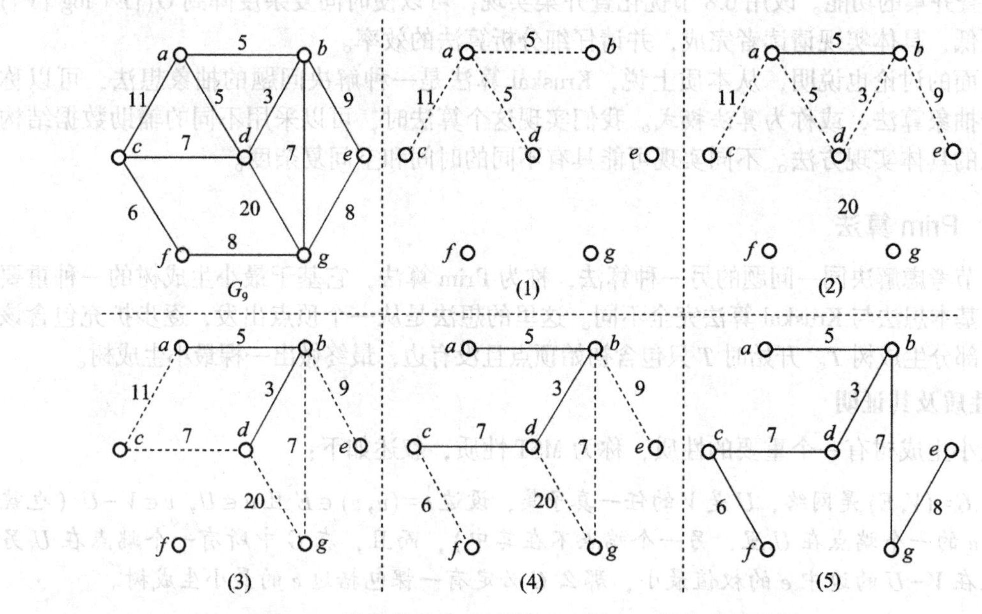

图 7.10　构造最小生成树的 Prim 算法（操作过程示例）

Prim 算法的实现

我们采用类似 DFS 生成树构造算法（7.3.2 节）的数据表示，用包含 `vnum` 个元素（`vnum` 为顶点数）的表 `mst` 记录最小生成树的边。当顶点 i 还不属于 U 时让 `mst[i]` 取值 `None`，否则其值的形式是 $((i,j),w)$。例如，`mst[5]` 的值是 `((5,2),10)` 表示顶点 5 已属于 U（与它邻接的顶点 2 更早属于 U），且连接顶点 5 到 2 的边在 `mst` 中，其权值为 10。

算法工作中用一个优先队列 `cands` 记录候选的最短边，其元素的形式为元组 (w,i,j)，

表示从顶点 i 到 j 的候选边的权值为 w。优先队列自然地会把 w 值作为优先级，把值较小的边排在前面，w 值相同者不需要控制前后，可任意选择。

算法的细节过程如下：

- 初始时把 (0, 0, 0) 放入优先队列，表示顶点 0 到其自身的边长度为 0。图中实际上没有这条边。这样做既为了处理方便，又能在 mst 里作为生成树根的标志。
- 循环的第一次迭代设置元素 mst[0] = ((0,0),0)，把顶点 0 记入最小生成树顶点集 U。然后把顶点 0 的邻接边和邻接顶点存入优先队列 cands，作为候选边。
- 随后的每次迭代中选择 cands 里的一条最短边 (u, v)。如果遇到连接 U 中顶点与 $V-U$ 顶点的边（也就是说，发现 v 是属于 $V-U$ 的顶点），就把该边及其权值记入 mst[v]，并把 v 的出边存入 cands；否则就直接丢掉。

结束时 mst 中是最小生成树的 vnum 条边（包括边 (0, 0)，以方便实现）。

下面的实现中用优先队列 cands 记录候选边，mst 的作用与前面算法相同。开始时把边 (0, 0, 0) 压入队列，第一个元素表示权值。然后执行主循环，直到 mst 记录了 n 个顶点（成功构造出最小生成树）或优先队列空（说明图不连通，没有最小生成树）时结束。

```
def Prim(graph):
    vnum = graph.vertex_num()
    mst = [None]*vnum
    cands = PrioQueue([(0, 0, 0)]) # 记录候选边 (w,vi,vj)
    count = 0
    # 第一次迭代将设置 mst[0] = ((0, 0), 0)，不必专门写
    while count < vnum and not cands.is_empty():
        w, u, v = cands.dequeue() # 取当时的最短边
        if mst[v]:
            continue  # 邻接顶点 v 已在 mst，继续
        mst[v] = ((u, v), w) # 记录新的 MST 边和顶点
        count += 1
        for vi, w in graph.out_edges(v): # 考虑 v 的邻接顶点 vi
            if not mst[vi]:  # 如果 vi 不在 mst 则这条边是候选边
                cands.enqueue((w, v, vi))
    return mst
```

每次迭代从 cans 弹出一条边，优先队列保证这是当时没处理的最短边。变量 v 是边的另一端点，程序保证压入边时 v 不在已知的部分生成树里，但在出队列时，v 有可能已经加入生成树。因此，取到 v 后要检查 mst[v] 是否为 None，非 None 说明 v 已经在集合 U；否则就把它加入 mst 并计数，然后考虑从它出发有没有边可以到达不在 U 中的顶点。

Prim 算法的复杂度

现在考虑上面 Prim 算法实现的效率。

时间复杂度：初始化部分是 $O(|V|)$，算法时间主要用于选择最小生成树的边。主循环体的执行次数与考察和加入优先队列的元素个数有关，也与顶点个数 $|V|$ 有关，不超过 $|V|$ 次。每条边至多进出队列一次，且知优先队列入队/出队的 $O(\log n)$ 复杂度，这方面的时间开销是 $O(|E| \log |E|)$。此外，构造 $O(|V|)$ 条边的时间开销不低于 $O(|V|)$。一般而言前者大于后者（连通图中 $|E| \geqslant |V|$），所以主循环的时间复杂度为 $O(|E| \log |E|)$，整个算法也是 $O(|E| \log |E|)$。（也可以说时间复杂度是 $O(|E| \log |V|)$，见 7.4.2 节关于 Kruskal 算法分析的讨论）。

空间复杂度：算法中用了一个表 mst 和一个优先队列 cands，其规模分别为 $O(|V|)$

和 $O(|E|)$。对连通图有 $|E| \geqslant |V|$，因此空间复杂度是 $O(|E|)$。

Prim 算法也是抽象算法，可以有许多不同实现。不使用优先队列也可能做出时间复杂度为 $O(|V|^2)$ 的算法[⊖]。对边比较稀疏的图，即如果 $|E| = O(|V|)$，这里的算法效率更高。

注意：如果图采用邻接矩阵表示，取顶点的邻接边是 $O(n)$ 操作，算法的时间复杂度将为 $O(\max(|V|^2, |E| \log |E|))$。在这里又可以看到数据结构的不同实现可能影响算法的效率。

*7.4.4 Prim 算法的改进

前面算法实现的一个缺点是可能把没价值的边存入 cands，使空间复杂度达到 $O(|E|)$（通常超过结点数 $|V|$）。对不同计算实例，实际加入队列的边的情况可能差异很大。

不难看到，为实现 Prim 算法，我们只需要记录连接顶点集合 U 和 $V-U$ 的边（下面称它们为连接边）。这说明计算中需要保存的边不超过 $|V|$ 条，有可能把算法的空间开销降到 $|V|$ 的水平。下面讨论降低空间需求可能性，关键就在于高效地使用和操作连接边集合。当然，在降低空间需求的同时，我们也不希望时间复杂度变差。

为了保证算法的效率，所用的数据结构必须有效支持下面的操作：

- 获得连接边中的最短边。显然可以采用堆结构，复杂度为 $O(\log |V|)$。
- 向 U 中加入新顶点时，可能发现了连接到 $V-U$ 中顶点的更短的边。此时需要从这个新结点出发，找到与之对应的堆元素，换一条边（改变权值）并恢复堆结构。

可以通过扫描堆元素实现第二个操作，找到相应元素并修改后再恢复堆结构。但这样找元素需要线性时间，整个操作的复杂度是 $O(|V|)$，这样就提高了算法的复杂度。解决这个问题的关键是找到一种方法，高效地修改堆元素并恢复堆结构。我们不希望影响算法的时间复杂度，因此操作必须在 $O(\log |V|)$ 时间内完成。这些分析说明，为了改进 Prim 算法的实现，需要一种类似于优先队列的结构，它能支持（以其中元素个数为 n）：

- $O(n)$ 时间初始建堆，$O(\log n)$ 时间的取最小元操作 getmin（堆支持这两个操作）。
- 从某种 index（这里是顶点标号）出发的 $O(1)$ 时间的 weight(index) 操作，得到相应权值；以及从 index 和新权值出发，$O(\log n)$ 时间的减权值操作 dec_weight(index, w)。

我们称这种结构为可减权堆，设其定义类的名字是 DecPrioHeap。它支持：

- 初始建堆 DecPrioHeap(list)，其中 list 里的项形式为 (w, index, other)。建立起来的这个类的对象 decheap 是以 list 的项为元素、以 w 为权的小顶堆。这个操作就是一般的建堆操作，按常规方式实现，但必须考虑其他操作的需要。
- decheap.getmin() 弹出堆中最小元并恢复堆，时间复杂度为 $O(\log n)$。
- decheap.weight(index) 得到下标为 index 的元素的权值，时间复杂度为 $O(1)$。
- decheap.dec_weight(ind, w, other) 在 w 小于 decheap.weight(ind) 时，将该元素改为 (w, ind, other) 并恢复堆结构，要求操作的时间复杂度为 $O(\log n)$。
- decheap.is_empty() 在 decheap 为空时返回 True，$O(1)$ 操作。

有了这个类之后，改造 Prim 算法的工作就可以完成了。这种结构是可以实现的，但是有

⊖ 可参考张乃孝老师编写的《算法与数据结构》一书，高等教育出版社出版。

一点复杂，留作读者的练习（有点难度）。

下面是基于 DecPrioHeap 改造后的算法：

```
def Prim(graph):
    vnum = graph.vertex_num()
    wv_seq = [[graph.get_edge(0, v), v, 0]
              for v in range(vnum)]
    connects = DecPrioHeap(wv_seq) # 连接的顶点堆，|V|个元素
    mst = [None]*vnum
    while not connects.is_empty():
        w, mv, u = connects.getmin() # 取得最近顶点和连接边
        if w == infinity:     # 最近顶点不连通，该图没有生成树
            break
        mst[mv] = ((u, mv), w)  # 这就是新的 MST 边
        for v, w in graph.out_edges(mv): # 检查 mv 的邻接边
            if not mst[v] and w < connects.weight(v):
                connects.dec_weight(v, w, mv) # 更短就修改
    return mst
```

算法的空间复杂度降为 $O(|V|)$，时间复杂度是 $O(\max(|V| \log |V|, |E| \log |V|))$。

7.4.5 最小生成树问题

网络的最小生成树是一个重要计算问题，也是许多实际问题的抽象，有非常重要的应用背景。人们对它做了很多研究，取得了许多成果（参看维基百科中的相关介绍）。

对于同一个问题，基于不同想法，可能设计出许多算法。例如，Prim 算法和 Kruskal 算法分别基于网络的 MST 性质和连通分量的最低代价互联，都能求出网络的最小生成树。进一步说，它们都是抽象算法，基于它们可能设计出许多具体算法，其中可能用了不同的数据结构，具体过程也可能有异。不同实现（实际算法）又可能具有不同的复杂度。

进一步说，算法常常是抽象的，尤其是解决抽象问题的算法，例如解决图上计算问题的算法。许多算法并未规定采用的基本数据结构，也没规定具体实施方法。基于同一个算法，采用不同的辅助数据结构和操作，可能做出许多不同实现。显然，即使一个算法（本质上）很好，没有最好的实现，也不能充分发挥其优势。另一方面，算法的不同实现可能需要不同的支持结构，实现本身的复杂度也可能差异巨大。进一步说，基于某个算法的一套设计，可以（用某个编程语言）写出一个具体的程序。如果编程不当，也达不到算法可能达到的最高效率（复杂度），由此，我们还需要理解并且用好编程语言的机制。

回到最小生成树问题，这是一个非常重要的问题，有关研究一直在继续。近年的发展包括有人提出并证明了一个复杂度为 $O(|E|)$ 的随机算法（概率意义的复杂度），另有一个复杂度为 $O(|E|\ \alpha(|E|, |V|))$ 的已知最优算法，其中的 α 是 Ackermman(m, n) 的逆函数（2002 年，应该想到查并集）。还有一些并行实现的工作。研究者已经证明了这个问题的时间复杂度下界为 $O(|E|)$，但还没找到那样的算法。既没有证明这是下确界（也就是说，有可能达到），也没找到更高的下界。有兴趣的读者可以查看维基百科或其他相关材料。

7.5 最短路径

本节讨论带权有向图或带权无向图（网络）上的路径问题。在这类图中，从一些顶点到其他顶点可能有路径，而且可能有多条路径，因此就有找最短路径的问题，这就是本节的主题。我们约定本节中提到的图总是指带权的有向图或者无向图。

7.5.1 最短路径问题

在带权图的边上附有一个权值，可能表示实际应用中顶点之间联系的某种度量，如长度、成本、代价等。权值一般具有可加性，可以统一地看作一种抽象的“长度”。

定义（路径长度和顶点距离） 在网络或者带权有向图里，

- 从顶点 v 到 v' 的一条路径上各条边的长度之和称为该路径的*长度*；
- 从顶点 v 到 v' 的所有路径中，长度最短者就是 v 到 v' 的*最短路径*，最短路径的长度称为从 v 到 v' 的*距离*，记为 $\mathrm{dis}(v, v')$。

最短路径在实际应用中特别有意义，许多调度问题与此有关，例如：

- 运输（常希望确定最短里程、最低运费、最低成本、最少时间等）；
- 加工或者工作的流程，一些最优设计或安排；
- 网络路由；等等。

从顶点 v 出发，通过适当的遍历过程，一定能确定可以到达 v' 的所有路径，自然可以从中找出最短路径。这种方法显然可行，例如，可以利用前面讨论过的深度优先或宽度优先搜索方法。但这种方法不是很有效，其中还要处理一些麻烦（例如，如果存在环，可达路径就有无穷多条）。请读者考虑如何写出这样的算法，并分析算法的复杂度。由于最短路径问题的重要性，人们已经开发了一些更为有效的算法。

进一步考虑，最短路径问题还可以分为单源点最短路径，即从一个顶点出发到图中其余各顶点的最短路径问题，以及所有顶点之间的最短路径问题。下面两节将分别介绍针对这两个问题的两个有效算法。前面提出的求两顶点之间的最短路径也是一个很清晰、很明确的问题，但是没有求解它的特殊的有效算法。但是很显然，该问题可以采用单源点问题的算法模式来求解，一旦找到目标顶点，就可以提前结束计算了。

7.5.2 求解单源点最短路径：Dijkstra 算法

Dijkstra 算法是一个非常著名的算法，由计算机科学家 E. W. Dijkstra[㊀] 提出。该算法能求出从图中给定顶点到所有其他顶点的最短路径，也可用于求两个顶点之间的最短路径。

基本想法

Dijkstra 算法要求图中所有边的权值不小于 0，显然，大部分实际问题都满足这个要求。后来也有人提出了改进的算法，允许图中存在负数权值的边，有关情况可以参看维基百科或其他相关文献。Dijkstra 算法的基本想法和工作过程与 Prim 算法类似，其中利用了一个与 MST 性质类似的性质。

假设要找出图 G 中从顶点 v_0 到其他顶点的最短路径，Dijkstra 算法执行中也把顶点分为两个集合：当时已知最短路径的顶点集合 U，以及尚未知最短路径的顶点集合 $V-U$。算法执行中逐步扩充已知最短路径的顶点集合，每一步从顶点集合 $V-U$ 中找出一个顶点（当时已经能确定最短路径的顶点）加入 U。反复执行这一操作，直至找到从顶点 v_0 到其他所有顶点的最短路径。该算法能同时给出这些最短路径及其长度（距离）。

剩下的问题就是如何找到适当的顶点来扩充集合 U，也就是说，如何在集合 $V-U$ 里

㊀ E. W. Dijkstra（迪杰斯特拉，1930—2002），著名计算机科学家，在程序设计、编程语言、并发程序等领域做出了卓越贡献，1972 年获图灵奖。

找到一个能确定最短路径的顶点。这一操作依赖于下面的重要性质。

注意，在算法执行中的每个时刻，总有一些顶点在 U 中，另一些不在 U 中。为统一考虑所有顶点，在算法执行中，我们为图中每个顶点 v 定义一个与初始点 v_0 相关的统一度量，称为当前已知最短路径长度（或已知距离）$\mathrm{cdis}(v_0, v)$：

$$\mathrm{cdis}(v_0,v)=\begin{cases}\mathrm{dis}(v_0,v) & \text{如果 } v\in U\\ \min\{\mathrm{dis}(v_0,u)+w(u,v)\mid u\in U\wedge w(u,v)\neq\infty\} & \text{如果存在这样的 } u\\ \infty & \text{其他情况}\end{cases}$$

其中 $dis(v_0, u)$ 是 v_0 到 u 的距离（由于 $u \in U$，v_0 到 u 的最短路径已知），$w(u, v)$ 是从 u 到 v 的边的权值。请特别注意中间一条，其含义是：如果存在 U 中顶点 u 到 v 的边，那么从 v_0 到 v 的当前已知距离就是所有经由这种 u 的间接路径中最短的那条路径的长度。显然，随着已知距离的顶点增加（U 的增长），可能发现经由其他顶点的间接路径，因此可能使“当前已知距离”变小。特别地，有些顶点原来没有这种路径，而后来发现了路径。

性质 7.7（已知的和实际的最短路径） 如果在当前所有不属于 U 的顶点中 v' 的 cdis 值最小，那么 $\mathrm{dis}(v_0, v') = \mathrm{cdis}(v_0, v')$。也就是说，从 v_0 到 v' 的当前已知距离就是其实际距离，因此到它的最短路径已知，现在可以把 v' 加入顶点集合 U。

这一性质不难证明（请读者自己想一想）。根据上述性质，在构造最短路径的每一步，只需要从所有当前还不属于 U 的顶点中选择 cdis 值最小的顶点加入 U。

Dijkstra 算法梗概

根据上面的讨论，可以给出 Dijkstra 算法的梗概如下。

初始：

- 在集合 U 中放入顶点 v_0，v_0 到 v_0 的距离为 0。
- 对 $V-U$ 中的每个顶点 v，如果 $(v_0, v) \in E$（即存在直接的边），则到 v 的已知最短路径的长度设置为 $w(v_0, v)$，否则 v 的已知最短路径长度设置为 ∞。

反复做：

- 从 $V-U$ 中选出当时已知最短路径长度最小的顶点 v_{min} 加入 U，因为这时到 v_{min} 的已知最短路径长度 $\mathrm{cdis}(v_0, v_{min})$ 就是 v_0 到 v_{min} 的距离。
- 由于 v_{min} 的加入，$V-U$ 中某些顶点的已知最短路径可能改变。如果从 v_0 经过 v_{min} 到 v' 的路径比原来已知的最短路径更短，就说明发现了到 v' 的新的已知最短路径（及其长度），该路径经过 v_{min} 到 v'。在这种情况下，更新到 v' 的已知最短路径和距离的记录，以保证下面能正确地继续从 $V-U$ 中选择顶点。

反复选择顶点并更新到非 U 顶点的最短路径信息，直到从 v_0 可达的顶点都在集合 U 中为止。如果这时 $V-U$ 不空，就说明图 G 不连通（对有向图，存在从 v_0 不可达的顶点）。

性质 7.8（最短路径的前段也是最短路径） 如果 v' 是从初始点 v_0 到某顶点 v 的最短路径 p 上 v 的前一顶点，那么从路径 p 去掉最后顶点 v 得到的路径 p' 也是 v_0 到 v' 的最短路径。也就是说，一条最短路径的前面任何一段都是 v_0 到这段路径的终点的最短路径。

这个性质很容易通过反证法证明：如果路径 p' 不是 v_0 到 v' 的最短路径，那么很显然，p 也不是 v_0 到 v 的最短路径。下面将要介绍的算法里利用了这个性质。

【例 7.13】 图 7.11 里给出了 Dijkstra 算法的一个应用实例，这里求解的是一个带权有向图中从顶点 a 出发到各顶点的最短路径。

各个状态图中的点线表示原图的边，短划线表示当时 U 和 $V-U$ 之间的边界边，实线表示属于已经找到的某条最短路径中的边。对已经确定了有穷的已知最短距离的顶点，图中相应顶点旁圆括号里标出已知最短距离。为简洁起见，无穷大的距离不标。如果已经确定了最短路径，距离值标在顶点边的方括号里。顶点 a 到自身距离 0 都没有标出。

在初始状态 (1)，只有 a 属于集合 U，两条边界边分别到顶点 c 和 d。选择距离 a 最近的 d 加入 U 并标记相应的边，标出新发现的到顶点 e 的边界边，得到状态 (2)。这时最近的非 U 顶点是 c，将其加入 U 后发现了 3 条新的边界边。到顶点 e 的新路径比原最短路径更短，记录这些边界边和顶点的已知距离，得到状态 (3)。将这时最近的非 U 顶点 e 加入 U，记录到 e 的最短路径。新发现从 e 一步可达 g，记录相应边界边，得到状态 (4)。这时，虽然边界边中最短的是到 g 的边，但顶点 b 距离 a 更近，因此把 b 加入 U。加入后发现了一条到 f 的新路径，但其长度不短于当时已知的到 f 的最短路径（事实上，两条路径一样长），因此不需要更新路径，得到状态 (5)。再经过两步，最后的状态 (6) 给出了所有路径。

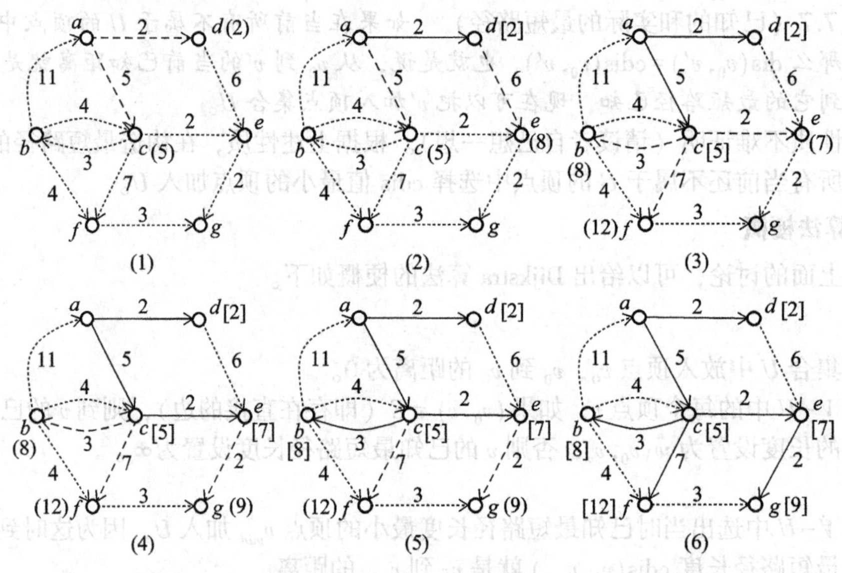

图 7.11 Dijkstra 算法实例

Dijkstra 算法的 Python 实现

现在考虑定义一个函数实现 Dijkstra 最短路径算法。函数的参数是被操作的图 `graph` 和图中的一个顶点 `v0`。设变量 `vnum` 记录图 `graph` 的顶点数。

算法实现的一个问题是如何记录从 `v0` 到各顶点的最短路径。根据**性质 7.8**，要记录到顶点 v 的最短路径，只需要记录 `v0` 到 v 最短路径上 v 的前一顶点。如果对每个顶点都有了这样的记录，就可以追溯这些记录，找出从 `v0` 到顶点 v 的最短路径。由此可见，记录所有最短路径只需要用一个包含 `vnum-1` 个元素的边集合。请注意，所有最短路径的边构成原图的一棵生成树，这个最短路径记录对应于该树的父结点表示。

我们在算法里用了一个包含 `vnum` 个元素的表 `paths` 记录路径，元素 `paths[`v`]` 是形式为 (u, p) 的元组，说明从 `v0` 到顶点 v 的最短路径上的前一顶点是 u，该最短路径的长度是 p。`paths[`v`]` 取值 `None` 表示 v 还不在 U 里。计算中的候选边用元组 (p, u, v) 的形式存入优先队列 `cands`，这种元组表示从 `v0` 经过 u 到 v 的已知最短路径长度为 p。元素将根据 p 的值存入 `cands`，保证我们总能选出当前已知距离最近的顶点。

每次选出 p 值最小的边，如果其终点 v 在 $V-U$，就将其加入 paths，并将经由 v 可达的其他顶点及其路径长度记入 cands。显然，如果 cands 里已经有到某顶点的路径，后来发现的新路径更短，优先队列能保证最短的路径先行取出，正如算法所需。

```
def dijkstra_shortest_paths(graph, v0):
    vnum = graph.vertex_num()
    assert 0 <= v0 < vnum
    paths = [None]*vnum
    count = 0
    cands = PrioQueue([(0, v0, v0)])  # 初始队列
    while count < vnum and not cands.is_empty():
        plen, u, vmin = cands.dequeue() # 取路径最短顶点
        if paths[vmin]: # 如果其最短路径已知则继续
            continue
        paths[vmin] = (u, plen)   # 记录新确定的最短路径
        for v, w in graph.out_edges(vmin): # 考察经由新 U 顶点的路径
            if not paths[v]: # 是到尚未知最短路径的顶点的路径，记录它
                cands.enqueue((plen + w, vmin, v))
        count += 1
    return paths
```

算法的基本结构和 Prim 算法相同，只是记入优先队列的权值不同，而且这些权值是在准备入队的时刻计算出来的。

Dijkstra 算法的复杂度

现在考虑 Dijkstra 算法的复杂度。时间复杂度的情况如下：

- 算法中的初始化部分的时间复杂度不超过 $O(|V|)$。
- 算法主体部分与 Prim 算法类似，复杂度是 $O(|E| \log |E|)$。

算法的空间复杂度是 $O(\max(|E|, |V|)) = O(|E|)$，主要是表 paths 需要保存 $|V|$ 个顶点的信息，而在优先队列 cands 里可能保存 $O(|E|)$ 条边的相关信息。

不难看到，在这个算法里，如果发现了到某个顶点的更短路径，最好的做法是直接更新与此顶点相关的信息，这一点与 Prim 算法里的情况类似。采用前面讨论过的“可减权堆”，可以做出一个只需要 $O(|V|)$ 空间的算法，有关算法请读者自己考虑。

7.5.3 求解所有顶点之间的最短路径：Floyd 算法

本小节研究图中各对顶点之间的最短路径的求解问题。一个显然的解法是多次执行 Dijkstra 算法，依次把图中的各个顶点作为初始顶点。有关实现留作练习。

本节将给出另一个思路完全不同的算法，它能一次做出所有最短路径。这个算法称为 Floyd 算法（或 Floyd-Warshall 算法），由 R. Floyd[㊀] 提出，其中采用了与 S. Warshall 的图的可达性算法类似的技术，能统一地计算出各对顶点之间的所有最短路径及其长度。

基本想法

Floyd 算法基于图的邻接矩阵表示，基本技术就是求出相邻关系的传递闭包，同时求出所有路径及其长度。设 n 个顶点的图 $G=(V, E)$ 的邻接矩阵是 A，其对角线元素都是 0，表示各顶点到自身的距离为 0，其余元素是权值，无边用 ∞ 表示。算法的基本想法是：

㊀ R. Floyd（1936—2001），著名计算机科学家，在算法、软件、程序语言和程序验证领域做出了重要贡献，1978 年获得图灵奖。

- 如果有边$(v,v')\in E$，它自然是从顶点v到v'的路径，其长度就是该边的权值，可以直接由邻接矩阵A中得到。两个顶点之间无边时，认为存在长度为∞的直接路径。
- 但是，从v到v'的直接路径未必是从v到v'的最短路径，可能存在从v到v'的更短路径，途经其他顶点。Floyd 算法采用了一种系统化的方法，检查和比较从v到v'的可能经过任何顶点的所有路径，从中找出最短路径。

问题就在于如何对所有的顶点对，同时有效地完成这种检查（和计算）。

Floyd 算法的过程如下，这里假定图G的顶点顺序排列为$v_0,v_1,\cdots,v_i,\cdots,v_{n-1}$。

开始：对每对v和v'，从v到v'的途中不经过任何顶点的路径长度已知。如果存在从v到v'的边，路径长度就是该边的权；无边时，认为存在长度为∞的路径。

$\boldsymbol{k=0}$：对每对v和v'，除已知的路径外，从v到v'途经顶点的下标不大于k（此时是不大于0，只考虑经过顶点v_0）的路径可以分为两段（如果没有路径，就认为存在长度为∞的路径。下同）：

$$\langle v,v_0\rangle,\langle v_0,v'\rangle$$

整个路径的长度是这两段路径的长度之和。比较这条“新路径”和已知的最短路径，就可以确定从v到v'途经顶点的下标不大于0的最短路径。

$\boldsymbol{k=1}$：对每对v和v'，除至此已知的路径外（路径中途经顶点的下标不大于0），从v到v'途经顶点下标不大于k（现在是不大于1）的路径可以分为两段：

$$\langle v,\cdots,v_1\rangle,\langle v_1,\cdots,v'\rangle$$

这两段路径内部经过的顶点的下标都不大于0，长度都已在前一步确定。新路径的长度是两段路径的长度之和。用这样的新路径与从v到v'的已知最短路径（途经顶点的下标不大于0）比较，就能确定从v到v'途经顶点下标不大于1的最短路径。

$\boldsymbol{k=2}$：（类似，从略）

……

考虑一般的$\boldsymbol{k}$：

对每对顶点v和v'，前面步骤已经考察了从v到v'的所有途经顶点的下标不大于$k-1$的所有路径，并已获知其中的最短路径及其长度。

本步骤对每对v和v'，考虑从v到v'的途经顶点的下标不大k的所有路径。其中途经顶点的下标不大于$k-1$的路径均已经考察，未考察的路径都可以分为两段：

$$\langle v,\cdots,v_k\rangle,\langle v_k,\cdots,v'\rangle$$

两段路径途经顶点的下标都不大于$k-1$，其长度在这一步之前均已知，新路径的长度就是两段路径的长度之和。用该路径与已知的从v到v'的最短路径（途经顶点下标都不大于$k-1$）比较，就能确定从v到v'途经顶点的下标不大于k的最短路径。

如此继续做到$k=n-1$，即考察完从v到v'途经结点的下标不大于$n-1$的所有路径后，对每对v和v'，从v到v'的所有可能路径中的最短路径都已确定。算法结束。

虽然上面假定结点的下标为0到$n-1$，但对于下标为1到n也可以类似定义。

Floyd 算法的实现

为实现 Floyd 算法的计算，需要用递推的方式生成一系列$n\times n$方阵$A_k(0\leqslant k\leqslant n)$，其中$A_k[i][j]$表示从$v_i$到$v_j$途经顶点可为$v_0,v_1,\cdots,v_{k-1}$的最短路径的长度。

矩阵A_0就是图的邻接矩阵A，$A_0[i][j]$是图中v_i到v_j的边的权，也就是从v_i到v_j的不经过任何顶点的最短路径的长度。最后的$A_n[i][j]$是从v_i到v_j的最短路径的长度。

矩阵序列 $A_0, A_1, \cdots, A_n$ 可以按以下方式递推计算（$0 \leqslant i, j \leqslant n-1$）：

- $A_0[i][j]=A[i][j]$，直接由邻接矩阵得到。
- 对于每个 $k(0 \leqslant k \leqslant n-1)$ 递推计算 $A_{k+1}[i][j]=\min\{A_k[i][j], A_k[i][k]+A_k[k][j]\}$，在每一步考虑了所有途经顶点 v_k 的路径，因此，$A_{k+1}[i][j]$ 就是从 v_i 到 v_j 途经顶点的下标不大于 k 的最短路径的长度。
- 计算完成后，$A_n[i][j]$ 就是从 v_i 到 v_j 的最短路径的长度。

在这一递推过程中将生成一系列的矩阵，但是，每一步都需要构造一个新矩阵吗？假设现在已经有了矩阵 A_k，考虑 A_{k+1} 的计算。上面给出的公式是：

$$A_{k+1}[i][j]=\min\{A_k[i][j],\quad A_k[i][k]+A_k[k][j]\}$$

也就是说，新矩阵中的 $A_{k+1}[i][j]$ 或者就是 $A_k[i][j]$（如果它比较小），或者是通过对矩阵中的第 k 列和第 k 行中的元素（下面 $2n$ 个元素）求和而计算出来的：

$$A_k[0][k], A_k[1][k], \cdots, A_k[n-1][k]$$
$$A_k[k][0], A_k[k][1], \cdots, A_k[k][n-1]$$

注意：如果在 A_{k+1} 的计算中得到的第 k 行或第 k 列元素与 A_k 中对应的元素不同，那么就不能直接在原矩阵里修改，因为那样做之后，再取元素 $A_k[i][k]$ 或者 $A_k[k][j]$，得到的就不是原来 A_k 的元素，而是修改过的值了。如果出现这种情况，就必须构造一个新的 A_{k+1}。也就是说，如果在计算下一矩阵的过程中可能修改后面还要用到的矩阵元素，我们就需要另建一个新矩阵；否则就不需要另建新矩阵，可以直接在原矩阵里修改。

实际上，计算 A_{k+1} 的过程中不会修改矩阵第 k 行或第 k 列的元素，因为：

$$A_{k+1}[i][k]=\min\{A_k[i][k],\quad A_k[i][k]+A_k[k][k]\}$$
$$A_{k+1}[k][j]=\min\{A_k[k][j],\quad A_k[k][k]+A_k[k][j]\}$$

而对任何的 k，A_k 的对角线元素 $A_k[m][m]$ 总是 0（对所有的 m），也就是说总有：

$$A_{k+1}[i][k]=A_k[i][k] \qquad \text{第 } k \text{ 行不变}$$
$$A_{k+1}[k][j]=A_k[k][j] \qquad \text{第 } k \text{ 列不变}$$

由此可知，整个计算中可以用一个二维表 `A` 实现所有的 A_k，递推计算新矩阵的工作可以通过直接修改 `A` 中元素的方式实现。在计算 $A_{k+1}[i][j]=\min\{A_k[i][j], A_k[i][k]+A_k[k][j]\}$时，如果需要修改矩阵元素，就直接做赋值，即 `A[i][j]=A[i][k]+A[k][j]`。

算法还需要给出所有的最短路径。这里的做法是另外做出一系列 n 阶方阵 N_k（下面代码里用 `nvertex`），其中 $N_k[i][j]$ 的值是从 v_i 到 v_j 的可经过顶点 $v_0, v_1, \cdots, v_{k-1}$ 的最短路径上，顶点 v_i 的后继顶点 v_l 的下标（与前面 A_k 对应）。由于从 v_l 到 v_j 的最短路径也有记录，可以根据它去查下一个后继顶点，直至得到整个路径。

- 初始时，如果 $A_0[i][j]=\infty$（没有边），则令 $N_0[i][j]=-1$，否则就令 $N_0[i][j]=j$，表示在 v_i 到 v_j 的路径上 v_i 的后继顶点是 v_j。
- 在由 A_k 计算 A_{k+1} 时，如果 $A_{k+1}[i][j]$ 被更新为 $A_k[i][k]+A_k[k][j]$，就设置 $N_{k+1}[i][j]$ 等于 $N_k[i][k]$，表示在 v_i 到 v_j 的路径上 v_i 的后继顶点，就是已知的从 v_i 到 v_k 的路径上 v_i 的后继顶点。这一轮计算完成后，每个 $N_{k+1}[i][j]$ 都是在从 v_i 到 v_j 的可以途经顶点 $v_0, v_1, \cdots, v_{k-1}, v_k$ 的路径上 v_i 的后继顶点。
- 整个计算完成时，$N_n[i][j]$ 就是从 v_i 到 v_j 的最短路径上 v_i 的后继顶点。追溯这个矩阵，可得到任何一对结点之间的最短路径。

实现 Floyd 算法的 Python 函数

函数 all_shortest_paths 里用了两个 $n \times n$ 矩阵作为工作区，其中 a 记录已知最短路径长度，nvextex 记录已知最短路径上的下一顶点。函数定义如下：

```
def all_shortest_paths(graph):
    vnum = graph.vertex_num()
    a = [[graph.get_edge(i, j) for j in range(vnum)]
            for i in range(vnum)]          # 创建一个邻接矩阵的副本
    nvertex = [[-1 if a[i][j] == inf else j
                for j in range(vnum)]
                    for i in range(vnum)]

    for k in range(vnum):
        for i in range(vnum):
            for j in range(vnum):
                if a[i][j] > a[i][k] + a[k][j]:
                    a[i][j] = a[i][k] + a[k][j]
                    nvertex[i][j] = nvertex[i][k]
    return (a, nvertex)
```

虽然前面的讨论很长很复杂，程序却非常简单。前面已经论证了这个算法能正确完成工作。

Floyd 算法的复杂度

与程序的结构对应，Floyd 算法的复杂度分析也非常简单。

时间复杂度：初始化生成两个各包含 $|V|^2$ 个元素的矩阵，时间复杂度为 $O(|V|^2)$。三重循环构造长度矩阵 a 和路径矩阵 nvextex，时间复杂度为 $O(|V|^3)$，这也是算法的时间复杂度。

空间复杂度：使用了两个矩阵完成计算并存放结果，显然算法需要 $O(|V|^2)$ 的空间。

7.5.4　最短路径问题

前面介绍了最短路径问题和两个算法，它们都蕴涵着重要而有趣的思想，值得认真学习。当然，Floyd 算法不适合人工操作，因为其中的操作非常机械而烦琐，缺乏直观性。

Dijkstra 算法基于类似最小生成树的思想，也是做一种“宽度优先搜索”，其中利用了一种类似 MST 的性质，按路径的长度逐步扩张。算法在探索中及时更新已知的最短路径，每步找到一个可以确定最短路径的顶点，同时也找到了到达该顶点的最短路径。一步完成后更新路径信息，正确维护已知的最短路径。这是典型的动态规划方法（在计算过程中记录一些信息，支持算法过程中的动态决策）。

Floyd 算法基于完全不同的考虑，目标是直接求出所有顶点之间的最短路径及其长度。这里的基本做法也是为了问题的最终解决逐步积累信息，根据已知信息不断更新包含着解的部分信息的记录，最终得到问题的解。算法中一步步求出越来越接近原问题的子结构（子问题）的最优解，最后得到原问题的最优解。它也被认为是典型的动态规划算法。

7.6　AOV 网/AOE 网及其算法

本节讨论两种有着广泛应用背景的网络（实际上是有向图），介绍两个重要的计算问题和解决它们的两个算法。

7.6.1 AOV 网、拓扑排序和拓扑序列

本节考虑有向图的一类应用。图中顶点可用于表示某个有一定规模的“工程”里的不同活动，图中的边表示活动之间的先后顺序关系（制约关系）。这样一种有向图称为顶点活动网（Activity On Vertex network），或称 **AOV** 网。

工程和工作安排

一项工程通常包含一批具有独立性的工作任务（活动）。不同工作之间也常存在着一些相互制约关系，也就是说，完成了一些工作之后才能开始另一些工作。这里需要解决的一个重要问题就是做出满足制约关系的工作安排。AOV 网可以应用到这个场景，用图中的边表示工作之间的制约关系，通过对 AOV 网络的处理做出合理的工程计划。

对于某些实际问题，还可能需要给 AOV 网的顶点或边加上权值，然后就可以考虑“最优”安排问题，求出所有可能计划中的最佳计划、网络中的流问题，等等。

【例 7.14】 AOV 网的一个实例是大学课程的先修关系。课程有前后联系，一门课可能以其他课程的知识为基础，想选修某门课程时，需要了解是否已修过有关的先修课程。

图 7.12 左边的表格列出了计算机专业若干课程及其先修课程。右图给出了课程及其先修关系对应的 AOV 网，顶点代表课程，边表示先修关系。

课程编号	课程名称	先修课程
C1	高等数学	
C2	程序设计基础	
C3	数据结构	C1,C2
C4	离散数学	C1
C5	普通物理	C1
C6	编译原理	C2, C3,C4
C7	计算机原理	C3,C4, C5
C8	操作系统	C3, C4, C6
C9	数据库原理	C3, C7, C8
C10	计算机网络	C4, C7, C8

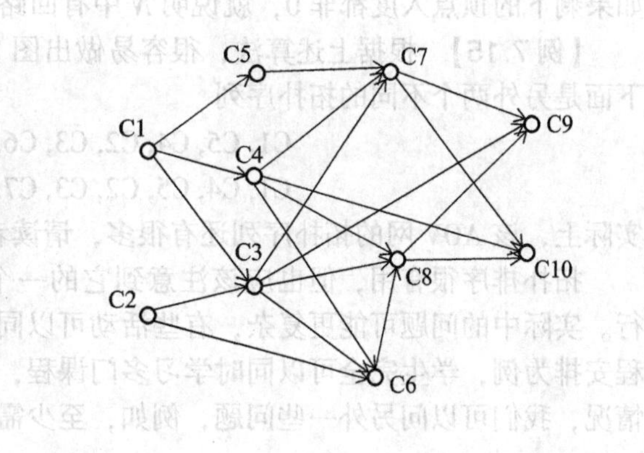

图 7.12 AOV 网实例：课程的关系

拓扑排序和拓扑序列

AOV 网络的有向边可以看作一种“顺序”约束，拓扑排序是 AOV 网络的一种操作。

定义：对于给定的 AOV 网 N，假设 N 中所有顶点能排成一个线性序列

$$S=v_{i_0}, v_{i_1}, v_{i_2}, \cdots, v_{i_{n-1}}$$

如果 N 中存在从顶点 v_i 到顶点 v_j 的路径，那么在 S 里 v_i 就排在 v_j 之前，则 S 称为 N 的一个拓扑序列，而构造拓扑序列的操作称为拓扑排序。

AOV 网未必有拓扑序列。不难证明，一个 AOV 网有拓扑序列，当且仅当它不包含回路（存在回路意味着某些活动的开始要以自己的完成作为条件，这种现象称为活动之间的死锁）。例如，图 7.13 里的两个 AOV 网都没有拓扑序列。

下面给出拓扑排序的一些性质。

性质 7.9　如果一个 AOV 网有拓扑序列，其拓扑序列未必唯一。

下面是图 7.12 中 AOV 网的两个拓扑序列：

C1, C2, C3, C4, C5, C6, C7, C8, C9, C10

C2, C1, C4, C3, C6, C8, C5, C7, C10, C9

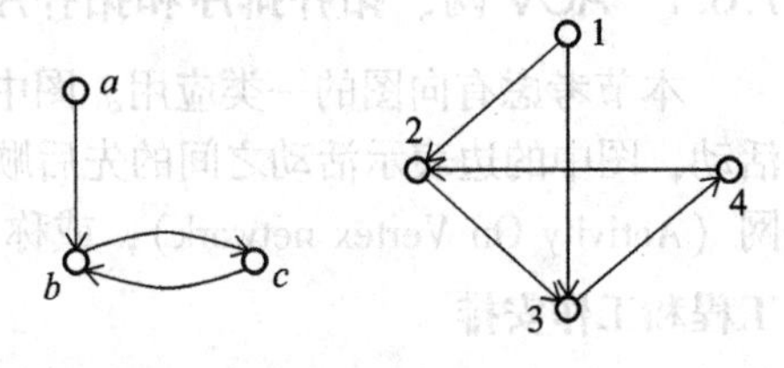

图 7.13　两个不存在拓扑序列的 AOV 网

性质 7.10　将 AOV 网 N 的任一个拓扑序列反向得到的序列都是 N 的逆网（即把 N 的每条边反转而得到的那个 AOV 网）的一个拓扑序列。

假设我们用 AOV 网表示一个工程，顶点表示工程中的活动（工序、任务等），有向边代表活动之间的制约关系（前一活动完成，后一活动才能开始）。如果实际情况要求工程中的动作只能顺序进行，那么该 AOV 网的一个拓扑序列就是顺利完成该工程的一种方案。

7.6.2　拓扑排序算法

任何无回路 AOV 网 N 都可以做出拓扑序列，方法很简单：

- 从 N 中选出一个入度为 0 的顶点作为序列的下一顶点。
- 从 N 中删除所选顶点及其所有的出边，重复这两步。
- 已选到图中所有顶点时算法成功结束，剩下顶点但其入度都非 0 时算法失败结束。

如果剩下的顶点入度都非 0，就说明 N 中有回路，不存在拓扑序列。

【例 7.15】　根据上述算法，很容易做出图 7.12 中课程先修关系 AOV 网的拓扑序列。下面是另外两个不同的拓扑序列

C1, C5, C4, C2, C3, C6, C8, C7, C10, C9

C1, C4, C5, C2, C3, C7, C6, C8, C9, C10

实际上，该 AOV 网的拓扑序列还有很多，请读者自己考虑。

拓扑排序很有用，但也应该注意到它的一个隐含假定：AOV 网中的活动只能顺序进行。实际中的问题可能更复杂，有些活动可以同时进行，那就是另一个类似问题了。以课程安排为例，学生完全可以同时学习多门课程，只要它们的先修课程都已学过。考虑这种情况，我们可以问另外一些问题，例如，至少需要几学期可以完成这些课程，等等。

实现技术和函数定义

现在考虑拓扑排序的程序实现。直接基于图（的拷贝）和顶点删除应该能完成工作，但需要拷贝整个图，空间代价比较高；还需要反复在图中找入度为 0 的顶点，时间代价也会很高。下面考虑另一种方法，设法有效记录所需信息，降低操作代价。

顶点间的制约关系决定了顶点的入度。用一个整数表就能记录所有顶点的入度。下面算法里用了一个表 `indegree`，以顶点为下标。初始时将表元素设置为对应的图中顶点的入度。一旦在计算中选中某顶点，就根据其出边的情况将其邻接点的入度分别减一。

这里还有另一个问题：工作中需要反复查找入度为 0 的顶点。如果通过扫描表 `indegree` 查找结点，需要耗费线性时间，效率低。实际上，只有入度减一的操作有可能把顶点的入度变成 0，如果这时记下这种顶点，需要找这种顶点时就可以直接取用了。

为完成这种操作，人们提出的技术是在 `indegree` 表里嵌入一个“0 度表”，记录当时已知的所有入度为 0 但是还没处理的顶点。具体做法是：用变量 `zerov` 记录“第一个”入度为 0 的顶点的下标；用表元素 `indegree[zerov]` 记录下一个入度为 0 的顶点的下

标；如此记录下去。如果最后一个入度为 0 的顶点下标是 v，就在 indegree[v] 存入-1 表示“0 度表”到此结束。“0 度表”实际上是在 indegree 里维持了一个顶点栈：变量 zerov 记录栈顶（下标），-1 表示栈结束。若发现新的 0 度顶点，例如 v，就把当时 zeorv 的值存入 indegree[v]，然后把 v 存入 zerov，相当于把 v 入栈。选取 0 度元素时直接用 zerov 的值，并把 zerov 修改为 indegree[zerov] 的值（对应于弹出栈元素）。

topological_sort 的基本工作过程是：

- 确定所有顶点的入度，存入 indegree，用 0 度表记录其中入度为 0 的顶点；
- 反复选择入度为 0 的顶点并维护 0 度表；
- 最后返回拓扑序列，失败（无拓扑序列）时返回 False。

函数定义如下：

```
def toposort(graph):
    vnum = graph.vertex_num()
    indegree, toposeq = [0]*vnum, []
    zerov = -1
    for vi in range(vnum):  # 建立初始的入度表
        for v, w in graph.out_edges(vi):
            indegree[v] += 1
    for vi in range(vnum):  # 建立初始的 0 度表
        if indegree[vi] == 0:
            indegree[vi] = zerov
            zerov = vi
    for n in range(vnum):
        if zerov == -1:   # 不存在拓扑序列
            return False
        vi = zerov        # 从 0 度表弹出顶点 vi
        zerov = indegree[zerov]
        toposeq.append(vi)   # 把一个 vi 加入拓扑序列
        for v, w in graph.out_edges(vi):  # 检查 vi 的出边
            indegree[v] -= 1
            if indegree[v] == 0:
                indegree[v] = zerov
                zerov = v
    return toposeq
```

算法分析

时间复杂度：

- 设置 indegree 初值时用了一个两重循环，时间复杂度为 $O(\max(|E|, |V|))$，检查入度为零的顶点并建立 0 度表需要 $O(|V|)$ 时间；
- 工作的主要部分是一个两重循环，时间复杂度也是 $O(\max(|E|, |V|))$；
- 整个算法的时间复杂度为 $O(|E|+|V|)$，对于连通图就是 $O(|E|)$。

空间复杂度： indegree 和 toposeq 都是 $|V|$ 的数组，算法的空间复杂度是 $O(|V|)$。

如果图用邻接矩阵表示，矩阵里可能出现许多表示无邻接边的元素。如果矩阵比较稀疏，就会浪费很多空间，处理这种无用的边也要多花费很多时间，因为为了正确设置顶点入度，需要每条边检查一次，时间是 $O(|V|^2)$，主循环的时间复杂度也是 $O(|V|^2)$。因此，如果处理采用邻接矩阵表示的图，这个算法时间复杂度就是 $O(|V|^2)$。

7.6.3 AOE 网和关键路径

AOE 网（Activity On Edge network）是另一类常用的带权有向图。这是一类非常重要PERT（Program Evaluation and Review Technique，规划评估和评审技术）模型，最早是在美国军方支持下开发出来的，用于大型工程的计划和管理。其雏形曾在 20 世纪 40 年代用于美国原子弹开发的曼哈顿计划，有广泛的实际工程应用。

抽象地看，AOE 网是一种无环的带权有向图，其中：

- 顶点表示事件，有向边表示活动，边上的权值通常表示活动的持续时间；
- 图中顶点表示的事件，也就是它的入边所表示的活动都已完成，它的出边所表示的活动可以开始的那个状态。我们把这种情况看作事件。

实际工程或复杂事务里的活动（工作项目、任务等）可以用一个 AOE 网描述（抽象模型），然后人们就可以基于这个网考虑活动的安排了。

AOE 网和关键路径

【例 7.16】 图 7.14 给出的 AOE 网中包括 15 项活动，9 个事件。图中边上标的 a_i:n 表示该边代表的活动名为 a_i，权值为 n。图中事件 v_0 表示工程可以开始的状态；事件 v_4 表示活动 a_5、a_8 已经完成，且活动 a_{10}、a_{11} 可以开始的状态，事件 v_8 表示整个工程结束。

图中显示，活动 a_0 需要 7 个单位时间完成，活动 a_1 需要 13 个单位时间完成，等等。整个工程开始，活动 a_0、a_1、a_2 就可以同时开始了，而活动 a_3、a_4 需要等事件 v_1 发生后才能开始，a_5、a_6、a_7 要等到事件 v_2 发生之后才能开始，等等。当活动 a_{12}、a_{13}、a_{14} 都完成时，整个工程就完成了。

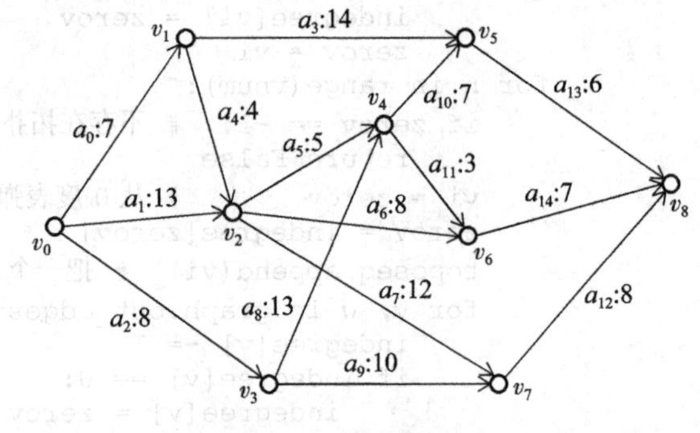

图 7.14　AOE 网实例

AOE 网中描述的活动可以并行进行。只要一项活动（一条边）的前提事件发生（也就是说，以该边的始点为终点的所有活动都已完成），这项活动就可以开始。完成整个工程的最短时间，就是从开始顶点到完成顶点的最长路径的长度（路径上各边的权之和）。这种最长路径称为 AOE 网的*关键路径*，找出关键路径是 AOE 网最重要的计算工作。

7.6.4 关键路径算法

现在考虑如何开发出一种方法，标出 AOE 网 $G=(V,E)$ 的所有关键路径。下面假定顶点 v_0 是 G 中的开始事件，v_{n-1} 是结束事件，$w(\langle v_i, v_j\rangle)$ 为边 $\langle v_i, v_j\rangle$ 的权。

我们先定义几组变量，考虑用它们记录关键路径计算中得到的信息：

1. 事件 v_j 的最早可能发生时间 ee[j]。显然，这一时间要根据在它之前的事件（顶点）和相关活动（边及其权值）确定，不可能更早发生。ee[j] 可以递推计算：

$$\text{ee}[0]=0，\text{初始事件总在时刻 0 发生}$$

$$\text{ee}[j]=\max\{\text{ee}[i]+w(\langle v_i, v_j\rangle)\mid\langle v_i, v_j\rangle\in E\},\ 1\leqslant j\leqslant n-1$$

显然，对于每个 j，我们只需要考虑以 v_j 为终点的入边集。

2. 事件 v_i 的最迟允许发生时间 le[i]。事件的发生有可能推迟到更晚，但有些事件推迟就会延误整个工程的进度。事件的 le 值可以根据已知的 ee 值反向递推计算：

$$\mathrm{le}[n-1]=\mathrm{ee}[n-1]，最后一个事件绝不能再延迟$$

$$\mathrm{le}[i]=\min\{\mathrm{le}[j]+w(\langle v_i,v_j\rangle)\mid\langle v_i,v_j\rangle\in E\},\ 0\leqslant i\leqslant n-2$$

与上面类似，对每个 i，我们只需要考虑以 v_i 为始点的出边集。

3. 网络中活动 $a_k=\langle v_i,v_j\rangle$ 的最早可能开始时间 e[k] = ee[i]，最迟允许开始时间 l[k] = le[j]−$w(\langle v_i,v_j\rangle)$（只要该活动的实际开始不晚于这个时间，就不会拖延整个工期）。

集合 $A=\{a_k\mid \mathrm{e}[k]=\mathrm{l}[k]\}$ 中的活动称为该 AOE 网的**关键活动**，因为其中任何一个活动推迟开始都会延误整个工期。$E-A$ 中的活动为**非关键活动**。非关键活动的 l[k]−e[k] 不等于 0，差值表示活动 a_k 的时间余量，即在不延误整体工期的前提下 a_k 可以推迟开始的时限。所有完全由关键活动构成的从初始点到终点的路径就是 AOE 网的**关键路径**，可能不止一条。弄清了所有关键活动，就可以同时得到所有的关键路径。

【例 7.17】 图 7.15 给出了求图 7.14 中 AOE 网关键路径的示意。顶点所标 [*ee*, *le*] 中的两项分别记录事件的最早可能发生时间和最迟允许发生时间。上图给出了向前推算得到 *ee* 值的情况，下图给出了通过回向推算得到 *le* 值的情况。基于这两组值就能确定所有关键活动（在下图中用粗线箭头标出）。这里有两条关键路径。

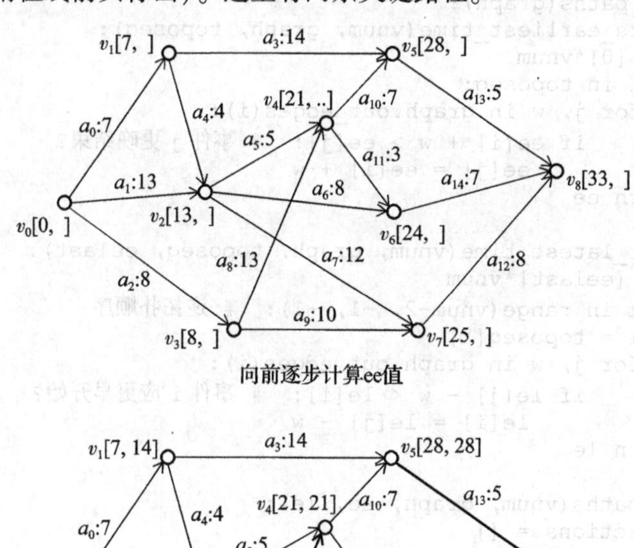

图 7.15　AOE 网实例

关键路径：算法

前面讨论中提出的关键路径算法，可以直截了当地翻译为 Python 实现，它能一步步算出所需的各种信息。下面的实现用两个 `list` 表示 ee 和 le，它们都以 AOE 网中的顶点为下标，其中每项记录对应一个事件的时间。

注意，为正确生成 ee 和 le 的数据，计算需要按正确的顺序进行。对于 ee，只有算出前面制约事件的 ee 值之后，才能进一步计算被制约事件的 ee 值。对 le 的计算顺序正好相反。不难看到，ee 的可行计算顺序就是 AOE 网上的拓扑顺序，可以按顶点的任何拓扑序列计算，而 le 的正确计算顺序就是逆拓扑顺序，可以按拓扑序列反向计算。因此，在正式开始计算之前，需要得到该 AOE 网的一个拓扑序列。

算法实现分为下面几步：

1. 生成 AOE 网的一个拓扑序列。
2. 生成 ee 表的值，应该按拓扑序列的顺序计算。
3. 生成 le 数组的值，应该按拓扑序列的逆序计算。
4. 最后，数据组 e 和 l 可以一起计算（很简单）。由于只希望得到关键路径，下面并不显式表示这两组数据，而是直接求出关键活动。

在下面算法里，步骤 1 直接调用前面拓扑排序过程，步骤 2 和步骤 3 定义为内部过程，最后一步直接计算并收集关键活动，函数返回得到的关键活动，可能表示多条关键路径：

```
def critical_paths(graph):
    def events_earliest_time(vnum, graph, toposeq):
        ee = [0]*vnum
        for i in toposeq:
            for j, w in graph.out_edges(i):
                if ee[i] + w > ee[j]:  # 事件 j 更晚结束？
                    ee[j] = ee[i] + w
        return ee

    def event_latest_time(vnum, graph, toposeq, eelast):
        le = [eelast]*vnum
        for k in range(vnum-2, -1, -1):  # 逆拓扑顺序
            i = toposeq[k]
            for j, w in graph.out_edges(i):
                if le[j] - w < le[i]:  # 事件 i 应更早开始？
                    le[i] = le[j] - w
        return le

    def crt_paths(vnum, graph, ee, le):
        crt_actions = []
        for i in range(vnum):
            for j, w in graph.out_edges(i):
                if ee[i] == le[j] - w:  # 关键活动
                    crt_actions.append((i, j, ee[i]))
        return crt_actions

    toposeq = toposort(graph)
    if not toposeq:  # 不存在拓扑序列，失败结束
        return False
    vnum = graph.vertex_num()
    ee = events_earliest_time(vnum, graph, toposeq)
    le = event_latest_time(vnum, graph, toposeq, ee[vnum-1])
    return crt_paths(vnum, graph, ee, le)
```

下面简单讨论一些实现细节。

函数 events_earliest_time 建立 ee 表时把元素都初始化为 0。随后的循环按拓扑

序列逐个处理顶点，一旦发现结束时间更晚的路径，就更新相应的 ee 值（最早可能时间）。函数 event_latest_time 首先把 le 的元素都赋为工程结束顶点的时间，然后按拓扑排序的逆序逐个更新最迟允许时间（表 le 的元素）。函数 crt_paths 搜集所有关键活动，返回它们的表。表元素是序对 (i, j, t)，表示从顶点 i 到 j 的活动应该在 t 时刻开始。

算法的复杂度

在图的邻接表表示上执行这个算法，拓扑排序的时间复杂度为 $O(|V|+|E|)$；求事件的最早可能时间和允许最迟时间、活动的最早开始时间和最晚开始时间都需要检查图中每个顶点和每个顶点的边表中所有的边，各检查一次，时间复杂度均为 $O(|V|+|E|)$。因此，求关键路径算法的时间复杂度为 $O(|V|+|E|)$。如果图采用邻接矩阵表示，算法就需要 $O(|V|^2)$ 时间。算法中需要保存拓扑序列和事件时间的表，空间复杂度为 $O(|E|)$。

总结一下本节的两个算法：

- 拓扑序列是有向无环图的一个重要概念，拓扑排序算法的思想很简单。但是，求拓扑序列是许多有向图算法的基础，这个概念和算法都很重要。
- 关键路径是带权有向无环图的一个重要概念，广泛应用于工程规划领域。算法需要按拓扑顺序遍历结点，计算顶点和边的最早/最迟时间。

总结

图是一类比较复杂的非线性数据结构。本章开始时介绍了图的基本概念和一些性质，而后讨论了图的一些实现技术，以及实现中的一些问题，最后介绍了一组重要算法。

图的两种典型实现技术是邻接矩阵表示法和邻接表表示法。邻接表可以看作邻接矩阵的一种压缩形式，其优点是能节约存储，特别是对很稀疏的图（例如图中边的条数 $|E|$ 与顶点的个数 $|V|$ 成正比）。在实际应用中需要处理很多大型的图，这些图通常都很稀疏。本章定义了两个图类，分别采用邻接矩阵和邻接表作为内部表示。两个类提供同样的接口，这就使后面几节中讨论的算法都能适用于这两个类的对象。

从本章后一部分对各种算法的分析中可以看到，基础数据结构的实现方式可能影响算法的效率。许多算法需要遍历图中所有的边，其时间复杂度以图的边数作为一个基本度量。理论上说，边数 $|E|$ 可能达到 $|V|^2$ 的量级，但实际应用中的图通常都很稀疏。因此，在处理实际问题时，采用邻接表技术（与邻接矩阵相比），许多算法的实际表现可能好得多。

为了处理和利用图这种复杂结构，人们研究了图上的许多计算问题，开发出许多有趣的算法。本章介绍了一些基本计算问题和重要算法，主要有：

- 图的宽度优先和深度优先遍历算法；
- 生成树和带权图的最小生成树问题和算法；
- 带权图上的单源点的和任意顶点之间的最短路径算法；
- 活动网络上的拓扑排序和关键路径算法。

本章的重点是掌握图的概念、性质和存储表示，掌握这里讨论的重要计算问题、重要算法的基本思想和工作过程，以及实现中的一些有趣而且有用的技术。

练习

一般练习

1. 复习下面概念：图，二元关系，拓扑结构，图论，图算法，顶点和边，有向图和无向图，有向边及其始点和终点，无向边，邻接（顶）点，邻接边，邻接关系，完全图，顶点的度，入度和出度，路径，路径的长度，回路（环），简单回路，简单路径，有根图，连通，连通无向图（连通图），强连通有向图，最小连通图，最小有根图，无向树，有向树，子图，（无向图的）连通子图，（有向图的）强连通子图，极大连通子图（连通分量），极大强连通子图（强连通分量），带权图，网络，邻接矩阵，顶点表，邻接表表示法，图的遍历（周游），可达顶点，深度优先遍历和宽度优先遍历，深度优先搜索（DFS）序列，宽度优先搜索（BFS）序列，生成树，DFS 生成树，BFS 生成树，（网络的）最小生成树，Kruskal 算法，连通分量的代表元，Prim 算法，MST 性质，最短路径问题，带权图上的路径长度，Dijkstra 算法，Floyd 算法，AOV 网，拓扑序列和拓扑排序，制约关系，AOE 网（一类带权有向图），关键路径。

2. 设有向图 $G=(V,E)$，其中 $V=\{a,b,c,d,e,f,g\}$，$E=\{\langle a,f\rangle,\langle a,c\rangle,\langle c,d\rangle,\langle b,e\rangle,\langle f,b\rangle,\langle b,g\rangle,\langle e,b\rangle,\langle d,f\rangle,\langle d,e\rangle,\langle c,f\rangle,\langle f,g\rangle,\}$，请完成以下工作：
   （1）画出这个有向图。
   （2）给出其邻接矩阵表示。
   （3）给出其邻接表表示。
   （4）判断这个图是否强连通。如果是强连通的，请给出一个经过图中所有顶点的环路；如果不是强连通的，请给出其中的各个强连通分量。
3. 如果有向图用邻接矩阵表示，如何回答下面的问题：
   （1）图中共有多少条边？
   （2）从一个顶点到另一顶点是否有边？
   （3）一个顶点的出度是多少？
   （4）一个顶点的入度是多少？
4. 假设一个图包含 n 个顶点，如果是无向图，最多有几条边？有向图呢？
5. 一个包含 n 个顶点的连通（无向）图最少有几条边？一个包含 n 个顶点的强连通（有向）图最少包含几条边？
6. 设 n 个顶点的无向图中的边恰好形成一个环路，该图有多少棵不同的生成树？
7. 图 7.16 给出的有向图中包含几个强连通分量？
8. 请求出图 7.16 里从结点 v0 到 v9 的所有简单路径。
9. 在 Kruskal 算法中需要不断选择最短边。7.4.2 节开始提出了几种可能做法。请分析它们各自的优缺点，计算其复杂度。

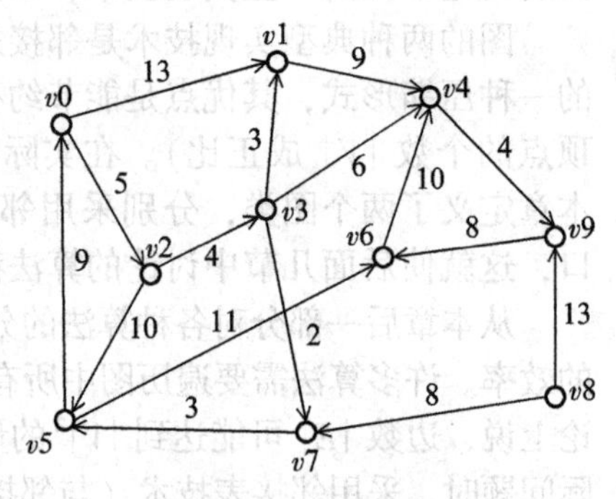

图 7.16　习题 7 的图

10. 图 7.17 给出了一个带权无向图，请针对它完成下面工作：
   （1）给出其邻接矩阵。
   （2）画出其邻接表表示。
   （3）将其看作简单无向图，用深度优先搜索求其 DFS 序列和 DFS 生成树。
   （4）用宽度优先搜索方法求出其 BFS 序列和 BFS 生成树。
   （5）用 Kruskal 算法求出其最小生成树（不一定唯一）。
   （6）用 Prim 算法求出其最小生成树。
11. 请用 Dijkstra 算法求图 7.16 的带权有向图中从 $v0$ 出发到其他顶点的最短路径。
12. 请求出图 7.18 中从顶点 $v0$ 出发的两个不同的拓扑排序序列。

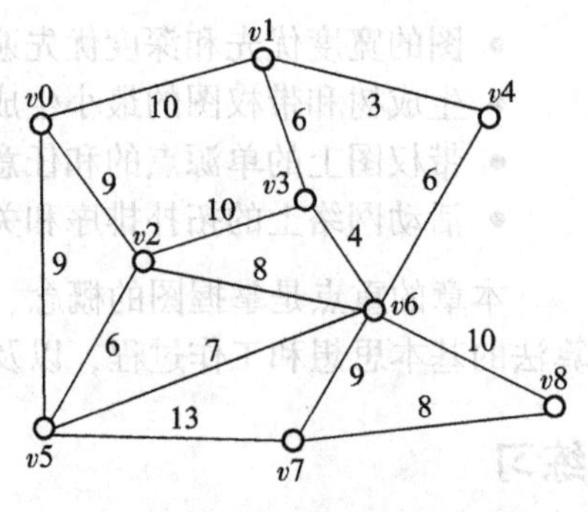

图 7.17　习题 10 的图

13. 图 7.18 给出了一个带权有向图，请求出图中从 $v0$ 到 $v9$ 的所有关键活动和关键路径。

14. 给定（有向或无向）图 G 及其顶点 u 和 v，要求确定是否存在从 u 到 v 的路径，请设计解决这个问题的算法。

15. 请设计一个算法，检查给定的有向图 G 中是否存在回路，并在 G 中存在回路时给出一条回路。要求算法的复杂度为 $O(n^2)$。

16. 请设计一个算法，求出不带权的无向连通图中距离顶点 v_0 的最短路径长度（即路径上的边数）为 L 的所有顶点，要求尽可能高效。

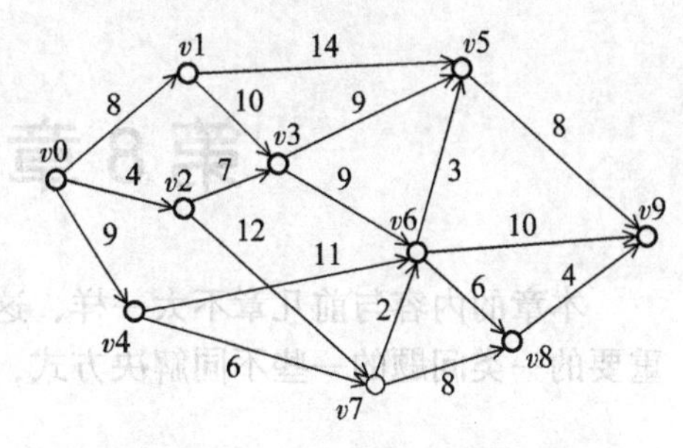

图 7.18　习题 12 的图

17. 无环的连通无向图 $T=(V,E)$ 的直径是图中所有顶点对之间最短路径长度的最大值，也就是说，T 的直径定义为 $\mathrm{dia}(T)=\max\{\mathrm{dis}(u,v)\mid u,v\in V\}$，其中 $\mathrm{dis}(u,v)$ 表示顶点 u 与顶点 v 之间最短路径的长度（即两者间最短路径包含的边数）。请设计一个算法求无环的连通无向图的直径，并分析算法的时间复杂度。

编程练习

1. 请按 7.2 节开始的建议，基于 Python 中的标准字典类型定义一种图类型，实现图抽象数据类型中给出的所有基本操作。请分析各操作的时间复杂度和空间复杂度，并比较这种技术与 7.2 节给出的图的邻接矩阵实现和邻接表实现。在分析和比较中，请特别关注本章考虑的各种算法的实现效率。
2. 在 7.2.1 节里提出了在采用邻接矩阵表示时记录已构造的出边表的想法。请仔细研究这个问题，提出一套可行的实现方法，并实现这种功能。
3. 为 7.2.1 节定义的图类增加其他有用操作，例如前面习题提到的确定顶点之间路径的操作，检查图中是否存在回路并可能给出回路的操作等。
4. 修改 7.2.2 节的基于邻接表技术的图类，用自定义的链表实现邻接表。
5. 7.2 节最后讨论了图中顶点可能关联一些信息，建议给图对象扩充一个顶点表（或顶点字典）。请修改 7.2 节中给出的某个图类的定义，实现这种想法。在做这项工作时，请给图对象增加一些使用顶点信息的有用操作。
6. 请参考 7.3.1 节给出的深度优先的图遍历算法，设计并实现其他（递归的或非递归的）深度优先和宽度优先遍历算法。
7. 请实现遍历图结点和图中边的迭代器。仔细考虑有关的迭代器应该返回什么值。
8. 请实现构造 BFS 生成树的算法，以及构造 DFS 生成树的非递归算法。
9. 7.4.2 节提出了几种选择最小元素的方法，给出的算法中采用了其中一种。请修改算法的实现，采用另一种不同的选取方法。
10. 请利用 6.8 节的查并集类，重新实现 Kruskal 算法，并分析所完成实现的复杂度。
11. 请设法开发出 7.4.4 节提出的可减权堆 `DecPrioHeap` 类，提供算法所需要的操作，并论证你做出的实现具有文中提出的操作复杂度。
12. 请基于可减权堆重新实现 Dijkstra 算法，保证算法在不付出更大时间代价的情况下，空间复杂度能降低到 $O(|V|)$。
13. 在 `toposort` 函数里用了一个表 `toposeq` 记录找到的拓扑序列。实际上，这个表并不必要，完全可以在 `indegree` 表里记录拓扑序列。请考虑相关的做法，设计从结果表中得到拓扑序列的方法，并修改原来的函数实现这种想法。上述做法需要付出多少时间代价？会改变算法的时间复杂度吗？
14. 二部图（bipartite graph）$G=(V,E)$ 是一类无向图，其顶点集 V 可以划分为两个不相交子集 V_1 和 $V_2=V-V_1$，使得 V_1 中的任意两顶点在图 G 中不相邻，且 V_2 中任意两顶点在 G 中不相邻。换句话说，图中任一条边的两端均分属这两个顶点集。
    （1）请举出一个结点个数为 7 的二部图和一个结点数为 7 的非二部图。
    （2）请定义一个函数 bigraph 判断无向图 G 是否是二部图，并分析程序的时间复杂度。必要时可以使用栈或队列作为辅助数据结构。

第8章 字典和集合

本章的内容与前几章不太一样，这里不准备介绍新的数据结构，而是要讨论计算中最重要的一类问题的一些不同解决方式，以及与之相关的问题和性质。

8.1 数据存储、检索和字典

计算机的基本功能就是存储数据和处理数据。首先是存储数据，处理时也要先找到被处理的数据，或称为*访问*数据。本节讨论与数据的存储和访问有关的一些重要问题。

8.1.1 数据存储和检索

第1章介绍了计算机存储的基本概念和一些情况。数据访问的基本方式是基于存储位置，如果知道所需要的数据保存在哪里，常量时间内就可以得到它。使用变量、基于下标提取表元素等，都是常量时间访问数据的例子。但是，在许多时候，计算过程（程序）中需要使用某些数据，但并不确知其存储位置。在真实世界里也常看到这种情况，查字典就是一个典型例子：我们知道字典里有某个字的解释，但不确知它在字典的哪一页，这时的第一项任务就是找到该字所在的页。对于计算，就是找到数据的存储位置，这个操作称为*检索*。

数据的存储和检索是计算中最重要、最基本的一类工作，也是各种计算机应用和信息处理的基础。数据需要存储和使用，因此经常需要检索。本章研究的问题就是数据的存储和检索（或称*查询*）技术。下面是几个实际例子：

- 各种计算机化的电子字典，其基本功能就是基于算法的各种数据检索。
- 图书馆编目目录和检索系统，支持读者以各种方式检索书籍资料的有关信息。
- 规模巨大的有机物数据库，支持基于有机物结构或者光谱等参数进行检索。
- 完成多元多项式乘法的算法，在求出了多项式乘积的一个因子后需要合并同类项，为此就需要在已经得到的一批项中做一次检索。
- 万维网搜索（实际上是检索的英文原词searching的另一种翻译）系统，如谷歌或百度等。这里有两个层面的问题：网络搜索系统通过广泛搜索互联网上的各种信息建立起一个巨大的内部数据库，这是网络搜索公司内部的大规模搜索和信息积累。遇到用户请求时，网络服务系统做一次数据库检索，将检索结果送给用户。

概述

数据检索涉及两个方面，一方面是被存储的数据集合，另一方面是用户检索时提供的信息。具体检索目的可以是确定特定数据是否存在于数据集合中，相当于集合成员判断；也可以是希望找到与所提供信息相关的数据，类似于在字典里查词语的解释。检索时提供的信息被称为*检索码*或者*关键码*（key）。这种关键码通常作为数据的一部分，存储在数据集里。这就是*基于关键码的数据存储和检索*，是本章讨论的主题。

作为检索基础的关键码，可以是数据项的某种（可能具有唯一性的）特征，或是数据内容的组成部分，也可以是专门为了检索而给数据建立的标签。后一情况在实际中也很常见。以学校的学生记录为例，原本只需要记录与学生有关的信息，为每个学生设定一个学号主要就是为了检索方便。专门设定的关键码通常具有唯一性，每项数据有一个关键码。

在下面的讨论中，我们不考虑具体的关键码是什么，那是实际应用考虑的问题。这里的基本假设是抽象的：需要存储的数据元素由两个部分组成，一部分是与检索有关的关键码，另一部分是与之关联的数据。我们要求关键码可以比较，以便确定是否为所需。在许多情况下，我们还希望关键码有一种可用的序。下面的讨论将始终在这些假设下进行。

字典就是支持基于关键码的数据存储与检索的数据结构，在一些专业书籍或编程语言里，字典也被称为*查找表*、*映射*，或者*关联表*等。字典实现数据的存储和检索，而需要存储和检索的信息及环境有许多不同的情况，因此可能要求不同的实现技术。

字典的实现可以用到前面讨论过的许多想法和结构，包括各种线性结构、树形结构，或者它们的各种组合，还会涉及在这些结构上操作的许多算法。下面将讨论基于顺序表、二叉树和其他树形结构等的字典实现。进一步说，基于一种基础结构，可能开发不同的数据组织方式。下面将会看到顺序表、二叉树等的不同使用方式。

在复杂的系统里经常需要管理和使用大量数据，这些数据的存储和访问效率对系统的整体效率影响很大。因此人们非常关注字典的实现效率，包括存储空间的利用率和操作的效率。在字典的使用中，最重要也是使用最频繁的操作就是检索（search，也称查找）。在考虑字典的实现时，检索效率是最重要的考虑因素。当然，由于数据规模不同，检索效率的重要性也可能不同。在开发数据密集型的应用时，人们更关注效率问题。

基于关键码的检索是最基本的检索问题，更一般的是根据某些线索，从数据集中找出相关数据，其中可能需要做复杂的匹配，可能是基于复杂数据内容的匹配，也可能是带有“模糊”性质的匹配。今天人们每天都在使用的网络检索系统也可以视为字典概念的发展。

字典操作和效率

计算机系统中使用的字典可以分为两类：

- **静态字典**　这种字典建立后内容和结构都不再变化，主要操作只有检索。对于这种字典，我们需要考虑创建的代价，但最重要的是检索效率。无论如何，创建工作只需要做一次，而检索是在字典的整个生命周期中反复进行的操作。
- **动态字典**　这种字典创建后内容（和结构）一直处于动态变动中。对于这种字典，除了检索外，基本操作还包括数据项的插入和删除等。在考虑这种字典的实现时，不仅需要考虑检索效率，还要考虑插入和删除的效率，需要在许多相互影响的因素中权衡。

对于动态字典，还有一个问题必须重视：插入/删除可能导致字典的结构变化。要支持长期使用，就必须考虑在长期变化中维护好字典的结构，使之能维持较高的检索（和其他操作的）效率。良好的字典应该保证性能不随着时间的推移而逐渐恶化。

检索字典最终将得到一个结果，或者是检索成功并得到了所需要的数据；或者是确认了要找的数据不存在，此时可能返回某种特殊信息。有关检索效率的评价标准，通常考虑的是在一次完整检索过程中比较关键码的平均次数，称为*平均检索长度*（Average Search Length，ASL），其定义如下（其中 n 为字典中的数据项数）：

$$\mathrm{ASL} = \sum_{i=0}^{n-1} p_i \cdot c_i$$

其中 c_i 和 p_i 分别为第 i 项数据的检索长度和检索概率。如果各元素的检索概率相等，也就是说，$p_i=1/n$，那么 $\mathrm{ASL}=\frac{1}{n}\sum c_i$。这个定义只考虑了字典中存在被检索关键码的情况（正确的算法应该保证检索成功），实际中经常还需要考虑关键码不存在的情况。

字典和索引

实际上，字典是两种功能的统一：

- 作为一种数据存储结构，支持在字典里存储一批数据项；
- 提供支持数据检索的功能，设法维护从关键码找到相关数据的联系信息。

后一功能也称为*索引*，联系信息存在的目的就是支持检索。

基于关键码的检索，就是要实现从关键码到数据存储位置的映射，这种映射也就是索引。有时人们也专门研究索引结构的问题。应该看到，索引结构本身不存储数据，只提供（基于某种关键码的）检索功能，因此只能作为字典的附属结构，不会独立存在。额外的索引结构可能为它依附的基本字典提供其他检索方式，例如提供另一套关键码等。具体到一个字典，它可以只有自身提供的检索方式，也可以附有一个或多个索引，支持多种方式的检索。在真实世界里也是这样。例如，《新华字典》的基本部分存储着大量词条，基于拼音排序可以直接检索。此外，它还提供了若干种索引，如部首检字表、难字检字表等。

本章后面部分讨论的各种技术和结构，只要与检索有关，都既可以用于实现字典，也可以用于实现索引。在用于实现字典时，关键码关联于实际数据，数据保存在字典内部。如果是用于实现索引，它就只提供从关键码到相应的数据项存储位置的映射，而实际数据存储在与这个索引相关的字典里相应的存储位置。

8.1.2　字典实现的问题

本章讨论字典实现的想法和技术，在讨论有关的具体研究之前，先讨论几个一般性问题。

字典元素：关联

根据前面的讨论，在支持基于关键码的存储与检索的字典里，数据项可以分为两部分：一部分是与检索有关的关键码，另一部分是与检索无关的实际数据，称为值。显然，数据项的插入/删除也与关键码有关，因为插入操作的结果将被检索使用，而删除数据项时需要指定被删除项，通常采用指定关键码的方式。这样，数据项就是一种二元组，我们称之为*关联*，或称之为*键-值对*。值部分在字典的实现中不特别重要，但在实际应用中却很重要。

为了下面讨论的方便，现在首先定义一个关联对象的类 `Assoc`，假定本章下面讨论的字典都以 `Assoc` 对象为元素：

```
class Assoc:
    def __init__(self, key, value):
        self.key = key
        self.value = value
    def __lt__(self, other): # 有时（有些操作）可能需要考虑序
        return self.key < other.key
    def __le__(self, other):
        return self.key < other.key or self.key == other.key
    def __str__(self): # 定义字符串表示形式便于输出和交互
        return "Assoc({0},{1})".format(self.key, self.value)
```

如果变量 `x` 的值是一个关联对象，`x.key` 取得其关键码，而 `x.value` 取得其值。

除了构造函数外，`Assoc` 类里还定义了两个顺序比较操作。前面说过，Python 解释器遇到比较运算符 <，就会去找在类里定义的 `__lt__` 方法（表示 less then）。类似地，<= 运算符关联于类中定义的 `__le__` 方法（less than or equal to）。这里定义 < 和 <=，是因为计算中可能需要比较数据项，例如在使用 `sorted` 等标准函数时。字典实现中也可能需要比较数据项的大小。如果需要，还可以定义其他关系运算符（如大于和大于等于）。

字典抽象数据类型

在讨论具体的字典实现方法和技术之前，我们先定义一个抽象数据类型：

```
ADT Dict:                       # 字典抽象数据类型
    Dict(self)                  # 字典构造函数，创建一个新字典
    is_empty(self)              # 判断 self 是否为一个空字典
    num(self)                   # 获知字典中的元素个数
    search(self, key)           # 检索字典里与关键码 key 的关联数据
    insert(self, key, value)    # 将关联（key, value）加入字典
    delete(self, key)           # 删除字典中关键码为 key 的元素
    values(self)                # 支持以迭代方式取得字典里保存的各项关联中的 value
    entries(self)               # 支持以迭代方式获得字典中的各 key-value 二元组
```

字典的基本操作就是检索，对于动态字典，还需要支持元素的插入和删除。此外，在每个时刻，字典里保存着一些元素（数据项），也可能为空。上面的抽象数据类型提供了相应的访问操作。操作 values 以迭代方式返回字典里的（所有）各项值，最后的 entries 也返回一个迭代器，以支持在程序中逐对地使用字典里的 key-value 关联。

注意，字典操作中不应该允许修改字典关联中的关键码，因为关键码通常被用于确定其相关数据项在字典里的存储位置，以支持高效检索。如果允许修改关键码，就可能破坏字典数据结构的完整性，导致后续的检索操作失败。

字典的实现

从最基本的存储需求看，字典就是以关联为元素的汇集，前面讨论过的各种容器结构都可以用作字典的实现基础。例如线性表是元素的线性的顺序汇集。如果以关联作为元素，就可以看作字典了。下面将首先考虑这种实现。

字典实现中还有一些细节。例如，字典插入有一个特殊情况：要求插入的关键码已经在字典里存在。在实际应用中遇到这种情况时，应该根据实际需要处理。常见处理方式包括：修改已有关联项的值部分，插入一个新项（如果字典允许出现关键码重复的关联），或者报错等。与之对应，删除操作有可能找不到相应的项，也可能存在多个关键码相符的项，同样应该根据实际需要决定处理方式。以存在多个匹配项的情况为例，在这里需要决定是删除一个具有这种关键码的项，还是删除所有的匹配项。

下面讨论中选用了一些简单方式：插入时遇到关键码相同的项，就简单修改其关联值；删除时没有找到要删除的关键码就什么也不做，等等。

在考虑字典实现时，最重要的问题是字典操作的效率。由于字典的规模可能很大，需要频繁执行检索等操作，效率非常重要。下面各节将讨论一系列实现技术。我们首先考虑线性表，主要是顺序表；然后讨论另一种特殊技术——散列表，它也基于顺序表存储数据，但采

用一套特殊的索引方式。最后讨论基于树结构的一些实现技术，以及一些相关问题。

8.2 字典的线性表实现

线性表里可以存储信息，自然可以作为字典的实现基础。本节讨论这个问题。

8.2.1 基本实现

将关键码和值的关联作为元素（数据项）顺序存入线性表，形成关联的序列，可以作为字典的一种实现技术。检索就是在线性表里找具有特定关键码的数据项，数据项的插入/删除等都是普通的线性表操作。在 Python 语言里，这种字典可以用 `list` 实现，其中的关联可以用前面定义的 `Assoc` 类对象。

由于没有其他信息，检索时只能用给定关键码在表中（顺序）查找。遇到关键码 `key` 相同的项就是检索成功，返回关联的 `value`；检查完表中所有的项但没遇到要找的关键码，就是检索失败。由于没有任何限制，插入新关联可以简单用 append 实现；删除可以在定位后用 `list` 的 pop 操作实现。如果需要其他操作，也可以类似地处理。

我们还可以用 `list` 作为内部表示，定义一个字典类。该类的对象是字典，字典操作实现为类里的对象方法。定义的框架如下，具体定义留作练习：

```
class DictList:
    def __init__(self):
        self._elems = []

    def is_empty(self):
        return not self._elems

    ......

# end of the class
```

如果在插入时直接把元素存放到表尾（不检查相应的关键码是否已经存在），操作的时间复杂度就是 O(1)。删除元素时需要先检索，确定了元素的位置后删除（也就是从表中删除元素），时间复杂度为 $O(n)$。这里的 n 是表的长度。

最重要的操作是检索（删除也需要检索），其复杂度的基础是检索中的比较次数：

$$\text{ASL} = 1 \times p_0 + 2 \times p_1 + \cdots + n \times p_{n-1} = \frac{1}{n}(1 + 2 + \cdots + n)$$

上面第二步是假定每个关键码的检索概率相同，都为$\frac{1}{n}$。最后

$$\text{ASL} = \frac{n+1}{2} = O(n)$$

这个分析中只考虑了对字典中存在的关键码的检索，如果字典里不存在被检索的关键码，n 次比较后检索失败，复杂度也是 $O(n)$。综合两种情况，平均值仍为 $O(n)$。

基于线性表的字典实现的优点和缺点都非常明显：

- 数据结构和算法都很简单，检索、删除等操作中只需要比较关键码（相同或不同），适用于任意关键码类型（例如，这里并不要求关键码集合存在某种序关系）。
- 平均检索效率低（线性时间），表长度 n 较大时，检索很耗时。
- 删除操作的效率比较低，因此不太适合频繁变动的字典。

另外，在字典的动态变化中，这种字典的各种操作的效率不变。但这并不是什么优点，因为它们已经是效率最低的操作了。

8.2.2　有序顺序表和二分法检索

要提高操作效率，就需要把字典里的数据项组织好，使之具有可利用的结构，从而能更好地支持检索。在数据以更好的方式组织起来的字典上，可能实现更高效的检索。

如果字典的关键码取自一个有序集合（存在某种内在的序，例如整数的小于等于关系，字符串的字典序等），我们可以按照关键码的大小排列字典里的数据项（从小到大或从大到小），这样就可以采用二分法实现快速检索。

二分法检索是一种重要的检索技术，其基本思想是按比例逐步缩小需要考虑的数据的范围，从而快速逼近作为检索目标的数据项。对于按关键码排序的顺序表字典做二分法检索，基本操作过程如下（假设字典里的数据项是按关键码升序排列的）：

1. 初始时，关注的范围是整个字典（整个顺序表）；
2. 取关注范围里位置居中的项，比较该项的关键码与检索关键码，相等时检索成功结束；
3. 检索关键码较大时，把检索范围缩减到中间项之后的半区间；检索关键码较小时，把检索范围缩减到中间项之前的半区间；
4. 如果关注范围不空，其中仍存在数据项，就回到步骤 2 继续，否则检索失败结束。

在元素有序的表上做二分检索的函数可定义如下：

```
def bisearch(lst, key):
    low, high = 0, len(lst)-1
    while low <= high: # 范围内还有元素
        mid = low + (high - low)//2
        if key == lst[mid].key:
            return lst[mid].value
        if key < lst[mid].key:
            high = mid - 1 # 在低半区继续
        else:
            low = mid + 1  # 在高半区继续
```

我们也可以继承前面基于表的字典类，定义一个新的字典类：

```
class DictOrdList(DictList):
    ......
    def search(self, key):
        ......

    def insert(self, key, data):
        ......

    def delete(self, key):
        ......

# end of class
```

这里的 search、insert 和 delete 方法都必须重新定义。在插入或删除表中元素时，insert 和 delete 都必须维持字典中元素按序排列的性质，search 需要利用元素有序的性质，采用二分法实现。具体实现留给读者完成。

二分法检索实例

【例8.1】　考察二分法检索的过程，具体实例是如下包含11个整数的表：

位置	0	1	2	3	4	5	6	7	8	9	10
关键码	5	13	19	21	37	56	64	75	80	88	92

采用二分法检索，要检索表中居于位置5的元素（整数56），只需要做1次比较，检索位置2和8的数据需要做2次比较，检索位置0、3、6、9的元素需要做3次比较，检索另外4个位置的元素需要做4次比较。

图8.1中的二叉树形象地表示了对这个表中所有元素检索的过程，这种树称为（二分法）检索过程的判定树。结点中标记的数是数据项的关键码。在检索过程中，用检索关键码与这个关键码比较，检索关键码较小时转到相应左子结点继续，检索关键码较大时转到右子结点。检索过程沿着从根结点到目标结点的路径前进，在每个结点处（对应于表中一个位置）做一次比较。在树根找到结果，只需要做1次比较。一般而言，通过检索找到某个结点（数据）的比较次数等于该结点的层数加1。

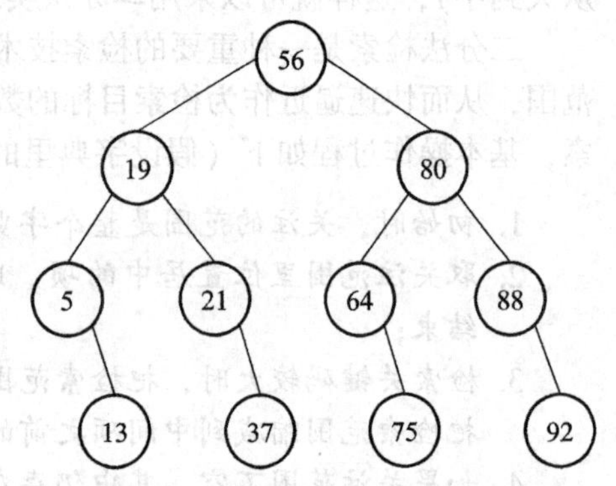

图8.1　二分检索的判定树实例

算法分析

插入时必须维持关键码有序，为此需要找到新项的正确插入位置，通过逐项后移的方式腾出空位后实施插入。如果用顺序检索，找位置就需要线性时间，整个插入是$O(n)$时间操作。删除时也需要移动表项，保证剩余元素的正确顺序，所以也是$O(n)$时间操作。由于表中元素有序，插入和删除时也可以用二分法检索位置。但由于实际插入或删除都必须为保序而移动元素，线性时间是无法避免的。

观察可知，对元素排序的顺序表，一次成功检索要做的比较次数不超过判定树的高度加一。n个结点的二分判定树高度不超过$\lfloor \log_2 n \rfloor$，因此，采用二分法检索成功时的比较次数不超过$\lfloor \log_2 n \rfloor+1$。现在考虑所有检索，包括成功和失败检索。图8.2给出了例8.1中排序表字典的完整的二叉判定树，包含所有成功和失败检索的判定路径。易见，这棵树正好

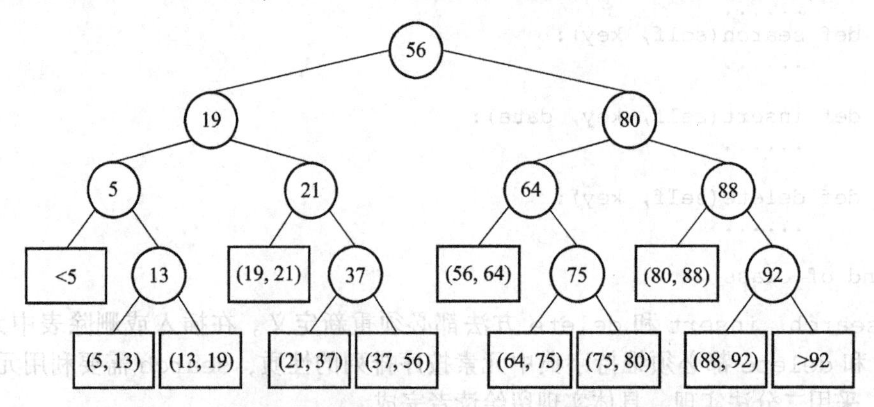

图8.2　二分检索的完整判定树实例，包括所有成功和失败的检索

是图 8.1 中二叉判定树的扩充二叉树（参见 6.1 节）。图中小矩形框是扩充二叉树的外部结点，对应于检索失败的各种情况。例如，标着 (13, 19) 的矩形框表示检索关键码的值位于区间 (13, 19) 里，不包含两端值。以这些值作为检索关键码，失败时就会到达这个方框。由这个图可以看到，检索失败时的最大比较次数是 $\lfloor \log_2 n \rfloor + 1$（也是 $O(\log_2 n)$）。

数学推导也会给出同样的结论。假设表中有 $n = 2^h - 1$ 个元素，相应二叉判定树的扩充二叉树的高度为 h。检索中每做一次比较，需要考虑的范围缩小一半，通过 k 次比较可能检查到的元素数如下表所示：

比较次数	可能涉及元素个数
1	$1 = 2^1 - 1$
2	$3 = 2^2 - 1$
3	$7 = 2^3 - 1$
……	…
k	$2^k - 1$

通过 h 次比较能检查到表中任一个元素。对一般的 n，设 $2^k - 1 < n \leqslant 2^{k+1} - 1$，最大检索长度为 $k + 1$。所以，对包含 n 个元素的字典做二分法检索，最大检索长度是：

$$2^k < n + 1 \leqslant 2^{k+1}，\text{也就是说，} 2^k \leqslant n < 2^{k+1}$$

由此可得 $k \leqslant \log_2 n < k + 1$，也就是说，比较次数不超过 $\lfloor \log_2 n \rfloor + 1$。

总结一下，采用有序的顺序表和二分法检索（结合其他情况）：

- 主要优点是检索速度快，时间复杂度为 $O(\log n)$；
- 插入和删除时需要维护字典里的数据项有序，因此都是 $O(n)$ 操作（虽然检索插入/删除的位置可以用二分法，需要 $O(\log n)$ 时间，但完成操作需要移动元素，需要 $O(n)$ 时间）；
- 二分法技术只能用于关键码有合适的序、数据项按关键码排序的字典，而且只适用于顺序存储结构，需要连续的存储块，不适合实现很大的动态字典。

8.2.3 线性表字典总结

我们也可以考虑用单链表或双链表技术实现字典。不难看到：

- 如果字典里的数据项任意排列，插入时可以简单地在表头插入，是 $O(1)$ 操作；检索和删除都需要顺序扫描整个表，是 $O(n)$ 操作。
- 如果表中的数据项按关键码升序或者降序排列，插入需要检索正确位置，是 $O(n)$ 操作；检索和删除同样需要顺序扫描检查，平均检查半个表，是 $O(n)$ 操作。

易见，采用链接表实现字典没有任何优势，而且无法利用关键码排序的价值，基本上没人使用。另一方面，采用链接表的实现技术也很简单，无须更多讨论。

采用线性表技术实现字典，只能满足一些简单的需求，例如字典规模小，而且不常出现动态操作等。在实际中，各种应用经常需要存储和检索很大的数据集，数据内容不断动态变化的情况也很常见。采用线性表实现字典的检索效率太低，常常不能满足实际应用的需要。采用排序的顺序表和二分检索能大大提高检索速度，但仍有两大问题：

- 不能很好地支持数据的动态变化（数据插入和删除的效率低）。
- 必须采用连续方式存储整个数据集合。如果数据集很大（实际中经常需要存储很大的数据集，可能包含成百兆或更多的数据项），连续存储方式就很难接受了。

为了支持存储大型的、经常变动的数据集合，而且希望高效检索，就必须考虑其他数据组织方式。人们为此开发了另外一些结构，主要分为两类：

- 基于散列（hash）思想的散列表（也常见按读音译为哈希表）；
- 基于树形结构的数据存储和检索技术（利用树结构的特性，即，在不大的深度范围内可以容纳巨大数量的结点）。

下面几节将讨论这些方面的情况。

8.3　散列和散列表

在讨论各种树形结构的应用可能性之前，我们首先介绍在计算机科学技术领域使用非常广泛的散列技术及其在字典方面的应用，即所谓的*散列表*（hash table）。

8.3.1　散列的思想和应用

从字典的需要出发，研究基于关键码的检索，可以提出下面的问题：

什么情况下基于关键码能最快找到所需的数据？

根据计算机中数据存储和使用的方式，我们可以给出下面的回答：

如果数据项连续存储，而关键码就是存储数据的地址（或下标）！

显然，在这种情况下“检索”就是直接按地址访问，只需要 O(1) 时间。

但是，一般而言，字典的关键码可能不是整数，不能作为下标。另一方面，即使关键码是整数，也可能因为取值范围太大而不适合作为下标。例如，身份证号码具有唯一性，最适合作为国家身份信息系统的关键码。但中国身份证号码是 18 位整数，取值范围达到一百亿亿。如果用它作为数据的下标，相关的表就需要有 10^{18} 个位置，而中国实际人口为 10^9 量级。也就是说，表的实际填充率将为 $1/10^9$，显然，这种存储方式很不合适。

但是，参考上面的基本认识，继续思考下去，就很容易理解散列表的基本思想：如果一种关键码不能或者不适合作为下标，可以通过一个变换把它们映射到某种下标。这样就把基于关键码的检索变成基于整数下标的直接元素访问，可能做出高效的字典实现。

采用散列表的思想实现字典，具体方法是：

- 选定一个整数下标范围（通常从 0 或 1 开始），创建一个具有相应下标范围的顺序表；
- 选定一个从实际关键码集合到上述下标范围的适当映射 h。

这样就构造出了一个字典。在使用时：

- 需要存入关键码为 *key* 的数据时，将其存入表中下标为 $h(key)$ 的位置；
- 需要检索关键码为 *key* 的数据时，直接取表中下标为 $h(key)$ 的那个表元素。

这个 h 称为*散列函数*，也常被称为*哈希*（hash）*函数*或*杂凑函数*，这种函数就是从可能的关键码集合到某给定整数区间（下标区间）的一个映射。

散列的思想在信息领域的应用

上面从信息存储和检索的需要介绍了散列表的概念。实际上，散列的思想是信息和计算领域中逐渐发展起来的一种极其重要的思想，其应用远远超出了数据存储和检索的范围。所谓散列，一般而言，就是以某种精心设计的方式，从一段可能很长的数据生成一段较短（经常为固定长度）的信息串，例如简单的整数或字符串。当然，最终都是二进制代码串，然后利用这种二进制串去做某些有用的事情。散列技术在计算机和信息技术领域非常有价值，应用极其广泛，可能用在数据处理、存储、检索等各种工作中。例如：

- 文件的完整性检查：定义一个散列函数，从一批文件计算出一个数或一个字符串。我们安装软件时，经常看到提示说“正在检查文件完整性”，实际上就是检查软件的安装文件，看由它们得到的散列值是否与系统提供的散列值相同。这显然是一种概率性检查，但出错的概率极低。无论是传输或拷贝过程中无意破坏了文件，还是有意修改安装文件（如黑客或计算机病毒），得到同样散列值的概率微乎其微，可以完全忽略。
- 互联网技术中到处都在使用散列函数，将其用于网页传输中的各种安全性和正确性检查、网络认证和检查、简单或复杂的网络协议等。
- 计算机安全领域中大量使用散列技术，例如用在各种安全协议里。

将散列技术应用于数据的存储和检索，就得到了散列表。基本做法如前所述。当然，要想有效地实现一个散列表，不但需要选择合适的关键码映射（散列函数），还要考虑由于采用映射方式确定存储和检索位置而带来的各种问题。

散列函数：设计和性质

如果某个字典的可能关键码集合非常小，例如关键码只能是从 0~19 的几个整数，直接用它们作为数据存储的下标就是最好的选择。再如，ASCII 字符集的编码只有 0~127，相应的字形库就应该用这组整数作为存储的下标。

一般情况不是这样，通常关键码集合都非常大。例如，假设关键码是 10 个字母以内的英文字符串，很容易算出这个关键码集合的规模大约为 1.4×10^{14}，不适合直接作为（或直接对应到）字典下标。实际上，对于散列表通常都有

$$|\text{KEY}| >> |\text{INDEX}|$$

这里的 $|\text{KEY}|$ 和 $|\text{INDEX}|$ 分别表示关键码集合和下标集合的规模。这样，散列函数 h 就是从一个大集合到一个小集合的映射，这种映射不可能是单射，必然会出现多个关键码被 h 对应到同一个下标的情况。也就是说，可能有大量的 $key_1 \neq key_2$ 但 $h(key_1) = h(key_2)$ 的情况，这时我们就说 key_1 和 key_2 冲突（或者碰撞），也称 key_1 和 key_2 为 h 下的同义词。在考虑散列表的实现时，我们必须考虑如何解决冲突的问题，后面有详细的讨论。

对规模固定的散列表，一般而言，元素越多，出现冲突的可能性也就越大。这里有一个重要概念——负载因子，是考察散列表运行情况的一个重要参数，其定义是：

$$\text{负载因子 } \alpha = \frac{\text{散列表中当时的实际数据项数}}{\text{散列表的基本存储区能容纳的元素个数}}$$

如果数据项直接保存在基本存储区里，那么就总有 $\alpha \leqslant 1$。无论如何，负载因子的大小与出现冲突的可能性密切相关：负载因子越大，出现冲突的可能性也越大。显然，扩大散列表的存储空间（增加容量）就可以降低其负载因子，从而减小出现冲突的概率。但负载因子越小，散列表里空闲空间的比例就越大。因此这里有得失权衡的问题。

另一方面，无论负载因子的情况怎样，冲突总是可能出现的。在实现供其他人使用的一般散列表时，我们通常不能预知实际使用的细节情况，在设计中必须考虑冲突的处理。由于散列表的重要性和广泛应用，人们对散列表的设计做了许多研究，提出了一些冲突处

理技术。基于这些处理方式，形成了许多不同的散列表实现结构。

总结一下，要基于散列技术实现字典，就必须解决两个重要问题：散列函数的设计和冲突消解机制。下面首先考虑散列函数的设计问题。

8.3.2 散列函数

在设计字典时，首先是根据实际需要确定数据项的集合，选定相应的关键码集合 KEY。为了实现散列表字典，还要确定一个存储位置区间 INDEX，例如，选择从 0 开始的一段下标。KEY 和 INDEX 将分别成为要定义的散列函数的参数域（定义域）和值域，是定义散列函数的基础。本质上说，从 KEY 到 INDEX 的任何全函数 f 都能满足散列函数的基本要求，因为这时对任意的 $key \in \text{KEY}$ 都有 $f(key) \in \text{INDEX}$，函数值一定落在合法下标范围内。但另一方面，散列函数的不同选择有可能影响冲突出现的概率。

在选择（设计）散列函数时，最重要的考虑应该是减少出现冲突的可能性。有些函数显然是不合适的。例如，把所有关键码都映射到下标 0 的函数，虽然也能满足定义域和值域的基本要求，但却使冲突的出现最大化。在这里有价值的情况包括：

- 函数应该把关键码映射到值域 INDEX 中尽可能大的部分。显然，扩大了函数值的范围（在 INDEX 之内），出现冲突的可能性会下降。如果某个下标不是散列函数的可能值，这个位置可能就无法用到。应该尽量避免这种情况。
- 不同关键码的散列值在 INDEX 里均匀分布，有可能减少冲突的发生。当然，实际情况还与真实数据中不同关键码值出现的分布有关。如果不知道关键码的实际分布（例如，开发一个库模块时的情况就是这样），我们就只能考虑均匀分布。
- 函数的计算比较简单。这一要求很显然：使用散列表的本意就是为了提高效率，而计算散列函数的开销是各种操作开销中的一部分。

在这些基本考虑下，人们提出了一些设计散列函数的方法。

用于整数关键码的若干散列方法

有些方法适用于已知实际关键码集合的情况，有些方法依赖于对实际数据的分析。如果已知需要存储的关键码集合及其分布，我们有可能设计出最合适的散列函数，有效地压缩下标的取值范围，甚至有可能保证使用中绝不会出现冲突。

下面介绍的几种方法都只适用于整数关键码，但也可以结合后面的方法使用，从而作为实际散列函数的计算过程的一部分。

1. 数字分析法

数字分析法是指对于给定的关键码集合，分析所有关键码中各位数字的出现频率，从中选出分布情况较好的若干数字作为散列函数的值。

【例 8.2】 假设要处理的是下面第一列的关键码集合：

key	$h_1(key)$	$h_2(key)$
000125672	62	6
000125873	83	8
000125776	76	7
000125472	42	4
000125379	39	3
000125672	62	6

散列函数 h_1 选择关键码的百位和个位数字拼接，把9位十进制的关键码数映射到2位十进制数的下标值，只需用一个长度为100的表存储字典数据，而且使用中不会出现冲突。另一可能的散列函数 h_2 选取关键码的百位数字，把关键码映射到0～9的范围内，这样就进一步节约了存储，但其中出现了冲突，需要设法解决。

显然，只有在关键码集合已知的情况下，才能有效地使用这种方法。然而，最常见的情况是需要存储和使用的数据不能在设计字典之前确定，具体使用的关键码和分布情况事先未知。在这些情况下，数字分析方法就很难使用了。

2. 折叠法

折叠法是指将较长的关键码切分为几段，通过某种运算将它们合并。例如，用加法并舍弃进位的运算，或者用二进制串的某种运算。

看一个例子：假设关键码均为10位整数，切分为每3位一段，把得到的3位整数相加并去掉进位，以得到的结果作为散列函数的值。例如，对于关键码1456268793，按规则切分为三个三位数和一个一位数，计算 $1+456+268+793=1518$，去掉进位后取散列值为518。这样就把10位整数关键码映射到 [0, 999] 区间了。

3. 中平方法

中平方法是指先求出关键码的平方，然后取出中间的几位数字作为散列值。

例如，现在考虑取关键码平方值的百位到万位。对关键码1456268793，其平方是2120718797465676849，从中取得散列值768。

从上述实例可以看出，对整数关键码，散列函数的设计有两方面追求：一是把较长的关键码映射到较小的区间，再就是尽可能消除关键码与映射值之间明显的规律性。通俗地说，**散列函数的映射关系越乱越好，越不清晰越好**。

常用散列函数

一些方法只适用于某些特殊情况，但也有一些方法有通用性。通用的散列方法只能基于对关键码集合的均匀分布假设，下面介绍两种常用的散列函数：

- 除余法，适用于整数关键码；
- 基数转换法，适用于整数或字符串关键码。

实际中最常用的就是这两种散列方法。

1. 除余法

关键码 *key* 是整数，用 *key* 除以某个不大于散列表长度 m 的自然数 p，以得到的余数（或者余数加 l，由下标开始值确定）作为散列地址。

为了存储管理方便，人们经常将 m 取为2的某个幂值，此时 p 可以取小于 m 的最大素数（如果顺序表的下标从1开始，可以用 *key* **mod** p+1）。例如，当 m 取128、256、512、1024时，p 可以分别取127、251、503、1023。除余法在实际中使用最为广泛，还常被用于将其他散列函数的计算结果归入特定的下标区间。

前面说，设计散列函数的一个基本想法就是使计算结果尽可能没有明显的规律。在采用除余法时，如果用偶数作为除数，就会出现偶数关键码映射到偶数散列值，奇数关键码映射到奇数散列值的情况。这种情况显然应该避免。

简单的除余法有一个缺点：相近的关键码（例如值相差1）将映射到相近的值。如果关键码的数字位数较多，可以考虑用较大的除数求余数，然后去掉最低位（或去掉最低的一个或几个二进制位），以排除最低位的规律性。此外，也可以考虑用其他方法排除规律性。

2. 基数转换法

先考虑整数关键码。取一个正整数 r，把关键码看作基数为 r 的数（r 进制的数），将其转换为十进制或二进制数。通常 r 取素数以减少规律性。

例如，取 $r=13$。对于关键码 335647，有下面计算：

$$(335647)_{13} = 3\times 13^5+3\times 13^4+5\times 13^3+6\times 13^2+4\times 13^1+7$$
$$=(6758172)_{10}$$

如果计算结果的取值范围不合适，可以考虑用除余法、折叠法，或者删除几位数字等方法，将其归入所需要的下标范围。

实际中也经常遇到以字符串作为关键码的情况。最常见的散列方法是把一个字符看作一个整数（直接用字符的编码值），把一个字符串看作以某个整数为基数的“整数”。在这样做时，人们建议以素数 29 或 31 为基数，通过基数转换法把字符串转换为整数，再用整数的散列方法（例如除余法），把结果归入散列表的下标范围。

下面是用 Python 写出的一个字符串散列函数：

```
def str_hash(s, nmod): # 归入下标范围 [0, nmod]，左闭右开
    h1 = 0
    for c in s:
        h1 = h1 * 29 + ord(c)
    return h1 % nmod
```

对于其他非整数的关键码，最常见的做法是先设计一种方法把它转换到整数，然后再用整数散列的方法。在各种散列方法的最后，可以用除余法等把关键码归入所需范围。

8.3.3 冲突的内消解：开地址技术

前面说过，采用散列技术实现的字典，使用中必然会出现冲突，因为散列函数是从大集合到小集合的全函数，必然会出现不同元素的函数值相同的情况。因此，在实现散列表时，必须设计好一套完整的冲突消解方案。

人们提出了一些冲突消解方法，从实现方式上可以分为两大类：

- 内消解方法（在基本存储区的内部解决冲突问题）。
- 外消解方法（在基本存储区之外解决冲突）。

在需要插入新数据项时，我们用散列函数根据关键码计算出了存储位置，但是发现那里已经有关键码不同的项，这时就出现了冲突，必须设法处理。

对于冲突处理技术，有两方面的基本要求：

（1）保证本次存入数据项的工作能正常完成。

（2）维持字典的基本性质，存入的数据不能丢失。任何时候从任何前面已存入字典而后没有删除的关键码出发，都必须能找到与之关联的数据项（不允许出现失联的情况）。

下面介绍几种常用的冲突消解方法，本节先介绍内消解方法。

开地址法和探查序列

内消解技术的基本方法称为开地址法，其基本想法是：在准备插入数据项时发现冲突，就设法在基本存储区（顺序表）里为这个数据项另安排一个位置。为实现这种想法，

需要设计一套系统化且易于计算的位置安排方法，称为探查方法。

抽象地说，就是为散列表定义一种易于计算的探查位置序列。首先定义数列：

$$D = d_0, d_1, d_2 \cdots,$$

这里的 D 是一个整数的递增序列，$d_0 = 0$。然后将实际探查序列定义为

$$H_i = (h(key) + d_i) \bmod p$$

这里的 p 为选定的不超过表长度的自然数（用于把计算结果归入表的范围）。在执行插入时，如果 $h(key)$ 位置空闲就直接存入（这相当于使用 d_0）；否则就逐一试探位置 H_i，直至找到第一个空位时把数据项存入。具体的增量序列有许多可能的设计，例如：

（1）取 $D = 0, 1, 2, 3, 4, \cdots$，简单采用自然数的序列，这种方法称为线性探查。

（2）设计另一个散列函数 h_2，令 $d_i = i \times h_2(key)$，称为双散列探查。

开地址法示例

【例 8.3】 假设关键码为整数，存储数据的表长度为 13（下标范围是 0~12）。采用简单的散列函数，取 $h(key) = key \textbf{ mod } 13$。这些确定了散列表的基本设计。

假设有关键码集合（相关数据不需要考虑）：

$$KEY = \{18, 73, 10, 5, 68, 99, 22, 32, 46, 58, 25\}$$

通过计算可以得到：

h(18) = 5	h(73) = 8	h(10) = 10
h(5) = 5	h(68) = 3	h(99) = 8
h(22) = 9	h(32) = 6	h(46) = 7
h(58) = 6	h(25) = 12	

首先考虑**线性探查法**。图 8.3 展示了插入这些数据的过程中的一些情况。插入前 3 个数据项的过程中没出现冲突，得到状态 (1)。随后要插入关键码 5，算出的散列值是 5，但位置 5 已有其他数据，出现冲突。这时按线性探索规则，将关键码存入位置 6。下一个关键码 68 存入位置 3，而后关键码 99 因冲突存入位置 9，得到状态 (2)。下一个关键码 22 应该存入位置 9，以前并未出现过映射到这里的关键码，但是由于冲突消解，原本应该映射到位置 8 的关键码 99 被存入这里。根据线性探索规则找到下一个位置 10，发现这里也被占用，只能把 22 存入位置 11。随后的情况类似，关键码 32 应存入位置 6 但只能存入位置 7；关键码 46 映射到位置 7，经过一系列试探后存入位置 12。最后的关键码 58 和 25 情况类似，分别存入位置 0 和 1。存入所有关键码之后的状态如图中 (3) 所示。

0	1	2	3	4	5	6	7	8	9	10	11	12	
					18			73		10			(1)

0	1	2	3	4	5	6	7	8	9	10	11	12	
			68		18	5		73	99	10			(2)

0	1	2	3	4	5	6	7	8	9	10	11	12	
58	25		68		18	5	32	73	99	10	22	46	(3)

图 8.3 散列表的线性探查实例

从上面例子可以清晰地看到，随着表中数据增加，冲突也越来越频繁。而且，随着数据在表中逐渐堆积成段，线性探查序列变得越来越长。新关键码不仅与前面的同义词冲突，还可能与由于冲突而迁移来的关键码冲突，情况变得越来越糟，操作的效率大大下降。

考虑双散列探查，取 $h_2(key) = key \bmod 5 + 1$。图 8.4 展示了按这种规则存入同样关键码的过程中的一些状态。

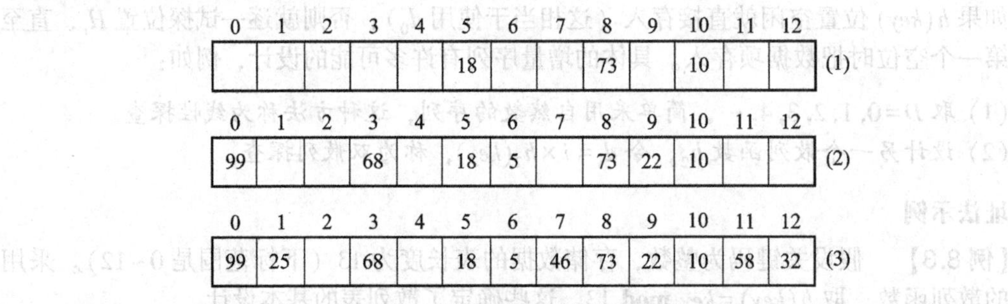

	0	1	2	3	4	5	6	7	8	9	10	11	12
(1)						18			73		10		
(2)	99			68		18	5		73	22	10		
(3)	99	25		68		18	5	46	73	22	10	58	32

图 8.4　散列表的双散列探查实例

前 3 项插入中没有冲突，还是达到 (1) 所示的状态。随后要插入关键码 5，但其位置已有数据。按双散列探查规则算出 $h_2(5) = 1$，就是下一位置，关键码 5 存入位置 6。下一关键码 68 存入位置 3。随后的 99 要求存入位置 8 但发现冲突。求出 $h_2(99) = 5$，探查一步发现位置 0 空闲，将 99 存入这里。随后的关键码 22 直接存入其散列位置 9，达到状态 (2)。关键码 32 散列到 6 但发现冲突。求出 $h_2(32) = 3$，探查两步后将 32 存入位置 12。随后的 46 没有冲突，存入位置 7。关键码 58 本应存入位置 6 但出现冲突，求出 $h_2(58) = 4$，探查一步存入位置 11。最后 25 被存入位置 1，结束情况如 (3) 所示。

在双散列探查的过程中，检查的位置以不同方式跳跃获得。这样做有可能减少关键码堆积的发生。当然，随着表中元素增加，冲突越来越严重的情况是必然的。

检索和删除

现在考虑开地址方法下的检索与删除操作。显然，这两个操作中共同的第一步是找到关键码在表中的位置，或者确定其不存在，也就是检索。

1. 检索操作

在采用开地址法的散列表上检索，工作方式与插入的第一步类似。对给定的 *key*：

（1）调用散列函数，求出 *key* 对应的散列地址；

（2）检查相应位置，如果这里无数据项，就说明散列表里不存在该关键码，失败结束；

（3）否则（所检查的位置有数据），比较 *key* 与保存在所确定位置的关键码，如果两者匹配则检索以成功结束，得到相关数据项；

（4）否则，根据散列表的探查序列找到**下一个地址**，并回到步骤 2。

可见，为了确定**找不到**元素，我们需要为单元的**无值状态**设计一种表示方式。

2. 删除操作

删除的第一步也是基于关键码找到要删除的元素，这与检索完全一样。但开地址法给删除操作带来了一个麻烦：需要删除的数据有可能处于其他元素的探查路径上。如果简单地将其删掉，就可能切断其他元素的探查路径，导致那些元素失联，由此造成一些数据项实际上还在字典里，但却无法被找到的情况。这是不能允许的。

解决这个问题的办法是，在被删除的元素位置放入一个特殊标记，而不是空位标志。在执行检索操作时，我们把这种标记看作有元素并继续向下探查；而执行插入操作时，则把这种标记看作空位，允许把新元素存入这里。

8.3.4　外消解技术

在散列表存储区的内部解决冲突，可用的手段比较有限。现在考虑外消解技术。

溢出区方法

一种外消解技术是另设一个溢出存储区。插入数据项时，如果关键码的散列位置空闲就直接插入，否则就把数据和关键码一起存入溢出区。数据在溢出区里顺序排列。相应的，检索和删除时也是先检查正常的散列位置，如果那里有数据但关键码不匹配，就转到溢出区顺序检索，直至找到具有相应关键码的数据，或确定不存在这种数据。

如果冲突项很少，溢出区里的实际数据就会很少，这种方式的效果还不错。但是，随着溢出区中数据量的增长，字典的性能就会趋向线性。

桶散列

另一种基本技术是数据项不保存在散列表的基本存储区，而是另外存放，散列表里保存对数据项的引用。基于这种想法可以开发出很多不同的具体设计。这种技术被称为桶散列，现在介绍其中最简单的设计，称为拉链法。

在桶散列技术里，散列表的每个元素引用着一个保存实际数据项的“存储桶”，桶散列的名字由此而来。具体字典可以采用不同的存储桶结构。在拉链法中，一个存储桶就是一个链接的结点表（链表）。散列值相同的数据项（互为同义词）保存在对应于该散列值的同一个链表里。图 8.5 描绘了一个采用拉链法的散列字典。采用这种技术，所有数据项都能统一处理（无论其是否为冲突项），而且能容忍任意大的负载因子。

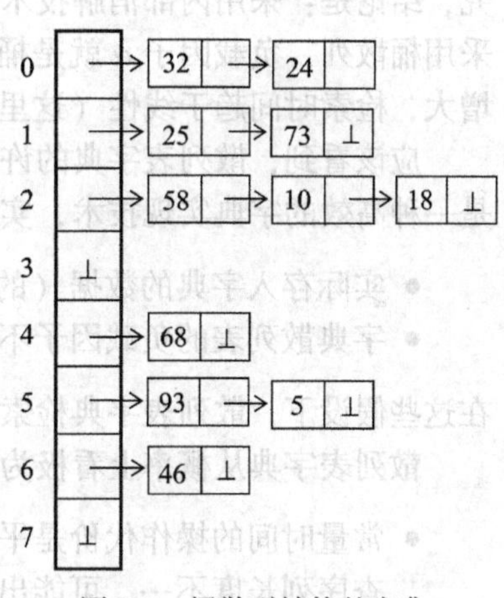

图 8.5　桶散列结构的字典

假设散列表存储区有 8 个存储位置，以取模 8 的余数作为散列函数。顺序将关键码集合 KEY = {18, 73, 10, 5, 68, 93, 24, 32, 46, 58, 25} 的元素存入字典，最终状态如图 8.5 所示。

在这种结构上的操作都分为两个阶段：顺序表上的直接位置映射和链接表的顺序操作。插入时先找到关键码的散列位置，然后执行插入。最简单实现是把新数据项插入链接表前端，如果不允许重复关键码，就必须检查整个链表。检索关键码时，先通过散列找到结点表，再顺序检查。删除操作的过程与检索类似，找到目标元素后执行删除。

在实际应用中，桶散列技术可以有许多变化。拉链法是最简单的桶结构，可以采用其他结构，也可以采用顺序表，或者下面将要讨论的其他结构。桶散列结构可用于实现大型字典，也可用于组织大量数据，包括外存文件等。

8.3.5　散列表的性质

现在讨论散列表的一些重要的性质。很容易看到，散列表的各种操作在性质上存在许多随机因素，与表的状态和作为参数的关键码有关，细致的数学分析只能是概率的。下面只是论述一些可能的现象，并不计划做严格的数学分析。

扩大存储区，用空间交换时间

首先，无论采用哪种消解技术，随着元素的增加，散列表的负载因子增大，出现冲突的可能性也会增大。采用开地址法实现，表中数据的增加最终导致存储区溢出；采用溢出区方法，造成的情况是溢出区越来越大，检索效率越来越趋向线性；而使用拉链法，负载因子增大对应着各个存储桶增大，结点链的平均长度增加。

显然，我们可以考虑在负载因子达到一定程度时，扩大散列表的基本存储表。在前面讨论顺序表时，我们已经仔细研究过扩大存储的策略和性质。散列表带来的新问题是不能简单地把元素拷贝到新存储区。存储区扩大后需要相应调整散列函数，以便很好地利用新增的存储单元（在这里除余法特别有用），并需要把字典里已有的数据项重新散列到新存储区。可见，扩大存储将付出重新分配存储区和再散列装入数据项的双重代价。

有趣的是，对于散列表，只需要简单地扩大存储，就能从概率上提高字典的操作效率。这是最明显的*用空间交换时间*（这是计算机科学技术领域的一条基本原理）。

负载因子和操作效率

根据上面讨论，负载因子对散列表的效率有决定性的影响。人们对这个问题做了些研究，结论是：采用内部消解技术，负载因子 α 不超过 0.7~0.75 时平均检索长度接近常量。采用桶散列，负载因子 α 就是桶的平均大小（对拉链法是链的平均长度）。随着负载因子增大，检索时间趋于线性（这里只是除以一个常量因子，平均桶长=数据项数/桶数）。

应该看到，散列表字典的许多性质都是概率性的，而不是确定性的。人们常说散列表是一种高效的字典实现技术，实际上，这种说法有一些基本假设：

- 实际存入字典的数据（的关键码）的散列函数值分布均匀；
- 字典散列表的负载因子不太高（按上面说法，应该在 0.7 以下）。

在这些假设下，散列表字典检索、插入、删除操作的时间开销都可以看作常量。

散列表字典从概率上看极为高效，但事情也有另一面，存在一些重要的异常情况：

- 常量时间的操作代价是平均代价，而不是每次操作的实际代价。由于不同元素的探查序列长度不一，可能出现一些操作的代价奇高的情况。
- 一般而言，关键码冲突必然会发生，并因此导致不同操作代价之间的差异。这种差异可能很大，而且很难事先估计和预测。
- 不断插入元素导致负载因子不断增大。为保证操作效率就需要扩容，从而导致一次超高代价的插入操作。而且，我们无法预计这种高代价操作会在什么时候出现。
- 字典内部数据项的排列顺序无法预知，也没有任何保证。

一些不好的情况也有可能出现，例如：

- 在实际应用中，完全可能出现一大批数据（的关键码）的散列值相对集中的情况，导致一些操作的性能非常差。极端情况是大量常用数据项集中在一个或几个散列值，导致非常长的探查序列，从而造成散列表字典极端低效的情况。
- 基于内消解机制的字典，在长期使用中性能通常会变差。因为长期使用中可能产生大量已删除元素的位置，导致很长探查的序列，影响操作的效率。

可能技术和实用情况

前面介绍的是基本散列表的情况。实际实现时还可以考虑一些变化，例如：

- 给用户提供检查负载因子和主动扩大散列表存储区的操作。这样，用户就可以在一段效率要求高的计算之前，根据需要把散列表先行调整到足够大的容量。
- 对于开地址散列表，设法记录被删除项的数量或者比例，在一定情况下自动整理存储区。最简单的方法是另外分配一块存储区，把散列表里的有效数据项重新散列到新区。这种重新散列就可以消去开地址散列表里所有已删除项留下的空位。

散列表字典在计算机软件中使用非常广泛，人们已经积累了许多设计和实现的经验。许多编程语言或标准库提供了基于散列表的字典结构，经常被称为 map、table，或者 dictionary。有些软件以散列表作为基本实现技术，例如著名的数学软件 Maple 等。

Python 的标准类型 `dict` 就是基于散列表实现的，有关情况将在下面介绍。Python 系统实现中的很多地方也使用了散列表，后面也有简单介绍。

8.4 集合

集合是数学领域最重要的一个基本概念，主要关注个体与个体的汇集之间的关系。其中的个体称为*元素*，是不加定义的基本概念，个体的汇集称为*集合*。

在计算机科学技术领域，具体的数据项可以看作个体，数据项的汇集就是集合，因此可以借用数学的概念和相关的定义，处理数据与数据汇集之间的关系。这也就是我们在讨论作为数据结构的集合概念和结构时，希望考虑的问题。

8.4.1 集合的概念、运算和抽象数据类型

在讨论集合时，首先有一批需要关注的个体，它们有清晰的定义而且互不相同。具体的个体是什么依赖于具体问题，在讨论集合的概念及其相关论题时并不关心。

概念和集合描述

一个集合 S 就是一些个体的汇集。如果集合 S 里有个体 e，我们就说 e 是 S 的一个*元素*，或说 e *属于*集合 S，用记法 $e \in S$ 表示这个事实。个体 e 不属于集合 S 用 $e \notin S$ 表示。包含（我们目前关注的）所有个体的集合称为*全集*。

描述集合的一种方法是明确列出其中的所有元素，这种写法称为集合的*外延表示*，具体写法是用一对花括号，在其中列出集合的所有元素。例如 $\{1, 2, 3\}$ 表示了一个包含三个整数的集合。显然，这种外延表示只能描述有穷集合。

集合的另一种描述方法是给出集合中元素满足的性质，这种表示称为集合的*描述式*，或集合的*内涵表示*。在这种写法中，需要用到某种描述性质的方法，严格的方法是用逻辑公式。具体形式是 $\{e \mid p\}$，其中 e 是一个表达式，描述集合的元素，p 说明一些变量的性质，这些变量被用在表达式 e 里“生成”集合的元素。例如：

$$\{x \mid x \text{ 是自然数而且没有除了 1 和其自身之外的其他因子}\}$$

$$\{x + 2y \mid x, y \in \mathbb{N} \wedge x \ \mathbf{mod}\ y = 3\}$$

$$\{s + t \mid s \text{ 是全为字符 a 的串，} t \text{ 是全为字符 b 的串}\}$$

在第一个和第三个描述式里，性质用自然语言和符号的组合形式描述，第二个集合描述中用逻辑公式描述。在下面讨论中，有时也求助于读者的直观理解，并不特别强调用严格完

整的逻辑公式。上面描述的第一个集合是素数集合；第二个集合中的符号 ℕ 表示自然数集，集合元素通过所有满足性质的自然数算出；第三个描述定义了一个字符串集合，其中包含了所有的前面一段全是字符 a、后面一段全是字符 b 的字符串。这几个集合都是无穷集。

集合里元素的个数称为集合的*基数*，或说是集合的*大小*。无穷集合也有不同的基数，这是集合论的一个基本结论。不包含元素的集合称为空集，用∅ 或{}表示。

两个集合 S 和 T 相等，当且仅当它们包含同样的元素。

集合之间另一重要关系是*子集关系*。如果集合 S 的所有元素都是集合 T 的元素，就称 S 是 T 的子集，记为 $S \subseteq T$。显然，任何集合都是其自身的子集，空集是任何集合的子集。此外，如果两个集合相等，则它们互为子集。如果 S 是 T 的子集，但两个集合不相等（也就是说，T 包含了不属于 S 的元素），就称 S 是 T 的真子集，用 $S \subset T$ 表示。一个集合可以是或者不是另一集合的子集，S 不是 T 的子集用 $S \not\subseteq T$ 表示，类似的记法还有 $S \not\subset T$。

集合运算

集合运算是从已有集合出发构造新的集合。几个重要集合运算如下：

求并集运算：从两个集合 S 和 T 出发得到它们的并集，记为 $S \cup T$，定义是：

$$S \cup T = \{e \mid e \in S \vee e \in T\}$$

这里的 $\vee$ 表示逻辑*或*运算，也就是说，$S \cup T$ 的元素或者是 S 的元素，或者是 T 的元素，而且恰好就是那些元素。

求交集运算：从两个集合 S 和 T 出发得到它们的交集，记为 $S \cap T$，定义是：

$$S \cap T = \{e \mid e \in S \wedge e \in T\}$$

这里的 $\wedge$ 表示逻辑与运算，也就是说，$S \cap T$ 包含且仅包含那些既属于 S 也属于 T 的元素。

求差集运算：从两个集合 S 和 T 出发得到它们的差集，记为 $S - T$，定义是：

$$S - T = \{e \mid e \in S \wedge e \notin T\}$$

也就是说，$S - T$ 包含且仅包含那些属于 S 但不属于 T 的元素。

抽象数据类型

在讨论集合的实现问题之前，我们先定义一个抽象数据类型如下：

```
ADT Set:                        # 集合抽象数据类型
    Set(self)                   # 集合构造函数，创建新的空集
    is_empty(self)              # 检查 self 是否为一个空集
    member(self, elem)          # 检查 elem 是否为本集合中的元素
    insert(self, elem)          # 将元素 elem 加入集合，为变动操作
    delete(self, elem)          # 从集合中删除元素 elem，是变动操作
    intersection(self, oset)    # 求出本集合和另一集合 oset 的交集
    union(self, oset)           # 求出本集合和另一集合 oset 的并集
    different(self, oset)       # 求出本集合减去另一集合 oset 的差集
    subset(self, oset)          # 判断本集合是否 oset 的子集
    ……
```

集合数据类型应该支持建立新集合、修改已有集合，以及基于已有集合建立新集合的操作，还有检查成员关系的 member，判断子集关系的 subset。这里的集合运算（求交集、并

集和差集）都是非变动操作，生成新集合作为运算的结果。也可以定义相应的变动操作。

8.4.2 集合的实现

现在考虑集合的实现。显然，集合有元素，也可以看作一种容器数据结构，可以采用前面讨论过的实现元素容器的各种技术来实现。

最基本的元素判断也就是在集合里检索，元素的地位类似于字典里的关键码，只是没有关联数据。我们把集合元素直接存储在保存字典项（关联）的位置，检查元素关系就对应到字典查询。集合需要的创建/空集检查/加入/删除等在字典里都有对应。这些说明，字典的任何实现技术都可用于实现集合（包括后面将要讨论的技术）。

实现集合数据结构时，还要考虑常用集合运算的实现。求并集、交集、差集（也称为相对于某个集合的补集）等都是从两个已有集合得到另一个集合，不难实现。当然，在做这些操作时，还需要特别考虑实现的效率。下面讨论几种可能的实现方法。

简单线性表实现

显然，线性表可以作为集合的实现基础。深入考虑这样做的情况，立刻就会发现一个问题：从集合之外看不到内部，只能通过 member 判断元素关系。实现中是否维持集合里元素的唯一性就变成了一种设计选择。从使用的观点，集合实现只需保证下面性质：把一个元素加入集合后，检查它是否在集合里的判断必须是真；而没加入的元素，或者已删除的元素，检查它是否在集合里的判断是假。只要满足这些约束，内部实现可以任意变化。

例如，下面两套插入/删除方式都可以正确地实现集合的功能：

1. 插入元素时，首先检查它是否已经在集合里，只有该元素不存在时才实际插入，保证集合（线性表）中元素的唯一性；删除元素时找到（唯一的）目标元素并将其删除。
2. 插入元素时简单将其加入集合（线性表）；删除元素时检查整个表，删除指定元素的所有拷贝（由于插入操作的实现方式，同一个元素可能出现多次）。

不难看到，这两套实现方案的操作代价不同，更严格地说是操作之间的代价分配不同。下面只考虑保持元素唯一性的实现方式，另一种方式请读者自己考虑。

确立了保持元素唯一性的基本要求之后，建立和维护一个集合，也就是建立和维护一个无重复元素的顺序表。判断元素关系就是在表中检索元素的存在性，这是一个 $O(n)$ 时间操作，以集合中的元素数为 n。下面考虑集合运算的实现，这是新问题。

求两个集合的交集时需要找出同时属于两个集合的所有元素。为此需要逐个考察一个集合的元素，如果它也属于另一集合就加入结果集合。设两个集合分别有 m 和 n 个元素。检查第一个集合的各元素需要做 m 次。判断是否属于另一集合是 $O(n)$ 操作。所以，求交集操作的复杂度是 $O(m \times n)$。不难看到，求并集和差集的情况类似，操作代价都比较高。

这些操作的工作方式都是顺序扫描，这种方式对顺序表或链接表都适用，效率也没有质的不同。总结一下，用简单线性表实现集合，技术很简单，主要缺点是元素判断和几个集合运算的操作效率都比较低。

排序顺序表实现

从前面的讨论可知，如果元素存在一种序，如整数的小于等于、字符串的字典序等，我们就可以用排序的方式存储表元素。这将使检索（元素判断）可以在 $O(\log n)$ 时间完成（二分法检索），与简单顺序表相比有质的改进。为了保证元素的唯一性，插入时也需要检索。假设表中元素从小到大排序，插入元素时可以采用下面方式：

```
假设要把 e 插入 S
用二分检索在 S 里查找 e
如果找到就结束
否则就确定了插入位置，后移后面的元素并实际插入 e
```

由于要保持元素的唯一性，因此这里不能采用像顺序表的定位插入那样边检查边移动元素的方式（确定了 S 里有 e 就不应该移动元素了）。删除操作也需要用相应的方式实现。

另一个情况更重要：采用排序的方式存储表中元素，能大大提高各种集合运算的效率。作为例子，下面考虑求交集的算法，其他操作可以类似地实现。

假设我们需要求交集的集合 S 和 T 由两个 Python 的表 s 和 t 表示，结果集合用表 r 表示。下面是求交集的算法（注意，这里假设 s 和 t 的元素都从小到大排列）：

```
r = []
i = 0 # i 和 j 是 s 和 t 中下一次检查的元素的下标
j = 0
while i < len(s) and j < len(t):
    if s[i] < t[j] :
        i += 1
    elif t[j] < s[i] :
        j += 1
    else: # s[i] = t[j]
        r.append(s[i])
        i += 1
        j += 1
# 现在 r 就是得到的交集
```

显然，如果 s 的当前元素小于 t 的当前元素，s 的这个元素不会属于交集，应该转去考虑 s 的下一元素。t 的当前元素较小时也同样处理。两个当前元素相等时才属于交集。

考虑上述算法的复杂度。有一个情况很显然：主循环每次迭代总能处理掉两个集合里的至少一个元素，所以时间复杂度是 $O(m+n)$，与简单顺序表的 $O(m \times n)$ 相比有质的提高。不难看到，求并集和差集也可以采用类似技术，它们的时间复杂度也都是 $O(m+n)$。

散列表实现

散列表技术同样可以用于实现集合，如果这样做：

- 一个集合就是一个散列表。
- 插入/删除元素对应于散列表中插入/删除关键码。
- 集合元素判断对应于关键码检索。
- 各种集合运算都是基于散列表操作建立新的散列表，没有实质性困难。

集合操作的效率由散列表的性质确定，具有概率性。在最佳情况下各种操作都很高效：插入/删除和元素判断的代价几乎是常量。求交集/并集/差集具有近乎 $O(m+n)$ 复杂度，其中 m 和 n 为集合的大小。注意，为了实现这些操作，还需要设计一种遍历散列表的方法。

如果有了散列表，基于它实现一种集合数据类型没有太大困难。这个工作留作练习。

8.4.3　特殊实现技术：位向量实现

现在考虑一种特殊的集合实现技术。

不难看到，检查一个元素是否属于一个集合，是一种二值判断。基于这一认识，人们提出了一种专门的集合实现技术：集合的位向量表示。如果程序里用到的一批集合有一个（不太大的）公共超集 U，也就是说，需要使用的集合都是某个固定的集合 U 的子集，就可以考虑用位向量技术实现这些集合。具体实现方法是：

- 假设 U 包含 n 个元素，给每个元素确定一个编号作为该元素的下标。
- 对任何需要考虑的集合 S（注意，根据上面的假定，$S \subseteq U$），用一个 n 位的二进制序列（也就是所谓的位向量）v_S 表示 S，方法是：对任何元素 $e \in U$，如果 $e \in S$，就令 v_S 里对应于 e（的下标）的那个二进制位取值 1，否则就令该位取值 0。

显然，要检查一个元素 e 是否属于集合 S，只需要检查 v_S 里对应于 e 的那个位是否为 1；把元素 e 加入集合 S 应实现为把 v_S 里对应于 e 的位设置为 1；从 S 里删除 e 实现为把 v_S 里对应于 e 的位设置为 0。另外，v_S 里值为 1 的二进制位的个数就是 S 的元素个数；全 0 的 n 位二进制序列对应于空集，全 1 的二进制序列对应于 U。

【例 8.4】 设 U_1 是集合 $\{a, b, c, d, e, f, g, h, i, j\}$，共包含 10 个元素，我们按字母序把这些字母分别对应到下标 $0, 1, 2, \cdots, 9$，U_1 的任何子集都能用一个 10 位的位向量表示：

$\{\}$用 0000000000 表示，U_1 用 1111111111 表示

$S_1 = \{a, b, d\}$ 对应于 1101000000，$S_2 = \{a, e, i\}$ 对应于 1000100010

用位向量表示集合，各种集合操作都可以通过逐位操作实现：

- v_S 和 v_T 的第 i 位都是 1 时，交集 $S \cap T$ 的位向量 $v_{S \cap T}$ 的第 i 位取值 1，否则取值 0。
- v_S 和 v_T 的第 i 位都是 0 时，$v_{S \cup T}$ 的第 i 位取值 0，否则取值 1。
- v_S 的第 i 位是 1 而 v_T 第 i 位是 0 时，v_{S-T} 第 i 位取值 1，否则取值 0。

【例 8.5】 设 U_1 和下标安排皆同上例，下面是几个集合运算的例子：

子集	位向量表示
$S = \{a, b, d\}$	1101000000
$T = \{a, e, i\}$	1000100010
$S \cap T = \{a\}$	1000000000
$S \cup T = \{a, b, d, e, i\}$	1101100010
$S - T = \{b, d\}$	0101000000

应该看到，采用位向量表示，各种操作的代价都需要基于集合 U 的大小来度量，而不能基于被操作集合的实际元素个数度量。因为无论被操作集合的元素有多少，即使是空集，它的表示也与其他集合一样大，扫描其中元素也需要扫描整个位向量。

集合的位向量表示比较紧凑，空间利用率较高，在一些情况下比较适用：全集 U 的规模适当，不是太大，而且需要处理的都是 U 的子集。此外，一些语言支持位操作，包括 Python 和 C 语言等，其中的位运算可直接支持实现各种集合运算。位向量集合常用在操作效率要求较高，或存储资源受限的环境中，常用较低级的语言实现，例如 C 语言。

如前所述，所有适合用于实现字典的技术，都可以用于实现集合。8.6 节 ~8.8 节将要讨论的字典实现技术同样可以作为集合的实现基础，请读者考虑。

8.5 Python 的标准字典类 dict 和集合类 set

由于字典和集合都是程序中经常使用的数据结构，Python 语言的内置类型包括一个字

典类型（dict）和两个集合类型（set 和 frozenset）。在 Python 语言的官方实现里，这些类型都是基于散列表技术实现的数据结构，采用内消解技术解决冲突。下面以 dict 为例介绍一些细节。

- dict 类型的对象采用散列表技术实现，其元素是 key-value（即关键码-值，或键-值）对，关键码可以是任何不变对象，值可以是任何对象。
- 在创建空字典或者很小的字典时，初始分配可容纳 8 个元素的存储区。
- dict 对象在负载因子超过 2/3 时自动更换更大的存储区，并把已经保存的内容重新散列到新存储区里。如果当前元素不太多时，按当时容量的 4 倍分配新存储区。当字典元素超过 50 000 时，改为按当时容量的 2 倍分配新存储区。

上面说的是字典 dict 的情况，Python 集合的情况与此类似，许多实现代码完全一样。当然，fronzenset 是不变对象，一旦建立后不会动态变化。

字典等类型除了作为数据类型供编程时使用外，还在官方 Python 系统的实现里广泛使用，不少内部机制的实现也基于字典结构，如全局/模块/类的名字空间等。程序运行中经常需要查找各种名字的关联信息。在一个名字空间里，特别是在全局的或大型的模块里，可能定义了很多名字，使用字典实现能得到较高的效率。

Python 规定 dict 的关键码，以及 set 和 frozenset 的元素只能是不变对象，就是为了保证散列表的完整性（保证数据项检索和删除的正确实现）。原因很清楚：如果允许关键码为可变对象，插入元素时根据关键码计算的位置，在关键码变动后，相应字典元素的存储位置就不符合散列规则了，无法保证还能正确找到它们。如果确实需要修改数据的关键码，只能先删除原数据项，然后再用新关键码重新插入。

Python 标准函数中有一个 hash 函数，其功能就是按某种特定的方式计算参数的散列值。对一个对象调用 hash 函数，它或者返回一个整数，或者抛出一个异常，表示本函数对该对象无定义。hash 函数对可变对象（如 list 对象，或包含了可变成分的序对对象）无定义，调用时将抛出异常“TypeError: unhashable type”。dict、set 等类型的实现中都用这个 hash 函数计算关键码（或元素）的散列值。

hash 函数对各种内置不变类型都有定义，包括不变组合类型 str、tuple、frozenset 等。hash 的定义还保证，当两个不变对象 a == b 成立时，其 hash 值也相同。

Python 采用了统一的设计：程序调用标准函数 hash 时，解释器将到参数所属的类里找名为 __hash__ 的方法。在 Python 内置类型中，凡是函数 hash 有定义的类型中都定义了 __hash__ 方法，没有 __hash__ 方法时 hash 函数无定义。

如果希望某个自定义类的对象也能作为 dict 或 set 等的关键码，就应该为这个类定义 __hash__ 方法。该类的对象是否可变是编程者的责任。如果这种对象可变，用作关键码加入字典或集合后，修改它们的值后果自负。

8.6　二叉排序树和字典

从字典功能实现的角度看，前面讨论的两种结构各有优点和缺点。

- 基于线性表实现字典，结构简单，易于实现，但是有不少缺点：
  - 基于简单线性表时检索效率很低，插入/删除的效率也很低。
  - 基于排序的顺序表使得检索效率大大提高，但插入/删除的效率仍然很低。而且，这种实现只适用于关键码上存在某种合适的序的情况。

用顺序表作为实现字典的基础技术，总存在一些低效操作，特别是变动操作，因此只适用于小型字典，不适用于大型、动态的字典。

- 散列字典的操作效率高（基于概率考虑），对关键码类型无特殊要求，应用广泛。但是，基于散列的字典没有确定性的效率保证，不适合对效率有严格要求的环境。另外，散列表中不存在遍历元素的明确顺序。

还有一点也值得提出。上面两种结构都把字典元素存储在一个连续存储块里，管理比较方便[⊖]。但是，如果字典很大，就需要很大块的连续存储，动态修改不太方便（例如顺序表的插入/删除操作可能移动很多元素），也不适合用于实现很大的字典。现在大型的计算机应用系统越来越多，对巨型字典的需求与日俱增。

为了更好地支持存储内容的动态变化，应该考虑链接结构。此外，基于链接结构，很容易利用大量的小存储块构造出大规模的容器，包括巨型的字典。

考虑上面分析中看到的各种情况，我们很容易想到树形结构，因为：

- 它们可以用链接方式实现，因此比较容易处理元素的动态插入/删除问题。
- 在树形结构里，从根到任意结点的平均路径的长度可能很小，与树中结点的个数呈对数关系，因此有可能实现高效操作（只要能维持良好的树形结构）。

人们研究、开发了很多可能用于实现字典的树形结构。在这些研究中，人们除了关心正确和高效地实现字典功能的基本考虑外，还关注了另外一些重要问题，如：

- 支持高效的结构调整，并设法保证长期工作的系统仍能维持良好的性能。
- 支持实现大型字典的典型需要，例如支持数据库系统等的实现。
- 尽可能很好地利用计算机系统的存储结构，例如，很好地利用内存和外存（磁盘、磁带等），以及硬件缓存等多层次存储结构。
- 用于为大型数据集合建立索引，提高各种复杂（复合）查询的效率。

下面将首先考虑最简单的树形结构——二叉树，研究基于二叉树的字典实现技术。我们将看到，在用于实现字典时，二叉树也有多种不同的使用方式。8.8 节将介绍其他树形结构在实现字典方面的应用，说明有关结构对创建外存字典的适用性。

在开始具体的讨论之前，首先需要请读者注意二叉树（以及其他树形结构）最重要的特点（包括正反两个方面）：

- 如果树结构“良好”，其中最长路径的长度与结点的个数呈对数关系。
- 如果树结构“畸形”，其中最长路径的长度可能与结点的个数呈线性关系。

8.6.1 二叉排序树

本节首先介绍二叉排序树（Binary Sort Tree）的概念。简言之，二叉排序树是一种用于存储数据的二叉树，可用于把字典的数据存储和查询功能融合在二叉树的结构中。采用二叉树作为字典存储结构，有可能得到较高的检索效率；采用链接式的实现方式，数据项的插入、删除操作都比较灵活、方便。这里的基本想法是：

⊖ 除了桶散列技术，它是连续存储和链接存储的组合。但其基本部分仍是一个连续的元素存储区，如果希望支持很大的字典和高效操作，这个存储区也需要有很大的容量。

- 在二叉树的结点里存储字典中的数据；
- 为二叉树安排好一种字典数据项的存储方式，使字典查询等操作可以利用二叉树的平均高度（通常）远小于树中结点个数的性质，使得检索能沿着树中路径（父子关系）进行，从而获得较高的检索效率。

二叉排序树可以用于实现关键码有序（存在常规使用的或强制定义的序关系）的字典，树中数据的存储和使用都利用了关键码的序。

定义和性质

定义：二叉排序树是一种在结点里存储数据的二叉树。一棵二叉排序树或者为空，或者具有下面的性质：

- 其根结点里存储着一个数据项（包含关键码）；
- 如果其左子树不空，那么在其左子树的所有结点里存储的数据（关键码）值均小于（若不要求严格小于，也可以是“不大于”）根结点里存储的数据（关键码）值；
- 如果其右子树不空，那么在其右子树的所有结点里存储的数据（关键码）值均大于根结点里存储的数据（关键码）值；
- 非空的左子树或右子树也是二叉排序树。

显然，二叉排序树也是一种递归结构，其左右子树具有与整棵树同样的结构。也就是说，它们不仅具有二叉树结构，树中数据的存储方式也符合二叉排序树的要求。根据二叉排序树中数据的存储方式，对这种树做中序遍历，得到的关键码序列是递增的（可能非严格递增）。如果树中有重复关键码，相等关键码必定位于中序遍历序列中的相邻位置。

易见，前面介绍过的二分法检索的判定树都是二叉排序树。

【例 8.6】　考虑关键码的序列 KEY = [36, 65, 18, 7, 60, 89, 43, 57, 96, 52, 74]。图 8.6 给出了两棵二叉树，它们的结点里都存储着这组数据。仔细检查不难确认，这两棵二叉树都是二叉排序树。由这个实例可见，同一集数据对应的二叉排序树不唯一。

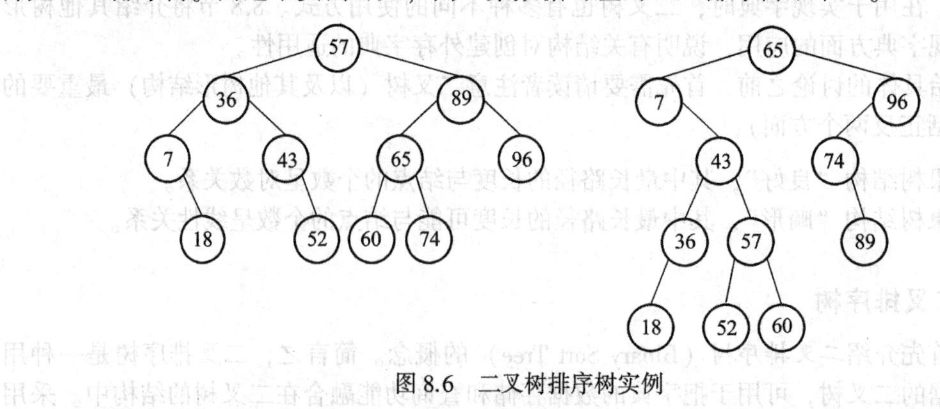

图 8.6　二叉树排序树实例

下面的讨论将集中关注二叉排序树本身的结构，忽略关键码以外的其他数据，因为它们对这种数据结构的性质和操作都没有影响。

性质　一棵结点中存储着关键码（数据）的二叉树是二叉排序树，当且仅当通过中序遍历这棵二叉树得到的关键码序列是一个（非严格）递增的序列。

二叉排序树既可以用于实现字典，将数据直接保存在树结点里；也可用作索引结构，实际数据另外存储，结点里与关键码关联的是数据的存储位置。因此，在下面讨论中将不区分二叉排序树是作为字典的索引还是作为字典本身，讨论其他结构时也这样考虑。

二叉排序树上的检索

二叉树的任何实现技术都能用于二叉排序树。如果考虑树结构的动态变化，使用链接结构最合适。下面考虑基于前面定义的 BinTNode 类实现二叉排序树。

在研究二叉排序树类的实现之前，我们先考虑这里的检索算法。由于二叉排序树（及其子树）根中的关键码总把树中关键码划分为较小和较大的两组，用检索码与之比较，就能确定下一步应该到哪棵子树去检索（这一过程是递归的）。下面函数用循环实现这个过程：

```
def bt_search(btree, key):
    bt = btree
    while bt is not None:
        entry = bt.data #假定bt.data是Assoc对象
        if key < entry.key:
            bt = bt.left
        elif key > entry.key:
            bt = bt.right
        else:
            return entry.value
    return None
```

函数里根据检索码与当前结点关键码的比较情况，决定向左走还是向右走。遇到关键码相同时检索成功结束，返回关键码的关联值；无路可走时失败结束并返回 None。

二叉排序树（字典）类

现在考虑基于二叉排序树的思想定义一个字典类，并分析和实现类中的主要算法。这个类的接口应该参考前面给出的字典抽象数据类型，其基础元素是前面定义的二叉树结点类和关联类，检索方法是上面检索函数的简单修改：

```
class DictBinTree:
    def __init__(self):
        self._root = None

    def is_empty(self):
        return self._root is None

    def search(self, key):
        bt = self._root
        while bt is not None:
            entry = bt.data
            if key < entry.key:
                bt = bt.left
            elif key > entry.key:
                bt = bt.right
            else:
                return entry.value
        return None
```

应该给字典定义一个迭代器方法，生成树中所有数据值的序列，以便字典使用者通过 for 循环或其他方式使用字典里的数据。下面的生成器方法提供这一功能：

```
def values(self):
    t, s = self._root, SStack()
    while t is not None or not s.is_empty():
        while t is not None:
            s.push(t)
            t = t.left
        t = s.pop()
        yield t.data.value
        t = t.right
```

这个函数完成中序遍历。对字典而言，按其他序遍历的价值不大。

用户也可能想得到字典里的关键码-值对，我们可以修改上面函数里的 yield 语句，让它直接返回 t.data，这是一个 Assoc 类对象。但深入思考就会发现这种做法极不安全。注意，t.data 的值对象不仅包含一对关键码-值关联，还有更重要的意义：其关键码是整个二叉排序树的数据完整性的一部分。如果用户拿到关联对象后有意或无意修改了其中 key 的值，整个字典就可能被破坏，关键码不再正确排序了。但用户未必清楚这样做的后果，无论我们在用户手册中如何严肃地警告，或早或晚会有人在这里出错。

注意到这种危险，下面的方法定义里采用了另一种合理的设计：在找到了所需的关联后，取出其中的关键码和值，重新构造一个序对返回：

```
def entries(self):
    t, s = self._root, SStack()
    while t is not None or not s.is_empty():
        while t is not None:
            s.push(t)
            t = t.left
        t = s.pop()
        yield t.data.key, t.data.value
        t = t.right
```

这样，只要关键码本身不是可变对象，用户就不能破坏字典的完整性。这段讨论再次说明了 Python 对其内置字典 dict 关键码的基本要求的意义。

考虑二叉排序树字典的实现时，最重要的操作是数据项的插入和删除。这两个操作都需要修改树的结构。我们先考虑字典项的插入操作。这个操作不仅需要保证二叉树的结构完整，并把新数据项加入树中（需要插入新结点），还要保持树中结点数据的正确顺序。为此，就需要找到加入新结点的正确位置，并将新结点正确链接在树中。

字典插入总会遇到一个问题：遇到与检索关键码相同的数据项时怎么办？这种情况应该根据实际需要处理。例如把它看作出错，或者什么也不做（丢掉新数据），或者允许出现关键码重复的项而直接插入新结点[㊀]。为简化讨论，我们采用一种简单方法：总是用新值替换关键码原来的关联值，这样做也保证了字典里不会出现关键码重复的项。

查找位置也就是用关键码检索，下面是基于检索插入数据的基本算法：

- 如果二叉树空，就直接建立一个包括新关键码和关联值的树根结点。
- 否则搜索新结点的插入位置，沿子结点关系向下：
  - 遇到应该走向左子树而左子树为空，或者应该走向右子树而右子树为空时，就是找到了新字典项的插入位置，构造新结点并完成实际插入。
  - 遇到结点里的关键码等于被检索关键码，直接替换其关联值后结束。

㊀ 请读者考虑如何实现，及其对检索、删除等操作的影响，作为练习。

函数实现如下：

```
def insert(self, key, value):
    bt = self._root
    if bt is None:
        self._root = BinTNode(Assoc(key, value))
        return
    while True:
        entry = bt.data
        if key < entry.key: # 考虑左子树
            if bt.left is None:
                bt.left = BinTNode(Assoc(key, value))
                return
            bt = bt.left
        elif key > entry.key: # 考虑右子树
            if bt.right is None:
                bt.right = BinTNode(Assoc(key, value))
                return
            bt = bt.right
        else:
            bt.data.value = value
            return
```

下面考虑最复杂的二叉排序树操作：删除具有给定关键码的元素。基本要求还是两条：既保证相应的项被实际删除，又保证删除后的结构还是二叉排序树，其中数据仍能正常检索和使用。当然，如果请求删除的关键码不存在，二叉树应该保持不变。

完成删除也存在多种可能的做法。例如，遍历这棵树，用树中的项另外做一棵二叉排序树，在构造过程中丢掉需要删除的项。根据前面的说法，剩下的项有可能构造出许多不同的树。这个方法的缺点是代价高，时间开销与树中的结点数成正比。

要降低代价，删除操作应该在原结构上做尽可能局部的修改。下面介绍一种方法，并请读者考虑其他方法。请注意二叉排序树的性质：按中序遍历得到的关键码序列是递增的。在设计删除方法、检查其正确性时，应该利用这个性质（也只需要保证这个性质）。

首先分析问题。假设现在已经找到了应该删除的结点 q，它是其父结点 p 的左子结点（q 为 p 的右子结点的情况类似），这时可能遇到几种情况（请参考图 8.7）：

1. q 是叶结点，这时只需将其父结点 p 到 q 的引用置为 None，就完成了删除工作。显然，树中剩下的结点仍然构成一棵二叉排序树。
2. q 是非叶结点时不能简单删除，因为 q 的子树还需要正确连接到删除 q 后的树中。设 q 是其父 p 的左子结点（是右子结点的情况类似），这时又分为两种情况（参考图 8.7）：

   (2.1) q 无右子树（图 8.7a 的上图，无左子树的情况类似）。把 q 的左子树直接作为其父 p 的左子树，得到图 8.7a 下图的状态。删除前的中序序列开始是 L 部分的中序序列，而后是 q 的左子树 M 的中序序列，再后是 q、p 和 R 部分的中序序列。删除后 q 已不在，其余部分顺序不变，显然能维持中序序列的关键码递增。

   (2.2) q 有两棵子树，如图 8.7b 的上图所示。这时先找到 q 的左子树的最右结点，设为 r。用 r 取代 q 作为 p 的子结点。注意，r 没有右子树，把它从其原位删除可以归结为情况（1）或（2.1）。比较删除前后的中序序列，可知这种做法是正确的。

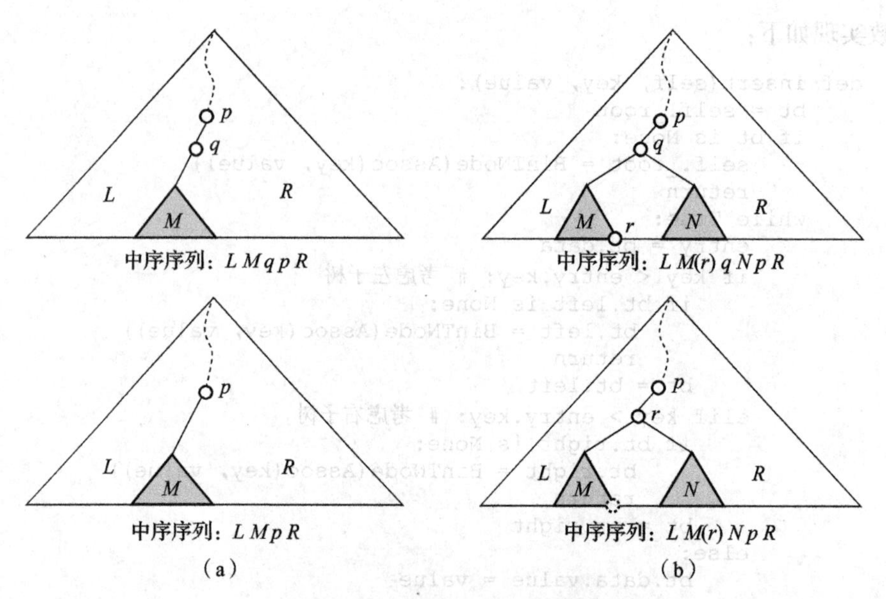

图 8.7　二叉排序树的数据删除

在所有情况下，删除操作之后，树的中序序列中的关键码仍然是递增的，说明方法正确。本方法的特点是尽可能维持原树的结构，而且任何子树在删除前后的高度降低不超过 1。对情况（2.2），我们也完全可以用 q 的右子树中的最左结点作为 r。

下面是删除方法的实现，完全按上面讨论的方式工作。这里首先处理情况（2.2），然后处理删除根结点的情况，最后统一处理被删结点 q 是其父结点 p 的左子结点或者右子结点的情况，无论被删除的是叶结点还是只有一个分支的结点。

```
def delete(self, key):
    p, q = None, self._root  # 维持 p 为 q 的父结点
    while q and q.data.key != key:
        p = q
        q = q.left if key < q.data.key else q.right
    if q is None:
        return  # 树中不存在 key
    # 现在 q 指向要删除的结点，p 为其父或 None（要删除树根结点）

    if q.left and q.right: # q 的左右子树俱全
        s, r = q, q.left
        while r.right: # 找 q 左子树的最右结点，s 为其父
            s, r = r, r.right
        if s is q:          # 是否为 s 需要分别处理
            q.left = r.left # r.left 是否 None 可以统一处理
        else:
            s.right = r.left
        q.data = r.data
        return

    if p is None: # 删除的是根结点，而且至多一棵子树
        self._root = q.left if q.left else q.right
        return

    if q is p.left: # 处理 q 为 p 的左或右子结点（包括是叶结点）的情况
```

```
            p.left = q.left if q.left else q.right
        else:
            p.right = q.left if q.left else q.right
```

这里用了几个条件表达式，使代码更简洁。完全可以用条件语句取代它们。

为了检查二叉树的结构情况，我们把前面输出树中信息的函数移植到这里。这种方法在程序开发中很有用，但在这个类的实际使用中很少用到：

```
    def print(self):
        DictBinTree.print_BinTNodes(self._root)

    @staticmethod
    def print_BinTNodes(t):
        if t is None:
            print("^", end="")
            return
        print("(" + str(t.data), end="")
        DictBinTree.print_BinTNodes(t.left)
        DictBinTree.print_BinTNodes(t.right)
        print(")", end="")
# END class
```

最后定义一个函数，它不是二叉排序树类的一部分，而是一个独立的函数。它基于一系列数据项（关键码和值的二元组）建立起一棵二叉排序树：

```
def build_dictBinTree(entries):
    dic = DictBinTree()
    for k, v in entries:
        dic.insert(k, v)
    return dic
```

性质分析

现在分析上面的二叉排序树实现，主要是各种操作的效率。许多情况已经在第6章研究过，如遍历操作等。下面主要考虑基于关键码的新操作，也就是检索、插入和删除。

易见，检索是三个操作中共有的部分，插入和删除时都需要先检索。在插入操作中，检索完成后实际插入结点的动作是局部的，可以在常量时间完成。在删除操作中，找到要删除的结点后还可能再做一次局部检索。上面算法里找到被删除结点的左子树的最右结点，而后的操作只需要常量时间。显然，这两段检索都在树中的一条路径上，先到达被删除结点，再继续到达其左子树的最右结点，检查的结点总数不超过树中最长路径的长度。

综合这三个操作的情况，决定操作开销的关键动作部分就是沿着二叉排序树中一条路径下行。因此，这些操作的效率都依赖于被操作树的结构，做一次关键码比较就下降一层，最大开销受限于树中最长路径的长度，也就是二叉树的高度。

根据二叉树的性质可知，如果被检索的树结构良好，时间开销就是 $O(\log n)$；如果结构畸形（例如图6.7和图6.18里的几棵树），时间开销也可能达到 $O(n)$，这是最坏情况的时间复杂度。插入和删除操作的情况也一样。实际上，我们很容易做出情况最坏的树。例如，调用 build_dictBinTree 时，如果参数序列中的项按关键码递增或递减顺序排列，就会得到一棵高度等于结点数的二叉排序树。请读者自己验证这一事实。

人们对二叉树的结构分布做过一些研究，结论是 n 个结点的所有可能二叉树的平均高度为 $O(\log n)$。由此可知，在二叉排序树中检索的平均复杂度是 $O(\log n)$。另一种考虑基于 n 个不同关键码的所有排列（共计 $n!$ 个）。假设把这 $n!$ 个序列送给函数 build_ dictBT，可以得到 $n!$ 棵二叉排序树[㊀]。算出这 n 个关键码在每棵二叉排序树上的平均检索长度，求出所有长度的平均值，得到的结果也是 $O(\log n)$。在许多算法教材中可以找到分析的细节，例如《算法导论》[㊁]。

另一方面，二叉排序树的检索操作不需要复杂的辅助结构，空间复杂度是 $O(1)$。插入和删除操作的情况也一样。

8.6.2 最佳二叉排序树

一般的二叉排序树中有可能出现检索路径特别长的情况，由此可以提出一个问题：对于一组给定关键码，最好的二叉排序树是什么样的？是否存在一个构造算法？要回答这个问题，我们首先需要定义一个评价标准。显然，这个标准应该基于检索效率。

平均检索长度

在二叉排序树中检索时，使用的可能是树中存在的关键码，也可能是树中不存在的关键码。在考虑检索效率时应该综合考虑，基于所有可能情况及其出现的频繁程度，求出某种平均检索长度，用于评价二叉排序树的优劣。因此，人们给出了下面的定义。

用树中存在的关键码检索将找到相应的结点，称为*成功检索*。用树中不存在的关键码检索，最终将到达某个结点，在这里做关键码比较确定了一个前进方向（左或右），但该方向没有结点，这就是*失败检索*。成功检索一定结束在某个结点，而*失败检索*在被检索树中没有表示。回忆 6.1.1 节介绍的扩充二叉树，失败检索正好对应其中的外部结点。图 8.8 左边是一棵二叉排序树，右边是其扩充二叉树。这里的小矩形表示外部结点，其中的 (m, n) 描述一个开区间，用开区间里的值作为关键码检索，就会到达这个外部结点（参考图 8.2）。

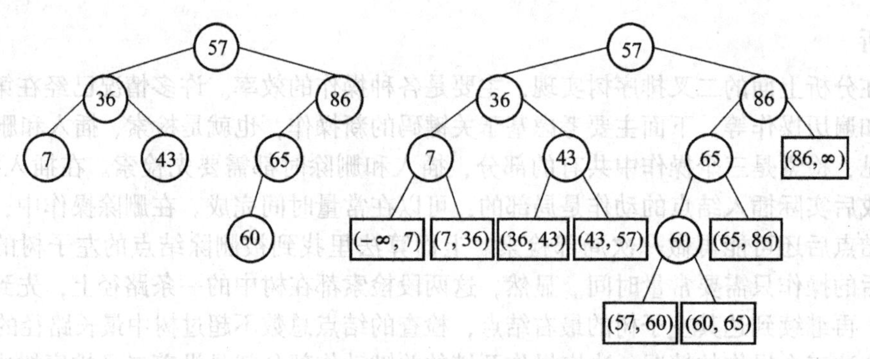

图 8.8　一棵二叉排序树及其扩充二叉树

按中序遍历这种扩充二叉树，将得到一个内部结点和外部结点交错的序列。如果从 0 开始分别标记内部结点和外部结点，第 i 个内部结点位于第 i 个外部结点和第 $i+1$ 个外部结点之间。这样的结点标记序列称为*扩充二叉排序树的对称序列*。前面说过，对于一个排序的关键码序列，存在多棵不同的二叉排序树。不难确认，所有这些二叉排序树的中缀遍历序列都一样，它们的*扩充二叉排序树的对称序列*也完全一样。

在这种扩充二叉排序树里，关键码的平均检索长度由下面公式给出

㊀ 注意，不同的排列有可能得到相同的二叉排序树，请自己检查。但这并不影响下面的讨论。

㊁ 该书已由机械工业出版社出版，ISBN：978-7-111-40701-0。——编辑注

$$E(n) = \frac{1}{w}\left[\sum_{i=0}^{n-1} p_i(l_i + 1) + \sum_{i=0}^{n} q_i l_i'\right]$$

$$w = \sum_{i=0}^{n-1} p_i + \sum_{i=0}^{n} q_i$$

其中：

- l_i 是内部结点 i 的层数，l_i' 是外部结点 i 的层数。
- p_i 是内部结点 i 的关键码的检索频度，如果检索在一个内部结点结束，比较次数应是该结点所在的层数加一。
- 如果关键码属于外部结点 i 代表的关键码集合，检索将结束于这个外部结点，到达该结点的比较次数恰好等于它所在的层数，q_i 是这种检索出现的频度。
- 这样，p_i/w 就是检索内部结点 i 的关键码的概率；q_i/w 是被检索的关键码属于外部结点 i 的关键码集合的概率。我们把 p_i，q_i 看作相应结点的权值。

最佳二叉排序树就是使检索的平均比较次数达到最少的二叉排序树，也就是说，它应该是使 $E(n)$ 的值达到最小。下面考虑的问题是，如果给定了一组关键码，以及一组分布 p_i 和 q_i，我们怎样才能构造出相应的最佳二叉排序树？

简单情况：检索概率相同

首先考虑最简单的情况，即有：

$$\frac{p_0}{w}=\frac{p_1}{w}=\cdots=\frac{p_{n-1}}{w}=\frac{q_0}{w}=\frac{q_1}{w}=\frac{q_2}{w}=\cdots=\frac{q_n}{w}=\frac{1}{2n+1}$$

在这种情况下，

$$\begin{aligned}E(n) &= \frac{1}{2n+1}\left[\sum_{i=0}^{n-1} p_i(l_i + 1) + \sum_{i=0}^{n} q_i l_i'\right]\\ &= (IPL + n + EPL)/(2n + 1)\\ &= (2 \cdot IPL + 3n)/(2n + 1)\end{aligned}$$

其中

$$IPL = \sum_{k=1}^{n} \lfloor \log_2 k \rfloor = (n+1)\lfloor \log_2 n \rfloor - 2^{\lfloor \log_2 n \rfloor + 1} + 2$$

当 IPL 最小时，这棵树将达到最佳，也就是说，最低的树最好。

现在考虑相应的构造算法，其基本想法就是左右子树的结点数均分。由于二叉树是递归的，构造子树应该采用与构造整个树同样的方法，因此用递归方式描述最为简单。

假设表 a 中保存的是按照关键码排序的一组字典项，算法如下：

0 令 low=0，high=len(a)−1。

1 令 m=(high + low)//2。

2 把 a[m] 存入正在构造的二叉排序树的根结点 t，递归地：

- 将基于元素片段 a[low:m−1] 构造的二叉排序树作为 t 的左子树。
- 将基于元素片段 a[m+1:high] 构造的二叉排序树作为 t 的右子树。
- 片段为空时直接返回 None，表示空树。

显然，如果按关键码排序的序列中关键码个数为 n，上面构造最佳二叉排序树算法的时间复杂度为 $O(n)$。前面说过，对 n 个关键码的序列，最高效的排序算法的复杂度为

$O(n \log n)$。因此，从任意一组关键码出发，整个构造过程的复杂度将是 $O(n \log n)$。

下面定义一个最佳二叉排序树类，其初始化方法从给定的参数出发，构造出一棵最佳二叉排序树。让这个类继承 DictBinTree，以便共享其中一些操作。

构造函数的参数可以是任意序列对象或迭代器，要求其中元素可以比较（小于运算符 < 对这种元素有定义），这样才能用 Python 的标准函数 sorted 排序，得到排序的表。这个类里只定义了一个静态方法，采用递归定义的方式实现上面算法。这里只有一点值得提出：在递归调用中需要用到原表的片段。下面函数里没有真做切片，而是直接传递整个表和一对表示范围的下标。这样做，可以避免实际构造出大量的表片段的拷贝[⊖]。

```
class DictOptBinTree(DictBinTree):
    def __init__(self, seq):
        DictBinTree.__init__(self)
        data = sorted(seq)
        self._root = DictOptBinTree.buildOBT(data, 0,
                                             len(data)-1)

    @staticmethod
    def buildOBT(data, start, end):
        if start > end:
            return None
        mid = (end + start)//2
        left = DictOptBinTree.buildOBT(data, start, mid-1)
        right = DictOptBinTree.buildOBT(data, mid+1, end)
        return BinTNode(Assoc(*data[mid]), left, right)
```

其他操作可以从 DicBinTree 继承。但请读者注意，DicBinTree 里的插入/删除操作只能保证二叉排序树的结构完整和字典的基本性质，并不能保证二叉排序树的最佳性。如果反复做插入和删除，有可能导致字典的性能越来越差。

8.6.3　一般情况的最佳二叉排序树

一般而言，对树中的不同关键码，以及非树中关键码的各个区间（由外部结点代表）的访问概率并不相同。如何处理这样的一般情况，构造出相应的最佳二叉树？本小节讨论这个问题。虽然从实用的角度看，这种构造的意义不大，因为检索关键码的实际概率很难获得。但下面算法设计中的思想却很值得学习。这类算法被称为*动态规划*。

问题和性质

假设给定了递增排序的关键码序列 $key_0, key_1, \cdots, key_{n-1}$，期望构造的二叉排序树的内部结点分别对应于这些关键码，设它们依次为 $v_0, v_1, \cdots, v_{n-1}$，相应的外部结点依次为 $e_0, e_1, \cdots, e_{n-1}, e_n$。假设检索到达 $v_0, v_1, \cdots, v_{n-1}$ 而成功结束的概率分别为 $p_0, p_1, \cdots, p_{n-1}$，到达外部结点 $e_0, e_1, \cdots, e_{n-1}, e_n$ 而失败结束的概率分别为 $q_0, q_1, \cdots, q_{n-1}, q_n$。现在要求构造一棵二叉排序树，使平均检索长度达到最小，也就是使下面代价函数的值达到最小：

$$\boldsymbol{E}(0, n) = \sum_{i=0}^{n-1} p_i(\boldsymbol{l}_i + 1) + \sum_{i=0}^{n} \boldsymbol{q}_i \boldsymbol{l}'_i$$

$\boldsymbol{E}(0, n)$ 就是包含 n 个内部结点和 $n+1$ 个外部结点的树的*带权路径长度*（下面简称权值）。

最佳二叉排序树有一个很明显的重要性质：它的每棵子树都是最佳二叉排序树。这一

⊖ 请读者考虑，如果这个函数的每个递归都实际地做出一个切片，会带来怎样的空间开销。按照现在的做法，算法的空间复杂度是怎样的？

点很容易用反证法证明。这个性质说明，一棵最佳二叉排序树是两棵较小的最佳二叉排序树的组合。如果存在多种可能的组合，都能得到包含同样内部结点（和外部结点）的二叉排序树，我们应该选择其中的最佳组合。下面的算法利用了这个认识。

首先应该看到，由于存在检索概率的差异，层数最小的树未必最佳。图 8.9 的例子能说明这种情况，图中内部和外部结点下面标出了关键码的检索概率。显然，左边二叉排序树最低，容易算出其权值为 $3\times1+(2+7+2+1+4+9)\times2=53$；而右边树的权值是 $(7+9)\times1+(3+4)\times2+(2+2+1)\times3=45$。优劣立现。

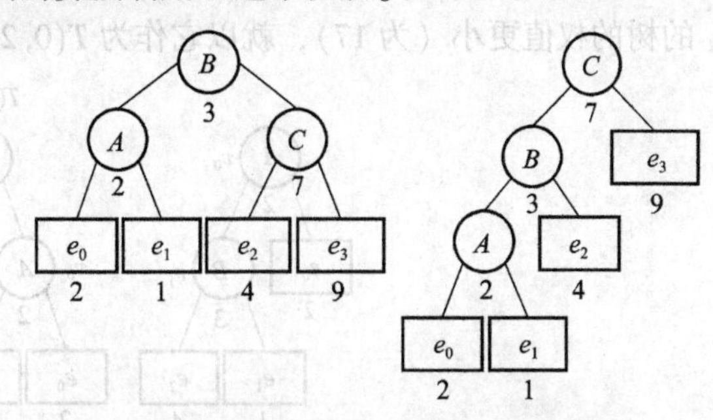

图 8.9　同样数据集的两棵二叉排序树

构造方法

现在考虑如何基于一组给定数据，构造与之对应的最佳二叉排序树。为了讨论方便，我们先引进一些记法。下面将用 $\boldsymbol{T}(i,j)$ 表示包含内部结点 $v_i,\cdots,v_{j-1}$ 和外部结点 $e_i,\cdots,e_{j-1},e_j$ 的最佳二叉排序树。这些结点是扩充二叉排序树的对称序列中的一段，$\boldsymbol{T}(i,j)$ 表示基于它们构造的最佳二叉排序树。另外，借用前面的记法 $\boldsymbol{E}(0,n)$，用 $\boldsymbol{E}(i,j)$ 表示最佳二叉排序树 $\boldsymbol{T}(i,j)$ 的权值。

举例说，$\boldsymbol{T}(0,1)$ 表示包含内部结点 v_0 和外部结点 e_0,e_1 的最佳二叉排序树；$\boldsymbol{T}(2,5)$ 表示包含内部结点 v_2,v_3,v_4 和外部结点 e_2,e_3,e_4,e_5 的最佳二叉排序树。

当问题比较复杂时，我们常常无法直接得到所需结果。面对这种情况，人们提出的一种技术是逐步推进，在每步计算中根据已知信息做一些选择，得到一些局部结果，这样积累信息，为下一步计算做好准备。这种工作方式称为*动态规划*。第 7 章的 Dijkstra 算法就是一个典型的动态规划算法：要求找到从顶点 v_i 到 v_j 的最短路径，即使两顶点之间有边，也未必是最短路径。Dijkstra 算法的工作方式是维护从顶点 v_i 到其余顶点“已知最短路径”，并在一步步计算中不断更新，直到确定了到达顶点 v_j 的最短路径为止。

下面的算法采用了类似的思想：从最小的最佳二叉树开始，逐步做出所需要的最佳二叉树。下面结合例子说明这种构造过程。以图 8.9 中的数据为例，其中关键码集合是 {A, B, C}，内部结点的权值分别是 $\langle 2,3,7\rangle$，外部结点的权值分别为 $\langle 2,1,4,9\rangle$。显然，最终构造出的最佳二叉排序树将包含 3 个内部结点和 4 个外部结点。

步骤 1：首先构造所有只包含一个内部结点的最佳二叉排序树。对每个 $i\in[0,n-1]$，内部结点只有 v_i 的二叉排序树仅有一棵，对每个 i 做出 $T(i,i+1)$，并计算出相应的 $E(i,i+1)=q_i+p_i+q_{i+1}$。这样就得到了 n 棵只包含一个内部结点的最佳二叉排序树。

对上面实例，3 棵只包含一个内部结点的最佳二叉排序树如图 8.10 所示。

步骤 2：对每个 $i\in[0,n-2]$，构造只包含内部结点 v_i，v_{i+1} 的最佳二叉排序树 $T(i,i+2)$。以构造 $T(0,2)$ 为例，这时有 2 种可能：（1）以 v_0 为新树的根，e_0 为左子树，$T(1,2)$ 为右子树；（2）以 v_1 为新树的根，$T(0,1)$ 为左子树，e_2 为右子树。为了得到最佳二叉排序树，我们分别算出这两棵树的权值，选取其

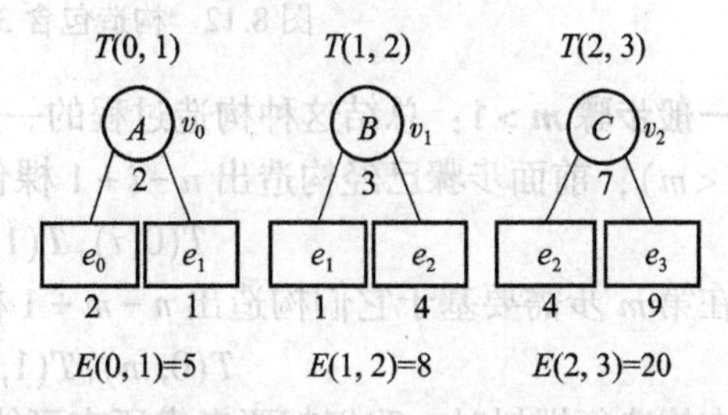

图 8.10　只包含一个内部结点的二叉排序树

中权值较小的一棵作为 $T(0,2)$。所有 $T(i,i+2)$ 都按同样方式构造。由于前一步已经构造出所有只包含一个内部结点的最佳二叉排序树，这一步不难完成。

对上面实例，首先考虑 $T(0,2)$，它的两个选择见图 8.11a 和图 8.11b，由于图 8.11b 的树的权值更小（为 17），就以它作为 $T(0,2)$。按同样方法可以做出 $T(1,3)$，见图 8.11c。

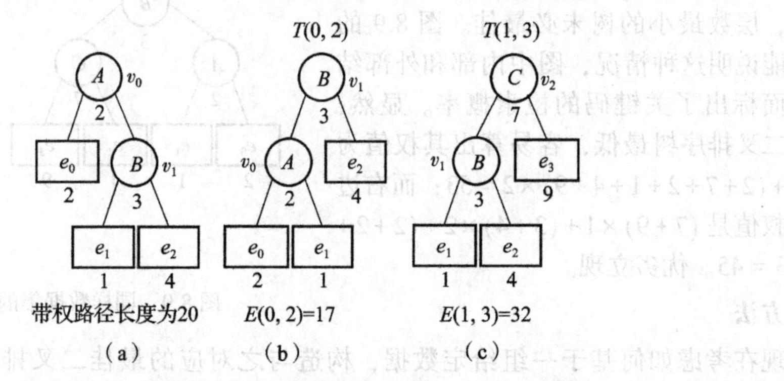

图 8.11 构造包含 2 个内部结点的最佳二叉排序树

步骤 3：对每个 $i\in[0,n-3]$，构造内部结点只有 v_i,v_{i+1},v_{i+2} 的最佳二叉排序树 $T(i,i+3)$。以构造 $T(0,3)$ 为例，存在 3 种可能：（1）以 v_0 为新树的根，e_0 为左子树，$T(1,3)$ 为右子树；（2）以 v_1 为新树的根，$T(0,1)$ 为左子树，$T(2,3)$ 为右子树；（3）以 v_2 为新树的根，$T(0,2)$ 为左子树，e_3 为右子树。计算出 3 棵树的权值，选出其中权值最小的作为 $T(0,3)$。其他 $T(i,i+3)$ 按类似方式构造。由于前面已构造出所有包含 1 个和 2 个内部结点的最佳二叉排序树，这一步不难完成。

对上面实例，三种可能情况如图 8.12，比较它们的权值，8.12c 最佳。$T(0,3)$ 就是最终结果。

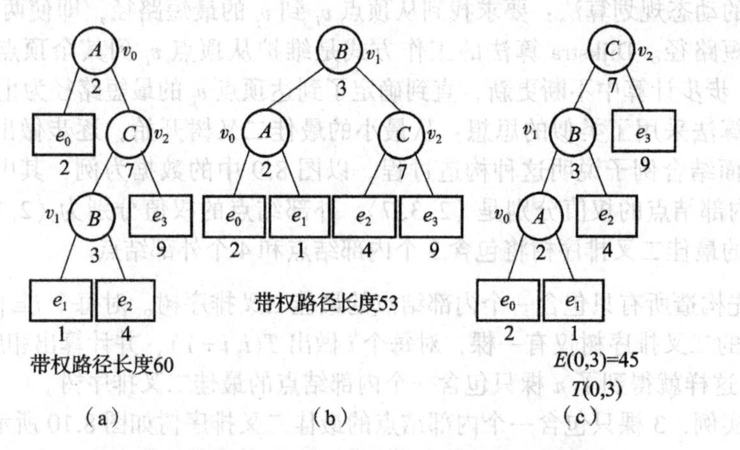

图 8.12 构造包含 3 个内部结点的最佳二叉排序树

一般步骤 $m>1$：总结这种构造过程的一般情况。进展到第 m 步时（$m\leqslant n$），对每个 $i(0<i<m)$，前面步骤已经构造出 $n-i+1$ 棵包含 i 个内部结点的最佳二叉排序树：

$$T(0,i),T(1,1+i),\cdots,T(n-i,n)$$

在第 m 步需要基于它们构造出 $n-m+1$ 棵包含 m 个内部结点的最佳二叉排序树：

$$T(0,m),T(1,1+m),\cdots,T(n-m,n)$$

在构造每棵树时，我们都要考虑所有可能的组合构造方式，从中选出最佳的一棵树，即带权路径长度最短（权值最小）的那一棵二叉排序树。

下面算法的基本想法就是逐步构造出包含越来越多结点的最佳二叉排序子树，最终构造出包含所有结点的最佳二叉排序树。总结一下：

- 步骤 1　构造出所有只包含 1 个内部结点的最佳二叉排序树 $T(0,1), T(1,2), \cdots, T(n-1,n)$;
- 步骤 2　基于第一步得到的结果，构造出所有只包含 2 个内部结点的最佳二叉排序树 $T(0,2), T(1,3), \cdots, T(n-2,n)$;

……

- 步骤 n　基于前 $n-1$ 步得到的结果构造出 $T(0,n)$，工作完成。

计算带权路径长度

在上面算法中，每一步算出用到所有候选二叉排序树的权值（带权路径长度）。通过遍历所有路径可以算出这个值，但是太麻烦，计算代价也太高。实际上，在构造一棵二叉排序树时，其权值可以基于两棵子树的权值算出，现在分析有关情况。

考虑关键码为 $key_i, key_{i+1}, \cdots, key_{j-1}$ 的任一段内部结点（$0 \leqslant i < j \leqslant n$），对应的内/外部结点权值的交错序列为 $q_i, p_i, q_{i+1}, \cdots, p_{j-1}, q_j$。我们可以计算出这段权值交错序列的分段权值之和 $W(i,j) = p_i + p_{i+1} + \cdots + p_{j-1} + q_i + q_{i+1} + \cdots + q_{j-1} + q_j$。显然，这个值与 i 和 j 有关但与具体的二叉排序树的结构无关，可以针对每一对 i 和 j 事先算出来。

在构造树 $T(i,j)$ 时，对于所有的 $i<k<j-1$，与之对应的 $T(i,k)$ 和 $T(k+1,j)$ 都已经构造好了，而且它们的权值 $C(i,k)$ 和 $C(k+1,j)$ 已知。

如果现在要针对 k 构造以关键码为 key_k 的内部结点为根，$T(i,k)$ 和 $T(k+1,j)$ 为左右子树的候选二叉树。不难看到其权值 $C_k(i,j) = W(i,j) + C(i,k) + C(k+1,j)$，这是因为子树中所有结点都增加了一层。显然，只包含一个内部结点的最佳二叉树的权值可以直接算出来，更大的最佳二叉树的权值可以用上面公式递推计算，所有候选树的权值都能很方便地得到。对计算的每一步，在确定的范围内所有可能构造的树中，找出使 $C_k(i,j)$ 值达到最小的 k，对应的二叉排序树就是最佳的树 $T(i,j)$，其根结点是 v_k。

上面的讨论说明，每一步中需要新构造的最佳二叉树的权值，可以直接从使用的已知最佳二叉排序树的权值算出来，计算公式是（不需要基于新树的结构重新计算）：

$$C(i,j) = W(i,j) + \min\{C(i,k) + C(k+1,j) \mid i<k<j-1\}$$

算法的设计和实现

解决了所有的技术问题之后，现在考虑算法的具体实现。

对于这里的树构造，具体关键码是什么并不重要，只有它们的排列位置和出现概率在计算中有意义。因此，算法的输入是两组描述内部/外部结点出现概率的参数：包含 n 个元素的序列参数 wp 给出内部结点的访问概率，包含 $n+1$ 个元素的序列 wq 给出外部结点的访问概率。算法的结果应该清晰地描述出我们需要的最佳二叉排序树。

为了实现上面讨论的最佳二叉排序树构造过程，算法执行中需要维护一些信息。包括事先算出所有内外结点交错的概率序列的分段权值之和 $W(i,j)$（对所有的 $0 \leqslant i \leqslant j \leqslant n$，在后续的计算中需要使用）。在算法的过程中逐步构造出的越来越大的最佳二叉排序子树 $T(i,j)$，以及计算出的代价 $C(i,j)$，都需要记录下来以支持后续步骤的进行。

这三组数据都通过两个指标 i 和 j 访问，一种比较方便的方式是用三个二维矩阵记录，在 Python 里用二维表实现[⊖]。下面将采用这种技术，在三个矩阵中：

- 用 r[*i*][*j*]记录构造出的最佳子树 $T(i,j)$ 的根结点下标；
- 用 c[*i*][*j*]记录子树 $T(i,j)$ 的代价；
- 用 w[*i*][*j*]表示树中相应的内外交错结点段的权值之和。

根据下标 *i* 和 *j* 的情况，这里的 r、c 和 w 都应该是 $(n+1)\times(n+1)$ 的二维矩阵，在算法中实际上只使用它们的上三角部分。有关情况参看图 8.13。

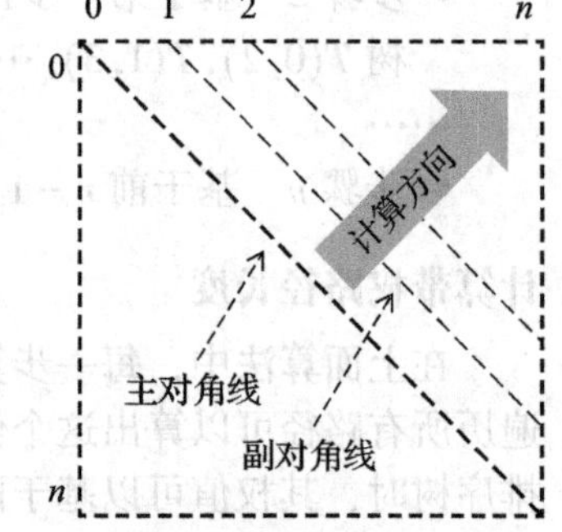

图 8.13　矩阵 r/c/w 的情况

易见，w 主对角线元素 w[*i*][*j*]可以直接由参数确定，它们就是序列参数 wq 的元素。w 上三角部分的其他元素可以通过递推方式一层层推算出来。

矩阵 r 和 c 的主对角线元素并不使用，算法从上副对角线开始，向右上方一层层地计算出这两个矩阵上三角部分的元素。最终计算出的 r[0][n]是作为结果的最佳二叉排序树的根，c[0][n]是这个树的权，即其带权路径长度。计算过程如图 8.13 所示。

算法结束后，根据 r[0][n]的值可以逐步提取出得到的二叉排序树。例如，假定内部结点为 8 个，编号为 0 到 7，r[0][8]的值是 4。可知二叉排序树的树根是结点 4，其左子树的根结点的编号保存在 r[0][4]，右子树根结点的编号保存在 r[5][8]。按同样方式追溯，就可以一步步得到树的完整结构。根据结果矩阵构造出二叉树的过程留作练习。

做好了上面的准备之后，实际的算法并不复杂：

```
def build_opt_btree(wp, wq):
""" Assume wp is a list of n values representing
weights of internal nodes, wq is a list of n+1 values
representing weights of n+1 external nodes. This
function builds the optimal binary searching tree
from wp and wq.
"""
    num = len(wp)+1
    if len(wq) != num:
        raise ValueError(
            "Arguments of build_opt_btree are wrong.")
    w = [[0]*num for j in range(num)]
    c = [[0]*num for j in range(num)]
    r = [[0]*num for j in range(num)]
    for i in range(num):            # 计算所有的 w[i][j]
        w[i][i] = wq[i]
        for j in range(i+1, num):
            w[i][j] = w[i][j-1] + wp[j-1] + wq[j]
    for i in range(0, num-1):   # 直接设置只包含一个内部结点的树
        c[i][i+1] = w[i][i+1]
        r[i][i+1] = i

    for m in range(2, num):
        # 计算包含 m 个内部结点的最佳树 (n - m+1 棵)
        for i in range(0, num-m):
            k0, j = i, i+m
```

⊖　另一种选择是用三个字典，以 (i,j) 序对作为关键码。有关修改留给读者完成。

```
        wmin = inf
        for k in range(i, j):
            # 在[i,j)里找使C[i][k]+C[k+1][j]最小的k
            if c[i][k] + c[k+1][j] < wmin:
                wmin = c[i][k] + c[k+1][j]
                k0 = k
        c[i][j] = w[i][j] + wmin
        r[i][j] = k0

    return c, r
```

算法返回 c 和 r 两个矩阵的序对作为结果。

算法分析

这个算法很容易分析。算法的主要部分是一个三重循环，时间复杂度为 $O(n^3)$，当 n 较大时将非常耗时。另一方面，算法的空间复杂度为 $O(n^2)$。

计算具有任意权值的最佳二叉排序树有一定意义，但更多是理论价值。有关算法说明即使问题如此复杂，仍存在一般性的构造方法。这一算法在实际中很少使用，一方面是创建树的代价较高，但本质问题还是实际中很难得到准确的访问分布数据（p 和 q 值）。

另一方面，这个算法的结构本身非常典型。如前所述，这个算法采用的设计模式称为*动态规划*，其特点是在计算过程中逐步构造并维护一大批子问题的解（这里维护的是较小的最佳二叉排序树），每一步基于较小子问题的解构造出更大子问题的解，最终构造出整个问题的解。动态规划法在算法设计中使用广泛，特别是在设计复杂的算法时。

8.7 平衡二叉树

最佳二叉排序树很好，可以保证最佳检索效率，但是其缺点也很明显。构造这种结构需要掌握对所有元素（关键码，包括非字典元素的关键码）的检索分布情况，构造成本高。最重要的是，它只适用于静态字典，不能很好支持动态操作产生的变化。“峣峣者易折，皎皎者易污”，最佳性质最容易破坏且难以保持，在插入/删除中很难维护树结构的最佳状况。

由于“最佳”是一种全局性质，无法从局部把握和检查，一旦破坏也难以通过局部调整恢复。虽然我们有可能设计出能维持二叉排序树最佳性质的插入和删除算法，但由于一次插入/删除可能造成大范围影响，恢复最佳结构的代价一定很高，使这种操作失去实用价值。如果对最佳二叉排序树做一系列插入/删除的同时不进行维护，树结构就可能不断恶化，导致字典性能下降，最坏情况下检索性能可能趋向于 $O(n)$。

另一方面，实际应用中确实需要既能维持高效检索，又能支持动态操作的排序树结构。在这种情况下，人们只能改变思考方向，摒弃对最佳的追求，设法在操作中维持某种“比较好”的结构。基于这种想法，人们已开发出多种不同的排序树结构，其共性都是设法提供某些接近最佳的性质（虽非最佳，但仍保证树的高度与结点数成对数关系），以换取动态操作中较容易进行局部维护。本节介绍的*平衡二叉树*即是其中的一种。

使用二叉树结构支持字典操作，必须避免树结构退化为接近线性表的形式，避免超长检索路径。基本追求是*有保证的* $O(\log n)$ 检索效率，这就要求二叉树的高度维持为 $O(\log n)$，也只要求这一点，但允许树高不超过最佳情况的某个常数倍；还需要保证插入/删除操作的性能，使实际调整可以在一条路径上完成，也具有 $O(\log n)$ 复杂度。

本节介绍的*平衡二叉排序树*，又称为 AVL 树，由苏联科学家 Georgy Adelson-Velsky 和 E. M. Landis 发明，并以他们的名字命名。与之类似的结构还有红黑树、B 树等。下一节将简单介绍 B 树类结构的情况。

8.7.1　定义和性质

平衡二叉排序树的基本考虑是：如果树中每个结点的左右子树的高度差不多（“平衡”），整个树的结构也会比较好，不会出现特别长的路径。

定义：平衡二叉排序树是一类特殊的二叉排序树，它或为空树，或者其左右子树都是平衡二叉排序树（是递归结构），而且其左右子树的高度差的绝对值不超过 1。

易见，这里的“平衡”是一种局部性质，可以用局部信息描述。整棵树的平衡由各个结点的平衡刻画，结点平衡可以用一个简单的平衡因子（Balance Factor，BF）描述。我们把 BF 定义为结点的左子树高度减去右子树高度得到的差，其可能取值只有 -1、0 和 1 三种情况。请特别注意，平衡二叉树的结点里并不记录左右子树的高度，只记录 BF 值。

显然，完全二叉树和等概率情况的最佳二叉排序树都是平衡二叉树，而平衡二叉树要求的条件更弱。图 8.14 给出了两棵平衡二叉树 (1) 和 (2)，以及一棵不平衡的二叉树 (3)，图中结点旁所标数值为结点的 BF 值。叶结点的 BF 值都是 0（图中省略）。显然，只要有一个结点的 BF 值超标，这棵树就不是平衡二叉树了。

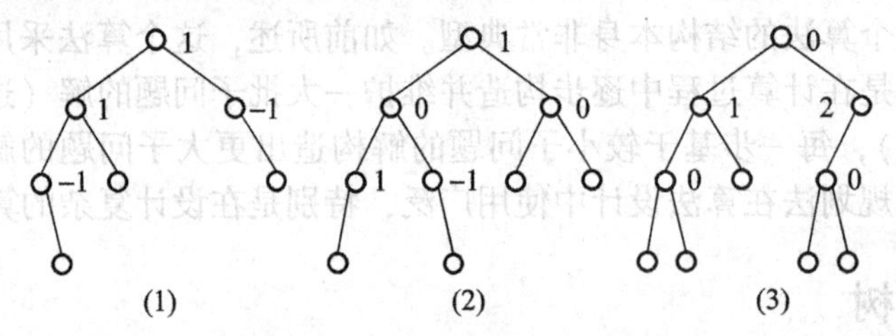

图 8.14　平衡和不平衡的二叉树

从图 8.14 可以看出，平衡二叉树可以比同高度的完全树稀疏很多，但到底可能稀疏多少呢？换个角度，同样是 n 个结点，最差（层数最多）的平衡二叉树可能有多高？能保证 $O(\log n)$ 的高度吗？要回答这些问题，我们可以实际算一下。现在考虑各种高度的“临界”平衡二叉树，也就是说，在相同高度时结点数最少的平衡二叉树。图 8.15 里给出了几棵“临界的”平衡二叉树。

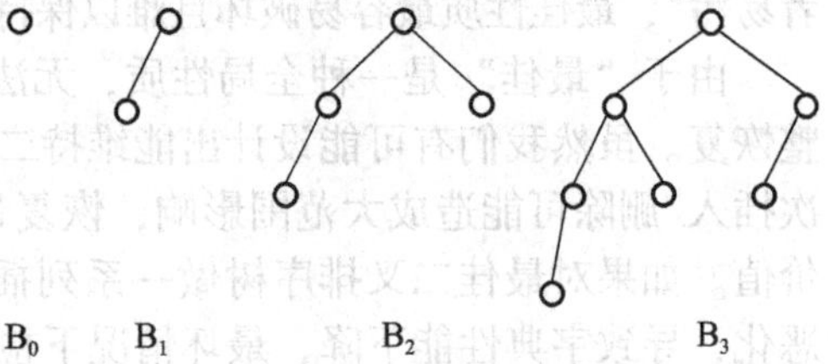

B_0　B_1　B_2　B_3

图 8.15　临界的平衡二叉树

不难看出，这些树结构也是递归的。$i > 1$ 时，树 B_i 总是以 B_{i-1} 和 B_{i-2} 作为子树加一个根结点构成。对于 B_i 的结点数 $\#(B_i)$，很容易写出如下递推公式：

$$\#(B_0) = 1$$

$$\#(B_1) = 2$$

$$\#(B_i) = \#(B_{i-1}) + \#(B_{i-2}) + 1$$

这个公式很像斐波那契数列递推公式：

$$F_0 = 0$$

$$F_1 = 1$$

$$F_i = F_{i-1} + F_{i-2}$$

用数学归纳法很容易证明 $\#(B_i)=F_{i+3}-1$。由于

$$F_i \approx \frac{1}{\sqrt{5}}\left(\frac{1+\sqrt{5}}{2}\right)^i \approx 0.447 \times 1.618^i$$

可知 n 个结点的平衡二叉树的高度是 $O(\log n)$。我们可以算出树高度 $h<(3/2)\log_2(n+1)$，也就是说，与最佳二叉排序树相比，最长路径长度仅差一个常量因子。

8.7.2 AVL 树类

平衡二叉排序树（AVL 树）也是二叉排序树，因此，在 AVL 树上检索如同在普通二叉排序树上检索。如能维持好 AVL 树的结构性质，检索就能在 $O(\log n)$ 时间内完成。下面将考虑构建一个 AVL 树类，重点研究插入操作和删除操作的实现问题。

在插入和删除操作中，不但要维持树结构和关键码的正确排序，还要维持树的平衡。插入/删除结点必然改变树的结构，因此可能破坏平衡，这时就需要设法调整树结构，恢复平衡。要保证整个操作的时间代价为 $O(\log n)$，所做调整必须是局部的。注意，$O(\log n)$ 来自树中的路径长度，如果维护平衡的调整能在一条路径上完成，就可能满足 $O(\log n)$ 的复杂度要求。下面的插入和删除操作将采用如下方式实现：首先根据关键码确定位置，实际增删结点。如果操作导致树失衡的情况，就通过局部调整恢复平衡。

我们把 AVL 树结点类定义为二叉树结点类的子类，树结点需要增加平衡因子记录，这里增加一个 bf 域。叶结点的 bf 值是 0，类的初始化方法默认设置这个域：

```
class AVLNode(BinTNode):
    def __init__(self, data):
        BinTNode.__init__(self, data)
        self.bf = 0
```

AVL 树是一种二叉排序树，将其定义为 DictBinTree 的子类，所有不改变结构的方法都可以继承，而插入和删除方法必须重新定义，增加维护树平衡的功能。

与二叉排序树字典类一样，AVL 树类 DictAVL 的初始化方法建立一棵空树（看作空的 AVL 树），空树自然是平衡的。下面是这个类的开始代码：

```
class DictAVL(DictBinTree):
    def __init__(self):
        DictBinTree.__init__(self)
```

也可以给初始化方法增加一个序列参数，要求基于该序列建立 AVL 树。在这个初始化方法里，可以调用本类的 insert 方法（后面定义），把数据逐项插入树中；也可以直接构造，参考前面最佳二叉排序树的构造方法。有关工作留给读者完成。

8.7.3 插入操作

对于 AVL 树上的插入操作，开始的一部分工作等同于普通二叉排序树的插入：首先通过检索在树中找到插入位置，然后加入新结点。这时出现了一个新问题：虽然原来的树是平衡的，但插入结点可能使树中的某个局部失衡，必须考虑失衡后的调整。

插入中的失衡和调整

首先应该看到，如果在检索插入位置的过程中，所有途经结点的 BF 值均为 0，实际插入结点就不会导致这些结点失衡，只是它们的 BF 值将变为 1 或 -1。其余结点的 BF 值不变，整棵树也不会失衡。实际插入后更新途经结点的 BF 值，操作就完成了。

如不是上面的情况，一定存在一棵包含了新结点插入位置，而且其根结点的 BF 值非 0 的最小子树。下面将称它为最小非平衡子树[⊖]。如果插入新结点后该子树不失衡而且高度不变，那么整棵树也不会失衡（该子树的高度不变，在它之外的树结点的 BF 值就都不会变）。进一步说，如果插入新结点后的结构调整和 BF 值修改都能在该子树内部的一条路径上完成，整个插入操作的复杂度就不会超过 O(log n)。情况确实如此，见下面的讨论。

假设上述最小非平衡子树的根为 a，如图 8.16 的 (1) 所示，其左子树较高（右子树高的情况类似）。如果插入点在 a 的右子树（较低子树），插入结点后只需调整 a 之下直至插入点的路径上所有结点的 BF 值（根据 a 的选择，这些结点原来的 BF 值都为 0），并将 a 的 BF 值修改为 0。工作完成后，以 a 为根的子树高度不变，插入和调整对其他部分没有影响，整个树维持了平衡。

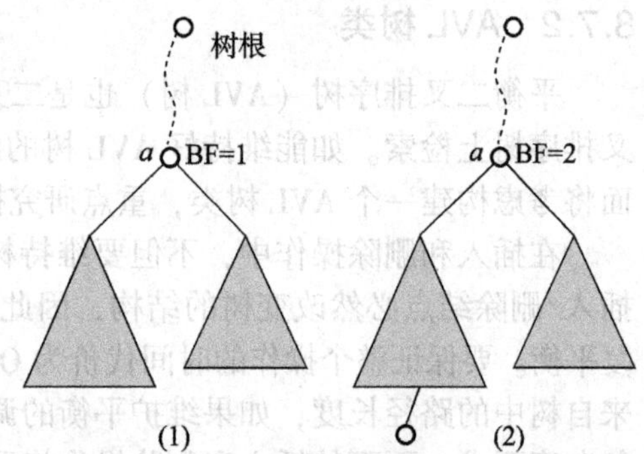

图 8.16 AVL 树插入和最小非平衡子树

如果新结点插入在 a 的左子树（较高子树），就会破坏 a 的平衡，如图 8.16 的 (2) 所示。这时就必须设法恢复 a 的平衡。请注意，新结点插入在 a 的较高子树中，也说明另一子树较低。从较高子树中调整结点到较低子树，使其高度降低，就有可能恢复 a 点的平衡。这样调整将维持子树的高度不变，整个插入操作对该子树之外部分的平衡没有任何影响。只要恢复操作的复杂度不超过 O(log n)，仍然能保证插入操作的效率。插入前 a 的右子树较高，结点又需要插入其右子树导致的失衡的情况与此类似，处理也类似。

下面考虑具体的恢复操作，分为四种情况处理：

- LL 失衡（a 左子树较高，新结点插入在 a 左子树的左子树）和 R 旋转。
- LR 失衡（a 左子树较高，新结点插入在 a 左子树的右子树）和 RL 旋转。
- RR 失衡（a 右子树较高，新结点插入在 a 右子树的右子树）和 L 旋转。
- RL 失衡（a 右子树较高，新结点插入在 a 右子树的左子树）和 LR 旋转。

易见，后两种情况与前两种情况分别对应（RR 对应 LL，RL 对应 LR），插入分别在 a 的子树的外侧和内侧。从后面的程序代码也可以看到，两组操作完全对称。根据前面的讨论，我们只需关心以 a 为根的子树的再平衡问题，整棵树的其余部分没有任何变化。

1. LL（RR）失衡和调整

LL（RR）失衡和调整情况如图 8.17 所示。插入之前（如图 8.17 的 (1) 所示），a 的以结点 b 为根的左子树较高。由于 a 是最小非平衡子树的根，b 的平衡因子是 0，其两棵子树同高。注意，子树 $A/B/C$ 高度相同，对称序列是 $A\ b\ B\ a\ C$，其中大写字母表示相应子树的对称序列。

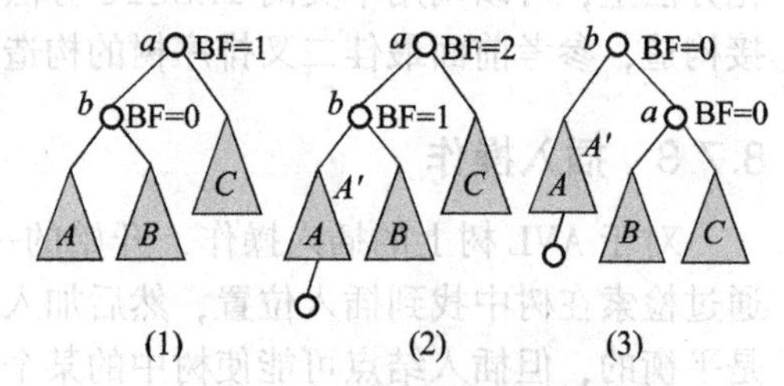

图 8.17 LL 失衡和调整恢复

新结点插入子树 A 导致 a 点失衡，如图 8. 17 的 (2) 所示。这时做顺时针旋转（右旋，

⊖ 注意，这里用“非平衡”指 BF 非 0，与下面“失衡”不同。失衡指 BF 超出合法值的情况。

R *旋转*)，调整结点 b 和 a 的关系：b 作为调整后的子树的根，a 作为 b 的右子结点，b 原来的右子树 B 作为 a 的左子树。显然，现在 a 的两棵子树同高，b 的两棵子树也同高，而且与插入前以 a 为根的子树同高。调整完成，整棵树恢复平衡（如图 8.17 的 (3) 所示）。

易见，调整后所得子树的对称序列是 $A'\ b\ B\ a\ C$，其中 A'是在 A 中正确位置插入新结点的结果。与插入前的对称序列比较，可知插入后树中关键码的顺序正确。

我们把处理 LL 失衡的操作实现为 AVL 树类里的一个静态方法：

```
@staticmethod
def R_Rotation(a, b):
    a.left = b.right
    b.right = a
    a.bf = b.bf = 0
    return b
```

函数参数分别是最小非平衡子树的根 a 及其左子树的根 b，返回调整后新子树的根。

RR 失衡的处理方式与 LL 失衡对称，但做逆时针方向旋转（*左旋*，L *旋转*）。函数参数分别是最小非平衡子树的根 a 和其右子树的根 b，返回新子树的根。操作实现如下：

```
@staticmethod
def L_Rotation(a, b):
    a.right = b.left
    b.left = a
    a.bf = b.bf = 0
    return b
```

2. LR（RL）失衡和调整

LR（RL）失衡和调整情况如图 8.18 所示。插入操作前（如图 8.18 的 (1) 所示），a 的以 b 为根的左子树较高，新结点需插入左子树的内侧。由 a 是最小非平衡子树的根，可知 b 的平衡因子是 0。考虑 b 的右子结点 c，显然，以 c 为根的子树与 A 和 D 同高，而且 c 的平衡因子也是 0。另外，以 a 为根的子树的对称序列是 $A\ b\ B\ c\ C\ a\ D$，其中大写字母表示相应子树的对称序列。

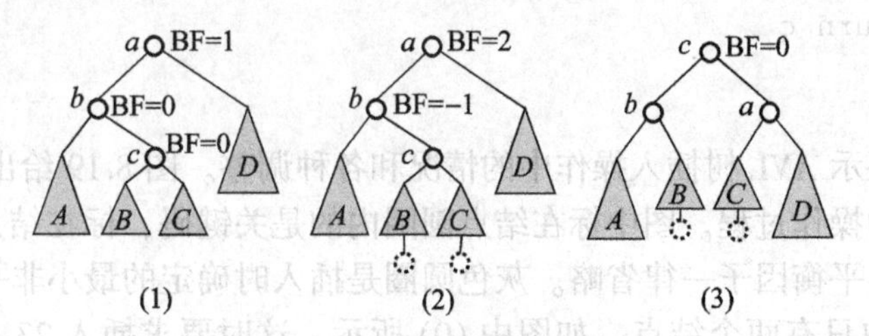

图 8.18　LR 失衡和调整恢复

新结点可能插入 c 的任一子树，插入后 a 点失衡，如图 8.18 的 (2) 所示。随后的调整把 c 提升为子树的根，b 和 a 分别作为 c 的左右子结点（该操作可以看作先做一次 b/c 左旋，再做一次 c/a 右旋，称为 LR *双旋转*)。根据新结点插入在原来 c 的哪棵子树，b 和 a 的平衡因子可能为 0 或 1/−1，均恢复平衡（如图 8.18 的 (3) 所示）。新根结点 c 的平衡因子为 0。调整后子树的高度与插入前一样，对称序列为 $A\ b\ B'\ c\ C'\ a\ D$，无论新结点是在 B 或者 C，结果序列都正确。

处理 LR 失衡的操作实现为如下的静态方法，参数 a 和 b 分别为最小非平衡子树的根及其左子结点，函数返回调整后的子树的根结点（参数与返回值的情况与 LL 调整一样）。

```
@staticmethod
def LR_Rotation(a, b):
    c = b.right
    a.left, b.right = c.right, c.left
    c.left, c.right = b, a
    if c.bf == 0:    # c 本身就是插入结点
        a.bf = b.bf = 0
    elif c.bf == 1:  # 新结点在 c 左子树
        a.bf = -1
        b.bf = 0
    else:            # 新结点在 c 右子树
        a.bf = 0
        b.bf = 1
    c.bf = 0
    return c
```

这里有一个特殊情况，就是插入前 b 为叶结点，c 就是新插入的结点。这种情况也是将 c 作为结果子树的根，b 和 a 作为其左子结点和右子结点。

RL 失衡和调整的情况与 LR 失衡是对称的，下面是实现相应 RL 双旋转的静态方法：

```
@staticmethod
def RL_Rotaion(a, b):
    c = b.left
    a.right, b.left = c.left, c.right
    c.left, c.right = a, b
    if c.bf == 0:    # c 本身就是插入结点
        a.bf = b.bf = 0
    elif c.bf == 1:  # 新结点在 c 的左子树
        a.bf = 0
        b.bf = -1
    else:            # 新结点在 c 的右子树
        a.bf = 1
        b.bf = 0
    c.bf = 0
    return c
```

插入操作示例

现在用例子展示 AVL 树插入操作中的情况和各种调整。图 8.19 给出了对一棵 AVL 树执行一系列插入的操作过程。图中标在结点圆圈内的是关键码，标在结点旁边的是平衡因子值，叶结点的 0 平衡因子一律省略。灰色圆圈是插入时确定的最小非平衡子树的根。

设初始时树中只有两个结点，如图中 (0) 所示。这时要求插入 23。新结点插入在左子树左边，插入后出现 LL 失衡状态，如图中 (1) 所示，调整后得到状态 (2)。下面插入关键码 11（状态 (3)），没出现结点失衡。再次插入 18 时，新结点链接在最小非平衡结点的左子树的右边，造成 LR 失衡状态 (4) 和调整。随后插入 69 和 81 后造成 RR 失衡状态 (7)，调整后恢复。最后顺序插入 63 和 60，出现了失衡状态 (9)。做一次 RL 调整使树恢复平衡。

注意，出现失衡时，只需要修改最小非平衡子树根及其向下路径上的结点的平衡因子，不需要修改该结点以上各层结点的平衡因子（图中状态 (4)、(7)、(9) 都有这种情况）。因为随后的调整将恢复该子树的高度，树中其他结点的平衡因子都不会改变。

总结一下：插入算法的操作分为几个阶段，首先是找到插入位置并实际插入新结点，然后可能需要修改一些结点的平衡因子，发现失衡时做些局部调整。

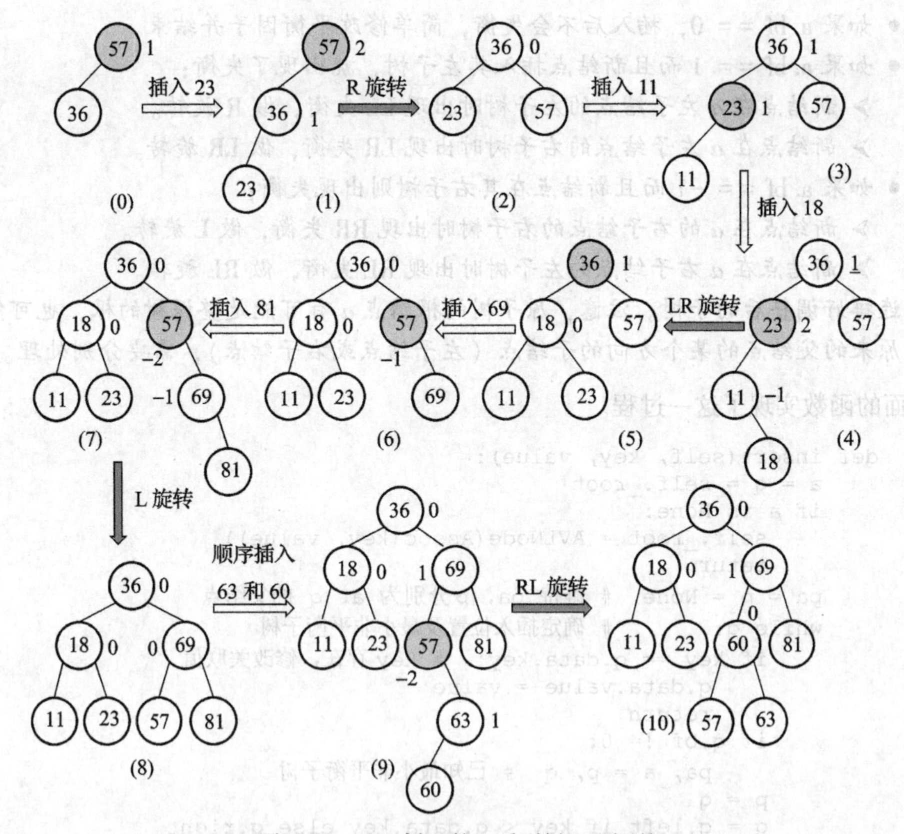

图 8.19　AVL 树上的一系列插入和调整

插入新结点后出现失衡的情况只有前面列出的四种。插入操作的实现就是先插入新结点，发现失衡后，在最小不平衡子树的根结点附近做局部调整，不但可以使该子树根的平衡因子变成 0，而且保证该子树的高度不变。因此，这些结构变化对子树之外其余部分的平衡情况毫无影响，整棵树中其他结点的平衡因子都不必做修改。随着该子树恢复平衡，整棵二叉排序树也恢复了平衡。此外，所做调整能维持树中关键码的对称序列递增。

插入操作的实现

现在考虑插入操作的具体实现，其操作过程是：

1. 查找新结点的插入位置，并在查找过程中记录遇到的最小不平衡子树的根：
   - 变量 a 记录距插入位置最近的平衡因子非 0 结点，由于可能需要修改这棵子树，用另一变量 pa 记录 a 的父结点。
   - 如果不存在这种结点，要考虑的 a 就是树根。
   - 如果在新结点插入后出现失衡，a 就是失衡位置。
   - 实际插入新结点。
2. 修改从 a 的子结点到新结点的路径上各结点的平衡因子：
   - 由于 a 的定义，这段结点原来都有 BF = 0。
   - 插入后用一个扫描变量 q 从 a 的子结点开始遍历，如果新结点在 q 左子树插入，就把 q 的平衡因子改为 1，否则将其改为−1。
3. 检查以 a 为根的子树是否失衡，失衡时做调整：

- 如果 a.bf == 0，插入后不会失衡，简单修改平衡因子并结束。
- 如果 a.bf == 1 而且新结点插入其左子树，就出现了失衡：
  - 新结点在 a 左子结点的左子树时出现 LL 失衡，做 R 旋转。
  - 新结点在 a 左子结点的右子树时出现 LR 失衡，做 LR 旋转。
- 如果 a.bf == -1 而且新结点在其右子树则出现失衡：
  - 新结点在 a 的右子结点的右子树时出现 RR 失衡，做 L 旋转。
  - 新结点在 a 右子结点的左子树时出现 RL 失衡，做 RL 旋转。

4. 连接好调整后的子树。注意，原子树的根结点 a 有可能是整棵树的根，也可能是其原来的父结点的某个方向的子结点（左子结点或右子结点），需要分别处理。

下面的函数实现了这一过程。

```
def insert(self, key, value):
    a = q = self._root
    if a is None:
        self._root = AVLNode(Assoc(key, value))
        return
    pa = p = None  # 维持 pa, p分别为 a, q 的父结点
    while q:         # 确定插入位置及最小非平衡子树
        if key == q.data.key:  # key 存在，修改关联值
            q.data.value = value
            return
        if q.bf != 0:
            pa, a = p, q  # 已知最小非平衡子树
        p = q
        q = q.left if key < q.data.key else q.right
    # p 是插入点的父结点，a 最小非平衡子树的根，pa 是其父结点
    node = AVLNode(Assoc(key, value))
    if key < p.data.key:
        p.left = node  # 作为左子结点
    else:
        p.right = node  # 或右子结点
    # 新结点已插入，a 是最小不平衡子树的根(或者树根)
    if key < a.data.key:  # 新结点插入在 a 的左子树
        q = b = a.left
        d = 1
    else:                   # 新结点插入在 a 的右子树
        q = b = a.right
        d = -1    # d 记录新结点在 a 哪棵子树
    # b 为 a 到新结点路上第一个结点，修改 b 到新结点的 BF
    while q != node:      # node 一定存在，不用判断 q 空
        if key < q.data.key:    # q 的左子树增高
            q.bf = 1
            q = q.left
        else:                   # q 的右子树增高
            q.bf = -1
            q = q.right
    if a.bf == 0:   # a 原 BF 为 0 (这是树根)，不会失衡
        a.bf = d
       return
    if a.bf == -d:   # 新结点在较低子树，不会失衡
        a.bf = 0
        return
```

```
        # 新结点在较高子树，失衡，需要调整结构
        if d == 1:               # 新结点在 a 的左子树
            if b.bf == 1:   # LL 失衡
                b = DictAVL.R_Rotation(a, b)
            else:                # LR 失衡
                b = DictAVL.LR_Rotation(a, b)  # LR 失衡
        else:                    # 新结点在 a 的右子树
            if b.bf == -1: # RR 失衡
                b = DictAVL.L_Rotation(a, b)
            else:                # RL 失衡
                b = DictAVL.RL_Rotation(a, b)

        if pa is None:        # a 原为树根
            self._root = b
        else:
            if pa.left == a:
                pa.left = b
            else:
                pa.right = b
```

插入操作的时间开销受限于 AVL 树的深度，因此是 O(log *n*)。检索插入位置沿树中一条路径进行，与此同时也找到了最小不平衡子树。在最小不平衡子树里修改平衡因子的时间不超过全树的高度，也是 O(log *n*)。四种调整都是在最小非平衡子树的根附近修改几个结点之间的关系，是 O(1) 操作。因此插入算法的时间复杂度是 O(log *n*)。

* 8.7.4 删除操作

要在 AVL 树中删除关键码（和数据项），除了需要像在普通二叉排序树中删除一样，维护树结构和其中数据的正确顺序关系，还需要（像插入操作一样）维持树的平衡。删除结点可能导致失衡，必须设法恢复。失衡和恢复的情况比插入时更复杂。

删除的实例

我们先看一个删除的例子：开始的树如图 8.20 的 (1) 所示。假定现在删除 11，删除后得到 (2) 的状态，其中以 18 为根的子树失衡，需要调整。这里是 RL 失衡，调整方法与插入类似，做一次 RL 双旋转，以 20 作为新子树的根得到 (3)，这棵子树已恢复平衡。但是该子树的父结点（树根）又出现 RL 失衡，再做 RL 旋转得到状态 (4)，整棵树恢复了平衡。

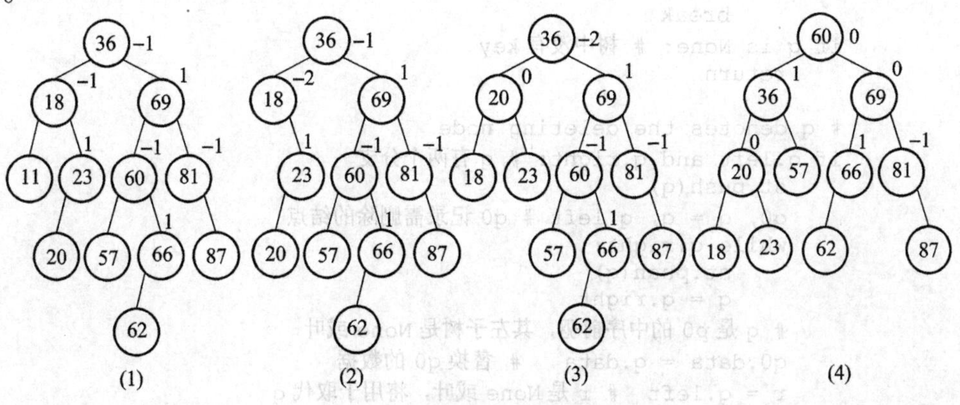

图 8.20　AVL 树的删除操作实例

从这个例子可以看到，删除操作中可能出现失衡情况，需要调整树结构恢复平衡。进一步说，子树的结构调整还可能导致父结点失衡。这样，在一次删除操作中，可能需要在多个结点做旋转调整，才能恢复树的平衡。仔细分析可知，删除时可能出现的失衡情况仍然可以归结为8.7.3节提出的四种情况（LL/LR/RR/RL），可以通过同样方式恢复平衡。

删除操作的设计和实现

现在考虑删除操作，我们计划采用与插入操作类似的方式，分两步完成工作：

1. 检索需要删除的结点并实际删除（类似8.6.1节二叉排序树的删除操作）；
   (1.1) 如果需要删除的是叶结点，或者只有一个子结点，就直接删除结点。
   (1.2) 如果需要删除的结点有两个子结点，我们找到其左子树的最右结点q，用q的数据替换需要删除的结点的数据，然后删除q（这时就是（1.1）的情况）。
2. 如果出现失衡就调整树结构，恢复平衡。

如果被删结点位于包含它的子树的较低分支，删除它就会导致该子树失衡，调整恢复该子树的平衡，可能导致子树变矮。如果被删除结点位于某子树的高分支，删除结点也可能导致该子树变矮。如果变矮的子树位于某上层子树的低分支，就可能导致这棵上层子树失衡，需要继续恢复该上层子树的平衡。这说明失衡情况可能在调整中向上传（回溯），要求做一系列调整。另一方面，如果这种恢复回溯遇到bf = 0的子树，一个分支变矮不会使它失衡，其高度也不会改变（只需要设置其bf值），调整就可以结束了。

在实现这个算法时，我们希望维持AVL树的原设计（每个结点只增加一个bf记录，不增加其他数据域），也不希望在操作过程中计算或使用子树的高度，仅仅利用结点的bf值完成操作。另一方面，由于失衡和调整可能沿搜索路径反向上传，因此我们考虑用一个栈记录搜索路径。综合考虑了这些情况后，我们开发出如下的操作实现：

```
    def delete(self, key):
        q, st = self._root, SStack()
        while q: # 查找要删除的结点
            entry = q.data
            if key < entry.key:
                st.push(q)
                q = q.left
            elif key > entry.key:
                st.push(q)
                q = q.right
            else:
                break
        if q is None: # 树中没有 key
            return

        # q denotes the deleting node
        if q.left and q.right: # q 有两个分支
            st.push(q)
            q0, q = q, q.left # q0 记录需删除的结点
            while q.right:
                st.push(q)
                q = q.right
            # q 是 p0 的中序前驱，其左子树是 None 或叶
            q0.data = q.data    # 替换 q0 的数据
            r = q.left   # r 是 None 或叶，将用于取代 q
        else: # 无论 q.left 或 right 是 None，或都是 None，统一处理
```

```
    r = q.right if q.right else q.left

# 循环不变式:
# - q是包含被删结点的原子树的根，r是变矮后的子树的根，将取代q
# - st.top()是q的父结点
while not st.is_empty():
    p = st.pop()
    if q is p.left: # 把r连入树中，d记录其为left/right
        p.left, d = r, 1
    else:
        p.right, d = r, -1

    if p.bf == 0: # p.bf=0时修改p.bf就完成了再平衡工作
        p.bf = -d # 原子树q较短，另一分支较长
        return

    q = p           # q记录p（当前考虑的子树的根）
    if p.bf != d: # r是p的d方向的子树，其高度降低1（变矮了）
        if d > 0: # r是左子树
            a = p.right
            if a.bf <= 0: # a.right并不较矮，L旋转
                p.right = a.left
                a.left = p
                r = a       # r是旋转后的新子树的根
                if a.bf < 0:
                    a.bf = p.bf = 0
                else: # a.bf为0，子树r未变矮，结束!
                    p.bf = -1
                    a.bf = 1
                    break
            else:           # RL失衡，RL旋转
                b = a.left
                p.right = b.left
                a.left = b.right
                b.left = p
                b.right = a
                r = b       # r是旋转后的新子树的根
                if b.bf == 0:
                    p.bf = a.bf = 0
                elif b.bf == 1:
                    p.bf = 0
                    a.bf = -1
                else:
                    p.bf = 1
                    a.bf = 0
                b.bf = 0
        else: # r是右子树
            a = p.left
            if a.bf >= 0: # a.left并不较矮，R旋转
                p.left = a.right
                a.right = p
                r = a       # r是旋转后的新子树的根
                if a.bf > 0:
                    a.bf = p.bf = 0
                else: # a.bf为0，子树r未变矮，结束
                    p.bf = 1
                    a.bf = -1
```

```
                    break
            else:           # LR 失衡，LR 旋转
                b = a.right
                p.left = b.right
                a.right = b.left
                b.right = p
                b.left = a
                r = b       # r 是旋转后的新子树的根
                if b.bf == 0:
                    p.bf = a.bf = 0
                elif b.bf == 1:
                    p.bf = -1
                    a.bf = 0
                else:
                    p.bf = 0
                    a.bf = 1
                b.bf = 0
        else: # r 原为较高子树，变矮后 p.bf 变为 0
            r = p
            r.bf = 0

    # 主循环结束有两种情况，分别处理：
    if st.is_empty():    # 整个树变矮
        self._root = r
    else: # 子树 r 没变矮
        p = st.pop()
        if q is p.left:
            p.left = r
        else:
            p.right = r
```

整个算法分为3段。第一段检索被删除结点，第二段将结点删除。删除完成后，栈中记录历经的结点，r 是删除后需要连接到栈顶结点的子结点（或 None），q 记录栈顶原来的子结点。随后的大循环完成所有调整工作，其中包括各种旋转操作的实现代码（没有独立定义为函数）。循环结束有3种情况：遇到 bf=0 的结点，设置 bf 后结束；遇到调整后子树不变矮的情况；调整到达树根。代码中有许多注释，进一步的情况请读者自己学习。

可以看到，删除之后的调整沿着栈中保存的路径进行，在每个结点的工作量都是 $O(1)$，至多进行到树根结点。由于 AVL 树的性质，删除操作的复杂度也是 $O(\log n)$。

多数数据结构教科书中没有给出 AVL 树的删除算法实现，有些给出了一两个删除实例，有些只是简单地介绍删除操作的情况。本书则给出了一个算法实现供读者参考。本算法的特点首先是一个非递归算法，只用了一个栈，比较容易理解。这里没有扩充 AVL 树（不增加高度记录或父结点指针），操作中只参考了结点的 bf 值（利用局部信息完成工作）。

综合 AVL 树各种操作的情况，可知这种结构能较好地支持动态字典。

8.7.5　几种二叉排序树的对比

现在对本章讨论的几种二叉排序树结构做一些总结：

- 简单二叉排序树能支持字典操作，其平均检索效率高，插入/删除的实现比较简单，平均操作效率也是 $O(\log n)$。这种结构的致命缺点就是操作的效率没有保证。树结构是在插入/删除中自然形成的，由于没有控制，可能出现退化的情况，导致

操作低效。

- 最佳二叉排序树的构造比较费时，能保证最高的检索效率。但如果需要做插入或删除操作，操作后维持最佳性质的代价太大，因此不适合用于动态字典。
- 平衡二叉排序树（AVL 树）的检索效率与最佳二叉排序树处于同样的量级，其主要优点是插入和删除后的维护（bf 设置、失衡后的恢复）都在一条路径上完成，复杂度不超过 $O(\log n)$。在长期运行和反复动态修改中，这种结构可以始终保证各种操作的高效，因此适用于动态字典。这种结构的缺点是操作的实现比较复杂。

由于这些情况，在内存中实现的动态字典经常采用 AVL 树或其他性质类似的结构。这类字典的效率有确定性保证，而散列表的效率只有概率性的保证。当然，要采用二叉排序树一类的树结构，还要求数据（或关键码）上有一种合乎需要的序关系。

AVL 树的插入和删除操作都比较复杂，人们一直希望找到性质与之类似、但操作更简单、局部的其他树型结构。有关研究有许多成果，开发的红黑树等结构也能支持动态字典，各方面特性与 AVL 树各有千秋。有关情况请读者参考其他材料，这里不进一步讨论。

8.8 动态多分支排序树和外存字典

二叉排序树这类结构以二叉树为基础，有可能保证检索效率和其他操作的效率。这里的主要技术是控制不同子树的高度差，保证整个树的高度与所存数据项数之间的对数关系。只要动态操作能限制在树中一条路径上进行，就能高效完成结构的调整变化。

根据前面的讨论，其他树形结构的性质与二叉树类似，只要树的结构良好，最长路径的长度与树中结点个数之间具有对数关系，就可能用于实现高效的字典。

8.8.1 多分支排序树

现在考虑用一般树结构实现字典的问题。首先，为了保证高效检索，必须采用某种排序结构，使检索能沿着树中的路径进行。采用一般树结构时出现了一个新问题，结点度数的任意变化给计算机实现带来了困难。为了方便实现，人们通常采用统一规模的结点，而确定了结点规模也就决定了树中结点的最大分支数。具体采用怎样的分支上限，可以根据理论分析和实际需要确定，下面讨论中将提供一些线索。我们首先假定这个上限大于 2。

这里考虑的树称为*多分支排序树*，其中一个结点能存储多个关键码，并且维持这些关键码与相应子树中关键码的排序关系。图 8.21 描绘了一个有四棵子树的根结点，为保证效率，结点里的关键码必须能为检索导航。图中结点包含 3 个关键码，它们将关键码空间划分为 4 段，各子树里的关键码分别在这 4 段中取值。这样，比较检索关键码与结点里的关键码，就能决定进入哪棵子树继续检索。

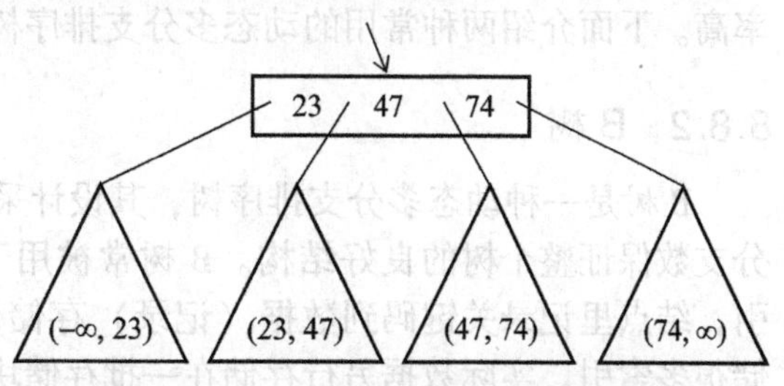

图 8.21 一个 4 分支结点中的关键码情况

从这个示意图中还可以看到另一些情况：结点里保存着多个关键码，要为进入子树导航，关键码应该排序存放。从全局的观点，树中检索同样沿着从根开始的一条路径进行，但在每个结点还要做一次顺序表检索，以确定下行分支。如果结点里的关键码很多，可以考虑用二分法检索。最后，关键码的插入和删除也有些麻烦。由于情况比较复杂，多分支树的设计存在很多变化。

控制多分支排序树结构的一种重要技术是控制结点的分支数，限制它们只能在一定的范围内变动。如前所述，多分支排序树通常采用统一大小的结点，首先确定结点最大分支数为 $m>2$，还要规定结点的最小分支数 $m'\geqslant 2$，允许具体结点的分支数（子树个数）在这两个值的范围内变化。这样规定可以保证结点中存储空间的利用率。

采用多分支的排序树实现字典，同样需要控制树中最长路径的长度。二叉树中分支结点的度数只能是1或2。现在的树结点允许更多分支，灵活性更强，存在更多控制树中路径长度的方法。然而，从图6.7中几棵二叉树的情况可知，仅靠控制结点分支数并不能保证良好的树结构，还需要其他控制技术。结构设计中必须解决这个问题。

与二叉排序树相比，调整多分支排序树的结构的手段更多。例如：

- 插入新数据项时未必需要建立新结点。如果检索最后找到的叶结点不满（其关键码少于上限 m），可以直接把新数据项存入这里。
- 如果查找到结点 p 需要存入数据项，但是 p 已满，也可能不加入新结点，而是考察能否把 p 中的一些数据项调整到内容较少的兄弟结点。如果可行，还需调整 p 与其兄弟结点的导航关键码（在 p 的父结点里），操作完成后整个树的结构不变。
- 如果 p 和其兄弟结点的关键码都已满，无法调整。采用下面策略有可能避免树的高度增加（最长路径不变长）：考虑 p 的父结点，如果其中的导航关键码不满，可以为 p 增加一个兄弟结点，把应该存入 p 中的一部分数据放入新结点，并给 p 的父结点增加一个导航关键码。这样做，虽然树结构变了，但是高度没有增加。

上面说的是插入操作。删除操作的情况与之对应，从结点删除关键码可能导致剩下的关键码太少，这时可以考虑在兄弟结点之间调整关键码，或者考虑合并结点。

基于这些分析和想法，人们开发了一些多分树结构，它们也被广泛用于实现字典，特别是存储于外存结构的大型字典。这些结构的共性特征是在动态操作中，始终保持从根到所有叶节点的路径长度完全相同。在这种情况下，只要保证每个分支结点至少有两个分支，在 n 个结点的树里，路径长度就不会超过 $O(\log n)$，因此能保证检索的效率。

实际中使用的各种多分支排序树都是基于这些基本考虑，设计了一套具体的保证结构良好的技术。由于树中最长路径的长度相同，树中数据根据关键码顺序存储，因此检索效率高。下面介绍两种常用的动态多分支排序树结构。

8.8.2　B树

B树是一种动态多分支排序树，其设计采用了前面介绍的基本想法，通过维护结点的分支数保证整个树的良好结构。B树常被用于实现大型数据库（也可以看作字典）的索引，结点里记录关键码到数据（记录）存储位置的索引，一个结点（存储块）里可能存储很多索引。实际数据另行存储在一批存储块中，这些存储块通常做成一个链接表。

例子和定义

图8.22描绘了一个字典的逻辑结构，其中用一棵4阶B树（阶表示树中结点的最大分支数，见下面定义）作为索引，树中每个分支结点至多有4个分支。B树中的叶结点（图中用小圆圈表示）实际上并不存在（不在其中保存信息，因此不需要显式表示），它们只用于表示检索失败。图中最下面一列顺序链接的矩形表示保存实际数据的存储块。从图示中可以看到树结点的度数差异。

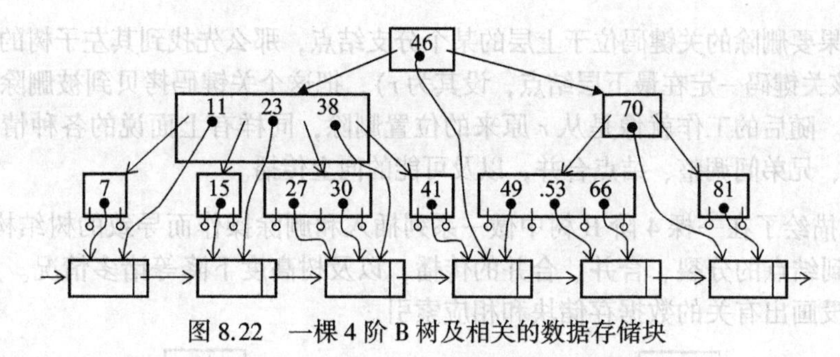

图 8.22 一棵 4 阶 B 树及相关的数据存储块

B 树的定义：一棵 m 阶 B 树或者为空，或者具有下面特征：

- 树中分支结点至多有 $m-1$ 个排序存放的关键码。根结点至少有一个关键码，其他结点至少有 $\lfloor (m-1)/2 \rfloor$ 个关键码。所有叶结点都位于同一层，不保存实际信息，仅用于表示检索失败，不需要有实际表示（例如，可以用空引用表示）。
- 如果一个分支结点有 j 个关键码，它就有 $j+1$ 棵子树，这个结点里保存的就是序列 $\langle p_0, k_0, p_1, k_1, \cdots, p_{j-1}, k_{j-1}, p_j \rangle$，其中 k_i 为按升序排列的关键码，p_i 为子结点引用。而且，k_i 大于 p_i 所引子树里的所有关键码，小于 p_{i+1} 所引子树里的所有关键码。

操作

现在考虑 B 树的几个主要操作：检索、插入和删除。

- **检索**　针对关键码 k 的检索从根出发，在遇到的分支结点检索 k。检索有两种结果：或者是找到了 k 而直接成功；或者是确定了一棵可能存在的 k 的子树，并转入该子树继续检索。这样下去直至成功找到关键码 k，或者到达叶结点而确定检索失败。
- **插入关键码**　基于关键码找到应该插入数据的位置 p（检索达到叶结点，确定的插入位置 p 就是该叶结点的索引所在的结点）：
  - 如果结点 p 的数据项少于 $m-1$ 项，就直接在结点 p 里按序插入。
  - 如果结点 p 中已有 m 个关键码，则分裂该结点，把 p 中已有的关键码加上新关键码中较大的一半放入新建结点，居中的关键码插入 p 的父结点里的正确位置。
  - 结点分裂时导致关键码插入父结点，也是插入操作。如果该父结点当时已有 $m-1$ 个关键码，就需要分裂它并导致某个关键码插入其更上一层的结点。这种分裂可能传播到根结点，根结点的分裂导致整个树升高一层。
- **删除关键码**　找到要删除的关键码所在的结点 p，删除分为几种情况。
  - 如果 p 是最下层结点：
    - ➢ 如果结点 p 中关键码多于 $(m-1)/2$ 个，直接删除并结束。
    - ➢ 如果结点 p 中关键码数量不足，首先考虑能否由其兄弟结点调整来一些关键码。如果某个兄弟结点的关键码多，可以考虑平均分配两个结点的关键码，然后正确设置 p 的父结点里的分隔关键码并完成关键码删除。
    - ➢ 如果 p 及其兄弟结点的关键码不够多，无法调整，就将 p 与其某一个兄弟结点合并，这时位于其父结点的分隔关键码也要拿到合并后的结点里。这个合并动作导致 p 的父结点里减少一个关键码（相当于删除），因此可能导致父结点与其兄弟结点之间的关键码/数据调整，或者结点合并。
    - ➢ 删除导致的结点合并可能一层层向上传播，最终可能传播到根结点。如果当时的树根仅有两个分支而且需要合并，就使整棵树降低一层。

– 如果要删除的关键码位于上层的某个分支结点，那么先找到其左子树的最右关键码（该关键码一定在最下层结点，设其为 r），把这个关键码拷贝到被删除关键码的位置。随后的工作就像是从 r 原来的位置删除，同样有上面说的各种情况：直接删除、兄弟间调整、结点合并，以及可能的向上传播。

图 8.23 描绘了在一棵 4 阶 B 树中做一系列插入和删除操作而导致的树结构变化过程。从中可以看到结点的分裂、合并、合并的传播，以及树高度下降等诸多情况。为了清晰和简单，图中没画出有关的数据存储块和相应索引。

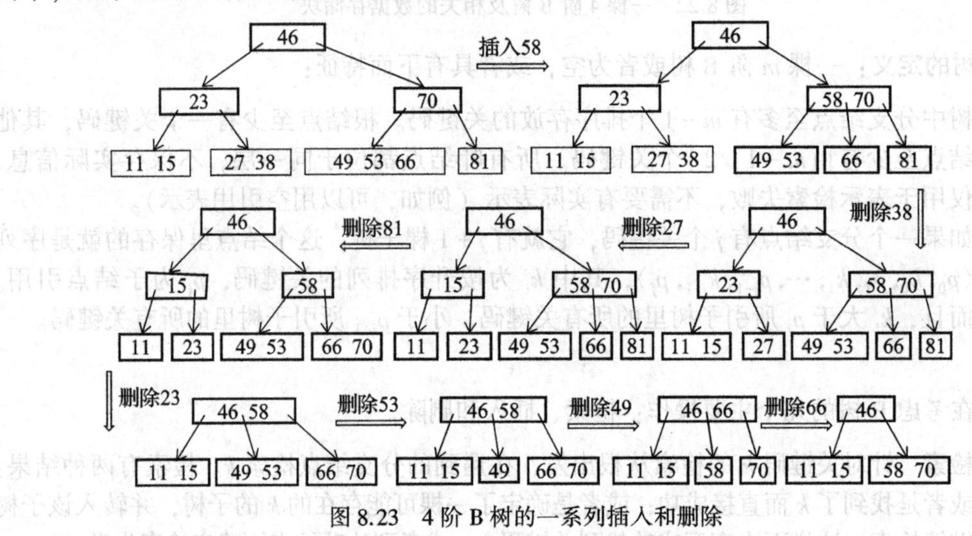

图 8.23　4 阶 B 树的一系列插入和删除

现在总结 B 树的设计原则，基本原则就是下面两条：

1. 保持树的正确结构和分支结点中的关键码有序，用分支结点的关键码作为其子树中关键码的区分关键码（导航关键码），保证检索操作能正确进行；
2. 保证树中从根到所有叶结点的路径等长，并保证每个分支结点里的关键码数量在确定的最小最大范围内变化，并因此保证树的结构良好。

B 树的特点是结点内检索和结点间检索的结合，以及通过结点分裂和合并控制树中的路径长度。在上述原则的基础上，具体实现的设计可以有些变化。例如，插入关键码时遇到结点满，我们也可以考虑在兄弟结点之间调整关键码等。有关情况请读者考虑。

上面讨论已清晰地给出了 B 树结构的设计及其问题，具体实现留给读者考虑。

8.8.3　B+ 树

B+ 树是另一种与 B 树类似的多分树结构，它的概念和实现稍微简单一些，在实际中用得比 B 树更多。首先看 B+ 树定义。

定义：一棵 m 阶的 B+ 树或者为空，或是满足下面条件的树：

- 树中每个分支结点至多有 m 棵子树，除根结点之外的分支结点至少有 $\lfloor m/2 \rfloor$ 棵子树。如果根结点不是叶结点，至少有两棵子树。
- 关键码在结点里排序存放。分支结点里的每一个关键码直接关联一棵子树，关键码等于所关联子树的根结点里的最大关键码。叶结点里的每个关键码关联一个数据项的存储位置，数据项也另行存储。

请注意 B+ 树与 B 树的不同。B+ 树中分支结点的关键码不是子树的区分关键码，而应该看作子树的索引关键码。另外，分支结点中的关键码并不关联数据项，只有叶结点里的关键码关联数据项。因此，B+ 树里的一个叶结点可以看作一个基本索引块，其中每个关键码关联着一项数据的索引，而分支结点可以看作索引的索引。因此，整个 B+ 树是一套分层索引结构。图 8.24 描绘了一棵 4 阶 B+ 树。

B+ 树的操作与 B 树类似。检索操作中检查分支结点的关键码，确定进入哪棵子树继续检索，直至到达叶结点时找到数据项，或确定被检索的关键码不存在。插入和删除中同样采用结点的分裂/合并，以及兄弟结点之间的关键码调整等方式处理各种情况，维护树结构良好。B+ 树的操作比 B 树简单一些，因此使用更广泛。由于 B+ 树的许多情况与 B 树类似，操作的原则也类似，这里就不更多讨论细节了。

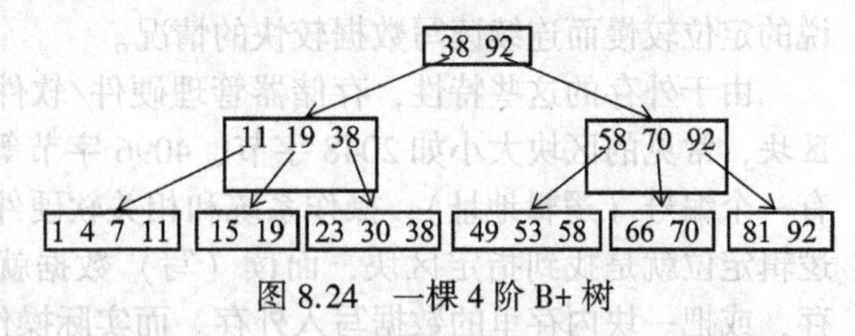

图 8.24　一棵 4 阶 B+ 树

总结一下：B 树和 B+ 树都是叶结点位于同一层的动态多分支排序树，它们通过允许结点分支数在一定范围里变化的方式来维护树结构，通过设定结点的最少分支数（大于等于 2），以及要求所有叶结点位于同一层的方式，保证了树的高度为 O(log n)，再辅以一套结点合并和分裂以及结点间信息调整的规则。它们能支持高效检索，也能高效实现插入和删除等动态操作。B 树和 B+ 树经常被用作外存字典的实现基础。

*8.8.4　外存字典

前面已经几次提到外存字典。有些字典特别大，不适合整个放在内存。许多应用系统需要用字典长期保存数据，在长期多次的工作中把重要数据积累在字典里[⊖]。内存的易失性（断电时保存的数据全部消失）无法支持这种字典。由于这些实际应用的需要，我们必须考虑如何在外部存储器（磁盘等）中实现字典。为了有效地实现外存字典，需要特别考虑外存设备的特性，扬长避短，尽可能高效地支持应用数据的存储、检索和使用。

外存储器

传统外存设备（磁盘、光盘，以及使用越来越少的磁带等）的一个重要特点是定位（找到存储器中指定位置）速度慢，而定位后读取一批连续存储的数据的速度较快。

以常见的机械磁盘为例。图 8.25 是一块打开的硬盘，可以看到其内部有几片圆形的同轴盘片，每个盘片有上下两个盘面，工作时盘片高速旋转（常见为 5400～10 800 转/分）。每个盘面有一个磁头，所有磁头安装在一组磁头臂上，这些臂一端固定，可以统一转动，将磁头对准盘面上不同位置。磁头臂不动而盘片旋转时，磁头在盘面的轨迹就是一个圆，这样一个圆形轨迹称为一个磁道，不同盘面上处于同一位置的磁道构成一个柱面，大容量磁盘可能有十万数量级的柱面。每

图 8.25　硬盘的结构

⊖ 这种性质称为数据存储的持续性或持久性，存储的数据在程序停止运行或计算机关机时也不会丢失。

个磁道分成许多段（如 8192 段），每段称为一个扇区，常见的标准扇区存储量为 512 或 4096 字节。扇区是硬盘存储数据的基本单位，按柱面号、磁头号（盘面号）和扇区号编址。访问一个扇区的操作分为几个阶段：把磁头移到相应柱面，等待目标扇区转到磁头下方，在磁头扫过扇区期间完成实际读写操作。前两个阶段是定位，受到机械装置的速度限制，通常需要几毫秒时间，而磁头扫过一个扇区的时间则在微秒量级。这就导致了前面所说的定位较慢而连续读写数据较快的情况。

由于外存的这些特性，存储器管理硬件/软件和操作系统通常把外存储器划分为一批区块，常见的区块大小如 2048 字节、4096 字节等，通常包含一个或几个扇区。每个区块有一个编号（逻辑地址），操作系统和相关软硬件把这种逻辑地址映射到实际扇区。这样，逻辑定位就是找到指定区块，而读（写）数据就是把一个区块的完整内容从外存装入内存，或把一块内存里的数据写入外存。而实际操作的对象是相关的外存扇区。

在实际中，内存字典通常采用散列表或者二叉排序树实现，但这些技术都要求能高效地随机访问存储器的不同部分，因此不适应外存储器的特性。另一方面，动态多分支树一类的结构却比较适应外存储器的情况，因此在外存字典的技术领域中使用广泛。例如，数据库系统可以看作一类大型的具有持续存储特性的外存字典，支持人们创建数据库的数据库管理系统，通常采用 B 树、B+ 树一类的结构作为其实现基础。

外存字典的实现

动态多分支排序树的一个重要特点是可以根据需要，采用任意大小的结点，定义任意阶的多分支树。如果树的阶数很高，很少几层就能容纳大量的结点。例如，对于 256 阶的 B+树，每个结点的最小分支数是 128，四层的树包含超过 400 万个数据项索引，最多将有 40 多亿个数据项索引，足以满足常见应用的需要。

在实现外存字典时，人们通常用一个区块表示一个 B/B+树结点，程序中采用一次一个结点（也就是一个区块）的方式与外存交换信息。由于一个区块里可以保存成百个关键码，一次检索（或插入、删除）操作中只需要访问几个区块，因此能达到很高的效率。

以 B+树检索为例，在根为 root 的树中检索关键码 k 的算法梗概如下：

```
由外存装入根结点，用 t 记录
while t 不是叶结点:
        s = 在结点 t 中用二分法检索找到包含 k 的子树根区块地址
        由外存装入区块 s，用 t 记录该结点
在叶结点 t 中用二分法检索 k，找到相应数据项或确定其不存在
```

很显然，我们可以让根结点常驻在内存，以减少访问外存的次数。在一次检索中，访问并装入区块的次数不超过树的高度，也就是几次访问。由于块内关键码有序，采用二分法检索可以很快确定应该继续探查的子树，因此操作效率相当高。

字典中的数据项（数据库记录）另外存入一批区块。通过检索找到关键码，也就找到了相关数据项的存储位置。再访问一次外存，就完成了访问相关数据的操作。

插入和删除操作也采用类似的方法实现。插入关键码（和数据项）可能导致结点分裂，需要增加新结点。这时就需要为建立结点而分配新区块，新区块将通过操作系统和外存控制软硬件，分配空闲的外存扇区，存入新区块的内容。另一方面，删除关键码（和数据项）可能导致结点合并，不再使用的区块也要释放，由此空闲下来的外存扇区可以在将来用于存储其他数据。这些也需要通过操作系统和外存控制软硬件完成。

为了提高外存字典的操作效率，减少访问外存的次数，实际外存字典（如数据库）的

实现中通常还采用一些缓存技术，把使用过的一些区块临时保存在内存，如果需要就可以直接使用。另外，修改过内容的区块也可以延迟写回外存扇区。这些都是重要的数据库性能优化技术，有关专家一直在这些方面开展研究和开发工作。

总结

字典是计算机软件系统中最常用的一类结构，实现数据的存储和基于关键码的检索。许多数据结构技术都可以用于实现字典，常用的技术是线性表、散列技术和树形结构。采用不同技术实现的字典具有不同的性质，适合不同的字典规模和使用方式，具有不同的操作复杂度。理解这些情况对于实际应用开发是非常重要的。

线性表的结构最简单，很容易实现，缺点是无法避免高代价的操作。如果表中元素任意存放，检索关键码的代价将与表中的元素个数成正比，常常不能满足实际需要。一项简单改进是按关键码的顺序存储元素，这样就能使用二分法检索，大大提高检索的效率。但这时的插入和删除操作都具有线性复杂度。

散列表技术在实际中被广泛使用，Python 内置的 dict 和 set 等类型就是基于散列表技术实现的。散列表的基础是一个线性表（或数组），通过一个特定映射（散列函数）从关键码得到一个整数，作为元素在表中的存储位置。在情况良好时，散列表可以得到近乎常量的操作复杂度，包括检索、插入和删除。但采用散列技术必然会出现冲突，需要设计相应的解决方法。内消解技术包括线性探查和双散列等，外消解技术有溢出区和拉链法（桶散列）等。这些都会使散列表的实现变得更复杂，执行中也要耗费时间。此外，维持元素存储区的低存储密度可以降低出现冲突的概率，这显然是用空间交换时间。散列表的主要缺点有两方面，一方面是其操作效率等性质都是概率的，无法绝对避免较为低效或非常低效的操作。另一方面是遍历字典中数据元素时，遍历顺序将由实现方式和字典的实际情况决定。

人们基于树形结构开发出很多不同的字典实现技术。基于二叉树的字典结构都源于二叉排序树，基本方法是在二叉树的结点里存储数据，而且保证单调的对称遍历序列。在这种树上检索的平均复杂度为 $O(\log n)$。但是，基本二叉排序树不能保证树结构良好，插入和删除总会改变树的结构，有可能导致树结构出现退化情况。最坏情况下的检索操作可能需要 $O(n)$ 时间。基于一组给定的分布情况，存在构造出结构最优的二叉树（称为最佳二叉排序树）的算法。但这种最佳结构只能静态构造，难以在动态操作中维护。

人们开发了一些能支持动态操作，而且比较容易维护良好结构的二叉排序树结构，主要有 AVL 树（平衡二叉排序树）和红黑树等。它们的基本想法都是放弃最佳要求，定义一套可以局部检查的性质，保证满足该性质的二叉树都是结构良好的（树的高度维持在 $O(\log n)$）。进一步说，在插入/删除等动态操作中，只需局部调整就能维持结构良好。这样就保证了检索/插入/删除都具有 $O(\log n)$ 最坏情况复杂度，从而适合用于实现内存字典。这些结构的缺点是实现比较复杂，而且要求关键码集合存在某种可用的序。

基于一般的树结构，人们开发了一些多分支排序树结构。一棵这种树中的结点度数不能大于某个给定常整数 m，但也允许变化，通过限制结点的最小度数（大于等于 2）和其他技术来控制树中路径的长度。常用的 B 树和 B+ 树都属于多分支排序树，它们的一个结点允许很多分支（通常远大于 2），树中所有叶结点位于同一层，从根到所有树叶的路径等长，从而保证了检索的效率。在插入和删除操作中保持树结构良好的技术包括调整兄弟结点之间的关键码，以及结点分裂/合并等。这些树结构适用于很大的结点，很容易将结点映射到外存的存储单位，也能很好发挥外存储器的优势，规避其劣势。由于这些特点，

B 树和 B+树被广泛用于实现外存字典，特别是用在各种数据库管理系统里。

练习

一般练习

1. 复习下面概念：数据存储和访问，检索（查找），检索码（关键码），关联数据，字典（查找表，映射，关联表），静态字典，动态字典，平均检索长度，索引，关联，有序集合，二分法检索，判定树，散列表（哈希表），散列，散列函数（哈希函数，杂凑函数），冲突（碰撞），同义词，负载因子，数字分析法，折叠法，中平方法，除余法，基数转换法，内消解技术，外消解技术，开地址法，探查序列，线性探查，双散列探查，溢出区方法，桶散列，拉链法，集合和元素，属于关系，全集，外延表示，内涵表示（集合描述式），基数，空集，并集，交集，补集，排序线性表，位向量，二叉排序树，最佳二叉排序树，动态规划，带权路径长度，平衡二叉排序树（AVL 树），平衡因子，失衡和调整，AVL 树的插入和删除操作，多分支排序树，B 树，B+树，结点分裂和合并，外存基本结构，外存定位和读写，磁头，磁道，柱面，扇区，区块。
2. 采用简单线性表实现集合时，可以考虑保持或者不保持元素的唯一性。请分析采用这两种不同技术时各主要操作的效率，以及存储占用方面的性质。
3. 假设公共超集 $U=\{a, b, c, d, e, f, g, h, i, j, k, l, m, n\}$，请用位向量表示：
   1）$s_1=\{a, d, f, g, h, i, m\}$，$s_2=\{b, c, g, h, i, k, m, n\}$，$s_3=\{a, b, d, f, g, h, n\}$
   2）$U-s_1, s_1 \cup s_2, s_1 \cap s_2, s_1 \cup s_2-s_3, s_1 \cup s_2 \cup s_3$
4. 设散列表字典中包含 17 个位置，用 k % 17 作为散列函数。请首先给定一组 12 个关键码，采用下面冲突消解技术，画出将全部关键码存入后的状态：
   （1）用线性探查法消解冲突。
   （2）用另一函数为 k % 5 的双散列技术消解冲突。
5. 将整数 1, 2, 3 按不同顺序插入空二叉排序树，可以产生出多少棵不同的二叉排序树？请画出这些树。
6. 图 8.26 中是一棵二叉排序树，假定树里的关键码是 1~9，请确定各关键码的存储位置。
7. 将 46, 78, 35, 99, 70, 48, 121, 10, 66, 54, 26 依次插入空二叉排序树。请画出全部插入后的树，并求出关键码检索概率相等情况下成功检索的平均长度。
8. 从前一题构造的二叉排序树中删除关键码 78, 66, 46, 70, 121，请画出每步删除后树的情况。
9. 哪些关键码插入序列可以生成图 8.27 中的二叉排序树？请列出所有满足条件的序列。

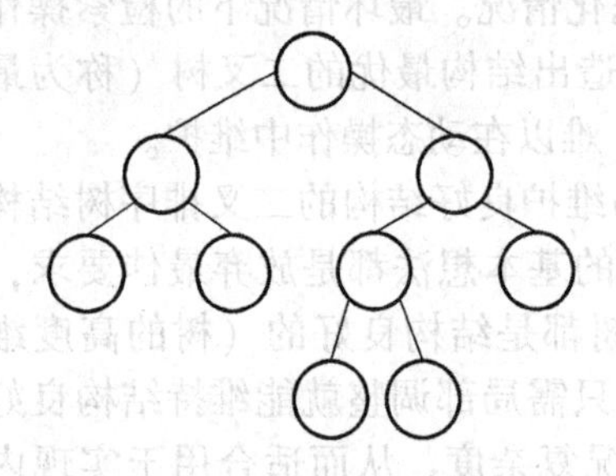

图 8.26 练习 6 示意图

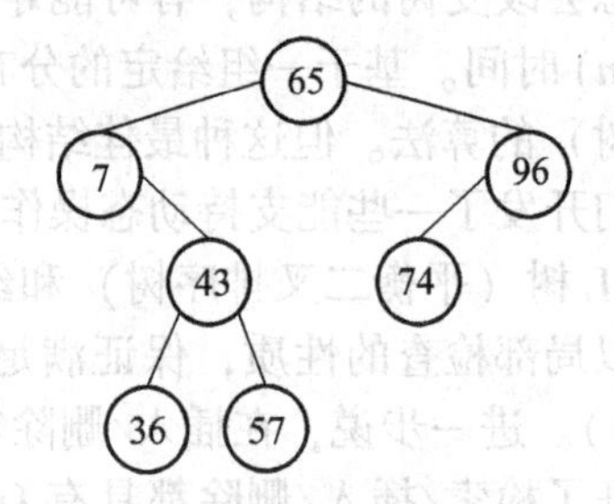

图 8.27 练习 9 示意图

10. 给定关键码集合{Jan, Feb, Mar, Apr, May, June, July, Aug, Sep, Oct, Nov, Dec}，采用字典序。请完成下面工作：
    （1）将上述关键码顺序插入空二叉排序树，画出结果，求出其平均检索长度。
    （2）将上述关键码顺序插入空 AVL 树，画出结果，求出其平均检索长度。
11. 设有关键码 a, b, c, d, e，且有 $p_0=p_1=2$，$p_2=p_4=3$，$p_3=1$，$q_0=q_3=1$，$q_1=q_2=q_4=3$，$q_5=7$。请做出相应的最佳二叉排序树。
12. 设有关键码 1, 2, …, 20，请画出一棵 4 阶 B 树，其中包含这些关键码；再请画出一棵 4 阶 B+树，其中包含这些关键码。两个答案都不唯一。

13. 请设计一个算法，在给定的二叉排序树里找到两个不同关键码所在结点的最小公共祖先，也就是距离这两个结点最近的公共祖先结点。
14. 请尽可能详细、严格地写出 B 树插入操作和删除操作的算法梗概，并讨论其中哪些地方可以有不同的设计选择，以及可能采用的细节策略。

编程练习

1. 请基于简单顺序表定义一个字典类，实现各种操作。
2. 请基于第 1 题定义的类，派生出一个采用二分法检索的字典类。首先弄清需要重新定义哪些操作，然后在派生类里定义它们。
3. 基于简单线性表定义一个集合类，实现各种操作。
4. 基于排序线性表定义一个集合类。可以考虑从第 3 题定义的类派生或完全重新定义，实现重要的集合运算。
5. 基于散列表结构实现一个集合类，定义重要的集合操作。
6. 请实现一个二叉排序树字典，它允许关键码重复的项。如果插入时遇到同样的关键码，这种字典将为该关键码及其关联的数据另行创建一个新结点。请考虑这种设计对整个字典设计的影响，以及在这种情况下的检索和删除操作。首先做出一个合理设计，并给出充分理由说明设计的合理性，而后实现这个字典类。
7. 修改 8.6.1 节定义的二叉排序树字典类，使其初始化方法可以接受一个二叉树结点（及其关联子树）作为参数。为保证字典类正确工作，初始化方法需要检查所给参数及其子树是否构成合法的二叉排序树结构。请完成这个初始化函数。

   扩充上述的初始化方法，使之也可以接受一个表（其元素是关键码/数据的关联）作为参数。初始化方法将把表中的项逐个插入排序树中。
8. 请给 8.6.1 节的二叉排序树字典类增加一个操作 `merge(self,another)`，它把另一棵二叉排序树 `another` 的结点并入本排序树。采用递归方式比较容易定义好这一操作。希望操作的时间复杂度是 $O(n + m)$，其中 n 和 m 是两棵树中的结点个数。注意，在归并后应该把 `another` 树里的根指针置空。
9. 8.6.1 节提出了一种二叉排序树的删除算法。请设计另一种删除算法，并实现提出的算法，然后从代码长度、效率、删除效果等方面比较两个算法。
10. 8.6.3 节提出可以用三个字典取代构造最佳二叉排序树时使用的三个矩阵。请基于字典重新实现最佳二叉排序树的构造算法。
11. 8.6.3 节的最佳二叉树构造算法 `build_opt_btree` 完成后返回一对矩阵（两个二维的表）。请另外定义一个函数，其参数是内部结点和外部结点的权值表。它先调用上述函数构造出描述最佳二叉排序树的两个矩阵，然后根据矩阵中的信息，使用 `BinTNode` 结点对象构造出相应的二叉排序树。
12. 请收集你所在班级（或年级）的同学姓名，以此作为关键码设计一个散列字典（用一个固定大小的 `list` 作为基本存储）。姓名通常用字符串表示，可以用 Python 标准函数 `hash` 得到相应散列值，再通过取模将函数值归结到字典下标范围内。冲突消解采用双散列的方式，同样对姓名的 `hash` 值做散列。把字典的大小作为参数，以便统计负载因子从 0.5 变到 1.0 的不同情况下，在所有姓名插入字典过程中出现冲突的次数。
13. 请定义一个函数，检查 AVL 树的完整性，包括：

    （1）树中每个结点的 bf 值都是 0、−1 或 1。

    （2）各结点的 bf 值符合该结点的两棵子树的高度差的情况。

    对树中关键码按升序排列可以另行检查，不在这里考虑。
14. 8.7 节 AVL 树的插入操作中定义了 4 个旋转操作，删除操作把这些旋转的代码直接写在函数定义里。请考虑统一定义 4 个旋转操作，供插入和删除操作函数调用。然后修改 8.7 节给出的 AVL 树插入和删除方法，统一使用定义的新操作。
15. 请实现一个 B 树类和一个 B+树类。

第9章 排 序

与前几章的内容不同，本章不讨论任何数据结构，而是关注一个重要的基本计算问题，以及人们为解决这一问题而开发的一组重要而有趣的算法。

9.1 问题和性质

排序（sorting）就是整理数据的序列，使其中元素按特定顺序排列的操作。在排序过程中，序列中的数据元素保持不变，但其排列顺序可能改变。在前面讨论链接表以及优先队列的章节里，我们已经介绍过几个排序算法。

在现实生活中，排序也是一种很常见而且很有意义的操作。在日常生活中，人们经常需要做各种事物的排序工作。例如，在整理材料或物品时，经常需要按某种规则将它们排好顺序，包括整理书籍、整理各种文件和表格、整理货架上的商品等。

排序也是计算中最重要、最常用的一种操作，在许多算法和实际系统里都需要做各种排序工作。有人做过统计，结果表明，在计算机数据处理中，很大比例的工作是做数据的某种排序。排序可以使数据的存储更具结构性，有利于对它们的处理。对于一些信息处理工作，排好序的数据更容易使用。排序也是许多算法的重要组成部分，算法中需要对使用的数据进行排序。在前面章节里，我们已经看到过一些例子，例如：

- 排序的序列可以采用二分法查找，效率更高。
- Kruskal 算法中需要对图中的边按权值排序。
- 最佳二叉树生成算法需要按关键码对所用的数据序列排序。

9.1.1 问题定义

具体排序总是针对某个数据集合 S 上的一个元素序列进行的，排序中使用了集合 S 上的某种明确定义的序关系。一类常见的序关系是集合 S 上的全序。

集合上的序

集合 S 的一个全序，记为 $\leqslant$，是 S 上的一种自反、传递和反对称的关系，而且，对 S 中的任意一对元素 e 和 e'，必有 $e \leqslant e'$ 或者 $e' \leqslant e$ 成立。例如，整数集合上的小于等于关系、字符串的字典序等都是典型的全序关系。

不同排序工作也可能有许多差异。例如，如果排序所基于的序是一种简单全序，也就是说，两个元素按序相等当且仅当它们是同一个元素（反对称关系），而且序列中元素不重复，一组元素就有唯一确定的顺序。实际情况未必如此，序列中可能有相同元素，或者所用的序把数据归为一组（有序的）等价类，同类的元素都认为是“相等”的。这样的实际例子很多，例如，要求按年龄将一个学校的学生排序，就有很多人同年出生，甚至同年同月同日出生；按所发工资将一个公司的雇员排序，也有员工工资相同的情况，等等。

定义

我们先给排序问题一个抽象的定义：假设现在考虑的是数据集合 S，以及 S 的元素上的序关系≤，一个排序算法 sort 就是从 S 的元素序列到 S 的元素序列的一个映射。对 S 的任意元素序列 s，$s'=\mathrm{sort}(s)$ 是 s 的一个排列（序列中的元素没变，但是其排列顺序可能调整），使得对 s' 中任意一对相邻元素 e 和 e'，都有 $e\leqslant e'$。

如果用 $\mathrm{loc}_s(e)$ 表示 e 在序列 s 里的位置，易见，在排序后的序列 s' 里，元素是按≤上升存放的，也就是说，$\mathrm{loc}_{s'}(e)\leqslant \mathrm{loc}_{s'}(e')$ 当且仅当 $e\leqslant e'$。这里的前一个≤表示整数（序列中的位置）的小于关系，后一个≤表示被排序数据集上的序。

显然，对于同一集数据，完全可能存在很多不同但都有意义的序，而且在计算中的不同时刻，也可能要求对同一个数据序列做不同的排序。例如，我们有时需要按小于等于关系对整数序列排序，有时需要按大于等于关系对整数序列排序。作为实际的例子，有时需要对学校的学生记录按平均成绩排序，有时需要按某个科目的成绩排序等。因此，在对某个数据集上的序列做排序时，必须说明采用哪个序关系。另一方面，一些典型数据集也有一些常用的序，例如整数的小于等于、字符串的字典序等。

9.1.2　排序算法

虽然我们可以抽象地讨论排序问题，但本书和相关课程更关心可以用于计算机的排序方法，即*排序算法*。由于排序在计算中的重要性，人们对它进行了很多研究，提出了许多(不同的）排序算法，这些算法的基本想法差异巨大，但它们都能完成排序工作。有些算法朴素而直观，描述简单，易于理解，但效率比较低。另一些算法更深刻地反映了排序问题的某些本质，因此效率较高，但也更复杂一些。例如，在前面有关树的一章里，我们讨论过的堆排序算法就是一个典型例子。显然，这样的算法不容易想出来，是深入研究的成果。读者在下面讨论中还会看到更多情况，了解更多能完成排序工作的想法。

排序算法的研究一直受到计算机工作者的重视，不断有新成果出现，包括经典算法的调整和新的实现方法。此外，基础硬件的进步也带来许多新情况和新问题，促使人们考虑和调整已有算法。例如，人们一直在研究能更好地利用新型硬件结构（例如多层次存储器）的优化排序算法，研究适用于多核系统、多处理器系统、分布式系统的高效排序算法等。

基于比较的排序

我们主要考虑基于数据元素中的关键码及其比较操作的排序，这是排序算法处理的一类常见情况。还有一些其他的排序考虑，后面有简单介绍。

假设需要排序的是某种数据记录的序列 $R_0, R_1, R_2, \cdots, R_{n-1}$，每个记录里有一个或几个支持排序的关键码，它们相对简单，存在易于判断的序关系。例如，关键码可能就是整数或字符串，序关系就是整数的小于等于或字符串的字典序。数据记录里还可以有任意多的其他成分，但它们与排序无关，在下面讨论中不关心它们。

基于关键码排序，就是根据当前关注的关键码的序整理记录序列，使之变成按该关键码排序的序列。我们假定需要考虑的是 R_i 中的关键码 K_i，把关注的关键码称为*排序码*。另一方面，即使是要求基于排序码对序列排序，也可以要求按排序码的递增顺序或递减顺序排序。为简化讨论，也不失一般性，下面总假定按递增顺序排序。

在排序的执行过程中，如果待排序的记录全在内存，就称为*内排序*；针对外存（磁盘、磁带等）数据的排序工作称为*外排序*。很多排序算法较适合做内排序，也有些排序算法特别适合外存排序工作，后一类算法被称为*外排序算法*。本章主要讨论一些内排序算法，其中的*归并排序算法*是大多数外排序算法的基础。9.6 节将简单介绍外排序的情况。

前面说过，排序工作要求数据集合中存在一种可用的序。由前面讨论可知，如果数据本身没有自然的序，也可以给它造一种序。最常用的方法就是设计一种散列函数，把数据集的元素映射到某个有序集，例如整数集合的子集。

基本操作和算法的评价

我们研究算法时，考虑的最基本问题是其时间复杂度和空间复杂度。现在研究基于排序码比较的排序算法，为了在某种合理的抽象层次上考虑它们的时间复杂度和空间复杂度，需要确定关注的基本操作，以便定义操作的时间单位，算法的时间复杂度反映排序过程中这个（或这些）操作的执行次数。我们还需要确定某种抽象的空间单位。

现在要做的是数据记录的排序，而且基于排序码比较，比较之后可能要调整数据记录的位置（顺序）。根据这些情况，下面两种操作是最重要的基本操作：

- 比较排序码的操作，用于确定记录的顺序。
- 移动数据记录的操作，用于调整记录的位置和/或顺序。

在下面讨论各种算法时，我们总以被排序序列中记录的个数作为问题规模参数 n，讨论在排序过程中执行上述操作的次数（的量级），以度量和评价算法的时间复杂度。理论研究已经证明，基于排序码比较的排序问题的时间复杂度是 $O(n \log n)$。换句话说，解决本问题的算法的复杂度不可能优于 $O(n \log n)$。人们开发的一些算法达到了这个复杂度，已经是最优算法，例如介绍过的堆排序算法。后面还会介绍几个具有这样性质的算法。

排序是针对已有序列的操作，序列本身占用的空间与排序无关，是排序前就已经使用的空间。在分析排序算法的空间复杂度时，应该考虑执行算法所需要的空间，这部分空间需求反映了排序算法的特征。很明显，对已有的序列排序，算法完成后序列依然存在。因此，算法执行中使用的空间是临时性的辅助空间，用过之后就可以释放了。

在考虑内存排序算法的空间需求时，人们特别关注其空间复杂度是否为常量。常量的空间开销意味着排序工作可以在原序列（表）里完成，只需要用几个简单变量作为排序中的临时存储。具有这种性质的算法被称为*原地排序算法*。

此外，算法本身的复杂程度也是需要考虑的因素。复杂的算法不易实现，开发代价高，代码也要占据更多空间。当然，算法实现只需要做一次，因此这是一个次要因素。

两个重要性质

上面说的实际上是任何算法都需要考虑的问题。除了这些具有普遍意义的性质外，排序算法也有一些与问题相关的特有性质，主要是稳定性和适应性。

*稳定性*是排序算法的一种重要性质，稳定的算法在实际中可能更有用。待排序序列中可能出现不同记录 R_i 和 R_j（设有 $0 \leqslant i<j \leqslant n-1$）排序码相同的情况，即有 $K_i = K_j$。显然，排序完成后，排序码相同的记录应该在结果序列中连续排列，但是，这样的一段记录如何排列呢？首先，由于排序码相同，它们怎样排列都不影响算法正确性，换句话说，排序问题本身并不关心排序码相同的记录如何排列。但是，实际问题有可能提出更多要求。

举个例子：假定现在要按绩点对一批学生排序，排序前学生记录是按年级分段存放的。显然，在排序后的序列里，绩点相同的学生记录将集中到一起。问题是，绩点同为 4.0 的同学在结果序列里同样是按年级分段排列，还是各年级同学的记录混乱地交错排列？

如果某排序算法能保证：对于待排序序列里任意排序码相同的记录 R_i 和 R_j，在排序后的序列里 R_i 与 R_j 的前后顺序不变，该排序算法就称为*稳定的*。换句话说，稳定的算法能维持序列中排序码相同的记录的相对顺序。如果不能保证这一点，算法就是*不稳定的*。

稳定的算法可能更适合一些实际情况的需要，上面就是一个实际例子。如果用一个稳定的排序算法处理上述问题，在得到的排序序列里，绩点相同的学生记录子序列也是按年级分段的。一般而言，排序之前的原序列里的顺序可能隐含着一些有用信息，表示一些与实际问题有关的性质。稳定的排序算法将维持这些信息和性质。

另一方面，排序操作可能被用于处理不同长度的序列，复杂度的定义考虑了这个问题。但是，即使是同样长的序列，情况也很不一样。例如，有些序列已接近有序，或者根本就是排好序的序列，在这类情况下，一个排序算法能否更快完成工作？排序算法的*适应性*考察这个问题。如果一个算法对接近有序的序列工作得更快，就说该算法具有*适应性*。具有适应性的算法也有实际价值，因为实际中常常需要处理一些接近有序的序列。

排序算法的分类

为了理解各种排序算法在想法和方法等方面的异同，人们常把典型的排序算法分为一些类别，用类别的名字凸显该类算法的特点。实际上，排序算法可以从不同角度、按不同方式分类。下面是基于排序的基本操作方式或特点而作出的一种分类：

- 插入排序
- 选择排序
- 交换排序
- 分配排序
- 归并排序
- 外排序

下面的讨论并不按照这种分类，但将介绍上面主要分类的一些想法。其中一些简单排序算法只做简单介绍，也有些排序算法在前面已经介绍过，如堆排序算法和简单插入排序算法。人们已经提出很多排序算法，这里介绍的只是其中最经典的算法。

记录结构

在下面各节中讨论排序算法时，使用的示例数据结构就是一个表（序列的一种连续表示形式），假定表元素是下面定义的 Record 类的对象：

```
class Record:
    def __init__(self, key, datum):
        self.key = key
        self.datum = datum
```

排序算法只关心 Record 对象里的 key 成分，但为了完成排序，经常需要把整个对象搬来搬去。Python 程序采用引用语义，所谓“搬动”对象，不过是设置引用。这种操作可以直接映射到计算机硬件，总能在极短的常量时间内完成。

另一方面，下面总假定在 key 成分上所需的关系运算符（>、<、>=、<=等）已有定义，并要求以<=运算符判断来确定数据记录的顺序。为简单起见，称所做的排序为从小到大排序，或是按排序码（非严格）递增的方式排序。

9.2 简单排序算法

本节介绍几种简单排序算法，它们的共同特点是简单，但最坏情况的时间复杂度高。

9.2.1 插入排序

插入排序，顾名思义，其基本操作方式是插入，通过不断把待排序的记录插入一个序列，最终得到整个排序的序列。很明显，只要一直维持所构造序列的排序性质，最终就能得到所需结果。作为插入操作的起点，需要有一个初始的已排序序列。显然，空序列能满足要求，只包含一个记录的序列也能满足要求，无论其中的记录是什么。

算法的考虑和实现

有了上面的基本想法，剩下的问题就是如何在序列的表示中有效实现这一过程。我们考虑的是顺序表，希望尽量少用辅助空间，最佳方式是把正在构造的排序序列嵌入原表。如果能这样做，排序中就只需要几个简单变量，只需要 O(1) 空间复杂度。

一种可行安排是把已排序部分放在表的前部，现场情况如图 9.1 所示。插入过程中对未排序记录按下标依次处理，每次处理这部分的第一个记录，即图中用 i 标识的记录。把这个记录插入已排序段中的正确位置，已排序段就增长了。随着操作的进行，已排序段不断增长，最终完成整个序列的排序工作。

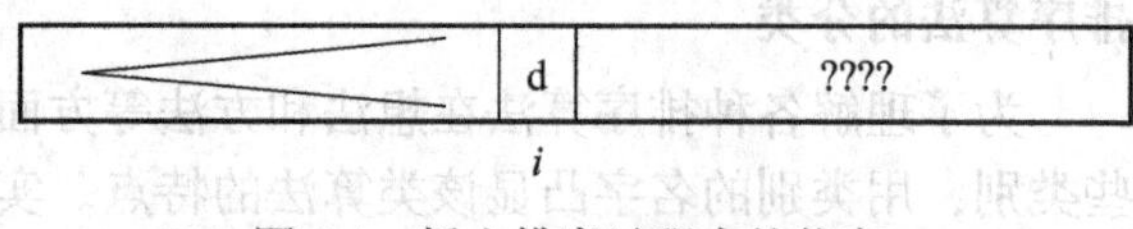

图 9.1　插入排序过程中的状态

在 3.4.4 节介绍单链表排序算法时，已经讨论过如何找到第 i 个记录在已排序段中的插入位置，完成一个记录的插入（并维持其余记录的顺序）。把所有的考虑综合起来，就得到了 Record 序列的插入排序算法：

```
def insert_sort(lst) :
    for i in range(1, len(lst)): # 开始时片段[0:1]已排序
        x = lst[i]
        j = i
        while j > 0 and lst[j-1].key > x.key:
            lst[j] = lst[j-1]  # 反序逐个后移记录，确定插入位置
            j -= 1
        lst[j] = x
```

本算法是 3.4.4 节给出的排序算法的简单修改，其中比较记录的排序码。显然，同样算法可以有许多不同写法，上面只是一种写法。

实现插入排序，也可以用不同的数据安排方式，例如，可以改在表的高端积累排序记录。得到的算法同样采用插入排序的思想，只是落实的方式不同，请读者考虑。

算法分析

上面算法很简单，复杂度分析也很简单。计算中只用了两个简单变量，用于辅助定位和序列中记录的位置转移。因此，算法的空间复杂度是 O(1)，与序列的大小无关。

现在考虑时间复杂度。外层循环总要做 $n-1$ 次，内层循环的次数与比较的情况有关。变量 j 的初值从 1 逐渐增大到 $n-1$。如果第二个条件总成立，说明被处理记录比前面所有记录都小，该记录就会移到最前面，内层循环的执行次数将等于 j 的值，我们有

$$1+2+\cdots+(n-1)=n\times(n-1)/2$$

另一个极端是第二个条件总是第一次就不成立，也就是说，被处理记录的排序码总大于已排序的所有记录（因为大于其中的最大记录）。这种情况下内层循环体总不执行。不难看到，第一种情况对应于原序列中记录逆序排列，第二种情况对应于原序列已排序。

基于上面分析，可以得到算法的排序码比较次数和记录移动的次数：

- 排序码比较的次数由内层循环的执行次数决定，最少为 $n-1$ 次，对应于内层循环体一次也不执行的情况，最多为 $n\times(n-1)/2$ 次，对应于总循环到 j 等于 0 的情况。
- 被排序记录的移动包括内层循环外的两次移动和循环体执行中的移动，移动次数最少为 $2\times(n-1)$ 次，最多为 $2\times(n-1)+n\times(n-1)/2$ 次。

总结这些情况可知，最坏情况下算法的时间复杂度是 $O(n^2)$，但如果原序列有序，则只需 $O(n)$ 时间。根据上面的分析可知，这个算法具有适应性。

现在考虑算法的平均时间。显然，一个记录可能插入已排序序列里的任何位置。假设插入各位置的概率相等，内层循环每次迭代的平均次数就是 $j/2$，求和后得到 $n\times(n-1)/4$，结合上面讨论，可知算法的平均时间复杂度仍然是 $O(n^2)$。

这个简单插入排序算法是稳定的，因为在内层循环中检索插入位置时，一旦发现前一记录与当前记录的排序码相同就不移动，这样就保证了排序码相同的记录不会交换位置。

不难看出，稳定性是具体算法的性质，而不是排序方法的性质。例如，只需把上述算法内层循环的第二个条件改为 `lst[j-1].key >= x.key`，虽然算法的基本结构没变，仍是一种采用简单插入方法的排序算法，但它已经不稳定了。

插入排序算法的变形

插入排序中需要一次次地检索记录的插入位置，而且是在已经排序的（部分）序列里检索。这提示了另一种可能方案：采用二分法检索插入位置。但是，稍微思考就能知道，这种方法本质上并未改变算法的性质。虽然每次检索的代价降低了，但找到位置后还需要顺序移动记录，腾出空位将记录插入。整个操作仍可能需要线性时间。

采用二分法检索记录的插入位置时，我们需要保证得到的是已排序段中排序码相同记录之后的位置，才能得到稳定的算法。有关算法的开发留给读者完成。

插入排序的思想很容易用于链接表，3.4.4 节给出了一个单链表的插入排序算法。该章练习里有些与此相关的练习。这些问题不再讨论。

相关问题

插入排序是最重要的简单排序算法，原因有两点：第一是算法简单，第二是其自然的稳定性和适应性。因此，这种算法经常被用作一些高级排序算法的组成部分。例如，有一种称为 shell 排序的算法，采用一种变动间隔的排序技术，其中用简单插入排序作为基础算法，效率高于简单算法。另外，有些效率高的算法采用了切分待排序序列的方式工作（例如后面讨论的快速排序和归并排序），当切分得到的序列很短时，转到简单插入排序算法，有可能提高效率。Python 的内置排序算法就是这样，后面有介绍。

9.2.2　选择排序

在插入排序中，每次操作处理的具体记录并不重要，关键在于把被处理记录插入已排序序列中的正确位置，因此可以采用最方便的方式提取记录，即按顺序提取。选择排序的想法与之对应，这里最重要的决策（和基本操作）是选择合适的记录。只要严格按排序码递增的顺序选记录（每次选排序码最小的记录）、简单地顺序排列就能完成排序工作。

选择排序的基本思想也很简单：

- 维护所有记录中最小的 i 个记录的已排序序列。
- 每次从未排序的记录中选取排序码最小的记录，放在已排序序列记录的后面，作为序列的第 $i+1$ 个记录，使已排序序列增长。

- 以空序列作为排序工作的开始，一直做到未排序的序列里只剩一个记录时（它必然最大），直接将该记录放在已排序的序列之后，整个排序就完成了。

显然，如果需要按从大到小的方式排序，只需要每次选取最大记录。

在这种基本想法之下，还需要解决两个问题：第一是如何选择记录；第二是做出某种适当安排，尽可能利用原序列的存储空间，避免另行安排存储。

简单选择排序

最简单的选择方法是顺序扫描序列中的记录，记住遇到的最小记录。一次扫描完成就找到了下一个最小记录，反复扫描就能完成排序工作。另一方面，选出了一个记录，原来的序列中就出现了一个空位，可以把这些空位集中起来存放排好序的序列。

综合考虑后，我们在被排序表的前段积累已排序序列，就可以得到一个简单的选择排序算法。基本情况如图9.2所示。在排序过程中的任何时刻，表前段积累了一批递增的已排序记录，而且它们都不大于任何未排序记录。下一步应该从未排序段中选出最小记录，将其放在已排序记录段的后面。这样做，在只剩一个记录时，其排序码一定最大，工作即可结束。

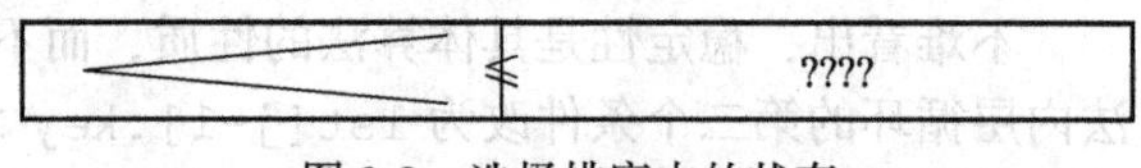

图9.2 选择排序中的状态

这里出现了一个问题：如何腾出紧随已排序段的那个位置。下面的直接选择排序算法中简单地交换这里的记录与未排序段选出的最小记录。这一做法既能把新选出的记录放好，又填补了选取一个记录后留下的空位，看起来两全其美。

直接选择排序算法

现在考虑算法的实现。显然，操作中需要反复选择 $n-1$ 次，可以用一个确定次数的循环实现。每次选择需要扫描所有未排序记录，以确定其中排序码最小者，这也是一个确定次数的重复操作。易见，这种排序可以用两重 for 循环实现。算法很简单：

```
def select_sort(lst):
    for i in range(len(lst)-1): # 只需循环 len(lst)-1 次
        k = i
        for j in range(i, len(lst)): # k 是已知最小记录的位置
            if lst[j].key < lst[k].key:
                k = j
        if i != k: # lst[k] 是确定的最小记录，检查是否需要交换
            lst[i], lst[k] = lst[k], lst[i]
```

可以看到，对这种直接选择排序算法，执行中需要做的比较次数与被排序表的初始状态无关，两个 for 循环总是按固定的方式重复执行，比较的次数总是

$$1+2+\cdots+(n-1)=n\times(n-1)/2$$

记录移动次数则依赖于具体情况。如果每次确定的 k 值都等于 i，就达到了最少的移动次数0，这对应于被排序表中的记录已经是递增排序的情况。最差情况是每次都交换，算法里用了一个并行赋值，可以认为移动次数是 $2\times(n-1)$。综合考虑，算法的平均和最坏情况下时间复杂度都是 $O(n^2)$。还可以看出，本算法没有适应性，在任何情况下时间开销都是 $O(n^2)$。另一方面，这个算法里只用了几个变量，空间复杂度是 $O(1)$。

现在考虑算法的稳定性。从左到右扫描，找到的一定是第一个最小记录。如果序列中还有排序码等值的记录，在最后的排序序列里，它们也会放在这次选择的记录之后。所以，检索最小记录并将其放到排序段之后，不会破坏稳定性。但另一方面，把原来紧邻排

序段之后的记录交换到最小记录的位置，却可能造成排序码相同的记录交换次序。交换记录可能越过一批记录，其中可能有排序码相同的记录。这就说明本算法不稳定。

然而，看到了上面的问题，也就找到了修改算法，使之变得稳定的方法：在找到了最小记录之后，顺序地逐次后移位置 k 之前的那些尚未排序的记录，腾出排序段后的空位再把最小记录存入，修改后的算法就是稳定的了。

试验说明，直接选择排序算法的实际平均排序效率低于插入排序算法。由于各方面都不如插入排序，直接选择排序很少被实际使用。

提高选择的效率

选择排序比较低效，原因就在于其完成比较操作的方式：每次选择记录都是从头开始做一遍完全的比较，因此，在整个排序过程中做了很多重复的比较工作。

要想提高选择排序的效率，就需要改变选择方式。最重要的是设法记录从已经做过的排序码比较中获得的信息。在这种基本想法下，人们研究了各种树形选择技术，设法通过沿着树中路径比较的方式选出最小元素，也就是说，利用树高度与结点个数之间的对数关系。这种想法的最重要结果就是在 6.3.5 节介绍的堆排序算法。

堆排序是一种高效的选择排序算法，它基于堆的概念。其高效的主要原因就是利用了堆记录比较中得到的信息。由于堆的结构特征，这些信息可以自然地重复利用。另一方面，由于堆和顺序表的关系，一个堆和一个排序序列可以很方便地嵌入同一个顺序表，不需要辅助结构。堆排序算法的细节见 6.3.5 节，现在从排序的角度考察这个算法的特点。

由前面的分析可知，完成堆排序，初始建堆需要 $O(n)$ 时间，随后选择记录都不会超过 $O(\log n)$ 时间，所以算法的时间复杂度是 $O(n \log n)$。另一方面，堆排序也是原地排序算法，只需要几个辅助变量，空间复杂度是 $O(1)$。在这两方面，堆排序都已经达到了最佳。

堆排序的最大问题是不稳定。在初始建堆和一系列选择后的筛选中，数据记录都要沿着堆中（二叉树中）的路径移动。这种移动路径与顺序表里自然的顺序相互交叉，移动中可能出现排序码相同的记录的顺序被交换的情况。因此，堆排序的特点决定了它的不稳定性，而且很难做出稳定的堆排序算法。另外，堆排序不具有适应性。选取最小记录之后，总把最后一个记录放到堆顶后做一次筛选，常常导致较长的筛选路径。

最后，在常规堆排序算法的实现中，每次选择最小记录（采用小顶堆）将得到从大到小的排序序列；每次选择最大记录（采用大顶堆），才能得到从小到大的排序序列。

9.2.3 交换排序

另一种排序方法基于完全不同的思想：一个序列没排好序，其中一定有*逆序*存在。交换所发现的逆序记录对，序列将更接近排序序列；通过不断减少序列中的逆序，最终可以实现排序。采用不同的确定逆序方法和交换方法，可以得到不同的*交换排序方法*。

起泡排序

起泡排序是一种典型的（也是最简单的）通过交换记录消除逆序实现排序的方法。其中的基本操作是比较相邻记录，发现相邻的逆序对时就交换它们。通过反复比较和交换，最终完成整个序列的排序工作。显然，如果序列中每对相邻记录的顺序正确（前一记录不大于后一记录），整个序列就是一个排序序列。

图 9.3 展示了一个简单序列的起泡排序过程。这里的方法是从左到右顺序比较一对对

相邻记录，发现逆序后马上交换，然后做下一次比较。在图中可以看到一些情况：

- 每一遍检查将把一个最大记录交换到位，一些较大记录右移一段，有可能移动很远。
- 从左到右比较，导致小记录一次只能左移一位。如果存在个别距离目标位置很远的小记录，如本例中的10，就可能延误整个排序进程。

初始状态:	30 13 25 16 47 26 19 10
第1遍:	13 25 16 30 26 19 10 47
第2遍:	13 16 25 26 19 10 30 47
第3遍:	13 16 25 19 10 26 30 47
第4遍:	13 16 19 10 25 26 30 47
第5遍:	13 16 10 19 25 26 30 47
第6遍:	13 10 16 19 25 26 30 47
第7遍:	10 13 16 19 25 26 30 47

图9.3　起泡排序实例

比较和交换导致较大记录右移，就像水中气泡浮起，这种排序方法名称也由此而来。

一次完整扫描（比较和交换）保证把一个最大的记录移到未排序部分的最后。通过一遍遍扫描，表将积累起越来越多排好序的大记录，每遍扫描都导致这段记录增长。经过 $n-1$ 遍扫描一定能完成排序，因此，每做一遍扫描，扫描的范围可以缩短一项。把这些考虑综合起来，就得到了下面的算法：

```
def bubble_sort(lst):
    for i in range(len(lst)):
        for j in range(1,len(lst)-i):
            if lst[j-1].key > lst[j].key:
                lst[j-1], lst[j] = lst[j], lst[j-1]
```

算法的改进

虽然有时起泡排序确实需要做满 $n-1$ 遍，如图9.3中的情况，但那是特例，只有被排序表的最小记录恰好在最后时才会出现这种情况。其他情况下就不需要做那么多遍扫描，一旦确认排序工作已经完成，就可以及早结束。易见，如果在一次扫描中没遇到逆序，就说明排序工作已经完成，可以提前结束了。按照这种想法改进的算法如下：

```
def bubble_sort(lst):
    for i in range(len(lst)):
        found = False
        for j in range(1, len(lst)-i):
            if lst[j-1].key > lst[j].key:
                lst[j-1], lst[j] = lst[j], lst[j-1]
                found = True
        if not found:
            break
```

这里的外层循环里增加了一个辅助变量 found，在内层循环开始执行前将 found 赋为 False，扫描中遇到逆序时就给 found 赋 True 值。在内层循环结束后检查 found，其值为 False 表示没发现逆序，可以立刻结束循环。

这样做可能提高效率，而且使算法具有了适应性。不难看到，如果被排序序列已经有序，经过第1遍扫描后函数就结束了，其间只做了 $n-1$ 次比较。

起泡排序的性质很清楚：最坏情况下的时间复杂度为 $O(n^2)$，平均时间复杂度也为 $O(n^2)$。改进的方法在最好情况下的时间开销为 $O(n)$。起泡排序算法也是一种原位排序算法，其中使用的辅助空间是 $O(1)$。

起泡排序算法的稳定性依赖于其中相等的记录不交换，这个情况很自然。

情况分析

试验说明，起泡排序的效率比较低，实际效果劣于复杂度相同的简单插入排序算法。原因可能有两个方面。一方面是反复交换中做的赋值操作比较多，累积起来代价也比较大。另一方面，一些距离最终位置很远的记录可能拖累整个算法。在简单起泡排序算法中，导致这种不良结果的主要是那些距离远的小记录。

要解决第二个问题，应该想办法让记录大跨步地向其最终位置移动。下一节介绍的快速排序的工作方式就有这种效果。

一种简单改进是交错起泡，目的是使小记录也能快速移动到位。这里的基本想法是一遍从左向右扫描起泡，下一遍从右向左，交替进行。重看图 9.3 的例子，采用交错起泡的情况如图 9.4 所示，4 遍就完成排序。相应函数的定义留作练习。

初始状态：	30 13 25 16 47 26 19 10
第 1 遍：	13 25 16 30 26 19 10 47
第 2 遍：	10 13 25 16 30 26 19 47
第 3 遍：	10 13 16 25 26 19 30 47
第 4 遍：	10 13 16 19 25 26 30 47

图 9.4 交错起泡排序实例

9.3 快速排序

快速排序是一种著名的排序算法，1960 年前后由英国计算机科学家 C. A. R. Hoare[⊖]提出，作为最早采用递归方式描述的一种优美算法（当时最新的 Algol 60 语言引进了递归描述)，展示了递归的威力。在各种基于排序码比较的内排序算法中，快速排序是实践中平均速度最快的算法之一。快速排序算法还被评为“20 世纪最具影响力的十个算法”之一。

快速排序的实现中也采用了发现逆序和交换记录位置的方法，但算法的基本思想实际上是划分，即，按某种标准把需要考虑的记录划分为“小记录”和“大记录”，并通过递归继续不断划分，最终得到一个排序的序列。快速排序的基本过程是：

- 选择一个标准，把被排序序列中的记录按这一标准分为大小两组。显然，从整体的角度，这两组记录的顺序已定，较小一组的记录应该排在前面。
- 采用同样方式，递归地分别划分得到的这两组记录，并继续递归地划分下去。
- 不断划分将得到越来越小的分组（可能越来越多)，如此工作下去，直到每个记录组中最多包含一个记录时，整个序列的排序完成。

快速排序算法有许多不同的实现方法，下面将介绍两种针对顺序表的实现。实际上，快速排序的思想同样可以用于链接表，这一工作留作练习。

9.3.1 快速排序的表实现

前面说过，人们总希望能在一个表的内部完成排序，尽可能少用辅助空间。这也是快速排序算法的一个主要设计目标。也就是说，希望通过在表内部移动记录，将记录分为大小两段。根据工作需要，我们考虑把小记录移到表的左部，大记录移到表的右部。

下一个问题是需要确定一种划分规则。现在考虑最简单的划分方式：取序列中的第一个记录，以其排序码作为标准划分其他记录，把排序码小的记录移到左边，排序码大的记录移到右边。划分完成后，表中间将留下一个空位，这里就是作为比较标准的记录的正确位置。把这个记录存入，其位置就固定了，在随后的操作中不需要改变。

⊖ C. A. R. Hoare（1934— ），著名计算机科学家，由于在算法、编程语言、程序理论和并发程序等领域的杰出贡献而获得 1980 年图灵奖。

下一步是用同样方式分别处理两段记录，并继续递归处理。当一个记录分段中只有一个记录或没有记录时，其排序完成。完成所有分段的排序，也就完成了整个表的排序。

实际上，我们完全可以采用其他方法选择划分标准和移动记录，不同的具体做法形成了顺序表上快速排序的不同实现，后面有简单讨论。在不同的教科书中，我们可能看到快速排序算法的不同实现，它们的基本思想相同，都基于排序码划分表中记录，得到两个分段后再递归处理分段。当然，我们完全可以不用递归定义出完成快速排序的函数。

现在考虑一次划分的实现。假设现在考虑一段记录，取出其中第一个记录作为标准，设其为 R。由于我们对大小记录移动的安排，划分中的一般状态如图 9.5a 所示。已知的小记录积累在左边，大记录积累在右边，中间是尚未检查的记录。

为有效完成划分，就需要很好地利用表中的空位。取出记录 R 使表左边出现了一个空位（参见图 9.5b）。这时从右端开始检查，就可以利用这个空位，把发现的第一个小记录移到左边。这一迁移操作也导致右边留下一个空位（见图 9.5c），可供存放在左边扫描中发现的下一个大记录。下面的算法里采用了这种左右交替的工作方式。

我们用两个下标变量 i 和 j，其初值分别是序列中第一个和最后一个记录的位置。在划分过程中，它们的值将交替地作为空位和下一被检查记录的下标。我们取出第一个记录 R，设其排序码为 K，以 K 作为划分标准，交替地进行下面两套操作：

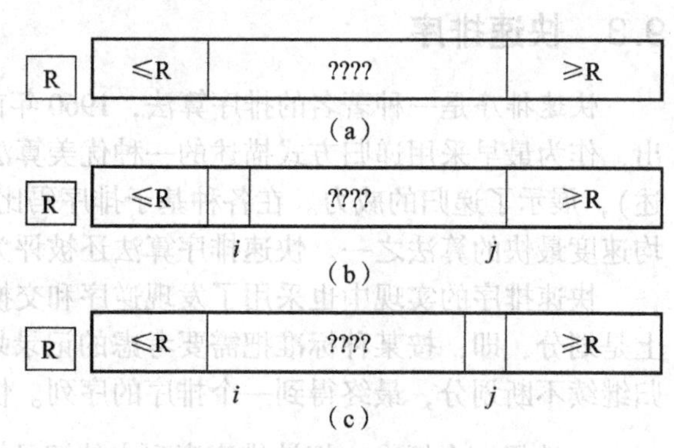

图 9.5　快速排序一次划分中的状态

- 状态如图 9.5b 所示。从右向左逐个检查 j 一侧的记录，检查中 j 值不断减一，直至找第一个排序码小于 K 的记录，将其存入 i 所指的空位。注意，移动记录后位置 j 变成空位，i 值加一后指向下一个需要检查的记录。
- 状态如图 9.5c 所示。从左向右逐个检查 i 一侧的记录，检查中 i 值不断加一，直至找到第一个排序码大于 K 的记录并将其存入 j 所指空位。移动记录并将 j 的值减一后又得到图 9.5b 所示的状态，转做上面操作。

重复交替进行上述两套操作，直到 i 不再小于 j 为止。由于第一种操作中 j 值不断减小，第二种操作中 i 值不断增大，这个划分一定能完成。划分结束时 i 与 j 的值相等，指向当时表中的空位。将记录 R 存入空位（其位置已正确确定），一次划分完成。

一次划分完成后，我们对两边的子序列按同样方式递归处理。由于要做两个递归，快速排序算法的执行形成了一种二叉树形式的递归调用。

9.3.2　程序实现

为方便使用，下面先定义一个非递归的主函数，其中调用一个递归定义的函数（也可以作为局部定义），通过参数给定划分范围的初值：

```
def quick_sort(lst):
    qsort_rec(lst, 0, len(lst)-1)
```

递归过程的框架如下：

```
def qsort_rec(lst, l, r):
    if l >= r: return  # 分段无记录或只有一个记录
    i = l;
    j = r
    pivot = lst[i]  # lst[i] 为初始空位
    while i < j:    # 找 pivot 的最终位置
        ... ...     # 用 j 向左扫描找小于 pivot 的记录并移到左边
        ... ...     # 用 i 向右扫描找大于 pivot 的记录并移到右边
    lst[i] = pivot  # 将 pivot 存入为其确定的最终位置
    qsort_rec(lst, l, i-1)  # 递归处理左半区间
    qsort_rec(lst, i+1, r)  # 递归处理右半区间
```

局部变量 pivot 保存作为调整记录位置的检查标准记录（枢轴），要求大记录向右移动，小记录向左移动。最后将这个记录存入确定的位置，对两边递归。

递归的快速排序函数的完整定义如下：

```
def qsort_rec(lst, l, r):
    if l >= r:
        return          # 分段无记录或只有一个记录
    i = l
    j = r
    pivot = lst[i]      # lst[i] 是初始空位
    while i < j:        # 找 pivot 的最终位置
        while i < j and lst[j].key >= pivot.key:
            j -= 1      # 用 j 向左扫描找小于 pivot 的记录
        if i < j:
            lst[i] = lst[j]
            i += 1      # 小记录移到左边
        while i < j and lst[i].key <= pivot.key:
            i += 1      # 用 i 向右扫描找大于 pivot 的记录
        if i < j:
            lst[j] = lst[i]
            j -= 1      # 大记录移到右边
    lst[i] = pivot              # 将 pivot 存入其最终位置
    qsort_rec(lst, l, i-1)  # 递归处理左半区间
    qsort_rec(lst, i+1, r)  # 递归处理右半区间
```

函数实现完全遵循上面的框架，只是填入了划分过程的细节，包括各种比较条件、变量 i 和 j 的修改操作、记录移动操作等。

9.3.3 复杂度分析

考虑算法的时间复杂度。很容易确认，在整个快速排序算法的工作中，记录移动的次数不大于比较次数，因此我们只需要考虑比较的次数，而比较次数与划分的情况有关：

- 如果每次划分都把所处理区域划分为长度基本相等的两段，很显然，只需大约 $\log n$ 层划分，就能使最下层的每个分段长度不超过 1。而在划分一层记录的过程中，比较次数不超过序列长度（每层都有些枢轴记录不需要比较，越往下这种记录越多），综合起来可知，排序中的比较次数不超过 $O(n \log n)$。
- 但是，如果每层划分得到的两段中总有一段为空，另一段的记录数只比本层划分前少一个。在这种情况下，要使所有分段的长度不大于 1，就要做 $n-1$ 层划分。完成

各层划分的比较次数从 $n-1$ 逐层减少到1。显然，在这种情况下，总的比较次数是 $O(n^2)$。举例说，待排序序列已经是升序或降序时，都会出现这种情况。

由上面分析可知，快速排序的最坏情况时间复杂度是 $O(n^2)$。

抽象地看，快速排序产生的划分结构可以看作以枢轴记录为根，以两个划分分段进一步划分的结果作为左右子树的二叉树。根据二叉树理论，所有 n 个结点的二叉树的平均高度是 $O(\log n)$。因此，快速排序的平均时间复杂度是 $O(n \log n)$。

排序低效的原因是分段不均衡，而根源是划分标准没选好。为了减少最坏情况出现，可以考虑修改划分的判据。例如，有人提出“三者取中”规则：在每趟划分前比较分段中第一个、最后一个和位置居中的三个记录的排序码，将值居中的记录与首记录交换位置，然后基于这个记录的排序码做划分。这种做法可以减少最坏情况出现的概率，但无法消除最坏情况。请读者设法举出这种改进的最坏情况实例。

现在考虑快速排序算法的空间复杂度。表面上看，在函数定义里只用到 i 和 j 等几个变量。但是应该注意，函数 qsort_rec 是递归定义的，每次（每层）递归调用都需要再次创建这些变量。另外，为了支持递归的执行，解释器也需要使用运行栈的空间，这些都是为实现排序而使用的辅助空间。虽然我们不知道解释器为每层递归花费的具体空间量，但可以认为它是常量，与递归深度和函数调用次数无关。因此，分析前面快速排序算法的空间复杂度，最重要的问题就是递归的深度。显然，最坏情况下的空间复杂度是 $O(n)$。

这个空间复杂度与具体实现有关，可以改进。采用递归定义时，执行方式由解释器确定，不好控制。如果用一个栈保存未处理分段的信息，采用非递归方式实现快速排序算法，就能更灵活地选择分段处理的顺序。假如每次划分后把较长分段的信息入栈，先处理较短分段，栈的深度就不会超过 $O(\log n)$，所以快速排序的辅助空间可以做到 $O(\log n)$。

最后，常见的（包括这里的）快速排序算法是不稳定的，但也有人研究并提出了一些稳定的快速排序算法。从前面的讨论中可以看出，快速排序算法不会因为原序列接近有序而更高效（实际情况可能正相反），因此它也不具有适应性。

9.3.4 另一种简单实现

快速排序算法的实现方法可以有很多变化。本小节给出另一种非常简洁的实现供读者参考。虽然下面算法的工作方式与前面算法差别很大，但也是一种快速排序算法。

在这个算法运行中，一次划分的中间状态如图9.6所示。其中的R是作为划分标准的记录，以其排序码K作为标准，将表中记录（一般而言，是表中一个分段中的记录）划分为两部分。在工作过程中，被处理分段的记录（除R外）顺序分为三组（见图9.6）：小记录、大记录和未检查记录。这里用两个下标变量，i 的值总是最后一个小记录的下标，而 j 的值是第一个未处理记录的下标。每次迭代比较K与记录 j 的排序码，分两种情况处理：

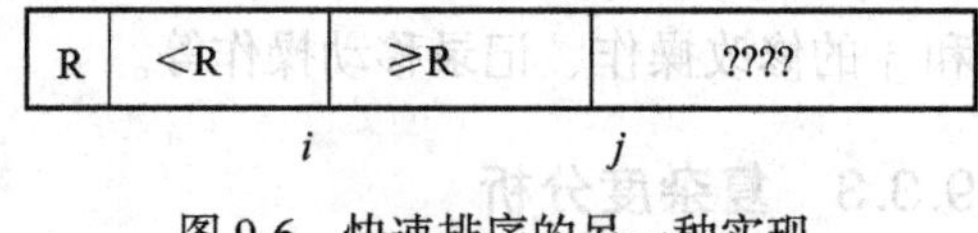

图9.6 快速排序的另一种实现

- 记录 j 较大，这时简单地将 j 加一，又恢复到图中状态。
- 记录 j 较小，这时需要把这个记录调到左边，做法是将 i 加一，然后交换 i 和 j 位置的记录并将 j 值加一，又恢复到图中状态。

划分完成后还需要把 R 移到正确位置。这项工作也很简单，只需交换它与位置 i 的记录。这时处于 R 之前的记录均小于 R，其后的记录都大于等于 R。划分完成后，按同样方式分别处理小记录分段和大记录分段（递归），直至排序完成。

下面是函数的实现。与上面讨论中略微不同的是，这里用了一个 for 循环，因为需要检查的范围已知，这里做的就是按扫描的方式逐个检查记录：

```
def quick_sort1(lst):
    def qsort(lst, begin, end):
        if begin >= end:
            return
        pivot = lst[begin].key
        i = begin
        for j in range(begin + 1, end + 1):
            if lst[j].key < pivot: # 发现一个小记录
                i += 1
                lst[i], lst[j] = lst[j], lst[i] # 小记录换位
        lst[begin], lst[i] = lst[i], lst[begin] # 枢轴记录就位
        qsort(lst, begin, i - 1)
        qsort(lst, i + 1, end)

    qsort(lst, 0, len(lst) - 1)
```

本算法的性质与前面快速排序算法相同，不再赘述。本算法的重要特点是只做一个方向的扫描，可应用于单链表一类的单向结构。请读者基于它实现一个单链表排序算法。

9.4 归并排序

归并是一种典型的序列操作，把两个或更多个有序序列合并为一个有序序列。基于归并的思想也可以实现排序，称为*归并排序*。基本方法是：

- 初始时，把待排序序列中的 n 个记录看成 n 个有序子序列（因为一个记录的序列总是排好序的），每个子序列的长度为 1。
- 把当时的有序子序列两两归并，做完一遍使有序序列个数减半，每个序列的长度加倍。
- 重复归并，直至得到一个长度为 n 的有序序列。

这种排序称为*二路归并排序*，其中最重要的操作就是把两个有序序列合并为一个有序序列。也可考虑三路归并或更多路归并（参考 9.6.3 节）。

易见，归并是一种顺序操作，顺序使用已排序序列，也顺序产生归并的结果序列。此外，归并过程中的数据访问具有局部性，适合外存数据交换的特点，适合处理一组记录形成的数据块。由于这些情况，归并操作可用于处理存储在外存的大量数据。实际上，外存排序算法都是基于归并操作设计和实现的（参考 9.6 节）。

下面讨论（内存中）顺序表的归并排序，关注归并操作的情况和可能的问题。

9.4.1 顺序表的归并排序示例

下面介绍顺序表的*二路归并排序算法*，先看一个例子。假设给定的初始记录序列为 25, 67, 54, 33, 20, 78, 65, 49, 17, 56, 44。图 9.7 给出了归并这些记录，最终完成排序工作的过程，这里用下划线标出当时的有序序列。在初始状态中，每个记录自成一个有序序列。第 1 遍将它们归并为一组长度为 2 的有序序列，注意，最后的 44 没有归并对象，原样留

到下一步。第2步归并出3个长度为4的有序子序列，最后一个序列中记录数不足4个。再经过两遍归并，就得到了所需的排序序列。

初始状态：	25 67 54 33 20 78 65 49 17 56 44
第1遍：	25 67 33 54 20 78 49 65 17 56 44
第2遍：	25 33 54 67 20 49 65 78 17 44 56
第3遍：	20 25 33 49 54 65 67 78 17 44 56
第4遍：	17 20 25 33 44 49 54 56 65 67 78

图9.7　归并排序实例

9.4.2　归并算法的设计和实现

理解了归并排序的过程，接下来的问题就是如何实施。这里需要做多遍归并，首先需要考虑作为归并结果的序列放在哪里。前面讨论各种排序算法时特别关注“原地排序”的问题，即在原表里完成工作。对于归并，两段被归并子序列和归并后的序列长度相同，原则上说有可能实现“原地归并”。但是实施这种操作并不容易。人们提出了一些技术，但都比较复杂。有兴趣的读者可以查找资料，或自己考虑可行的方法。

下面算法里采用最简单的处理方法，为存放归并结果另辟一片同样大小的存储区（另建一个同样大小的表），把一遍归并的结果放进去。一遍归并完成时，保存结果的新表里存放着长度加倍的有序序列，而且原表已经闲置。这时可以调换两个表的角色，在原表中累积下一遍归并的结果。这样来来回回做几遍，排序工作就完成了。

显然，采用这种方法，实际上至少需要 $O(n)$ 的辅助空间。这样做付出了空间的代价，获得的是算法实现的简便性。这也是人们在实际中经常采用的一种做法。

参考图9.7，可以看到归并排序的工作分为几个层次：最上层做一遍遍归并，完成对整个表的排序工作；一遍处理中需要分别完成一对对递增序列的归并；归并每对序列时又要一个个地处理记录。为了使算法（程序）清晰易读，下面的实现也分为三层。

1. 最下层：归并表中相邻的一对有序序列，结果存入另一个表里的相同位置；
2. 中间层：基于操作1（一对序列的归并操作），顺序实现对整个表里各对有序序列的归并，完成一遍归并，各对序列的归并结果顺序存入另一个表里位置相同的分段；
3. 最高层：在两个顺序表之间往复执行操作2，完成一遍归并后交换两个表的地位，再重复操作2的工作，直至整个表里只有一个有序序列时排序完成。

在一般情况中，被排序表的长度不是2的幂，因此需要特别考虑表最后的不规则情况。下面算法中的几个地方都考虑和处理了这个问题。

考虑最下一层函数 `merge`，它完成表中连续排放的两个有序序列的归并。`merge` 需要把一个表的记录按序搬到另一个表，为此设两个参数：被归并的有序分段取自表 `lfrom`，归并结果存入表 `lto` 里对应的位置。显然，应有参数说明两个被归并分段的下标范围。由于两个分段相邻，表最后的分段也可能不规范（长度不足），我们用三个下标参数说明分段的范围，被归并的有序分段分别是 `lfrom[low:mid]` 和 `lfrom[mid:high]`，归并结果存入 `lto[low:high]`。遵循 Python 的惯例，同样采用左闭右开的区间表示。

函数里的第一个循环处理两个分段都存在未归并记录的情况，每次迭代取出两个分段中当时的最小记录（它一定是这两分段之一的最小记录），把它移到 `lto` 表里的下一个位置。循环体里还要正确更新几个下标变量，当某个分段没有更多记录时本循环结束。随后的两个循环把分段中剩下的记录逐一拷贝到 `lto`。请注意，这两个循环中只有一个会真正执行。这里用的写法比较简单，但完全正确。

```
def merge(lfrom, lto, low, mid, high):
    i, j, k = low, m, low
    while i < mid and j < high:  # 反复复制两分段首记录中较小的
        if lfrom[i].key <= lfrom[j].key:
            lto[k] = lfrom[i]
            i += 1
        else:
            lto[k] = lfrom[j]
            j += 1
        k += 1
    while i < mid:   # 复制第一段剩余记录
        lto[k] = lfrom[i]
        i += 1
        k += 1
    while j < high:  # 复制第二段剩余记录
        lto[k] = lfrom[j]
        j += 1
        k += 1
```

函数 merge_pass 实现一遍归并，它需要知道表的长度和分段的长度，分别用参数 llen 和 slen 表示。第一个循环处理各对长度都为 slen 的分段，if 语句处理表中剩下的两个分段或者一个分段：

```
def merge_pass(lfrom, lto, llen, slen):
    i = 0
    while i + 2 * slen < llen:  # 归并长 slen 的两段
        merge(lfrom, lto, i, i + slen, i + 2 * slen)
        i += 2 * slen
    if i + slen < llen:  # 剩下两段，后段长度小于 slen
        merge(lfrom, lto, i, i + slen, llen)
    else:  # 只剩下一段，复制到表 lto
        for j in range(i, llen):
            lto[j] = lfrom[j]
```

最后是主函数 merge_sort。它采用前面讨论的方法，先分配另一个同样长度的表，然后在两个表之间往复地做一遍遍归并工作，直至排序完成：

```
def merge_sort(lst):
    slen, llen = 1, len(lst)
    templst = [None]*llen
    while slen < llen:
        merge_pass(lst, templst, llen, slen)
        slen *= 2
        merge_pass(templst, lst, llen, slen)  # 结果存回原位
        slen *= 2
```

整个序列排序完成时，结果有可能在 templst 里，这时再执行一次 merge_pass（循环体里的第二个 merge_pass 调用）就能把结果搬回原表 lst。排序工作总能正确完成。

9.4.3 算法分析

考虑算法的时间复杂度。易见，做完第 k 遍归并后，有序子序列的长度为 2^k。因此，完成整个排序需要做的归并遍数不会多于 $\log_2 n + 1$。进而，每遍归并中的比较次数为 $O(n)$，所以总的比较次数和移动次数都为 $O(n \log n)$。

再考虑空间复杂度。上面算法里用了一个辅助表，与原序列的长度相同，因此算法的空间复杂度是 $O(n)$。需要大的辅助空间是这个归并排序算法的主要弱点。人们已经在减

少归并排序算法的辅助空间方面做了很多研究，取得了一些成果。

上面的归并排序算法是稳定的。实际上，做出稳定的归并排序并不难，只要保证在排序码相同时优先采用左分段（在先的分段）的记录，就能保证算法的稳定性。另一方面，这个归并排序算法没有适应性，无论对什么样的序列，它都需要做 $\log_2 n$ 遍归并。修改归并排序算法，使之具有适应性的工作留给读者自己考虑。9.5.3 节将介绍 Python 系统的排序算法，也就是顺着这个思路研究下去取得的成果。

9.5　其他排序方法和问题

本节介绍与排序有关的另外一些重要情况，包括 Python 内置的排序算法等。

9.5.1　分配排序和基数排序

有关排序问题的研究主要集中在基于（排序码）比较的排序算法，前几节介绍了一批算法以及它们背后的重要思想。本节将简单介绍有关排序的另一种想法，这种想法并不基于排序码比较，而是基于一种固定位置的分配和收集。

分配与排序

如果排序码只有很少的几个不同值，存在一种简单而直观的排序方法：

- 为每个排序码值设定一个桶（即能容纳任意多个记录的容器，例如用一个顺序表或链接表，参考前面桶散列表的描述，例如图 8.5）；
- 排序时简单地根据排序码把记录放入对应的桶；
- 存入所有记录后，顺序收集各个桶里的记录，就得到了排序的序列。

例如，如果排序码取值为整数 0~9，那么只需要 10 个桶就能完成排序工作。方法是做一遍分配，所有排序码相同的记录都在同一个桶里，顺序收集各桶中的记录并将其顺序排列。易见，只要存入和收集记录的方式维持原序列的顺序，就可以实现稳定的排序。

这种排序算法也有实用价值。例如，假设现在需要按成绩的绩点对全校学生的学习记录排序。由于绩点只有 2 位数字，共有几十个可能的值。我们只需要对应每个绩点值设一个桶，通过一遍记录分配和一遍收集，就能得到稳定排序的结果。显然，按照合理的算法实现，这一过程可以在 $O(n)$ 时间内完成，复杂度低于采用排序码比较排序的最优算法，在实际使用中可能快得多。这个实例的具体算法实现留作练习。

如果排序码的可能取值集很大，例如 $0\sim2^{32}-1$ 的整数，采用分配排序就要建大量的桶（每个整数一个桶），而排序中绝大部分桶可能为空，这显然不是适合分配排序的场景。

多轮分配和排序

如果只能处理很小的关键码集合，分配排序的应用范围就太窄了。为扩展其应用，人们提出了一种想法：采用元素适合分配排序的元组作为排序码，通过多轮分配和收集，完成对以这种元组为排序码的记录的排序工作。抽象地看，这种元组排序码相当于某种“字符串”，每个元素是一个“字符”。把排序码看作字符串，自然的序就是串上的字典序。

作为具体例子，我们考虑以 (a,a,a) 形式的三元组作为排序码，其中 a 为数字，取值来自集合 $\{0,1,2,3\}$。考虑下面待排序的排序码序列：

(1, 3, 2) (3, 1, 3) (2, 2, 0) (0, 1, 1) (2, 0, 2) (3, 0, 1) (0, 3, 2) (1, 0, 3) (0, 2, 0) (2, 1, 1)
(3, 1, 0) (2, 0, 1) (1, 1, 0) (0, 1, 3) (2, 3, 1) (0, 2, 2) (0, 3, 0) (3, 3, 1) (2, 1, 3) (3, 1, 1)

接下来研究如何对这样的排序码排序。

这里的排序码是等长元组，要求按字典序排序。我们应该利用元组的结构，顺序处理其中元素。由于排序码中每个元素的可能取值很少，因此我们可以用分配排序完成针对一个元组元素的排序。显然，顺序处理元组中元素，存在两种方法，下面分析其中的情况。

- 从最高位（最左位）开始依次考虑排序码的元素，称为*高位优先法*（Most Significant Digit First，MSD）。按这种方法处理我们的例子，得到原序列的一种分割，如图 9.8 所示。要完成最终排序，现在需要考虑各子序列的排序（基于排序码的下一元素），然后考虑子序列的子序列的排序。直到所有最小子序列都完成排序，整个序列的排序完成。这个过程显然可以实现，但其中有些问题不好处理，主要是如何记录越来越多的子序列的信息。

```
0：(0, 1, 1) (0, 3, 2) (0, 2, 0) (0, 1, 3) (0, 2, 2) (0, 3, 0)
1：(1, 3, 2) (1, 0, 3) (1, 1, 0)
2：(2, 2, 0) (2, 0, 2) (2, 1, 1) (2, 0, 1) (2, 3, 1) (2, 1, 3)
3：(3, 1, 3) (3, 0, 1) (3, 1, 0) (3, 3, 1) (3, 1, 1)
```

图 9.8　按最高位做一次分配

- 从最低位开始称为*低位优先法*（Least Significant Digit First，LSD）。按这种方法对例子分配一遍，结果见图 9.9。现在顺序收集这些记录，可以看到各排序码的最后一位分段递增。再按排序码的中间元素分配和收集，只要注意维持稳定性，得到的各分段（中间位相同）仍能保证最后一位递增。图 9.10 给出了这次分配后的状况。顺序收集这些序列，就能得到按后两位递增排序的序列。针对最高位再做一遍分配和收集，就能得到按三位排序码排序的序列。

```
0：(2, 2, 0) (0, 2, 0) (1, 1, 0) (0, 3, 0)
1：(0, 1, 1) (3, 0, 1) (2, 1, 1) (2, 0, 1) (2, 3, 1) (3, 3, 1) (3, 1, 1)
2：(2, 0, 2) (0, 3, 2) (0, 2, 2)
3：(3, 1, 3) (1, 0, 3) (0, 1, 3) (2, 1, 3)
```

图 9.9　按最低位做一次分配

```
0：(3, 0, 1) (2, 0, 1) (2, 0, 2) (1, 0, 3)
1：(1, 1, 0) (0, 1, 1) (2, 1, 1) (3, 1, 1) (3, 1, 3) (0, 1, 3) (2, 1, 3)
2：(2, 2, 0) (0, 2, 0) (0, 2, 2)
3：(0, 3, 0) (2, 3, 1) (3, 3, 1) (0, 3, 2)
```

图 9.10　按中间位做一次分配

上面的分析和实例说明，采用低位优先方式，处理过程的实现更规范也很简单。

如果每位排序码都是数字，排序码元组很像按某种进制（以某数为基数）表示的整数，排序过程就是按从低到高逐位分配和收集，这个过程就像按基数逐位处理，因此，这种多轮分配排序也称为*基数排序*。

算法设计与实现

现在考虑基数排序在 Python 中的一种简单实现。假设：

- 需要排序的仍然是 `Record` 类型的顺序表，也就是 Python 的 list。
- 记录中的排序码是十进制数字的元组，包含 `d` 个元素。
- 排序算法的两个参数分别是被排序的表 `lst` 和排序码元组的长度 `d`。

为实现基数排序过程，算法中需要一组记录桶，而且需要实现稳定的分配和收集。我们考虑一种简单实现方法，用一组 10 个 list 作为记录桶。把这些桶放入一个顺序表，就可以用排序码的位作为桶的下标，直接索引相应的桶。

下面是基于这一设计描述的算法：

```
def radix_sort(lst, d):
    rlists = [[] for i in range(10)]
    llen = len(lst)
    for m in range(-1, - d - 1, -1):
        for j in range(llen):
            rlists[lst[j].key[m]].append(lst[j])
        j = 0
        for i in range(10):
            tmp = rlists[i]
            for k in range(len(tmp)):
                lst[j] = tmp[k]
                j += 1
            rlists[i].clear()
```

这里给出一些解释：

1. rlists 是包含 10 个记录桶的顺序表，初始状态中所有的桶为空。
2. 作为函数主体的大循环从排序码的最低位（x.key[-1]）开始工作，逐位向上，直至完成排序（做到 -d 为止）。
3. 第一个内层循环完成一轮分配。循环的体只有一个语句，每次执行把一个记录附加在由排序码位确定的桶（顺序表）的最后。
4. 第二个内层循环完成收集，顺序地把各桶里的记录转存入原顺序表。这里用一个临时变量 tmp 引用被处理的桶，既方便描述，也降低了反复索引一个表元素的开销。

由于 Python 变量保存的是对象引用，算法里并不复制记录，做的是记录引用的赋值。

算法分析及其他

在下面的分析中，n 表示被排序表的长度，r 表示基数，d 表示排序码元组长度。

算法里的临时存储是一个表，其元素也是表，空间占用情况依赖于 Python 中 list 的 clear 操作的实现方法。如果 clear 简单地为表更换一块空表存储区，上面算法的空间占用将不超过 $O(n)$。如果 clear 直接把表的元素长度记录置 0，上面算法的空间复杂度就可能达到 $O(r \times n)$。最坏情况是所有记录的排序码元组相同，而且在不同分配轮中将分配到不同的桶。考虑前面的例子，假设所有记录的排序码都是 $(2, 1, 0)$，在三次分配中，全部记录将依次被分配到三个表里，使这三个表的长度都增长到可以容纳 n 个元素。

考虑算法的时间复杂度。显然，外层循环需要执行 d 次，给复杂度引进了一个因子 d。第一个内层循环执行 n 次迭代。第二个内层循环中的小循环做实际收集，其循环体的总执行次数不超过 $O(n)$。但无论如何，第二个内层循环也要执行 r 次迭代。综合这些情况，算法的时间复杂度可以描述为 $O(d \times (n + \max(n, r))) = O(d \times (n + r))$。

基数排序算法中也常用链接表实现记录桶，如果那样做，就可以摆脱 Python 中 list 操作实现方式的影响（空间复杂度不再依赖于 Python 表操作的实现）。用链表作为存储桶，收集时可以简单地连接起已有的结点链，还可能节省时间。有关定义请读者考虑。

9.5.2　一些情况

现在讨论一些与排序有关的问题，包括一些实际问题。

混成方法

各种排序方法也可以从另一个角度分为两大类，一类是简单方法，以简单插入排序、起泡排序等为代表；另一类是较复杂的排序方法，如快速排序、归并排序、堆排序等。两类方法各有特点，例如：

- 简单排序方法实现简单，但理论的时间复杂度高。从实际角度看，如果只需要对很短的序列排序，采用简单排序方法就足够快了。
- 复杂排序方法的实现比较复杂，但理论的时间复杂度低。如果需要排序的序列很长，我们一定要使用某种高效的排序算法，以保证程序的效率。

然而，实际排序程序也完全可以采用多种算法的组合，下面称之为*混成方法*。如果仔细观察，不难发现在一些复杂排序算法里，在排序工作的某些阶段，也需要处理较短序列的排序问题。快速排序和归并排序是这方面的典型。

- 快速排序把序列划分为越来越短的段。如果序列已经很短，例如短于十几个元素，快速排序还要做几次递归调用（或进栈/退栈）。这些辅助操作也耗时，导致复杂度描述中存在较大的常量因子。对短序列采用简单插入排序，实际代价很可能优于快速排序。
- 归并排序的工作顺序正好与快速排序相反，是从较短的有序序列归并出越来越长的序列。这里就有归并基础的问题。从 8 个各自包含一个元素的序列出发，通过几遍归并得到包含 8 个元素的有序序列，其中也需要做许多函数调用（按前面实现）。与对这 8 个元素做简单插入排序相比，采用归并排序的实际时间消耗可能更多。

由于这些情况，实际程序（或软件系统）里的排序功能，特别是各种程序库里的排序函数，常常不是纯粹地采用某一种算法，而是组合使用两种或两种以上的方法。最常见的例子有归并排序和插入排序的组合，以及快速排序和插入排序的组合等。用简单排序方法处理很短的序列片段，用高速排序算法处理较大规模的片段（实例）。

组合使用多种排序算法，就出现了算法之间的“切换”问题，需要决定在什么情况下从一种方法切换到另一种方法。例如，上面提出的以序列长度作为依据，最佳切换点的选择可能需要做些试验。这方面的问题不仔细讨论了，请读者自行实现一两个这样的算法。9.5.3 节将介绍 Python 官方解释器中采用的排序方法，也是一种混成排序方法。

稳定性问题

前面介绍过稳定性对排序的重要意义。应该看到，考虑稳定性的原因是序列中可能出现排序码相等的记录，如果不存在这种情况，算法是否稳定就不重要了。例如，数据记录经常有一种具有唯一性的主关键码，针对这种主关键码排序，就不存在稳定性问题。

基于前面的讨论和上面看法，我们还可以发现，实际上，任何一种排序算法都可以改造成为一种稳定的排序算法。方法如下：

1. 修改序列中各个记录的排序码，改用序对 (key_i, i) 作为记录 R_i 的排序码，其中 key_i 是 R_i 原来的排序码，i 是 R_i 在被排序序列中的位置（下标）。
2. 按照字典序，采用新排序码对序列排序。也就是说，在比较记录的排序码时，首先按原排序码的比较方式考量两个记录的 *key* 部分，如果能确定顺序，则已有结论。当 *key* 部分相等时再比较 i 部分，确定从小到大的顺序。

用这种方法，原来排序码不同的记录还是按原来的顺序排列；原来排序码相同的记录仍然被集中在一起，但是必定按它们在原序列中的顺序排列。很显然，我们得到了稳定性。从另一个角度看，在上述排序中使用的新排序码具有唯一性。

上述改造方法具有普适性，适合任何排序算法，但也付出了代价：需要首先扫描被排序序列，扩充记录的排序码，排序中比较排序码的开销也有增加。更重要的是，需要为每个记录增加一个序列下标项，相关的空间开销是 $O(n)$。

9.5.3 Python 系统的排序算法

Python 官方系统提供了标准排序函数 `sorted`，可用于任何可迭代对象，得到一个排序的表。另外，`list` 类型也有一个 `sort` 方法，用于对 `list` 的元素排序。两者共享同一个排序算法，这是一种混成式排序算法，称为 Timsort，可译为蒂姆排序。

基本情况

蒂姆排序算法是一种基于归并的稳定排序算法，其中结合使用了插入排序技术，最差时间复杂度是 $O(n \log n)$。该算法具有适应性，对于被排序数组接近排序的情况，其时间复杂度可能远小于 $O(n \log n)$，有可能达到线性时间。蒂姆排序算法在最坏情况下需要 $n/2$ 工作空间，因此其空间复杂度是 $O(n)$。但如果情况有利，它可能只需要很少的临时存储空间。

蒂姆排序算法能很好地适应实际应用中常见的许多情况，特别是被排序的数据序列分段有序或基本有序，但其中也有些非有序元素的情况。这一算法是在 Python 语言和系统的开发过程中，由 Tim Peters 在 2002 年设计和开发的。人们做了许多试验（使用随机数据或实际数据），得到的结论是：蒂姆排序的平均性能超过快速排序，是目前实际表现最好的一种排序算法。虽然它未能在理论上克服归并排序 $O(n)$ 空间开销的弱点，但实际中经常不需要很大工作空间。由于这些情况，蒂姆排序已被一些重要软件系统采纳。例如，Java SE7（第 7 标准版本）已经改用蒂姆排序（虽然它与原来的算法不完全兼容，也就是说，不保证排序结果相同）；Android 平台和 GNU 的开源数值语言 Octave 等也采用了蒂姆排序。

算法概览

这里简单介绍蒂姆排序的基本想法。该算法的主要优势是克服了归并排序没有适应性的缺陷，又保持了其稳定性的特征，还能尽量利用实际数据中的有利情况。

蒂姆排序的基本工作过程和方式如下：

- 考察待排序序列中非严格单调上升（后一记录大于等于前一记录）或严格单调下降（后一记录严格小于前一记录）的片段，反转所有严格下降的片段。
- 用插入排序对连续出现的几个特别短的上升子序列排序，使整个序列变成一系列（非严格）单调上升的记录片段，每个片段都长于某个特定值。
- 通过归并产生更长的排序片段，控制这一归并过程，保证片段的长度尽可能均匀。归并中采用一些策略，尽可能减少临时空间的使用。通过反复归并最终得到排序序列。

这里不准备仔细讨论蒂姆排序的技术细节。关心这方面情况的读者可以从网络上找到很多信息，也可以查看各种公开的蒂姆排序实现代码。

在该算法的发展过程中还出现了一个有趣的插曲。有研究者希望严格地证明该算法的正确性，做了一段时间却发现无法完成证明。通过仔细研究，他们发现 Tim Peters 的蒂姆排序算法存在错误（2015 年 2 月报告），该算法的所有实现都存在同样错误。经过十几年开发，许多人仔细检查、大量测试和长期使用，也有人给出过错误报告，但没人知道错误的原因和纠正方法。幸好，这一错误只会出现在序列非常长的时候。这个事件一方面说明了保证软件正确是何等困难，也说明了严格的数学证明在提高软件可靠性方面的潜力。

*9.6 外排序问题和算法

前面讨论了许多排序算法，但有关讨论都基于一些假设：待排序的数据都保存在一片连续存储区里，访问每项数据的时间复杂度是 O(1)，与被排序数据的多少无关等。这些假设实际上要求被排序的数据全部保存在内存。与前一章字典的情况类似，我们也需要考虑对保存在外存的数据排序，例如需要排序的数据记录可能非常多，无法全部装入内存等。在这种情况下，所用的排序算法就必须适应和利用外存储器的特点。

9.6.1 外存数据的排序问题

假设有一个文件位于外存储器，其中是一些数据记录，现在需要将文件中的记录排序，得到一个按某种标准排序的记录文件。显然，最简单的方法是把整个文件装入内存，然后用前面研究过的某种技术对这些记录排序，最后把排序的记录序列写入指定文件。

但是，如果需要排序的文件很大，或者可用内存有限，整个文件无法装入内存，上面的简单工作方式就行不通了。这时就需要考虑在只能装入文件的部分内容的情况下完成排序的技术。进一步说，第 8 章最后讨论“外存字典”时说过，外存的特点是只能以区块为单位与内存交换信息，查找区块的速度比较慢，而读入区块的速度较快。总之，适用于外存文件的排序算法（简称外排序算法）应该能在无须完全装入被排序数据的条件下工作，而且能较好地利用外存与内存间成块交换数据的特点，并尽量减少对外存数据的读写量。

考虑前面讨论过的各种排序方法，可以发现大部分方法都不适合外排序。首先，大部分方法都需要在任意远的距离上移动数据。例如，快速排序可能需要把较大或较小的数据移到序列的另一边；堆排序按二叉树中的路径移动数据，反映到序列上可能就是很远的距离。几种简单排序方法既效率很低，其中的操作也不具有局部性。

综合考虑，只有归并排序算法较有可能用作外排序算法的基础。在归并操作中，被处理对象是两个序列，算法总是顺序访问被排序的记录，顺序生成结果序列的记录。另外，在归并工作中，每个时刻只需要考虑被归并序列中当前关注的部分，无须涉及整个序列的其他部分。这种操作方式具有明显的局部性，可以自然地映射到存储块和存储块的序列，满足外存排序的需要。最后，归并排序也是一种高效排序算法。

实际上，各种外排序算法的基础都是归并，都是从较短的排序子序列出发，通过精心设计的归并方法，生成更长的排序序列。进而，通过一遍遍归并得到越来越长的排序序列，最终得到原数据序列的完全排序的结果序列。

上面讨论实际上也说明了外排序的基本方法：

初始：利用可用内存，基于原序列的分段做出排序的分段（子序列）。

反复做：反复归并这些有序子序列，得到更长的排序子序列，直至排序完成。

下面更详细地说明外排序算法的一些情况。

9.6.2 基本外存排序算法

本节首先结合外存特点研究基本的外排序算法，分析其性质，然后讨论几个问题。

基于归并的基本外排序算法

现在参照前面的讨论，考虑具体的外排序算法。在设计算法时，我们还需要考虑外存的特性。假设被排序的数据保存在一个外存文件里，也就是说，保存在表示该文件的一批区块里，总记录数为 n。每个区块能保存 k 个记录，文件的总区块数为 $m=\lceil n/k\rceil$。人们提出的基本排序算法（二路归并排序算法）由下面两个工作阶段组成：

1. 根据内存的可用情况，一次装入文件中的一组（一段）区块：
   (1) 用某种内存排序算法将区块组中的记录排序，显然应该选用 $O(n \log n)$ 的算法。
   (2) 把排序的记录（子序列）写入一个独立文件，称为一个（初始）排序段。
   所有排序段形成了初始的（当前的）排序段组，每个段一个文件。
2. 反复做归并：
   (1) 一对一对地把当前排序段归并为 2 倍长（且排好序）的排序段。工作中可以根据内存情况逐步装入排序段的区块，也可以直到区块用完时再装入后续区块。
   (2) 将归并得到的（两倍长的）排序段逐步写入一个新文件，直至两段归并完成。
   (3) 当前所有的排序段做完一遍归并，将使排序段（文件）的数量减半。
   反复做这种归并，最终将使所有记录归入一个排序段（文件），得到最后的排序结果。

易见，上面两个步骤中对文件记录的使用都基于数据区块进行。例如，在第 2 步中，装入内存的总是两个排序段的一些区块，得到了足以填充一个或几个区块的归并结果时，就可以把它们转存到外存文件（的一个或几个区块）里。在这个归并算法中需要三个数据缓冲区：两个输入缓冲区分别缓存两个被排序段的记录（各有一个或几个区块的内容），一旦某个缓冲区中的记录用完，就再次填充新记录；另有一个输出缓冲区用于积累归并的结果，一旦缓冲区满，就将其中的记录实际写入文件。显然，我们只需要使用三个大小足以保存一个区块信息的内存作为缓冲区，也可以采用更大的缓冲区。

在上述算法中没有什么新的问题和技术，实现方法也直截了当。在实际中，这种算法都是用比较低级的语言（如 C 语言等）实现的。虽然也可以用 Python 描述，但意义不太大，这里就不给出具体的实现代码了。有兴趣的读者可以自己写一下。

几个问题

首先考虑上面二路归并的外排序算法的效率。算法操作中要做两方面工作，一种是涉及外存的 I/O 操作，另一种是在内存里的操作。我们分别考虑这两种操作的时间开销，两者之和就是整个算法的时间开销。我们假定最简单的情况，初始排序段就是一个区块。

这样，在算法的第一步需要装入 m 个区块，再写出 m 个区块，如果读写一个区块的平均时间开销是 t_{IO}，输入/输出的总时间开销就是 $2\,m\,t_{IO}$。另一方面，对一个区段做内存排序的时间开销是 $O(k \log k)$，总开销是 $m\,O(k \log k)$。再考虑第二步的归并。做一遍完整的归并需要读入 m 个区块并写出 m 个区块，输入/输出同样需要 $2\,m\,t_{IO}$。另一方面，内存归并需要 $O(n)$ 时间，这种归并总共需要做 $\lceil \log m\rceil$ 遍。排序的总时间开销是

$$T = 2\,m\,t_{IO} + m\,O(k \log k) + \lceil \log m\rceil(2\,m\,t_{IO} + O(n))$$
$$= 2\,m(\lceil \log m\rceil + 1)t_{IO} + m\,O(k \log k) + \lceil \log m\rceil O(n)$$

注意，$k=n/m$，因此 $T = 2\,m(\lceil \log m\rceil + 1)t_{IO} + O(n \log n/m) + O(n \log m)$。注意，后两项之

和也就是 $O(n \log n)$，外排序的额外开销就是排序中的输入和输出。

前面说过，排序算法的一个重要性质是稳定性，而归并排序是自然的稳定排序算法。考虑基于归并的外排序算法时也应该关注稳定性。要保证稳定性，算法的第一步中就必须采用稳定的内存排序方法，例如可以选用归并排序算法，或者以归并为基础的蒂姆排序算法。第二步的归并中也需要关注稳定性，当两个序列中记录的排序码相等时，应优先选取位于前面的排序段中的记录。只要注意上述两点，就不难做出稳定的算法。

还有一个问题值得注意，上面算法的执行中可能创建大量的临时中间文件。假设被排序文件包含 1000 万个记录，每个区块包含 100 个记录，如果初始排序段长度为 1 个区块，算法在第一步就要创建 10 万个排序段（文件）。即使初始排序段长度为 100 个区块（10 000 项数据），也将创建 1000 个初始排序段（文件）。有些操作系统对一个目录下的文件数量有限制，另外，同时管理一大批文件也比较麻烦。为缓解这个问题，我们可以采用一种称为“逐步归并”的策略：一旦有了两个长度为 1 的排序段，就把它们归并为长度为 2 的段；一旦有了两个长度为 2 的排序段，就把它们归并为长度为 4 的段；以此类推。这样，如果按前面算法，第一步需要创建 1000 个初始排序段，按改进的策略至多只需管理 10 个不同长度的排序段；如果原来第一步将产生 100 万个排序段，现在也只需管理 20 个不同长度的排序段。请读者进一步考虑这种改进策略的细节，作为一个练习。

9.6.3 多路归并

从理论上看，上面排序算法的时间开销的第二部分（$O(n \log n)$）是不可能降低了。要提高算法的效率，只能设法减少时间开销的前一部分，也就是与输入/输出有关的开销。很显然，每一遍归并的输入/输出时间 $2\,m\,t_{IO}$ 是不可能减少的，能做的就是设法减少输入/输出的遍数。从这个角度出发，人们考虑多路归并的方法。很容易想到，如果每次做 4 个排序段的归并，我们只需要做 $\lceil \log_4 m \rceil$ 遍归并，可以减少差不多一半的输入/输出开销。这种做法称为 4 路归并。我们完全可以考虑更多路的归并，如 32 路归并或 256 路归并等。如果采用 256 路归并，只需要 2 遍就可以完成 65 536 个排序段的排序工作。

人们开发了一些多路归并的技术，这里的关键是如何高效地从多个记录（来自不同排序段）中选出“最小记录”（或“最大记录”），而且需要反复地选出，以及如何有效实现这种选择。从多个记录中选择最小记录是前面反复考虑过的问题，可以采用顺序比较或者树形比较的方法，后者能使工作中需要的比较次数达到最少。人们考虑了几种能有效实现这里的选择工作的树形结构。下面介绍常用的两种树形结构：胜者树和败者树。

胜者树和败者树都是完全二叉树，树中每个外部结点（叶结点）关联着一个被归并的排序段，每个内部结点记录一次比较的结果——“比赛的胜负”。随着沿二叉树中路径的一串比赛得到一个胜出者，也就是选出一个记录。不失一般性，我们考虑选择最小记录（小者胜出）。给被归并的排序段一个临时编号，从 0 开始，编号小表示在这一趟归并中该段的排位在前（稳定性问题）。下面介绍这两种结构和基于它们的选择过程。

胜者树及其应用

现在参考图 9.11 介绍胜者树的概念和技术。这里展示的是一个 5 路归并的情况，5 个待归并的排序段用一个包含 4 个内部结点的胜者树。排序段下面的方括号括起的数字表示排序段的（临时）编号，这里是 0/1/2/3/4。这个图中没有画出独立的外部结点，只是为了简单，每次选择考虑各排序段的第一个记录。

图 9.11a 表示第一次选择。开始比较排序段 3 和 4 的首元素，排序段 4 胜出，它们的

父结点中的 4 表示这一情况。在下一步，排序段 4 和排序段 0 的比赛中排序段 4 继续胜出。树的另一分支中，排序段 1 胜出。在最后的比赛中，排序段 1 的首元素 5 小于排序段 4 的首元素 8，排序段 1 胜出。这样，这轮比赛最终选出排序段 1 的首元素 5。

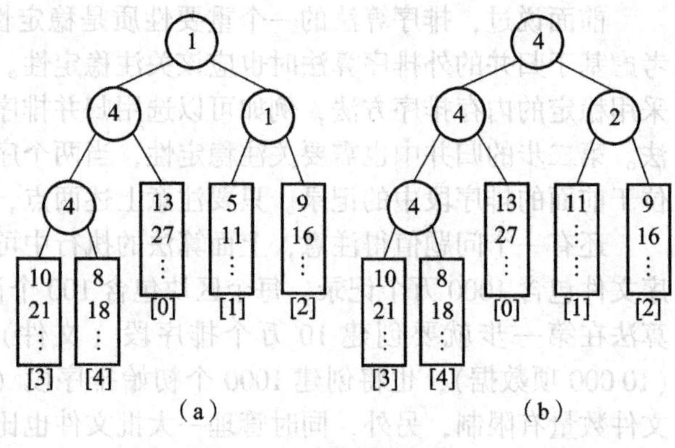

图 9.11　胜者树示例

图 9.11b 表示下一次选择。由于排序段 1 的首元素已取走，其新的首元素 11 在与排序段 2 的首元素 9 的比较中败北，下一步是排序段 2 的首元素与排序段 4 的首元素 8 比较。最终排序段 4 的首元素 8 被选出。选最小元素的工作将继续这样做下去。

内部结点中记录了相应比赛中胜出的排序段的编号，通过这个编号立刻就能找到相应的元素，即使出现排序码相等的情况也不会有二义性。很显然，归并 d 个排序段时，第一次选元素需要做 d-1 次比较，后面再选元素只需要做 $\lceil \log d \rceil$ 次比较。

败者树及其应用

胜者树可以满足多路归并中选择最小元素的需要，但它有缺点：新参赛者总需要与兄弟结点比较，不太方便。在完全二叉树的序列（数组）表示中，兄弟结点意味着左边或者右边的结点，不太容易判断和处理。败者树是胜者树的变形，内部结点记录比赛败者的信息。其重要优点是新参赛者只与父结点比较，更方便也更高效。图 9.12 展示了使用败者树选择最小元素的情况，我们结合图中示例介绍相关技术。

首先，与胜者树一样，败者树的内部结点记录归并段的编号。不同的是，这里记录的不是比赛的胜者，而是比赛的败者。

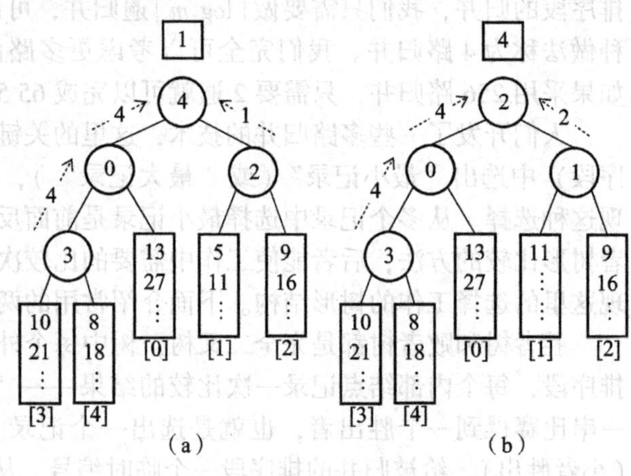

图 9.12　败者树示例

参考图 9.11a，设这是本轮归并的第一次选择。排序段 3 在与排序段 4 的比赛中失败，因此 3 记入它们的父结点，排序段 4 进入更上一层比赛。在这一层排序段 4 又胜出，失败的排序段 0 的序号记入相应结点，排序段 4 进入更上一层的较量。在树的另一分支，排序段 2 是被记录的败者，排序段 1 胜出。在两子树胜者最后的比赛中，排序段 1 胜出，败者 4 被记录在树根结点，选出胜者排序段 1 的首元素 5。

下一次选择如图 9.11b 所示。排序段 1 中取走 5 后的下一元素是 11，导致与排序段 2 的比赛失败，记录败者 1 后，排序段 2 进入更上一层。然后，排序段 2 作为更上一层比赛的败者被记录，而最后胜者排序段 4 的首元素 8 被选中。接下去的选择按同样方式进行。

我们不难写出基于胜者树和败者树的归并算法。这里需要选择合适的数据结构，由于是完全二叉树，采用序列或数组是很合理的选择。有关工作留给读者完成。

总结

这里先给出几种排序算法的理论比较，再讨论一些相关问题。

几种排序算法的比较

表 9.1 中总结了本章讨论的主要排序算法的时间和空间复杂度，以及稳定性和适应性方面的情况。研究者已经证明，基于排序码比较的排序时间复杂度下界为 $O(n \log n)$。因此，最理想的排序算法的时间复杂度是 $O(n \log n)$，空间复杂度是 $O(1)$，而且稳定，最好还具有适应性。我们至今还不知道是否存在这种算法，因为还没找到！

表 9.1　本章讨论的排序算法的比较

排序算法	最坏情况时间复杂度	平均情况时间复杂度	最好情况时间复杂度	空间复杂度	稳定性	适应性
简单插入排序	$O(n^2)$	$O(n^2)$	$O(n)$	$O(1)$	是	是
二分插入排序	$O(n^2)$	$O(n^2)$	$O(n \log n)$	$O(1)$	是	是
表插入排序	$O(n^2)$	$O(n^2)$	$O(n)$	$O(1)$	是	是
直接选择排序	$O(n^2)$	$O(n^2)$	$O(n^2)$	$O(1)$	否	否
堆选择排序	$O(n \log n)$	$O(n \log n)$	$O(n \log n)$	$O(1)$	否	否
起泡排序	$O(n^2)$	$O(n^2)$	$O(n)$	$O(1)$	是	是
快速排序	$O(n^2)$	$O(n \log n)$	$O(n \log n)$	$O(\log n)$	否	否
归并排序	$O(n \log n)$	$O(n \log n)$	$O(n \log n)$	$O(n)$	是	否
蒂姆排序	$O(n \log n)$	$O(n \log n)$	$O(n)$	$O(n)$	是	是

从表中还可以看出，一些算法在一些指标上能达到最优情况。另外，虽然一些算法的复杂度相同，但它们在实践中的表现也可能有差异。

其中二分插入排序的最好情况是做了 n 次检索但不需要移动记录。

一些讨论

从实际使用上看，快速排序法的速度非常快，优于归并排序和堆排序。但在最坏情况下，快速排序具有平方复杂度，不如归并和堆排序。序列长度 n 较大时，归并通常比堆排序更快，但需要很大的辅助空间。目前蒂姆排序是实际应用中最优的算法之一，统计数据说明它优于其他排序，而且具有稳定性，其缺点是 $O(n)$ 的最大辅助空间（不超过 $n/2$）。

在各种简单朴素的排序算法中，直接插入排序算法最简单。如果序列中的记录基本有序而且序列长度 n 比较小，就应该优先选用直接插入排序算法。这种算法还经常与其他排序方法结合使用，例如，实用的快速排序程序在划分到很短的分段时通常转用插入排序，归并排序也常用插入算法建立初始的有序序列，蒂姆排序也采用插入排序做前期处理。

如果待排序序列接近有序，直接插入排序算法能很快完成排序工作，也就是说，简单插入排序具有适应性。起泡排序也比较快，但可能受到小记录与最终位置之间的距离的困扰。高效排序算法中只有蒂姆排序具有适应性，其实现中也利用了简单插入排序。

简单排序算法多是稳定的，但大部分时间性能好的排序都不稳定，如快速排序、堆排序等。一般来说，如果排序过程中只做相邻记录的关键字码比较和局部调整，通常能得到稳定的排序方法。在高效的排序算法中，只有归并排序能很自然地得到稳定性。蒂姆排序的最主要操作也是归并，它结合了其他技术，得到了很好的效果。应注意，稳定性是具体算法实现的性质，采用同一种排序方法，有可能做出稳定的和不稳定的实现。前面讨论中曾以插入排序和选择排序为例说明有关情况。但有些算法的实现可以很自然地做到稳定（如插入排序、归并排序），另一些则需要付出额外的时间或空间开销（如选择排序等）。

在实际应用中，数据记录常有一个主关键码，例如学号、身份证编号、用户账号、商品号等。这种关键码通常具有唯一性。这样，如果需要做的是按主关键字排序，那么所用排序方法是否稳定就无关紧要了。但在实际中，我们也经常需要把记录中的其他成分作为排序码使用，例如按学生的姓名、籍贯、年龄、成绩等排序。在做这种排序时，就应该根据问题所需，慎重选择排序方法，而且经常需要使用稳定的算法。如果使用了不稳定的排序算法，可能还需要对具有相同关键码的记录段再次排序。

今天，各种主要语言（有可能是通过语言的标准库）和许多程序库都提供了排序函数或其他排序功能，这种内部定义和使用的算法一般都具有 $O(n \log n)$ 的平均时间复杂度。但可能有些排序功能具有 $O(n^2)$ 最坏时间复杂度（例如，采用的是快速排序算法），一些排序函数采用的排序算法不稳定（如采用快速排序算法）。在使用语言或库的排序功能时，应该关注其各方面的特点，确认其功能能否满足实际应用的需要。

本章最后简单讨论了外排序问题和算法，处理对象是不能完整地装入内存的文件。有关算法都基于归并：首先做出文件的小分段的排序结果，然后一遍遍归并当时的分段，最终得到完全排序的文件。最基本的方式是2路归并。为了减少归并遍数，人们也研究了多路归并，并提出了胜者树和败者树等选择方法，以支持高效归并的实现。

练习

一般练习

1. 复习下面概念：排序问题，全序关系，反对称关系，等价类，排序方法（排序算法），堆排序算法，基于关键码比较的排序，排序码，内排序，外排序，外排序算法，排序中的基本操作（关键码比较和数据记录移动），最优排序算法，原地排序算法，稳定性，适应性，插入排序，选择排序，交换排序，分配排序，直接插入排序算法，二分法插入排序算法，shell 排序算法，直接选择排序算法，树形选择，交换和排序，逆序，起泡排序算法，交错起泡排序，快速排序，划分，归并排序算法，归并操作，二路归并，分配排序，多轮分配和收集，高位优先方法，低位优先方法，基数排序，混成排序方法，蒂姆排序算法，外排序算法的特点，多路归并，胜者树，败者树，主关键码，其他关键码。
2. 设有 $N>50\,000$ 个元素的序列（表），元素可以比较大小，但排列没有任何顺序保证。现希望选出其中最大的100个元素，或者希望找到其中从大到小排在第100位的元素，怎样能最快找到这个元素？操作的复杂度如何？
3. 现在有 n 个整数关键码的记录，应用中需要把其中的负数关键码记录都调整到非负记录之前。请设计一个算法完成这一工作，要求：只使用 $O(1)$ 空间，时间复杂度是 $O(n)$。请分析你的算法在执行中总共需要做多少次关键码比较。
4. 假设现在要处理的数据项的关键码是整数，请考虑一种算法，它能最快地将关键码小于-10的项移到左边，关键码大于10的项移到右边，中间是关键码介于-10和10之间的数据项。要求所用算法能在线性时间完成工作，而且要尽量快速。
5. 假设有 n 个不同的关键码，希望找到其中最大的关键码和最小的关键码。最直截了当的方法需要做 $2\times n-3$ 次关键码比较。请设计一种方法，不需要做 $2\times n-3$ 次比较就能找出所需的值。你的算法需要做多少次比较？
6. 数据序列（数据集）的中位值是统计中的重要概念。请设计一个算法，它能在线性时间内找到一组整数的中位值。

编程练习

1. 请用一些随机生成的数据试验本章中讨论的几个排序算法，关键码用某个范围内的整数表示。分析得到的试验数据，并对运行情况做一些总结。
2. 请定义一个插入排序算法，让它在原序列的高端积累已排序的记录。
3. 请采用二分法在插入排序中找到插入位置，然后实际插入记录。请分析所做的算法，特别关注其稳定性。如果它不稳定，请设法修改使之稳定。
4. 请定义一个选择排序函数，它每次选择剩余记录中最大的记录，完成从小到大递增顺序的排序工作。
5. 请实现一个稳定的选择排序算法。
6. 9.2.3 节最后提出了一种交错起泡的排序技术。请定义一个采用这种技术的排序函数，并用随机生成的表做一些试验，比较它和简单起泡排序的性能。
7. 请为第 3 章的单链表类定义一个采用选择排序思想的排序方法。
8. 请为第 3 章的单链表类定义一个采用快速排序思想的排序方法。
9. 请实现采用“三者取中”策略（参见 9.3.3 节）的快速排序函数，用随机生成的表作为实例，比较采用这种策略的函数和本章正文中给出的快速排序函数。
10. 请提出另一种改进划分标准的方法，基于该方法实现一个快速排序函数，并将实现的函数与正文中介绍的快速排序函数比较。
11. 请实现一个非递归的快速排序算法，算法在选择处理分段时采用本章正文中提出的相关方法，保证其空间需求达到最少。
12. 请基于 9.3.4 节中算法的思想实现一个单链表排序算法和一个双链表排序算法。
13. 考虑 9.5.1 节提出的基于绩点对学生记录排序的工作。请根据具体情况做出一种设计和实现，保证排序工作可以在 $O(n)$ 时间完成（n 是学生记录数）。
14. 9.5.1 节最后说，基数排序算法的另一种常见技术是用链接表实现桶，那样做可以摆脱 Python 中 list 操作的潜在影响（空间复杂度不再依赖于 Python 表操作的实现技术）。用链表作为记录存储桶，收集时可以简单地取下链表结点链，顺序连接起来，因此可以节省时间。请采用这种技术实现一个基数排序函数。
15. 请考虑 9.5.2 节提出的组合方法，选择一种组合方式实现相应的排序函数，并通过一些试验确定合适的方法转换时机。
16. 请定义一个排序函数，其中采用蒂姆排序算法完成工作。
17. 请定义一个函数，实现基本的 2 路归并的外排序方法。
18. 请考虑 9.6.2 节最后的建议，设法使同时需要管理的临时文件数量最小化。请设计相应的方法，管理有关文件的数据结构，以及管理文件的算法。证明你提出的方法在改进了工作的同时，仍然能保证稳定性。
19. 请基于胜者树和败者树设计能完成 n 路归并的算法，定义相应的函数。为简单起见，函数的参数可以采用包含 n 个表的序列。

参考文献

[1]　许卓群，张乃孝，杨冬青，唐世渭．数据结构［M］．北京：高等教育出版社，1987.

[2]　张乃孝．算法与数据结构——C语言描述［M］．北京：高等教育出版社，2006.

[3]　缪怀扣，顾训穰，沈俊．数据结构——C++实现［M］．北京：科学出版社，2002.

[4]　Thomas H Cormen，Charles E Leiserson，Ronald L Rivest，Clifford Stein．Introduction to Algorithms［M］．2nd ed．MIT Press，2001.

[5]　Andy Oram，Greg Wilson．代码之美［M］．BC Group，译．北京：机械工业出版社，2009.